Auto-Reparaturanleitung Band 1312

# VW Tiguan

1,4 Liter Benzin-Motor
2,0 Liter Benzin-Motor
2,0 Liter Diesel-Motor

**Ab Modelljahr 2007**



bucheli verlag

**IMPRESSUM**

ISBN 978-3-7168-2165-7

Auto-Reparaturanleitung
Band 1312



**Text und redaktionelle Bearbeitung:**
Silke und Christoph Pandikow

**Bilder/Zeichnungen:**
Christoph Pandikow, Silke Pandikow, PCI Diagnosetechnik GmbH & Co. KG, Hella KGaA Hueck & Co, Bosch Presseabteilung

**Lizenziert von**
Volkswagen AG

**Herstellung:**
IPa, D-75417 Mühlacker/Mühlhausen

**Druck:**
Druck- & Medienzentrum
D-70839 Gerlingen

**Bindung:**
K. Dieringer
D-70839 Gerlingen


Baarerstraße 43
CH-6304 Zug
Telefon: ++41 (0)41 741 77 55
Telefax: ++41 (0)41 741 71 15
www.bucheli-verlag.ch
1. Auflage 2013

# Inhalt

# Inhalt

**Folgende Symbole** verdienen im Laufe der Arbeit besondere Beachtung:

**Sichtprüfung**

*Teil genau ansehen; besonders beachten.*

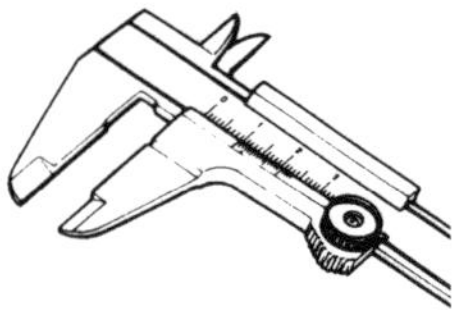

**Messen**

*Schieblehre oder anderes Messwerkzeug nötig.*

**Achtung**

*Besondere Vorsicht geboten; Sicherheitshinweise beachten!*

**Tipp**

*Wertvoller Hinweis für einfacheres Schrauben; Erläuterung von Bauteilen und Begriffen.*

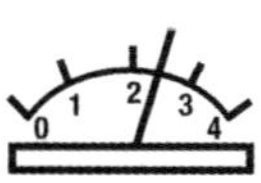


**Messen mit elektr. Messgeräten**

*Multimeter- oder Diagnosegeräte-Einsatz erforderlich.*

# 1 Einleitung

## Arbeiten mit diesem Buch

Ein Reparaturhandbuch ist dann ein Reparaturhandbuch, wenn es bei Reparaturen zur Hand gehen kann. Es soll also helfen, Ihren Tiguan wieder »in die Gänge« zu bringen. Ganz klar, als blutiger Laie werden Sie nur mit einiger Hilfe gezielt arbeiten können. Bedenken Sie, dass Ihr Fahrzeug in jedem (oder zumindest in fast jedem) Teil etwas mit Sicherheit im Straßenverkehr zu tun hat und das jede einzelne Sekunde, in der Ihr Fahrzeug in Betrieb ist. Nehmen Sie die Fehler deshalb immer ernst. Gerade Anfänger übersehen oft Kleinigkeiten, die nachher durchaus größere oder zumindest schwer aufzufindende Fehler ergeben. Bei einer Fehlersuche am eigenen Fahrzeug unterhielten sich zwei angehende Kfz-Mechatroniker: »... was hast du denn zuletzt repariert?«, letztendlich fand sich dort dann auch der Fehler. Diese Anekdote zeigt sehr deutlich, dass zum einen die eigene Arbeit, zum anderen der Ablauf der Arbeiten, die Kenntnisse über den Funktionszusammenhang der Systeme und natürlich auch über die Informationsquellen, die zur Verfügung stehen, immer hinterfragt werden müssen. Dieses Buch eignet sich aber auch, um die Details Ihres Tiguan einmal genauer unter die Lupe zu nehmen. Wir haben den Aufbau so gestaltet, dass die Informationen praxisgerecht auf- und umgearbeitet wurden.

In den einzelnen Kapiteln wird der Umgang mit den Test- und Messgeräten genauer vorgestellt. Es handelt sich um getestete Übungen, die Sie problemlos nachvollziehen können. »An modernen Autos kann man gar nichts mehr selber machen!«, das ist ein typischer Satz, der weder richtig ist noch die motivierten Schrauber unter den Lesern von der Reparatur abhalten sollte. Betrachtet man die Probleme genauer, die mit der Fehlerdiagnose entstehen, stellt sich ein einfaches Prinzip heraus. Grundsätzlich sind Bauteile, deren Funktionsabläufe nachvollzogen und im wahrsten Sinne des Wortes »begriffen« werden können, leicht zu prüfen.

## Elektrisches Messen

Leuchtet eine Glühlampe nicht, wird sie in der Regel demontiert und der Zustand des Glühfadens gegen das Licht kontrolliert. Über die Glühlampe bzw. ihren Aufbau ist jedem bekannt, dass sie ohne den Glühfaden nicht funktionieren kann. Könnte man in alle Bauteile hineinsehen und den Funktionsablauf und den Aufbau auf diese Art kontrollieren, würde kaum ein Mechaniker über die immer komplizierter werdende Technik schimpfen. Hier kommt die Messtechnik zum Zuge. Es ist nämlich möglich, die Funktionsabläufe und die Funktion optisch zu überprüfen. Es ist auch möglich, das Bauteil selbst zu prüfen. Auch dafür werden keine teuren Spezialgeräte gebraucht. Sie oder Ihr Mechaniker müssen sich lediglich bereit erklären, die Technik und dazugehörige Prüfmethoden anzunehmen und gelegentlich auch etwas dazuzulernen.

Ganz klar gibt es Einschränkungen für Arbeiten, die aus Sicherheitsgründen nicht durchgeführt werden sollten. Dazu zählen Arbeiten z. B. an der Klimaanlage und am Airbagsystem.

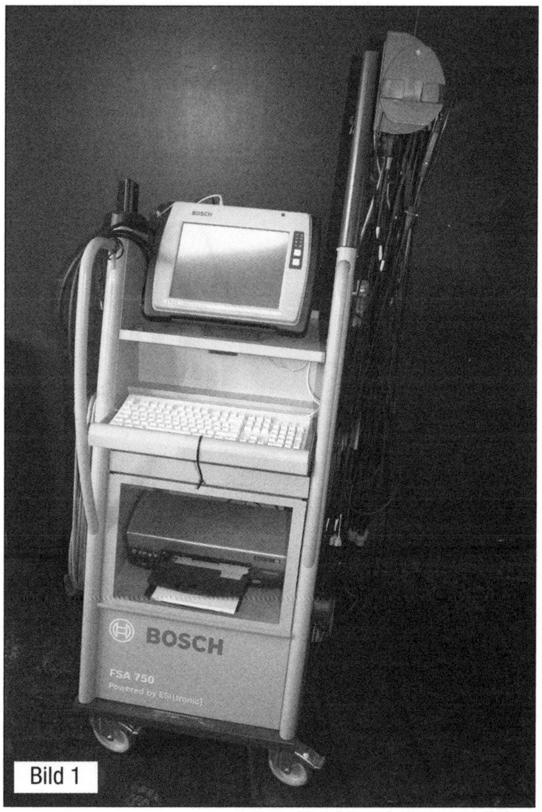


Bild 1

Bild 1
Bosch KTS 650/670 mit FSA 750-Modul und Abgastester.

Sichtprüfung Messen

»Die Tester kann sich keiner leisten!«, ist auch eine These, die wir widerlegen werden. Anhand der Beschreibungen der Spezialwerkzeuge und deren ungefähren Preisen lassen sich hier die Kosten leicht überschauen. Die notwendige Ausrüstung ist bei den meisten Schraubern oftmals schon vorhanden. Andere Teile sind gar nicht so teuer und lassen sich sinnvoll als Geburtstagsgeschenkidee an die Lieben weitergeben. Die Aufgabe dieses Reparaturhandbuches ist es, eine Hilfestellung für Wartungsarbeiten und Reparaturen am Tiguan zu geben. Das Buch wendet sich an die ambitionierten Schrauber, die mit ihrer Erfahrung Reparaturen, Wartungsarbeiten und Einstellungen an ihrem Fahrzeug vornehmen wollen. Da zu allen diesen Arbeiten ein OBD-Diagnosetester dazugehört und dieser für deutlich unter 100 Euro im günstigsten Fall erhältlich ist, wird die Arbeit anhand eines »Beispiel«-Testers dargestellt. Sie halten ein Buch in der Hand, das Lernstoff, Informationsquelle und Nachschlagewerk ist. Es soll die praktische Arbeit am Fahrzeug erleichtern und Sie ermutigen sich »Know-how« anzueignen, auch als Ungeübter den ersten Schritt zu machen oder als Erfahrener sich recht tiefgehend mit der Diagnose auseinanderzusetzen. Die Struktur des Buches bedient durchaus unterschiedliche Anforderungen. Sie werden mit einer Auswahl an typischen Problemen

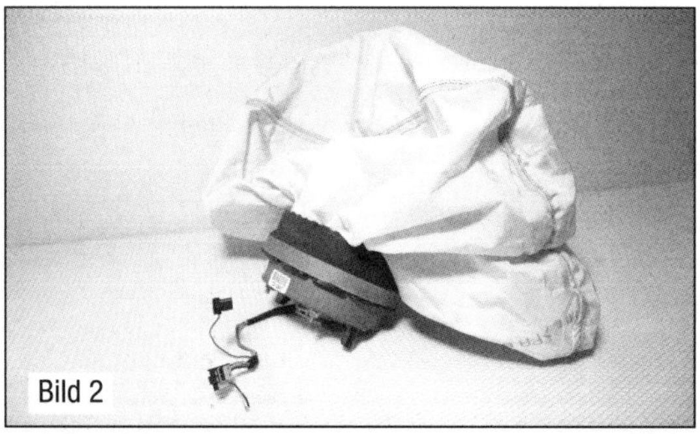

Bild 2
EXPLOSIV: gezündeter Airbag.

Bild 3
»Self-made«-Beulendoktor.

aufgefangen und über die Messtechnik und die Bauteilbeschreibung bis hin zu den Montagearbeiten betreut. Funktionsabläufe und Bauteile werden Ihnen recht einfach erklärt. Auch der Umgang mit den Mess- und Diagnosegeräten wird an praktischen Beispielen abgehandelt, die Sie sofort nachvollziehen können.
Um einen möglichst schnellen Zugriff auf die Informationen in diesem Buch zu ermöglichen, sind die technischen Daten, die zur Einstellung, Reparatur und Wartung benötigt werden, in einem separaten Kapitel zusammengefasst. Alle technischen Angaben, die speziell bei den Arbeiten benötigt werden, finden Sie natürlich auch an den entsprechenden Stellen. Die Montagearbeiten werden auf gängige Reparaturen beschränkt. Sie sollten aber immer sicherstellen, dass Sie in der Lage sind, die Reparaturen selbst durchzuführen. Ungeeignete Messgeräte oder auch fehlerhafte Handhabung eines Messgerätes können nicht nur finanzielle Folgen haben. Für die Arbeiten an Airbagsystemen ist eine spezielle Ausbildung erforderlich, die mit einem Sachkundenachweis abgeschlossen wird.

⚠ Unterlassen Sie es zu Ihrer eigenen Sicherheit, an Sitzen oder anderen Bauteilen Hand anzulegen, ohne diese spezielle Ausbildung abgeschlossen zu haben. Arbeiten an diesem System ohne Sachkunde sind GROB fahrlässig und gefährden Ihr Leben. Sollten Probleme an diesem System auftauchen, suchen Sie immer eine Werkstatt auf und erkundigen Sie sich auch darüber, inwieweit die »Airbag-Sachkunde« besteht.

⚠ In den einzelnen Airbageinheiten befinden sich zwar »kleine«, aber nicht ungefährliche Mengen an Sprengstoff. Nicht umsonst sind der Transport, der Umgang und die Lagerung gesetzlich im Sprengstoffgesetz geregelt. Die Arbeiten am Airbagsystem werden aus diesem Grunde nicht beschrieben. Es gibt aber auch so noch genügend Arbeiten, die Sie durchaus in Eigenregie angehen können.
Natürlich beschäftigt sich dieses Buch nicht nur mit Elektronik oder der reinen Montagearbeit. Die wichtigsten Bauteile mit Messwerten und Messarten werden genauso dargestellt wie kleinere Arbeiten an der Karosserie.

## Sicherheit geht immer vor

Sicherheit hat beim Heimwerken absolute Priorität. Nur Arbeiten anpacken, die man wirklich beherrscht. Handwerkliche Tätigkeiten, mit denen man in der Praxis bislang wenig oder gar keine Erfahrung hatte, sollte man niemals auf die leichte Schulter nehmen. Unsachgemäß ausgeführte Arbeiten können früher oder später fatale Folgen haben (Bilder 4-12).

### Umgang mit Pyrotechnik-Bauteilen

⚠ Der Sicherheitsaspekt gilt insbesondere für pyrotechnische Bauteile. Diese enthalten einen Treibstoff, bei dessen Abbrand ein Gas erzeugt wird. In manchen Fällen steht für die Gaserzeugung noch zusätzlich in einem Druckbehälter gespeichertes Druckgas zur Verfügung. Die Zündung erfolgt über elektrische/mechanische Anzünder. Bei unsachgemäßer Handhabung von Komponenten dieser Systeme kann es zu schweren Unfällen kommen. Deshalb keine Schraub- oder gar Reparaturversuche an der Sicherheitsausstattung vornehmen, sondern bei notwendigen Instandsetzungen an eine Fachwerkstatt mit Fehler-Auslesegeräten, Diagnose-Einrichtungen und geschultem Personal wenden!

⚠ Mechaniker, die an Rückhaltesystemen arbeiten, müssen spezielle Schulungen nachweisen und bei den zuständigen Behörden gemeldet sein. Pyrotechnische Bauteile dürfen auch nur im eingebauten Zustand und mit vom Hersteller freigegebenen Diagnosesystemen geprüft werden, keinesfalls mit Prüflampe, Voltmeter oder Ohmmeter. Nach dem Berühren von gezündeten pyrotechnischen Bauteilen: Hände waschen! Bauteile, die auf eine harte Unterlage gefallen sind oder Beschädigungen zeigen, dürfen nicht mehr verbaut werden.

⚠ Lagerung, Transport und Entsorgung von Airbag-, Gurtstraffer- und Batterieabtrennungseinheiten (pyrotechnische Bauteile) unterliegen der jeweiligen nationalen Gesetzgebung.

Bild 4
Gehörschutz: Bei Blecharbeiten mit Winkelschleifer u. Ä. notwendig.

Bild 5
Schutzbrille: Besonders beim Bohren, Schleifen und Meißeln tragen.

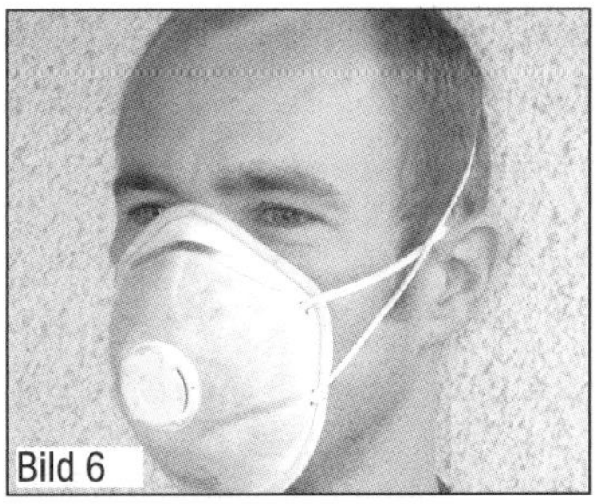

Bild 6
Atemschutzmaske mit auswechselbaren Filterelementen: Bei Arbeiten mit atemgängigen Stäuben unerlässlich.

Bild 7
Bei Arbeiten in der Grube: Unbedingt für Frischluft sorgen.

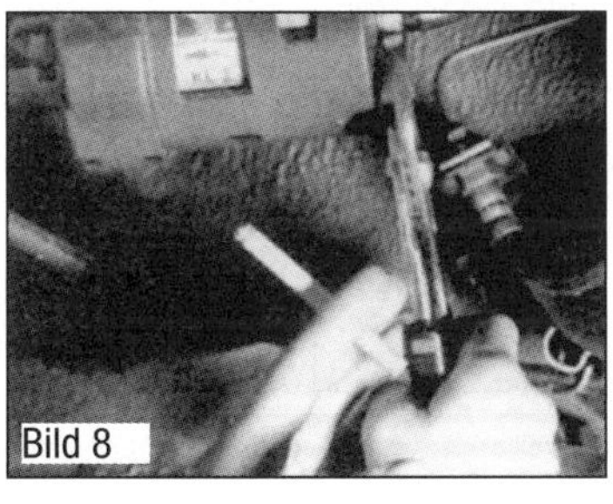

Bild 8
Nicht rauchen: Sollte eigentlich bei Reparaturarbeiten, gerade an der Kraftstoffanlage, die Regel sein.

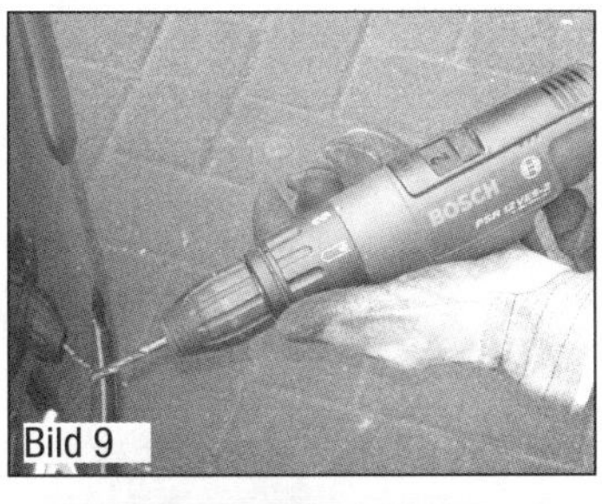


Bild 9
Arbeitshandschuhe: Bei vielen Arbeiten angebracht, beim Umgang mit Bohrmaschinen jedoch sehr gefährlich.

Bild 10
Leere Sprühdosen, Altöl, Bremsflüssigkeit u. a. als Sondermüll entsorgen.

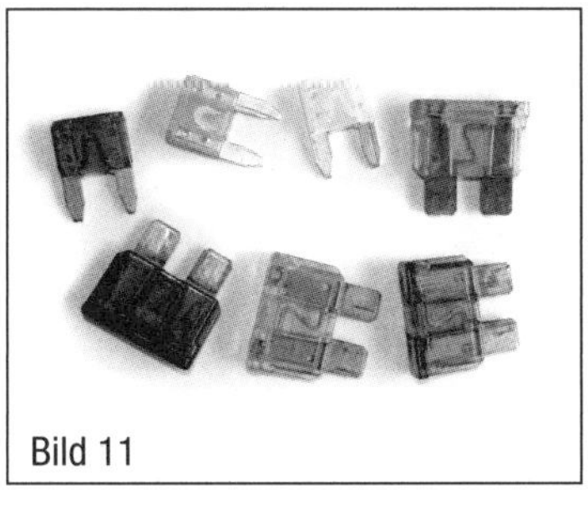

Bild 11
Durchgebrannte Sicherungen: Niemals mit Alufolie, Büroklammern o. Ä. flicken.

Bild 12
Hochspannung: Vorsicht bei laufendem Motor oder eingeschalteter Zündung.

**Umgang mit Bauteilen der Klimaanlage**
Für das Kfz-Gewerbe sind z. B. auf europäischer Ebene zahlreiche relevante Gesetze erlassen worden. National ist z. B. in Deutschland zusätzlich zur Präzisierung der europäischen Gesetzgebung ab dem 1. August 2008 die Chemikalien-Klimaschutzverordnung in Kraft getreten.

- Verordnung (EG) Nr. 1005/2009
- Verordnung (EG) Nr. 842/2006
- Verordnung (EG) Nr. 706/2007
- Verordnung (EG) Nr. 307/2008
- Richtlinie 2006/40/EG
- Chemikalien-Klimaschutzverordnung, Kreislaufwirtschafts- und Abfallgesetz (Deutschland)

Alle Personen, die an Kraftfahrzeug-Klimaanlagen Wartungs- und Reparaturarbeiten durchführen, müssen eine Schulung oder ein Trainingsprogramm besucht haben und die Sachkunde nachweisen (Sachkundenachweis).

⚠ Beim unkontrollierten Druckablassen besteht Gefahr durch Vereisung. Hieraus können schwerwiegende Verletzungen entstehen (Gefrierbrand ist nicht nur bei Grillfleisch unschön!). Bei nicht entleertem Kältemittelkreislauf tritt Kältemittel aus. Das Kältemittel ist vor dem Öffnen des Kältemittelkreislaufs abzusaugen. Wird der Kältemittelkreislauf nach dem Absaugen innerhalb 10 Minuten nicht geöffnet, kann durch Nachverdampfung Druck im Kältemittelkreislauf entstehen. Das Kältemittel muss dann nochmals abgesaugt werden. Alle geöffneten Bauteile des Kältemittelkreislaufs sind gegen Eintritt von Luftfeuchtigkeit mit geeigneten Verschlussstopfen zu verschließen. Es ist verboten beim Betrieb, bei Instandsetzungsarbeiten und bei Außerbetriebnahme von Erzeugnissen, die Kältemittel enthalten, entgegen dem Stand der Technik die in ihnen enthaltene Stoffe in die Atmosphäre entweichen zu lassen.

Bild 13

Bild 13
Achtung Stromschlag! Restladungen und Induktionsspannungen können gesundheitsgefährdend sein.

**Verletzungsgefahr durch automatischen Motorstart bei Fahrzeugen mit Start-Stopp-System**
Bei Fahrzeugen mit aktiviertem Start-Stopp-System (erkennbar an einer Meldung im Schalttafeleinsatz) kann der Motor bei Bedarf automatisch starten.
☞ Deshalb sicherstellen, dass bei Arbeiten am Fahrzeug das Start-Stopp-System deaktiviert ist (Zündung ausschalten, bei Bedarf Zündung wieder einschalten).

**Verletzungsgefahr bei Arbeiten an der elektrischen Anlage**
Nicht nur die schon angesprochene Zündanlage birgt einige Überraschungen, die Sie in ungünstigen Situationen oder körperlichen Vorschäden leicht in Lebensgefahr bringen können. Im Gegensatz zur Hauselektrik sind keine »Personenschutzschalter« vorgesehen. Ziehen Sie grundsätzlich nicht leitende Handschuhe an, wenn Sie an Bauteilen arbeiten, deren Ladungszustand Sie nicht kennen.

Für die Arbeiten an Hybridfahrzeugen oder Elektrofahrzeugen ist ein besonderer Lehrgang erforderlich. Für die zum Redaktionsschluss in diesem Buch behandelten Modelle ist ein solches Fahrzeug noch nicht lieferbar. Die derzeitige Entwicklung kann ein solches Modell aber schon in wenigen Jahren auf die Räder, die Straße und dann sicherlich auch in Ihre Werkstatt bringen.

## Richtiges Aufbocken

Im Bordwerkzeug des Tiguan ist der übliche Spindelwagenheber nur vorhanden, wenn ein Reserverad und nicht das Reifenreparaturset zur Serienausstattung gehört. Mit dem Dichtmittel ist ja bei einer Reifenpanne der Radausbau nicht mehr nötig. Die Reparatur geschieht über das Ventil des beschädigten Reifens. Ist der Spindelwagenheber im Bordwerkzeug (Bild 14), kann man mit diesem einfachen Gerät das Fahrzeug für viele Arbeiten hoch genug anheben. Mit einem untergelegten Brett können Sie die Hubhöhe sogar noch etwas vergrößern.

Vor allem bei weichem Untergrund ist es ratsam, ein 2 cm dickes Brett mit 30 x 30 cm Seitenlänge unter den Heberfuß zu legen. Das verringert die Gefahr, dass der Heberfuß in den Boden einsinken kann. Der Bordwagenheber darf jedoch nur dazu dienen, das Fahrzeug anzuheben. Eine ausreichende Abstützung für Arbeiten an der Wagenunterseite stellt er nicht dar, dazu sind Unterstellböcke (Bild 15) erforderlich. Schon bei kleineren Arbeiten, z. B. dem Wechseln der Bremsbeläge, soll das angehobene Fahrzeug aus Sicherheitsgründen unbedingt mit Unterstellböcken abgestützt sein.

Zum Anheben bequemer, effektiver und auch sicherer sind Werkstattwagenheber, auch Rangierwagenheber genannt (Bild 16, mit geeigneter Gummi- oder Holzzwischenlage). Die beste Möglichkeit ist natürlich eine Hebebühne. Um Beschädigungen am Fahrzeugboden bzw. ein Abkippen des Fahrzeugs zu vermeiden, darf das Fahrzeug nur an den vorgesehenen, mit einer Eindrückung markierten und extra verstärkten Aufnahmepunkten am Unterholm angehoben werden. Der Wagen darf keinesfalls an der Motorölwanne, am Getriebe oder an den Achsen angehoben werden, da sonst schwerwiegende Schäden eintreten können.

## An- und Abschleppen

Bei manchen Pannen muss das Fahrzeug abgeschleppt werden. Anschleppen, weil der Motor nicht anspringen will, sollte man nur, wenn keine Möglichkeit besteht, den Motor mit Starthilfekabeln zu starten.

⚠ Fahrzeuge ohne Schmiermittel im Schaltgetriebe oder mit Automatikgetriebe dürfen nur mit angehobenen Antriebsrädern abgeschleppt werden.

Das Anschleppen von Fahrzeugen mit automatischem Getriebe zum Starten des Motors ist aus technischen Gründen nicht möglich. Beim Abschleppen von Fahrzeugen mit automatischem Getriebe muss der Wählhebel in Position »N« sein, und es darf nicht weiter als 50 km und nicht schneller als 50 km/h geschleppt werden, da sonst das Getriebe zerstört wird.

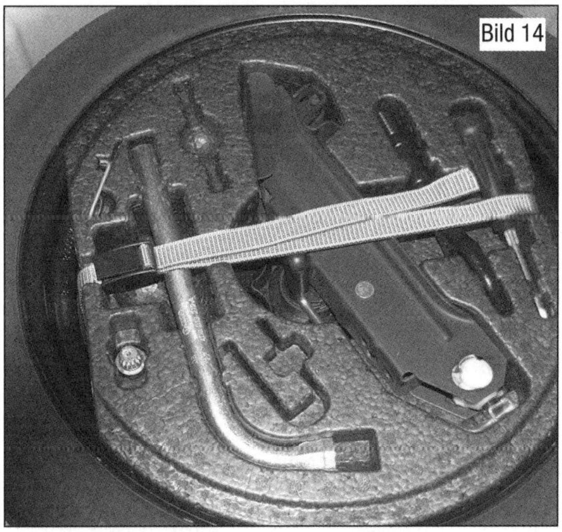

Bild 14
Bordwerkzeug im Notrad, von links: Radkappen-Abziehhaken, Radschraubensicherungs-Adapter, Radschraubenschlüssel, Spindelwagenheber, Abschleppöse, Schraubendreher.

Bild 15
Unterstellböcke paarweise kaufen und verwenden, mit Splint (am Kettchen) sichern.

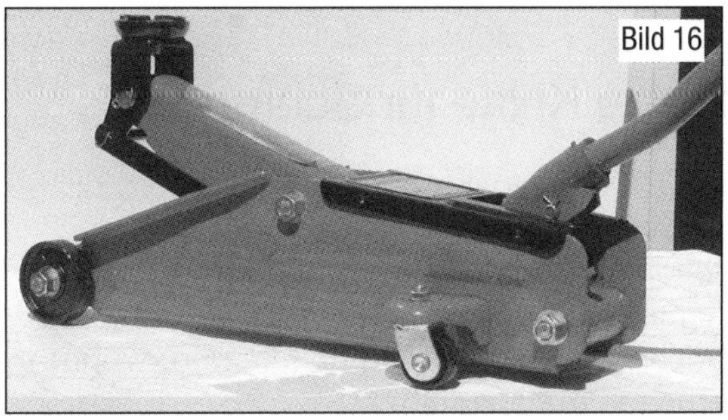

Bild 16
Rangierwagenheber sind sicherer und leichter zu bedienen als Spindelwagenheber.

Zum An- und Abschleppen sollten Kunstfaserseile oder Seile aus ähnlich elastischem Material verwendet werden. Sicherer ist eine Abschleppstange. Beim Abschleppen dürfen keine unzulässigen Zugkräfte und keine stoßartigen Belastungen auftreten. Seil oder Stange dürfen nur an den vorgesehenen Abschleppösen vorn oder hinten angebracht werden. Die einschraubbare Öse befindet sich im Bordwerkzeug, die Einschraubgewinde werden nach Entfernen einer kleinen Abdeckung in den Stoßfängerverkleidungen vorn und hinten zugänglich. Von Hand eindrehen, mit durchgestecktem Radschraubenschlüssel festziehen.

Bei Schleppmanövern abseits regulärer Straßen besteht die Gefahr, dass die Befestigungsteile überlastet werden. Wird ein Abschleppseil verwendet, muss der Fahrer des ziehenden Wagens beim Anfahren und Schalten besonders weich einkuppeln. Der Fahrer des gezogenen Wagens hat darauf zu achten, dass das Seil straff gehalten wird. An beiden Fahrzeugen die Warnblinkanlage einschalten. Die Zündung muss eingeschaltet sein, damit das Lenkrad nicht blockiert ist und Blinkleuchten, Hupe und Scheibenwischer bei Notwendigkeit eingeschaltet werden können. Da der Bremskraftverstärker nur bei laufendem Motor arbeitet, muss ggf. das Bremspedal kräftiger getreten werden. Beim Anschleppen von Fahrzeugen mit Schaltgetriebe ist Folgendes zu beachten:

- Vor dem Anschleppen 2. oder 3. Gang einlegen, Kupplung halten.
- Zündung einschalten, damit Lenkrad nicht blockiert und Blinkleuchten, Hupe sowie Wisch-/Waschanlage benutzt werden können.
- Kupplungspedal loslassen, wenn beide Fahrzeuge in Bewegung sind.
- Sobald der Motor angesprungen ist, Kupplung treten und Gang herausnehmen, um Auffahren auf das Zugfahrzeug zu vermeiden.

## Einige Kniffe für Schrauber

Eine unlösbare Verschraubung oder eine abgerissene Schraube haben schon manchen Heimwerker von seinem Reparaturvorhaben wieder abgebracht. Unsere Hinweise sollen helfen, ungewohnte Arbeiten durchzuführen.

**Verrostete Verschraubungen lösen**

- Die freiliegenden Gewindegänge des Gewindebolzens von Rost und Schmutz befreien.
- Gewinde mit einer Drahtbürste säubern und anschließend mit Rostlöser besprühen.
- Bei Schnell-Rostlösern die Mutter sofort losdrehen.
- Bei anderen Rostlösern etwas warten.
- Wenn die Kanten einer Mutter bereits rund gedreht sind oder wenn Rost die Anlageflächen deformiert hat, hilft nur noch Gewalt.
- Gripzange verwenden. Damit lässt sich die Mutter fest greifen und oft losdrehen.
- Hilft das nicht weiter, wird ein scharfer Meißel angesetzt und die Mutter aufgemeißelt.
- Eine gut zugängliche Mutter kann auch entlang des Gewindes mit einer Metallsäge aufgesägt werden. Werkstätten benutzen einen Mutternsprenger.

**Innensechskant- und Innenvielzahnschrauben lösen**

- Das Schraubenloch muss von jeglichem Schmutz gesäubert sein, ehe das Werkzeug angesetzt wird.
- Am besten eignen sich Steckeinsätze mit langem Sechskant oder Vielzahn (Torx).
- Im Gegensatz zu Winkelschlüsseln, bei denen die Kraft schräg ansetzt, vertragen die Steckeinsätze einen Hammerschlag auf der Adapterseite mit dem Vierkant. Der Schlag lockert den Sitz der Schraube und erleichtert merklich das Lösen.

**Schlitz- und Kreuzschlitzschrauben lösen**

Schrauben können so fest sitzen, dass sie sich nicht mehr mit dem Schraubendreher herausdrehen lassen. Bei Kreuzschlitzschrauben dreht sich der Schraubendreher auch bei starkem Druck auf den Griff aus dem Kreuzschlitz heraus. Nach einigen erfolglosen Versuchen ist der Schlitz vermurkst, die Schraube ist praktisch unlösbar.

- Stabilen Schraubendreher ansetzen und mit kräftigem Hammerschlag auf das Griffende versuchen, die Schraubverbindung zu lösen. Meistens bricht die mit dem Kopf festkorrodierte Schraube los. Sie lässt sich dann normal herausdrehen.
- Hilft der kräftige Hammerschlag nichts, muss ein Schlagschrauber her. Bei jedem Schlag auf dessen Griffoberseite wird der Schraubendrehereinsatz unter Druck ein wenig weiter gedreht.

**Blechschrauben ausbohren**
Lässt sich in einem Schraubenkopf kein Werkzeug mehr ansetzen, hilft nur noch ausbohren.
■ Erst entfernt man mit einem passenden Bohrer den Schraubenkopf. Eventuell mit einem kleineren Bohrer vorbohren.
■ Das Gewindeteil lässt sich jetzt entweder durchstoßen oder mit einer Zange von der Rückseite abnehmen.
■ Andernfalls mit einem dünnen Bohrer das Gewindeteil ausbohren. Den Bohrerdurchmesser nicht zu groß wählen, sonst hält später nur eine dickere Blechschraube.

**Stehbolzen lösen und festdrehen**
■ Anlagefläche für Schraubenschlüssel schaffen.
■ Auf dem freien Gewindeteil zwei Muttern fest gegeneinander drehen (kontern).
■ An den blockierten Muttern den Schraubenschlüssel ansetzen und den Bolzen lösen.

**Abgerissene Schrauben ausbohren (Bild 17)**
Das Gegengewinde, in dem die abgerissene Schraube steckt, sollte möglichst wenig Schaden nehmen.
■ Körnerschlag auf Schraubenrestmitte.
■ Bis Schraubengröße M8 mit einem Kernlochbohrer arbeiten. Das ist der Durchmesser einer Schraube ohne Gewindeflanken. Faustregel: Gewindedurchmesser multipliziert mit 0,8.
■ Schrauben größer als M8 mit einem dünneren Bohrer vorbohren.
■ Wenn sich die Metallreste nicht mit einer Reißnadel aus den Gewindegängen entfernen lassen, Gewinde nachschneiden.

**Gewinde schneiden (Bild 18)**
Hat das Metall noch genug Substanz, kann ein größeres Gewinde eingeschnitten werden. Andernfalls muss eine Gewindebuchse eingesetzt werden. Das Nach- oder Neuschneiden von Gewinden geht in drei Stufen vor sich. Die entsprechenden Gewindeschneider heißen Vorschneider (mit einem Ring am Schaft gekennzeichnet), Mittelschneider (zwei Ringe am Schaft) und Fertigschneider (drei Ringe oder ohne Kennzeichnung).
■ Gewindeschneider nacheinander unter ständigem Ölen in das vorgebohrte Kernloch hinein- und wieder herausdrehen.
■ Beim Hineindrehen ab und zu absetzen und ein Stück zurückdrehen. Sonst werden die Metallspäne zu lang und klemmen.

Bild 17
Bild 17
Ausbohren eines abgerissenen Bolzens.

Bild 18
Bild 18
Gewindeschneiden mit Vorsicht und Bedacht.

# 2 Modell

## Modellvorstellung

November 2006. Der Countdown für den Tiguan ist angelaufen: Volkswagen hat den »kleinen Bruder des Touareg« auf den Markt gebracht. Ein SUV, ein höchst variabel einsetzbarer Begleiter für alle Strecken, Terrains und Situationen. Juni 2011: Der neue Tiguan wurde nicht nur im Design aktualisiert, sondern auch technisch perfektioniert und mit zahlreichen neuen Ausstattungsdetails verfeinert. Wie bei den meisten Fahrzeugen der Volkswagengruppe findet sich hier ein ausgefeiltes Bordnetzsystem, welches einzelne Funktionen von Sensoren und Aktoren zu Systemen verflicht, die Software basiert auf vorhandenen hochwertigsten Komponenten.

### Nützliche Assistenten

Gleich fünf neue Fahrerassistenzsysteme machen den beliebten SUV sicherer und komfortabler als jemals zuvor. Während beispielsweise **»Lane Assist«** das Fahrzeug sicher in der Spur hält, erfasst die **Müdigkeitserkennung** Abweichungen vom normalen Fahrverhalten und empfiehlt dem Fahrer optisch und akustisch beizeiten eine Pause zu machen (Bild 1). Zudem neu verfügbar für alle Versionen: die **elektronische Differentialsperre XDS**, die insbesondere in den Kurven für verbesserte Fahrdynamik sorgt. Die mit Sensortechnik und schnellen Steuergeräten arbeitenden neuen Assistenzsysteme sind in der Lage, Teile des Fahrzeugumfelds zu erfassen und aus ihren Erkenntnissen die richtigen Entscheidungen und Handlungen abzuleiten: Die Regelung **»adaptive cruise control« (ACC)** hält auf der Autobahn durch Distanzmessung die Geschwindigkeit und den Ideal-Abstand zum vorausfahrenden Fahrzeug konstant. Die neue **»adaptive Fahrwerksregelung« (DCC)** macht den Wagen auf Knopfdruck zum Sportler. Sehr hilfreich ist das System **»Park Assist«**, mit dem sich das Fahrzeug nahezu selbstständig einparkt.

Bild 1
Elektronik im Fahrerüberwachungsmodus: Der Fahrer wird mit einbezogen und informiert.

Die meisten der Funktionen entstehen »virtuell« und ergeben sich aus den in einem Datennetz gekoppelten Steuergeräten. Die Reparatur fängt deshalb heute meistens nicht mit dem Schraubenschlüssel, sondern mit dem Diagnosetester an. Selbstverständlich überwachen sich die Systeme bis zu einem gewissen Grade auch selbsttätig. Um die Ergebnisse dieser Überwachung mit in die Wartungsarbeiten, Reparaturen und die Fehlersuche einbeziehen zu können, ist die Fehlerspeicherabfrage bei diesen Gelegenheiten durchzuführen.

### Dynamische Dimensionen

Der neue Tiguan ist 4526 mm lang, 1786 mm breit und 1809 mm hoch (Bild 2). Der Spiegelabstand von 2041 mm verwehrte oft die linke Spur in Autobahnbaustellen (ab Sommer 2012 sind es ja nun doch 2100 mm). Der Böschungswinkel für die kleinere Stoßstange vorne beträgt 28° und reduziert sich in der Spoilervariante auf 18°. Hinten ergibt der Überhang einen Böschungswinkel ohne Anhängekupplung 25°. Der Radstand zeigt mit 2604 mm ein stattliche Länge und mit einer Spurweite von 1569 mm ein recht breites Fahrzeug. In der Summe ergibt sich ein dynamischer Gesamteindruck. Front und Heckpartie gliedern sich hervorragend in das neue dynamische Familiengesicht der Volkswagenfahrzeuge ein.

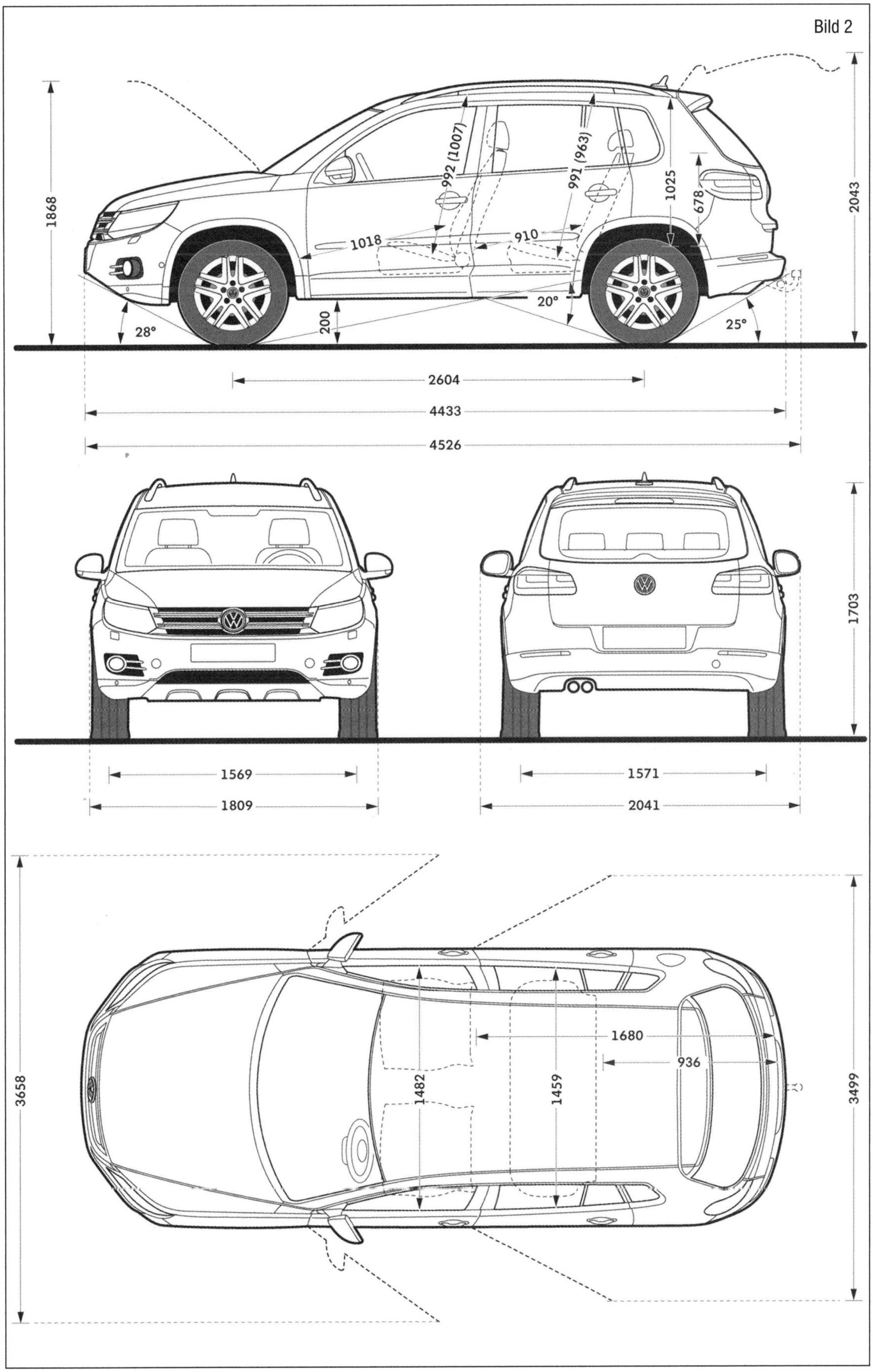


Bild 2
Fahrzeugabmessungen in der Übersicht.

## Identifizierung

**Fahrgestellnummer**
Die Fahrzeug-Identifizierungsnummer befindet sich hinter der Frontscheibe auf der Fahrerseite unten (Bild 3). Weiterhin können Sie die Fahrzeug-Identifizierungsnummer auch auf der rechten Fahrzeugseite im Wasserkasten finden.

Aufschlüsselung der Fahrzeug-Identifizierungsnummer

| | |
|---|---|
| WVG | Herstellerzeichen |
| ZZZ | Füllzeichen |
| 5N | Typ |
| Z | Füllzeichen |
| 8 | Modelljahr 2008 |
| W | Produktionsstätte |
| 000 234 | Laufende Nummer |

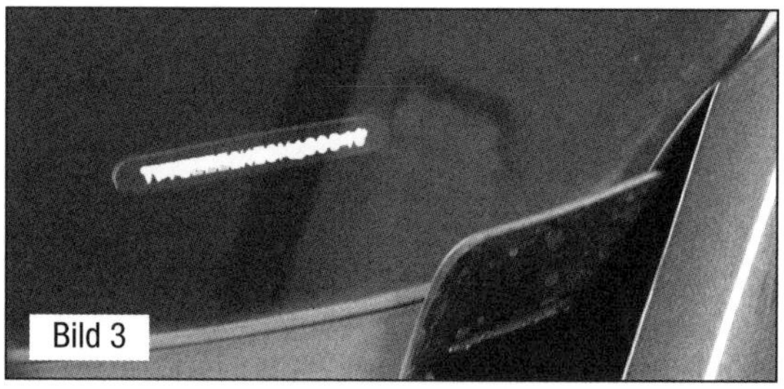

Bild 3
Sichtbare Fahrgestellnummer im Sichtfenster der Windschutzscheibe.

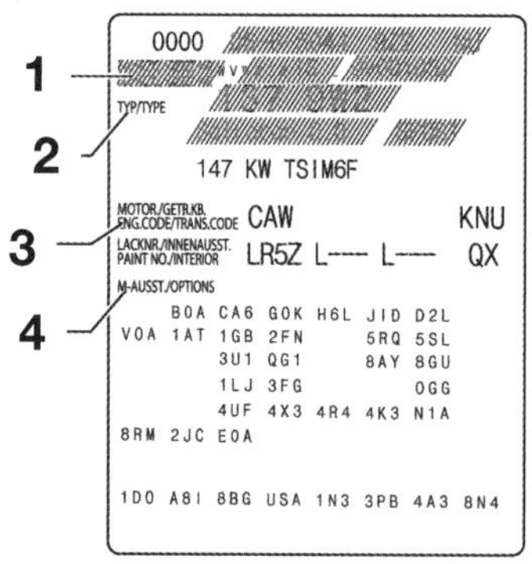


Bild 4
Fahrzeugdatenträger.
1 Fahrzeug-Identifizierungsnummer
2 Fahrzeugtyp, Motorleistung, Getriebe
3 Motor- und Getriebekennbuchstaben, Lacknummer, Innenausstattung
4 Mehrausstattungen, PR-Nummern

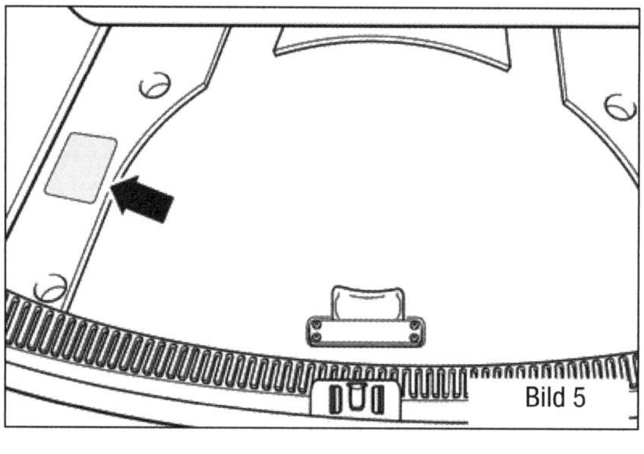

Bild 5
Position des Fahrzeugdatenträgers im Kofferraum unter der Abdeckung.

**Fahrzeugdatenträger**
Den Fahrzeugdatenträger finden Sie gleich zweimal im Fahrzeug. Zum einen ist er unter der Kofferraumabdeckung auf dem Bodenblech verklebt (Bild 5). Der Datenträger befindet sich auch im Serviceplan des Fahrzeuges. Der Aufkleber im Serviceplan und der im Kofferraum unterscheiden sich nicht und enthalten die gleichen Daten (Bild 4).

Der Aufkleber enthält folgende Fahrzeugdaten:
1 - Fahrzeug-Identifizierungsnummer
2 - Fahrzeugtyp, Motorleistung, Getriebe
3 - Motor- und Getriebekennbuchstaben, Lacknummer, Innenausstattung
4 - Mehrausstattungen, PR-Nummern

Gerade für die Teilebestellung beim Zubehörhändler sind neben der Fahrgestellnummer und dem Zulassungsdatum auch der Motor sowie der Getriebekenncode sehr wichtig.

## Servicevorgaben

Was den Service angeht, teilt der Fahrzeugdatenträger mit, ob das Fahrzeug mit der Produktionssteuerungsnummer (PR Nummer) **QG0, QG1, QG2 oder QG3** ausgestattet ist. Diese Nummern geben Aufschluss über die Service-Intervalle.

**QG1:**
Werkseitig mit aktivem LongLife-Service ausgerüstet. Diese Fahrzeuge haben flexible Service-Intervall-Anzeige im Kombiinstrument, Motorölstandsensor sowie zumeist Bremsbelagverschleißanzeige. Bei Fahrzeugen mit LongLife-Service wird das Service-Intervall durch das Steuergerät entsprechend Fahrweise und Einsatzbedingungen ermittelt und dem Fahrer von der Service-Intervall-Anzeige (SIA) angezeigt. Zur Berechnung dienen Fahrstrecke, Kraftstoffverbrauch, Öltemperatur und (bei Dieseln) Belastung des Partikelfilters. Ermittelt wird der Verschleiß des Motoröls durch thermische Belastung. Der Verschleiß bestimmt die erreichbare Fahrstrecke bis zum nächsten Service. Diese flexiblen Service-Intervalle gelten für alle Wartungsereignisse, zu denen ein Wechsel des Motoröls gehört.

**QG0, QG2 oder QG3:**
Zeit- oder laufleistungsabhängiger Service. Bei diesen Fahrzeugen wird in so genannten starren Service-Intervallen gerechnet. Die angegebenen Kilometer- oder Zeitwerte sind dabei vorher von Volkswagen ermittelt und festgelegt worden. Bei üblichen Betriebsbedingungen ist das Erreichen dieser Service-Intervalle technisch abgesichert.

Weiter aufgeschlüsselt:
**– QG0-Fahrzeuge:** Werkseitig nicht mit den Komponenten für LongLife-Service ausgerüstet. Für die Wartung gelten von Zeit oder Laufleistung abhängige starre Intervalle.
**– QG2-Fahrzeuge:** LongLife-Service ist werkseitig nicht aktiviert. Service-Intervall-Anzeige (SIA) und Service-Intervalle sind starr. Diese Fahrzeuge haben aber eben eine SIA im Schalttafeleinsatz, haben Motorölstandsensor und bei entsprechender Ausstattung auch Bremsbelagverschleißanzeige.
**– QG3-Fahrzeuge:** LongLife-Service ist werkseitig nicht aktiviert. Service-Intervall-Anzeige (SIA) und Service-Intervalle sind starr. Diese Fahrzeuge haben aber eben eine SIA im Schalttafeleinsatz. Bei entsprechender Ausstattung verfügen sie auch über Bremsbelagverschleißanzeige.

**Anzeige im SIA**
Wenn Wartung oder Ölwechsel erforderlich sind, erscheint die Anzeige »Service jetzt« auf dem Display. Vor demnächst fälligem Service gibt es eine Vorwarnung: »Service in --- km oder --- Tagen«. Die Anzeige erlischt nach einigen Sekunden oder bei laufendem Motor. Auch durch Drücken der »OK«-Taste unten am Scheibenwischerhebel oder in der Mitte des rechten Tastenblocks im Multifunktionslenkrad lässt sie sich in die Normalanzeige schalten. Bei Fahrzeugen ohne Textmeldung im Display ertönt bei fälligem Service beim Einschalten der Zündung ein Gongsignal, und für einige Sekunden blinkt das »Schraubenschlüssel«-Symbol. Die Vorwarnung geschieht mit blinkendem »Schraubenschlüssel« und Angabe noch zu fahrender km oder (mit Uhrsymbol) noch zu fahrender Tage. Nach dem Service muss die Intervallanzeige zurückgesetzt werden.

**Service- und andere Wechsel-Intervalle**

| | | |
|---|---|---|
| QG0/QG2/QG3-Fahrzeuge | Ölwechsel-Service | alle 15.000 km/1 Jahr |
| QG0/QG2/QG3-Fahrzeuge (gilt auch für QG1-Fahrzeuge mit Codierung auf Festintervall) | Intervall-Service | alle 30.000 km/2 Jahre |
| QG1-Fahrzeuge | Intervall-Service | Flexibel ab 15.000 km / 1 Jahr bis max. 30.000 km / 2 Jahre |
| Alle Fahrzeuge | Inspektions-Service | Nach 3 Jahren / max. 60.000 km, dann alle 2 Jahre / 60.000 km |
| Motorölfilter | | Alle 15.000 km oder 1 Jahr |
| Luftfilter | | Alle 90.000 km oder 6 Jahre |
| Staub- und Pollenfilter | | Alle 60.000 km oder 2 Jahre |
| Zündkerzen 1.8/2.0 TSI | | Alle 90.000 km oder 6 Jahre |
| Zündkerzen alle anderen | | Alle 60.000 km oder 4 Jahre |
| Ölfilter des 6-Gang-DSG | | Alle 60.000 km |

## Servicemeldung abfragen

Bei eingeschalteter Zündung, abgestelltem Motor und stehendem Fahrzeug kann jederzeit (frühestens aber 500 km nach dem letzten Service) die aktuelle Servicemeldung abgefragt werden. Das kann ebenso wie das nach jedem Ölwechsel- und Intervall-Service nötige Zurücksetzen der SIA mit der Wippe im Scheibenwischerhebel, mit den Tasten in der rechten Speiche des Multifunktionslenkrads oder den Bedientasten am Schalttafeleinsatz erfolgen. Natürlich sind diese Arbeiten auch mit dem Fahrzeugdiagnosetester zu erledigen.

Sichtprüfung Messen

**Abfragen der Meldung über Wischerhebel oder Lenkrad**

■ Mit der Wippe rechts außen am Scheibenwischerhebel oder den Pfeiltasten rechte Speiche im Lenkrad (Bild 7) das Menü »Einstellungen« wählen.

■ Im Untermenü »Service« den Menüpunkt »Info« markieren und die OK-Taste drücken (unten am Wischerhebel, mittig im Lenkrad-Tastenfeld).

■ Bei Fahrzeugen ohne Display-Textmeldung erscheint bei überfälligem Service eine Kilometer- oder Tagesangabe mit Minuszeichen; ein entsprechender Displaytext lautet »Service seit --- km oder --- Tagen«.

**Abfragen der Meldung über Bedientasten am Schalttafeleinsatz**

■ Den Taster rechts unten am Tachometer (Bild 7) zweimal drücken; man gelangt in das Menü »Modus«.

■ Die Taste links unter dem Drehzahlmesser (Bild 7) vier Mal drücken. Die Service-Intervall-Anzeige blinkt. Die Restlaufzeit wird in Tagen und Kilometern angezeigt.

## Service-Intervall-Anzeige zurücksetzen

Nach erfolgtem Service muss die Anzeige (SIA) wieder zurückgesetzt werden (»Anpassung «).

**Mit dem Fahrzeugdiagnosetester geht das professionell vor sich:**

■ Tester im Fahrzeug anschließen (Bild 6), Zündung einschalten, »Geführte Funktionen« anwählen.

■ Nacheinander auswählen: Marke, Typ, Modelljahr, Motorkennbuchstaben. Fahrzeugidentifikation bestätigen.

■ Dann wiederum nacheinander auswählen: Schalttafeleinsatz, Service-Intervall-Anzeige zurücksetzen.

■ Die Anpassung gemäß den »Geführten Funktionen« vornehmen, dann »Sprung« anwählen und »Beenden« drücken.

■ Zündung ausschalten, Diagnosestecker abziehen, Zündung wieder einschalten.

■ Es wird nun kein Serviceereignis mehr angezeigt.

**Zurücksetzen der SIA über Wischerhebel oder Lenkrad**

■ Mit der Wippe rechts außen am Scheibenwischerhebel oder den Pfeiltasten rechte Speiche im Lenkrad das Menü »Einstellungen« wählen.

■ Im Untermenü »Service« den Menüpunkt »Reset« markieren und die OK-Taste drücken (unten am Wischerhebel, mittig im Lenkrad-Tastenfeld).

■ Es erfolgt eine Sicherheitsabfrage. Bestätigen Sie diese durch nochmaliges Drücken der jeweiligen OK-Taste.

**Zurücksetzen der SIA über Bedientasten am Schalttafeleinsatz**

■ Bei ausgeschalteter Zündung den Taster rechts unten am Tachometer drücken und halten; Zündung wieder einschalten.

■ Die Taste rechts unten am Tachometer loslassen und die Stelltaste für die Uhr links unter dem Drehzahlmesser einmal kurz drücken.

Die Service-Intervall-Anzeige befindet sich im Rückstellmodus.

■ Nach kurzer Zeit schaltet das Display in die Normalanzeige zurück.

## Umcodieren LongLife

Bei Fahrzeugen mit LongLife-Service (QG1), die nach ca. 15.000 km oder 12 Monaten zum Ölwechsel-Service kommen, muss die Service-Intervall-Anzeige auf nicht flexibel umcodiert werden. Dadurch wird sichergestellt, dass diese Fahrzeuge wieder in den normalen LongLife-Service-Rhythmus hineinkommen.

■ Zum Umcodieren muss ein Fahrzeugdiagnosetester angeschlossen werden.

■ Zündung einschalten, »Geführte Funktionen« anwählen.

■ Nacheinander auswählen: Marke, Typ, Modelljahr, Motorkennbuchstaben.

■ Fahrzeugidentifikation bestätigen und wiederum nacheinander auswählen: Schalttafeleinsatz, Service-Intervall-Verlängerung anpassen.

■ Anpassung gemäß den »Geführten Funktionen« vornehmen, anschließend »Sprung« anwählen und »Beenden« drücken.

■ Die Zündung ausschalten und den Diagnosestecker abziehen.

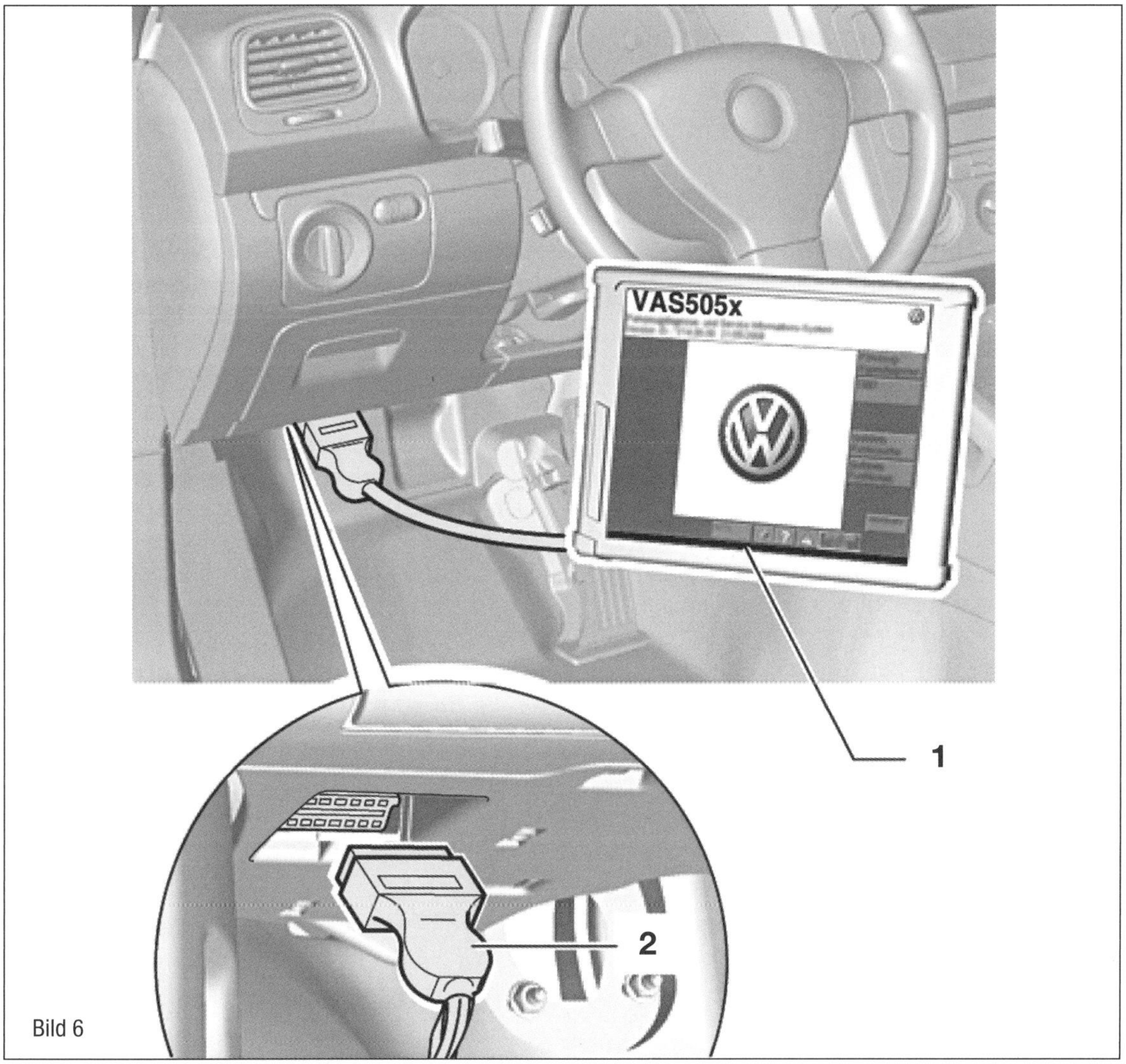


Bild 6

Bild 6
1 Fahrzeugdiagnosetester
2 OBD Stecker

Bild 7

Bild 7
1 Lenkradtasten
2 Display
3 Scheibenwischerschalter

# 3 Werkzeug und Ausrüstung

Ob nun reines Hobby oder beruflich: Das Schrauben birgt gewisse Risiken. Vom kleinen Kratzer bis hin zum tödlichen Unfall ist schon alles vorgekommen. Ärgerlich ist es aber auch schon, wenn durch einen unpassenden Schraubenschlüssel eine Schraube so beschädigt wird, dass sie sich nur mit einem erheblichen Aufwand lösen lässt. Einige Arbeiten werden durch Spezialwerkzeug deutlich erleichtert. Sollten Sie bestimmte Tätigkeiten öfter durchführen, scheuen Sie sich nicht, die Preise für das Spezialwerkzeug anzufragen. Gelegentlich sind die Preise so günstig, dass es sich nicht mal lohnt, die Werkzeuge nachzubauen.

## Standardausrüstung für mechanische Arbeiten

Sicherlich ist es immer besser, auf die Werkzeugsätze der Top-Markenhersteller zurückzugreifen. Als Basis allerdings sind auch schon günstigere Ausführungen recht bekannter Marken erhältlich (Bild 1). Gerade für die Arbeiten an modernen Fahrzeugen müssen neben den üblichen Sechskantnüssen auch Vielzahn- und Torxeinsätze zur Verfügung stehen (Bild 4). Eine günstige Alternative für unsere Zwecke bieten »Snap On«- oder »KS-Tool«-Werkzeugkoffer, die ein sehr komplettes Angebot liefern. Sind die Sätze im Angebot, kann man sein Werkzeugsortiment mit einem solchen Set leicht auch um 100 Euro erweitern.

An Werkzeug lässt sich leider kein Geld einsparen. Zum einen ist die Lebenserwartung dieses Werkzeuges stark an den Anschaffungspreis gekoppelt und zum anderen ist es extrem wichtig, dass die Maßhaltigkeit genau stimmt.

Wenn es um die Demontage von einzelnen Bauteilen geht oder auch nur zur Ablage von ausgebauten Fahrzeugteilen, ist eine Werkbank sehr hilfreich (Bild 2). Ist sie stabil genug, kann sie bei der Demontage der Motorteile gute Dienste leisten. Bei der Demontage fallen regelmäßig einige Schrauben an. Um diese besser wieder zuordnen zu können und sie sicher und sauber zu lagern, empfiehlt es sich, für die einzelnen Baugruppen jeweils eine am besten verschließbare Kiste zu verwenden (Bild 3).

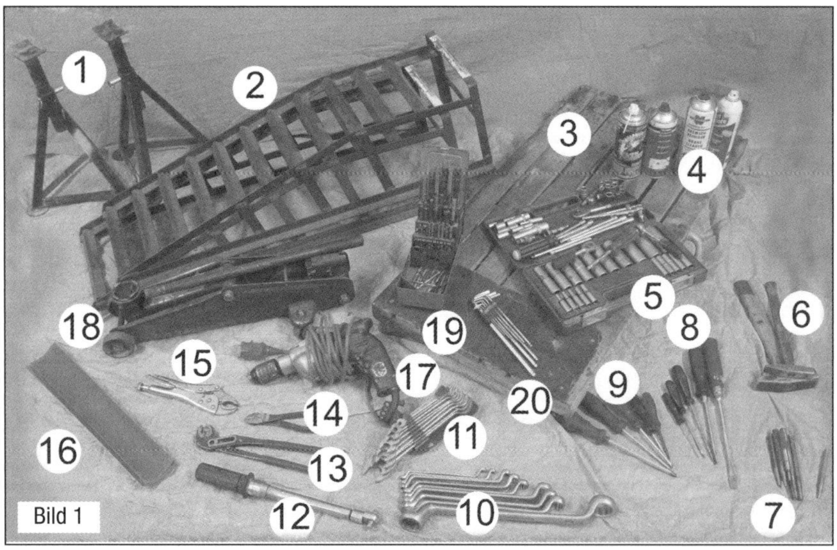


Bild 1

Bild 1
Standardwerkzeug in der Übersicht.
1 Unterstellböcke
2 Auffahrrampen
3 Rollbrett
4 Sprühfett, Rostlöser und Bremsenreiniger
5 Ratschenkasten-Werkzeugset
6 Schlosserhammer 500 g und 200 g
7 Durchschlagset und Körner
8 Schlitz-Schraubendreherset
9 Kreuz-Schraubendreherset
10 Ringschlüsselset
11 Gabelschlüsselset
12 Drehmomentschlüssel
13 Wasserpumpenzange
14 Seitenschneider
15 Grip- oder Schnappzange
16 Schleifpapier Korn 120
17 Handbohrmaschine
18 hydraulischer Wagenheber
19 Bohrerset
20 Innensechskant/-Torx/Vielzahnset

Bild 2

Bild 2
Werkbank und Ablage.

Bild 3

Bild 3
Kistchen und Kästchen – das spart Zeit.

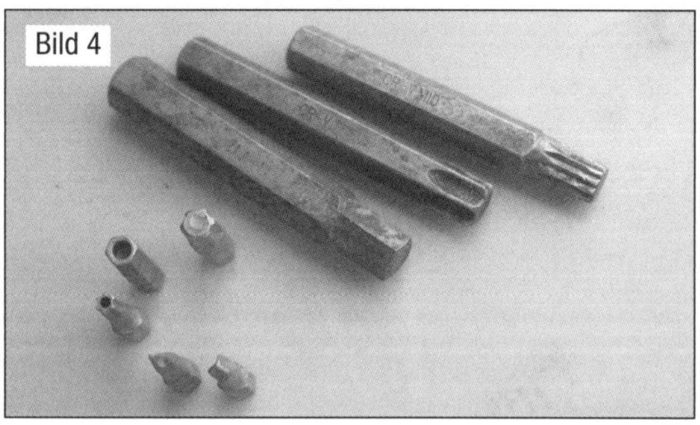

Bild 4

Bild 4
Innensechskant, Torx- und Vielzahneinsätze.

### Spezialwerkzeuge

Ein hilfreicher Spezialist für enge Stellen ist ein so genannter Greifer oder auch ein »Magnet am Stiel« (Bild 5). Der Motorraum ist gerade bei heutigen Fahrzeugen recht zugebaut. Fällt eine Schraube oder Klammer hinunter, muss diese natürlich wieder herausgesammelt werden. Oft genug wird es für die Finger zu eng. Der Versuch, mit einem Schraubendreher das Entfallene in erreichbare Nähe zu bekommen, endet meist mit einer noch verzwickteren Lage. Der Greifer oder auch ein Magnet kann helfen, die entflohenen Teile ohne fingerbrecherische Aktionen wieder einzufangen.

### Zahnriemenvorspannungsprüfer (Bild 6)

Bei allen Motorvarianten ohne automatischen Zahnriemenspanner muss dieser entsprechend den Angaben des Herstellers gespannt werden. Ist er zu lose, können genau wie bei zu fester Spannung Schäden an Riemen oder den Umlenkungen entstehen.

### Standardausrüstung für Arbeiten an der elektrischen Anlage Diagnose-Tools und Auslesegeräte

Unabdingbar ist heutzutage, die in jedem Steuergerät eingebauten Fehlerspeicher auszulesen. Es geht schon lange nicht mehr darum, die großen Fehler abzulegen, sondern eben auch kleine Funktionsstörungen, die vom Steuergerät erkannt werden, für eine Fehlerabfrage bei der Inspektion oder bei der Reparatur zu sichern. Es gibt heute schon Auslesegeräte für die OBD (On Board Diagnose) unter 100 Euro, die zumindest das Auslesen nach Codenummer ermöglichen. Wir verwenden in diesem Buch den »VCDS« (VCDS-Diagnosesystem), um die Auslese, einige Bauteilprüfungen und Einstellungen im Bordnetz durchzuführen. Dieses PC-basierte Diagnosesystem liegt mit seinen 350 Euro ungefähr beim Preis eines Profiratschenkastens. Zusätzlich wird lediglich ein Notebook mit Windows-Betriebssystem oder ein ausgedienter Desktop-PC benötigt. Regelmäßige, kostenlose Softwareupdates halten Sie stets auf dem neuesten Stand (Bilder 7 und 8). Die Auslesegeräte werden zunehmend vielfältiger, und es ergeben sich neue Möglichkeiten. Der »C-Rekorder« ermöglicht eine Langzeitüberwachung der Bordelektronik bis zu 24 Stunden Fahrzeit (Nr. 3 in Bild 7). Das ist eine sehr hilfreiche Variante für die Fehlersuche, gerade bei kaum zu ortenden sporadisch auftretenden Fehlern.

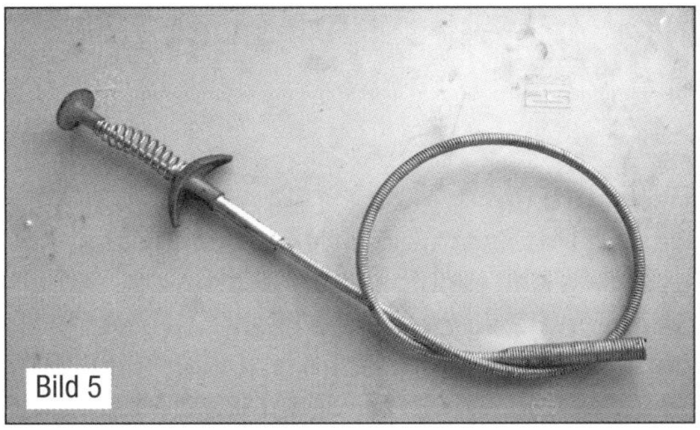

Bild 5

Bild 5
Greifer.

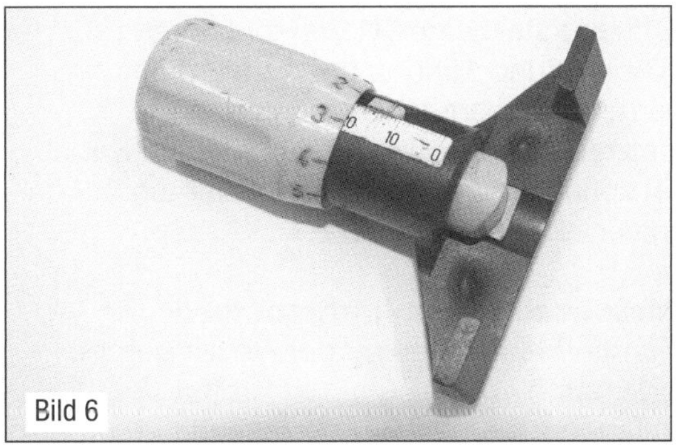

Bild 6

Bild 6
Zahnriemenvorspannungsprüfer.

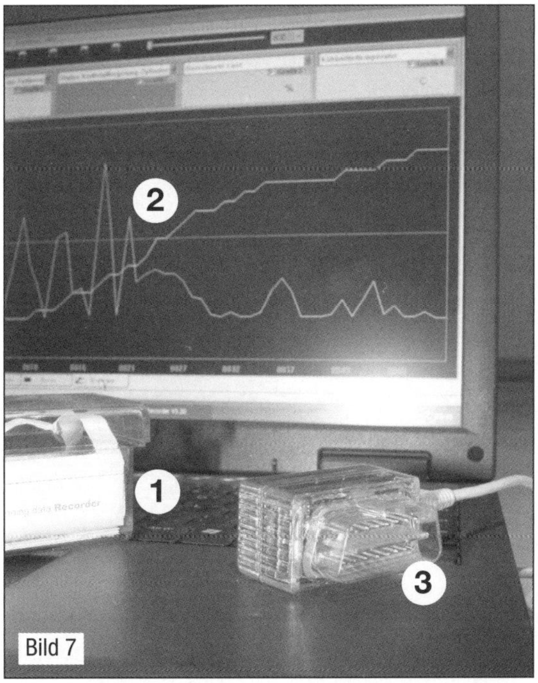


Bild 7

Bild 7
Aufzeichnen während der Fahrt: alle OBD-Daten bis zu 24 Stunden erfassen.
1 Laptop
2 Kennlinien
3 Datenlogger

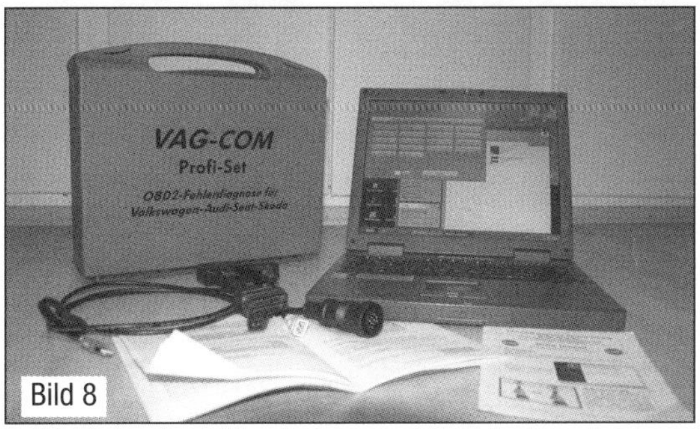


Bild 8

Bild 8
VCDS: Volldiagnose zum günstigen Kurs.

## Sinnvolle Anschaffungen für die Messtechnik

### Messspitzen

Riesige Probleme bereitet es, eine Messung an einem angeschlossenen Kabel am Bauteil in Funktion zu realisieren. Zumal ja weder die Isolierung noch das Kabel selbst oder der Stecker beschädigt werden sollen. Die Firma Rose Messtechnik in Limburg-Offheim stellt einen Nadelkontaktierer (Bilder 9 und 15) her, der genau diese Anforderungen erfüllt (www.rose-netztechnik.de). Das Anstichloch im Kabel ist so klein, dass es keine relevanten Löcher in der Isolierung hinterlässt.

### Messbechersatz »kraftstofffest«

Für die Messungen an der Benzinpumpe oder auch nur mal um den Kraftstoff aufzufangen, werden Behältnisse mit Volumenangaben benötigt. Mit etwas Geduld finden sich in der Haushaltsabteilung des Supermarktes recht günstig verwendbare Messbecher oder Schüsseln.

### Zum Selbermachen

Natürlich sind Messwerkzeuge in der Regel teuer. Es sei denn, man zeigt etwas Kreativität und Bastlerspürsinn. Die Profigeräte sind sicherlich deutlich professioneller, der Eigenbau aber ist genauso einsatzfähig und kostet oft nur wenige Euro. Messkabelsätze lassen sich aus passenden Anschlüssen vom Schrottplatz leicht und funktionell selbst herstellen (Bilder 10 bis 12). Die Standardausrüstung für Arbeiten an der Karosserie ist im Bild 14 zusammengestellt.

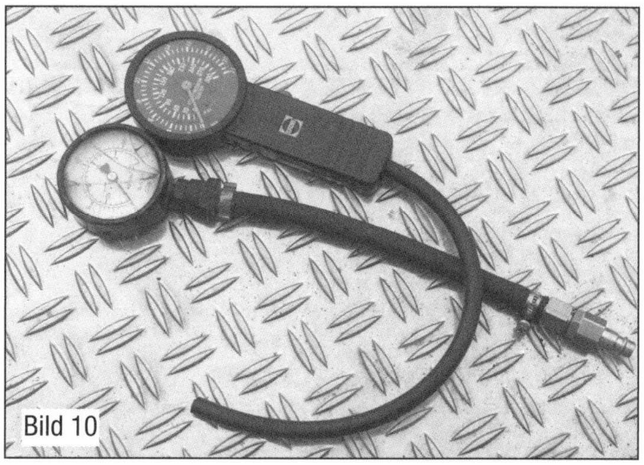

Bild 10
Kraftstoffdruckmanometer. Die Alten sind die besten: Sind die Innereien aus Blech, lassen sich damit nicht nur Luft-, sondern auch der Öl- und der Kraftstoffdruck messen. Anschlüsse und Gewindestücke gibt es oft schon beim örtlichen Hydraulik-Händler oder im Werkzeugladen.

Bild 9
Nadelkontaktierer im Einsatz.

Bild 11
Fernschalter für die Kraftstoffpumpe. Einfach, aber genial: ein Taster, 2-m-Kabel und zwei Stecker.

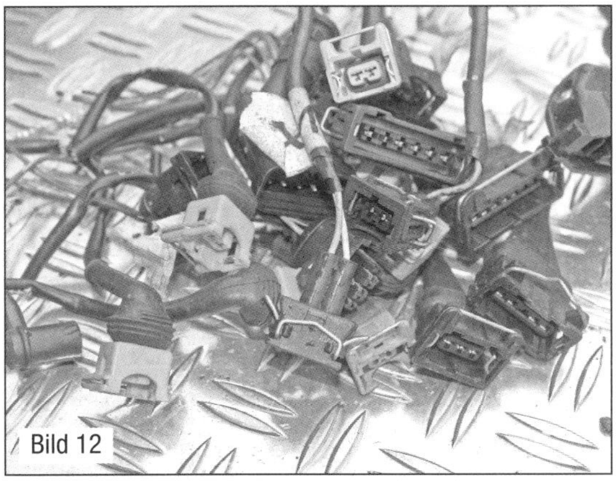
Bild 12

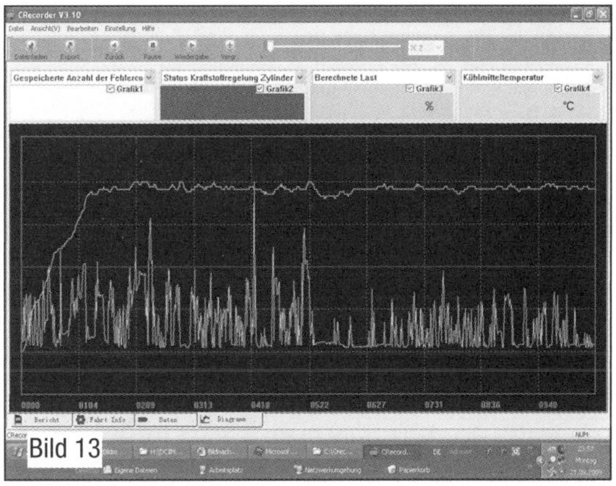

Bild 13

Bild 12
Adapter für den Anschluss von Bauteilen an Batterie-+ und Masse. Die Kabel und Stecker ermöglichen den Test auch außerhalb des Fahrzeuges.

Bild 13
Datenvielfalt zur Überwachung.

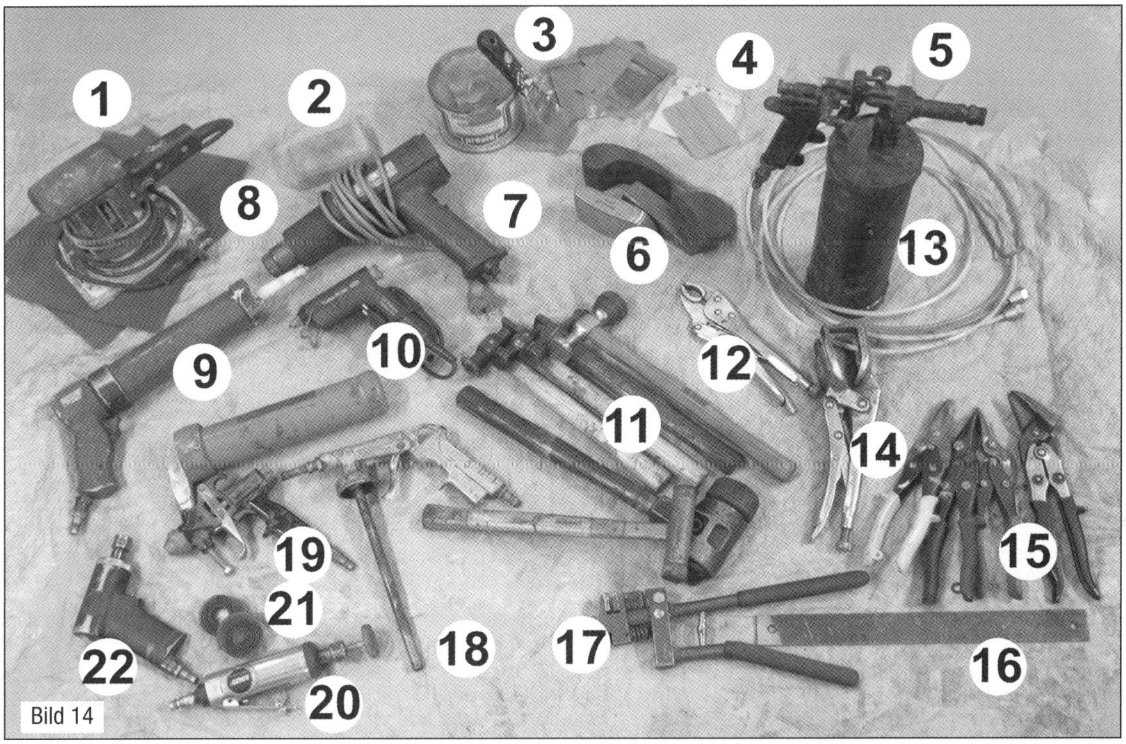

Bild 14

Bild 14
Standard Ausrüstung für Arbeiten an der Karosserie. Werkzeug im Überblick:

1 Schwingschleifer
2 Schleifklotz
3 Spachtelmasse
4 Japanspachtelset
5 Hohlraumpistole
6 Ausbeuleisen
7 Heißluftföhn
8 Schleifpapier
9 Kartuschen-Pistole
10 Heißklebepistole
11 Hammerset
12 Gripzange flach
13 Hohlraumversiegelungs-Sonden
14 Gripzange abgesetzt und breit
15 Scherenset für gerade und kurvige Schnitte
16 Karosseriefeile
17 Absetzzange
18 Unterbodenschutzpistole
19 Nahtabdichtungs-Spritzpistole
20 Luftschleifer gerade
21 Bristol Look-Kunststoff-schleifpads
22 Luftschleifer winklig

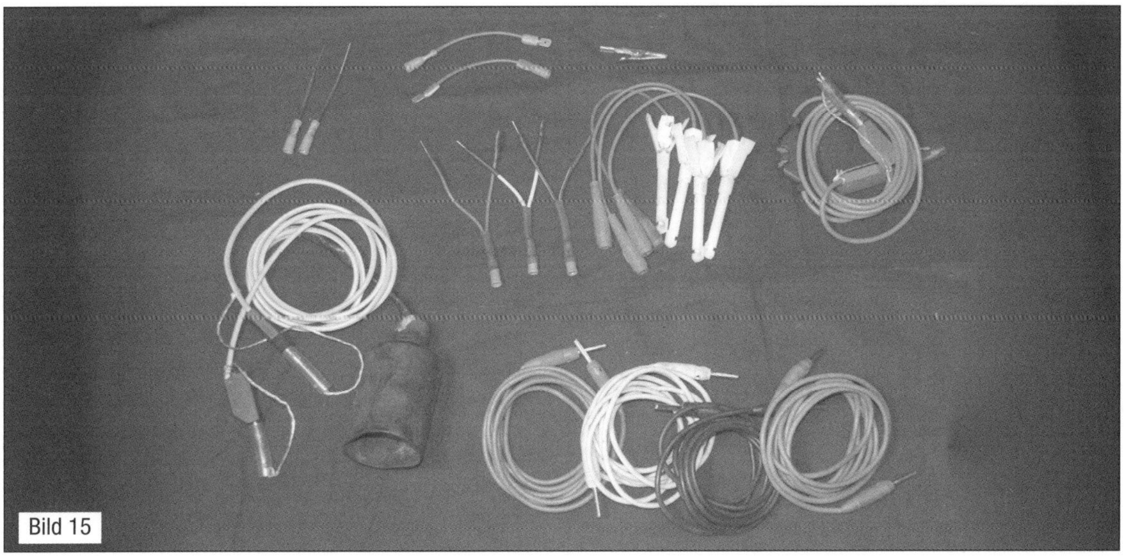
Bild 15

Bild 15
1 Messspitzen, um die Abdichtungen der Steuergerätestecker zu umgehen
2 Flachstecker auf Rundstecker für Laborkabel
3 Krokodilklemme mit Rundstecker
4 Y-Stecker, um Sensoren parallel messen zu können
5 Nadelkontaktierer
6 Anschlusskabel mit Sicherung
7 Laboranschlusskabel (2 m)
8 Anschlusskabel mit Schalter

Sichtprüfung Messen

# 4 Motoren

Den Tiguan gibt es nicht mit klassischen Saugrohreinspritzern »SRE«. Diese Mehrpunkt-Einspritzanlage bezeichnet: Eine Düse pro Zylinder spritzt im Ansaugkrümmer den zerstäubten Kraftstoff in den jeweiligen Ansaugkanal. SRE- oder MPI-Motoren sind also keine Direkteinspritzer. Für Direkteinspritzung bei Benzinmotoren steht bei Volkswagen FSI »Fuel Stratified Injection«. Wenn diese Motoren noch aufgeladen werden, nennt VW sie »TSI« (vorher TFSI). Geschieht das mit Abgasturbolader, werden sie als »Turbocharger« bezeichnet; geschieht die Aufladung per Turbolader und Kompressor, heißen sie »Twincharger«. Wir führen vierzehn TSI-Motoren auf. Streng genommen sind es nur vier, denn die Motoren gibt es in unterschiedlichen Leistungsstufen mit dem Hubraum zwischen 1,4 und 2,0 l. Dazu kommen noch acht TDI-Dieselmotoren, die zwar unterschiedliche Leistungsbereiche aufweisen, sich aber für die hier beschriebenen Arbeiten recht gut zusammenfassen lassen.

## Die Motormerkmale – Technische Daten

**Benzinmotoren**

| Kraftstoff (Qualität) | Benzin (95 ROZ) | Benzin (95 ROZ) | Benzin (95 ROZ) | Benzin (95 ROZ) | Benzin (95 ROZ) |
|---|---|---|---|---|---|
| Hubraum | 1,4 l | 1,4 l | 1,4 l | 1,4 l | 1,4 l |
| Motorkennbuchstaben | CAXA | BWK | CAVA CTHA | CAVD | CAVD |
| Zylinderzahl | 4 | 4 | 4 | 4 | 4 |
| Ventile pro Zylinder | 4 | 4 | 4 | 4 | 4 |
| Leistung kW bei 1/min | 90/5000 | 110/5800 | 110/5800 | 118/5800 | 118/5800 |
| Drehmoment Nm bei 1/min | 200/1500 bis 5000 | 240/1750 bis 4000 | 240/1500 bis 4000 | 240/1750 bis 4500 | 240/1500 bis 4000 |
| Bohrung Ø mm | 76,5 | 76,5 | 76,5 | 76,5 | 76,5 |
| Hub mm | 75,6 | 75,6 | 75,6 | 75,6 | 75,6 |
| Aufladesystem | TSI Turbocharger | TSI Twincharger | TSI Twincharger | TSI Twincharger | TSI Twincharger |
| Nockenwellenantrieb | Kette | Kette | Kette | Kette | Kette |

Bild 1

Bild 1
Diesel-TDI-Motor mit Common-Rail Einspritzsystem und Turboaufladung.

Bild 2

Bild 2
Benzin-TSI mit Turbo sowie Turbo- und Kompressoraufladung.

| Kraftstoff (Qualität) | Benzin (98 ROZ) | Benzin (95 ROZ) | Benzin (95 ROZ) | Benzin (95 ROZ) | Benzin (95 ROZ) |
|---|---|---|---|---|---|
| Hubraum | 2,0 l | 2,0 l | 2,0 l | 2,0 l | 2,0 l |
| Motorkennbuchstaben | CAWA CCZC | CCTB | CCZD | CAWB CCTA CCZA | CCZB |
| Zylinderzahl | 4 | 4 | 4 | 4 | 4 |
| Ventile pro Zylinder | 4 | 4 | 4 | 4 | 4 |
| Leistung kW bei 1/min | 125/4300 bis 6000 | 125/5500 bis 6200 | 132/4500 bis 6200 | 147/5100 bis 6000 | 155/6200 |
| Drehmoment Nm bei 1/min | 280/1700 bis 4200 | 280/1500 bis 5000 | 280/1700 bis 5200 | 280/1700 bis 5200 | 280/1700 bis 5200 |
| Bohrung Ø mm | 82,5 | 82,5 | 82,5 | 82,5 | 82,5 |
| Hub mm | 92,8 | 92,8 | 92,8 | 92,8 | 92,8 |
| Aufladesystem | TSI Turbocharger | TSI Turbocharger | TSI Turbocharger | TSI Turbocharger | TSI Turbocharger |
| Nockenwellenantrieb | Kette | Kette | Kette | Kette | Kette |

**Dieselmotoren**

| Kraftstoff (Einspritzsystem) | Diesel (Rail) | Diesel (Rail) | Diesel (TDI) | Diesel (TDI) | Diesel (TDI) |
|---|---|---|---|---|---|
| Hubraum | 2,0 l | 2,0 l | 2,0 l | 2,0 l | 2,0 l |
| Motorkennbuchstaben | CFFD | CBAA CFFA | CBAB CFFB CLJA* | CBBA | CBBB CFGB |
| Zylinderzahl | 4 | 4 | 4 | 4 | 4 |
| Ventile pro Zylinder | 4 | 4 | 4 | 4 | 4 |
| Leistung kW bei 1/min | 81/4200 | 100/4200 | 103/4200 | 120/4200 | 125/4200 |
| Drehmoment Nm bei 1/min | 280/1750 bis 2750 | 320/1750 bis 2500 | 320/1750 bis 2500 | 350/1750 bis 2500 | 350/1750 bis 2500 |
| Bohrung Ø mm | 81,0 | 81,0 | 81,0 | 81,0 | 81,0 |
| Hub mm | 95,5 | 95,5 | 95,5 | 95,5 | 95,5 |
| Aufladesystem | TDI Turbocharger | TDI Turbocharger | TDI Turbocharger | TDI Turbocharger | TDI Turbocharger |
| Nockenwellenantrieb | Zahnriemen | Zahnriemen | Zahnriemen | Zahnriemen | Zahnriemen |

** Mit PMS (Partikel-Minderungs-System) ausgerüstet.*

## Arbeiten am Motor

### Maßnahmen für Sicherheit, einwandfreie Funktion und Sauberkeit

⚠ Bei Arbeiten am Motor, an der Kraftstoffversorgung (Kapitel 7) und an der Einspritzanlage sind bestimmte Maßnahmen zu treffen und Hinweise zu befolgen, die zur Sicherheit bei der Arbeit dienen, eine einwandfreie Funktion aller Systeme gewährleisten sollen und Fehlfunktion oder Schäden durch Verunreinigung vermeiden helfen. Wir stellen sie hier als grundlegend für alle folgenden Arbeiten voran.

**Sicherheit**

■ Bei allen Montagearbeiten am Kraftstoffsystem Schutzbrille und Schutzhandschuhe tragen. Hautkontakt mit Kraftstoff vermeiden.

■ Der Kraftstoff bzw. die Kraftstoffleitungen im Kraftstoffsystem können sehr heiß werden (Verbrühungsgefahr). Außerdem steht das Kraftstoffsystem unter Druck. Vor dem Öffnen des Systems deshalb Putzlappen um die Verbindungsstelle legen und durch vorsichtiges Lösen der Verbindung Druck abbauen.

■ Aus Sicherheitsgründen muss vor dem Öffnen des Kraftstoffsystems die Sicherung für die Kraftstoffpumpe aus dem Sicherungshalter entfernt werden, da die Pumpe durch den Türkontaktschalter der Fahrertür aktiviert werden kann.

■ Kraftstoffleitungen sind mit Schnellverschlüssen gesichert. Kraftstoffschläuche dürfen nur mit Federbandschellen gesichert werden. Die Verwendung von Klemm- oder Schraubschellen ist nicht zulässig.

■ Beim Aus- und Einbau des Gebers für Kraftstoffvorratsanzeige oder der Kraftstoffpumpe (Kraftstofffördereinheit) aus gefüllten oder teilweise gefüllten Kraftstoffbehältern muss bereits vor Beginn der Arbeiten in die Nähe der Montageöffnung des Kraftstoffbehälters der Schlauch einer eingeschalteten Abgas-Absauganlage zum Absaugen der freiwerdenden Kraftstoffgase gelegt werden.

■ Bei den TSI-Motoren ist die Einspritzanlage in einen Hochdruckbereich (maximal ca. 120 bar) und in einen Niederdruckbereich (ca. 6 bar) aufgeteilt. Vor dem Öffnen des Hochdruckbereichs, z. B. beim Ausbau der Hochdruckpumpe, des Kraftstoffverteilers, der Einspritzventile, der Kraftstoffrohre oder des Kraftstoffdruckgebers, muss der Kraftstoffdruck im Hochdruckbereich definiert auf einen Restdruck von ca. 6 bar abgebaut werden. Dazu ist ein Werkstatt-Diagnosesystem nötig. Bei Einsatz des VAS 5051 wird die »Geführte Funktion: Kraftstoffhochdruck abbauen« ausgeführt: Zündung ausschalten, sauberen Putzlappen um die Verbindungsstelle legen, vorsichtig öffnen, Druck ablassen, ausfließenden Kraftstoff auffangen. Fehlerspeicher abfragen, alle Einträge löschen, Readinesscode erzeugen.

**Funktionssicherheit**

■ Bei allen Montagearbeiten, insbesondere aufgrund der engen Bauverhältnisse im Motorraum, Leitungen aller Art z. B. für Kraftstoff, Kühl- und Kältemittel, Unterdruck und elektrische Leitungen so verlegen, dass die ursprüngliche Leitungsführung wiederhergestellt wird.

■ Alle Kabelbinder, die beim Ausbau gelöst oder aufgeschnitten werden, sind beim Einbau an der gleichen Stelle wieder zu befestigen.

■ Um Beschädigungen an den Leitungen zu vermeiden, auf ausreichenden Freigang zu allen beweglichen oder heißen Bauteilen achten.

**Sauberkeit (»5 Regeln«)**

■ Verbindungsstellen und deren Umgebung vor dem Lösen gründlich reinigen.

■ Ausgebaute Teile auf einer sauberen Unterlage ablegen und abdecken. Keine fasernden Lappen benutzen.

■ Geöffnete Bauteile sorgfältig abdecken bzw. verschließen, wenn die Reparatur nicht umgehend ausgeführt wird.

■ Nur saubere Teile einbauen: Ersatzteile erst unmittelbar vor dem Einbau aus der Verpackung nehmen. Keine Teile verwenden, die unverpackt (z. B. im Regal oder in Werkzeugkästen) aufgehoben wurden.

■ Bei geöffneter Kraftstoff- und Einspritzanlage möglichst nicht mit Druckluft arbeiten und das Fahrzeug nach Möglichkeit nicht bewegen.

## Diagnosetester einsetzen

An diesem Kapitel lässt es sich leicht erkennen, dass viele Funktionen über die Elektronik virtuell realisiert worden sind. Die Anschaffung eines Testers für die Diagnose ist zwingend erforderlich. Nicht einmal der Anbau der Anhängerkupplung oder das Einstellen des Lichtes ist mehr möglich, wenn man eine fachgerechte Arbeit abliefern möchte. Es geht nicht mehr darum, einen Fehlerspeicher zu löschen, um dann mal »rumzuraten«, was es denn gewesen sein könnte. Es wäre das Gleiche, wenn Sie die Seiten dieses Buches ungelesen ausreißen und dann raten, was denn drin gestanden haben könnte. Die Diagnose über die Fehlerspeicher vereinfacht die Arbeit am Fahrzeug um einiges. Man muss lediglich lernen mit diesem »Werkzeug« zu arbeiten. Ohne Tester bleibt nur der Weg zum Händler, um den Fehlerstatus zu erfassen oder Einstellungen zu machen.

**VAG Tester**

Ein großer Teil der Reparaturarbeiten schließt die Diagnose von Fehlern ein. Diese wird durch ELSA (Elektronisches Service Auskunftssystem) im Zusammenspiel mit den Diagnosegeräten unterstützt. VAS 5051, 5052 oder 5053 können in der Fachwerkstatt an allen vernetzten Arbeitsplätzen betrieben werden und bieten direkten Zugriff auf aktuelle Werkstattliteratur sowie Unterstützung vom Hersteller über Telediagnose.

Bei der Diagnose werden alle Kunden- und Fahrzeugdaten an die angeschlossenen Geräte weitergeleitet und sind automatisch an jedem Arbeitsplatz abrufbar. Während einer Reparatur können technische Problemlösungen nachgeschlagen oder im VW-Service Net ® tagesaktuelle Zusatzinformationen abgerufen werden. Diese Anbindung an das Netzwerk ermöglicht Software-Updates von Steuergeräten, Geheimnis- und Komponentenschutz, Softwareversionsmanagement, Übertragung von Diagnoseprotokollen, die besagte Telediagnose, die Software-gestützte Durchführung von Aktionen und viele weitere Funktionen.

Das System »ELSA« steht mit aktuellen Daten zur Verfügung. Möglich sind dadurch:

- Datenaustausch zwischen kaufmännischem Bereich und Werkstatt;
- Datenaustausch über Werkstattauslastung und Terminvereinbarung;
- Austausch von Kunden-, Fahrzeug- und Termindaten;
- Rückfluss von Daten über bereits ausgeführte Reparaturen von der Werkstatt auf den Fortschrittsmonitor, sodass der Serviceberater gegebenenfalls in den laufenden Prozess eingreifen kann;
- Datenrückfluss von der Werkstatt für Qualitätskontrolle und Rechnungserstellung;
- Bereitstellung von Daten über benötigte Arbeitszeiten, Arbeitspositionen und Ersatzteile;
- Einbeziehung des Teiledienstes ab Terminvorbereitung in den Service-Prozess.

**VCDS oder VAG-COM**

Natürlich wählen wir wie auch beim Werkzeug nicht die billigste Variante aus, sondern empfehlen Ihnen die Anschaffung eines Systems, das im Laufe der nächsten Jahre noch einiges an Potenzial in deutscher Sprache liefern wird. Der »VCDS« kommt aus den USA und wird hier in einer deutschen Ausgabe von wenigen Händlern angeboten (Bild 3).

- Reizvoll ist der Aufbau der »Wiki-Seite« der Firma PCI Tuning, auf der zukünftig Fehlerbeschreibungen und die Vorgehensweisen mit dem VCDS abgearbeitet werden sollen. Die Standortbeschreibung der Testerbesitzer könnte die Diagnose auch für die privaten Schrauber sehr auflockern.

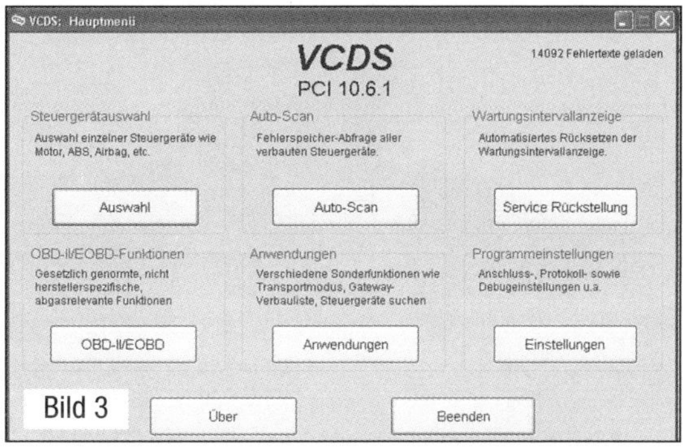


Bild 3
Startmaske des VCDS als Zugang zu allen Diagnosefunktionen.

- Auf der Internetseite des deutschen Vertriebs www.vcdspro.de können Sie sich genauer informieren. Gerade diejenigen unter den Lesern, die dem Thema »Diagnose« kritisch gegenüberstehen, werden zumeist nach wenigen Versuchen erkennen, wie einfach der Umgang mit Laptop und Fahrzeug wird.

Eine typische Situation im Umgang mit den Fahrzeugen dieser Generation liegt in der schon recht umfangreichen Steuerung und Regelungstechnik.

- Abgestimmt und eingestellt wird oft auf der virtuellen Ebene.

**Handgeräte zum Lesen und Löschen**

OBD2 ist das Zauberwort, welches den Zugang zumindest zu den Motorsteuergeräten ermöglicht. Die Normung der Diagnose ermöglicht zumindest in diesem Bereich den Zugang zu allen aktuellen Fahrzeugen. Um den Fehlerspeicher auszulesen oder auch Prüffunktionen der Eigendiagnose ausführen zu können, reicht meist schon ein Diagnosetool, welche durchaus schon um 100 Euro in diversen Onlineversteigerungen angeboten werden. Oft noch günstiger sind die kleinen Handgeräte schon im Baumarkt um die Ecke erhältlich. Wichtig hierbei ist immer, dass die entsprechende Software und zumindest eine Beschreibung auf Deutsch mitgeliefert werden (Bild 4).

**Fehlerspeicher abfragen**

Schwierig? Kann ich nicht? Ach was! Wer es schafft E-Mails abzurufen ohne den Computer zu zerstören, kann auch diese Arbeiten leicht erlernen. Wir zeigen Ihnen an einigen Beispielen, wie Aufgaben dieser Art angegangen werden können und möchten Sie animieren, sich zusammen mit Fachforen auch mit der Thematik Tester und Diagnose genauer auseinanderzusetzen.

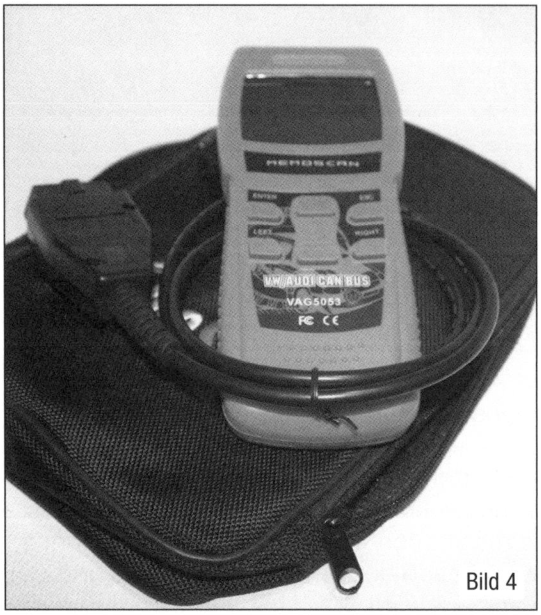


Bild 4

Bild 4
Diagnose Tool: kleines Handgerät ohne Messfunktionen.

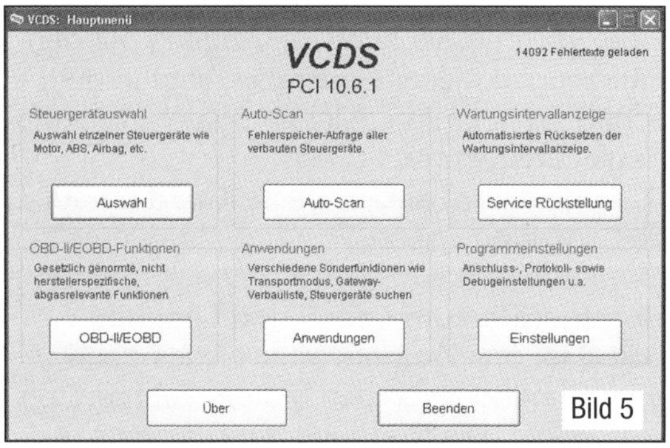


Bild 5

Bild 5
Auswahl der geplanten Aufgabe.

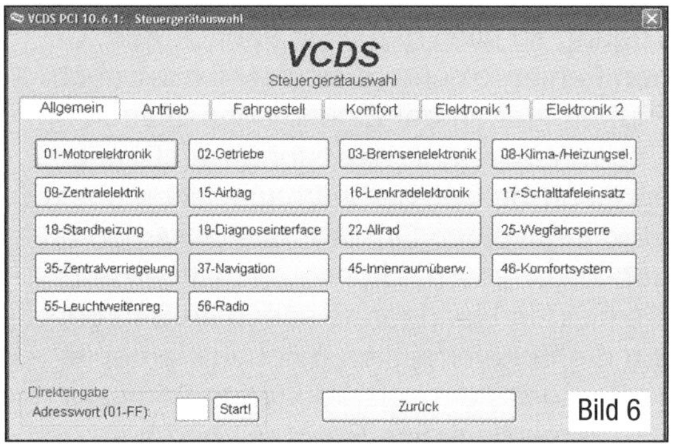


Bild 6

Bild 6
Anwahl des Steuergerätes.

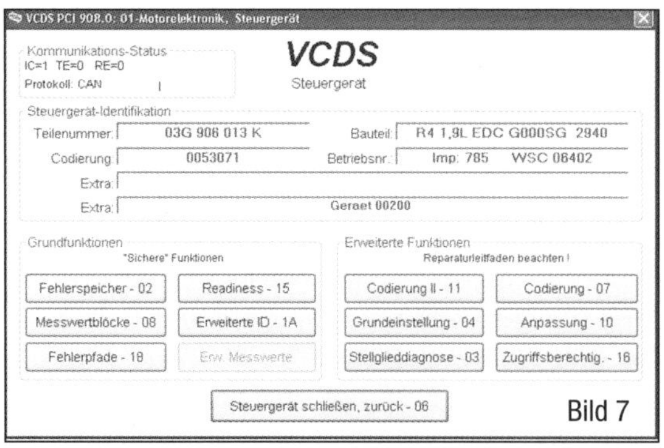


Bild 7

Bild 7
Abfrage des Motorsteuergerätes.

■ Wir gehen davon aus, dass Sie den VCDS ordnungsgemäß nach Handbuch installiert haben.
■ Schließen Sie den VCDS auf Ihrem Laptop an die OBD-Dose im Fahrerfußraum an. Die Diagnosedose finden Sie im Fahrerfußraum von unten frei zugänglich. Der Anschluss ist sofort erkennbar. Stecken Sie den OBD-Stecker in die Diagnosedose und den USB-Anschluss in Ihren Laptop.
■ Starten Sie den VCDS auf Ihrem Laptop (Bild 5).
■ Schalten Sie die Zündung ein.
■ Klicken Sie auf die Taste »Auswahl« (Bild 6).
■ Klicken Sie den Karteikartenreiter »Antrieb« oder auch »Verbaut« an (Bild 6).
■ Klicken Sie auf die Taste »01 Motorelektronik« (Bild 6).
■ Klicken Sie auf die Taste »Fehlerspeicher 02« (Bild 7).

Nun werden Ihnen die Fehler, soweit vorhanden, als Text angezeigt.
■ Sie können die Fehleranzeige speichern, drucken oder kopieren. Sie sollten in jedem Fall den Fehler notieren, um diesem vielleicht gelegentlich nachgehen zu können. Die Erfahrung zeigt, dass man sich den Fehler auf Dauer nicht im Kopf merken kann. Anschließend können Sie den einzelnen oder alle Fehler mit einem Klick löschen (Bild 7).
■ Klicken Sie auf die Taste »fertig, Zurück«, um die Bildmaske wieder zu verlassen.
■ Schalten Sie die Zündung aus.
■ Ziehen Sie den Tester aus der Diagnosedose.

Derselbe Vorgang kann auf dem Handgerät nachvollzogen werden. Lediglich die Anwahlauswahl ist deutlich geringer. Für einen Ausdruck muss das Gerät an einen Computer oder Laptop angeschlossen werden. Die Anwahl der Funktionen erfolgt über die Pfeiltasten. »Enter« betätigt die getroffene Anwahl und »ESC« erlaubt den Rückzug aus der angewählten Maske. Das hier dargestellte Gerät ist für die VAG-Fahrzeuge optimiert und erlaubt auch den Zugang in andere Steuergeräte. Reine OBD2-Geräte ermöglichen in der Regel nur den Zugang zur Motorelektronik. Die Belegung und die Steuergerätesprache sind nur für den OBD2-Bereich verbindlich auf die abgasrelevanten Bauteile und die Motorelektronik geregelt.

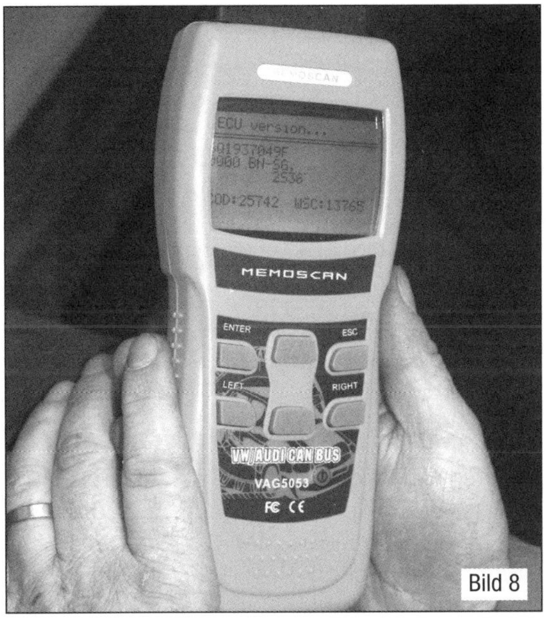


Bild 8

Bild 8
Kleiner Handtester für etwa 100 Euro im Einsatz.

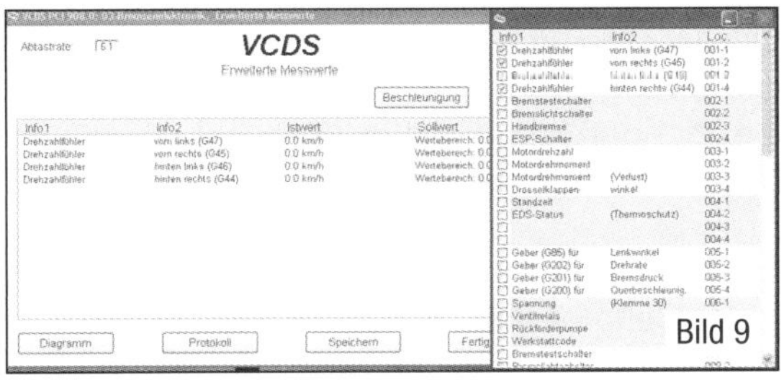


Bild 9

Bild 9
Istwert-Erfassung der Radsensoren mit dem VCSD.

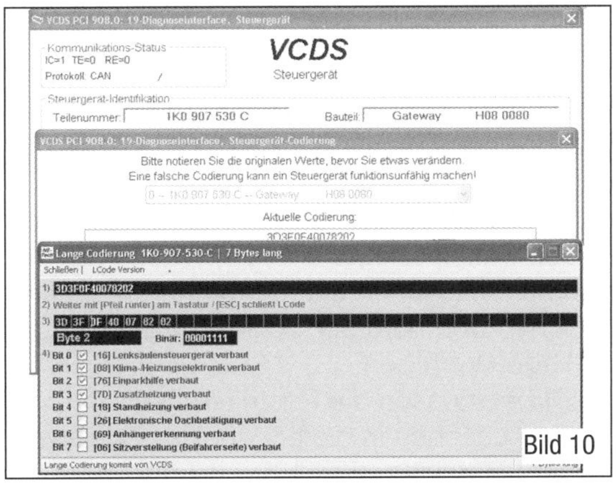


Bild 10

Bild 10
Das Erstellen des hexadezimalen Codes zur Steuergeräteprogrammierung fällt mit dem VCDS-typischen Häkchens sehr leicht.

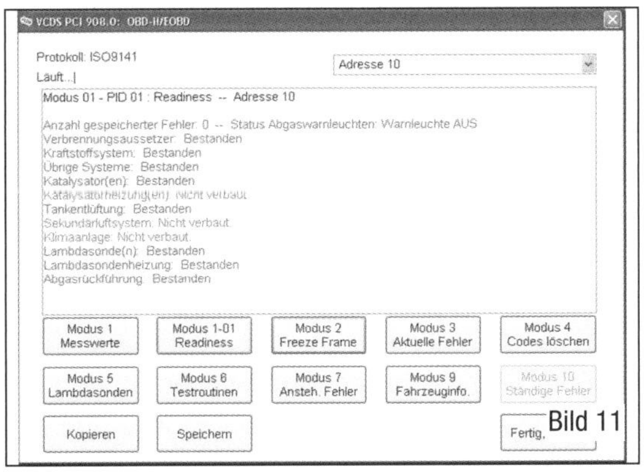


Bild 11

Bild 11
Die Abfrage des Readinesscodes vor der amtlichen Abgasuntersuchung beim TÜV spart Ärger und Geld.

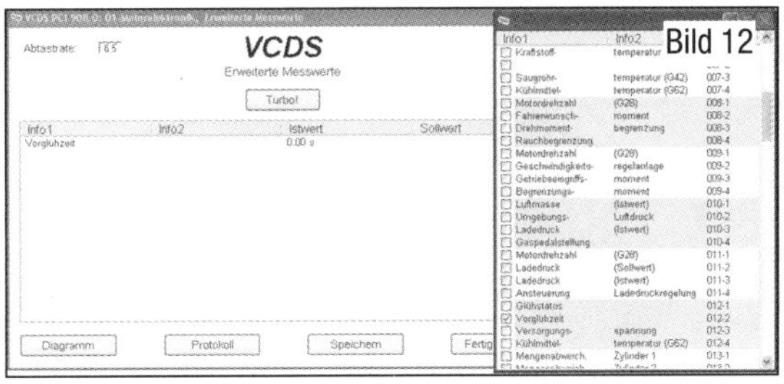


Bild 12

Bild 12
Die Istwertanzeige erlaubt eine einfache Kontrolle zm Vergleich mit den Sollwerten oder aber einfach eine logische Kontrolle.

## Motorabdeckungen oben und unten aus- und einbauen

Je nach Motortyp und aktuellem Entwicklungsstand des jeweiligen Motors können die Abdeckungen etwas anders ausgeführt sein als im Folgenden dargestellt. Das Prinzip ist jedoch stets gleich: Abschrauben oder mit festem Griff kräftig, aber vorsichtig abziehen. Beim Einbau geclipster Abdeckungen auf die richtige Lage in den Aufnahmen achten und für eine spätere leichtere Montage etwas Fett auf die Rastpunkte aufbringen.

**Motorabdeckung demontieren**

- Schlauch, falls vorhanden, am Stutzen abziehen (Pfeil A).
- Gelegentlich muss der Ölmessstab herausgezogen werden.
- Motorabdeckung an den Befestigungspunkten (Pfeile B) ausrasten und anheben.
- Anschließend aus der Halterung ziehen.

Die Montage erfolgt sinngemäß in umgekehrter Reihenfolge.

- Achten Sie darauf, dass die Motorabdeckung (Bild 16) mit der Lasche (Pfeil 1) am Befestigungspunkt (2) in den Halter (Pfeil 3) eingeschoben ist.

Anschließend Motorabdeckung auf die

Bild 13

Bild 13
Motorabdeckung Variante 1. Vollverschalung von oben, Kunststoffhaube einteilig und ausschließlich geclipst.

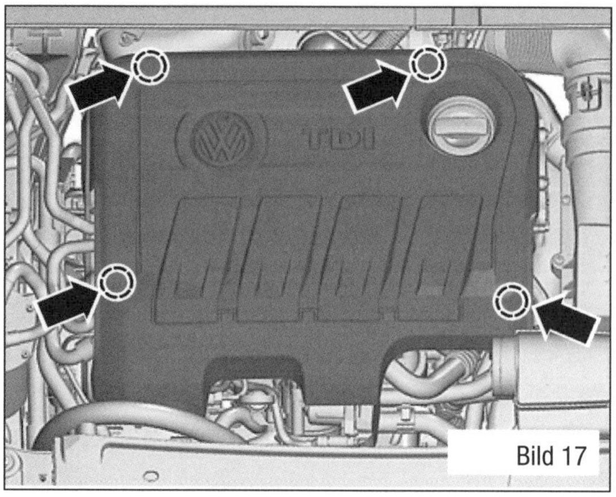

Bild 17

Bild 17
So müssen die Raststopfen aller Verkleidungen vor der Montage sitzen. Mit etwas säurefreiem Fett versehen lässt sich die Verkleidung beim nächsten Mal wesentlich einfacher demontieren.

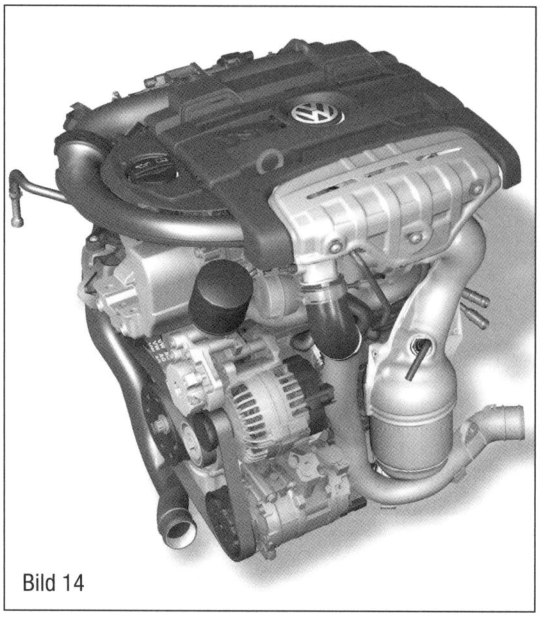

Bild 14

Bild 14
Motorabdeckung Variante 2. Teilverschalung von oben, Kunststoffhaube einteilig am Entlüftungsschlauch befestigt und geclipst.

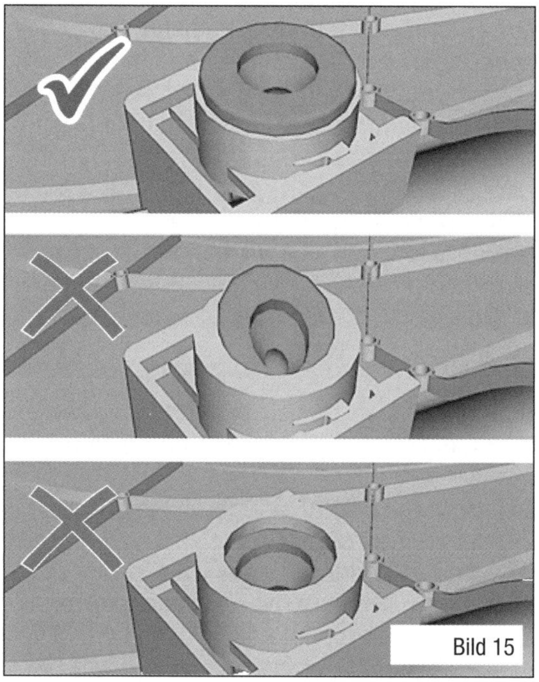

Bild 15

Bild 15
Motorabdeckung Variante 3. Teilverschalung von oben, Kunststoffhaube einteilig und ausschließlich geclipst.

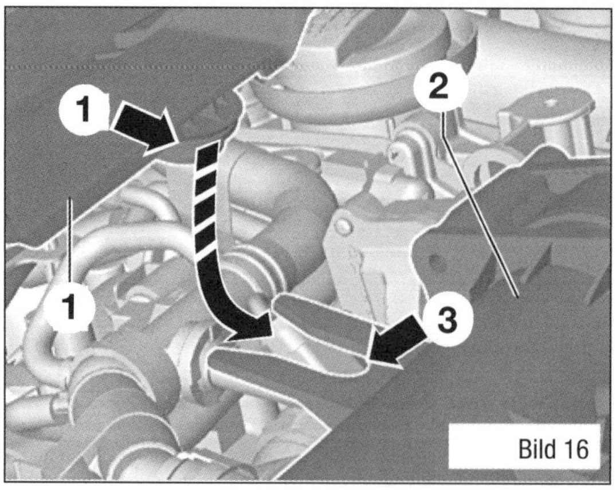


Bild 16

Bild 16
Bei Variante 2 muss die Haltelasche (1) in die Führung (3) der Halterung (2) einrasten.

anderen Befestigungspunkte aufsetzen und andrücken (Pfeile B), bis sie spürbar einrasten.

- Soweit vorhanden, den Schlauch am Stutzen aufstecken (Pfeil A).

**Motorabdeckung unten demontieren**
Die Motorraumabdeckung unten (Geräuschdämpfung, wird auch als Spritzschutz bezeichnet) ist mit 2 Nm-Blechschrauben an die Karosserie geschraubt.

- Drehen Sie die jeweils vier Schrauben an jeder Seite heraus.
- Nehmen Sie die Geräuschdämpfung ab.

Die Montage erfolgt sinngemäß in umgekehrter Reihenfolge. Die unteren Abdeckungen haben an der Vorderkante abwechselnd schmale (fünf Stück) und breite (vier Stück) Laschen.

- Schieben Sie die Geräuschdämpfung so in den Schlossträger unten ein, dass die schmalen Laschen unterhalb und die breiten Laschen oberhalb der Schlossträger-Kante zu liegen kommen.
- Dabei müssen die Rastnasen auf den breiten Laschen in die Löcher des Schlossträgers einrasten (Bild 17).
- Drehen Sie die acht Schrauben mit jeweils 2 Nm Anzugsdrehmoment fest.

## Prüfung auf Undichtigkeiten und Beschädigungen

Die Sichtprüfung ist von oben und von unten vorzunehmen, weshalb als Erstes die Motorabdeckung (oben) und dann auch die Geräuschdämpfung (unten) abzubauen sind.

Sichtprüfung wie folgt durchführen:
■ Motor und Bauteile im Motorraum auf Undichtigkeiten und Beschädigungen prüfen.
■ Leitungen, Schläuche und Anschlüsse des Kraftstoffsystems, des Kühl- und Heizsystems, des Ölkreislaufs, der Klimaanlage, der Ansauganlage und der Bremsanlage auf Undichtigkeiten, Scheuerstellen, Porosität und Brüchigkeit prüfen.
■ Alle festgestellten Mängel durch Reparatur beseitigen.
■ Bei nicht verbrauchsbedingtem Flüssigkeitsverlust: Ursachen ermitteln und beseitigen.

**Prüfen des Keilrippenriemen-Zustands**
■ Fahrzeug anheben, Geräuschdämpfung (Spritzschutz, untere Motorverkleidung) ausbauen, Motor am Schwingungsdämpfer/Riemenscheibe mit einem Steckschlüssel durchdrehen.
Keilrippenriemen auf Unterbaurisse (Anrisse, Kernbrüche, Querschnittbrüche), Lagentrennung (Deckschicht, Zugstränge), Ausbruch am Unterbau, Ausfransen der Zugstränge, Flankenverschleiß (Materialabtrag, ausgefranste Flanken, Flankenverhärtung, glasige Flanken, Oberflächenrisse), Öl- und Fettspuren prüfen.
Werden Mängel festgestellt, muss der Keilrippenriemen unbedingt ersetzt werden.
■ Zum Verlauf des Keilrippenriemens siehe Reparaturanleitung »Keilrippenriemen aus und einbauen«.

## Keilrippenriemen aus- und einbauen

Der Keilrippenriemen treibt als wichtiger Teil des Kurbeltriebs die Nebenaggregate Drehstromgenerator und Klimakompressor sowie bei den TSI-Motoren die Kühlmittelpumpe an.
Abweichungen für die einzelnen Motoren ergeben sich vor allem durch drei Faktoren:
- Kühlwasserpumpe im Riementrieb oder separat angetrieben
- Klimakompressor vorhanden oder keine Klimaanlage
- Bauformen und Platzierung von Spannelement und Umlenkrollen

■ Zum Lösen und Anziehen der Riemenscheibe an der Kühlwasserpumpe wird ein Wasserpumpenschlüssel (V.A.G 1590) verwendet.
■ Bei der Demontage der Kurbelwellen-Riemenscheibe ist zu beachten, dass die Anpressfläche der Befestigungsschraube öl- und fettfrei sein muss, dass sie mit geöltem Gewinde einzusetzen ist und dass die Riemenscheibe mit einem Gegenhalter (VW: 3415) gegen Verdrehen gesichert werden muss.
Das Weiterdrehen um 180° nach Festdrehen mit 150 Nm kann in mehreren Stufen erfolgen. Der Weiterdrehwinkel kann mit einer handelsüblichen Winkelmessscheibe gemessen werden. Die Schraube hat oftmals eine diamantbeschichtete Unterlegscheibe, deren Anpressflächen öl- und fettfrei sein müssen. Die 150-Nm-Schraube an der Riemenscheibe Kurbelwelle ist eine neue Ausführung, die an einer runden Bohrung von oben im Schraubenkopf erkennbar ist. Verwenden Sie jetzt immer eine solche neue Schraube. Die Befestigungsschraube in alter Ausführung (ohne die Bohrung im Kopf) hatte ein Anzugsdrehmoment von nur 90 Nm + Vierteldrehung (90°) weiter.

Schraubertipp
Achten Sie vor dem Einbau des Keilrippenriemens darauf, dass alle Aggregate (Generator, Klimakompressor) fest montiert sind.
Beim Einbauen des Keilrippenriemens achten Sie bitte auf die Laufrichtung und auf einen korrekten Sitz des Riemens in den Riemenscheiben.
Nach fertig gestellter Arbeit grundsätzlich Motor starten und Riemenlauf kontrollieren.

**1,4 l Turbomotor ohne Kompressor**
■ Geräuschdämpfung oben und den Unterfahrschutz demontieren.
■ Kennzeichnen Sie nun die Laufrichtung des Keilrippenriemens.
■ Zum Entspannen des Keilrippenriemens, Spannelement mittels Schraubenschlüssel Schlüsselweite 16 in Pfeilrichtung schwenken (Bild 18).
■ Arretieren Sie das Spannelement mit einem 4-mm-Innensechskantschlüssel (1).
■ Nehmen Sie den Keilrippenriemen ab.

Sichtprüfung

Messen

Bild 18
Arretieren des Spannelements.

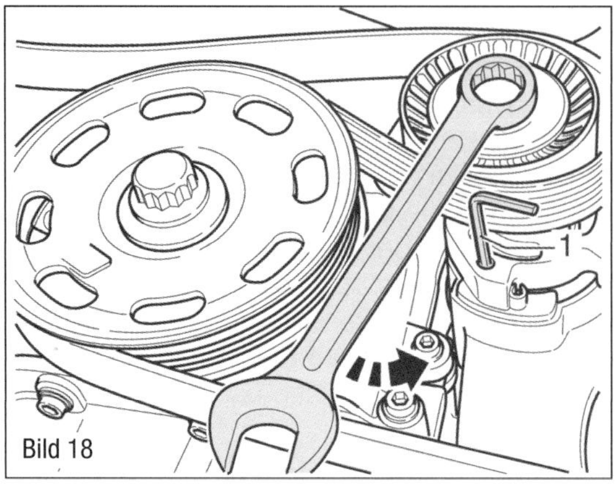

Bild 18

Bild 20
T10060A Absteckdorn
T10447 Maulschlüssel, Schlüsselweite 16

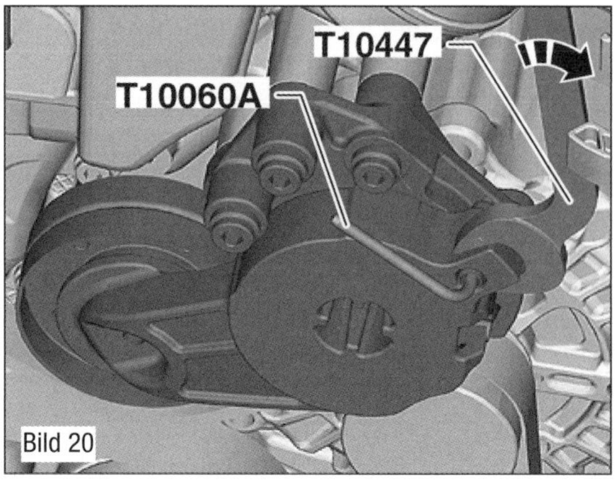

Bild 20

Bild 19
1 Schraube
2 Riemenscheibe
3 Schraube
4 Spannelement für Kompressor-Keilrippenriemen
5 Schraube
6 Kühlmittelpumpe mit Magnetkupplung für Kompressor
7 Schraube
8 Spannelement
9 Schraube
10 Drehstromgenerator
11 Riemenscheibe
12 Befestigungsschraube
13 Schraube
14 Klimakompressor
15 Schraube
16 Spannelement für Keilrippenriemen
17 Keilrippenriemen

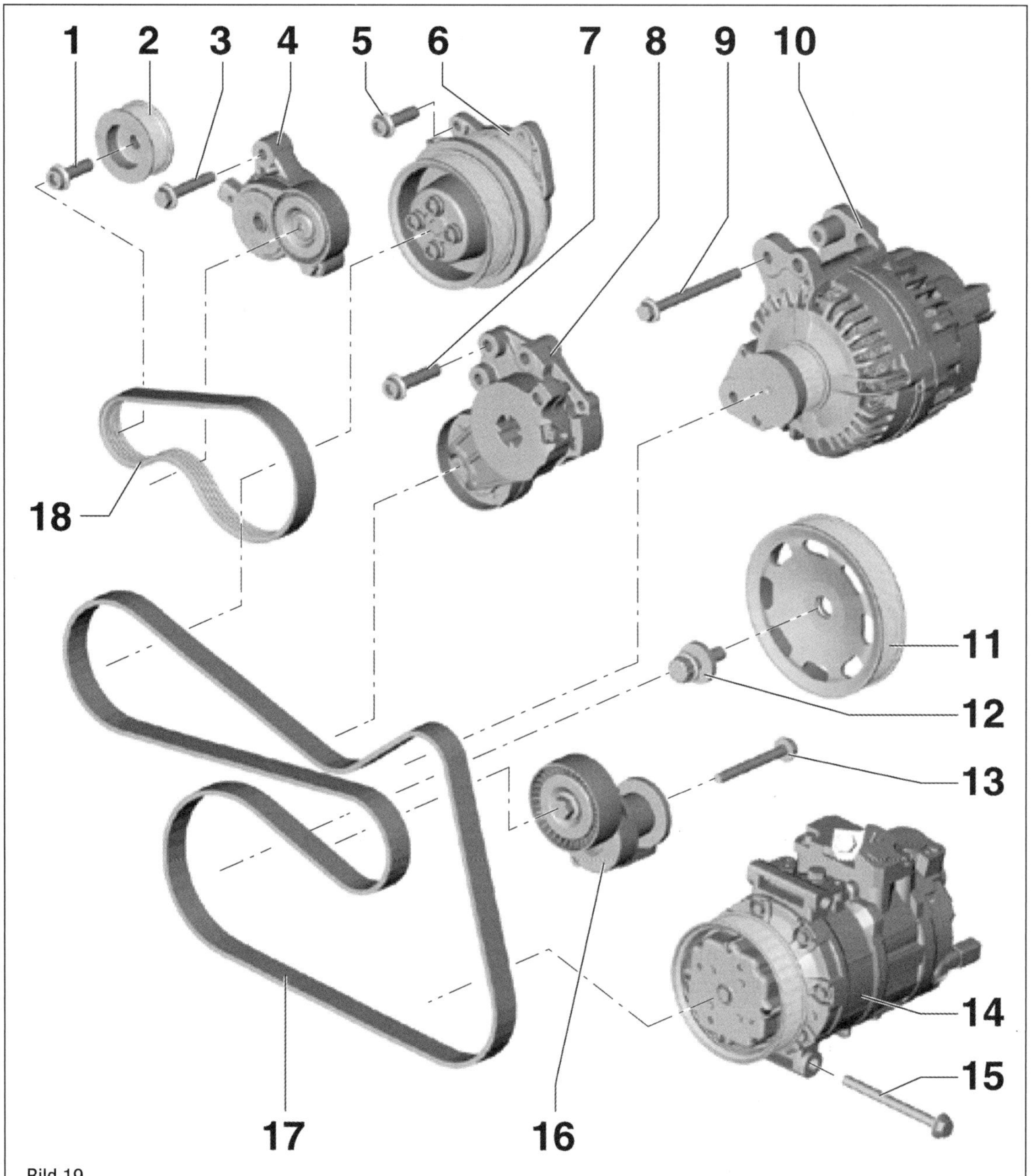

Bild 19

Der weitere Zusammenbau erfolgt sinngemäß in entgegengesetzter Reihenfolge zum Ausbau.

■ Legen Sie den Keilrippenriemen zuerst über die Schwingungsdämpfer.

■ Zuletzt den Riemen auf die Spannrolle schieben.

**1,4 l Turbomotor mit Kompressor (Bild 19)**
Zum Ausbau des Keilrippenriemens müssen zwei Spannelemente entspannt werden.

■ Geräuschdämpfung oben und den Unterfahrschutz demontieren.

■ Kennzeichnen Sie nun die Laufrichtung des Keilrippenriemens.

*Keilrippenriemen oben*

■ Lassen Sie das Kühlmittel ab, ziehen Sie dazu den Schlauch (2) ab (Bild 21).

■ Entriegeln Sie die Halteklammer und ziehen Sie den in Fahrtrichtung rechten Anschlussstutzen am Kühler ab.

■ Bauen Sie, je nach Ausstattung, die Geräuschdämpfung oder den Unterfahrschutz aus.

■ Zum Entspannen des Keilrippenriemens, Spannelement von oben mittels Maulschlüssel Schlüsselweite 16 (T10447) in Pfeilrichtung schwenken (Bild 20).

■ Arretieren Sie das Spannelement mit dem Absteckdorn »T10060 A«.

*Keilrippenriemen unten*

■ Zum Entspannen des Keilrippenriemens, Spannelement von unten mittels Schraubenschlüssel Schlüsselweite 16 in Pfeilrichtung schwenken.

■ Arretieren Sie das Spannelement mit einem 4-mm-Innensechskantschlüssel (1).

■ Nehmen Sie den Keilrippenriemen ab.

*Beide Keilrippenriemen*
Die Montage erfolgt sinngemäß in entgegengesetzter Reihenfolge zur Demontage.

■ Legen Sie den Keilrippenriemen zuerst über die Kurbelwellen-Riemenscheibe.

■ Zuletzt den Riemen auf die Spannrolle schieben.

**2,0 l Benzinmotor**
Die Montage der hier beschriebenen Motortypen ist baugleich bzw. sehr ähnlich. Die Beschreibung für diesen Montageschritt erfolgt modellübergreifend.

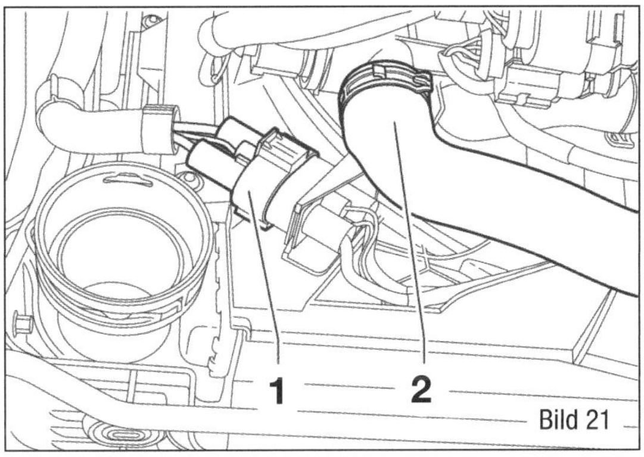

Bild 21

Bild 21
1 Temperaturfühler
2 Kühlmittelschlauch

■ Zuerst die Geräuschdämpfung oben und den Unterfahrschutz demontieren.

■ Kennzeichnen Sie nun die Laufrichtung des Keilrippenriemens, wenn er wieder montiert werden soll.

■ Die Luftführungsschlauch rechts ausbauen (Pfeile).
Zum Entspannen des Keilrippenriemens, die Spannvorrichtung von unten in Pfeilrichtung drehen.

■ Die Spannvorrichtung mit dem Absteckdorn (T10060 A) arretieren.

■ Keilrippenriemen abnehmen.

Der Einbau erfolgt in umgekehrter Reihenfolge, beachten Sie dabei Folgendes:

■ Bevor Sie den Keilrippenriemen einbauen, müssen Sie Generator und Klimakompressor fest anschrauben.

■ Den Keilrippenriemen zuerst auf die Riemenscheibe der Kurbelwelle, dann auf Klimakompressor und Generator auflegen.

■ Die Spannvorrichtung mit einem Ringschlüssel etwas drehen und Absteckdorn (T10060 A) herausziehen (Bild 22).

■ Spannvorrichtung entlasten.

■ Prüfen Sie, ob der Keilrippenriemen richtig aufgelegt ist.

■ Starten Sie den Motor und kontrollieren, ob der Keilrippenriemen richtig läuft.

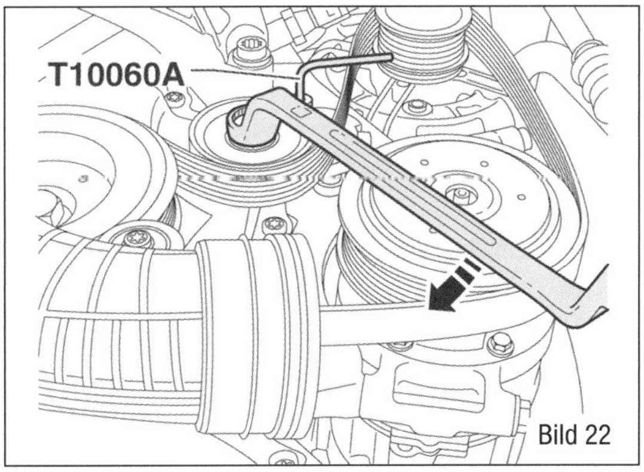

Bild 22

Bild 22
T10060A = Absteckdorn

Sichtprüfung Messen

Bild 23
1 Keilrippenriemen
2 Spannrolle
3 Schwingungsdämpfer
4 Schraube
5 Passhülse
6 Schraube
7 Schraube
8 Umlenkrolle
9 Schraube
10 Umlenkrolle
11 Halter für Nebenaggregate
12 Hochdruckpumpe
13 Schraube
14 Generator
15 Schraube
16 Klimakompressor
17 Schraube
18 Passhülse
19 Schraube

Bild 24
Zahnriemenverlauf bei automatischer Spannrolle.

Bild 25
Zum Sichern müssen die beiden Bohrungen in Deckung gebracht werden und dann ein 4-mm-Absteckstift oder Bohrer in die Bohrungen eingesteckt werden.

**Spannrolle für Keilrippenriemen mit Klimakompressor – Anzugsdrehmoment und -Reihenfolge**
Die hier beschriebene Spannvorrichtung finden Sie derzeit lediglich bei den Dieselmodellen.
■ Ersetzen Sie die Schraube für Spannrolle.
■ Mit einem Pinsel Führungsflächen der Spannrolle mit Festschmierstoffpaste bestreichen.
■ Ziehen Sie die Schraube (19 in Bild 23) in 5 Stufen fest.

| Stufe | Anzugsmoment oder Drehwinkel |
|---|---|
| 1 | Von Hand bis zur Anlage eindrehen (der Keilrippenriemen wird gespannt). |
| 2 | So weit drehen, bis der Bolzen der Spannrolle den Anschlag erreicht hat (der Keilrippenriemen wird weiter gespannt). |
| 3 | 90° lösen |
| 4 | Mit 30 Nm anziehen |
| 5 | 90° weiterdrehen |

■ Zum Entspannen des Keilrippenriemens Spannschraube (19) herausdrehen, Spannrolle (2) abnehmen (Bild 23).
■ Dann den Keilrippenriemen abnehmen.

Der Einbau erfolgt sinngemäß in umgekehrter Reihenfolge.

**Spannrolle mit Spannrollenelement**
Die Arbeiten unterscheiden sich hier kaum von den beim Benzinmotor bereits beschriebenen. Deshalb verweisen wir Sie für diese Arbeitsschritte auf die Beschreibung eine Seite zuvor.

**Keilrippenriemen ohne Klimakompressor aus- und einbauen**
■ Bauen Sie die Geräuschdämpfung bzw. den Unterfahrschutz aus.
■ Radhausschale rechts im vorderen Bereich lösen.
■ Der weitere Arbeitsablauf ist im Zahnriemenset in einer bebilderten Arbeitsanleitung für Ihr jeweiliges Motormodell detailliert dargestellt.

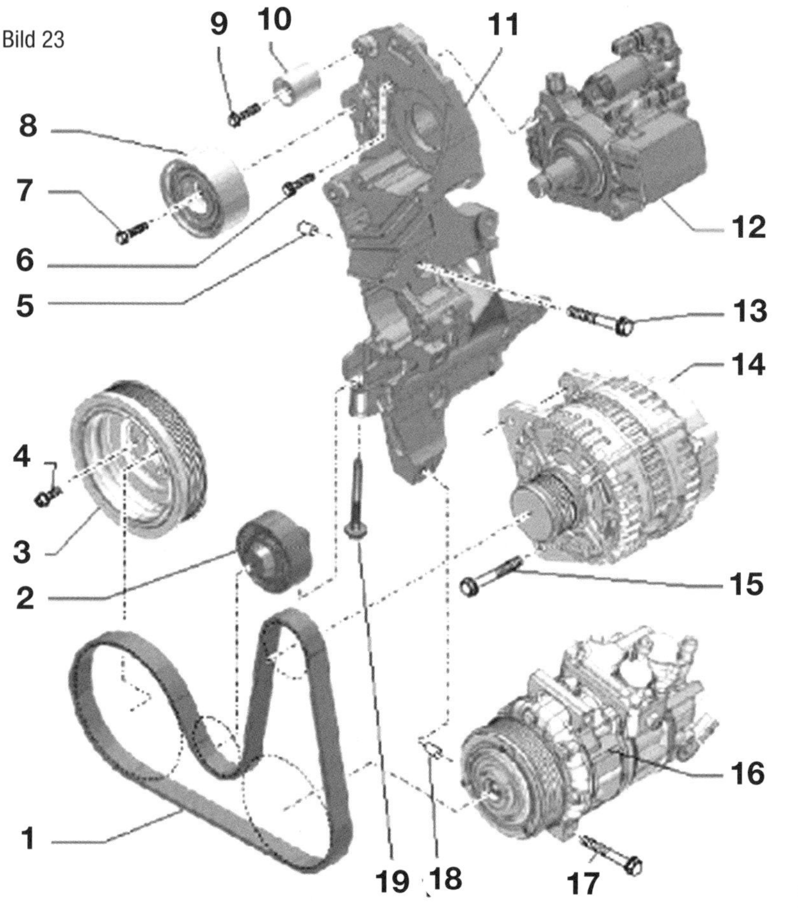

Bild 23

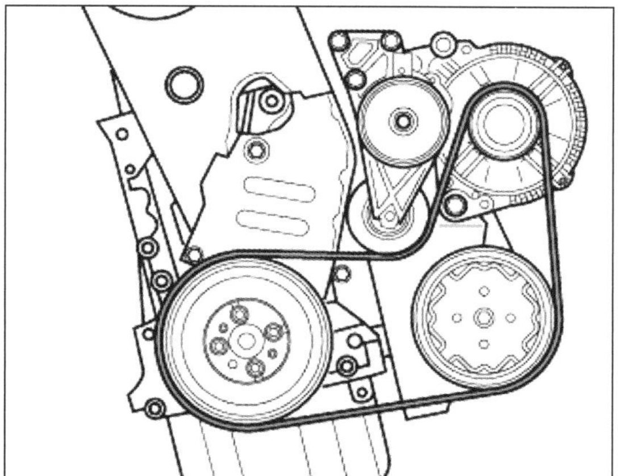
Bild 24

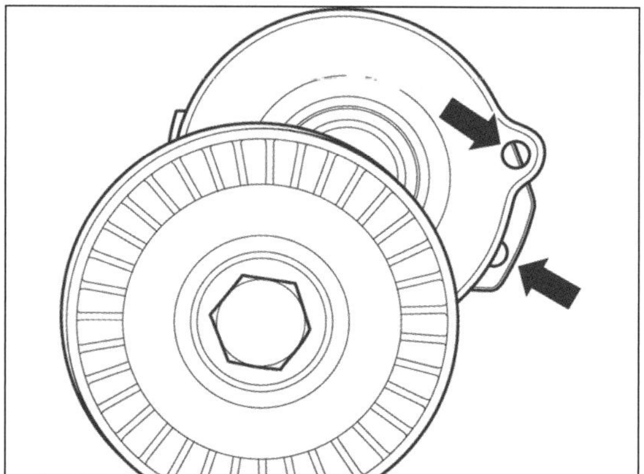
Bild 25

■ Die weitere Montage erfolgt sinngemäß in umgekehrter Reihenfolge.
■ Radhausschale rechts im vorderen Bereich wieder befestigen.
■ Bauen Sie die Geräuschdämpfung bzw. den Unterfahrschutz ein.

## Arbeiten am Zahnriementrieb der TDI-Motoren

Der Ventiltrieb der Tiguan-Diesel-Motoren ist über einen Zahnriemen gesteuert. Dieser muss zum Wechsel, aber auch zum Ausbau des Zylinderkopfes ausgebaut werden. Wir stellen die erforderlichen Arbeitsschritte für die einzelnen Bauweisen der Motortypen vor.

**Demontage der Zahnriemenabdeckung**
Die Montagearbeiten unterscheiden sich für die einzelnen Motoren kaum. Wir stellen die Arbeitsschritte exemplarisch am 2,0-l-TDI-Motor vor (Bild 26).

*Zahnriemenabdeckung oben*
■ Zündung ausschalten und Zündschlüssel abziehen.
■ Motorabdeckung oben und Geräuschdämpfung ausbauen.
■ Kraftstofffilter und Zusatzkraftstoffpumpe V393 ausbauen wie zuvor beschrieben.
■ Stecker vom Kühlmitteltemperaturgeber am Kühlerausgang abziehen.
■ Die drei Klammern am Zahnriemenschutz öffnen und den Zahnriemenschutz oben abnehmen.

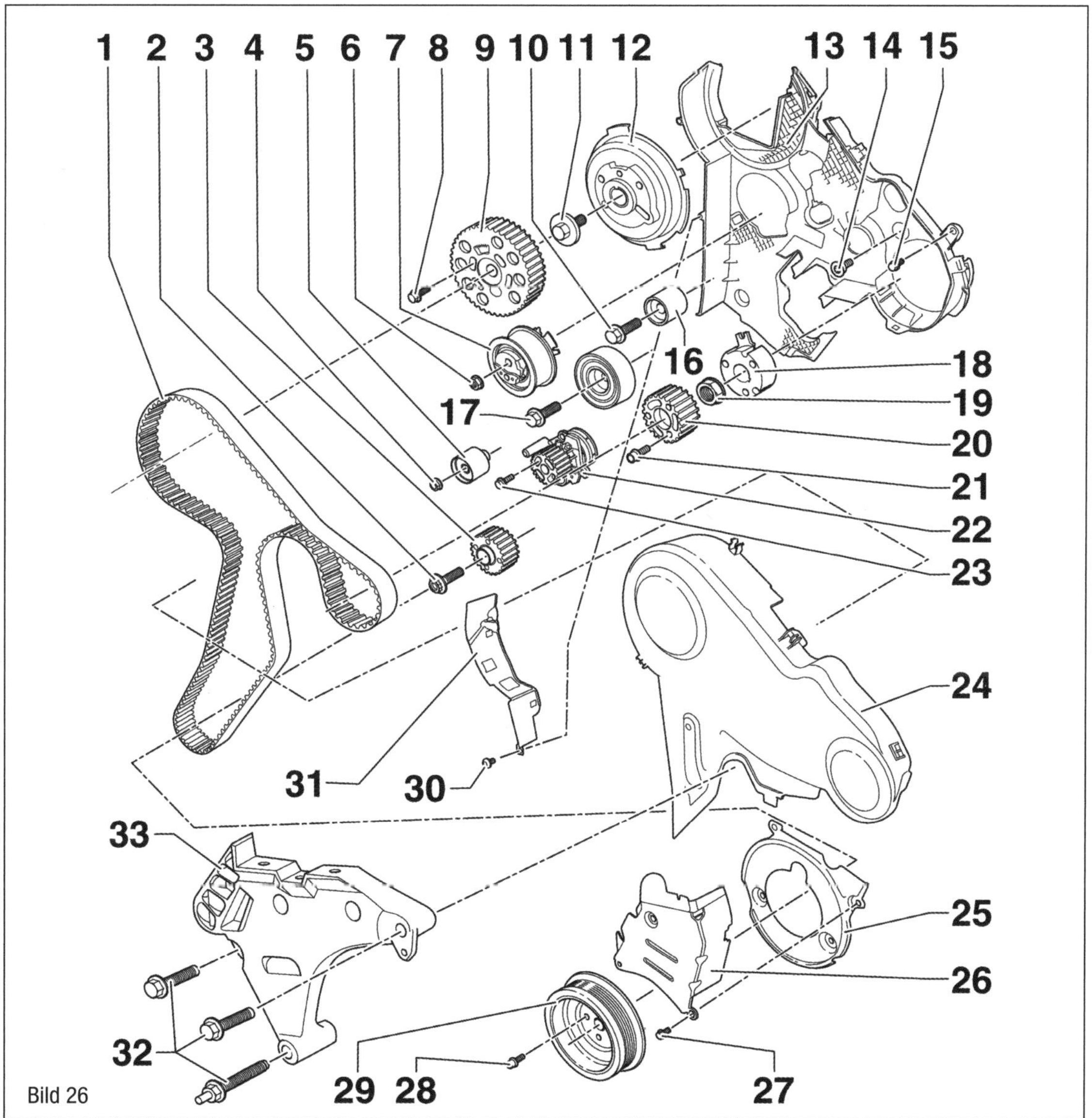


Bild 26
Zahnriementrieb der TDI-Motoren.
1 Zahnriemen
2 Schraube
3 Kurbelwellen-Zahnriemenrad
4 Schraube
5 Umlenkrolle
6 Schraube
7 Spannrolle
8 Schraube
9 Nockenwellenrad
10 Schraube
11 Schraube
12 Nabe
13 Zahnriemenschutz hinten
14 Schraube
15 Schraube
16 Umlenkrolle
17 Schraube
18 Nabe
19 Schraube
20 Zahnriemenrad der Hochdruckpumpe
21 Schraube
22 Kühlmittelpumpe
23 Schraube
24 Zahnriemenschutz Oberteil
25 Zahnriemenschutz Unterteil
26 Zahnriemenschutz Mittelteil
27 Schraube
28 Schraube
29 Riemenscheibe/Schwingungsdämpfer
30 Schraube
31 Schutzblech
32 Schraube
33 Motorhalter

Sichtprüfung Messen

*Zahnriemenabdeckung unten*

■ Radhausschale vorn rechts, Keilrippenriemen und den Schwingungsdämpfer ausbauen.
■ Den Zahnriemenschutz oben ausbauen.
■ Zahnriemenschutz Mitte ausbauen (26) und die Befestigungsmutter des Kühlmittelrohres herausschrauben.
■ Zahnriemenabdeckung unten demontieren.

**Demontage des Zahnriemens**

Auch beim Zahnriemen gilt: Vor dem Ausbau die Laufrichtung markieren, den Riemen auf Verschleiß prüfen, ihn nicht knicken. Der Ausbau ist kompliziert, die Arbeit wird durch den Gebrauch von Spezialwerkzeuge deutlich erleichtert: Absteckstift (VW 3359), Kurbelwellenstopp (VW T10050), Gegenhalter (VW T10172), Winkelschraubendreher, Absteckwerkzeug (abgewinkelter Dorn), Drehmomentschlüssel verschiedener Größen.

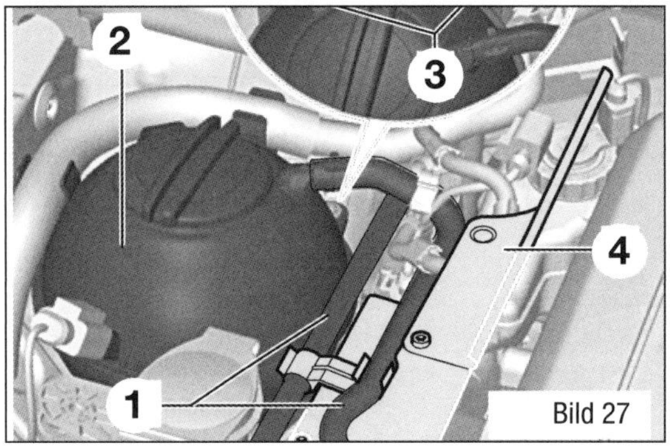

Bild 27

Bild 27
1 Schläuche
2 Ausgleichsbehälter
3 Befestigungsschrauben
4 Halter

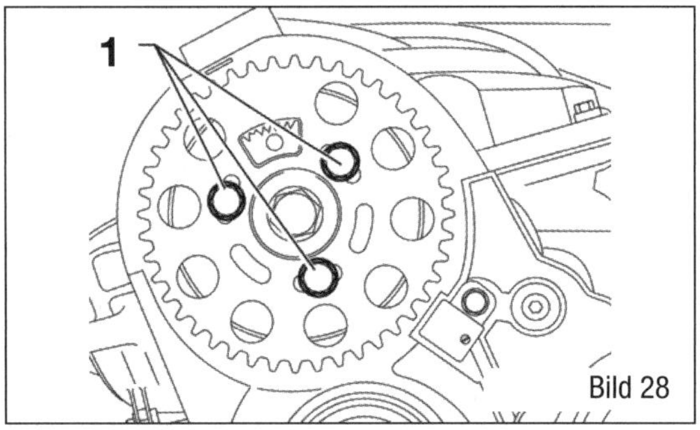

Bild 28

Bild 28
Befestigungsschrauben des Nockenwellenrads (1).

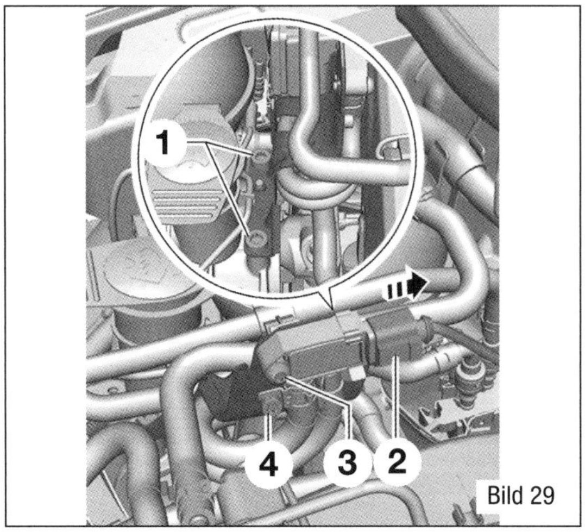

Bild 29

Bild 29
Steckkupplungen (A) und (B) der Kraftstoffleitungen.

■ Kühlmittelausgleichsbehälter (2) abbauen, dazu die Schrauben (3) herausdrehen.
■ Steckverbindung am Kühlmittelausgleichsbehälter (2) entriegeln und abziehen.
■ Kühlmittelausgleichsbehälter (2) zur Seite ablegen (Bild 27).
■ Steckkupplungen (A) und (B) der Kraftstoffleitungen öffnen und Kraftstoffleitungen abziehen (Bild 29).
■ Die Steckkupplungen trennen.
■ Den Kraftstofffilter ausbauen.
■ Soweit verbaut, die Zusatzkraftstoffpumpe bzw. die Kraftstoffpumpe ausbauen.
■ Die Steckerverbindung am Differenzdruckgeber trennen (2).
■ Die Befestigungsschrauben (1) herausdrehen.
■ Den Differenzdruckgeber (2) mit Halter auf dem Partikelfilter ablegen.
■ Den Motor auf oberen Totpunkt drehen und das Kurbelwellen-Zahnriemenrad mit dem Kurbelwellenstopp »T10050« abstecken. Dazu den Kurbelwellenstopp von der Stirnseite des Zahnriemenrades her in dessen Verzahnung stecken. Das Zahnsegment der Nockenwelle muss auf »12 Uhr« stehen.

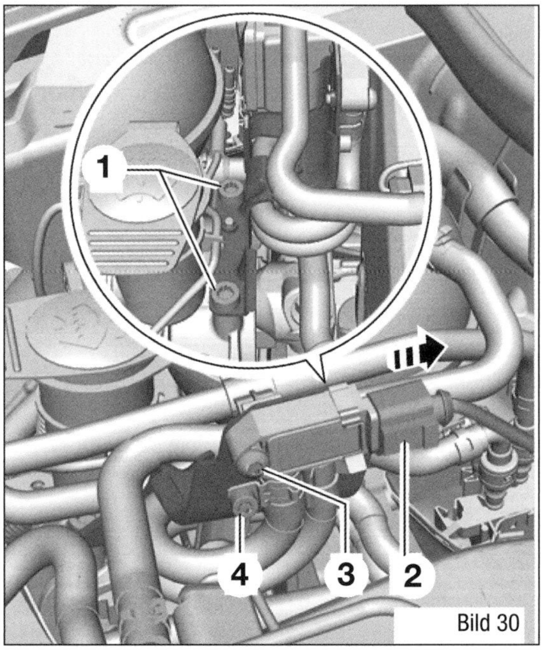

Bild 30

Bild 30
1 Befestigungsschrauben
2 Steckkontakt
3 Schraube
4 Schraube Schelle

Die Markierungen auf dem Kurbelwellen-Zahnriemenrad (2) und dem Kurbelwellenstopp »VAG T10050« (1 im Bild 31) müssen sich gegenüberstehen. Dabei muss der Zapfen des Kurbelwellenstopp »T10050« in die Bohrung des Dichtflansches eingreifen.

- Achten Sie darauf, dass Sie die Laufrichtung des Zahnriemens kennzeichnen.
- Befestigungsschrauben (1 Bild 28) des Nockenwellenrades lösen.
- Befestigungsschraube des Kühlmittelrohrs (1 Bild 30) lösen und nachfolgend die Befestigungsschrauben des Zahnriemenrades der Hochdruckpumpe (2 Bild 32).
- Befestigungsmutter der Spannrolle (1 Bild 33) lösen.
- Den Exzenter der Spannrolle mit dem Steckschlüssel »T10264« entgegen dem Uhrzeigersinn (Pfeil im Bild 33) drehen, bis die Spannrolle mit dem Absteckstift »T10265« arretiert werden kann.
- Jetzt den Exzenter der Spannrolle im Uhrzeigersinn (Pfeil im Bild 33) bis zum Anschlag drehen und die Befestigungsmutter (1) handfest anziehen.
- Zahnriemen zuerst von der Umlenkrolle und dann von den übrigen Zahnrädern abnehmen.

**Montage des Zahnriemens**
Es werden zwei Spannrollenversionen verbaut. Ein Tausch untereinander ist möglich. Bei Einstellarbeiten zuerst prüfen, welche Spannrolle verbaut ist.

**Arbeiten mit der Spannrollenvariante »A«**
Für die Montage muss die Spannrolle mit dem Absteckwerkzeug »T10265« abgesteckt und auf Rechtsanschlag fixiert sein. Die Kurbelwelle muss mit dem Kurbelwellenstopp »T10050« arretiert sein.

- Nabe der Nockenwelle mit dem Absteckstift »VAG 3359« arretieren. Dazu den Absteckstift durch das äußere freie Langloch in die Bohrung des Zylinderkopfs schieben.
- Die handfest angezogenen Schrauben wieder lösen.

Die Nabe der Hochdruckpumpe gegebenenfalls mit einem Schraubendreher an den Schraubenköpfen drehen, bis sich die Nabe der Hochdruckpumpe abstecken lässt (Bild 36).

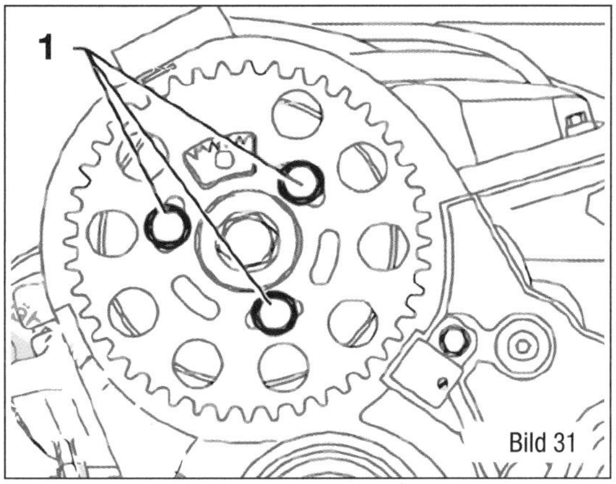


Bild 31
T 10050 Absteckwerkzeug
1 Markierung Werkzeug
2 Markierung Kurbelwellenrad

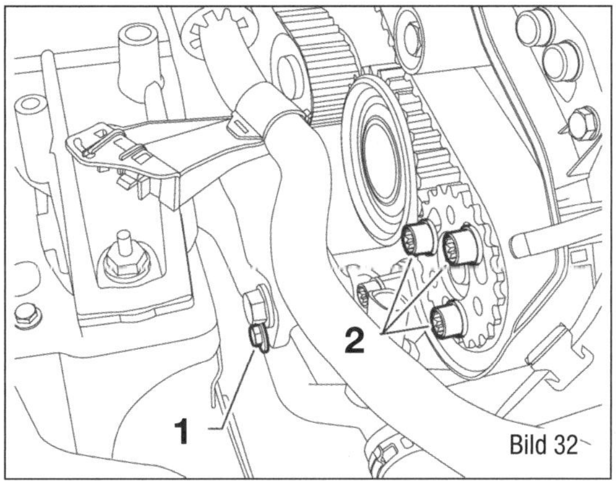


Bild 32
Befestigungsschrauben (2) des Zahnriemenrades der Hochdruckpumpe.

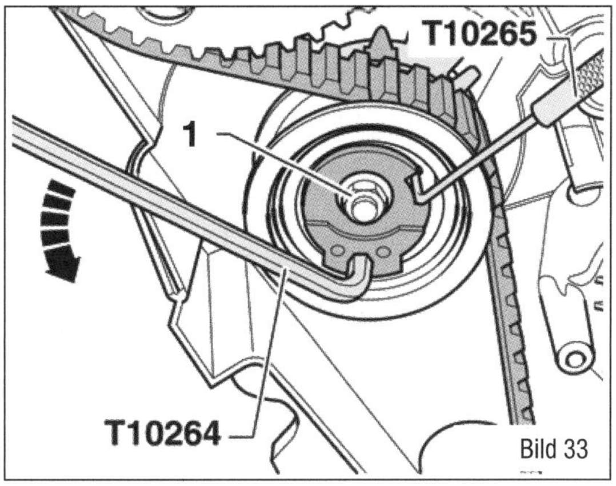


Bild 33
Spannrollenvariante »A« lösen.
1 Mutter
T10265 Absteckdorn

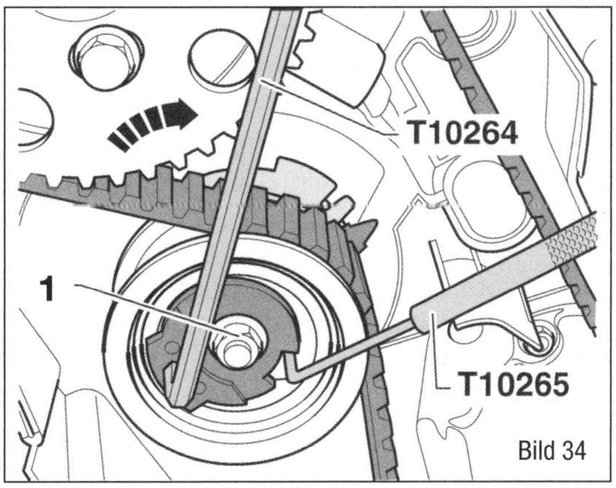


Bild 34
Spannrollenvariante »A« spannen.
1 Mutter
T10264 Absteckdorn

Sichtprüfung Messen

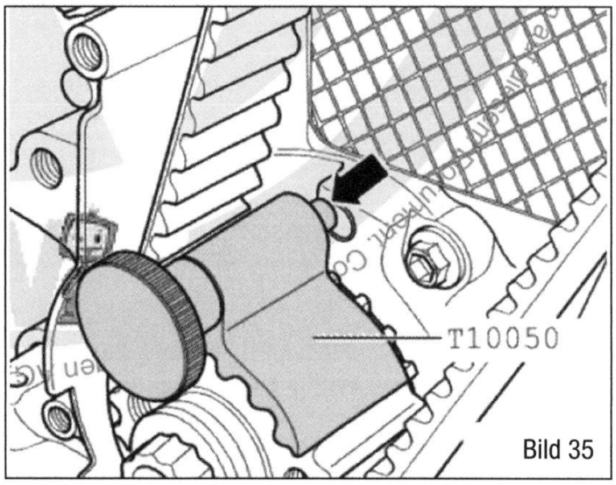


Bild 35

Bild 35
Kurbelwellenarretierung.

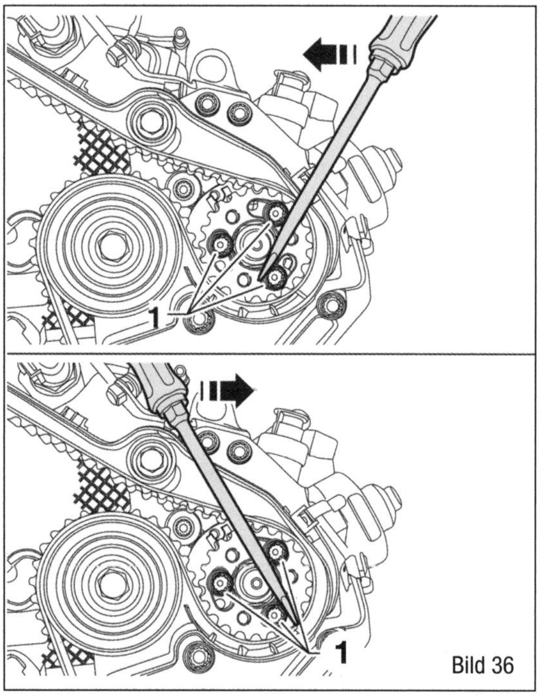


Bild 36

Bild 36
Verdrehen der Nabe der Hochdruckpumpe mit einem Schraubendreher an den Schraubenköpfen.

■ Das Nockenwellenrad und das Zahnriemenrad der Hochdruckpumpe in ihren Langlöchern im Uhrzeigersinn auf Anschlag drehen.

⚠ Den Zahnriemen auf das Kurbelwellen-Zahnriemenrad, die Spannrolle, das Nockenwellenrad, das Zahnriemenrad der Kühlmittelpumpe und das Zahnriemenrad der Hochdruckpumpe auflegen.

■ Den Zahnriemen zuletzt auf die Umlenkrolle auflegen.

Achten Sie auf den richtigen Sitz der Spannrolle in der Aussparung im Zahnriemenschutz hinten!

■ Die Befestigungsmutter der Spannrolle lösen und das Absteckwerkzeug »T10265« herausziehen.

■ Exzenter der Spannrolle mit dem Winkelschraubendreher »VAG T10264« vorsichtig im Uhrzeigersinn drehen. Der Zeiger muss etwas über die Mitte der Lücke der Grundplatte stehen (sie korrigiert sich beim Erzeugen der Vorspannung).

⚠ Achten Sie darauf, dass sich die Befestigungsmutter nicht mit dreht.

■ Die Spannrolle in dieser Lage festhalten und die Befestigungsmutter der Spannrolle wie folgt festziehen: 20 Nm und 45° weiterdrehen.

■ Den Gegenhalter »T10172« wie in Bild 38 gezeigt ansetzen.

■ Den Gegenhalter in Pfeilrichtung drücken und das Nockenwellenrad auf Vorspannung halten.

■ In dieser Stellung die Befestigungsschrauben (1) des Nockenwellenrads und des Zahnriemenrads der Hochdruckpumpe zunächst handfest und nachfolgend mit 20 Nm festziehen.

■ Die Absteckstifte »3359« und den Kurbelwellenstopp »T10050« entfernen.

■ Die Kurbelwelle min. 2 Umdrehungen in Motordrehrichtung weiterdrehen und kurz vor den oberen Totpunkt für Zylinder 1 stellen.

■ Den Kurbelwellenstopp »T10050« wieder an das Kurbelwellen-Zahnriemenrad setzen.

■ Jetzt die Kurbelwelle in Motordrehrichtung drehen, bis der Zapfen des Kurbelwellenstopps (Pfeil in Bild 35) aus der Drehbewegung heraus in den Dichtflansch eingreift.

Bei der folgenden Kontrolle beschränkt sich das Abstecken auf Nockenwelle und Kurbelwelle. Die Absteckposition der Hochdruckpumpen-Nabe lässt sich nur sehr schwer wieder finden. Eine geringe Abweichung hat jedoch keinen Einfluss auf den Motorlauf.

Kontrollieren Sie, ob sich die Nabe der Nockenwelle mit dem Absteckstift (3359) arretieren lässt (Bilder 37 und 38).

**Wenn sich die Nabe der Nockenwelle nicht arretieren lässt**

■ Den Kurbelwellenstopp »T10050« so weit zurückziehen, dass der Zapfen die Bohrung freigibt.

■ Die Kurbelwelle entgegen der Motordrehrichtung etwas über den oberen Totpunkt hinausdrehen.

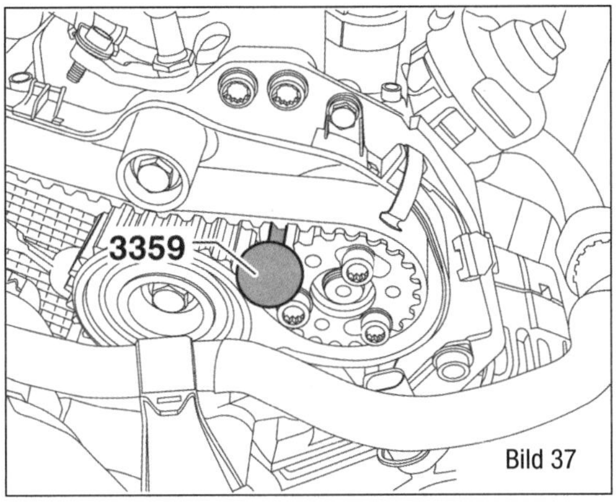


Bild 37

Bild 37
3359 Absteckwerkzeug

■ Dann die Kurbelwelle langsam in Motordrehrichtung drehen, bis sich die Nabe der Nockenwelle abstecken lässt.
■ Nach dem Abstecken die Befestigungsschrauben des Zahnriemenrads der Nockenwelle lösen.

*Steht der Zapfen des Kurbelwellenstopp »T10050« links neben der Bohrung:*
■ Die Kurbelwelle in Motordrehrichtung drehen, bis der Zapfen des Kurbelwellenstopps aus der Drehbewegung heraus in den Dichtflansch eingreift.
■ Dann die Befestigungsschrauben des Zahnriemenrads der Nockenwelle zunächst handfest und nachfolgend mit 20 Nm festziehen.

*Steht der Zapfen des Kurbelwellenstopp »T10050«rechts neben der Bohrung:*
■ Die Kurbelwelle wieder etwas entgegen der Motordrehrichtung drehen.
■ Jetzt die Kurbelwelle in Motordrehrichtung drehen, bis der Zapfen des Kurbelwellenstopps aus der Drehbewegung heraus in den Dichtflansch eingreift.
■ Die Befestigungsschrauben des Zahnriemenrads der Nockenwelle zunächst handfest und nachfolgend mit 20 Nm festziehen.

*Fortsetzung*
■ Den Absteckstift »3359« und den Kurbelwellenstopp »T10050« entfernen.
■ Dann die Kurbelwelle min. 2 Umdrehungen in Motordrehrichtung weiterdrehen und kurz vor oberen Totpunkt für Zylinder 1 stellen.
■ Wiederholen Sie die Kontrolle.
■ Lässt sich die Nabe der Nockenwelle jetzt abstecken, die Befestigungsschrauben des Nockenwellenrads 45° weiterdrehen.

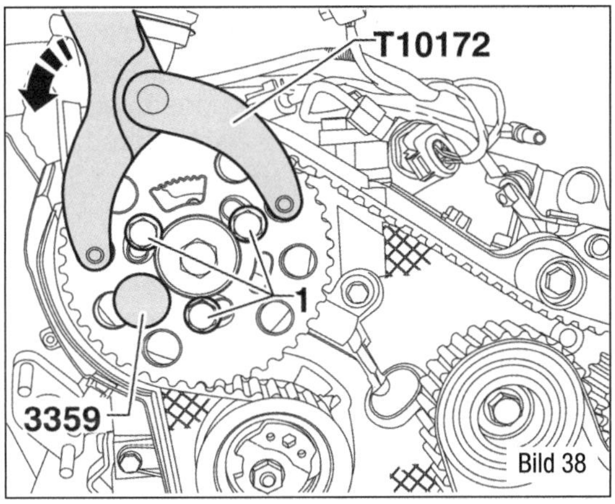


Bild 38

Bild 38
T 10172 Gegenhalter
3359 Absteckwerkzeug
1 Befestigungsschrauben

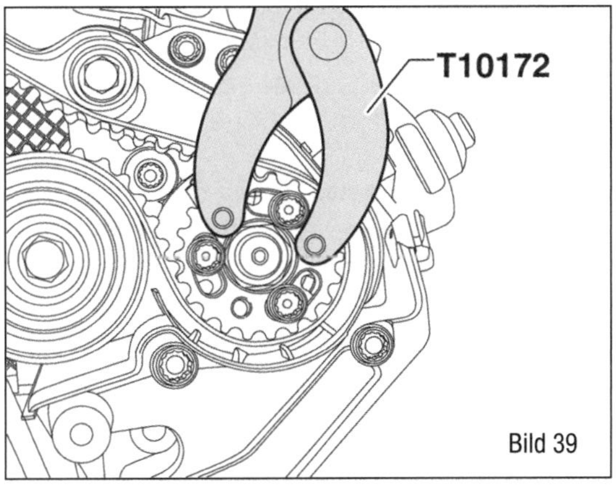


Bild 39

Bild 39
T 10172 Gegenhalter

Dazu mit dem Gegenhalter »T10172« und Adaptern »T10172/4« gegenhalten (Bild 39).
■ Den mittleren und unteren Zahnriemenschutz wieder einbauen.
■ Dann den Schwingungsdämpfer/Riemenscheibe einbauen und mit 10 Nm + 90° anziehen.
■ Den Keilrippenriemen einbauen.
■ Den Zahnriemenschutz oben einbauen.

Der weitere Zusammenbau erfolgt sinngemäß in entgegengesetzter Reihenfolge zum Ausbau.

⚠ Achten Sie hierbei auf den festen Sitz der Kraftstoffschläuche. Vertauschen Sie NICHT die Vor- und Rücklaufleitung (Rücklaufleitung blau bzw. mit blauer Markierung, Vorlaufleitung weiß).
■ Bauen Sie die Radhausschale ein.
■ Montieren Sie die Geräuschdämpfung.

**Arbeiten mit der Spannrollenvariante »B«**
Die Montagearbeiten der beiden Spannrollen unterscheiden sich lediglich in der Vorgehensweise der Einstellung der Zahnriemen-Spannung. Wir stellen Ihnen deshalb den Vorgang »Zahnriemen spannen« in den

Sichtprüfung Messen

nächsten Schritten detailliert für diese Spannrollenvariante vor. Die beiden Spannrollen sind kompatibel und können vertauscht werden. Wenn Sie also in Ihrem erstandenen Zahnriemenset nur die eine andere Spannrollenvariante auffinden, können Sie nun trotzdem montieren.

- Die Befestigungsmutter der Spannrolle (1 Bild 40) lösen.
- Den Exzenter der Spannrolle mit dem Steckschlüssel »T10409« im Uhrzeigersinn (Pfeil) drehen, bis die Spannrolle entspannt ist.
- Die Befestigungsmutter (1) handfest anziehen.
- Den Zahnriemen zuerst von der Umlenkrolle und dann von den übrigen Zahnrädern abnehmen.
- Nabe der Nockenwelle mit dem Absteckstift »VAG 3359« arretieren. Dazu den Absteckstift durch das äußere freie Langloch in die Bohrung des Zylinderkopfs schieben.
- Die handfest angezogenen Schrauben wieder lösen.

Die Nabe der Hochdruckpumpe, wie schon beschrieben, gegebenenfalls mit einem Schraubendreher an den Schraubenköpfen drehen, bis sich die Nabe der Hochdruckpumpe abstecken lässt.

- Das Nockenwellenrad und das Zahnriemenrad der Hochdruckpumpe in ihren Langlöchern im Uhrzeigersinn auf Anschlag drehen.
- Den Zahnriemen auf das Kurbelwellen-Zahnriemenrad, die Spannrolle, das Nockenwellenrad, das Zahnriemenrad der Kühlmittelpumpe und das Zahnriemenrad der Hochdruckpumpe auflegen.

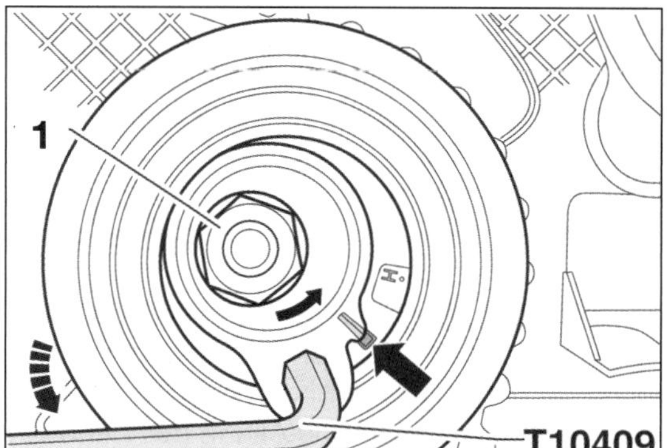

Bild 40

Bild 40
1 Befestigungsmutter
Pfeil Markierungen

- Den Zahnriemen zuletzt auf die Umlenkrolle auflegen.
- Die Markierungen auf dem Spannelement und der Spannrolle (Pfeil) sind jetzt nahezu in Deckung.
- Die Spannrolle in dieser Lage festhalten und die Befestigungsmutter der Spannrolle festziehen.

Die weiteren Arbeitsschritte unterscheiden sich nicht von der Vorgehensweise bei der Spannrollenvariante »A«.

## Steuergehäuse, Steuerkette und Antriebskette Ölpumpe der TSI-Motoren aus- und einbauen

Der Ausbau von Steuerkette und Kette für Ölpumpenantrieb, der den Ausbau des Steuergehäuses einschließt, ist Voraussetzung für den Ausbau des Zylinderkopfes und des Nockenwellengehäuses. Wir demonstrieren diese anspruchsvollen Arbeiten an den Motoren.

**Arbeiten am Steuergehäuse**

**1,4 l Turbolader (und Kompressor)**

- Die Motorabdeckung oben ausbauen.
- Bauen Sie, je nach Ausstattung, die Geräuschdämpfung oder den Unterfahrschutz aus.
- Die Radhausschale vorn rechts ausbauen.
- Die Laufrichtung des Keilrippenriemens kennzeichnen, wenn dieser wieder verbaut werden sollte, und diesen ausbauen.
- Drehen Sie die Kurbelwelle in Motordrehrichtung auf OT-Zylinder.
- Lassen Sie das Kühlmittel ab.
- Bauen Sie die Kühlmittelpumpe aus.
- Bauen Sie die Hohlschraube des Ölvorlaufrohres Abgasturbolader aus.
- Bauen Sie den Halter für Nebenaggregate aus.
- Montieren Sie die Abfangvorrichtung (10 - 222 A) mit Adapter (10 - 222 A /22).
- Die Abfangvorrichtung (10 - 222 A) mit Adapter (10 - 222 A /22) aufsetzen und Motor in Einbaulage abfangen (Bild 41).
- Motor leicht vorspannen und Befestigungsschrauben des Motorhalters rechts herausschrauben.

■ Bauen Sie die Ölwanne aus.
■ Lösen Sie nun die Befestigungsschraube für die Riemenscheibe. Die Riemenscheibe mit dem Gegenhalter »3415« und »3415/1« festhalten (Bild 42).
■ Lösen Sie die Innensechskantschraube des Steuergehäuses und die mit den Pfeilen im Bild 43 gekennzeichneten Sechskantschrauben.
■ Nehmen Sie das Steuergehäuse ab.

*Technische Änderung*

Ab August 2009 setzt VW eine diamantbeschichtete Scheibe ein. Die Scheibe verhindert ein Mitdrehen der Kurbelwelle beim Anziehen der Befestigungsschraube. Bauen Sie eine diamantbeschichtete Scheibe (7 im Bild 44) ein, wenn an dem Motor noch keine Scheibe eingebaut war. Die Scheibe (7) wird zwischen der Lagerbuchse (5) und dem Kettenrad Kurbelwelle eingebaut. Beachten Sie, dass alle Anpressflächen, von der Befestigungsschraube bis zum Kurbelwellen-Kettenrad öl- und fettfrei sein müssen.

■ Tragen Sie das Silikon-Klebedichtmittel »D 176 501 A1« auf die Trennfugen vom Nockenwellengehäuse und Zylinderkopf (9 in Bild 45) und vom Zylinderkopf und Zylinderblock auf.
■ Setzen Sie die neue Dichtung auf die Passstifte auf.
■ Schrauben Sie zur besseren Führung 2 Stiftschrauben »M6x80« in den Zylinderkopf und den Zylinderblock ein.
■ Setzen Sie das Steuergehäuse mit der Lagerbuchse für Kurbelwelle gleichzeitig auf die Stiftschrauben, Passstifte und den Kurbelwellenzapfen auf.
■ Befestigungsschrauben des Steuergehäuses über Kreuz gleichmäßig festziehen.
■ Achten Sie darauf, dass das Steuergehäuse nicht verkantet.
■ Richten Sie die Motorlagerung so aus, dass zwischen Motorstütze und Längsträger rechts ein Abstand von mindestens 10 mm vorhanden ist und die Gusskante an der Motorstütze parallel zum Tragarm steht.
■ Bauen Sie die Riemenscheibe für Kurbelwelle ein.

Der weitere Zusammenbau erfolgt sinngemäß in entgegengesetzter Reihenfolge zum Ausbau.

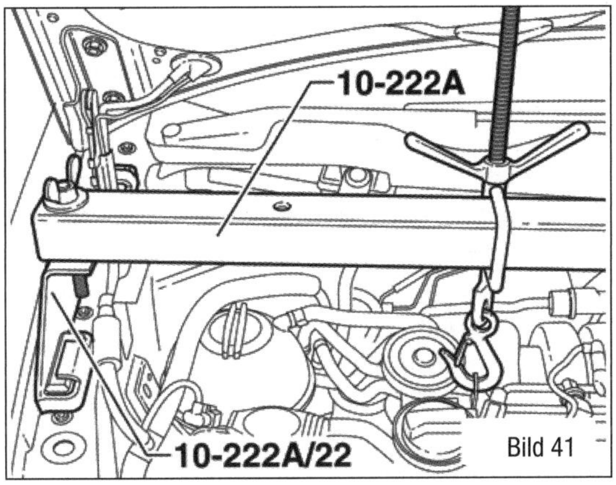


Bild 41
Einsatz der Motorbrücke.

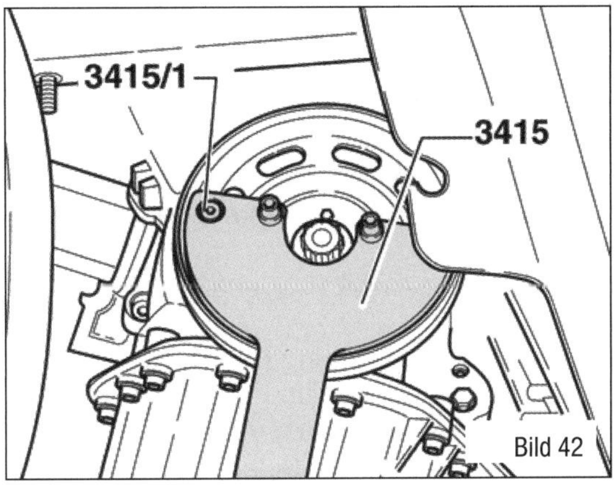


Bild 42
Gegenhalter für die Riemenscheibe.

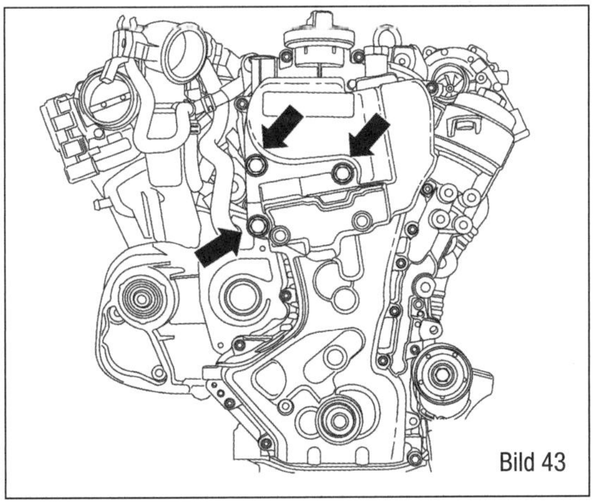

Bild 43
Befestigungsschrauben des Steuergehäuses.

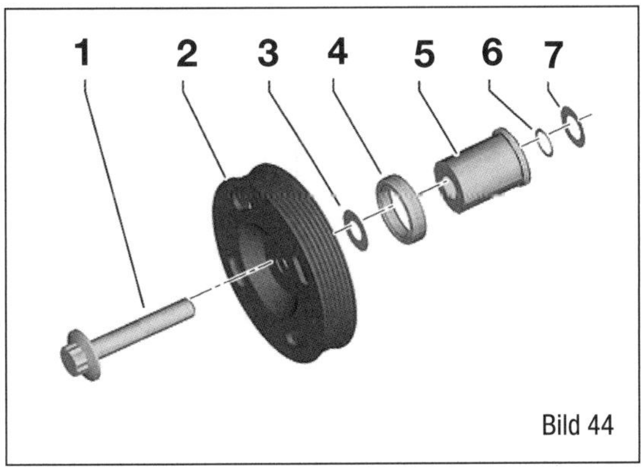


Bild 44
1 Befestigungsschraube
2 Riemenscheibe Kurbelwelle
3 Diamantbeschichtete Scheibe (an der Riemenscheibe Kurbelwelle, angeclipst)
4 Dichtring für Kurbelwelle
5 Lagerbuchse
6 O-Ring
7 Diamantbeschichtete Scheibe

Sichtprüfung Messen

Bild 45
1 O-Ring
2 Führungsrohr für Ölmessstab
3 Schraube
4 Schraube
5 Ventil 1 für Nockenwellenverstellung
6 Dichtring
7 Schraube
8 Abdeckung oben für Steuerkette
9 Dichtung
10 O-Ring
11 Passstifte
12 Abdeckung unten für Steuerkette
13 Schraube
14 Wellendichtring
15 Verschlussstopfen

Bild 46
1 Verriegelung
2 Kraftstoffleitung
3 Schraube

Bild 47
Abdeckung oben für Steuerkette abnehmen.
1-5 Schrauben

Bild 48
Ausbau des Aktivkohlefilters
1 Entlüftungsleitung

Das Steuergehäuse wird zum Motor weiterhin mit einer Dichtung und zusätzlich mit dem Silikon-Klebedichtmittel »D 176 501 A1« abgedichtet. Das Silikon-Klebedichtmittel verhindert Undichtigkeiten zwischen dem Steuergehäuse und den Trennfugen. Die Dichtmittelpunkte müssen einen Durchmesser von 10 mm haben und ca. 1 mm dick sein. Tragen Sie das Dichtmittel erst unmittelbar vor der Montage des Steuergehäuses auf.

**2,0 l (T)FSI-Motor**

***Abdeckung oben ausbauen***

*Nur Fahrzeuge mit Geräuschgenerator:*

■ Verriegelung (1 im Bild 46) öffnen.
■ Kraftstoffleitungen (2) ausclipsen und Schraube (3) am Aktivkohlebehälter lösen.
■ Das Ladeluftrohr zur Seite legen.

*Fahrzeuge mit Aktivkohlebehälter im Motorraum:*

■ Die Entlüftungsleitung (1 im Bild 48) abziehen, Aktivkohlebehälter entriegeln (A) und nach oben abnehmen (B). Aktivkohlebehälter zur Seite legen.

*Alle*:

■ Die Kühlmittelschläuche zur Seite drücken und mit einem Kabelbinder sichern.
■ Die Schrauben für das Führungsrohr für Ölmessstab heraus drehen und das Führungsrohr aus der Abdeckung für Steuerkette ziehen.
■ Das Ventil für Nockenwellenverstellung ausbauen.
■ Schrauben (1 bis 5 im Bild 47) herausdrehen und Abdeckung oben für Steuerkette abnehmen.

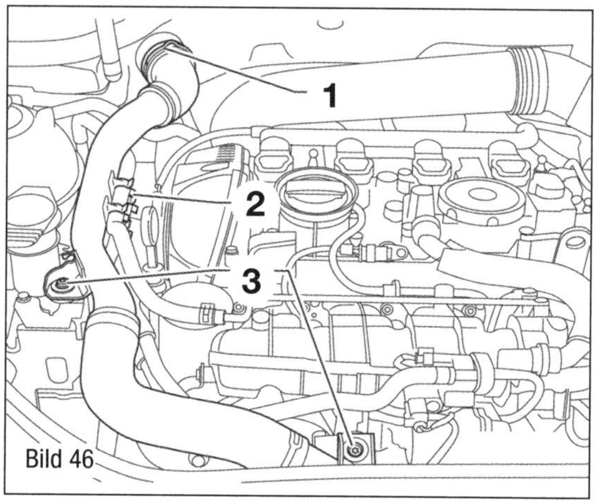

Bild 46

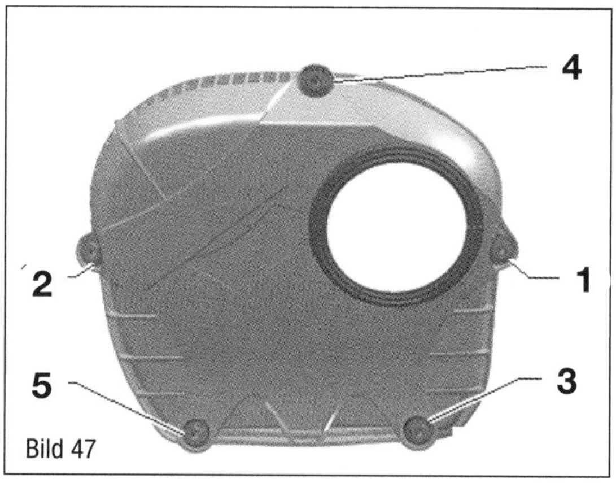

Bild 47

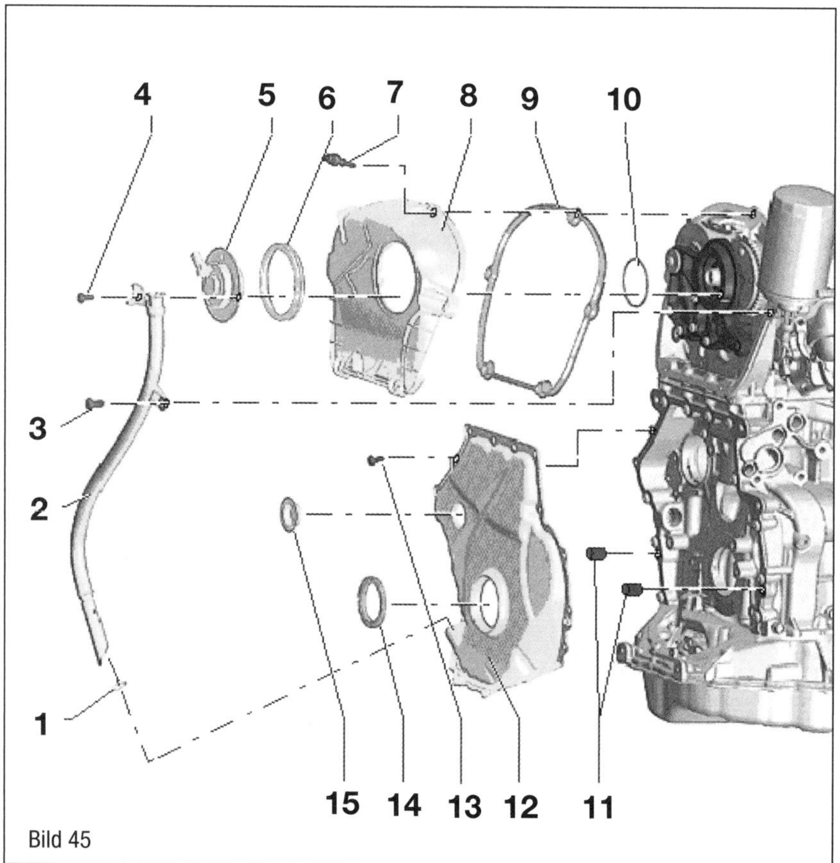

Bild 45

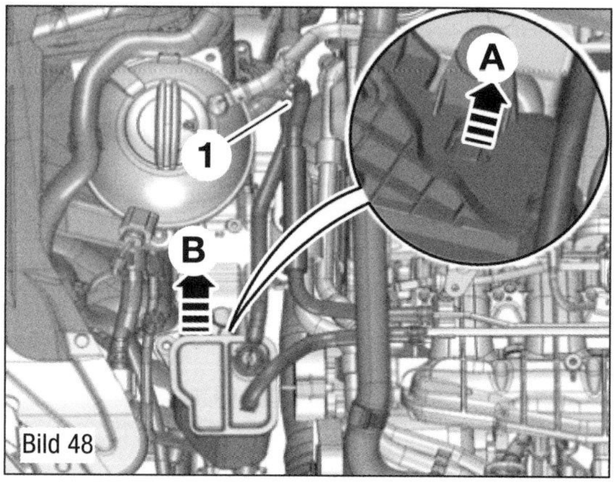

Bild 48

*Einbauen*
■ Den Dichtring und den O-Ring mit Motoröl einölen.
■ Die Abdeckung am Motor ansetzen, dabei auf den korrekten Sitz der Dichtung achten.
■ Die Schrauben (1 bis 5 im Bild 47) in der gezeigten Reihenfolge handfest anziehen.
■ Schrauben mit 9 Nm nachziehen, dazu Drehmomentschlüssel (V.A.G 1783) und Maul-Einsteckwerkzeug SW 10 (V.A.G 1783/1) verwenden.

Der weitere Zusammenbau erfolgt sinngemäß in entgegengesetzter Reihenfolge zum Ausbau.

***Abdeckung unten ausbauen***
■ Geräuschdämpfung ausbauen.
■ Vordere rechte Radhausschale ausbauen.
■ Motoröl ablassen.

*Fahrzeuge mit Standheizung:*
■ Schelle lösen und Befestigungsschraube des Schalldämpfers herausdrehen.
■ Schalldämpfer für Standheizung abnehmen.

*Alle*:
■ Schrauben (Pfeile im Bild 49) herausdrehen.
■ Das Luftführungsrohr ausbauen, dazu Klammern (Pos. 1 und 2) anheben.
■ Luftführungsschlauch rechts ausbauen (Pfeile im Bild 50).
■ Zum Entspannen des Keilrippenriemens Spannvorrichtung von unten betätigen.
■ Die Spannvorrichtung mit dem Absteckdorn (T10060 A) arretieren.

⚠ Vor Ausbau des Keilrippenriemens Laufrichtung mit Kreide oder Filzstift für den Wiedereinbau kennzeichnen. Es besteht Zerstörungsgefahr durch umgekehrte Laufrichtung bei einem bereits gelaufenen Keilrippenriemen.

■ Den Keilrippenriemen von der Keilrippenriemenscheibe des Schwingungsdämpfers abnehmen.
■ Den Schwingungsdämpfer mit dem Gegenhalter »T10355« in Stellung »OT« (Pfeil) drehen. Die Kerbe am Schwingungsdämpfer muss der Pfeilmarkierung an der Abdeckung unten für Steuerketten gegenüberstehen (Bild 51).

⚠ Zerstörungsgefahr des Motors. Um die Steuerzeiten nicht zu verstellen, darf die Kurbelwelle bei ausgebauter Schraube für Schwingungsdämpfer nicht aus der »OT«-Stellung verdreht werden.

■ Die Schraube für Schwingungsdämpfer herausdrehen, dazu wieder den Gegenhalter »T10355« verwenden.
■ Den Schwingungsdämpfer abnehmen. Die Schraube für Schwingungsdämpfer und Hülse »T10368« wieder eindrehen.

⚠ Um die Verzahnung nicht zu beschädigen, die Schraube für Schwingungsdämpfer nur mit Hülse »T10368« zur Führung eindrehen.

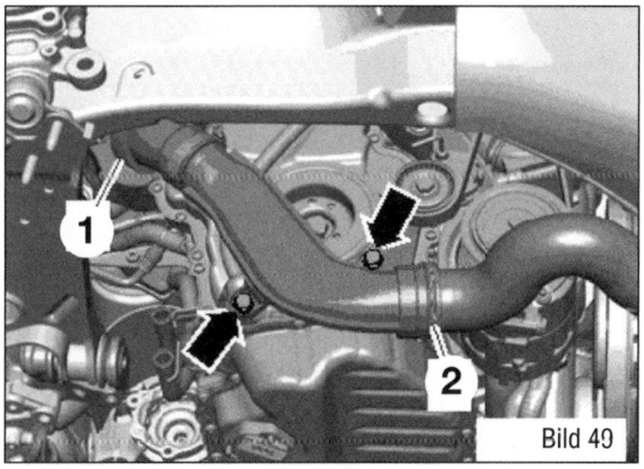


Bild 49
1 und 2 Halteklammern
Pfeile = Position der Klammern

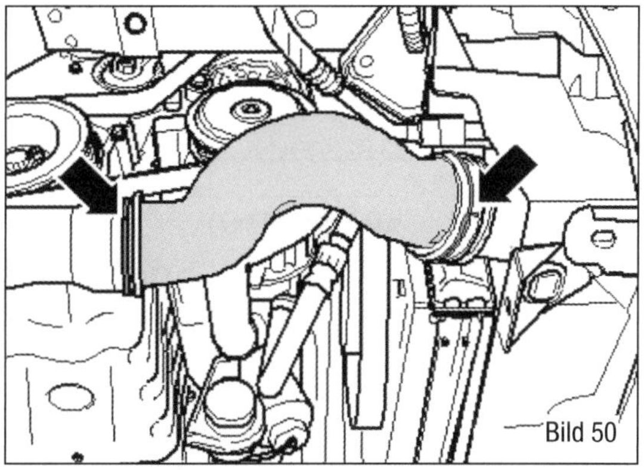


Bild 50
Luftführungsschlauch rechts ausbauen.

Bild 51
OT-Stellung der Kurbelwelle.

- Die Motorabdeckung ausbauen.
- Den Luftfilter ausbauen.
- Die Masseleitung an der Batterie bei ausgeschalteter Zündung abklemmen.
- Die Batterie und den Batterieträger ausbauen.

*Fahrzeuge mit automatischem Getriebe:*
- Die Ringschraube (3368 im Bild 52) wie gezeigt ins Getriebe einschrauben.

*Fahrzeuge mit Schaltgetriebe:*
- Die Schaltbetätigung am Getriebe abbauen.

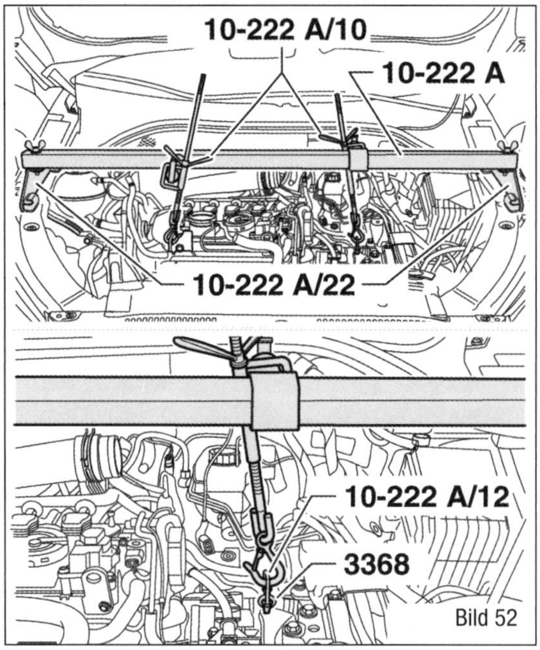


Bild 52
Automatikgetriebe.
2x Adapter (10-222 A /22)
2x Adapter (10-222 A /3)
2x Haken (10-222 A /10)
1x Schäkel (10-222 A /12)

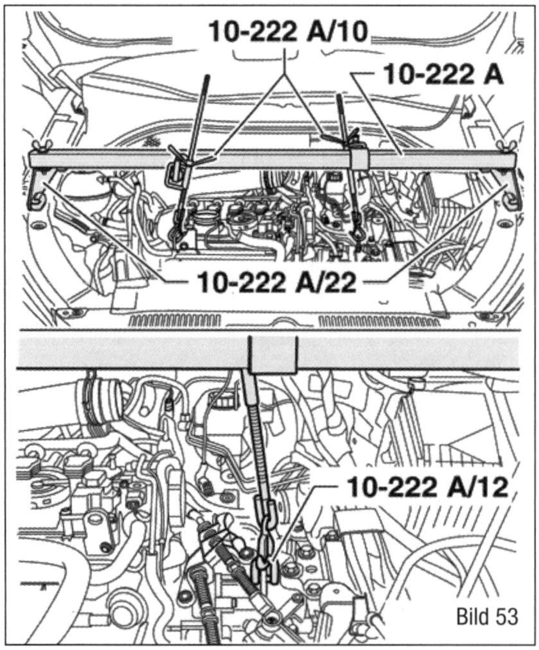


Bild 53
Schaltgetriebe.
2x Adapter (10-222 A /22)
2x Adapter (10-222 A /3)
2x Haken (10-222 A /10)
1x Schäkel (10-222 A /12

- Die Abfangvorrichtung (10-222 A) mit den in der Bildbeschreibung (Bild 53) aufgezählten Werkzeugteilen aufsetzen.

*Alle*:
- Zuerst den Motor mit der Spindel vorspannen.
- Dann die Schrauben (Pfeile im Bild 55) der Aggregatlagerung am Motor herausdrehen.
- Nun wird das Motorlager ausgebaut.
- Anschließend den Motor um ca. 50 mm anheben und obere Schraube der Motorstütze lösen.
- Jetzt den Motor ca. 100 mm absenken.
- Den elektrischen Leitungsstrang freilegen.
- Schraube (1 Bild 56) herausdrehen und Spannvorrichtung für Keilrippenriemen vom Halter für Nebenaggregate abziehen.
- Die unteren Schrauben für Motorstütze mit Bit (T10099) ausdrehen.
- Motorstütze mit Schrauben abnehmen.
- Schrauben (Pfeile im Bild 57) ausdrehen, Führungsrohr für Ölmessstab aus der Abdeckung für Steuerkette ziehen.
- Magnetventil für Ladedruckbegrenzung vom Abgasturbolader abschrauben (Pfeile im Bild 58).
- Stutzen für Turbolader ausbauen (1).
- Schrauben (1 bis 15 Bild 59) ausdrehen.

Je nach Ausführung können nur 8 Schrauben verbaut sein.

- Abdeckung unten für Steuerkette abhebeln, dazu bei Schraube (5) und (13) beginnen.
- Dichtmittelreste am Zylinderblock mit einem Flachschaber entfernen.

⚠ Verwenden Sie das Silikon-Dichtmittel (D 174 003 A2) oder ein vergleichbares Produkt. Beachten Sie das Haltbarkeitsdatum des Silikon-Dichtmittels. Die Ab-

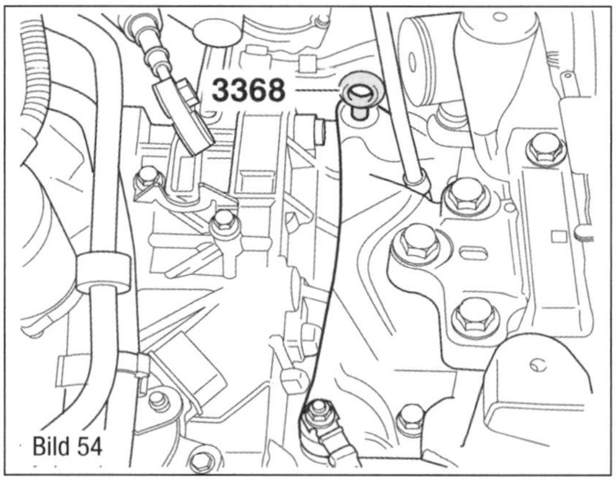


Bild 54
Ringschraube für das automatische Getriebe.

deckung muss nach dem Auftragen des Silikon-Dichtmittels innerhalb 5 Minuten eingebaut werden. Ersetzen Sie Schrauben, die mit Weiterdrehwinkel angezogen werden sowie Dichtringe, Dichtungen und selbstsichernde Muttern.

- Um Verschmutzung zu vermeiden Wellendichtring mit Klebeband an beiden Seiten abkleben.
- Dichtmittelreste an der Abdeckung z. B. mit rotierender Kunststoffbürste entfernen.
- Dichtflächen reinigen, sie müssen öl- und fettfrei sein.
- Abdeckung mit alten Schrauben einbauen und mit 8 Nm anziehen.
- Mit Fühlerlehre zwischen Abdeckung und Gehäuse prüfen, der Abstand darf nicht größer als 0,2 mm sein. Ist der Abstand größer als 0,2 mm, ist die Abdeckung zu erneuern.

Zwischen Abdeckung und Ölwannenoberteil ist der Abstand nicht zu messen, jedoch eine Sichtprüfung auf Ebenheit der Dichtfläche durchzuführen.

- Prüfen Sie, ob beide Passstifte zur Zentrierung der Abdeckung (Pfeile im Bild 60) vorhanden sind.

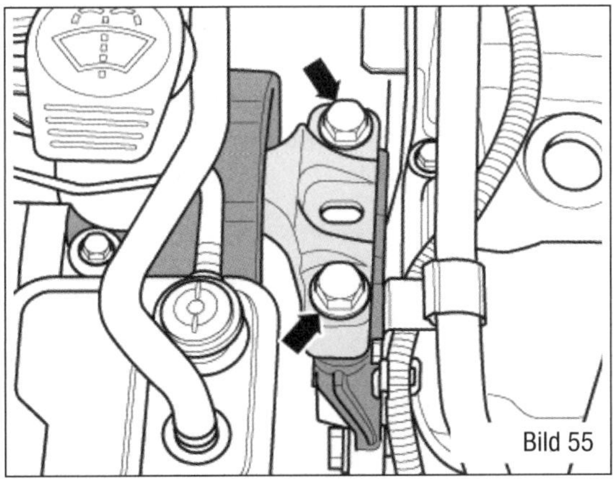

Bild 55
Schrauben (Pfeile) der Aggregatlagerung.

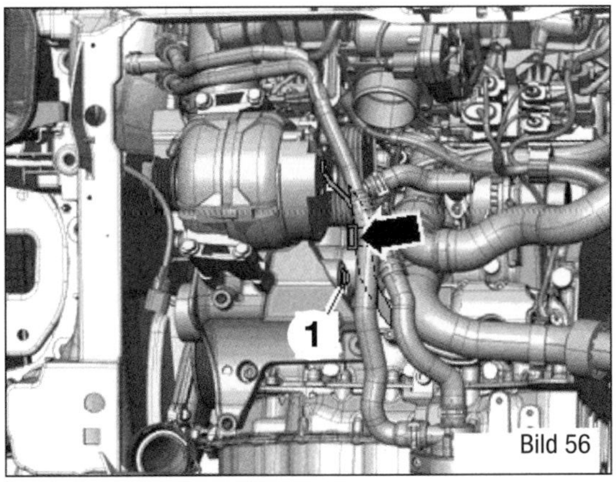


Bild 56
1 Schraube
Pfeil Halter

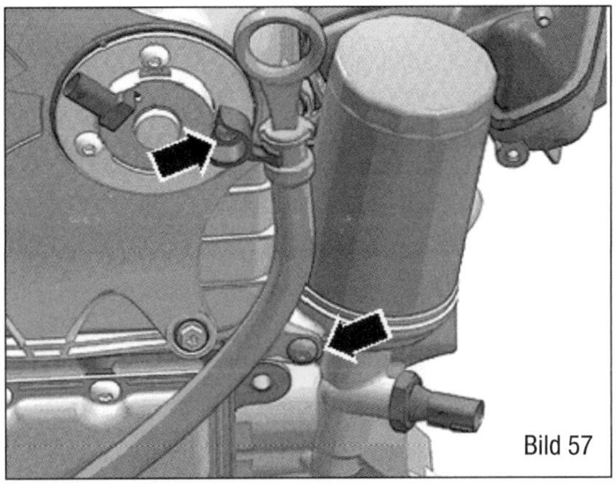

Bild 57
Befestigungsschrauben Ölmessstab (Pfeile).

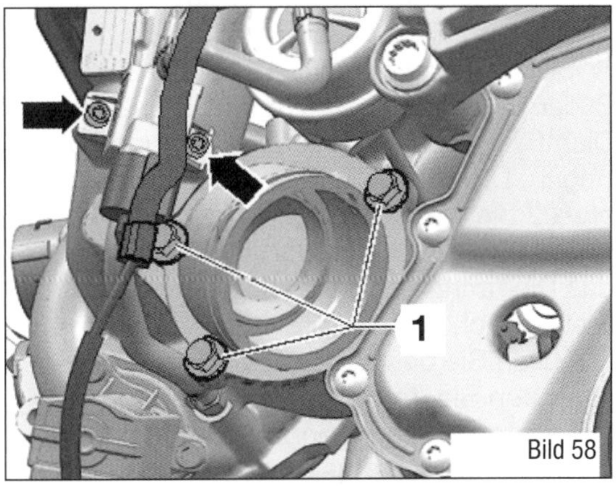


Bild 58
Pfeile = Befestigungsschrauben Ladedrucksensor
1 Stutzen für Turbolader

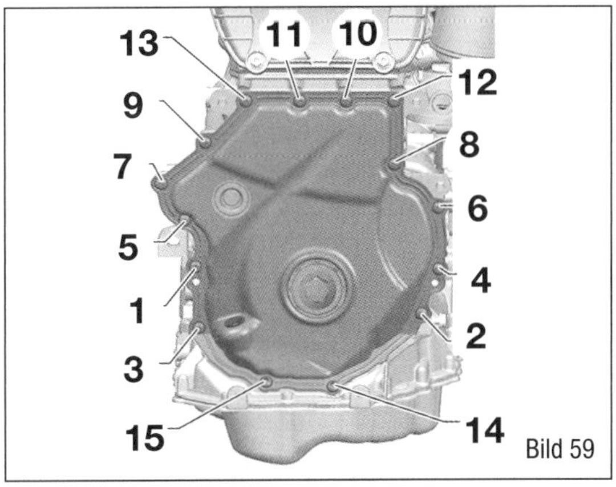


Bild 59
1-15 Schrauben in Demontagereihenfolge.

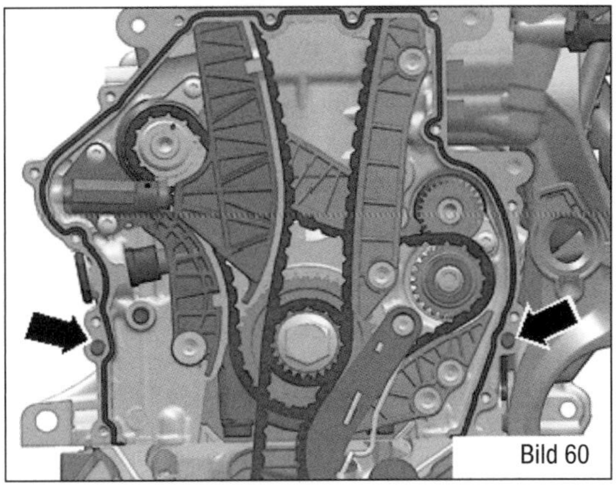

Bild 60
Passstifte zur Zentrierung des Deckels.

Bild 61
Position der Dichtmasse für die 15-Schrauben-Variante.

Bild 62
Position der Dichtmasse für die 10-Schrauben-Variante.

Bild 63
1 Schraube
2 Ausgleichswelle
3 Rohr Ausgleichswelle
4 Kettenspanner
5 Zylinderblock
6 Ausgleichswelle,
7 O-Ring
8 Lagerbolzen
9 Zwischenwellenrad
10 Schraube
11 Unterlegscheibe
12 Befestigungsschraube
13 Gleitschiene
14 Führungsbolzen
15 Spannschiene
16 Führungsbolzen
17 Steuerkette
18 Kettenrad
19 Gleitschiene
20 Führungsbolzen

Bild 64
1 Verschraubungen Gleitschiene
2 Spannschiene
3 Verschraubungen Kettenspanner

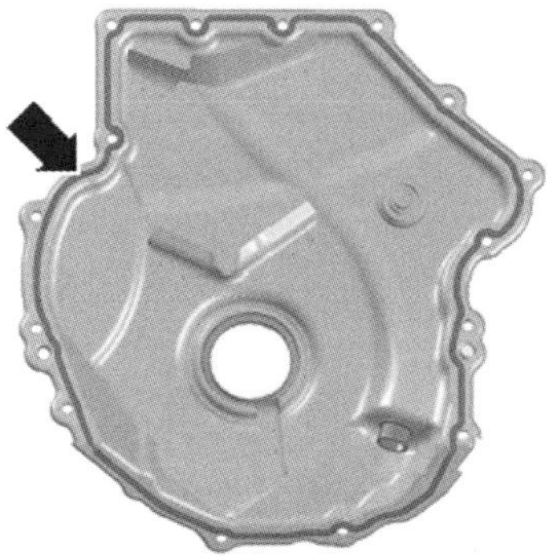

Bild 61

■ Die Tubendüse an der vorderen Markierung abschneiden (ca. 3 mm).
■ Silikon-Dichtmittel (D 174 003 A2), wie in Bildern 61 und 62 gezeigt, auf die saubere Dichtfläche an der neuen Abdeckung auftragen. Die Dicke der Dichtmittelraupe muss etwa 2 bis 3 mm betragen.
■ Nach der Montage der Abdeckung muss das Dichtmittel ca. 30 Minuten trocknen. Erst danach darf Motoröl eingefüllt werden.
■ Füllen Sie das Motoröl wieder auf.
■ Prüfen Sie den Ölstand.
Der weitere Zusammenbau erfolgt sinngemäß in entgegengesetzter Reihenfolge zum Ausbau.

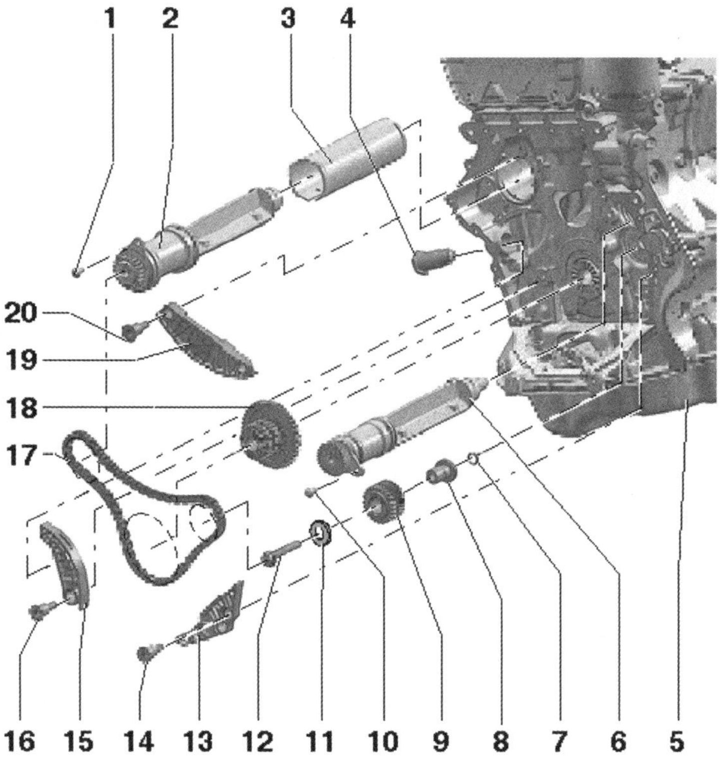


Bild 63

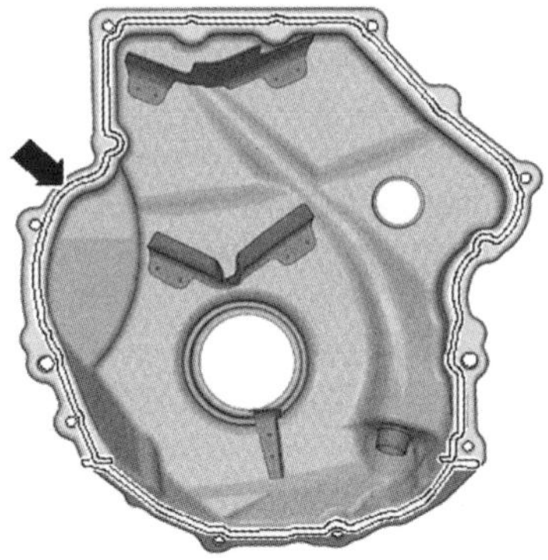

Bild 62

**Ausgleichswellensteuerkette**

***Ausgleichswellensteuerkette aus- und einbauen 1,8 l-Motor (Bild 63)***
■ Abdeckung oben für Steuerkette ausbauen.
■ Abdeckung unten für Steuerkette ausbauen.
■ Nockenwellensteuerkette ausbauen.
■ Gleitschiene für Nockenwellensteuerkette (Schrauben 1 in Bild 64) ausbauen.
■ Kettenspanner für Nockenwellensteuerkette (3) ausbauen.

*Montage*:
■ Zwischenwellenrad/Ausgleichswelle auf Markierungen drehen.

☞ Bedingt durch die Übersetzung, stimmen die Markierungen nur jede 7. Umdrehung überein.

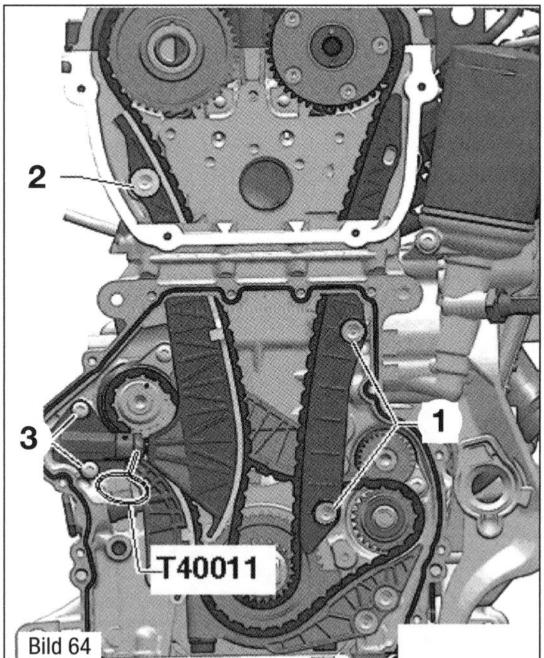


Bild 64

■ Steuerkette auflegen, die farbigen Kettenglieder der Steuerkette müssen an den Markierungen der Kettenräder positioniert werden.
■ Die Spannschiene für Steuerkette einbauen und Schraube festziehen.
■ Die Gleitschiene für Steuerkette einbauen und Schrauben festziehen.
■ Den Kettenspanner der Steuerkette mit Sicherungsmittel einsetzen.
■ Überprüfen Sie nochmals die Einstellung der Markierungen Zwischenwellenrad zur Ausgleichswelle.

⚠ Das Zwischenwellenrad ist unbedingt zu ersetzen. Andernfalls stellt sich kein Zahnflankenspiel ein, was einen Motorschaden zur Folge hat. Das neue Zwischenwellenrad hat einen Gleitlacküberzug, der sich nach kurzer Laufzeit abnutzt und somit automatisch das Zahnflankenspiel einstellt.

***Steuerzeiten prüfen***

*1,4 l-Motor mit und ohne Kompressor*

■ Die Abdeckung oben für Steuerkette ausbauen.
■ Dann die Geräuschdämpfung ausbauen.
■ Den rechten Ladeluftschlauch an der Steckkupplung trennen.
■ Den Schwingungsdämpfer von unten, in Motordrehrichtung auf Stellung »OT« drehen. Zum Drehen des Schwingungsdämpfers eine Ratsche mit Steckschlüsseleinsatz SW24 verwenden. Wurde die Kurbelwelle über »OT« hinaus gedreht, ist die Kurbelwelle nochmals ca. 45° entgegen der Motordrehrichtung zu drehen. Anschließend die Kurbelwelle in Motordrehrichtung auf »OT« stellen.
■ Die Kerbe am Schwingungsdämpfer muss der Pfeilmarkierung an der Abdeckung unten für Steuerketten gegenüberstehen (Spiegel verwenden).
■ Die Markierungen (1 im Bild 65) der Nockenwellen müssen nach oben zeigen.

Nun wird der Abstand von der Außenkante Steg (A) zur Markierung (B) auf der Einlassnockenwelle gemessen (Bild 66). Der Sollwert beträgt: 61 bis 64 mm.

Wird der Sollwert erreicht, Abstand zwischen der Markierung auf der Einlassnockenwelle (B) und der Markierung auf der Auslassnockenwelle (C) im Bild 67 messen. Der Sollwert beträgt hier 124 bis 126 mm.

Bild 65
1 Markierungen

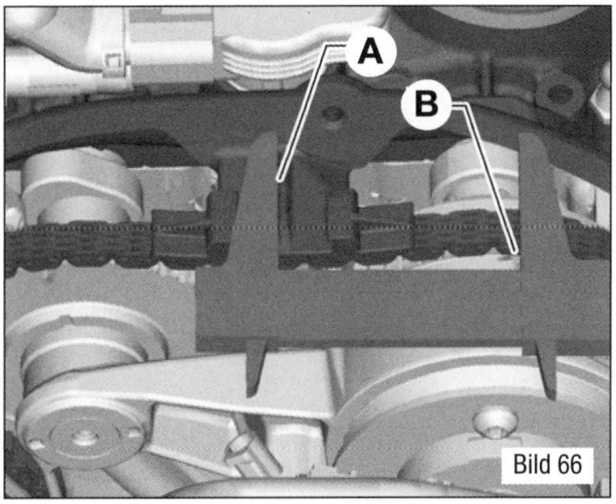


Bild 66
A Steg
B Markierung

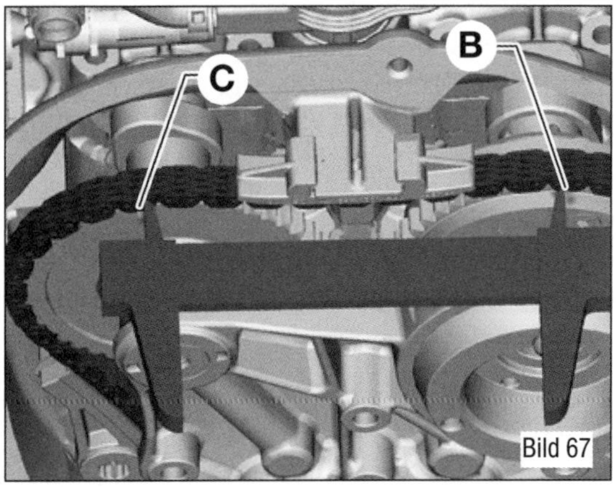


Bild 67
B Markierung Einlassnockenwelle
C Markierung Auslassnockenwelle

⚠ Der Versatz von einem Zahn bedeutet eine Abweichung gegenüber dem Sollwert von ca. 6 mm. Wird ein Versatz festgestellt, muss die Steuerkette neu aufgelegt werden.

**2,0 l-Motor**

■ Die Abdeckung oben für Steuerkette ausbauen.

■ Die Geräuschdämpfung unten ausbauen.

■ Den rechten Ladeluftschlauch an der Steckkupplung trennen.

■ Den Schwingungsdämpfer von unten in Motordrehrichtung auf Stellung »OT« (Pfeil) drehen. Zum Drehen des Schwingungsdämpfers eine Ratsche mit Steckschlüsseleinsatz SW24 verwenden.

Wurde die Kurbelwelle über »OT« hinaus gedreht, ist die Kurbelwelle nochmals ca. 45° entgegen der Motordrehrichtung zu drehen. Anschließend Kurbelwelle in Motordrehrichtung auf »OT« stellen.

■ Die Kerbe am Schwingungsdämpfer muss der Pfeilmarkierung an der Abdeckung unten für Steuerketten gegenüberstehen verwenden Sie auch hier einen Spiegel.

■ Die Markierungen (1 im Bild 65) der Nockenwellen müssen nach oben zeigen.

Der Abstand von der Außenkante Steg (A) zur Markierung (B im Bild 66) auf der Einlassnockenwelle messen. Er sollte einen Sollwert von 61 bis 64 mm erreichen.

Wird der Sollwert erreicht, den Abstand zwischen der Markierung auf der Einlassnockenwelle (B) und der Markierung auf der Auslassnockenwelle (C) messen (Bild 67). Der Sollwert beträgt hier 124 bis 126 mm.

Der Versatz von einem Zahn bedeutet eine Abweichung gegenüber dem Sollwert von ca. 6 mm. Wird ein Versatz festgestellt, muss die Steuerkette neu aufgelegt werden.

Wenn die Pfeilmarkierung, an der Abdeckung unten für Steuerketten, nicht mehr sichtbar ist, muss der Motor mit der Messuhr »VAS 6079« auf »OT« gestellt werden. Das ist aufgrund der Spezialwerkzeuge eine Aufgabe für den VAG-Fachbetrieb.

## Ventildeckel/Zylinderkopfhaube und Nockenwelle demontieren

Der Aufbau der unterschiedlichen Motoren ist auch an der Ausführung der Zylinderkopfhaube zu erkennen. Die beiden 1,4-l-Motoren integrieren einen Nockenwellenkasten über dem eigentlichen Zylinderkopf, der die Funktion des Ventildeckels übernimmt. Im 1,8-l-Benziner bildet die Zylinderkopfhaube zusammen mit dem Zylinderkopf die Nockenwellenlagerung. Beim TDI hingegen handelt es sich um einen Ventildeckel herkömmlicher Bauweise.

**Demontage des Ventildeckels/Zylinderkopfhaube beim 2,0 l TDI-Motor (Bild 68)**

■ Bauen Sie die Motorabdeckung ab.

■ Nehmen Sie die Geräuschdämpfung an den Injektoren heraus.

■ Ziehen Sie die Steckverbindungen an den Injektoren (A), dem Drucksensor 1 für Abgas (B) und dem Raildrucksensor (C) ab (Bild 69).

■ Drehen Sie die Befestigungsschrauben der Kühlmittelleitung (Pfeile) auf dem Saugrohr heraus und legen Sie die Leitung vor dem Saugrohr ab.

■ Ziehen Sie mit der Zange (VAG 3314) am Bund der Stützhülse die Stecker von den Glühstiftkerzen ab.

■ Schrauben Sie die Befestigungsmutter der Kraftstoffrücklaufleitung auf dem Saugrohr ab, öffnen Sie die Schelle und ziehen Sie die Leitung am Rail ab.

■ Ziehen Sie die Anschlüsse der Kraftstoffrücklaufleitung an den Injektoren ab. Drücken Sie dazu den Anschluss an den Laschen nach unten und ziehen Sie das Mittelstück zum Entriegeln nach oben.

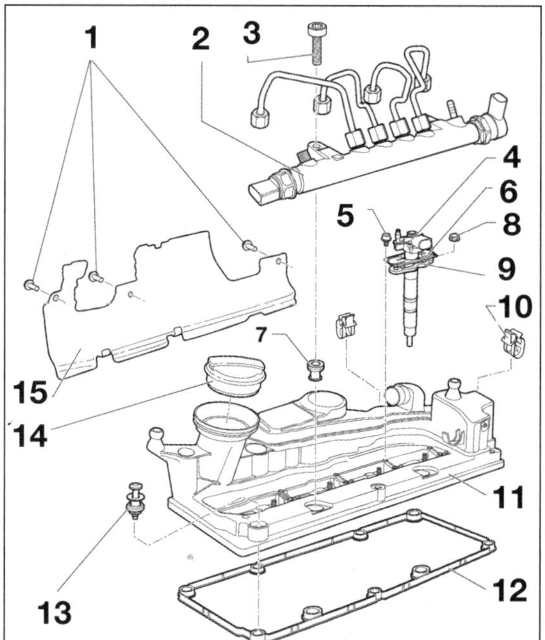


Bild 68

Bild 68
1 Schraube
2 Hochdruckspeicher mit Einspritzleitungen
3 Schraube
4 Einspritzeinheit
5 Schraube
6 Abdeckung für Einspritzeinheit
7 Buchse
8 Schraube
9 Spannpratze
10 Kabelführung
11 Zylinderkopfhaube
12 Dichtung
13 Schraube
14 Verschlussdeckel
15 Wärmeschutzblech

**Achtung:** Achten Sie auf Sauberkeit. Es darf kein Schmutz in die abgezogenen Rücklaufleitungen und in die Anschlüsse der Einspritzeinheiten gelangen.

- Nehmen Sie die komplette Rücklaufleitung ab und legen Sie sie vor dem Saugrohr ab.
- Ziehen Sie die Steckverbindung vom Positionsgeber für Ladedrucksteller am Abgasturbolader ab und fädeln Sie die Leitung aus den Halterungen aus.
- Ziehen Sie die Steckverbindung am Regelventil für Kraftstoffdruck ab.
- Nehmen Sie die Kabelführung vom Rail ab und legen Sie sie zur Seite.
- Ziehen Sie die Unterdruckleitung an der Zylinderkopfhaube ab.
- Nehmen Sie die übrigen Unterdruckleitungen aus dem Halter an der Zylinderkopfhaube.
- Bauen Sie den Zahnriemenschutz oben aus.
- Drücken Sie die Schnellverschlüsse zusammen und bauen Sie die Entlüftungsleitung zwischen Zylinderkopfhaube und Ansaugschlauch aus.
- Bauen Sie die Hochdruckleitung zwischen Hochdruckpumpe und Rail aus.
- Bauen Sie die Hochdruckleitungen zwischen dem Rail und den Injektoren aus.
- Drehen Sie die Schrauben heraus und nehmen Sie das Rail ab.
- Bauen Sie die Injektoren aus.
- Drehen Sie die Befestigungsschrauben der Zylinderkopfhaube heraus und nehmen Sie die Haube ab.

Der Einbau erfolgt in umgekehrter Reihenfolge. Dabei ist Folgendes zu beachten:

- Schrauben Sie in der Reihenfolge 1 bis 7 die Zylinderkopfhaube handfest an.
- Ziehen Sie die Schrauben in der Reihenfolge 1 bis 7 mit 10 Nm fest (Bild 70).
- Achten Sie darauf, dass die Zylinderkopfhaube korrekt mit dem Zahnriemenschutz verclipst ist. Drücken Sie dazu, ggf. mit einem Schraubendreher, den Zahnriemenschutz im Bereich der Clips gegen die Zylinderkopfhaube, bis diese hörbar ineinander rasten.
- Kontrollieren Sie den Freigang zwischen der Nabe und dem Zahnriemenschutz.
- Bauen Sie die Hochdruckleitungen ein.

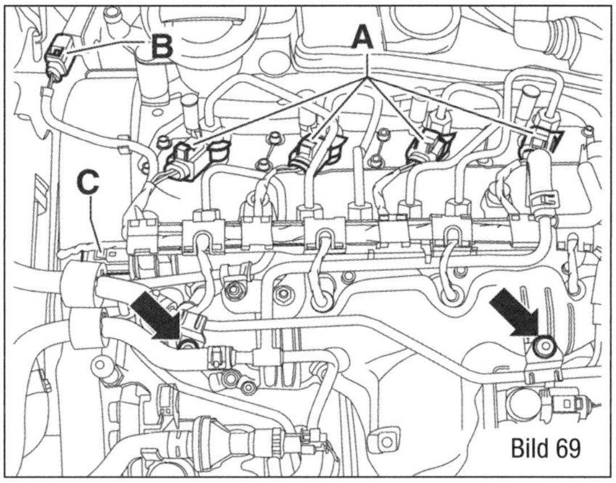


Bild 69

Bild 69
A Steckverbindungen
B Drucksensor Abgas
C Raildrucksensor

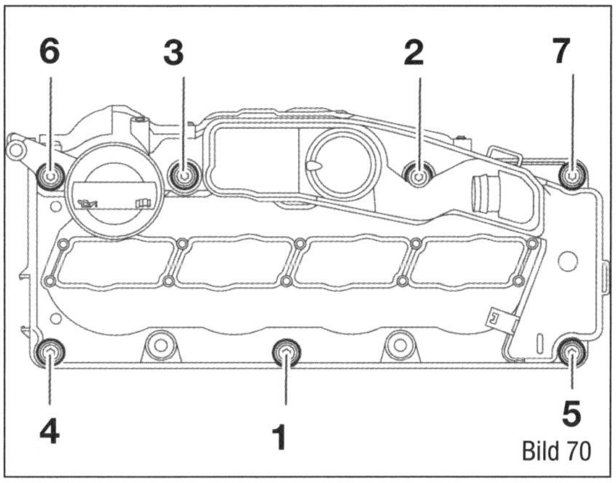


Bild 70

Bild 70
Nummerierung der Befestigungsschrauben für die Anzugsreihenfolge.

**Nockenwellen aus- und einbauen beim 2,0 l TDI Motor (Bild 71)**

- Bauen Sie die Motorabdeckung ab.
- Demontieren Sie den Kraftstofffilter.
- Bauen Sie die Zusatzkraftstoffpumpe bzw. Kraftstoffpumpe aus.
- Nehmen Sie den Zahnriemen von Nockenwelle und Hochdruckpumpe ab.
- Bauen Sie die Zylinderkopfhaube ab.
- Schrauben Sie die Befestigungsschrauben des Nockenwellenrades heraus.
- Nehmen Sie das Nockenwellenrad von der Nabe ab.
- Halten Sie die Nabe mit dem Gegenhalter (VAG T10051) gegen und lösen Sie die Befestigungsschraube der Nabe.
- Drehen Sie die Befestigungsschraube der Nabe ca. 2 Umdrehungen heraus.
- Setzen Sie die Abziehvorrichtung (VAG T10052) an und richten Sie sie zu den Bohrungen der Nabe aus.
- Ziehen Sie die Befestigungsschrauben fest.
- Setzen Sie die Nabe durch gleichmäßiges Anziehen der Abziehvorrichtung unter Spannung, bis sich die Nabe vom Konus der Nockenwelle löst.

Sichtprüfung

Messen

Bild 71
1 Dichtring
2 Schraube
3 Schraube
4 Lagerrahmen
5 Auslassnockenwelle
6 Einlassnockenwelle
7 Rollenschlepphebel
8 hydraulisches Ausgleichselement
9 Ventil
10 Zylinderkopf
11 Ventilschaftabdichtung
12 Ventilfeder
13 Ventilfederteller
14 Ventilkegelstück
15 Verschlussdeckel.

Bild 72
Befestigungsschrauben des Lagerrahmens.

■ Nehmen Sie die Nabe vom Konus der Nockenwelle ab.
■ Bauen Sie die Unterdruckpumpe aus.
■ Drehen Sie die Befestigungsschrauben des Lagerrahmens in der Reihenfolge (24 bis 1) heraus (Bild 72).
■ Nehmen Sie den Lagerrahmen ab.
■ Nehmen Sie die Nockenwellen vorsichtig heraus.

*Einbaureihenfolge*

⚠ Die Nockenwellen dürfen nur, wie nachfolgend beschrieben, mit dem Nockenwellen-Einlegewerkzeug (VAG T40094) eingebaut werden. Es werden sonst die Axiallager im Lagerrahmen zerstört und der Zylinderkopf muss ersetzt werden.

Die Montagearbeiten sollten Sie ohne Spezialwerkzeug Ihrem VAG-Händler überlassen. Wir zeigen Ihnen aber zu Verdeutlichung den Arbeitsablauf.

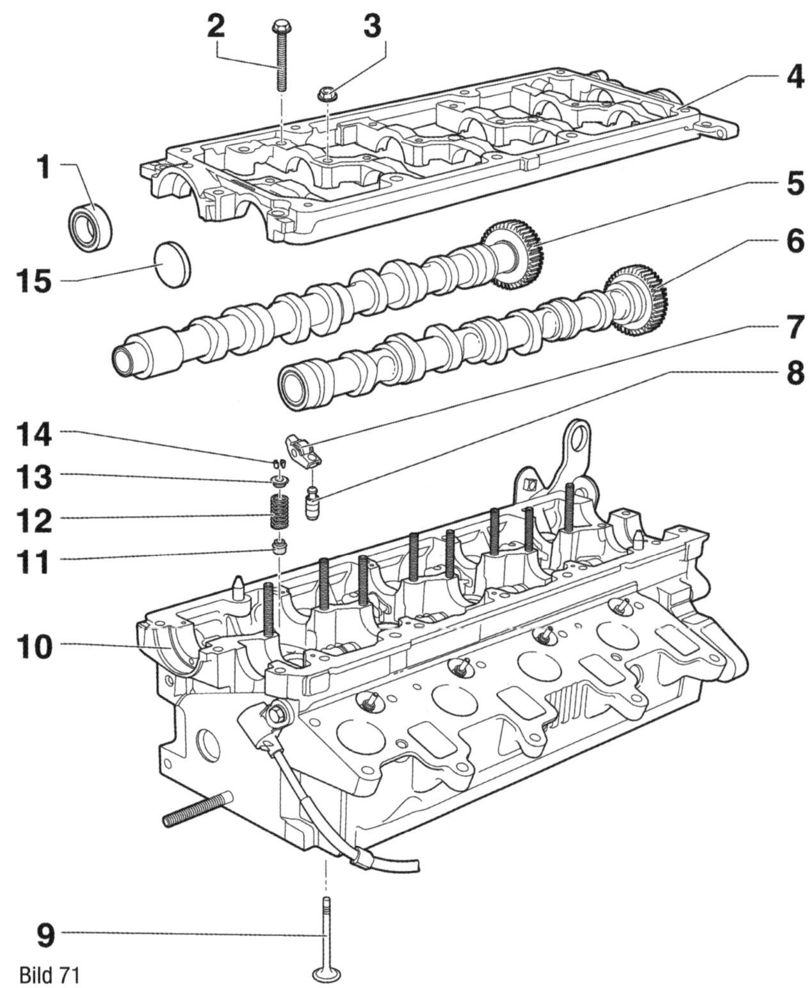

Bild 71

■ Reinigen Sie die Dichtflächen, sie müssen öl- und fettfrei sein.
■ Ölen Sie die Laufflächen der Nockenwellen.
Rüsten Sie das Nockenwellen-Einlegewerkzeug (T40094) für Nockenwellen wie folgt auf:
■ Bauen Sie die Aufnahmen (T40094/3), (T40094/4) und (T40094/5) von der Grundplatte ab. Verschraubung von unten (Bild 73).

☞ Sind die Aufnahmen Ihres Nockenwellen-Einlegewerkzeuges (T40094) noch nicht gekennzeichnet, kennzeichnen Sie die demontierten Aufnahmen, z. B. mit Schlagzahlen, um eine spätere Zurückrüstung zu gewährleisten.

■ Bauen Sie stattdessen die Aufnahmen (T40094/9) und (T40094/10) auf die äußeren frei gewordenen Positionen.
■ Setzen Sie die Aufnahme (T40094/2) auf die Position »A« und die Aufnahme (T40094/1) auf die Position »F« (Bild 74).
■ Legen Sie zuerst die Einlassnockenwelle wie gezeigt ein. Achten Sie darauf, dass die Ausbuchtung (Pfeil im Bild 75) für die Zylinderkopfschraube nach »außen« zeigt.
■ Legen Sie eine Fühlerblattlehre 0,50 mm auf und schieben Sie die Aufnahme (T40094/8) in die Nut der Einlassnockenwelle. Legen Sie nun die Auslassnockenwelle ein und arretieren Sie sie über deren Nut (Bild 74) mit dem Deckel (T40094/11).
■ Setzen Sie das Spannwerkzeug (T40096/1) auf die Zahnräder der Auslassnockenwelle.
■ Spannen Sie das Spannwerkzeug (T40096/1) mit dem Rändelrad, bis die Zahnflanken in einer Flucht stehen. Nehmen Sie ggf. einen Maulschlüssel Schlüsselweite 13 zu Hilfe.
■ Schieben Sie die Auslassnockenwelle zur Einlassnockenwelle, bis die Verzahnungen im Eingriff sind.
■ Legen Sie den Lagerrahmen auf die Nockenwellen auf. Alle Nockenwellenlager müssen auf den Nockenwellen aufliegen.
■ Setzen Sie das Klemmwerkzeug (T40095) wie gezeigt auf und fixieren Sie so die Nockenwellen im Lagerrahmen.
■ Nehmen Sie den Deckel (T40094/11) ab.
■ Ziehen Sie die Aufnahme (T40094/8) aus der Nut der Einlassnockenwelle.
■ Schneiden Sie die Tubendüse an der vorderen Markierung etwa 2 mm ab.

■ Tragen Sie die Dichtmittelraupen ca. 2 bis 3 mm breit wie im Bild 76 gezeigt, auf die sauberen Dichtflächen des Zylinderkopfs auf.
■ Nehmen Sie die Nockenwellen zusammen mit dem Lagerrahmen und dem Klemmwerkzeug (T40095) aus dem Nockenwellen Einlegewerkzeug (T40094) heraus.
■ Legen Sie die Nockenwellen und den Lagerrahmen vorsichtig in den Zylinderkopf ein.
■ Ziehen Sie die Befestigungsschrauben des Lagerrahmens in der Reihenfolge (1 bis 24 im Bild 72) zunächst handfest an. Der Leiterrahmen muss mit der gesamten Anlagefläche auf dem Zylinderkopf aufliegen.
■ Ziehen Sie die Schrauben des Lagerrahmens in der Reihenfolge (1 bis 24) mit einem Anzugsdrehmoment von 10 Nm an.
■ Nehmen Sie das Klemmwerkzeug (T40095) und das Spannwerkzeug (T40096/1) ab.
■ Ersetzen Sie den Nockenwellen-Dichtring.
■ Treiben Sie einen neuen Verschlussdeckel am Zylinderkopf mit einem geeigneten Dorn bündig ein.

Der weitere Einbau erfolgt in umgekehrter Reihenfolge, dabei ist Folgendes zu beachten:

⚠ Beschädigungsgefahr von Ventilen und Kolbenböden nach Arbeiten am Ventiltrieb. Weil sich die hydraulischen Ausgleichselemente setzen müssen, darf der Motor nach dem Einbau der Nockenwellen etwa 30 Minuten nicht gestartet werden. Um sicherzustellen, dass kein Ventil beim Anlassen aufsetzt, Kurbelwelle vorsichtig mindestens 2 Umdrehungen durchdrehen.

■ Setzen Sie die Nabe auf die Nockenwelle.
■ Ziehen Sie die Befestigungsschraube der Nabe mit 100 Nm fest. Verwenden Sie dazu den Gegenhalter (VAG T10051).
■ Schieben Sie das Nockenwellenrad auf die Nabe. Das Zahnsegment des Nockenwellenrads muss oben stehen.
■ Setzen Sie die Befestigungsschrauben von Hand spielfrei zum Nockenwellenrad an.
■ Arretieren Sie die Nabe mit dem Absteckstift (VAG 3359).

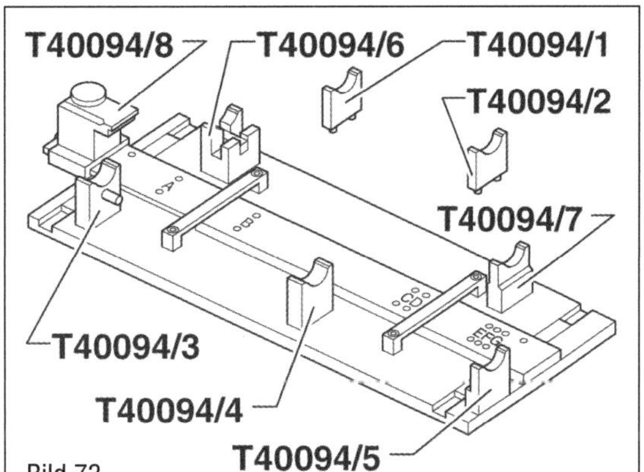

Bild 73

Bild 73
Einlegewerkzeug zur Nockenwellenmontage.

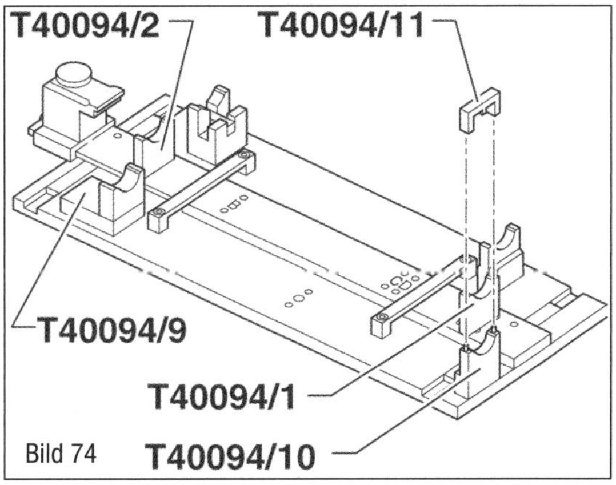

Bild 74

Bild 74
Erforderlicher Umbau des Einlegewerkzeugs zur Nockenwellenmontage.

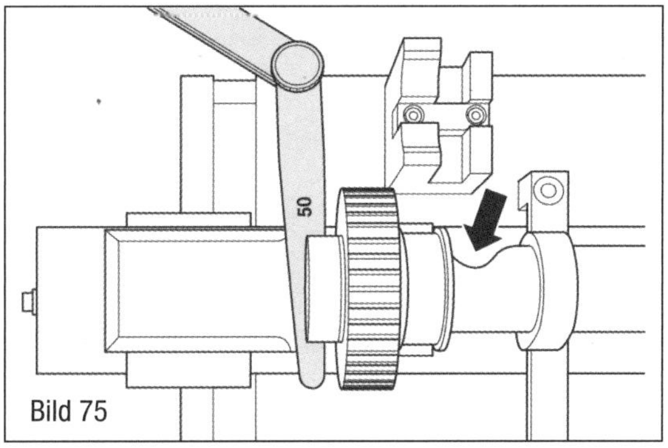

Bild 75

Bild 75
Ausbuchtung der Einlassnockenwelle.

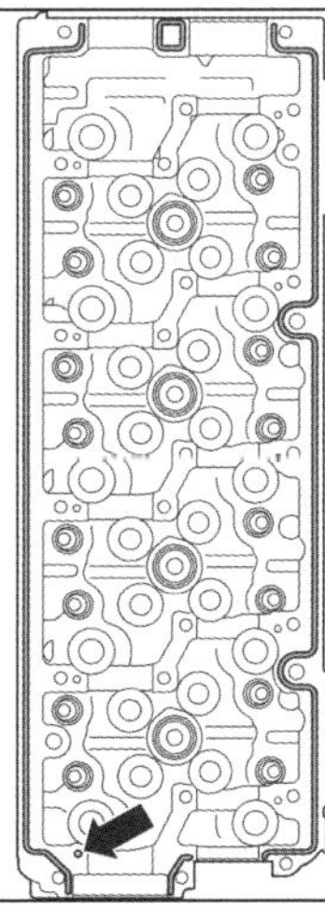
Bild 76

Bild 76
Lage der Dichtnaht am Lagerrahmen.

Sichtprüfung Messen

■ Bauen Sie den Zahnriemen ein und stellen die Steuerzeiten ein.
■ Bauen Sie die Unterdruckpumpe ein.
■ Montieren Sie die Zylinderkopfhaube wieder.
■ Bauen Sie den Kraftstofffilter aus.
■ Bauen Sie die Zusatzkraftstoffpumpe bzw. Kraftstoffpumpe 2 aus.

**Demontage des Nockenwellengehäuses beim 1,4-l-Benzinmotor (Bild 77)**
Der Ventildeckel stellt bei diesen Motortypen gleichzeitig das Nockenwellengehäuse dar. Bei diesem Motor sind die Nockenwellen im Nockenwellengehäuse gelagert. Bevor das Nockenwellengehäuse ausgebaut wird, muss das Steuergehäuse ausgebaut werden.
■ Prüfen Sie zuerst, ob ein codiertes Radio eingebaut ist. In diesem Fall erfragen Sie bitte die Anti-Diebstahl-Codierung.
■ Masseband der Batterie bei ausgeschalteter Zündung abklemmen.
■ Bauen Sie den Luftfilter aus.
■ Lassen Sie das Kühlmittel ab.
■ Bauen Sie die Kühlmittelschläuche und die Leitungsführungen aus.
■ Bauen Sie den Abgasturbolader aus.
■ Bauen Sie das Steuergehäuse aus.
■ Drehen Sie die Kurbelwelle auf »OT Zylinder 1«, drehen Sie anschließend die Kurbelwelle entgegen der Motordrehrichtung ca. 45° zurück und bauen Sie die Nockenwellenräder mit der Steuerkette ab.
■ Schrauben Sie die Verschlussdeckel der Nockenwellen ab.
■ Ziehen Sie die Stecker vom Kraftstoffdruckgeber für Niederdruck und von der Hochdruckpumpe ab.
■ Schrauben Sie die Masseleitung vom Nockenwellengehäuse ab.
■ Bauen Sie die Zündspulen aus. Benutzen Sie dazu den Abzieher (VAG T10094 A).
■ Bauen Sie die Leitungsführung mit Leitungsstrang vom Nockenwellengehäuse ab.
■ Entriegeln Sie den Stecker (2) und ziehen Sie ihn ab.
■ Bauen Sie den Öldruckschalter aus.

Bild 77
1 Schraube
2 Hochdruckpumpe
3 Leitungsführung
4 Anschluss zum Luftfilter
5 Schraube
6 Hallgeber
7 Stiftschrauben
8 Schraube
9 Nockenwellengehäuse
10 Schraube
11 Aufhängeöse
12 Abgasturbolader
13 Öldruckschalter
14 Zylinderkopfdichtung
15 Zylinderkopf
16 Führungsbolzen
17 Passstift
18 Ölsieb
19 Abstützelement
20 Rollenschlepphebel
21 Dichtring
22 Zylinderkopfschraube
23 Rollenstößel
24 O-Ring

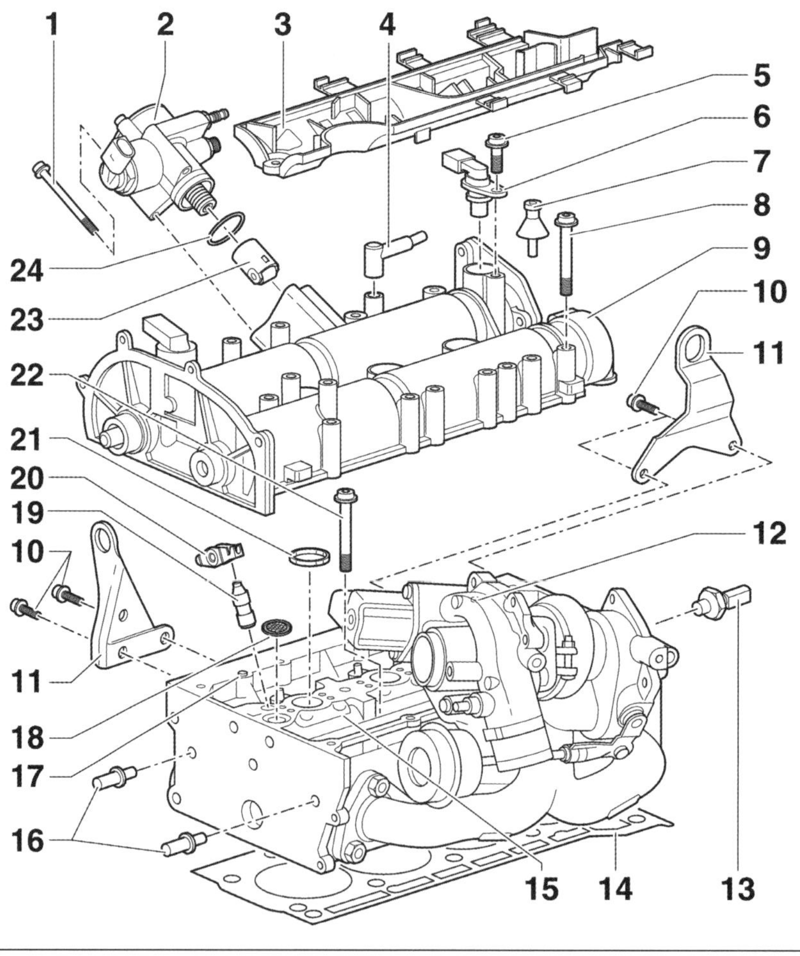

Bild 77

⚠ Kraftstoffvorlaufleitung steht unter Druck! Tragen Sie Schutzbrille und Schutzhandschuhe, um Verletzungen und Hautkontakt zu vermeiden. Vor dem Lösen von Schlauchverbindungen Putzlappen um die Verbindungsstelle legen. Dann durch vorsichtiges Abziehen des Schlauches Druck abbauen.

- Ziehen Sie den Stecker und die Kraftstoffvorlaufleitung (Pfeile) von der Hochdruckpumpe ab (Bild 78).
- Bauen Sie die Leitungsführung (2) aus und entfernen Sie den Stecker (4) vom Hallgeber.
- Lösen Sie die Überwurfmuttern (3) und (1) der Hochdruckleitung (Bild 79).

Tipp: Halten Sie die Verschraubungen an der Hochdruckpumpe und am Saugrohrunterteil beim Lösen der Überwurfmuttern mit einem Schraubenschlüssel fest.

- Ziehen Sie den Ölmessstab heraus.
- Bauen Sie das Saugrohrunterteil aus.
- Schrauben Sie die linke Aufhängeöse ab.
- Die Nockenwellengehäuseschrauben von außen nach innen über Kreuz lösen und herausschrauben.
- Nockenwellengehäuse vorsichtig abnehmen.

⚠ Für die Montage dürfen die Kolben nicht im oberen Totpunkt stehen. Beachten Sie, dass das Sieb für den Ölkreislauf im Zylinderkopf verbaut sein muss. Vor dem Einbau des Nockenwellengehäuses müssen die Stiftschrauben (M 6 x 80) am Zylinderkopf eingeschraubt werden. Durch die Stiftschrauben wird das Nockenwellengehäuse geführt und ein Abrutschen der Rollenschlepphebel von den Abstützelementen verhindert. Vor dem Einsatz der Nockenwellenfixierung (VAG T10171 A) muss geprüft werden, ob die Stifte des Werkzeugs mindestens 7 mm herausragen. Ist das nicht der Fall, ist die Nockenwellenfixierung defekt und muss ersetzt werden. Die Nockenwellenfixierung darf niemals mit einem Schlagwerkzeug eingesetzt werden!

- Entfernen Sie die Dichtmittelreste am Zylinderkopf und Nockenwellengehäuse mittels einer rotierenden Bürste, z. B. einer Handbohrmaschine mit Kunststoffbürsteneinsatz (Schutzbrille aufsetzen).
- Reinigen Sie die Dichtflächen sorgfältig. Sie müssen öl- und fettfrei sein.
- Vermeiden Sie auch, dass Schmutz und Dichtmittelreste in den Zylinderkopf gelangen.
- Drehen Sie die Ein- und Auslassnockenwelle, bis sich die Nockenwellenfixierung (VAG T10171 A) bis Anschlag in die Nockenwellenöffnungen einsetzen lässt.
- Schrauben Sie zur Sicherung der Nockenwellenfixierung (VAG T10171 A) eine Schraube M6 handfest ein, aber ziehen Sie diese noch nicht fest.
- Tragen Sie das Dichtmittel auf die saubere Dichtfläche des Nockenwellengehäuses dünn und gleichmäßig auf, siehe gerasterte Fläche in der Abbildung. Im Bereich der Pfeile wird kein Dichtmittel aufgetragen (Bild 80).

⚠ Das Dichtmittel darf nicht zu dick aufgetragen werden, da sonst überschüssiges Dichtmittel in die Ölbohrungen gelangen kann und somit Motorschäden verursacht werden können. Im Bereich des Ölsiebs darf kein Dichtmittel aufgetragen werden.

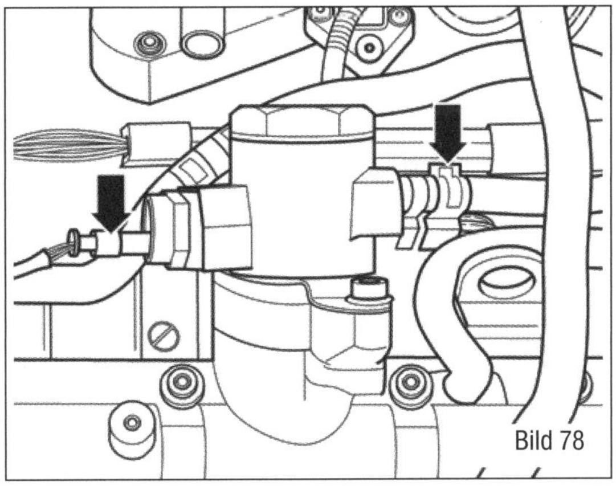


Bild 78
Pfeile zeigen auf den Stecker und den Anschluss der Hochdruckpumpe.

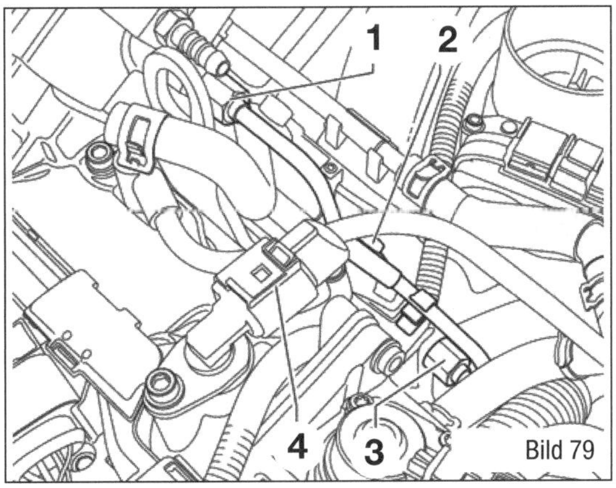


Bild 79
1 Überwurfmutter
2 Leitungsführung
3 Überwurfmutter
4 Stecker

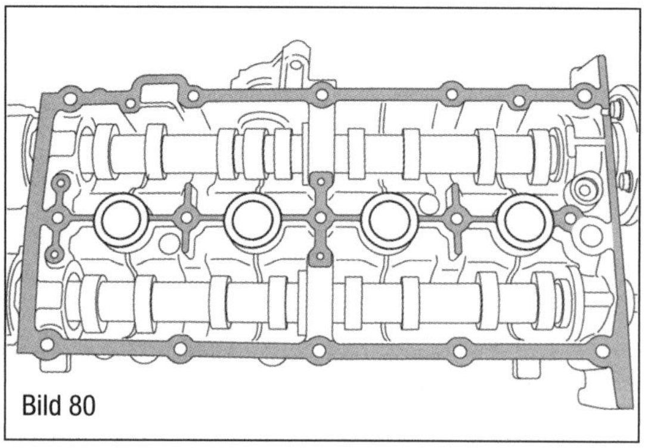

Bild 80

Bild 80
Grau schraffiert ist die Dichtfläche. Die Dichtfläche um die Zündkerzenschächte gibt es in zwei Ausführungen.

*Abdichtung bei geraden Kerzenschacht*

- Setzen Sie neue Dichtringe in die Nuten des Zylinderkopfes ein.

*Abdichtung bei geraden Kerzenschacht*

- Tragen Sie das Dichtmittel »D 176 600 A1« auf die Fase (Pfeile) des Zylinderkopfes auf. Die Dichtmittelraupe muss 2 mm dick sein.

*weiter für alle Varianten*

- Achten Sie darauf, dass alle Rollenschlepphebel richtig auf den Ventilschaftenden (1 im Bild 81) aufliegen und auf den jeweiligen Abstützelementen (2) eingeclipst sind.
- Schrauben Sie vor dem Aufsetzen des Nockenwellengehäuses 2 Stiftschrauben (M 6 x 80) in den Zylinderkopf ein.
- Setzen Sie vorsichtig das Nockenwellengehäuse senkrecht von oben auf die Stiftschrauben (Pfeile im Bild 82) und Passstifte des Zylinderkopfes auf.
- Neue Befestigungsschrauben des Nockenwellengehäuses über Kreuz von innen nach außen gleichmäßig festziehen. Achten Sie darauf, dass das Nockenwellengehäuse nicht verkantet.
- Stellen Sie die Steuerzeiten ein.

Der weitere Zusammenbau erfolgt sinngemäß in entgegengesetzter Reihenfolge.

**Demontage des Nockenwellengehäuses beim 2,0-l-Benzinmotor (Bild 83)**

- Die Motorabdeckung abziehen.
- Dann die Unterdruckpumpe ausbauen.
- Die Geräuschdämpfung unten ausbauen.
- Vorderen Teil der rechten Radhausschale bzw. vordere rechte Radhausschale ausbauen.
- Stecker vom Ventil für Nockenwellenverstellung abziehen.
- Schrauben ausdrehen und das Ventil für Nockenwellenverstellung abnehmen.

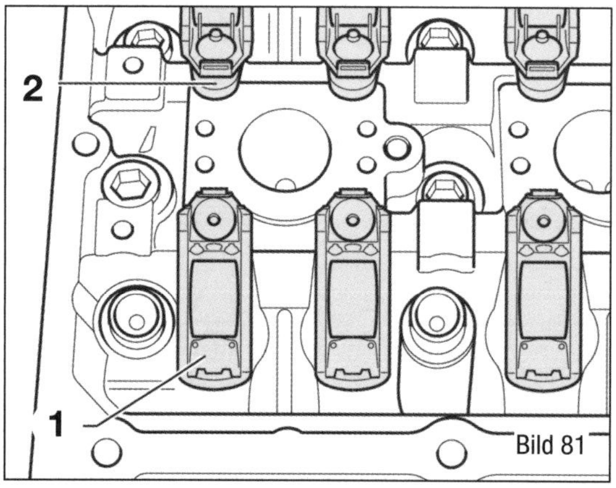


Bild 81

Bild 81
1 Ventilschaftenden
2 Abstützelement

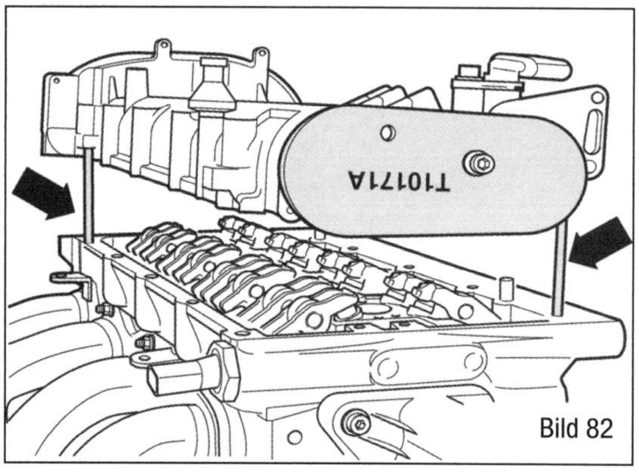

Bild 82

Bild 82
Nockenwellengehäuse aufsetzen.

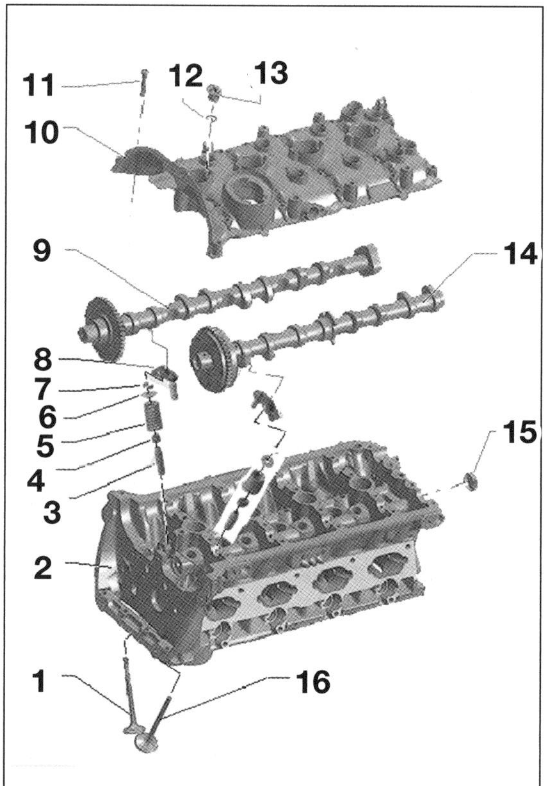


Bild 83

Bild 83
1 Auslassventil
2 Zylinderkopf
3 Ventilschaftabdichtung
4 Ventilschaftabdichtung
5 Ventilfeder
6 Ventilfederteller
7 Kegelstücke
8 Hydraulisches Ausgleichselement
9 Auslassnockenwelle
10 Zylinderkopfhaube
11 Schraube
12 O-Ring
13 Verschlussstopfen
14 Einlassnockenwelle
15 Verschlussdeckel
16 Einlassventil

■ Abdeckung oben für Steuerkette abbauen.
■ Steuerventil mit Montagewerkzeug »T10352« (für die Motorkennbuchstabe CCZA, CCZB, CCZC, CCZD, CDAA, CDAB muss das Montagewerkzeug »VAG T10352/1« verwendet werden.) in Pfeilrichtung (Bild 85) ausbauen. Das Steuerventil hat Linksgewinde.
■ Schrauben (Pfeile im Bild 86) ausdrehen und Lagerbrücke abnehmen.
■ Schwingungsdämpfer mit dem Gegenhalter (T10355) in Stellung »OT« (Pfeil im Bild 87) drehen. Die Kerbe am Schwingungsdämpfer muss der Pfeilmarkierung an der Abdeckung unten für Steuerketten gegenüberstehen. Die Markierungen (1) der Nockenwellen müssen nach oben zeigen.
■ Nockenwellensteuerkette und Zylinderkopf (Pfeile) zu den Markierungen an den Kettenrädern (1 im Bild 84) mit einem wasserfesten Stift kennzeichnen.
■ Zusätzlich Nockenwellensteuerkette zu Gleitschiene für Nockenwellensteuerkette (2) mit einem wasserfesten Stift kennzeichnen.

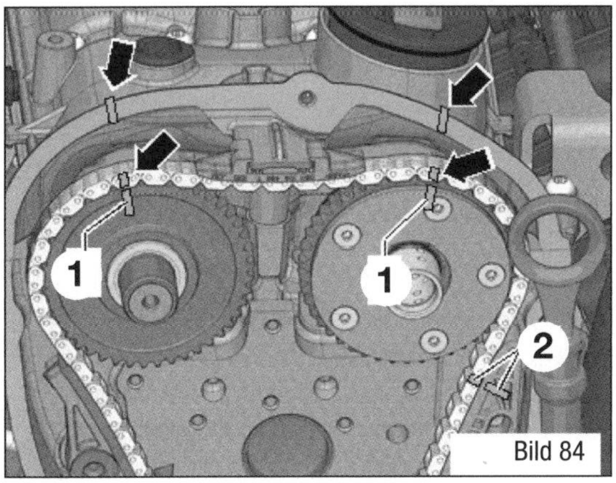


Bild 84
1 Markierungen an der Nockenwelle
2 Markierungen an der Nockenwellensteuerkette

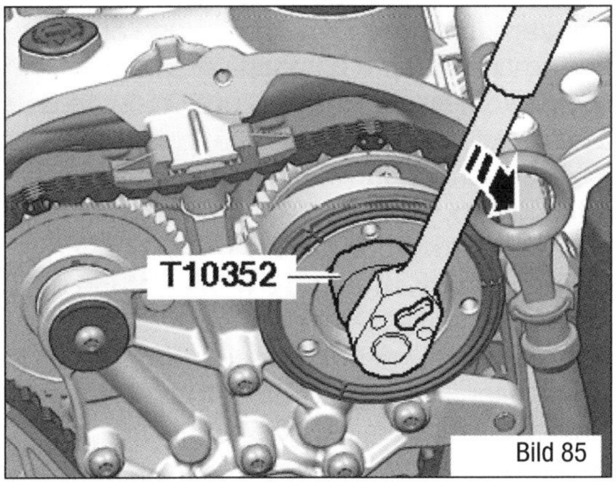


Bild 85
Spezialwerkzeug zur Demontage des Steuerventils erforderlich.

Bild 86
Befestigungsschrauben der Lagerung.

Bild 87
1 OT der Nockenwelle
Pfeil = OT der Kurbelwelle

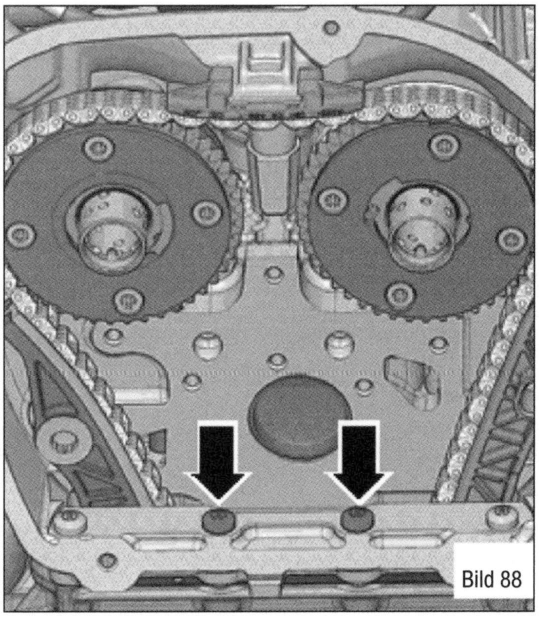


Bild 88
Pfeile: zu entfernende Schrauben

Sichtprüfung Messen

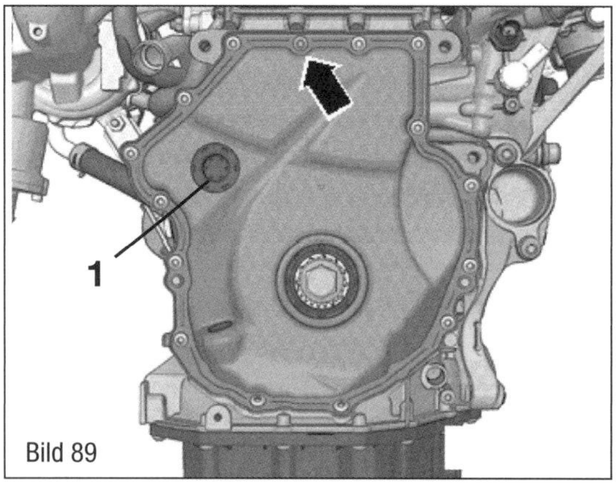


Bild 89
1 Stopfen
Pfeil Schraube

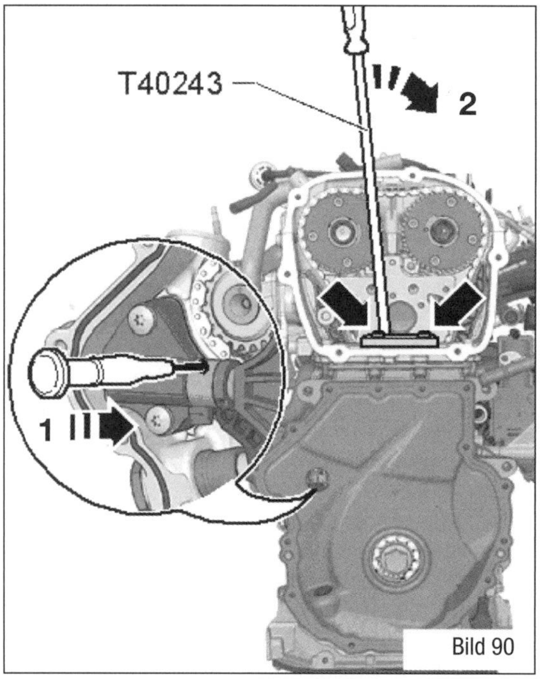


Bild 90
Zurückdrücken des Kettenspanners.

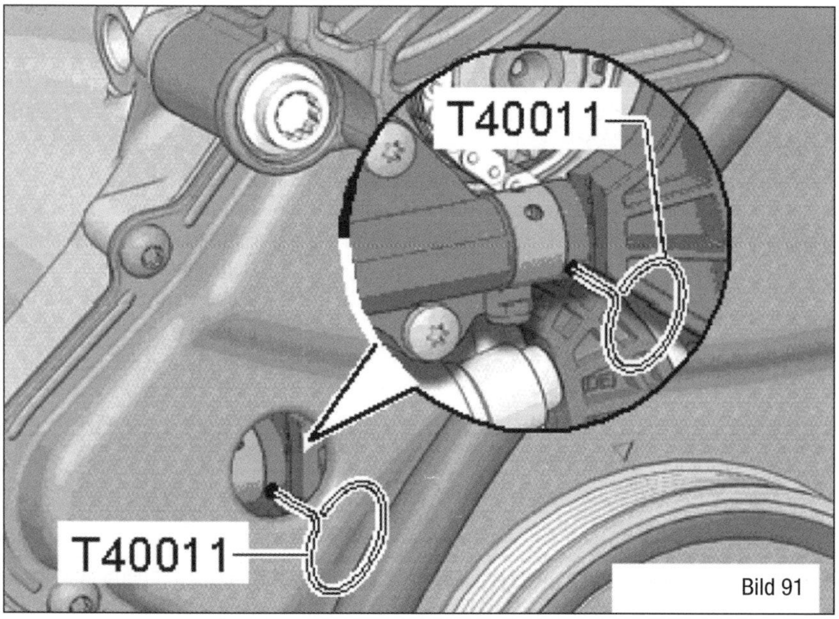


Bild 91
Kettenspannersicherung nach Variante 1.

■ Verschlussstopfen (1 im Bild 89) entfernen.
Die beiden Schrauben (Pfeile im Bild 88) herausdrehen.
■ Die markierte Schraube (Pfeil im Bild 89) herausdrehen.
■ Die Steuerkette entspannen und sichern. Je nach Ausführung können 2 verschiedene Kettenspanner verbaut sein, die sich aber optisch voneinander unterscheiden lassen. Die Vorgehensweisen unterscheiden sich unwesentlich voneinander.

*Variante 1*
■ Montagehebel (T40243) einschrauben (Pfeile im Bild 90).
■ Arretierkeil des Kettenspanners anheben, dazu mit Reißnadel oder geeigneten Schraubendreher in die Bohrung des Kettenspanners in Pfeilrichtung 1 einstecken.
■ Den Hebel »T40243« langsam in Pfeilrichtung 2 drücken und festhalten.
■ Den Kettenspanner mit Absteckstift »T40011« sichern (Bild 91).

*Variante 2*
■ Montagehebel (T40243) einschrauben (Pfeile im Bild 92).
■ Sicherungsring (Pfeil im Bild 93) des Kettenspanners zusammendrücken, Montagehebel (T40243) langsam in Pfeilrichtung drücken und festhalten.
■ Kettenspanner mit Absteckwerkzeug (T40267) sichern.

*Alle*
■ Montagehebel (T40243) ausbauen.
■ Nockenwellenfixierung (T40271/2) an den Zylinderkopf schrauben und in die Verzahnung des Kettenrades in (Pfeilrichtung 2) schieben, gegebenenfalls Einlassnockenwelle mit Schlüssel verdrehen (Pfeilrichtung 1).
■ Schraube (1 im Bild 95) herausdrehen und Spannschiene (2) nach unten führen.
■ Nockenwellenfixierung (T40271/1) an den Zylinderkopf schrauben.
■ Auslassnockenwelle mit Schlüssel in (Pfeilrichtung 1 im Bild 94) drehen und Nockenwellenfixierung (T40271/1) in die Verzahnung des Kettenrades (Pfeilrichtung 2) schieben.
■ Nockenwellenkettenräder zur Nockenwellenfixierung (T40271/1) und Nockenwellenfixierung (T40271/2) kennzeichnen.

■ Obere Gleitschiene ausbauen, dazu mit einem Schraubendreher Verrastung entriegeln und Gleitschiene nach vorne abdrücken.
■ Nockenwellensteuerkette von den Kettenrädern abnehmen.
■ Beide Nockenwellen mit Schlüssel verdrehen und die Nockenwellenfixierung (T40271/2) aus der Verzahnung den Kettenrädern schieben (Bild 95).
■ Die Nockenwelle in Ruhelage bringen.

⚠ Wenn nun der Motor verdreht werden muss, besteht die Gefahr von Schäden an Ventilen, Kolbenböden und der Abdeckung unten für Steuerkette. Die Steuerkette muss dann von Hand auf Spannung gehalten werden. An der Abdeckung unten für Steuerkette sind Bleche befestigt, die ein Herunterfallen der Kette verhindern. Wird bei loser Kette die Kurbelwelle gedreht, können die Bleche verbiegen.

■ Elektrische Steckverbindungen an den Zündspulen trennen und Leitungsstrang freilegen.
■ Die Zündspulen mit dem Abzieher (VAG T40039) oder einem anderen geeigneten Werkzeug herausziehen.

*Motorkennbuchstabe BZB, CAWA, CAWB, CGYA, CDAA:*
■ Schläuche für Kurbelgehäuseentlüftung (1 und 2 im Bild 96) trennen.
■ Schrauben (Pfeile) ausdrehen und Kurbelgehäuseentlüftung abnehmen.

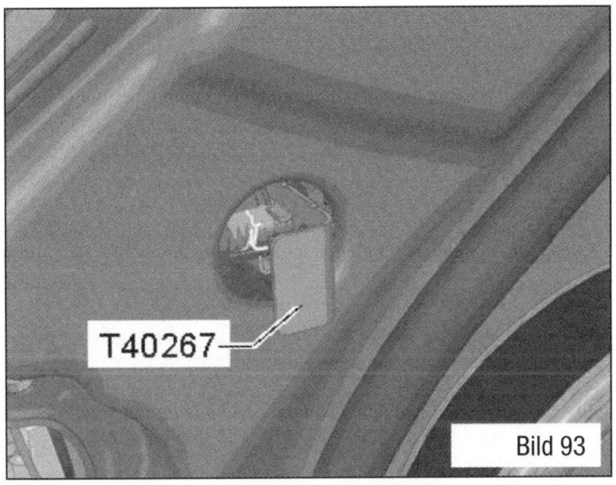

Bild 93

Bild 93
Einsteckwerkzeug T40267 im eingebauen Zustand.

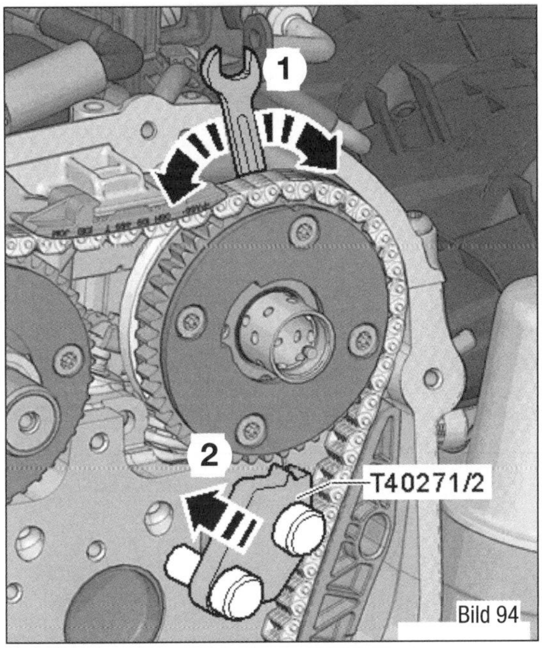

Bild 94

Bild 94
1 Schlüssel
2 Nockenwellenfixierung

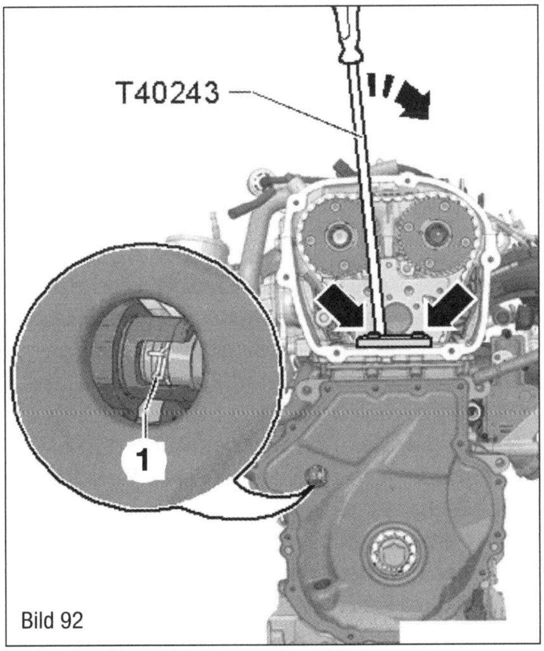

Bild 92

Bild 92
1 Sicherungsring
Pfeile Befestigungsschrauben und Bewegungsrichtung

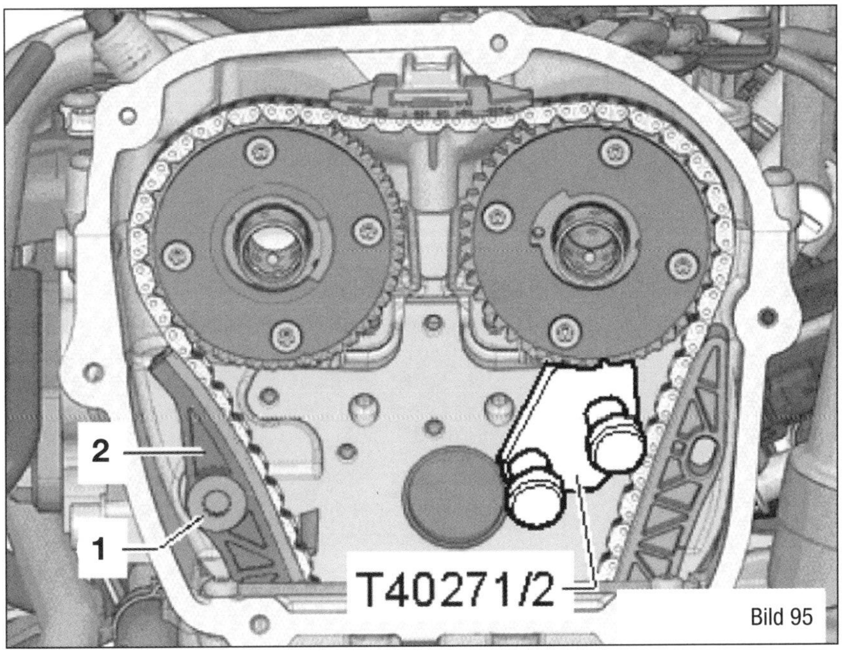

Bild 95

Bild 95
1 Schraube
2 obere Gleitschiene

Bild 96
1 und 2 Kurbelgehäuseentlüftung
Pfeile Schrauben

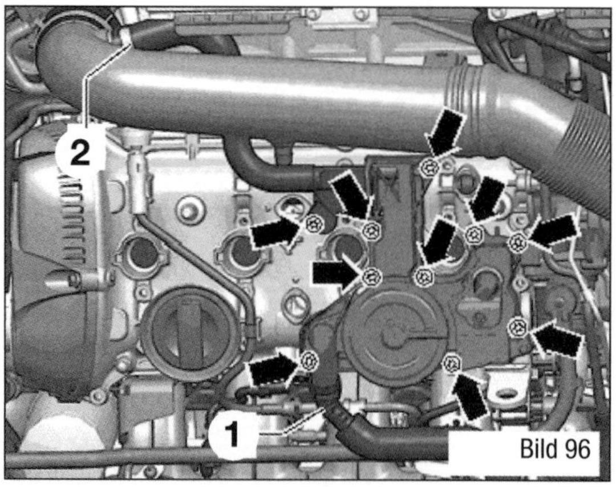


Bild 96

Bild 97
1 Unterdruckleitung
2 Stecker Hallgeber
3 Anschluss Unterdruckleitung

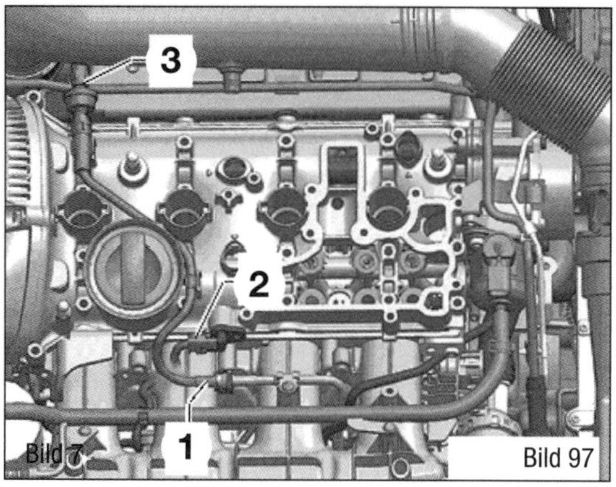


Bild 97

Bild 98
Anzugsreihenfolge der Schrauben nach Lage.

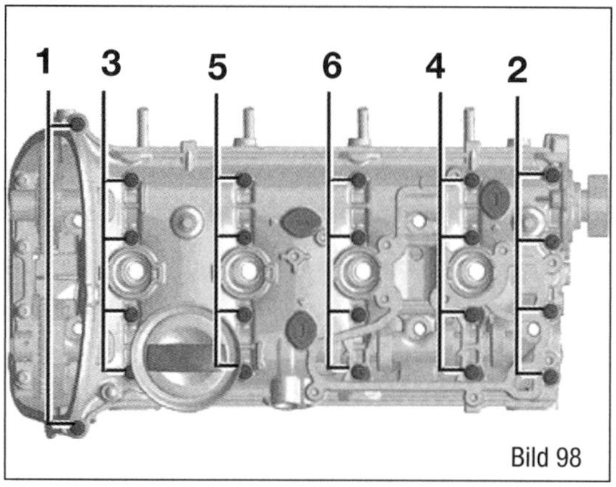


Bild 98

Bild 99
Dichtmittelspur in etwa 2 bis 3 mm Breite

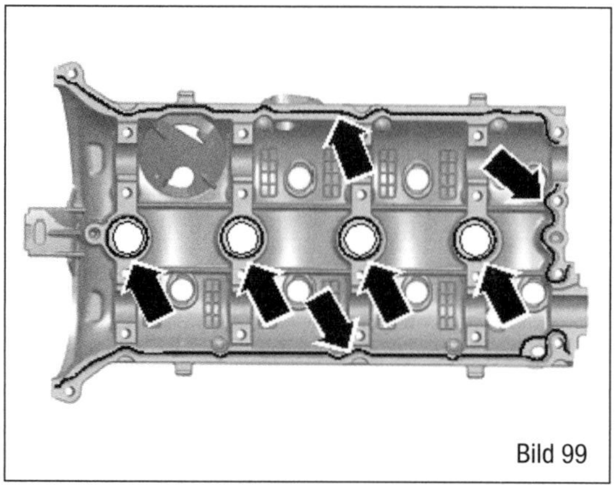

Bild 99

*Motorkennbuchstabe CBFA, CCTA, CCTB:*

- Schlauch für Kurbelgehäuseentlüftung (1) trennen.
- Schrauben (Pfeile) ausdrehen.
- Schraube für das Luftführungsrohr herausdrehen.
- Schlauchschelle lösen und das Luftführungsrohr zusammen mit der Kurbelgehäuseentlüftung abnehmen.

*Alle:*

- Trennen Sie die Unterdruckleitung (1) und legen Sie die Leitung frei.
- Ziehen Sie den elektrischen Stecker (2) vom Hallgeber ab (Bild 97).
- Schrauben für Zylinderkopfhaube in der Reihenfolge (1 bis 6 im Bild 98) herausdrehen.
- Die Zylinderkopfhaube abnehmen.
- Die Nockenwellen herausnehmen.
- Vermeiden Sie, dass Schmutz und Dichtmittelreste in den Zylinderkopf gelangen.
- Dichtmittelreste am Zylinderkopf mit einem Flachschaber entfernen.
- Tubendüse an der vorderen Markierung abschneiden (Düse ca. 2 mm).
- Laufflächen der Nockenwellen einölen.

*Bei neuen Nockenwellen*

- Selbst angebrachte Markierungen von den alten Nockenwellen auf die neuen Nockenwellen übertragen.

*Alle*

- Nockenwellen in den Zylinderkopf legen, die Einbuchtungen müssen senkrecht zueinander stehen.
- Schrauben für Zylinderkopfhaube ersetzen.
- Silikon-Dichtmittel (D 154 103 A1), wie im Bild gezeigt (Pfeile im Bild 99), auf die saubere Dichtfläche an der Zylinderkopfhaube auftragen.

⚠ Die Dicke der Dichtmittelraupe sollte 2 bis 3 mm betragen. Die Zylinderkopfhaube muss nach dem Auftragen des Silikon-Dichtmittels innerhalb von 5 Minuten eingebaut werden. Die Dichtmittelraupe darf nicht dicker sein, da sonst überschüssiges Dichtmittel in die Ölwanne gelangen und das Sieb im Ölansaugrohr verstopfen kann. Beachten Sie das Haltbarkeitsdatum des Dichtmittels.

- Ziehen Sie die Schrauben in mehreren Stufen an und beachten Sie die Anzugsreihenfolge (6 bis 1 im Bild 98). Achten Sie darauf, dass die Zylinderkopfhaube nicht verkantet.

■ Verschlussdeckel (1) ohne Dichtmittel mit Druckstück (T10174) so weit eintreiben, dass er etwa 1 bis 2 mm tiefer als die Außenkante montiert ist, Bild 100).
Die weitere Montage erfolgt sinngemäß in umgekehrter Reihenfolge.

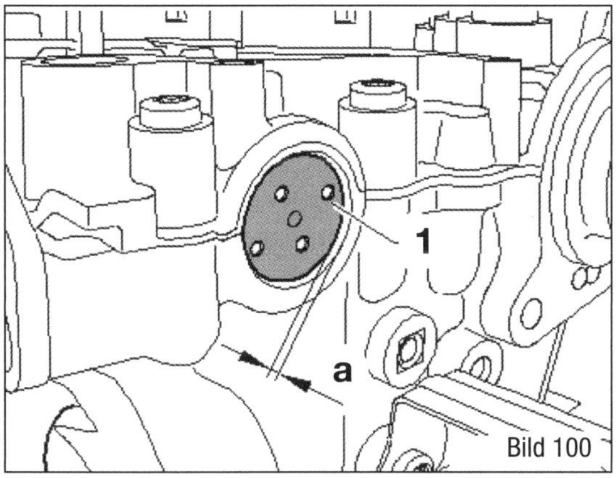

Bild 100

Bild 100
Verschlussdeckel (1).

## Zylinderkopf aus- und einbauen

**Warnende Anzeichen beachten**
Wenn der Motor durch die Zylinderkopfdichtung viel Öl verliert, wenn man Öl-Wasser-Gemisch (Ölemulsion) am Messstab oder im Kühlwasser-Ausgleichsbehälter findet, wenn es bei laufendem Motor im Ausgleichsbehälter sprudelt, kann die Zylinderkopfdichtung defekt sein. Es kommen natürlich auch Schäden am Ölwärmetauscher und am Zylinderkopf selbst infrage. Gelegentlich sind der Motorblock und die Umgebung darunter durch austretendes Öl verschmutzt. Schon das sind warnende Zeichen. Aber schwere Schäden sind auf jeden Fall zu befürchten, wenn Kühlwasser in den Brennraum gelangt. Eine weiße Auspufffahne ist ernst zu nehmender Hinweis darauf.

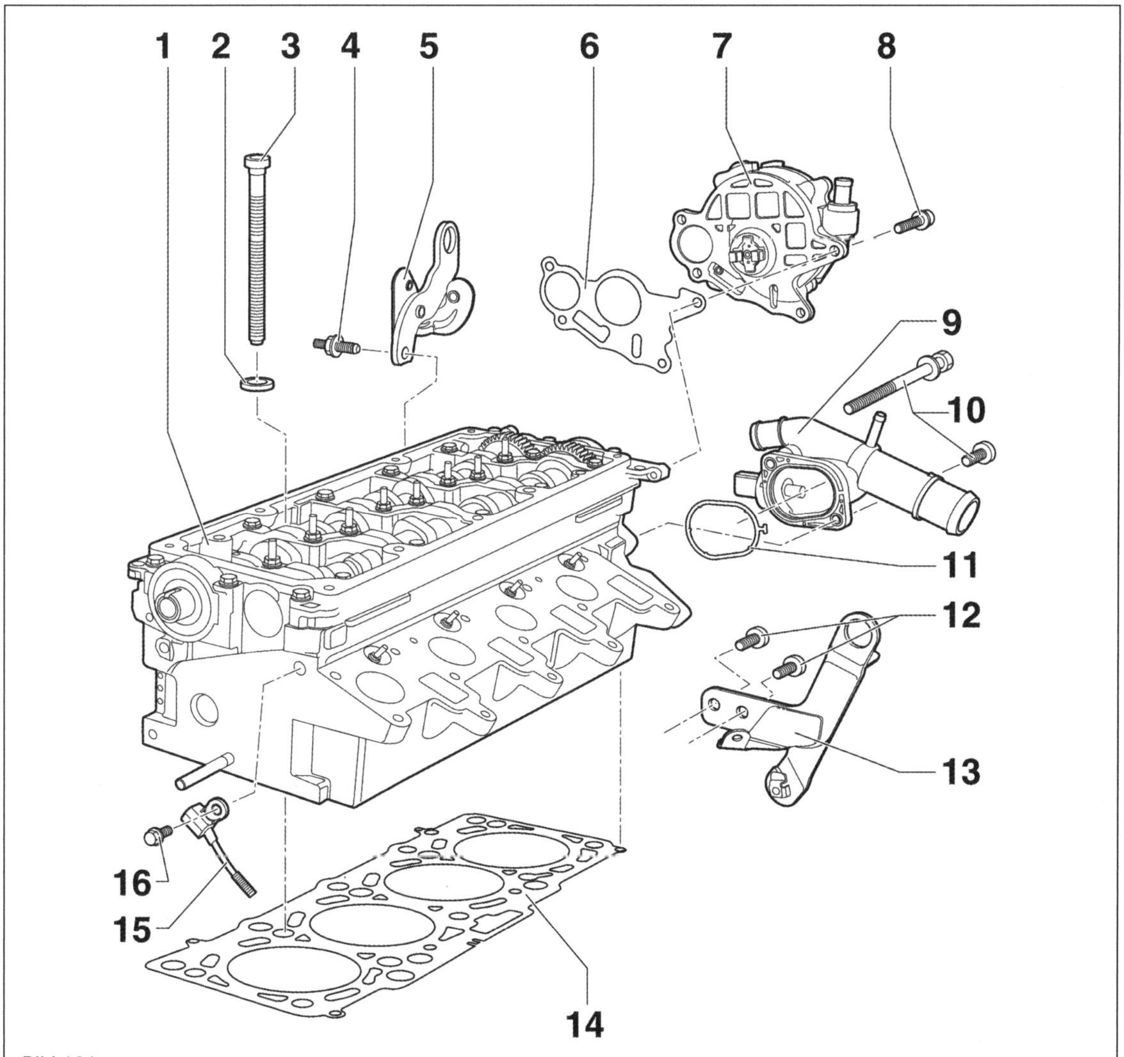

Bild 101

Bild 101
1 Zylinderkopf
2 Scheibe
3 Zylinderkopfschraube
4 Schraube
5 Aufhängeöse
6 Dichtung
7 Unterdruckpumpe
8 Schraube
9 Kühlmittel-Anschlussstutzen
10 Schraube
11 Dichtung
12 Schraube
13 Aufhängeöse
14 Zylinderkopfdichtung
15 Hallgeber
16 Schraube

**Sehr anspruchsvolle Reparaturarbeit**
Bereits bei den genannten ersten Anzeichen ist es also ratsam, den Zylinderkopf abzubauen, prüfen zu lassen und die Dichtung zu wechseln. Diese Arbeit gehört zu den anspruchsvolleren bei der Motorreparatur. Es sind zahlreiche Baugruppen der Motorperipherie zu demontieren. Der Zusammenbau muss mit äußerster Sorgfalt erfolgen, um nicht etwa dann erst kapitale Schäden zu verursachen. Es gibt ein allgemeingültiges Schema zum Aus- und Einbau des Zylinderkopfes, dem auch wir hier folgen und dabei auf motorspezifische Ergänzungen eingehen. Orientieren Sie sich dabei an der Montageübersicht in Bild 101.

- Der Motor darf höchstens handwarm sein, sonst kann sich der Zylinderkopf verziehen.
- Die Kolben dürfen, falls nicht anders gefordert, nicht im OT stehen.
- Vor Ausbau des Kühlmitteltemperaturgebers muss Druck vom Kühlsystem abgebaut werden.
- O-Ringe an Geber und Zylinderkopfdichtung sind immer zu ersetzen.
- Nach dem Ersetzen der Zylinderkopfdichtung müssen wie nach dem Wechsel des Zylinderkopfes das Kühlmittel und das Motoröl erneuert werden.
- Den ausgebauten Zylinderkopf nur auf einer Schaumstoffunterlage ablegen, da andernfalls die Glühkerzen beschädigt werden können.
- Den ausgebauten Zylinderkopf mit Haarlineal und Fühlerblattlehre an mehreren Stellen auf Verzug prüfen.
- Vor dem Einbauen kontrollieren, ob beide Passhülsen zur Zentrierung des Zylinderkopfs am Zylinderblock vorhanden sind.
- Beim Lösen und auch beim Einbau der Zylinderkopfschrauben sind die vorgegebene Reihenfolge und Anzugsdrehmomente streng einzuhalten.

**2,0 l TDI-Motoren**
Die Arbeiten an den Dieselmotorentypen unterscheiden sich nur unwesentlich.

- Zündung ausschalten, Masseband an der Batterie abklemmen, Motorabdeckung abnehmen, Luftfiltergehäuse, Batterie und Batterieträger ausbauen.
- Luftführungshutze mit Kühlerlüfter »V7« und Kühlerlüfter rechts »V35« ausbauen.
- Verbindungsschlauch »kalte Seite« am Ladeluftkühler und die Zylinderkopfhaube ausbauen.
- Steckverbindung von der Drosselklappensteuereinheit abziehen und die Schraube von der Ölmessstabanbindung herausdrehen.
- Unterdruckleitung von der Vakuumpumpe abziehen.
- Am Luftführungsrohr links die vier Schrauben herausdrehen, die elektrischen Leitungen und Schläuche mit dem Abdrückhebel freilegen, die Schlauchschelle lösen und das Luftführungsrohr links abnehmen.
- Den Pulsationsdämpfer vom Saugrohr abschrauben.
- Geräuschdämpfung ausbauen, das Kühlmittel ablassen und die elektrische Steckverbindung am Kühlmitteltemperaturgeber trennen.
- Kühlmittelschläuche vom Anschlussstutzen abziehen. Dazu die beiden Schlauchschellen lösen.
- Elektrische Steckverbindung am Öldruckschalter trennen.
- Die Schraube herausdrehen und den Unterdruckschlauch abziehen.
- Elektrische Steckverbindung am Abgasturbolader aus dem Halter nehmen und trennen, die elektrischen Leitungen freilegen.
- Luftführungshutze mit den Kühlerlüftern ausbauen.
- Befestigungsschrauben vom Ladeluftrohr herausdrehen, die Steckverbindung vom Ladedruckgeber trennen, die Schelle öffnen und den Kühlmittelschlauch freilegen, dann das Ladeluftrohr abnehmen.

⚠ Das Entkopplungselement des Verbindungsrohrs nicht biegen und somit überdehnen. Es besteht die Gefahr der Rissbildung.

- Die beiden Verbindungsrohre für Abgasrückführung mit dem Steckeinsatz (T10385) ausbauen.
- Befestigungsmuttern des Halters für Partikelfilter (A) am Kurbelgehäuse abschrauben (Bild 102).
- Schraube am Zahnriemenschutz hinten herausdrehen, die Verbindungsschelle zwischen Abgasturbolader und Partikelfilter lösen.
- Befestigungsschraube vom Halter am Zylinderkopf (Bild 103) abschrauben und den Partikelfilter zur Seite drücken.
- Zahnriemen von der Nockenwelle abnehmen, das Zahnriemenrad der Nockenwelle abbauen und die Nabe der Nockenwelle mit der Abziehvorrichtung (T10052) abziehen.

■ Die Befestigungsmutter der Zahnriemenspannrolle abschrauben.
■ Die Steckverbindung für Hallgeber trennen.
■ Die Zylinderkopfschrauben in der beschriebenen Reihenfolge (1 bis 10; siehe Bild 104) lösen.

Tipp: Mit einem Helfer den Zylinderkopf zuerst getriebeseitig anheben und aus dem Zahnriemenschutz herausfädeln. Die Zahnriemenspannrolle darf nicht herunterfallen, sie wird beim Herausheben des Zylinderkopfs von der Stiftschraube gezogen. Beim Herausheben des Zylinderkopfs wird ferner die Ölrücklaufleitung des Abgasturboladers aus der Stütze gezogen.
■ Legen Sie den Zylinderkopf so ab, dass die Ölrücklaufleitung nicht verbiegt. Legen Sie ggf. ein Holzstück unter den Abgaskrümmer und achten Sie darauf, den Zylinderkopf nicht auf die überstehenden Glühkerzen abzulegen.

Die Montagearbeiten finden zwar überwiegend in umgekehrter Reihenfolge statt, erfordern aber einige besondere Vorbereitungen.

Achtung: Die neue Zylinderkopfdichtung erst unmittelbar vor dem Einbau aus der Verpackung nehmen. Die Dichtung bitte äußerst sorgfältig behandeln. Beschädigungen der Silikonschicht und im Sickenbereich führen zu Undichtigkeiten.
■ Vor dem Aufsetzen des Zylinderkopfs Kurbelwellenstopp (T10050) entfernen und Kurbelwelle entgegen der Motordrehrichtung zurückdrehen, bis alle Kolben nahezu gleichmäßig unter dem oberen Totpunkt stehen.
■ Zylinderkopfdichtung mit der Kennzeichnung nach oben auflegen. Zum Zentrieren Führungsbolzen (3070 im Bild 106) in die äußeren Bohrungen auf der Ansaugseite einschrauben.
■ Die Spannrolle beim Aufsetzen des Zylinderkopfs aufstecken. Zylinderkopf aufsetzen, Zylinderkopfschrauben in die acht freien Gewindebohrungen einsetzen und handfest anziehen.
■ Führungsbolzen mit Bolzendreher aus (3070) durch die Schraubenbohrungen herausschrauben und die restlichen beiden Zylinderkopfschrauben einsetzen.
■ Zylinderkopfschrauben in 4 Stufen in richtiger Reihenfolge (Bild 105) festziehen.

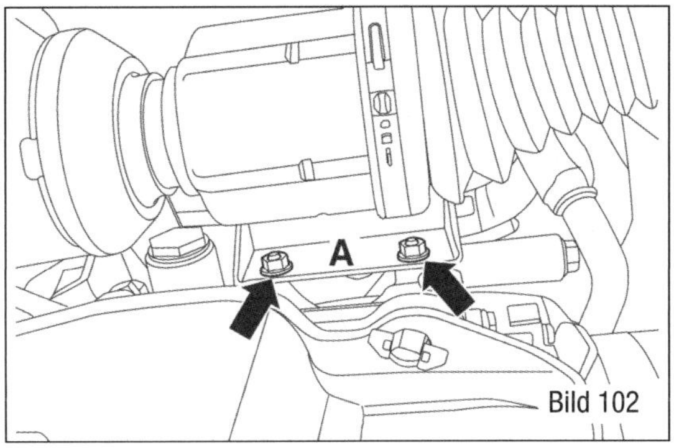


Bild 102
Halter (A) am Partikelfilter.

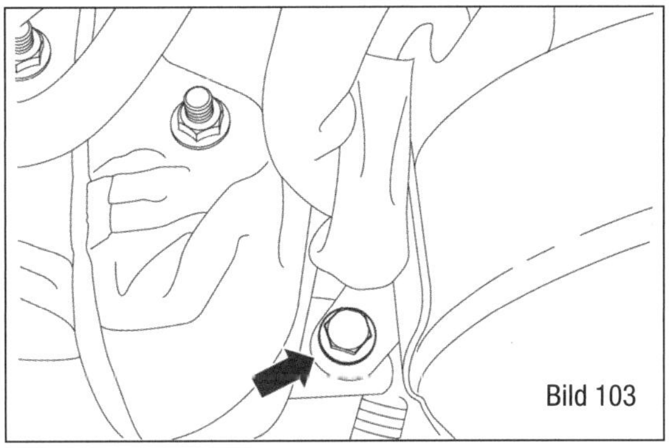


Bild 103
Befestigungsschrauben am Zylinderkopf.

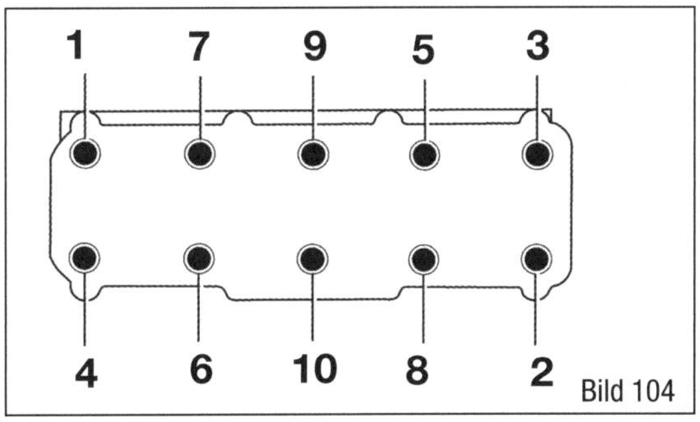


Bild 104
Reihenfolge zum Lösen der Zylinderkopfschrauben.

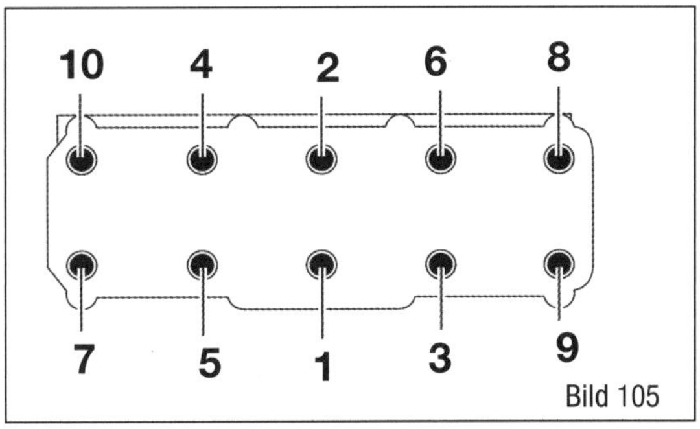


Bild 105
Reihenfolge zum Anziehen der Zylinderkopfschrauben.

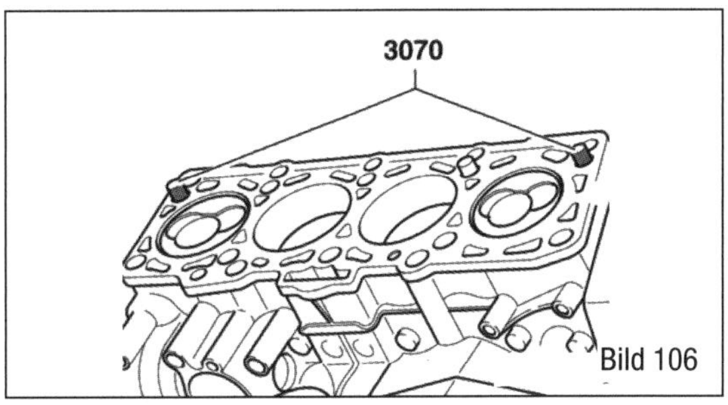


Bild 106
3070 Führungsbolzen

■ Zahnriemenschutz hinten am Zylinderkopf befestigen.
■ Nabe und Nockenwellenrad einbauen.
■ Nockenwelle und Hochdruckpumpe mit dem Absteckstift für Diesel-Einspritzpumpe (3359) arretieren.
■ Kurbelwelle in Motordrehrichtung auf oberen Totpunkt drehen und mit dem Kurbelwellenstopp (T10050) arretieren und den Zahnriemen erneuern oder wieder auflegen.

**1,4 l Benzinmotoren mit und ohne Kompressor**
Die Arbeiten an diesen Motoren unterscheiden sich nur unwesentlich. Wir stellen Ihnen die Arbeitsschritte am 1,4-l-Turbomotor vor.
■ Bauen Sie das Steuergehäuse aus.
■ Demontieren Sie das Kühlmittelreglergehäuse vom Zylinderkopf.
■ Die Steuerkette und Antriebskette Ölpumpe ausbauen.
■ Bauen Sie den Abgasturbolader aus.
■ Demontieren Sie die Regelklappensteuereinheit und Drosselklappensteuereinheit.

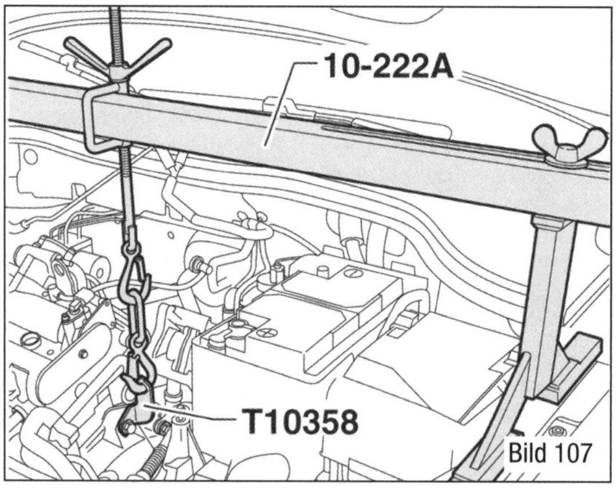


Bild 107
Befestigung der Motorbrücke getriebeseitig.

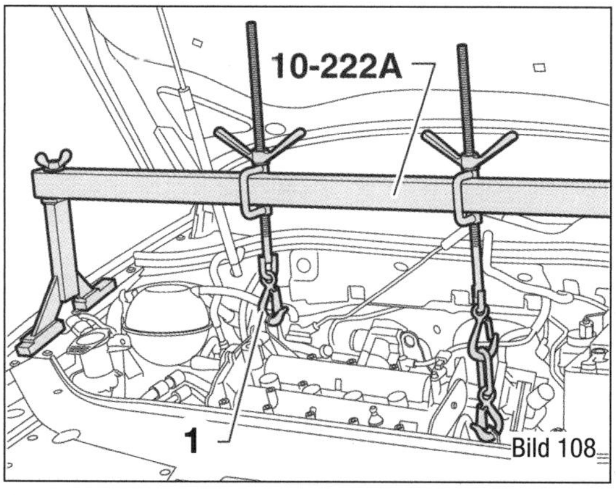


Bild 108
Befestigung der Motorbrücke motorseitig.

■ Das Saugrohr ausbauen.
■ Drehen Sie die Befestigungsschraube für Getriebe heraus und schrauben Sie den Halter (T10358) wie gezeigt an (Bild 107).
■ Hängen Sie die Haken der Abfangvorrichtung (10 - 222 A) wie im Bild 108 gezeigt am Halter (T10358) ein.
■ Drehen Sie an der Spindel, bis die Haken leicht gespannt sind.
■ Hängen Sie den Haken (1) an der linken Aufhängeöse aus und schieben Sie die Spindel an die linke Seite der Abfangvorrichtung (10-222 A).
■ Bauen Sie das Nockenwellengehäuse aus.
■ Nehmen Sie die Rollenschlepphebel zusammen mit den Abstützelementen heraus und legen Sie diese auf eine saubere Unterlage ab.
■ Achten Sie darauf, dass die Rollenschlepphebel und die Abstützelemente nicht vertauscht werden.
■ Die Zylinderkopfschrauben in der vorgegebenen Reihenfolge lösen und herausschrauben (Bild 104).
■ Zylinderkopf vorsichtig abnehmen.
■ Saubere Putzlappen in die Zylinder stopfen, damit kein Schmutz und Schmirgelreste zwischen Zylinderlaufbahn und Kolben gelangen können.
■ Säubern Sie nun vorsichtig die Dichtflächen von Zylinderkopf und Zylinderblock. Achten Sie dabei darauf, dass keine lang gezogenen Riefen oder Kratzer entstehen (bei Verwendung von Schleifpapier darf die Körnung nicht unter 100 liegen).
■ Schmirgel- und Schleifreste sowie die Putzlappen sorgfältig entfernen.
■ Kolben des 1. Zylinders auf den oberen Totpunkt stellen und die Kurbelwelle wieder etwas zurückdrehen.
■ Legen Sie die neue Zylinderkopfdichtung auf. Die Beschriftung (Teilenummer) muss lesbar sein.
■ Zylinderkopf aufsetzen. Dabei die Zentrierstifte im Zylinderblock beachten.
■ Die neuen Zylinderkopfschrauben einsetzen und handfest anziehen.
■ Zylinderkopfschrauben in der im Bild 105 gezeigten Anzugsreihenfolge nach Vorschrift anziehen:
a) Alle Schrauben mit 30 Nm anziehen.
b) Alle Schrauben (90°) mit starrem Schlüssel weiterdrehen.
c) Alle Schrauben (90°) weiterdrehen.

■ Setzen Sie die Abstützelemente in den Zylinderkopf ein und die jeweiligen Rollenschlepphebel auf die Ventilschaftenden bzw. Abstützelemente auf.
■ Bauen Sie das Nockenwellengehäuse ein.
■ Stellen Sie die Steuerzeiten ein.

Der weitere Zusammenbau erfolgt sinngemäß in entgegengesetzter Reihenfolge zum Ausbau.

**2,0 l Benzinmotoren**
Auch bei diesem Motortyp unterscheiden sich die Montagearbeiten nicht wesentlich. Besonderheiten zu den einzelnen Motorkennbuchstaben haben wir gesondert herausgestellt.
■ Motorabdeckung abziehen und den Luftfilter ausbauen.
■ Schlauchschelle (2 im Bild 109) lösen.
■ Schraube (4) herausdrehen.
■ Elektrische Steckverbindung (Pfeil) trennen und elektrische Leitung freilegen.
■ Verschlussdeckel für Kühlmittelausgleichsbehälter öffnen.

⚠ Es besteht Verbrühungsgefahr durch heißen Dampf und heißes Kühlmittel. Bei warmem Motor steht das Kühlsystem unter Überdruck. Überdruck abbauen, dazu Verschlussdeckel für Kühlmittelausgleichsbehälter mit Lappen abdecken und vorsichtig öffnen.

■ Verschlussdeckel für Kühlmittelausgleichsbehälter öffnen.
■ Abgasvorrohr mit Katalysator ausbauen.
■ Rad vorn rechts abbauen.
■ Geräuschdämpfung unten ausbauen.
■ Radhausschalen-Vorderteil rechts ausbauen.
■ Kühlmittelrohr zum Kühler unten ausbauen.
■ Kühlmittel ablassen.
■ Schraube herausdrehen und Kühlmittelrohr nach unten abnehmen.
■ Schrauben im Radhaus für das Luftführungsrohr zum Ladeluftkühler herausdrehen.
■ Luftführungsrohr ausbauen, dazu die Sicherungsklammern anheben.
■ Elektrische Steckverbindungen am Turbolader trennen und elektrische Leitung frei legen.

*Fahrzeuge mit Standheizung:*
■ Schrauben für die Kühlmittelrohre hinten herausdrehen und Kühlmittelrohre nach links schwenken.

*Fahrzeuge mit Allradantrieb:*
■ Drehen Sie die Schrauben des Wärmeschutzblechs über der Achswelle rechts mit Steckeinsatz (Inbus) SW 8 (VAG 3247) ab.

*Alle:*
■ Schrauben der Stütze zwischen Turbolader und Motorblock hinten herausdrehen und Stütze für Abgasturbolader abnehmen.
■ Hohlschraube (2 im Bild 110) herausdrehen und Kühlmittelleitung zur Seite legen.

*Fahrzeuge mit Frontantrieb:*
■ Schrauben (1) an der Ölrücklaufleitung herausdrehen.

*Fahrzeuge mit Allradantrieb:*
■ Schrauben der Ölrücklaufleitung am Kurbelgehäuse herausdrehen.

*Alle Fahrzeuge:*
■ Schraube (3) an der Ölvorlaufleitung herausdrehen.

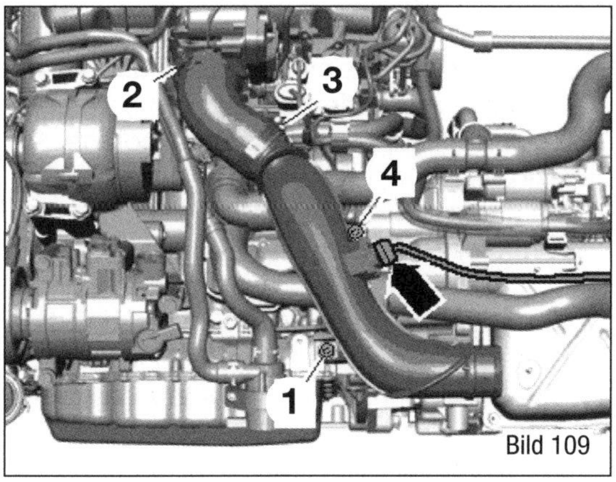

Bild 109

Bild 109
1 Schraube
2 und 3 Schlauchschelle
4 Schraube

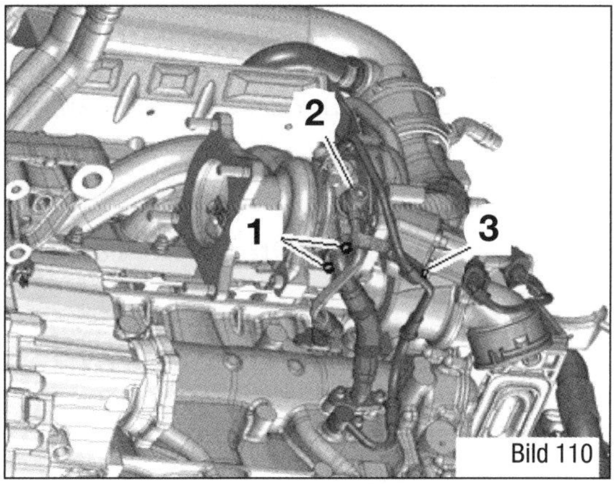

Bild 110

Bild 110
1 Schraube
2 Hohlschraube
3 Schraube

Bild 111
1 Schlauch Kurbelgehäuse-entlüftung
2 Schelle

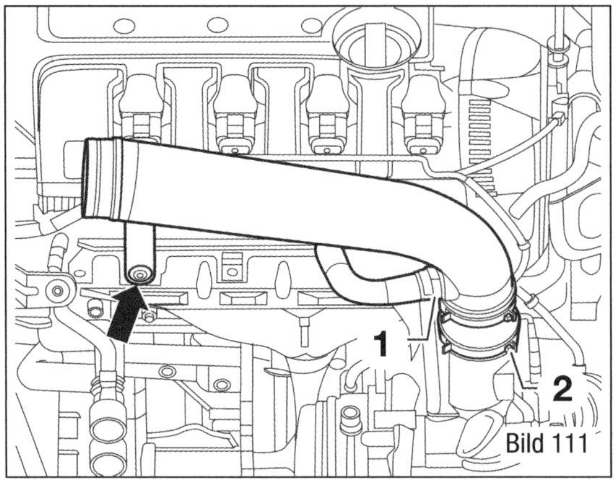

Bild 111

Bild 112
1 Entlüftungsleitung
2 Unterdruckleitung (nur CBFA, CCTA, CCTB)
3 Kraftstoff-Vorlaufleitung

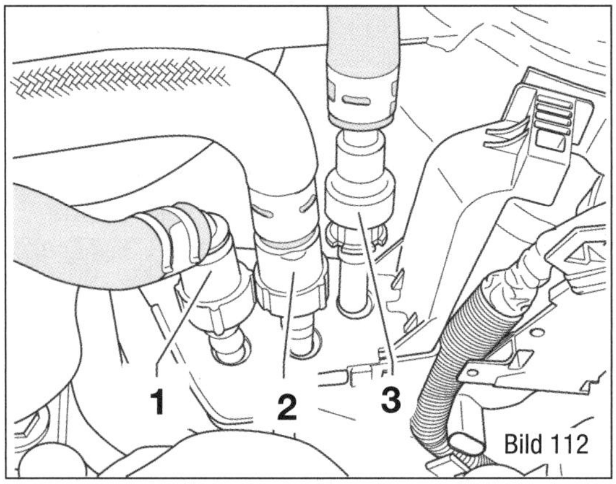

Bild 112

Bild 113
A Stecker
B Schlauch Sekundärluftventil

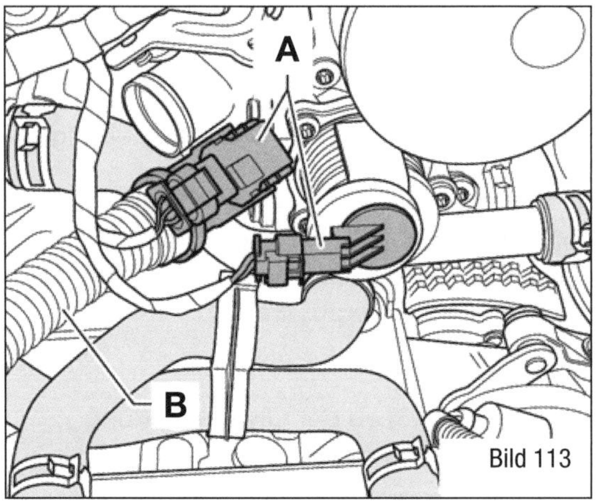

Bild 113

*Nur Fahrzeuge mit Geräuschgenerator:*
■ Ladeluftführung zum Geräuschgenerator ausbauen.

*Alle Fahrzeuge:*
■ Stecker vom Ventil für Nockenwellenverstellung abziehen.
■ Elektrische Steckverbindungen an den Zündspulen trennen und Leitungsstrang freilegen.
■ Zündspulen mit Abzieher (VAG T40039) herausziehen.
■ Schrauben herausdrehen und Kurbelgehäuseentlüftung abnehmen.

*Motorkennbuchstabe CBFA, CCTA, CCTB:*
■ Schlauch für Kurbelgehäuseentlüftung (1 im Bild 111) trennen.
■ Schrauben der Kurbelgehäuseentlüftung ausdrehen.
■ Schraube (Pfeil) für Luftführungsrohr herausdrehen.
■ Schlauchschelle (2) lösen und Luftführungsrohr zusammen mit der Kurbelgehäuseentlüftung abnehmen.

*Alle:*
■ Vorhandene Leitungen 1 bis 3 von der Kraftstoffübergabestelle trennen.
1)Entlüftungsleitung
2)Unterdruckleitung (nur CBFA, CCTA, CCTB)
3)Kraftstoff-Vorlaufleitung (Bild 112)

⚠ Die Kraftstoffvorlaufleitung steht unter Druck! Tragen Sie Schutzbrille und Schutzbekleidung, um Verletzungen und Hautkontakt zu vermeiden. Vor dem Lösen von Schlauchverbindungen Putzlappen um die Verbindungsstelle legen. Dann durch vorsichtiges Abziehen des Schlauchs Druck abbauen.

■ Kühlmittelleitung zum Kühlmittelausgleichsbehälter trennen und die Kühlmittelschläuche vom Kühlmittelrohr abbauen.
■ Masseleitung am Zylinderkopf abschrauben und die Schraube links daneben lösen.
■ Die Unterdruckschläuche abziehen.
■ Die Schrauben lösen und Wärmeschutzblech zusammen mit dem Kühlmittelrohr abnehmen. Bei den 2,0-l-Motoren die Schraube vom Wärmeschutzblech mit einem 6-mm-Sechskant Steckeinsatz (Inbus) herausschrauben. Die Sechskantform muss mindestens 5 cm lang sein. Ein Steckeinsatz, der sich erst an der Spitze auf 6 mm verjüngt, ist zu dick.
■ Ölvorlaufleitung vom Abgasturbolader abschrauben.
■ Elektrische Steckverbindung vom Regelventil für Kraftstoffdruck abziehen.

*Motorkennbuchstabe CBFA:*
■ Stecker (A im Bild 113) und Schlauch (B) vom Sekundärlufteinblasventil abziehen.
■ Kühlmittelrohr lösen, dazu Schrauben (Pfeile) herausdrehen.

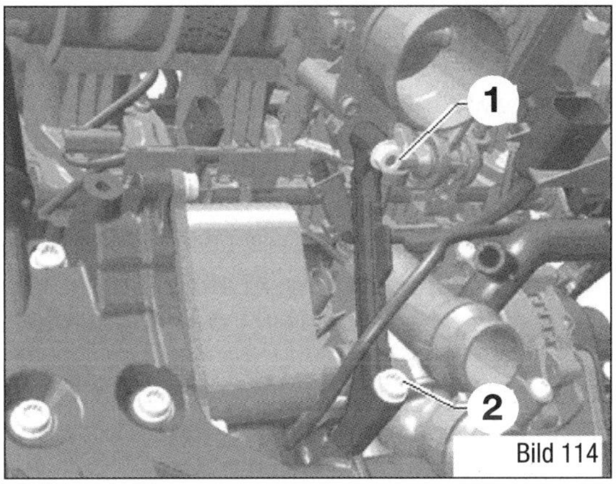


Bild 114
1 Befestigungsmutter
2 Schraube

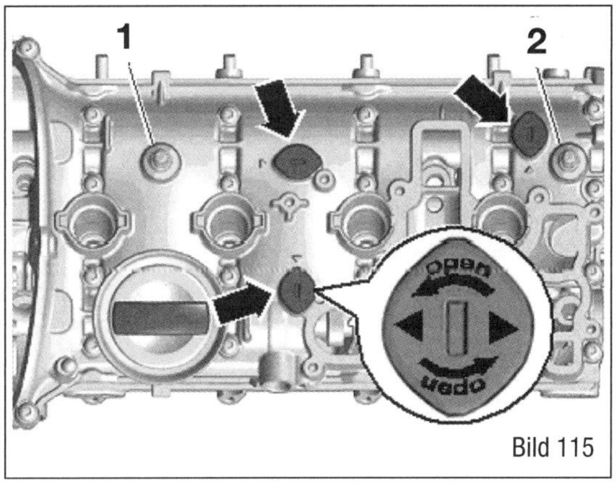


Bild 115
1 und 2 Kugelkopf
Pfeile = Verschlussschrauben

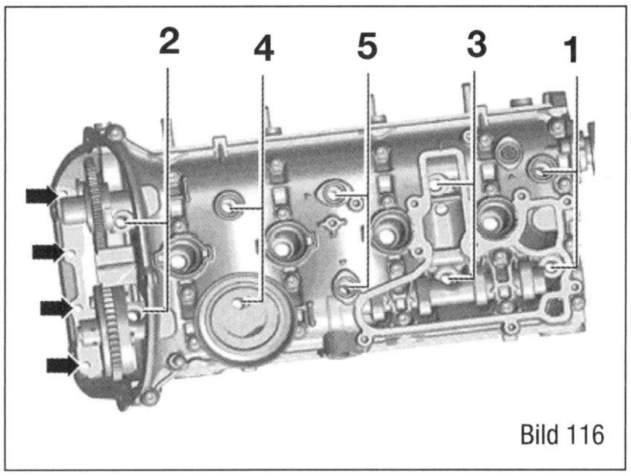


Bild 116
Anzugsfolge für die Zylinderkopfschrauben.

*Alle:*

- Kühlmittelschlauch vom Anschlussstutzen seitlich am Zylinderkopf abziehen.
- Elektrische Steckverbindungen und um das Drosselklappenstück trennen.
- Elektrisches Kabel rund um das Drosselklappenstück freilegen.
- Unterdruckleitung zum Aktivkohlefilter abziehen.
- Elektrische Steckverbindungen trennen und Stecker aus der Halterung ziehen.
- Kühlmittelleitung vom Saugrohr abbauen, dazu die Halterungsschrauben ausdrehen.
- Saugrohrstütze ausbauen, dazu Befestigungsmutter (1) und Schraube (2) ausdrehen (Bild 114).
- Den Ölfilter ausbauen.
- Die Kühlmittelschläuche trennen und freilegen.
- Schrauben ausdrehen und Ventil für Nockenwellenverstellung abnehmen.
- Steuerkette ausbauen.
- Verschlussstopfen (Pfeile im Bild 115) gegen Uhrzeigersinn in Pfeilrichtung um 90° drehen und herausnehmen.
- Kugelkopf (1 bis 2) ausdrehen.
- Verschlussdeckel abnehmen.
- Schrauben (Pfeile) ausdrehen.
- Schrauben für Zylinderkopf mit Steckeinsatz Polydrive (T10070) in der Reihenfolge (1 bis 5) ausdrehen (Bild 116).
- Zylinderkopf abnehmen. Prüfen Sie zuerst, ob alle Leitungen und Kabel gelöst sind! Achten Sie auf die Spann- und Gleitschiene beim Abheben des Zylinderkopfes.
- Zylinderkopf auf eine weiche Unterlage legen (Schaumstoff).

Die Montage erfolgt sinngemäß in umgekehrter Reihenfolge. Es müssen aber spezielle Arbeitsweisen beachtet werden.

- Dichtmittelreste vorsichtig von Zylinderkopf und Zylinderblock entfernen. Darauf achten, dass keine lang gezogenen Riefen oder Kratzer entstehen.
- In den Sacklöchern für die Zylinderkopfschrauben im Zylinderblock darf sich kein Öl oder Kühlmittel befinden.
- Schmirgel- und Schleifreste sorgfältig entfernen.
- Neue Zylinderkopfdichtung erst unmittelbar vor dem Einbau aus der Verpackung nehmen.

Um zu verhindern, dass die Silikonschicht und der Sickenbereich der Zylinderkopfdichtung beschädigt werden, Dichtung äußerst sorgfältig behandeln.

- Wenn ein Austauschzylinderkopf eingebaut wird, Kunststoffsockel zum Schutz der offenen Ventile erst abnehmen, wenn unmittelbar im Anschluss der Zylinderkopf aufgesetzt wird.

Um sicherzustellen, dass kein Ventil beim Anlassen aufsetzt, Motor vorsichtig mindestens 2 Umdrehungen durchdrehen.

Ersetzen Sie Schrauben, die mit Weiterdrehwinkel angezogen werden.

- Ersetzen Sie selbstsichernde Muttern sowie Dichtringe, Dichtungen und O-Ringe.

■ Wenn Sie einen Austauschzylinderkopf einbauen, müssen Sie die Berührungsflächen zwischen hydraulischen Ausgleichselementen, Rollenschlepphebeln und Nockengleitbahnen einölen, bevor Sie die Nockenwellen einbauen.

■ Schlauchstutzen sowie Luftführungsrohre und -schläuche müssen vor dem Montieren öl- und fettfrei sein.
■ Um die Ladeluftschläuche auf ihren Anschlussstutzen sicher befestigen zu können, müssen Sie bei bereits benutzten Schraubschellen die Schraubschnecken vor dem Einbau mit Rostlöser einsprühen.
■ Beim Ersetzen des Zylinderkopfs oder der Zylinderkopfdichtung müssen das gesamte Kühlmittel und das Motoröl gewechselt werden.
■ Bei Verwenden eines neuen Zylinderkopfs die Nockenwellenkettenräder zur Nockenwellenfixierung und Nockenwellenfixierung neu den Altteilen entsprechend kennzeichnen.
■ Zylinderkopfdichtung auflegen. Achten Sie auf den Sitz der Zentrierstifte (Pfeile im Bild 117) im Zylinderblock und die Einbaulage der Zylinderkopfdichtung. Die Teilenummer muss von der Einlassseite her lesbar sein.
■ Falls die Kurbelwelle zwischenzeitlich verdreht wurde: Kolben des 1. Zylinders auf den oberen Totpunkt stellen und die Kurbelwelle wieder etwas zurückdrehen. Achten Sie darauf, dass beim Drehen der Kurbelwelle, keine Bauteile durch die Steuerkette beschädigt werden.
■ Zylinderkopf aufsetzen.
■ Zylinderkopfschrauben einsetzen und handfest anziehen.
■ Der Anzug der Zylinderkopfschrauben erfolgt in umgekehrter Anzugsreihenfolge (Bild 116 von Nr. 5 bis 1).

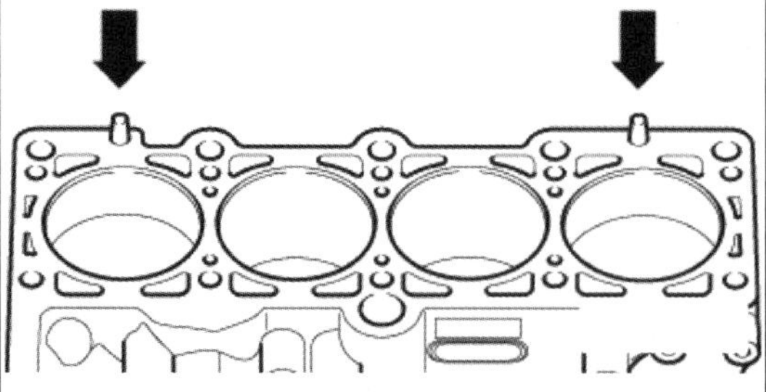

Bild 117

Bild 117
Zentrierstifte für Zylinderkopf und Dichtung.

Der weitere Zusammenbau erfolgt sinngemäß in entgegengesetzter Reihenfolge zum Ausbau.
■ Kontrollieren Sie vor der Montage der Steuerdeckel die Steuerzeiten gewissenhaft.
■ Probefahrt durchführen und den Fehlerspeicher abfragen.

## Kompressionsdruck prüfen

Die Prüfwerte des Kompressionsdrucks in den einzelnen Zylindern zeigen an, ob der Motor sich noch in einem guten mechanischen Zustand befindet oder ob er für einen Austausch reif ist, zumindest aber komplett überholt werden muss.

**TDI (Diesel)-Motoren**
Zur Prüfung werden ein Kompressionsdruck-Prüfgerät (VAG 1763), für den 2.0 l TDI der Adapter (1763/8), ein Gelenkschlüssel mit Schlüsselweite 10 (VAG 3220) für Glühstiftkerzen sowie ein Drehmomentschlüssel 5 bis 50 Nm benötigt. Die Motoröltemperatur muss mindestens 30 °C und die Batteriespannung mindestens 11,5 V betragen.

*Vorbereitung und Druckprüfung*
■ Zündung ausschalten, Motorabdeckung ausbauen, die Geräuschdämpfung an den Injektoren herausnehmen.
■ Den Glühstiftkerzenkanal im Zylinderkopf reinigen, da kein Schmutz in den Zylinder fallen darf: Groben Schmutz mit einem Staubsauger aussaugen. Einen Bremsenreiniger oder einen anderen geeigneten Reiniger in den Glühstiftkerzenkanal sprühen, kurz einwirken lassen und mit Pressluft ausblasen. Anschließend den Glühstiftkerzenkanal mit einem Öl benetzten Lappen auswischen.

*2.0 TDI:*
■ Die Halteklammern vom Leitungsstrang öffnen und die elektrischen Steckverbindungen an den Glühstiftkerzen abziehen.
■ Die Zange (3314) mit der Zangennut am Bund der Stützhülse des Glühstiftkerzensteckers ansetzen und den Stecker vorsichtig von den Glühstiftkerzen abziehen. Dabei die Zange nicht zu fest zusammendrücken, da sonst die Stützhülse beschädigt werden kann. Darauf achten, dass keine Leitungsverbindung beschädigt wird, sonst muss der gesamte Leitungsstrang erneuert werden.

■ Die Befestigungsmutter der Kraftstoffrücklaufleitung auf dem Saugrohr abschrauben, die Schelle öffnen und die Leitung am Rail-Element (Hochdruckspeicher) abziehen.
■ Die komplette Rücklaufleitung abnehmen und vor dem Saugrohr ablegen.
■ Die Glühkerzen mit dem Gelenkschlüssel (3220) lösen und ausbauen.
■ Kompressionsdruck mit Kompressionsdruck-Prüfgerät (z. B. V.A.G 1763) prüfen. Die Handhabung des Prüfgerätes ist in dessen Bedienungsanleitung beschrieben. Adapter des Prüfgeräts entsprechend Motor anstelle der Kerze einschrauben.
■ Anlasser so lange betätigen, bis kein Druckanstieg mehr vom Prüfgerät angezeigt wird.
■ Die geforderten und zu messenden Werte sind also bei allen TDI gleich. Der Messwert sollte etwa 25 bis 31 bar bei einem neuen Motor betragen. Ab einem Messwert von 19 bar oder einem Druckunterschied von mehr als 2 bar muss der Motor auf Verschleiß oder Leckagen untersucht werden (Druckverlusttest).

*Rückbau und in Betrieb setzen*
■ Glühstiftkerzen mit dem Gelenkschlüssel einschrauben und mit 18 Nm festziehen. Die Stecker von Hand wieder auf die Glühstiftkerzen aufstecken, auf festen Sitz achten.
■ Übrige Einbauarbeiten sinngemäß umgekehrt zum Ausbau.
■ Motorabdeckung aufsetzen.
■ Durch das Trennen der Steckverbindungen für Einspritzeinheiten werden Fehler abgespeichert. Daher Fehlerspeicher abfragen (VAS 5051) »Geführte Fehlersuche«, ggf. vorhandene Fehler beheben, danach Fehlerspeicher löschen und Readinesscode erzeugen.

**(T)FSI (Benzin)-Motoren**
Zur Prüfung werden ein Kompressionsdruck-Prüfgerät (V.A.G 1763, z. T. mit Adapter 1763/-6), passende Abzieher (T10094 A; T10112 A), ein Zündkerzenschlüssel (3122 B) sowie ein Drehmomentschlüssel 5 bis 50 Nm benötigt. Die Motoröltemperatur muss mindestens 30 °C und die Batteriespannung mindestens 11,5 V betragen.

*Vorbereitung und Druckprüfung*
■ Motorabdeckungen ausbauen.
■ Zündkerzen ausbauen.

*1.4 TSI-Turbo und -Twin:*
■ Zündspulen mit Abzieher ausbauen, Zündkerzen herausschrauben (Schlüssel 3122 B).
■ Sicherungen entnehmen.
Zu entnehmen sind Sicherungen für Zündspulen, Einspritzventile, Kraftstoffpumpe und Kraftstoffpumpenrelais. Die Sicherungsbelegung ist von Motor und Herstellungsdatum abhängig. Orientierung: Belegungslisten des Fahrzeugs. Meist kommen die Sicherungen SB 14, SB 24, SC 2 und SC 27 in Frage (E-Box Motorraum und Schalttafel links).
■ Kompressionsdruck mit Kompressionsdruck-Prüfgerät (z. B. V.A.G 1763) prüfen. Die Handhabung des Prüfgerätes ist in der jeweiligen Bedienungsanleitung beschrieben.
■ Anlasser so lange betätigen, bis kein Druckanstieg mehr vom Prüfgerät angezeigt wird.

*Rückbau und in Betrieb setzen*
■ Zündkerzen mit dem Zündkerzenschlüssel einschrauben und mit 30 Nm festziehen.
■ Der weitere Zusammenbau erfolgt sinngemäß in entgegengesetzter Reihenfolge zum Ausbau.
■ Fehlerspeicher abfragen (VAS 5051 »Geführte Fehlersuche«), ggf. vorhandene Fehler beheben, danach Fehlerspeicher löschen und Readinesscode erzeugen.

## Druckverlusttest alle Motoren

Da der Tester in den meisten Werkstätten nicht mehr oder kaum noch zum Einsatz kommt, lässt sich ab und an ein solches Gerät auch von Bosch schon mal günstig erstehen. 25 bis 50 Euro werden es dann meist. Auch mit diesem Gerät wird die Dichtheit des Zylinders bewertet. Nur, dass nicht der Motor den Druck aufbringt, sondern der Motor mit Luftdruck aus dem Tester beaufschlagt wird. Undichtheiten können nun zum einen zahlenmäßig erfasst und zum anderen »erhört« werden. Die Diagnose fällt deshalb deutlich präziser aus, als das Ergebnis des Kompressionstests.

*Vorbereitung*
■ Bauen Sie alle Zündkerzen oder beim Diesel die Glühkerzen aus.

Sichtprüfung  Messen

Bild 118
Druckverlusttest.

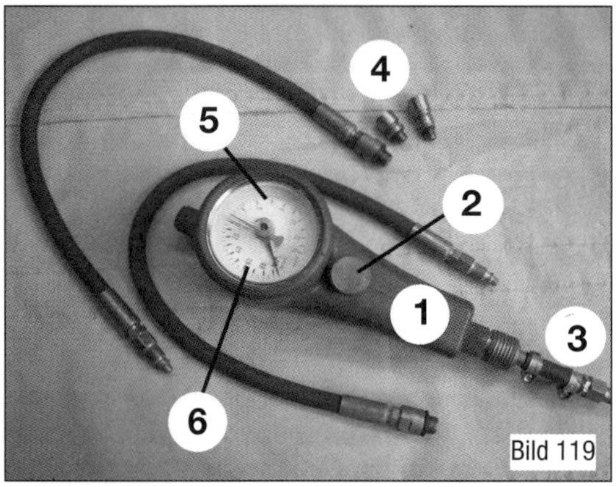


Bild 119
Meist recht günstig zu ersteigern: der Druckverlustprüfer.

1 Gehäuse
2 Einstellrad für Druckangleich
3 Anschlussschlauch Druckluftnetz
4 Prüfanschluss
5 Messuhr Kompressionsdruck
6 Messuhr Kompressionsdruck

Bild 120
Der OT-Finder: Auf dem Weg nach OT verdrängt der Kolben Luft und schiebt den Anzeigekolben im Gerät nach oben. Fällt er schlagartig ab, wurde der OT-Punkt überschritten.

Bild 121
Nicht verwechseln: Mit Ventil (1) ist er für den Kompressionstest gerüstet, ohne Ventil (2) für den Druckverlusttest.

- Schalten Sie die Zündung aus.
- Prüfen Sie, ob der Zahnriemen in Ordnung ist.
- Schließen Sie den Druckverlustprüfer an die Druckluftversorgung Ihrer Werkstatt an.
- Stimmen Sie den Druckschreiber auf den Kompressordruck Ihrer Werkstatt ab.
- Wählen Sie den passenden Gewindeadapter und den Anschlussschlauch für den Druckverlusttest aus.
- Stellen Sie Radio und andere Lärmquellen ab.
- Verdrehen Sie den Motor so weit, bis er am Ende des Verdichtungstaktes oder am Anfang des Arbeitstaktes steht.
- Ertasten Sie vorsichtig den Kolbenboden mit einem Schraubendreher und verdrehen Sie den Motor bis zu Zünd-OT.
- Blockieren Sie den Motor (Gang einlegen, Handbremse anziehen).

⚠ Sollten Sie den Motor mit einem 19-mm-Schlüssel auf der Kurbelwelle festhalten wollen, achten Sie darauf, dass sich der Motor verdrehen kann, sobald der Prüfdruck des Testers auf dem Kolben lastet. Er erzeugt ein nicht unbedeutendes Drehmoment, das Sie eventuell nicht von Hand halten können. Es besteht Verletzungsgefahr durch Abrutschen oder Klemmen!

*Messung/Prüfung*

- Führen Sie den Anschlussschlauch des Druckverlusttesters zuerst in das rechte Kerzenloch ein (Bild 118).
- Kuppeln Sie den Messschlauch an das Messgerät an.
- Werten Sie jeden Zylinder einzeln wie unten beschrieben aus.
- Wiederholen Sie diesen Vorgang nun für alle Zylinder des Motors. Auswertung (Bilder 122 und 123).
- Notieren Sie den angezeigten Druckverlust für jeden Zylinder einzeln.
- Ein Druckverlust bei 4-Takt-Hubkolbenmotor ist bis zu 15% zulässig.
- Drehen Sie den Öldeckel ab und achten Sie auf Zischgeräusche aus dem Motorblock.
- Legen Sie den Kopf auf den Luftfilter oder besser noch, entfernen Sie den Luftfilter und hören Sie, ob Zischgeräusche aus dem Ansaugtrakt wahrnehmbar sind.
- Kontrollieren Sie auch am Auspuff, ob hier ein Luftstrom oder ein Zischgeräusch hörbar ist.

Bild 122
Druckverlust problematisch.

Bild 123
Druckverlust in Ordnung.

| Beschreibung | Toleranz | Ursache |
|---|---|---|
| Druckverlust zu groß: Zischgeräusch am Ansaugtrakt feststellbar, keine Zischgeräusche am Auspuff feststellbar. . | Bis 15% sind zulässig | Einlassventil nicht sauber geschlossen, Einlassventil undicht, Einlassventil beschädigt; Steuerzeiten stimmen nicht, Motor steht nicht im Zünd-OT (Arbeitstakt). |
| Druckverlust zu groß: Zischgeräusche am Auspuff feststellbar, keine Zischgeräusche am Ansaugtrakt feststellbar. | Bis 15% sind zulässig. | Auslassventil nicht sauber geschlossen, Auslassventil undicht, Auslassventil beschädigt, Steuerzeiten stimmen nicht, Motor steht nicht im Zünd-OT (Arbeitstakt). |
| Druckverlust zu groß: Zischgeräusche am Auspuff feststellbar, Zischgeräusche am Ansaugtrakt feststellbar. | Bis 15% sind zulässig. | Beide Ventile nicht sauber geschlossen, beide Ventile undicht, beide Ventile beschädigt; Steuerzeiten stimmen nicht, Motor steht nicht im Zünd-OT (Arbeitstakt). |
| Druckverlust zu groß: keine Zischgeräusche am Auspuff feststellbar, keine Zischgeräusche am Ansaugtrakt feststellbar. | Bis 15% sind zulässig. | Druckverlust über Kolben und Zylinder, Kolben und/oder Kolbenringe verschlissen oder defekt, Zylinderkopfdichtung defekt (während der Prüfung »blubbert« der Ausgleichsbehälter). |

## Verschleißmessung am Motor

Zugegeben, in der heutigen Zeit werden diese Arbeiten nur noch selten durchgeführt. Es ist aber nicht so, dass man die Verschleißmessung am Motor nicht mehr benötigen würde. Vielmehr wird sie oft aus Zeitgründen nicht mehr durchgeführt. Im privaten Bereich legen wir nun aber eher Wert auf eine kostengünstige Reparatur und möchten gerne den Zustand unseres Gefährtes sicher dokumentieren. Sollten Sie den Motor einmal so weit zerlegt haben oder sind auf der Suche nach erhöhtem Ölverbrauch des Motors, können Sie, nachdem Zylinderkopf und Kolben demontiert wurden, den Motorblock ausmessen. Oftmals ist der Kolbenausbau auch am eingebauten Motor realisierbar. Schließlich müssen wir lediglich die Ölwanne abnehmen können, um die Pleuellager abschrauben zu können. Ob und wie weit die Laufleistung oder auch ungünstige Betriebszustände dem Motor zugesetzt haben, muss mit einigen einzelnen Messungen kontrolliert werden. Für die Messungen werden ein Innenmessgerät, eine Messuhr, ein Messschieber, eine Fühlerlehre sowie eine Bügelmessschraube benötigt. Die Messung beschreibt den Zustand von Zylinder und Kolben. Das Zusammenspiel dieser Bauteile wird durch die Auswertung der Messergebnisse bewertet.

**Messungen am Zylinder**

*Vorbereitung der Messungen*

- Demontieren Sie den Zylinderkopf.
- Reinigen Sie Zylinderlaufbahn und Kolben gründlich.

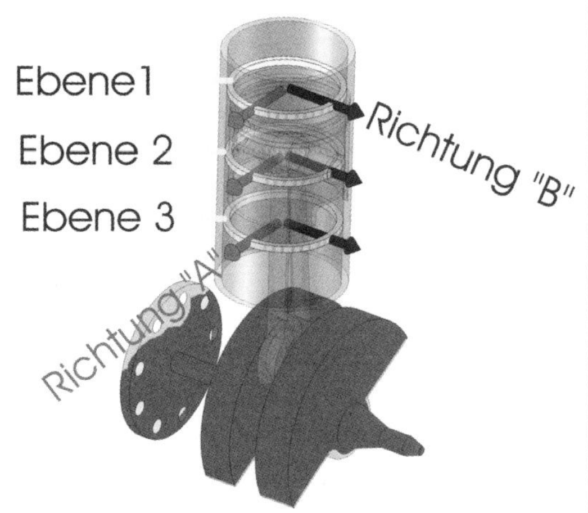


Bild 124

Bild 124
Messebenen und Messrichtungen am Zylinder.

- Messen Sie mit Hilfe des Messschiebers den Zylinderdurchmesser. Legen Sie anhand dieses Maßes fest, welche Adaptionsstücke in das Innenmessgerät eingebaut werden müssen.
- Montieren Sie das ausgewählte Adaptionsstück am Innenmessgerät.
- Führen Sie die Messuhr in die Aufnahme ein. Festgezogen wird sie aber erst, nachdem die Voreinstellung durchgeführt wurde.
- Richten Sie die Messuhr gerade in der Zylinderlaufbahn aus und stellen Sie mit einer Vorspannung von 2 mm fest.
- Richten Sie das Grundmaß (entweder das mit dem Messschieber ermittelte und gerundete oder ein vom Hersteller angegebenes) mit der Bügelmessschraube aus.
- Führen Sie die Feinjustierung des Innenmessgerätes durch.

*Messungen*

- Als Nächstes wird nun das Innenmessgerät in den zu messenden Zylinder eingeführt. Die Messung der Zylinderbuchse soll den Verschleiß genau darstellen. Da der Verschleiß im Zylinder in der Regel durch die unterschiedlichen Belastungszustände ungleichmäßig ausfällt, werden die Zylinder in zwei Richtungen und drei Ebenen beurteilt. Die Messrichtung wird in die Richtung »A« und »B« aufgeteilt, wobei »B« dann die Messung in Achsenrichtung der Kurbelwelle und »A« die Messung in Drehrichtung der Kurbelwelle darstellt. Die Messhöhe nennt sich recht einfach »1«, »2« oder »3«. So wird ein sehr genaues Bild des Zylinderverschleißes dargestellt (Bild 124).

☞ Zuerst einmal sollten alle Messungen in der Richtung »A« gemacht und in das Auswertungsblatt eingetragen werden. Erst dann werden die Messungen in der Richtung »B« durchgeführt und eingetragen. Das erspart das mehrmalige Einsetzen des Innenmessgerätes in den Zylinder.

- Führen Sie die Messung in Richtung »A« durch und tragen Sie diese ins Auswerteblatt ein.
- Führen Sie die Messungen in der Richtung »B« durch und tragen Sie diese in das Auswerteblatt ein.

Werte, die über das Grundmaß gehen, werden als »+«-Werte eingetragen. Werte die das Grundmaß unterschreiten, werden in der Tabelle als »-«-Wert geführt. Diese Praxis spart viel Rechnerei und somit auch mögliche Fehlerquellen ein.

### Messungen am Kolben
Nachdem die Messungen festgehalten wurden, werden nun die Kolben gemessen. Die Bügelmessschraube ist nun noch auf das Grundmaß des Zylinders eingestellt.

■ Sie muss nun etwas geöffnet werden. Die Messungen werden grundsätzlich 90° versetzt zur Kolbenbolzenachse durchgeführt.

■ Die Messung erfolgt nach Herstellerangaben am Kolbenhemd. Bei den meisten Herstellern liegt diese Messhöhe bei ca. 1,5 cm vom Hemdende, also vom unteren Ende des Kolbens.

■ Auch hier werden die Messergebnisse im Messprotokoll unter dem Begriff Kolbendurchmesser notiert (Bild 125).

### Kolben- und Ölabstreifringe
Neben dem Verschleiß am Kolbenhemd können auch die Kolbenringe bzw. die Ölabstreifringe sowie die Ringnuten im Kolben verschleißen. Durch die Bewertung der Kolbenringe mit Stoß- und Höhenspiel kann hier eine ausreichend genaue Aussage über den Zustand der Bauteile getroffen werden.

*Höhenspiel prüfen (Bild 127)*

Der Kolbenring dichtet den Kolben zum Zylinder ab. Er schleift bei jeder Kolbenbewegung an der Zylinderwand entlang. Zwar wird er durch das Motoröl geschmiert, Verschleiß entsteht aber dennoch. Der Verschleiß der Kolbenringe muss also auch beachtet und vermessen werden.

■ Nun wird der Kolbenring in die Ringnut eingelegt.

■ Mit Hilfe der Fühlerlehre wird nun geprüft, wie groß das Spiel des Kolbenrings nach oben und unten ist.

■ Die Messwerte werden natürlich auch im Auswertebogen festgehalten.

*Stoßspiel prüfen (Bild 126)*

Mit dieser Prüfung wird der Verschleiß des Kolbenringes selbst geprüft.

■ Zuerst einmal muss der Kolbenring genau gerade in den Zylinder eingesetzt werden.

■ Liegt der Kolbenring wie gezeigt im Zylinder, wird nun wiederum mit der Fühlerlehre das Spaltmaß zwischen den beiden Kolbenringenden gemessen.

■ Auch hier muss ein Maß aus den Herstellerunterlagen herausgesucht werden. Über den Daumen darf dieses Maß nicht größer als 1 mm ausfallen.

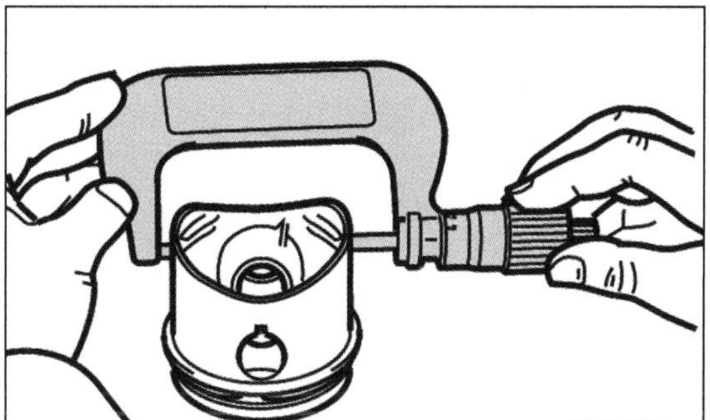

Bild 125

Bild 125
Messung des Kolbendurchmessers.

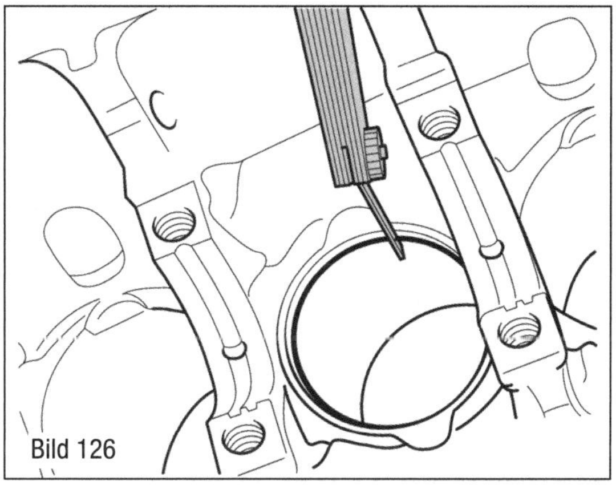

Bild 126

Bild 126
Stoßspielmessung am im Zylinder gerade eingelegten Kolbenring.

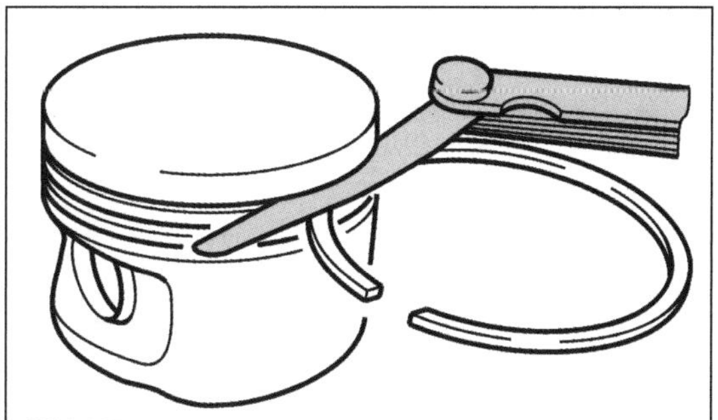

Bild 127

Bild 127
Höhenspielmessung am in die Ringnut eingelegten Kolbenring.

### Auswertung Zylinder und Kolben
Die Messung ist der eine Teil, die Auswertung der Ergebnisse ist aber mindestens genauso wichtig. Nachdem nun die Ergebnisse aus den Messungen des Zylinders und der Kolben vorliegen, können wir schon eine Aussage über die Verwendbarkeit von Zylinder und Kolben treffen.

*Die Ovalität*

Ovalität ist die Verformung des Zylinders. Sie kann zum einen durch die Einwirkung von Temperatur und zum anderen durch den Verschleiß entstehen. Sie wird als die größte Ovalität angegeben und vergleicht die Ovalität der einzelnen Messebene eines Zylinders.

*Das Laufspiel*
Es beschreibt, wie viel Platz zwischen Kolben und Zylinder ist. Auch hier müssen wieder die Herstellerangaben zu Rate gezogen werden. Als Daumenwert kann von einem Laufspiel von 0,04 mm bis zu 0,09 mm ausgegangen werden.

■ Das Laufspiel errechnet sich, wenn man den Kolbendurchmesser vom größten und dem kleinsten Zylinderdurchmesser abzieht.

**Lagerspiel an Kurbelwelle und Pleuel mit Plastigage messen (Bild 128)**
Im Gegensatz zu den Messungen mit dem Innenmessgerät ist die Messung mit Plastigage ungenauer, aber dafür sehr schnell durchzuführen. Liegen keine besonderen Verschleißspuren oder eigenartig anmutende Lagertragbilder vor, ist diese Messmethode durchaus legitim. Für die Messung werden die Lager komplett montiert (oder bleiben es). Um gut an die Lagerdeckel heranzukommen, empfiehlt es sich, die Kolben in eine Stellung zu bringen, an der die Lagerdeckel bequem de- und montiert werden können.

■ Demontieren Sie die Lagerdeckel und reinigen Sie die Lagerstelle mit einem fusselfreien Lappen.

Bild 128
Lagerspielprüfung mit Plastigage.

Bild 129
Eingelaufene Nockenwelle.

■ Legen Sie einen Messfaden ein und montieren Sie das Lager wieder.

■ Ziehen Sie das Lager auf das Solldrehmoment an. Der Messfaden wird nun »platt gedrückt«.

■ Nach dem Entfernen des Lagerdeckels lässt sich anhand der Breite des Messfadens mit der mitgelieferten Tabelle das Lagerspiel ermitteln.

**Beurteilen von Planflächen**
Für diese Prüfung ist ein Präzisionslineal erforderlich. Das Haarlineal wird auf dem Zylinderkopf aufgelegt und gegen das Licht gehalten. Diese Prüfung über Kreuz und an mehreren Stellen am Zylinderkopf durchführen, so lässt die gesamte Fläche des Zylinderkopfes auf Ebenheit prüfen.

**Prüfungen an der Nockenwelle**
Auch die Nockenwelle unterliegt dem Verschleiß, oftmals finden sich bereits durch genaues Betrachten Mängel, die natürlich auch entsprechend bewertet werden müssen (Bild 129).

*Laufspuren an der Nockenwelle*
Kleine Laufspuren dürfen gerade in Anbetracht des Alters des Motors als normal bezeichnet werden. Tiefe Rillen und Ausbuchtungen müssen eine Ursache haben. Gratartige scharfkantige Ausformungen an den Lagerstellen sind ein deutliches Zeichen für Verschleiß. In diesen Fällen muss das Lagerspiel geprüft werden.

*Verschleiß an der Nockenwelle*
Wenn sich die Nocken abnutzen, bedeutet das immer eine geringere Ventilöffnung und somit Leistungsverlust des Motors. Da auch die Oberflächenqualität in diesen Fällen stark leidet, werden die Ventilbetätigungen, also die Kipp- oder Schlepphebel, mit beeinträchtigt.
Die Lagerstellen für diese Bauteile sollten dann sehr gründlich untersucht werden. Lässt man durch Laufspuren beschädigte Teile weiterhin in Betrieb, kann es sein, dass der Schaden sich auf der beispielsweise erneuerten Nockenwelle wieder einstellt. Auch die Ursache für den Schaden muss festgestellt werden. Ist die Ölpumpe noch in Ordnung? Betrachten wir einmal einige einfache Messungen, die an der Nockenwelle durchgeführt werden sollen:

*Schlagprüfung an der Nockenwelle*
■ Entweder wird die Nockenwelle zwischen die Spitzen der Drehbank eingespannt oder auf Auflagen gelegt.
■ Man richtet nun eine Messuhr mit Halter auf die einzelnen Lager aus und dreht die Nockenwelle.
■ Der Höhenunterschied wird auf der Messuhr schnell deutlich. Die maximalen Toleranzen müssen den Herstellerunterlagen entnommen werden. Als Daumenrichtwert kann ein Schlag bis zu 0,01 mm angenommen werden. Nockenwellen mit einer größeren Abweichung sollten ersetzt werden.

*Nockenhubmessung*
Mit dem gleichen Messaufbau wie bei der Schlagprüfung kann auch der Hub der Nocke festgestellt werden. Gemessen wird der Unterschied zwischen der tiefsten Stelle und der höchsten Stelle eines Nockens. Auch diese Maße werden von jedem Motorenhersteller angegeben und sind nicht ohne weiteres übertragbar. Sollte ein relevanter Verschleiß vorliegen, ist er in der Regel auch schon am Verschleißbild gut zu erkennen. Sinnvoll ist es allerdings, die Nocken der einzelnen Zylinder untereinander auszumessen und zu vergleichen. Die Ursache für einen deutlichen Unterschied kann schon mangelhafte Schmierung für den Ventiltrieb dieses Zylinders sein.

*Lagerspielmessung der Nockenwelle*
Will man das Lagerspiel lediglich kontrollieren und hat keinen besonderen Befund, reicht es aus, die Lager mit Plastigage auszumessen. Die Vorgehensweise wurde bereits an den Kurbelwellen- und Pleuellagern vorgestellt. Soll das Lagerspiel genau in Augenschein genommen werden, müssen das gute alte Innenmessgerät und eine entsprechende Bügelmessschraube zum Einsatz kommen. Auch diese Vorgehensweise wurde bereits vorgestellt und muss lediglich auf den kleineren Durchmesser der Nockenwelle abgestimmt werden.

*Axialspielmessung an der Nockenwelle (Bild 130)*
Das Axialspiel ist das seitliche Spiel der Nockenwelle. Auch diese Richtung ist Beschränkungen unterlegen. Selbstverständlich

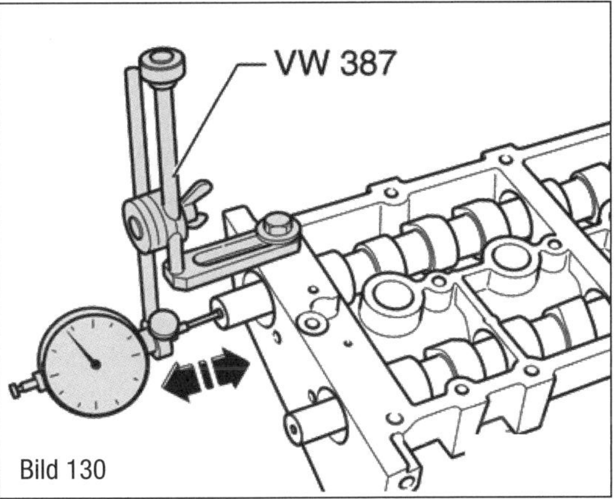

Bild 130

Bild 130
Messaufbau zur Axialspielmessung an der Nockenwelle.

müssen auch hier die Werte der Motorenhersteller herangezogen werden. Im Grundsatz kann aber davon ausgegangen werden, dass ein Axialspiel von 0,15 mm noch in Ordnung ist. Am einfachsten lässt sich das Axialspiel ausmessen, wenn Ventile und/oder Ventiltrieb nicht eingebaut sind. So entfällt die Reibung zwischen den betätigten Ventilhebeln und der Nockenwelle. Als Messmittel kommt auch hier wieder die Messuhr mit Messuhrträger zum Einsatz. Sie sollte dann entweder mit dem Magnetfuß befestigt oder an einer geeigneten Stelle verschraubt werden. Eine gebrochene Nockenwelle ist immer ein Zeichen großer mechanischer Kräfte. Oftmals bedeutet das, dass Ventile und eventuell auch die Stößelstangen beschädigt wurden. Diese Teile müssen dann in jedem Fall genauer unter die Lupe genommen werden.

**Ventil und Führung beurteilen**
*Ventil ausmessen (Bilder 131 und 132)*
Natürlich gibt es auch Abmessungen am Ventil. Die Tellerbreite und die Ventilsitzbreite gehören auch zu den Abmessungen, die bei der Beurteilung eines Ventils sehr wichtig sind. Daran entscheidet sich, inwieweit ein Ventil wieder eingesetzt, überarbeitet oder erneuert werden muss. In den meisten Fällen ist aber die Überarbeitung nicht zulässig und auf das Einläppen oder Einschleifen beschränkt.

*Ventilschlag ausmessen*
Um den Ventilschlag beurteilen zu können, muss das Ventil spielfrei gelagert werden. Das geht schon recht gut auf einem Messprisma. Besser jedoch ist die Aufnahme in einer Ventilprüfvorrichtung. Beurteilt wird der Ventilschlag am Ventilteller und in der Mitte des Schaftes.

Bild 131
Abmessungen am Ventil.
a Tellerdurchmesser
b Schaftdurchmesser
c Ventillänge
α Sitzwinkel

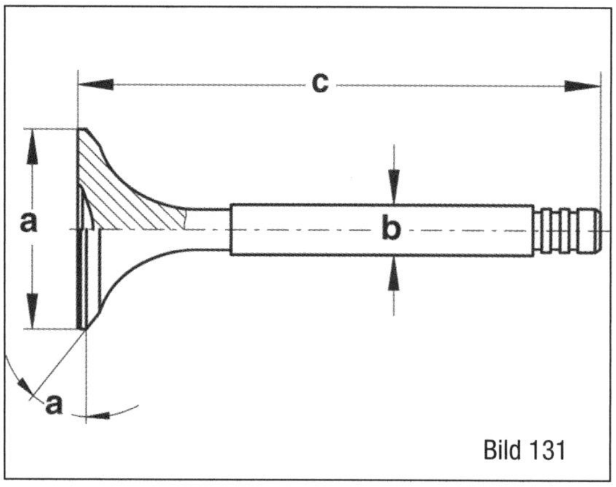


Bild 131

Bild 132
Abmessungen am Ventilsitz.
a Ventiltellerdurchmesser
α Sitzwinkel
β Korrekturwinkel außen
b maximales Nachbearbeitungsmaß
c Sitzbreite,
γ Korrekturwinkel innen
Z Zylinderkopfkante

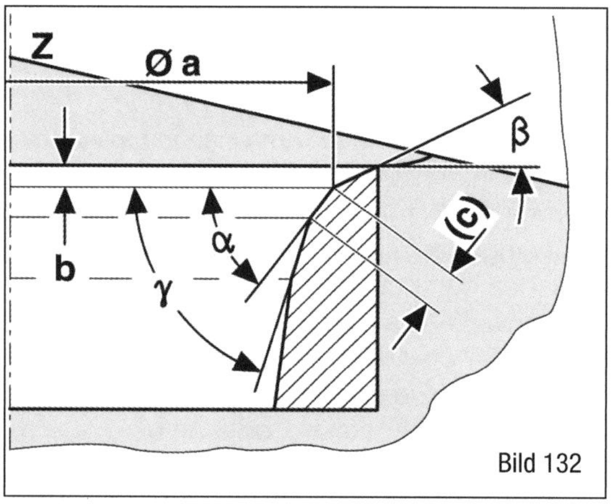


Bild 132

*Ventilführung ausmessen*
Auch diese Messung ist mit Hilfe einer Messuhr recht einfach zu bewerkstelligen. Das Ventil wird ohne Ventilfedern, Klemmstücken und Ventilschaftdichtung eingeführt. Nun wird das Kippen des Ventils mit einer Messuhr erfasst. Auch hier gelten durchaus unterschiedliche Werte, die von den jeweiligen Motorenherstellern vorgegeben werden. Auch muss darauf geachtet werden, dass die Messlänge (also das Maß, um das das Ventil aus dem Kopf herausragt) eingehalten wird.

## Motoren aus- und einbauen

Die TDI-Motoren werden zusammen mit dem Getriebe nach vorn ausgebaut. Aus- und Einbau sind bei allen TDI sehr ähnlich, wir behandeln das Vorgehen exemplarisch. Die Benzinmotoren im Tiguan verlassen das Fahrzeug planmäßig zusammen mit Getriebe nach unten.
Bei allen Montagearbeiten, insbesondere im Motorraum aufgrund der engen Bauverhältnisse, beachten Sie bitte Folgendes:

- Leitungen aller Art und elektrische Leitungen so verlegen, dass die ursprüngliche Leitungsführung wiederhergestellt wird.
- Auf ausreichenden Freigang zu allen beweglichen oder heißen Bauteilen achten. Fragen Sie vor dem Ausbau die Ereignisspeicher aller Steuergeräte ab.
- Klemmen Sie das Masseband an der Batterie bei ausgeschalteter Zündung ab. Prüfen Sie deshalb bitte, ob ein codiertes Radio eingebaut ist. Gegebenenfalls ist dann vorher die Anti-Diebstahl-Codierung zu erfragen.
- Bauen Sie die Motorabdeckung ab.
- Bauen Sie den Luftfilterkasten mit Luftmassenmesser und dem Verbindungsrohr aus.

**Motorausbau bei 2,0 l TDI-Motor**

- Batterie ausbauen.
- Die Befestigungsschrauben herausdrehen und den Batterieträger heraus nehmen.
- Kraftstofffilter und die Zusatzkraftstoffpumpe bzw. die Kraftstoffpumpe 2 ausbauen.
- Geräuschdämpfung unten ausbauen.
- Das Kühlmittel ablassen.
- Kältemittel der Klimaanlage absaugen und Kältemittelkreislauf entleeren. Diese Arbeiten sollten Sie nur dann durchführen, wenn Sie einen Sachkundenachweis und das entsprechende Klimagerät zur Verfügung haben.
- Den Schlossträger ausbauen.
- Schraube herausdrehen und den Einfüllstutzen für Behälter der Scheibenwaschanlage zur Seite legen.
- Den Kühlmittelausgleichsbehälter abbauen und auf dem Motor ablegen.
- Schraube (Pfeil im Bild 133) (unverlierbar) lösen, den Ansaugschlauch (A) im Uhrzeigersinn aus seiner Halterung herausdrehen und abnehmen.
- Die Unterdruckschläuche der Ladeluftregelung abziehen.
- Steckverbindungen für Abgastemperaturgeber, für die Lambdasonde trennen.
- Steckverbindung für Abgastemperaturgeber (hinter dem Halter fixiert) trennen.
- Leitungen aus den Haltern an der Wasserkasten-Stirnwand und am Abgasturbolader herauslösen.
- Unterdruckleitung an der Unterdruckpumpe abziehen.
- Befestigungsschraube der Kältemittelleitung am Klimakompressor abschrauben.

■ Kältemittelleitung am Klimakompressor abziehen und knickfrei zur Seite legen. Kältemittelleitungen und Schläuche nicht überdehnen, knicken oder verbiegen.
■ Schnellkupplungen für den Wärmetauscher an der Wasserkasten-Stirnwand trennen.
■ Plusleitung vom Anlasser an der Zentralelektrik abschrauben und auf dem Motor ablegen.

*Fahrzeuge mit Doppelkupplungsgetriebe*
■ Schaltbetätigung am Getriebe abbauen.
■ Verschluss des Steckers der Mechatronik durch Drehen entriegeln und Stecker abziehen.

*Fahrzeuge mit Schaltgetriebe*
■ Schaltbetätigung am Getriebe abbauen.
■ Rohr-Schlauchleitung bzw. Kunststoffleitung am Kupplungsnehmerzylinder abbauen.

*Fortsetzung für alle Fahrzeuge*
■ Scheibenwischerarme ausbauen.
■ Wasserkasten-Stirnwand ausbauen.
■ Motorsteuergerät aus seiner Halterung herausnehmen.
■ Stecker des Motorleitungsstrangs entriegeln und vom Motorsteuergerät abziehen.
■ Steckverbindungen (1 und 2 im Bild 134) am Fahrzeuglängsträger links trennen.
■ Masseleitung am Getriebe abschrauben.
■ Verriegelung (A im Bild 135) der Durchführung in der Wasserkasten-Stirnwand öffnen.
■ Oberteil nach oben herausziehen und den Motorleitungsstrang aus der Kabelführung nehmen.
■ Alle Steckverbindungen zwischen Anlasser, Getriebe und Karosserie trennen.
■ Befestigungsschraube am oberen Halter des Partikelfilters herausdrehen und die Befestigungsschraube des Halters am Zylinderkopf eine Umdrehung lösen.
■ Steckverbindung am Ölstands- und Öltemperaturgeber trennen.
■ Gelenkwellen ausbauen.
■ Schrauben (1 bis 3) herausschrauben und Pendelstütze ausbauen (Bild 136).

*Fahrzeuge mit Zusatzheizung*
■ Kühlmittelschläuche (1) und (2) mit Schlauchklemmen bis Ø 25 mm (VAG 3094) abklemmen und Kühlmittelschläuche von der Zusatzheizung abziehen (Bild 137).

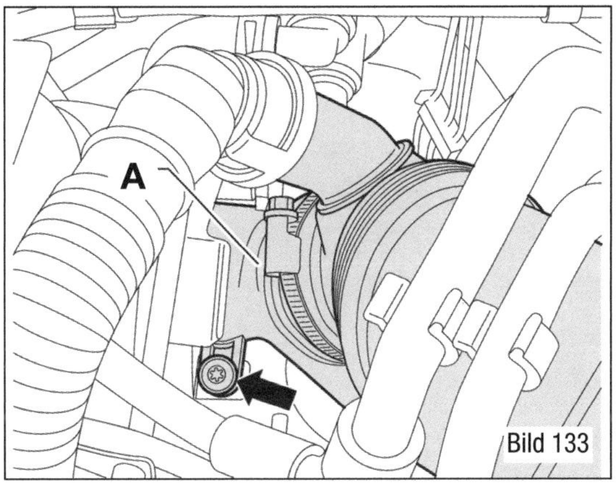

Bild 133
A Ansaugschlauch
Pfeil = Schraube

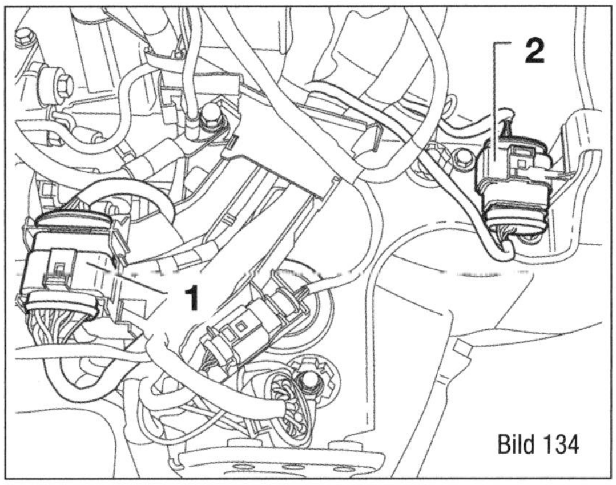

Bild 134
1 und 2 Steckverbindungen

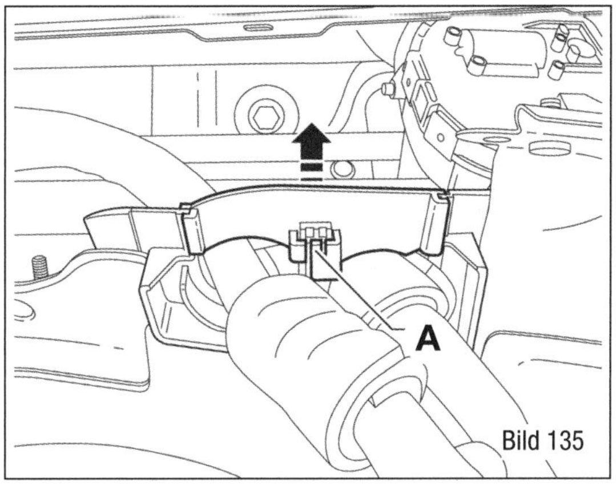

Bild 135
Verriegelung der Spritzwanddurchführung.

*Fortsetzung für alle Fahrzeuge*
■ Befestigungsschelle zwischen Partikelfilter und Abgasturbolader lösen.
■ Befestigungsmuttern oberhalb des Halters für Partikelfilter mit dem Ratschenringschlüssel (VAG T10384) abschrauben.
■ Befestigungsmuttern des Halters für Partikelfilter am Kurbelgehäuse abschrauben und den Halter herausnehmen.
■ Partikelfilter zur Seite drücken und mit geeigneten Mitteln an der Wasserkasten-Stirnwand fixieren.

Sichtprüfung Messen

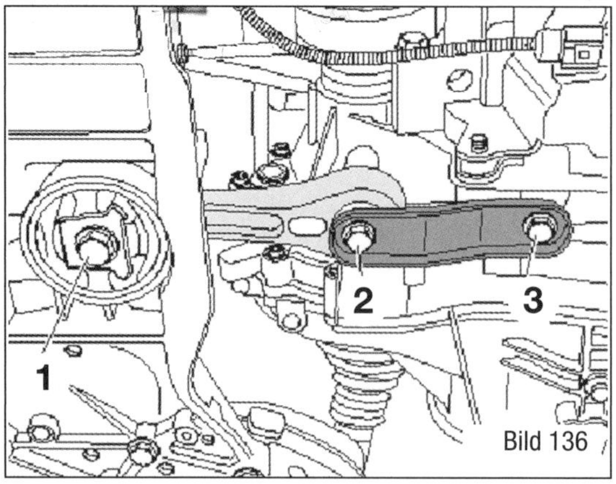


Bild 136
Schrauben (1-3) der Pendelstütze am Getriebe.

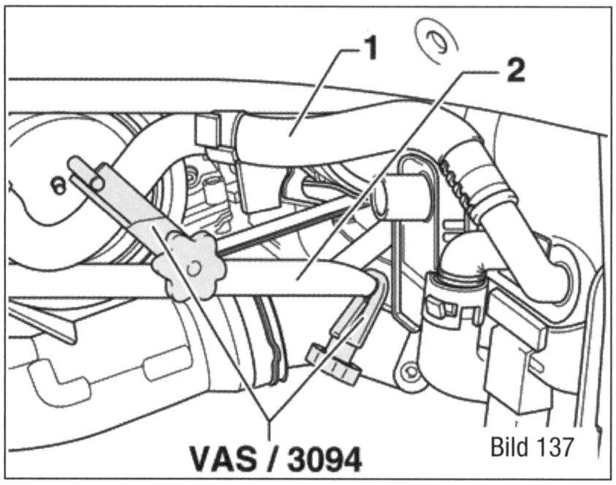


Bild 137
1 und 2 Kühlmittelschläuche zur Zusatzheizung

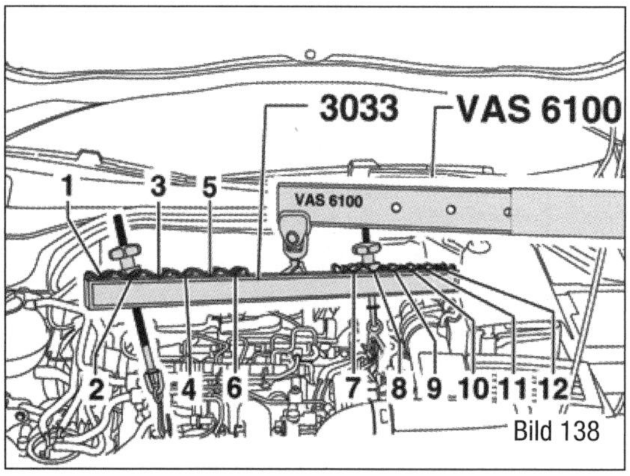


Bild 138
Befestigungspositionen (1-12) am Motor/Getriebe-Aggregat.

■ Prüfen Sie, ob alle Schlauch- und Leitungsverbindungen zwischen Motor, Getriebe und Karosserie gelöst sind.
■ Aufhängevorrichtung (3033) wie folgt einhängen und mit Werkstattkran (VAS 6100) das »Motor/Getriebe-Aggregat« in Einbaulage abfangen (Schwingungsdämpferseite auf Position 2, Schwungradseite auf Position 8).
■ Befestigungsschrauben (Pfeile) der Aggregatlagerung am Motor herausdrehen.
■ Befestigungsschrauben (Pfeile) der Aggregatlagerung am Getriebe herausdrehen.
■ »Motor/Getriebe-Aggregat« etwas absenken und nach vorn ausbauen. Das »Motor/Getriebe-Aggregat« beim Ausbau sorgfältig führen, um Beschädigungen am Aufbau zu vermeiden (Bild 138).

Die Montage erfolgt sinngemäß in umgekehrter Reihenfolge.
■ Prüfen Sie die Dichtheit der Anschlüsse und lassen Sie die Klimaanlage neu befüllen.
■ Fragen Sie nach der Probefahrt die Fehlerspeicher erneut ab und werten Sie die Ergebnisse aus.

**Motorausbau bei den 1,4 l-Motoren**
■ Geräuschdämpfung oder den Unterfahrschutz ausbauen.
■ Radhausschale vorn rechts und links ausbauen.
■ Querstrebe unten (1) ausbauen, dazu die Schrauben (Pfeile) herausdrehen (Bild 139).
■ Befestigungsschrauben (1) der Motorabdeckung herausdrehen.
■ Ölmessstab herausziehen.
■ Kühlmittelschläuche an der Motorabdeckung aushängen und Motorabdeckung nach oben abziehen.
■ Verschlussdeckel vom Ausgleichsbehälter öffnen und verschließen, um den Druck vom Kühlsystem abzulassen.
■ Kühlmittel ablassen.
■ Kraftstoffvorlaufleitung und die Leitung zum Aktivkohlebehälter trennen, dazu die Entriegelungstasten drücken.

⚠ Kraftstoffvorlaufleitung steht unter Druck! Schutzbrille und Schutzhandschuhe tragen, um Verletzungen und Hautkontakt zu vermeiden. Vor dem Lösen von Schlauchverbindungen Putzlappen um die Verbindungsstelle legen. Dann durch vorsichtiges Abziehen des Schlauchs Druck abbauen.

■ Steckkupplungen trennen.
■ Kühlmittelschläuche oben und unten am Kühler entriegeln und abziehen.
■ Kühlmittelschläuche zwischen Motor und Karosserie ausbauen. Kühlmittelschlauch abziehen, dazu die Haltespange entriegeln.
■ Kühlmittelschläuche am Wärmetauscher entriegeln und abziehen.
■ Befestigungsschrauben (Pfeile) herausdrehen und Wärmeschutzblech vom Abgasturbolader abnehmen (Bild 140).

■ Befestigungsmuttern des Krümmerrohres am Turbolader abschrauben.
■ Kühlmittelschlauch am Zusatzwasserkühler für Ladeluftsystem entriegeln und abziehen.
■ Kühlmittelrohr Fahrzeugseite rechts im Bereich des Radkastens unten ausbauen.
■ Stecker vom Ölstands- und Öltemperaturgeber (1) entriegeln und abziehen.

*Fahrzeuge mit Standheizung*
■ Kühlmittelrohre (2 im Bild 141) ausbauen.

*Fortsetzung für alle Fahrzeuge*
■ Schlossträger in Servicestellung bringen.
■ Leitungen am Katalysator ausclipsen.
■ Steckverbindungen entriegeln und abziehen.
■ Befestigungsmuttern Katalysator/Flexrohr (Entkopplungselement) herausschrauben und die Dichtung abnehmen.
■ Katalysator nach unten herausnehmen.

Tipp: Es besteht Beschädigungsgefahr des Entkopplungselements, deshalb das Entkopplungselement nicht mehr als 10° knicken, nicht auf Zug belasten und das Drahtgeflecht am Entkopplungselement nicht beschädigen.

■ Abgasrohr mit Entkopplungselement abschrauben.
■ Befestigungsschrauben der Doppelschelle lösen und das Abgasrohr nach hinten ziehen.
■ Batterie abklemmen.
■ Batterie und Batterieträger ausbauen.
■ Alle weiteren erforderlichen elektrischen Leitungen vom Motor abziehen/abklemmen und freilegen.
■ Alle elektrischen Leitungen vom Getriebe, Generator und Anlasser abziehen/abklemmen und freilegen. Alle Kabelbinder, die beim Motorausbau gelöst oder aufgeschnitten werden, sind beim Motoreinbau an der gleichen Stelle wieder zu befestigen.
■ Unterdruck- und Entlüftungsschläuche vom Motor abziehen.
■ Stecker vom Kühlmitteltemperaturgeber am Kühlerausgang vom Kühlerlüfter und vom Kühlerlüfter 2 entriegeln und abziehen.
■ Motorsteuergerät ausbauen.
■ Verriegelungen der Leitungsführung (Pfeile im Bild 142) öffnen.
■ Leitung vom Motorsteuergerät herausnehmen.
■ Leitungen mit einem Kabelbinder am Motor befestigen.

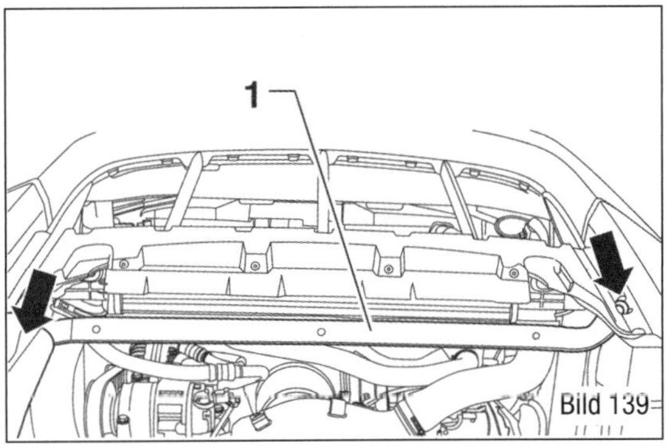


Bild 139
Querstrebe (1) in der Fahrzeugfront.

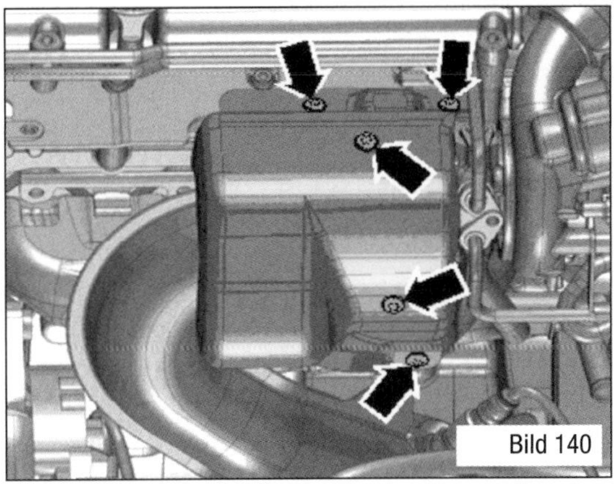

Bild 140
Hitzschutzblech am Turbolader.

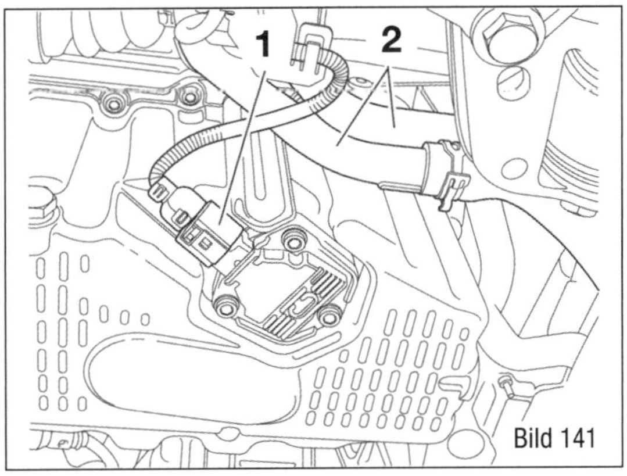


Bild 141
1 Stecker Ölsensor
2 Kühlmittelrohre

■ Pendelstütze losschrauben (siehe Bild 136).

*Fahrzeuge mit Schaltgetriebe*
■ Schaltbetätigung vom Getriebe abschrauben.
■ Schlauch für Nehmerzylinder der hydraulischen Kupplung ausbauen. Das Kupplungspedal darf nicht mehr betätigt werden.
■ Die rechte Gelenkwelle ausbauen und linke Gelenkwelle am Getriebe abschrauben und hochbinden.

*Fahrzeuge mit Automatikgetriebe*
■ Wählhebelseilzug ausbauen.
■ Beide Gelenkwellen ausbauen.

*Fortsetzung für alle Fahrzeuge*

■ Stecker von der Pumpe für Kühlmittelumlauf entriegeln und abziehen.
■ Federbandschellen an der Pumpe lösen und die Kühlmittelschläuche abziehen.
■ Befestigungsschraube herausdrehen und die Pumpe vom Halter nehmen.
■ Halter für Pumpe für Kühlmittelumlauf vom Kurbelgehäuse abschrauben.
■ Keilrippenriemen ausbauen.

*Fahrzeuge mit Klimaanlage*

■ Klimakompressor ausbauen. Die Leitungen der Klimaanlage werden nicht geöffnet.
■ Klimakompressor am Schlossträger befestigen. Leitungen dürfen nicht geknickt werden.

*Fortsetzung für alle Fahrzeuge*

■ Um den Motor mit Getriebe absenken zu können, den Motorhalter (T40075A) mit den Adaptern (/4-, /5- und /6) verwenden (Bild 143).
■ Adapter (T40075/4) bis zum Anschlag in das Kurbelgehäuse drehen.
■ Motorhalter (T40075A) mit den Adaptern (/5) und (/6) an das Kurbelgehäuse ansetzen.
■ Zwei Muttern M10 zwischen Kurbelgehäuse und Motorhalter (T40075A) schieben.
■ Motorhalter (T40075A) mit einer Schraube M8 x 35 (1) handfest am Kurbelgehäuse befestigen. Anschließend die Schrauben am Motorhalter (T40075A) mit 20 Nm anziehen.
■ Motor und Getriebe mit Motor- und Getriebeheber (VAG 1383 A) leicht anheben.
■ Aggregatlagerung motorseitig von oben abschrauben.
■ Aggregatlagerung getriebeseitig von oben abschrauben. Zum Ausbau der Befestigungsschrauben eine Stufen-Stehleiter verwenden, da das Fahrzeug aufgrund des Haltebocks nicht abgesenkt werden kann.
■ Motor und Getriebe vorsichtig nach unten absenken.

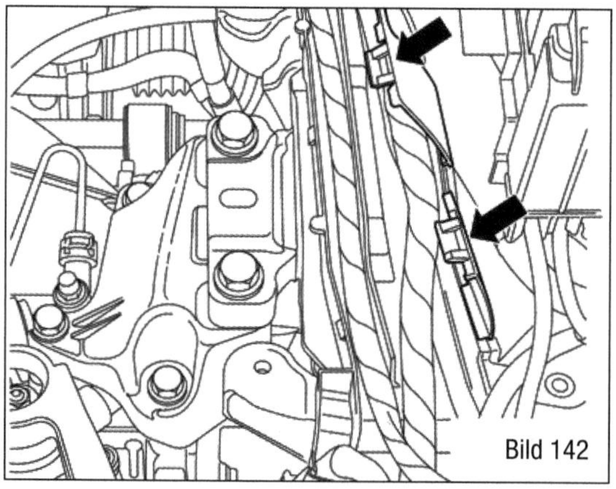

Bild 142

Bild 142 Leitungsführungen und Verriegelungen.

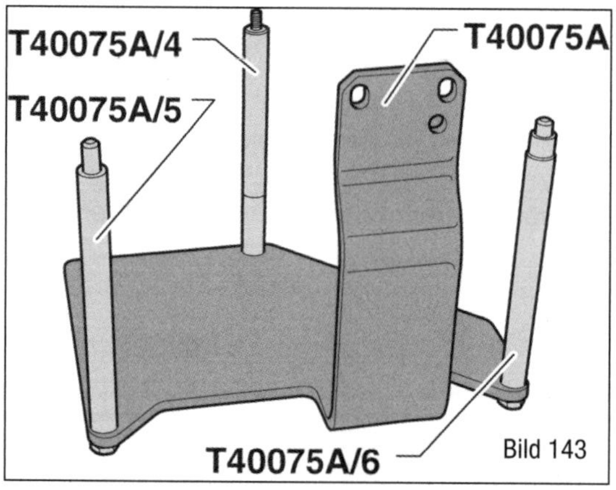


Bild 143

Bild 143 Aufsatz zur Demontage von Motor und Getriebe.

Die Montage erfolgt sinngemäß in umgekehrter Reihenfolge.

■ Richten Sie die Motorlagerung gerade und gleichmäßig aus.
■ Prüfen Sie die Dichtheit der Anschlüsse und lassen Sie die Klimaanlage neu befüllen.
■ Fragen Sie nach der Probefahrt die Fehlerspeicher erneut ab und werten Sie die Ergebnisse aus.

**2,0 l (T)FSI-Motor ausbauen**

■ Batterie und den Batterieträger ausbauen.
■ Scheibenwischerarme ausbauen.
■ Wasserkastenabdeckung ausbauen.
■ Linken Motorleitungsstrangstecker am Motorsteuergerät abziehen.
■ Durchführung für Motorleitungsstrang in den Wasserkasten entriegeln und nach oben abziehen.
■ Abdeckung für E-Box Motorraum abnehmen, dazu beide Riegel nach vorne schieben.
■ Das Kabel vom Generator und das Kabel von der Batterie am Sicherungshalter abschrauben.
■ Masseleitung am Längsträger abschrauben.
■ Verriegelungen der Kabelführung am Längsträger öffnen.
■ Elektrische Steckverbindung (1) freilegen und trennen (Bild 144).

■ Darunterliegenden Halter (2) der Leitungsführung öffnen.
■ Leitungsstrang zum Motorsteuergerät aus der Leitungsführung nehmen und auf dem Motor ablegen.

*Fahrzeuge mit Schaltgetriebe, Variante 1*
■ Schaltbetätigung am Getriebe abbauen.
■ Strebe (1) ausbauen (Bild 145).
■ Nehmerzylinder ausbauen (Pfeile) und seitlich ablegen, Leitungssystem nicht öffnen.

⚠ Das Kupplungspedal nach Ausbau des Nehmerzylinders nicht mehr treten. Der Nehmerzylinder kann dadurch beschädigt werden.

*Fahrzeuge mit Schaltgetriebe, Variante 2*
■ Schaltbetätigung am Getriebe abbauen.
■ Klemmen Sie den Nachlaufschlauch zum Geberzylinder mit der Schlauchklemme (VAG 3094) ab.
■ Sicherungsklammer für Rohrleitung des Kupplungsnehmerzylinders bis zum Anschlag herausziehen.
■ Rohrleitung aus dem Entlüfter/Nehmerzylinder herausziehen und verschließen. Das Kupplungspedal nicht mehr treten.

*Fahrzeuge mit automatischem Getriebe*
■ Wählhebelseilzug vom Getriebe abbauen.

*Fahrzeuge mit DSG*
■ Wählhebelseilzug vom Getriebe abbauen.
■ Leitungen zum Getriebeölkühler vom Getriebe abbauen.

*Fortsetzung für alle Fahrzeuge*
■ Elektrische Steckverbindung am Starter trennen.
■ Oberen Befestigungsschrauben der Luftführungshutze (Pfeile im Bild 146) herausschrauben.
■ Schlauchschelle (2 in Bild 149) lösen.
■ Schraube (4) herausdrehen.
■ Elektrische Steckverbindung (Pfeil) trennen und elektrische Leitung freilegen.
■ Verschlussdeckel für Kühlmittelausgleichsbehälter öffnen.

⚠ Das Kühlsystem steht bei warmem Motor unter Druck! Verbrühungsgefahr durch heißen Dampf und heißes Kühlmittel. Überdruck abbauen, dazu Verschlussdeckel für Kühlmittelausgleichsbehälter mit Lappen abdecken und vorsichtig öffnen.

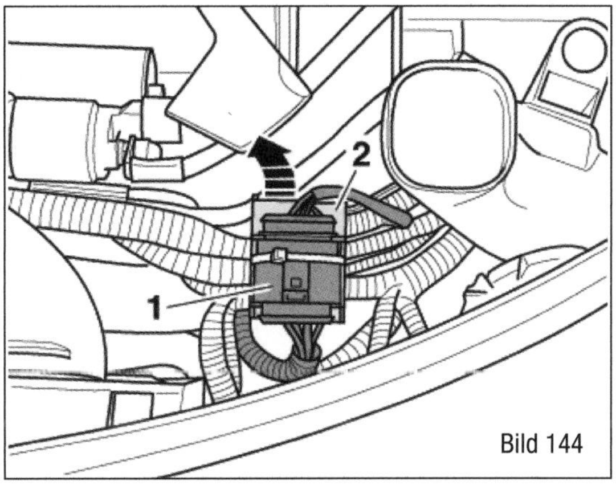

Bild 144

Bild 144
Elektrische Steckverbindung (1) freilegen.

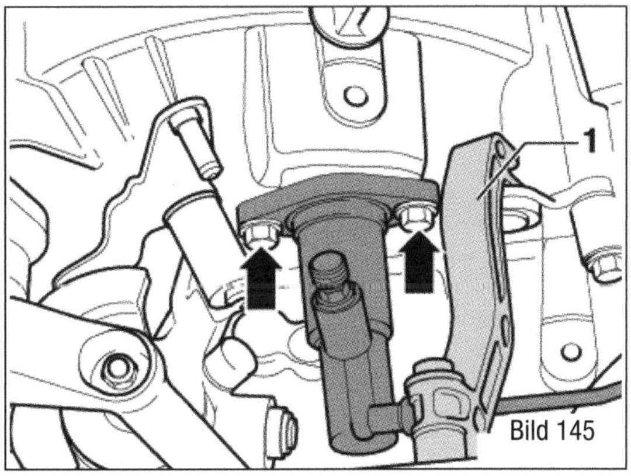

Bild 145

Bild 145
1 Strebe
Pfeile = Befestigungsschrauben des Kupplungsnehmerzylinders

■ Geräuschdämpfung ausbauen.
■ Vorderen Teil der Radhausschalen bzw. vordere Radhausschalen ausbauen.
■ Ladeluftschläuche (Pfeile im Bild 147) ausbauen.
■ Steckverbindung (1 im Bild 146) trennen und die unteren Befestigungsschrauben (Pfeile) der Luftführungshutze herausschrauben.
■ Luftführungshutze nach unten herausnehmen.
■ Schraube (1) herausdrehen und Luftführungsrohr nach unten abnehmen (Bild 149).
■ Elektrische Steckverbindung für Kühlmitteltemperaturgeber am Kühlerausgang trennen.

☞ Fangen Sie abgelassenes Kühlmittel zur Entsorgung oder Wiederverwendung in einem sauberen Behälter auf.

■ Auffangwanne für Werkstattkräne (VAS 6208) unter den Motor stellen.
■ Kühlmittel ablassen.
■ Kühlmittelschläuche (1 und 2) abbauen.
■ Vorhandene Leitungen von der Kraftstoffübergabestelle trennen (Bild 148).

Sichtprüfung   Messen

Bild 146
Befestigungen der Luftführungshutze.

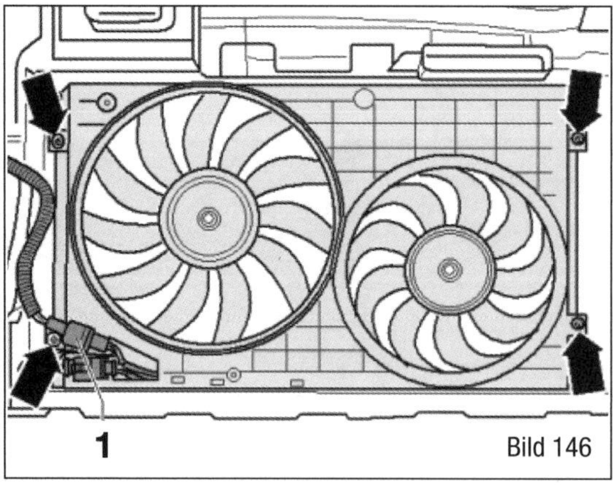


Bild 147
Anschlüsse für den Ladeluftkühler.

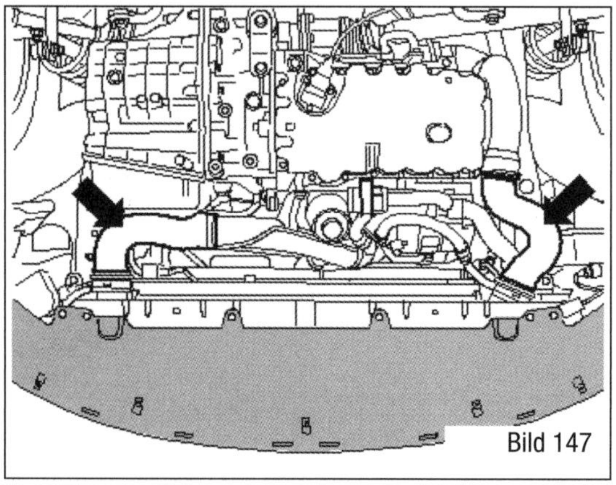


Bild 148
1 Entlüftungsleitung
2 Unterdruckleitung
3 Kraftstoff-Vorlaufleitung

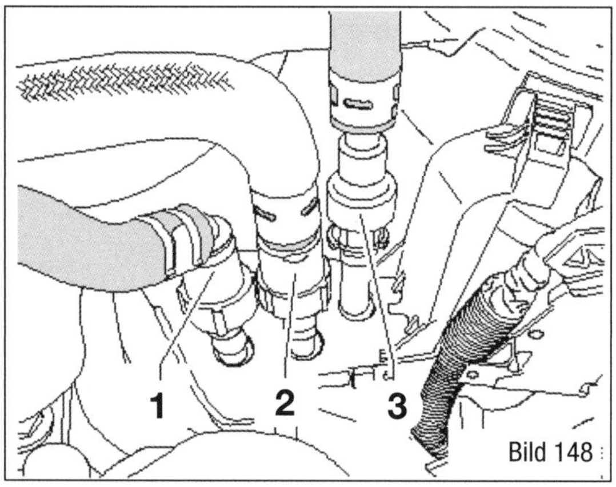


Bild 149
1 Schraube
2 Schlauch
3 Schelle
4 Schraube

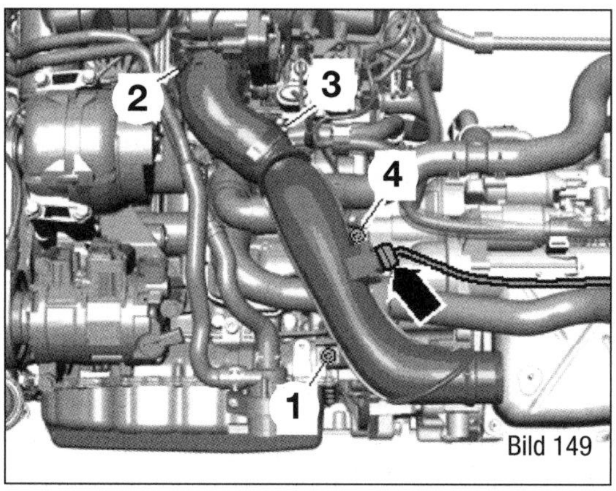


1) Entlüftungsleitung
2) Unterdruckleitung
3) Kraftstoff-Vorlaufleitung

⚠ Die Kraftstoffvorlaufleitung steht unter Druck! Tragen Sie Schutzbrille und Schutzbekleidung, um Verletzungen und Hautkontakt zu vermeiden. Vor dem Lösen von Schlauchverbindungen Putzlappen um die Verbindungsstelle legen. Dann durch vorsichtiges Abziehen des Schlauchs Druck abbauen.

- Kühlmittelschlauch vom Kühler rechts ausbauen und Kühlmittelschlauch am Kühler links abziehen.
- Kühlmittelschläuche zum Wärmetauscher für Heizung abbauen, dazu Sicherungsbügel etwas herausziehen.
- Von oben zugängliche Muttern der Verbindung Abgasvorrohr an Abgasturbolader herausdrehen.
- Unterdruckschläuche (Pfeile, Bild 150) abziehen.

*Fahrzeuge mit Frontantrieb*

- Wärmeschutzblech für Gelenkwelle rechts abschrauben.

*Alle*

- Gelenkwellen ausbauen.
- Vorrohr mit Katalysator ausbauen.
- Zum Entspannen des Keilrippenriemens Spannvorrichtung von unten eindrehen.

⚠ Es besteht Zerstörungsgefahr durch umgekehrte Laufrichtung bei einem bereits gelaufenen Keilrippenriemen. Vor Ausbau des Keilrippenriemens Laufrichtung mit Kreide oder Filzstift für den Wiedereinbau kennzeichnen.

Bild 150
Unterdruckanschlüsse.

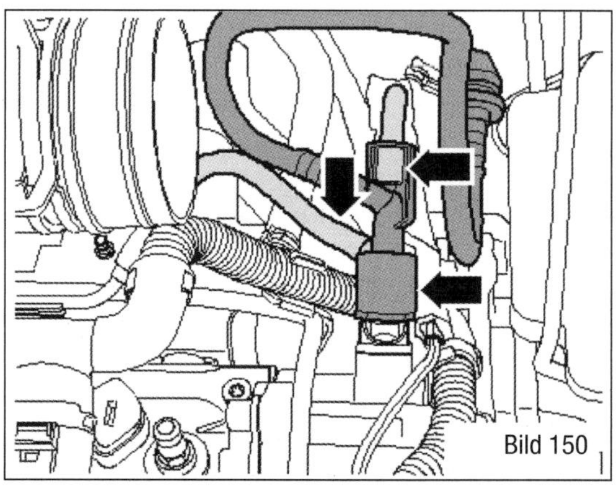

■ Spannvorrichtung mit dem Absteckdorn (T10060 A) arretieren.
■ Keilrippenriemen abnehmen.
■ Elektrische Steckverbindung für das Regelventil für Kompressor der Klimaanlage trennen.

Verletzungsgefahr durch Kältemittel. Der Kältemittelkreislauf der Klimaanlage darf nicht geöffnet werden.

■ Schrauben (Pfeile) für Klimakompressor herausdrehen.
Es besteht die Gefahr, dass Kältemittelleitungen und -schläuche beschädigt werden. Arbeiten Sie mit Bedacht und vorsichtig. Kältemittelleitungen und -schläuche nicht überdehnen, knicken oder verbiegen.
■ Klimakompressor mit angeschlossenen Kältemittelschläuchen zum Längsträger hochbinden.
■ Schraube (2 im Bild 151) am Halter für Pumpe für Kühlmittelnachlauf herausdrehen. Die Pumpe für Kühlmittelnachlauf (V51) verbleibt in Einbaulage.
■ Zuerst Schraube im Achsträger und dann Schrauben am Getriebe herausdrehen und Pendelstütze abnehmen.
■ Wenn vorhanden elektrische Steckverbindung für Ölstands- und Öltemperaturgeber trennen und Halter am Aggregatträger abclipsen.
■ Alle weiteren erforderlichen elektrischen Leitungen vom Motor/Getriebe abziehen/abklemmen und freilegen.
■ Alle Verbindungs-, Kühlmittel-, Unterdruck- und Ansaugschläuche vom Motor trennen.
■ In den Motorhalter (T10359) den Bolzen (T10359/2) einschrauben und die Spannvorrichtung aus Getriebesatz aufschrauben.
■ Motorhalter (T10359-1) an den Motor ansetzen und in die Aufnahmen einführen.
■ Spannelement (3) verschließen, um ein Kippen des Motors aus dem Motorhalter (T10359) zu verhindern (Bild 152).
■ Motorhalter (T10359/1) mit der Schraube mit ca. 20 Nm am Zylinderblock festschrauben. Die Gewindebohrung für die Schraube dient zum Festschrauben der Pumpe für Kühlmittelnachlauf.
■ Motor- und Getriebeheber (V.A.G 1383 A) am Motorhalter (T10359) einstecken.
■ Motor mit Getriebe etwas anheben.
■ Schrauben der Aggregatlagerung am Motor herausdrehen. Zum Herausdrehen der Schrauben für Aggregatelagerung eine Stufenstehleiter (VAS 5085) benutzen.
■ Schrauben der Aggregatlagerung am Getriebe herausdrehen.
Prüfen Sie, ob alle Schlauch- und Leitungsverbindungen zwischen Motor, Getriebe und Karosserie gelöst sind.
■ Motor mit Getriebe beim Absenken sorgfältig führen, um Beschädigungen zu vermeiden.

*Doppelkupplungsgetriebe*
■ Achten Sie auf den Wählhebelseilzug.

*Alle*
■ Motor mit Getriebe so weit wie möglich nach vorn links ziehen und langsam nach unten absenken.

Die Montage erfolgt sinngemäß in umgekehrter Reihenfolge.
■ Richten Sie die Motorlagerung gerade und gleichmäßig aus.
■ Prüfen Sie die Dichtheit der Anschlüsse und lassen Sie die Klimaanlage neu befüllen.
■ Fragen Sie nach der Probefahrt die Fehlerspeicher erneut ab.

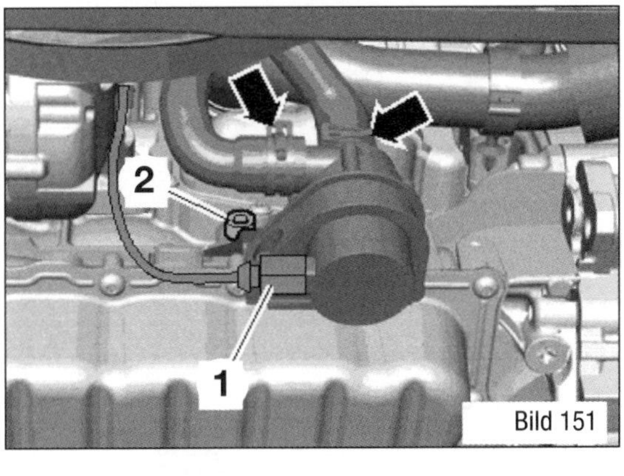


Bild 151
1 Steckkontakt
2 Befestigungsschraube

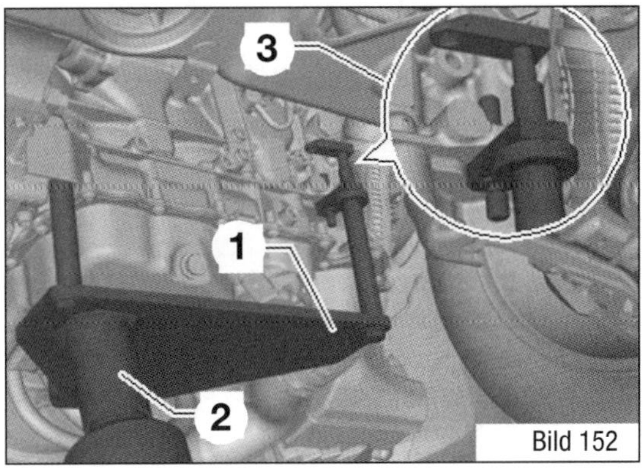


Bild 152
1 Motorhalter
2 Aufnahme
3 Spannelement

# 5 Motor-schmierung

Alle Stellen im Motor, an denen Metalle aufeinander gleiten, müssen ständig mit Öl versorgt werden: Kolben, Zylinderlaufbahnen, die Lager von Kurbelwelle und Nockenwelle. Kein Triebwerk hielte mehr als einige wenige Minuten ohne passende Schmierung durch. Damit das Öl seine Aufgabe erfüllen kann, strömt es im Motorblock durch ein System von Leitungen und feinen Bohrungen an die richtige Adresse. Eine wichtige Rolle in diesem Kreislauf spielt die Ölpumpe. Sie holt über das Ölsaugrohr das Motoröl aus der Ölwanne und drückt es in die Leitungen. Zuvor muss die Flüssigkeit den im Hauptstrom des Schmiersystems sitzenden Ölfilter passieren. Dort werden Verunreinigungen wie Ruß, Metallabrieb und Staub herausgefiltert. Ein Überdruckventil an der Pumpe öffnet bei zu hohem Druck, sodass ein Teil des Öls in die Ölwanne zurückfließen kann. Der Motor verbraucht Öl, weil es teilweise in den Verbrennungsraum gelangt und dort verbrennt. Ein undichter Motor, defekte Ventilschaftabdichtungen, auch falsch eingebaute Kolbenringe oder zu viel Spiel zwischen Ventilführung und Ventilschaft treiben den Verbrauch in die Höhe. Wenn der Motor technisch in Ordnung ist, verbraucht er allerdings so wenig, dass zwischen den Ölwechselintervallen nichts oder nur eine geringe Menge nachgefüllt werden muss.

Bild 1
1 Ölmessstab
2 Motorölkühler,
3 O-Ring
4 Kühlmittelrohr
5 Schraube
6 Verschlussdeckel
7 Dichtring
8 Ölfilter
9 Steuergehäuse
10 Schraube
11 Schraube
12 Riemenscheibe
13 Dichtring
14 Lagerbuchse
15 Dichtung
16 Kettenrad
17 Schraube
18 Kettenrad
19 Antriebskette
20 Schraube
21 Ölstands- und Öltemperaturgeber
22 Ölablassschraube
23 Schraube
24 Schraube
25 Ölwanne
26 Schraube
27 Ölpumpe
28 Schraube
29 Ölabscheider

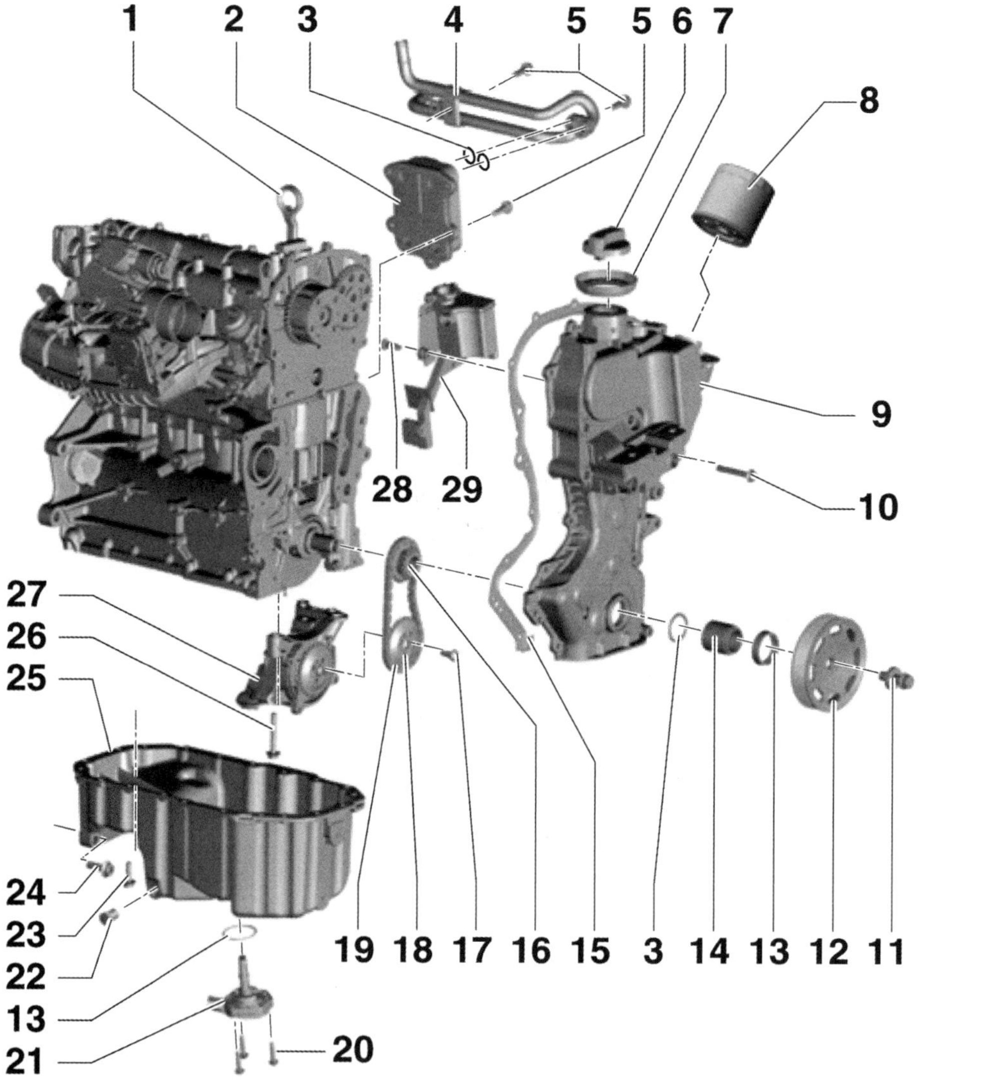


Bild 1

## Motorölstand prüfen

■ Das Fahrzeug zum Messen des Ölstandes waagerecht abstellen. Motor abstellen und mindestens drei Minuten warten, damit das Öl in die Wanne zurückfließen kann.
■ Ölmessstab herausziehen, mit einem sauberen Putzlappen abwischen und den Messstab wieder bis zum Anschlag hinein schieben.
■ Messstab anschließend wieder herausziehen und Ölstand ablesen (Bilder 2 und 3). Die Bilder zeigen die hauptsächlich eingesetzten Varianten des Messstabs, es gibt aber noch andere Ausführungen. Das in den Bildern gezeigte Prinzip gilt jedoch generell. Die Markierungen besagen: Bei Ölstand oberhalb der Markierung »a« (Max-Marke Pfeil 1) besteht die Gefahr von Katalysatorschäden. Bei Nachfüllen im Bereich »b« kann es vorkommen, dass der Ölstand danach im Bereich »a« steht. Beim unbedingt nötigen Nachfüllen von Öl im Bereich »c« genügt es, dass danach der Ölstand im Messfeld »b« (geriffeltes Feld) steht. Bei Ölstand unterhalb der c-Markierung (Min-Marke Pfeil 2) etwa 0,5 Liter Öl (bis zur a- Markierung) auffüllen.
■ Motoröl ablassen oder absaugen, Motoröl auffüllen.

## Motoröl ablassen/auffüllen

**Ölwechsel mit Altölauffang- und Absauggerät**
■ Öleinfüllverschlussdeckel abnehmen und Motoröl mit Altölauffang- und Absauggerät absaugen. Der Motorölwechsel mit einem Altölauffang- und Absauggerät (z. B. V.A.G 1782) sollte nach Möglichkeit bei betriebswarmem Motor durchgeführt werden.

**Öl über Schraube ablassen**
■ Fahrzeug anheben, Geräuschdämpfung ausbauen, Ölablassschraube unten in der Ölwanne herausdrehen und das austretende Öl auffangen.
■ Neue Ölablassschraube mit unverlierbarem Dichtring handfest einschrauben und mit 30 Nm (M14) oder 50 Nm (M24) anziehen. Das Drehmoment darf nicht überschritten werden. Ein zu hohes Drehmoment könnte zu Undichtigkeiten oder sogar zu Beschädigungen im Bereich der Ölablassschraube führen.
■ Ölfilter ersetzen (auf den nächsten Seiten).

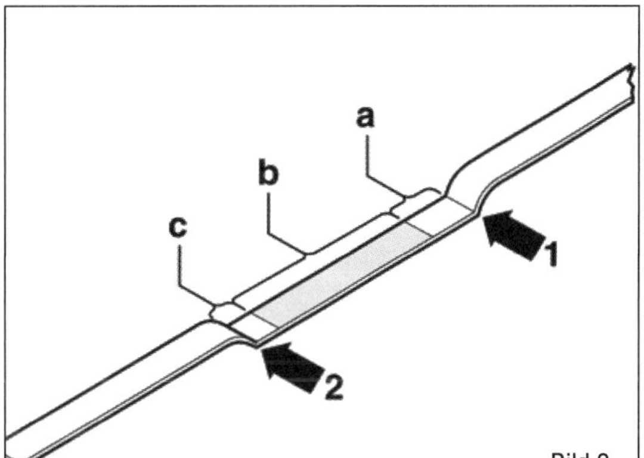

Bild 2

Bild 2
Markierungen an Ölmessstäben in Flachmetallform.
a Kein Öl nachfüllen
b In diesem geriffelten Feld kann Öl nachgefüllt werden
c Öl muss unbedingt nachgefüllt werden
Pfeile: Markierungen für maximalen (1) und minimalen (2) Füllstand

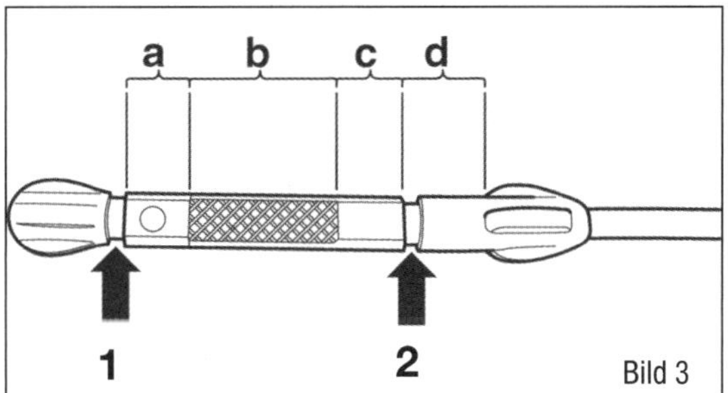

Bild 3

Bild 3
Markierungen an Ölmessstäben in Kunststoffausführung.
a Öl muss unbedingt nachgefüllt werden
b n diesem geriffelten Feld kann Öl nachgefüllt werden
c Kein Öl nachfüllen
d Überfüllung
Pfeile: Markierungen für maximalen (1) und minimalen (2) Füllstand

**Motoröl einfüllen**
Werkseitig ist ein Qualitäts-Mehrbereichsöl eingefüllt, das, außer in extrem kalten Klimazonen, als Ganzjahresöl gefahren werden kann. Die Benzinmotoren benötigen die in nachfolgender Tabelle angegebenen Ölfüllmengen mit Ölfilterwechsel, der immer zum Ölwechsel gehört. Wird der Filter nicht ausgebaut und gewechselt, werden rund 0,5 Liter weniger Öl benötigt. Beim Nachfüllen und beim Ölwechsel muss unbedingt die Spezifikation beachtet werden, wie sie der Hersteller vorschreibt. In der Vergangenheit gab es eine ganze Reihe Öle nach VW-Norm für Benzin- und für Dieselmotoren. In neuerer Zeit ist ein »Motorenöl speziell für VW/Audi-Fahrzeuge / SAE 5W-30« entwickelt worden, das der VW-Norm 504 00 und auch der (Dieselmotor-) Norm 507 00 entspricht. Volkswagen empfiehlt als entsprechendes Produkt das ARAL-Öl »Super Tronic LongLife III«.
■ Einfüllöffnung aufschrauben, Öl gemäß Spezifikation (siehe Tabelle), möglichst mit Trichter, auffüllen.
■ Öleinfüllverschlussdeckel wieder aufschrauben.
■ Motor anlassen und auf Undichtigkeiten prüfen.
■ Motorölstand erneut prüfen und ggf. Öl nachfüllen.

Sichtprüfung Messen

■ Nachdem Öl erneut nachgefüllt worden ist, mindestens drei Minuten warten und dann erneut Ölstand prüfen.
■ Geräuschdämpfung einbauen und Fahrzeug ablassen.

**Spezifikationen Tiguan-Motoren**

| Motor-Bauart | Mit LongLife-Service (QG1) | Ohne LongLife-Service (QG0, QG2) |
|---|---|---|
| Vierzylinder TDI mit DPF | 507 00 | 507 00 |
| Vierzylinder TDI ohne DPF | 507 00 | 505 01 |
| Vierzylinder TDI mit PMS | --- | 505 01 |
| Vierzylinder T(F)SI | 504 00 | 502 00 |

## Ölfilter oder Ölfiltereinsatz wechseln

Zum Einsatz kommen hier im Wesentlichen zwei Bauarten für die unterschiedlichen Motortypen. Der Übersicht halber werden wir die Motoren anhand des Filteraufbaus darstellen.

**2,0 l TDI-Motor Filtereinsatz wechseln**

■ Clipsen Sie das Magnetumschaltventil (1 im Bild 5) aus.
■ Verschlussdeckel (1 im Bild 4) z. B. mit entsprechendem Ring-Maulschlüssel oder Steckeinsatz lösen.

Lösen Sie den Verschlussdeckel vor dem Ablassen/Absaugen, damit das Motoröl aus dem Filtergehäuse ausfließen kann.

■ Dichtflächen am Schraubdeckel und am Ölfiltergehäuse reinigen.

*Einbauen*

■ Ersetzen Sie den Filtereinsatz (5).
■ O-Ringe (2 und 4 im Bild 4) ersetzen.
■ Schraubdeckel (1) einbauen und mit 25 Nm festziehen.

Der weitere Zusammenbau erfolgt sinngemäß in entgegengesetzter Reihenfolge zum Ausbau. Achten Sie darauf, dass das Magnetumschaltventil (1, Bild 5) hörbar einrastet.

**1,4 l (T)FSI-Motor Filtereinsatz wechseln**

Hier finden sich zwei unterschiedliche Bauarten, die Sie aber schon leicht optisch unterscheiden können.

*Der Filtereinsatz (Bild 6)*

■ Bauen Sie die Motorabdeckung oben aus.
■ Ölfilterdeckel (1 im Bild) mit z. B. Steckschlüsseleinsatz SW 32 abschrauben.
■ Ölfilterdeckel (1) mit Ölfiltereinsatz (4) und Ventil (5) herausnehmen.

*Einbauen*

■ O-Ring (2) vom Ölfilterdeckel und O-Ring (3) vom Ventil ersetzen.
■ Alten Ölfiltereinsatz durch neuen Filtereinsatz (4) ersetzen.

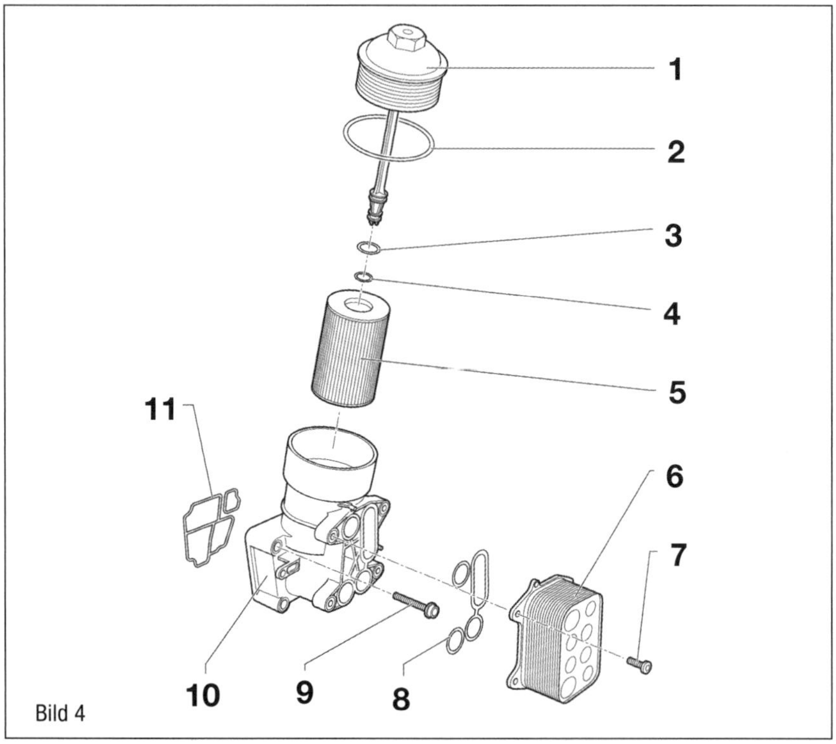


Bild 4
1 Verschlussdeckel
2 O-Ring
3 O-Ring
4 O-Ring
5 Ölfiltereinsatz
6 Motorölkühler
7 Schraube
8 Dichtungen,
9 Schraube
10 Ölfilterhalter
11 Dichtungen.

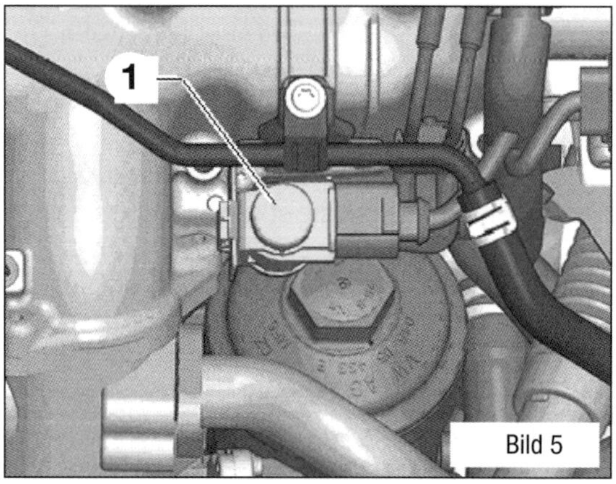


Bild 5
1 Magnetumschaltventil

■ Ölfilterdeckel mit 25 Nm festziehen.
Der weitere Zusammenbau erfolgt sinngemäß in entgegengesetzter Reihenfolge zum Ausbau.

*Die Filterpatrone (Bild 7)*
Vermeiden Sie es, dass Motoröl auf Bauteile tropft. Decken Sie deshalb vor dem Ausbau Drehstromgenerator mit Putzlappen ab.
■ Lösen Sie zuerst den Ölfilter (Pfeil) mit Hilfe eines Spannbandes oder des Ölfilterschlüssels (3417), bevor Sie den Ölfilter komplett abschrauben.
■ Warten Sie ein paar Minuten, damit das Motoröl aus dem Filter in den Motor zurückfließen kann.
■ Schrauben Sie anschließend den Ölfilter ab.
■ Die Dichtfläche des Ölfilters am Steuergehäuse reinigen.
■ Ölen Sie die Dichtung am neuen Filter leicht ein.
■ Neue Ölfilterpatrone (Pfeil im Bild 7) von Hand eindrehen.
■ Anschließend mit 20 Nm festziehen.

**2,0 l(T)FSI-Motor Filtereinsatz wechseln**
■ Lösen Sie den Ölfilter (Pfeil) mit Hilfe des Ölfilterschlüssels (3417 im Bild 8).
■ Fangen Sie abtropfendes Öl mit einem geeigneten Lappen auf.
■ Nehmen Sie die Filterpatrone ab.

*Einbauen*
■ Reinigen Sie die Dichtfläche, bevor Sie den Ölfilter einbauen.
■ Ölen Sie die Gummidichtung am neuen Filter leicht ein. Dadurch erreichen Sie die bestmögliche Abdichtung beim Anziehen des Filters.
■ Die Filterpatrone von Hand festziehen (Bild 9).

## Ölwanne aus- und einbauen

**2,0 l TDI-Motoren**
Die Arbeit an diesen Motoren kann als im Prinzip übertragbares Beispiel für alle TDI CR gelten.
■ Motoröl ablassen, Luftführungsschlauch durch Lösen der Schlauchschelle und Anheben der Halteklammer ausbauen.
■ Die Schrauben herausdrehen und Kühlmittelschlauch freilegen, Schlauchschelle lösen und elektrische Steckverbindung am Ladedruckgeber trennen.

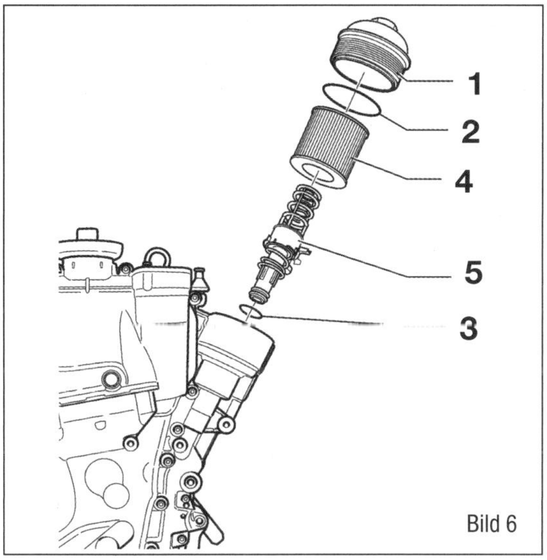


Bild 6

Bild 6
1 Verschlussdeckel
2 O-Ring
3 O-Ring
4 Filtereinsatz
5 Ventil

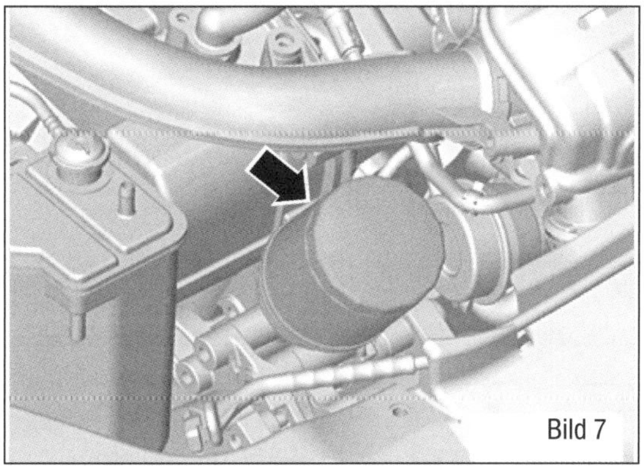

Bild 7

Bild 7
Einbaulage der Ölfilterpatrone beim 1,4-l-Motor.

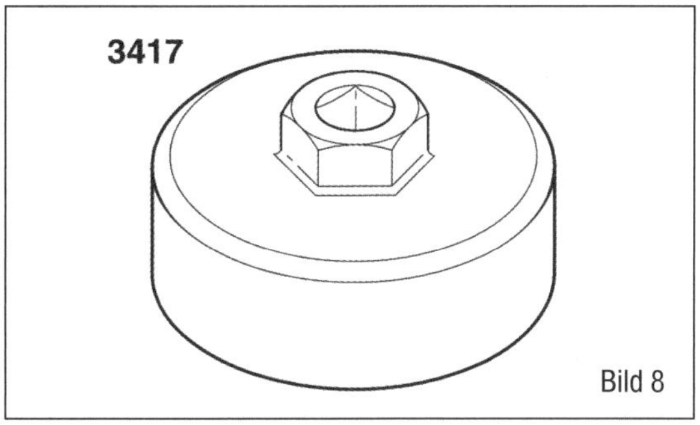


Bild 8

Bild 8
Ölfilterschlüssel zur schadfreien Montage und Demontage des Ölfilters.

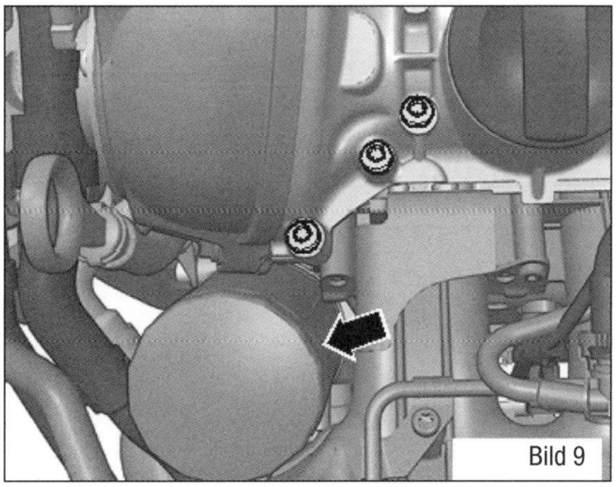

Bild 9

Bild 9
Einbaulage der Ölfilterpatrone beim 1,8 l- und 2,0 l-Motor.

■ Luftführungsrohr rechts abnehmen.
■ Schraube (Pfeil) herausdrehen und Pumpe für Kühlmittelumlauf zur Seite drücken (Bild 10; Pos. 1, 2, 3 nicht beachten).
■ Schraube am Luftführungsrohr links herausdrehen, elektrische Steckverbindung am Ölstands- und Öltemperaturgeber trennen.
■ Geräuschdämpfung für Ölwanne ausbauen, dazu die Befestigungsteile lösen.
■ Schrauben (Pfeile) der Verbindung Ölwanne an Getriebe herausdrehen, erst dann die Schrauben (1) bis (20) über Kreuz lösen und herausdrehen (Bild 11).

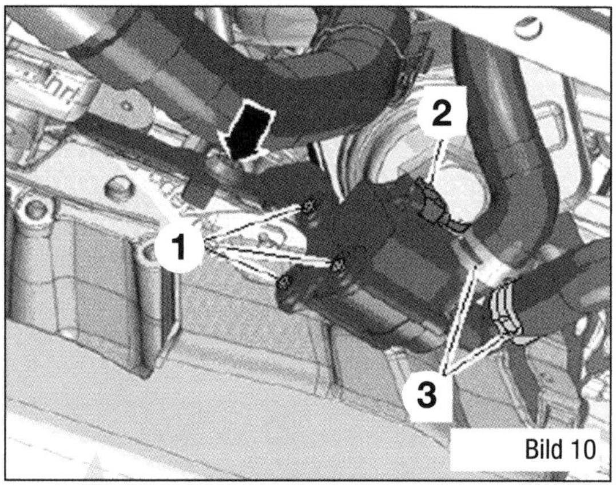

Bild 10

Bild 10
1 Gehäuseschrauben Kühlmittelpumpe
2 Stecker
3 Schellen
Pfeil Befestigungsschraube Kühlmittelpumpe

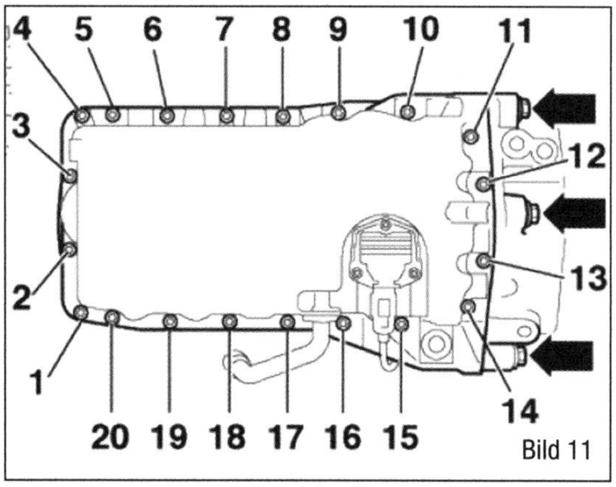

Bild 11

Bild 11
Pfeile: Schraubenverbindungen Ölwanne/Getriebe
1-20 Anzugsreihenfolge der Ölwannenschrauben

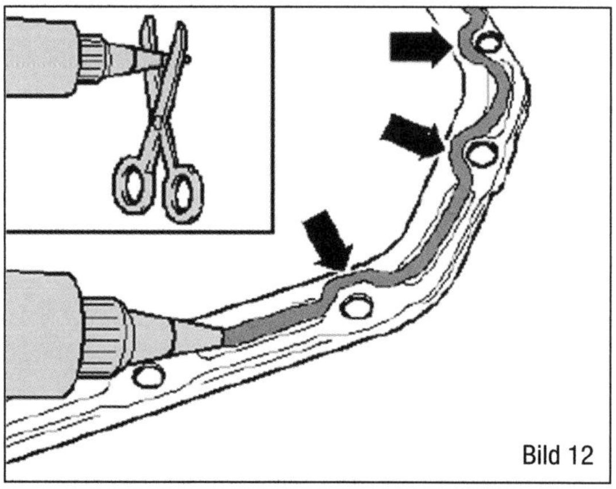
Bild 12

Bild 12
Lage der Dichtmasse auf der Ölwanne.

■ Ölwanne vorsichtig aus der Verklebung lösen.

☞ Dichtmittelreste an Ölwanne und Zylinderblock beispielsweise mit rotierender Kunststoffbürste entfernen und Dichtflächen reinigen; sie müssen frei von Öl und Fett sein.
Verschmutzungsgefahr des Schmiersystems und der Lager. Offene Teile des Motors abdecken! Schutzbrille tragen!

*Einbau*

■ Tube mit Dichtmittel unter Beachtung des Haltbarkeitsdatums einsetzen. Tubendüse an der vorderen Markierung abschneiden (etwa bei 2 mm Durchmesser der Tubendüse).
■ Dichtmittelraupe 2 bis 3 mm Dicke auf die saubere Dichtfläche der Ölwanne auftragen (Bild 12). Dichtmittelraupe nicht dicker als angegeben auftragen. Verstopfungsgefahr des Schmiersystems durch überschüssiges Dichtmittel! Die Dichtmittelraupe im Bereich des Dichtflansches hinten besonders sorgfältig auftragen.
■ Nach dem Auftragen des Dichtmittels müssen Sie die Ölwanne innerhalb von 5 Minuten einbauen. Ölwanne ansetzen und Schrauben festziehen. Die Ölwanne muss am Zwischenblech zum Getriebeflansch bündig anliegen. Schrauben in Stufen anziehen (Bild 11):
1. Stufe: (1) bis (20) über Kreuz 5 Nm
2. Stufe: (Pfeile) mit 40 Nm
3. Stufe: (1) bis (20) über Kreuz mit 15 Nm

⚠ Beim Einbauen der Ölwanne am ausgebauten Motor darauf achten, dass die Wanne schwungradseitig bündig mit dem Zylinderblock abschließt. Nach der Montage der Ölwanne muss das Dichtmittel etwa 30 Minuten aushärten. Erst danach darf Motoröl eingefüllt
Werden

■ Pumpe 2 für Kühlmittelumlauf einbauen.
■ Luftführungsrohre einbauen.
■ Luftführungsschläuche mit Schraubschellen einbauen.
■ Geräuschdämpfung einbauen.
■ Motoröl einfüllen und Ölstand prüfen.

**1,4 l (T)FSI-Motoren**

■ Geräuschdämpfung ausbauen.
■ Abgasvorrohr vom Katalysator abschrauben.

■ Ziehen Sie den 3-fach-Stecker vom Ölstands- und Öltemperaturgeber (1) ab (Bild 13).

■ Lassen Sie das Motoröl ab.

■ Schrauben Sie die mit Flüssigdichtung abgedichtete Ölwanne los.

Tipp: Getriebeseitig sind möglicherweise 2 Schrauben nicht sofort zugänglich. Wenn die Schraubenköpfe mit Steckeinsatz (T10058) nicht erreichbar sind, drehen Sie die Kurbelwelle in Motordrehrichtung, bis die Schrauben zugänglich sind. Das Schwungrad ist mit Aussparungen versehen.

■ Nehmen Sie die Ölwanne ab. Gegebenenfalls müssen Sie die Ölwanne dazu durch leichte Schläge mit einem Gummihammer lösen.

■ Entfernen Sie die Dichtmittelreste am Zylinderblock mit einem Flachschaber.

■ Entfernen Sie die Dichtmittelreste an der Ölwanne mittels einer rotierender Bürste, z. B. einer Handbohrmaschine mit Kunststoffbürsteneinsatz (Schutzbrille aufsetzen).

■ Reinigen Sie die Dichtflächen, sie müssen öl- und fettfrei sein.

■ Beachten Sie das Haltbarkeitsdatum des Dichtmittels.

Achtung: Die Ölwanne muss nach dem Auftragen des Silikon-Dichtmittels innerhalb 5 Minuten eingebaut werden. Die Ölwanne lässt sich leichter und sicherer ansetzen, wenn Sie zur Führung an zwei Stellen am Flansch des Zylinderblocks M6-Gewindestifte einsetzen.

■ Schneiden Sie die Tubendüse an der vorderen Markierung ab (ca. 3 mm).

■ Tragen Sie das Silikon-Dichtmittel wie gezeigt auf die saubere Dichtfläche der Ölwanne auf. Die Dichtmittelraupe muss 2 bis 3 mm dick sein und im Bereich der Schraubenbohrungen an der Innenseite vorbeilaufen (Pfeile in Bild 12). Die Dichtmittelraupe darf nicht dicker sein, da sonst überschüssiges Dichtmittel in die Ölwanne gelangen und das Sieb in dem Ölansaugrohr verstopfen kann.

■ Verwenden Sie neue Ölwannenschrauben.

■ Setzen Sie sofort die Ölwanne an und ziehen Sie alle Ölwannenschrauben leicht an.

■ Schrauben Sie die Ölwannenschrauben mit 13 Nm fest.

■ Ziehen Sie die Befestigungsschrauben der Ölwanne am Getriebe mit 40 Nm fest.

■ Nach der Montage der Ölwanne muss das Dichtmittel ca. 30 Minuten trocknen. Erst danach darf Motoröl eingefüllt werden.

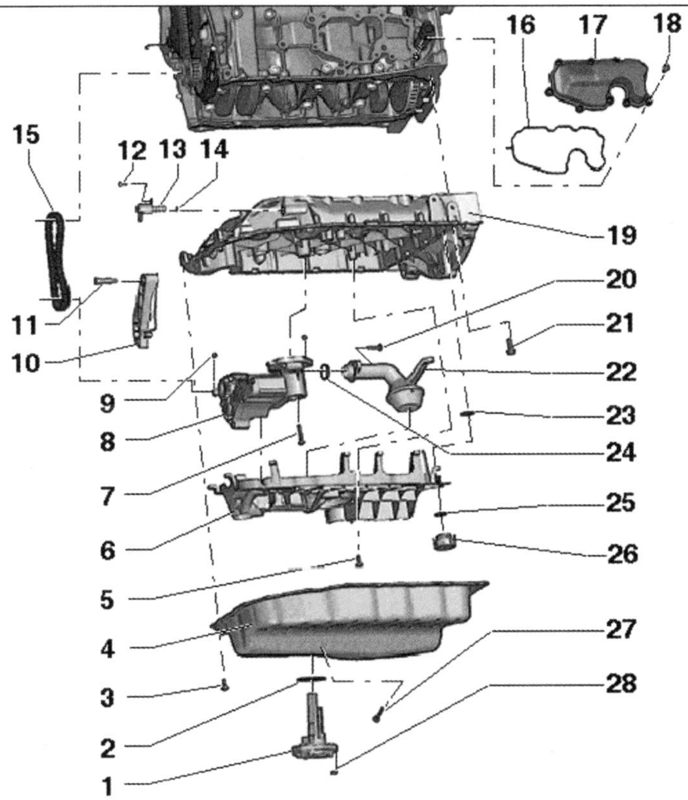


Bild 13

Bild 13
1 Ölstands- und Öltemperaturgeber
2 Dichtung
3 Schraube
4 Ölwannenunterteil
5 Schraube
6 Schwallsperre
7 Befestigungsschrauben Ölpumpe
8 Ölpumpe
9 Zentrierhülse
10 Kettenspanner
11 Schraube
12 Schraube
13 Ventil für Öldruckregelung
14 O-Ring
15 Antriebskette für Ölpumpe
16 Dichtung
17 Grobölabscheider
18 Schraube
19 Ölwannenoberteil
20 Schraube
21 Schraube
22 Ölansaugrohr
23 O-Ring
24 O-Ring
25 O-Ring
26 Rückschlagventil
27 Ölablassschraube
28 Mutter

Sichtprüfung Messen

**2,0 l (T)FSI-Motoren**

Bei diesen Motortypen kommt eine mehrteilige Ölwanne zum Einsatz.

*Grobölabscheider aus- und einbauen*

- Geräuschdämpfung ausbauen.
- Schrauben (1 bis 9 im Bild 14) herausdrehen und Grobölabscheider abnehmen.
- Öffnung mit sauberem Lappen verschließen.

Der Einbau erfolgt sinngemäß in umgekehrter Reihenfolge.

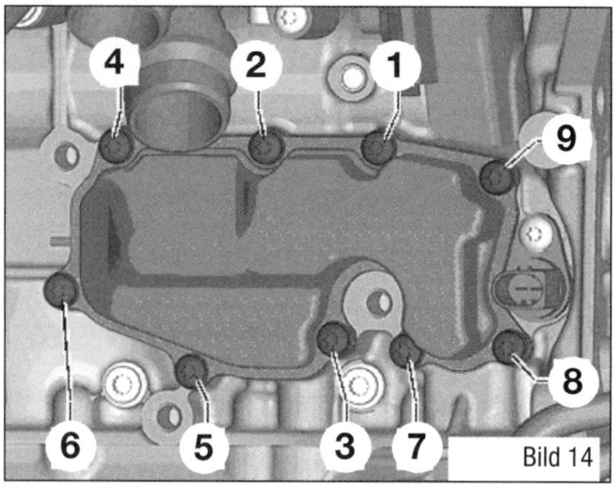


Bild 14

Bild 14
Anzugsfolge der Schrauben für den Grobölabscheider.

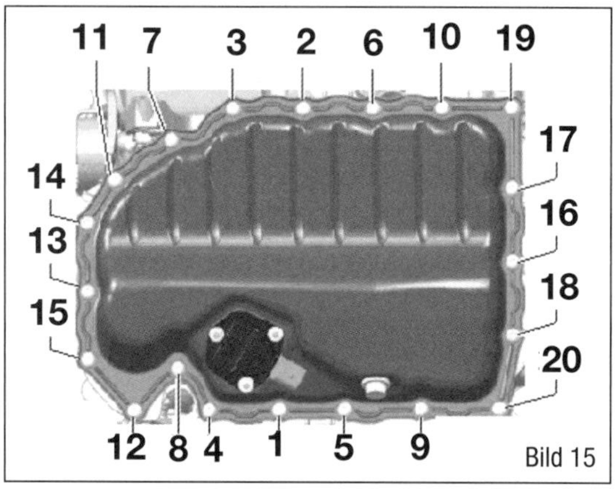


Bild 15

Bild 15
Anzugfolge der Schrauben der Ölwanne.

1. Schrauben handfest anziehen
2. Schrauben mit 8 Nm festziehen
3. Schrauben 45° weiterdrehen.

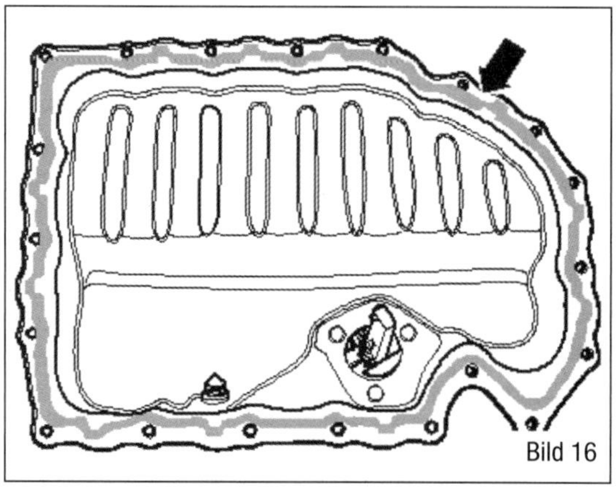

Bild 16

Bild 16
Die Dicke der Dichtmittelraupe soll 2 bis 3 mm betragen.

*Ölwannenunterteil aus- und einbauen*

- Bauen Sie die Geräuschdämpfung aus.
- Wenn vorhanden elektrische Steckverbindung für Ölstands- und Öltemperaturgeber trennen.
- Motoröl ablassen.
- Drehen Sie die Schrauben (1 bis 20, Bild 15) heraus.
- Ölwanne abnehmen, ggf. durch leichte Schläge mit einem Gummihammer lösen.
- Entfernen Sie die Dichtmittelreste am Ölwannenoberteil mit einem Flachschaber.
- Dichtmittelreste am Ölwannenunterteil z. B. mit rotierender Kunststoffbürste entfernen.
- Dichtflächen reinigen, sie müssen öl- und fettfrei sein.
- Tubendüse an der vorderen Markierung abschneiden (ca. 3 mm).
- Silikon-Dichtmittel (D 174 003 A2), wie in Bild 16 gezeigt, auf die saubere Dichtfläche am Ölwannenunterteil auftragen.

⚠ Die Ölwanne muss nach dem Auftragen des Silikon-Dichtmittels innerhalb von 5 Minuten eingebaut werden. Die Dichtmittelraupe darf nicht dicker als vorgeschrieben sein, da sonst überschüssiges Dichtmittel in die Ölwanne gelangen und das Sieb im Ölansaugrohr verstopfen kann.

- Setzen Sie das Ölwannenunterteil sofort an und ziehen Sie die Schrauben (1 bis 20) in 3 Stufen gemäß Bild 15 fest.

☞ Nach der Montage der Ölwanne muss das Dichtmittel ca. 30 Minuten trocknen. Erst danach darf Motoröl eingefüllt werden.

- Füllen Sie Motoröl auf, Ölfüllmengen beachten.

Der weitere Zusammenbau erfolgt sinngemäß in entgegengesetzter Reihenfolge zum Ausbau.

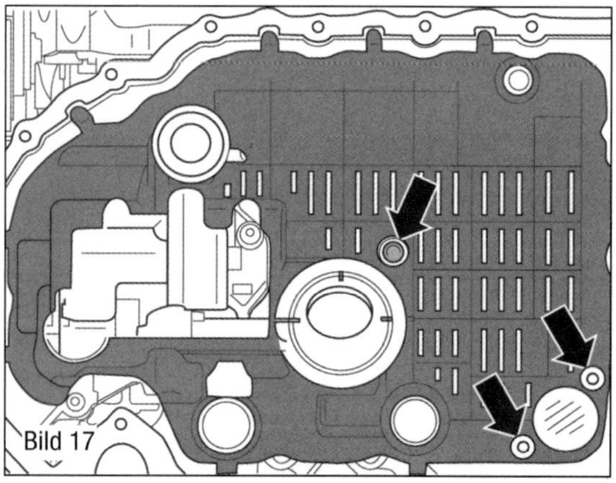

Bild 17

Bild 17
Befestigungsschrauben des Ölschwallbleches (Pfeile).

*Ölschwallblech aus- und einbauen*

- Bauen Sie die Geräuschdämpfung aus.
- Demontieren Sie das Ölwannenunterteil.
- Drehen Sie die Befestigungsschrauben (Pfeile im Bild 17) heraus.
- Nehmen Sie das Schwallblech ab.

Die Montage erfolgt sinngemäß in entgegengesetzter Reihenfolge zum Ausbau.

## Demontage der Ölpumpe

**2,0 l TDI-Motor**
Hier finden sich zwei unterschiedliche Bautypen, die aber schon optisch leicht voneinander unterschieden werden können. Weiterhin ist der Motorkennbuchstabe ein Unterscheidungsmerkmal.

*(Motorkennbuchstaben CFFA, CFFB, CFGB, CFFD, CLLA, CLJA)*

- Ölwanne ausbauen.
- Schrauben herausdrehen und Saugleitung von der Ölpumpe abziehen.
- Sicherungsring (1, Bild 18) mit Sicherungsringzange ausbauen.
- Antriebswelle (2) mit einem Magnet (Pfeil) aus der Ölpumpe herausziehen.
- Schrauben (3, 4, 5) herausdrehen und Ölpumpe abnehmen. Die Schraube am Zwischenrad darf nicht gelöst werden.

Der Einbau erfolgt sinngemäß in umgekehrter Reihenfolge.

- Ersetzen Sie den O-Ring.
- Der Sicherungsring muss im Grund der Nut anliegen. Einen beschädigten oder überdehnten Sicherungsring ersetzen.
- Wenn in der Ölpumpe oder am Ausgleichswellenmodul keine Passhülsen (Pfeile) zur Zentrierung der Ölpumpe vorhanden sind, Passhülsen einsetzen (Bild 19).
- Ölwanne einbauen.

*(Motorkennbuchstaben CFHB, CFHC, CFJA, CLCA)*

- Ölwanne ausbauen.
- Wenn die Ölpumpe ersetzt werden soll, Schrauben (4) herausdrehen, Ölansaugrohr (3) abnehmen (Bild 20).
- Schrauben (Pfeile) herausdrehen, Schwallsperre (2) abnehmen.
- Ölpumpe (1) aus dem Zahnriemen aushängen und abnehmen.

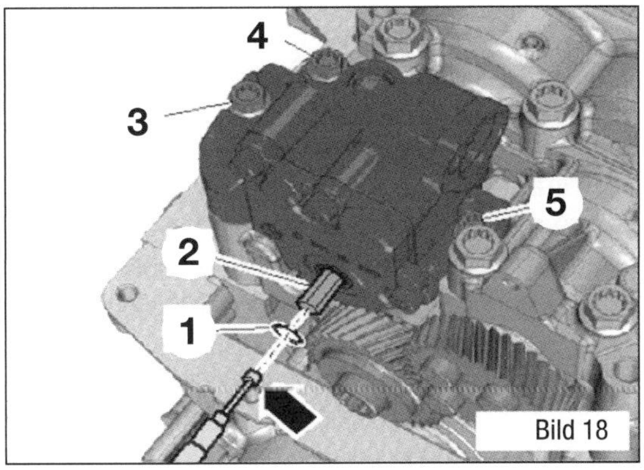


Bild 18
1 Sicherungsring,
2 Antriebswelle
3, 4, 5 Schrauben

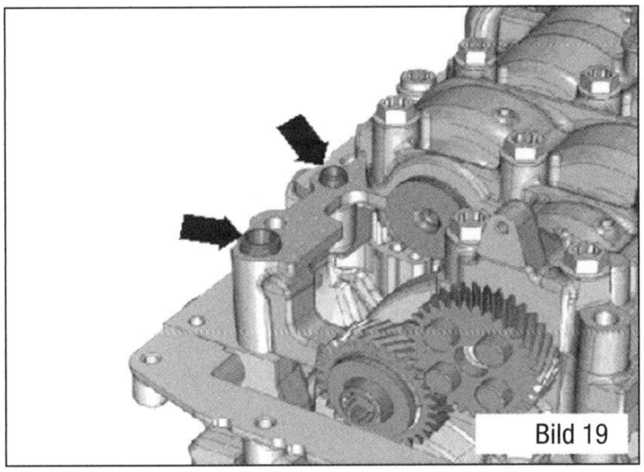


Bild 19
Position der Passhülsen zur Zentrierung der Ölpumpe.

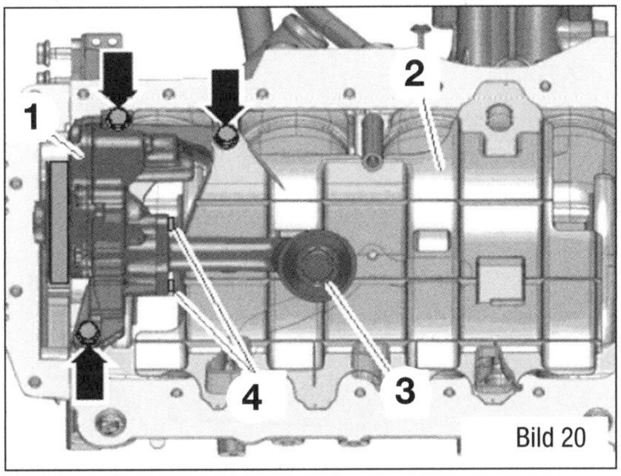


Bild 20
1 Ölpumpe
2 Schwallsperre
3 Ölansaugrohr
4 Schrauben
Pfeile Schrauben

- Wenn am Ölpumpengehäuse keine Passhülsen (Pfeile) zur Zentrierung der Ölpumpe vorhanden sind, Passhülsen einsetzen.
- Leichtgängigkeit der Ölpumpe prüfen, dazu Zahnriemenrad mit einem Finger durchdrehen. Eine schwergängige Ölpumpe muss ersetzt werden.
- Zahnriemen für Ölpumpe prüfen. Einen beschädigten Zahnriemen ersetzen. Nach längerer Laufzeit kann der Zahnriemen durchhängen, dies ist kein Mangel.
- Ölpumpe mit Zahnriemenrad in den Zahnriemen einhängen und gemeinsam mit der Schwallsperre festschrauben.
- Ölwanne einbauen.
- Motoröl einfüllen und Ölstand prüfen.

**1,4 l (T)FSI-Motor**

■ Bauen Sie die Ölwanne aus.
■ Ziehen Sie die Abdeckung (1) vom Kettenrad der Ölpumpe ab (Bild 21).
■ Halten Sie das Kettenrad der Ölpumpe mit dem Gegenhalter (T10172) fest.
■ Lösen Sie die Befestigungsschraube des Kettenrades. Drehen Sie die Schraube noch nicht heraus.
■ Drücken Sie den Kettenspanner mit einem Schraubendreher in Pfeilrichtung.
■ Drehen Sie die Befestigungsschraube des Kettenrades heraus.
■ Nehmen Sie das Kettenrad von der Ölpumpe und aus der Kette heraus.
■ Lösen Sie die Befestigungsschrauben der Ölpumpe und drehen Sie sie heraus.
■ Nehmen Sie die Ölpumpe aus dem Zylinderblock.

*Montage*

■ Drücken Sie den Kettenspanner mit einem Schraubendreher in Pfeilrichtung (Bild 22).
■ Setzen Sie das Kettenrad in die Kette und auf die Welle der Ölpumpe. Achten Sie den Sitz des Kettenrades auf der Welle der Ölpumpe.

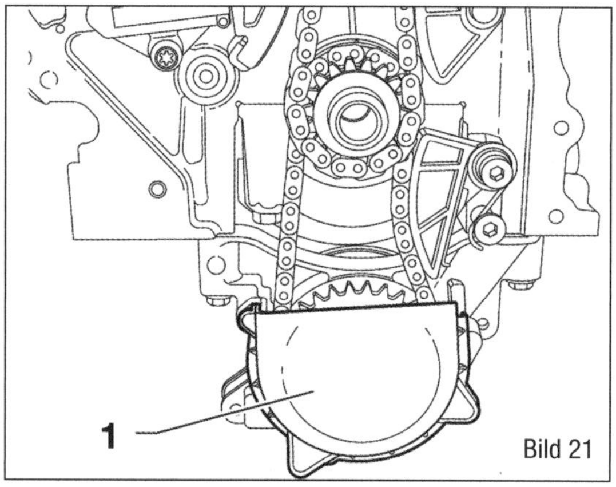


Bild 21

Bild 21
Kettenradabdeckung (1) 1,4 l-Motor.

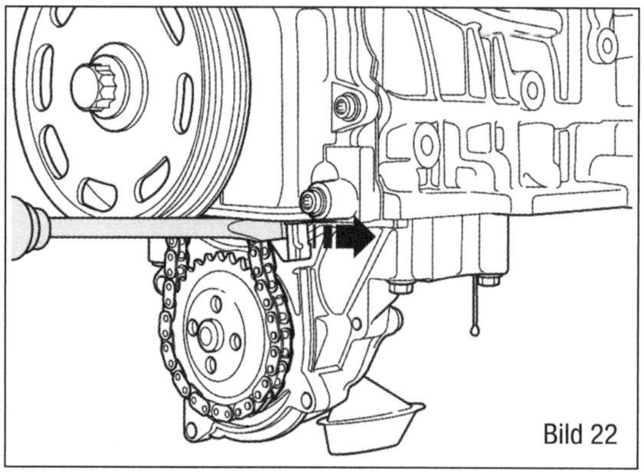

Bild 22

Bild 22
Kettenspanner beim 1,4 l-Motor lösen und spannen.

■ Drehen Sie die Befestigungsschraube des Kettenrades hinein.
■ Halten Sie das Kettenrad mit dem Gegenhalter (T10172) fest.
■ Drehmomentschlüssel (5 bis 50 Nm) (V.A.G. 1331) wie im Bild 24 gezeigt ansetzen.
■ Ziehen Sie die Befestigungsschraube mit 20 Nm + 1/4 Umdrehung (90°) an.
■ Bauen Sie die Ölwanne ein.

**2,0 l (T)FSI-Motoren**

■ Ölwannenunterteil ausbauen und die Schwallsperre ausbauen.
■ Feder des Kettenspanners mit Montagewerkzeug (T10118) in Pfeilrichtung ziehen und mit Absteckwerkzeug (T40265) sichern (Bild 23).
■ Schrauben (Pfeile in Bildern 25 und 26) herausdrehen und Ölpumpe abnehmen.

*Einbauen*

■ Prüfen, ob beide Passhülsen zur Zentrierung der Ölpumpe vorhanden sind.
■ Vor dem Einbau der Ölpumpe das Sieb im Ölansaugrohr und die Ölkanäle im Ölwannenoberteil auf Verschmutzung prüfen.
■ Kettenrad der Ölpumpe in Antriebskette einfädeln und Ölpumpe einbauen.
■ Feder des Kettenspanners mit Montagewerkzeug (T10118) in Pfeilrichtung ziehen und Absteckwerkzeug (T40265) entfernen.

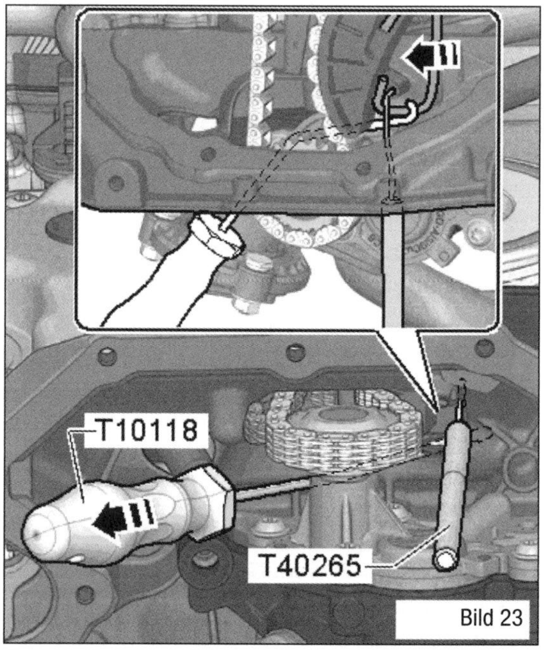


Bild 23

Bild 23
Festsetzen der Andruckfeder beim 2,0 l-Benzin Motor.

■ Neue Schwallsperre einsetzen und festschrauben. An der Schwallsperre sind Kunststoffrippen, die sich beim Festziehen bleibend verformen. Aus diesem Grund muss die Schwallsperre immer ersetzt werden.
Der weitere Einbau erfolgt sinngemäß in umgekehrter Reihenfolge,

## Öldruckschalter und Öldruck prüfen

Es werden ein üblicher Öldruckprüfer (z. B. V.A.G 1342) sowie ein Spannungsprüfer mit Leuchtdiode und den Messhilfsmitteln (Anschlusskabel) benötigt.
Der Öldruckschalter ist bei den einzelnen Motortypen an unterschiedlichen Stellen eingebaut (z. B. beim 1,4-l-TSI getriebeseitig unterhalb der beiden Nockenwellen-Verschlussdeckel).

**Prüfablauf**

■ Prüfen Sie den Motorölstand.
■ Stecker vom Öldruckschalter abziehen.
■ Öldruckschalter ausbauen und in das Prüfgerät schrauben.
■ Prüfgerät anstelle des Öldruckschalters in den Zylinderkopf einschrauben.
■ Braune Leitung des Prüfgerätes an Masse (-) legen. Spannungsprüfer mit Hilfsleitungen (Kabelset) an Batterieplus (+) und Öldruckschalter anschließen (Prüfanordnung nach Bild 27).
■ Motor anlassen und die LED und die Druckanzeige beobachten. Der Schaltpunkt des Öldruckschalters kann bereits beim Anlassen überschritten werden.
■ Langsam die Drehzahl erhöhen.

*2,0 l TDI*
Bei 0,3 bis 0,6 bar Überdruck muss die Leuchtdiode aufleuchten, andernfalls Öldruckschalter ersetzen.
■ Drehzahl weiter erhöhen. Bei 2000/min und 80 °C Öltemperatur soll der Ölüberdruck mindestens 1,4 bis 2,0 bar und betragen.
■ Bei höherer Drehzahl darf der Ölüberdruck 7,0 bar nicht überschreiten.

*1,4 l (T)FSI*
Bei 0,3 bis 0,7 bar Überdruck muss die Leuchtdiode aufleuchten, andernfalls Öldruckschalter ersetzen.

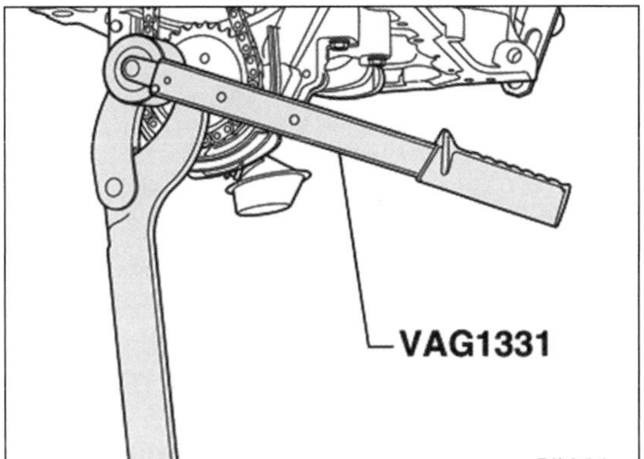


Bild 24
Anzug der Ölpumpenschraube beim 1,4-l-Motor.

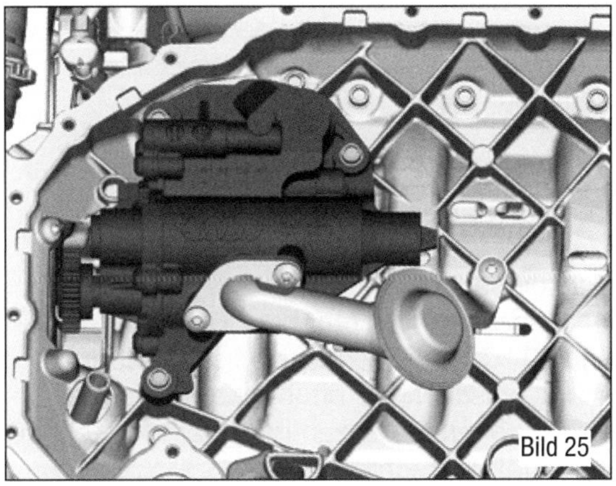

Bild 25
Befestigungsschrauben (Pfeile) der Ölpumpe CCZA, CCZB, CCZC, CCZD, CDAA, CDAB.

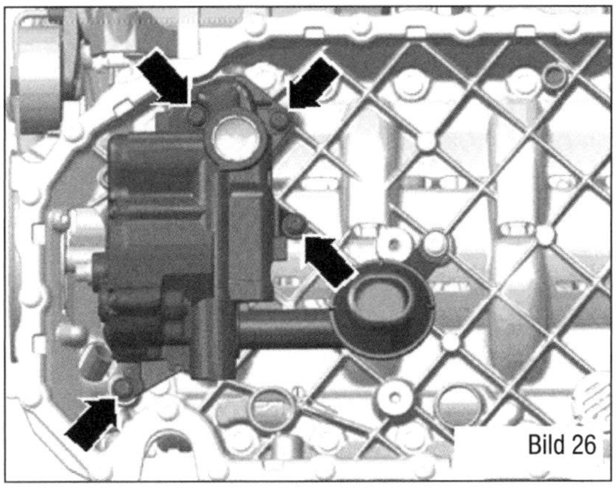

Bild 26
Befestigungsschrauben (Pfeile) der Ölpumpe CAWA, CAWB, CBFA, CTA, CCTB, BZB, CGYA

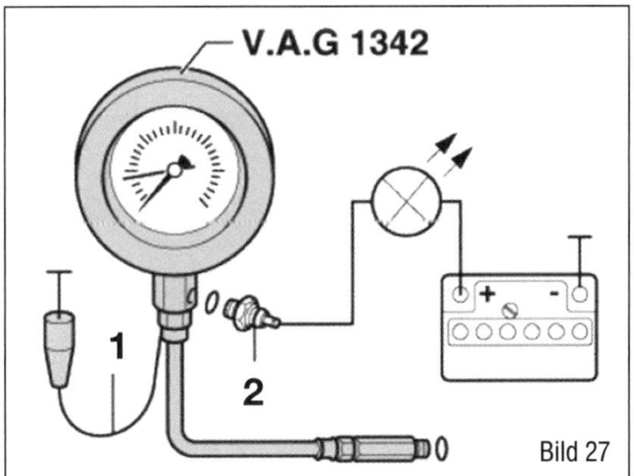


Bild 27
Prüfgerät von VW/AUDI.
1 Masseanschluss
2 Idruckschalter

Sichtprüfung Messen

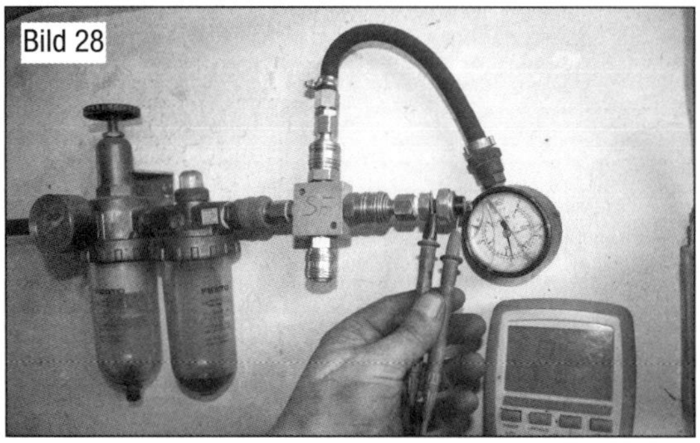


Bild 28
Prüfgerät aus dem Eigenbausortiment.

■ Drehzahl weiter erhöhen. Bei 2000/min und 80 °C Öltemperatur soll der Ölüberdruck mindestens 2,0 bar und maximal etwa 4,5 bar betragen.
■ Bei höherer Drehzahl darf der Ölüberdruck 7,0 bar nicht überschreiten.

*2,0 l (T)FSI*
Bei 1,2 bis 1,6 bar Überdruck muss die Leuchtdiode aufleuchten, andernfalls Öldruckschalter ersetzen.
■ Drehzahl weiter erhöhen. Bei 2000/min und 80 °C Öltemperatur soll der Ölüberdruck zwischen 2,7 bis 4,5 bar betragen.
■ Bei höherer Drehzahl darf der Öldruck 7,0 bar nicht überschreiten.

*Alle Motoren*
■ Wird der Sollwert unterschritten, können mögliche Ursachen wie Verschmutzung des Siebes im Ölansaugrohr oder Lagerschäden ermittelt werden. Werden keine mechanischen Schäden festgestellt und bei Sollwertunterschreitung der TSI-Motoren: Ölpumpe ersetzen. Wird der Sollwert überschritten, müssen die Ölkanäle geprüft werden, ggf. ist der Ölfilterhalter mit Überdruckventil zu ersetzen. Ansonsten: Ölpumpe ersetzen.
■ Beim Wiedereinbau des Öldruckschalters die Anzugsdrehmomente beachten.

## Öldruckschalter aus- und einbauen

Der Arbeitsablauf für die einzelnen Motortypen ist sehr ähnlich. Wir stellen den Ablauf allgemeingültig vor und heben die Besonderheiten für die einzelnen Modelle hervor.
■ Motorabdeckung ausbauen.

*2,0 l TDI-Motoren*
■ Schlauch (1) für Kurbelgehäuseentlüftung abbauen, dazu Entriegelungstasten drücken. Unterdruckschläuche freilegen (Pfeile).
■ Schlauchschelle (3) lösen, Luftführungsrohr vom Luftfiltergehäuse abziehen. Schraube (2) herausdrehen, Ansaugschlauch mit Ansaugstutzen nach hinten schwenken und vom Abgasturbolader abziehen (Bild 29).
■ Schrauben (2) und (3) herausdrehen, Motoraufhängeöse (1) abnehmen. Elektrische Steckverbindung (Pfeil) trennen, Öldruckschalter (F1) herausschrauben (Bild 27).

*1,4 l (T)FSI-Motor*
■ Bauen Sie die Schraube (1) vom Halter Kühlmittelrohr aus (Bild 30).
■ Ziehen Sie den Stecker vom Öldruckschalter (Pfeil) ab.
Bauen Sie den Öldruckschalter aus.

*2,0 l (T)FSI*
■ Ziehen Sie den Stecker vom Öldruckschalter (Pfeil) ab.
■ Drehen Sie den Öldruckschalter aus dem Ölfiltergehäuse heraus.

*Alle Motorvarianten*
Der Einbau erfolgt in umgekehrter Reihenfolge, dabei den Dichtring ersetzen. Den Öldruckschalter mit dem geforderten Drehmoment anziehen.

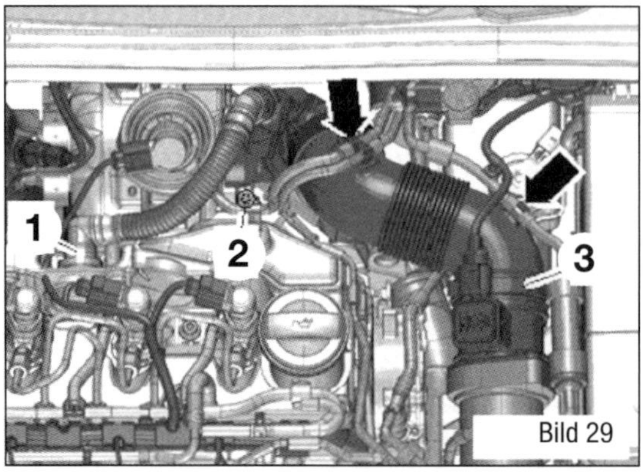


Bild 29
Bauteillage beim TDI.
1 Kurbelgehäuseentlüftung
2 Schraube
3 Schlauchschelle

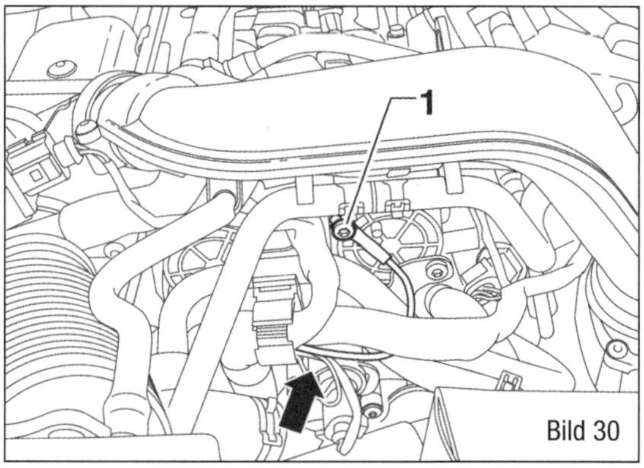


Bild 30
Bauteillage beim 1,4 l (T)FSI.
1 Schraube Kühlmittelrohr
Pfeil Stecker Öldruckschalter

# 6 Kühlsystem

### Funktion des Kühlkreislaufs

Das Kühlsystem sorgt für die richtige Betriebstemperatur des Motors. Es besteht aufbauseitig aus Kühler, Ladeluftkühler, Luftführungshutze mit Kühlerlüftern und Ausgleichsbehälter für Kühlmittel. Motorseitig gehören Kühlmittelschläuche und Kühlmittelrohre sowie ein Netz aus kleinen, genau bemessenen Kanälen in Motorblock und Zylinder, in denen die in den Ausgleichsbehälter eingefüllte Kühlflüssigkeit zirkuliert, zum System. So entsteht ein Wassermantel, der die Verbrennungswärme über die Schläuche des Kühlsystems an den Kühler abführt.
Welche Wege im jeweils konkreten Betriebszustand das Kühlmittel im Kühlsystem nimmt, hängt von der Temperatur des Motors ab.
Zu den motorseitigen Aggregaten des Kühlsystems gehören ferner der Motorölkühler und der Kühler für Abgasrückführung. Diese Niedertemperatur-Abgasrückführung sorgt für die Reduzierung der NOx-Emissionen. Bei geschlossenem Kühlmittelregler (Thermostat) wird der Abgasrückführungs-Kühler direkt vom Motorkühler mit kaltem Kühlmittel versorgt. Aufgrund des dadurch größeren Temperaturgefälles kann eine größere Abgasmenge zurückgeführt werden. Somit können die Verbrennungstemperaturen und in deren Folge die Stickoxid-Emissionen in der Warmlaufphase des Motors weiter gesenkt werden.
Eine mechanische Kühlmittelpumpe (»Wasserpumpe«) sorgt für den ständigen Kreislauf des Kühlmittels. Sie wird bei den TDI-Motoren von der Kurbelwelle über den Zahnriemen angetrieben, der das Nockenwellenrad und die Hochdruckpumpe des Einspritzsystems antreibt. Die elektrische Zusatzwasserpumpe wird vom Motorsteuergerät angesteuert und läuft nach Motorstart ständig mit. Ein Kühlmittelregler (Dehnstoff-Thermostat) hält die Kühlmitteltemperatur konstant. Das Kühlsystem steht unter einem Überdruck von etwa 1,2 bis 1,5 bar bei Betriebstemperatur. Dadurch und durch den Einsatz von Kühlmittelzusätzen erhöht sich der Siedepunkt der Kühlflüssigkeit von 100 °C auf rund 120 °C. Die höhere Temperatur ermöglicht einen wirtschaftlicheren und damit Kraftstoff sparenden Motorbetrieb. Wenn bei einem heißen Motor

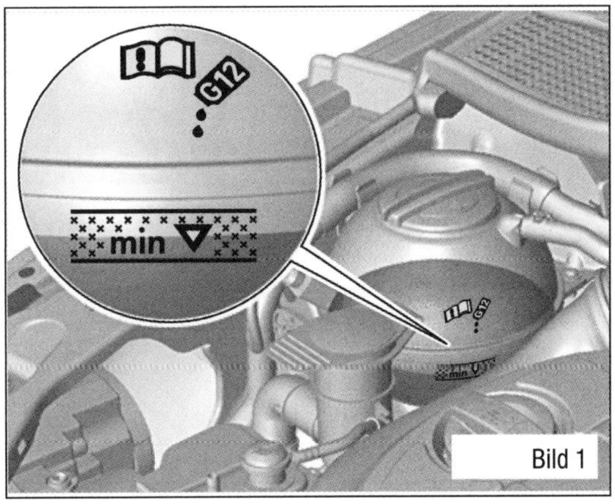


Bild 1

Bild 1
Kühlmittelstand am Kühlmittelausgleichsbehälter.

der Kühlmitteldruck 1,5 bar übersteigt, tritt das Überdruckventil am Ausgleichsbehälter in Aktion. Es öffnet dann und lässt zum Druckausgleich etwas Wasserdampf entweichen.

## Sicht- und Funktionsprüfungen

### Kühlmittelstand prüfen

■ Der Kühlmittelstand wird bei kaltem Motor am Kühlmittel-Ausgleichsbehälter geprüft (Bild 1). Dieser Behälter befindet sich im Motorraum rechts hinten. Er ist meist mit den Markierungen »Max« und »Min« gekennzeichnet, auf jeden Fall mit der »min«-Markierung und einer Markierungslinie für den maximalen Füllstand.

■ Ist der Motor kalt, muss das Kühlmittel zwischen »Max« und »min«, bei warmem Motor etwas über der Markierungslinie für maximalen Füllstand stehen.

■ Bei nicht verbrauchsbedingtem Flüssigkeitsverlust muss die Ursache ermittelt und durch Reparatur beseitigt werden.

### Frostschutz des Kühlmittels prüfen

Zur Frostschutzprüfung wird ein handelsüblicher Ansaugprüfer oder für genauere Prüfung ein so genanntes Refraktometer (VW: T10007, T10007 A) benötigt. Beim Ansaugprüfer wird der jeweilige Frostschutz in °C angezeigt. VW schreibt den Werkstätten aber vor, die Konzentration des Kühlmittelzusatzes bei der jüngsten Motorengeneration mit dem Refraktometer »T10007 A« entsprechend Bedienungsanleitung zu prüfen (Bilder 2 und 3). Die Skala »1« des Refraktometers bezieht sich auf die Kühlmittelzusätze G12, G12 plus, G12 plusplus und G11. Die Skala »2« bezieht sich nur auf den Kühlmittelzusatz G13.

Bild 2
Refraktometer zur Frostschutzgehaltsprüfung.

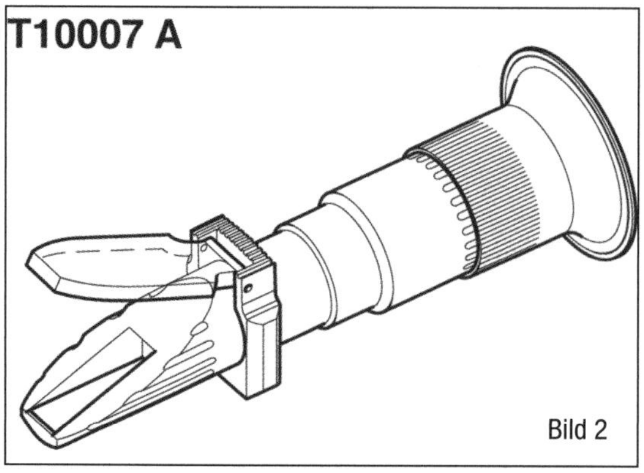

Bild 2

Bild 3
Sichtfeld des Refraktometers.
1 G12; G12 Plus, G12 plusplus und G11
2 G13
3 Ad Blue
4 Scheibenfrostschutz

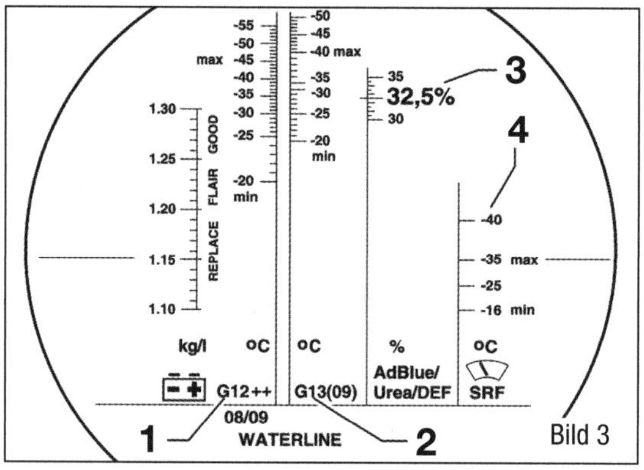

Bild 3

Bild 4
Kühlsystemprüfgerät V.A.G 1274 BCC.

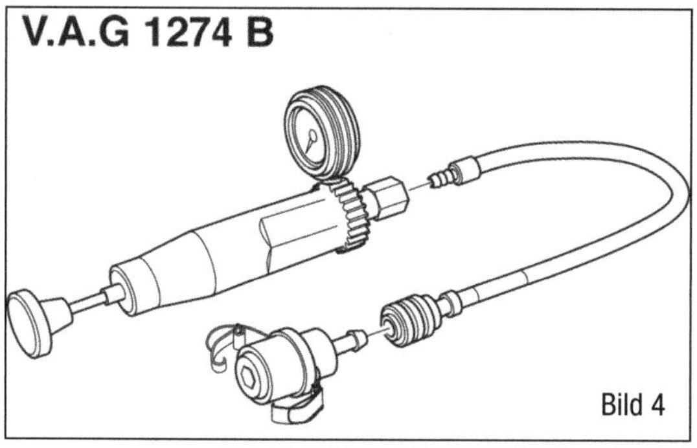

Bild 4

■ Prüfen Sie den Kühlmittelstand im Ausgleichsbehälter bei kaltem Motor.
■ Den genauen Wert bei den Prüfungen liest man an der Hell-Dunkel-Grenze ab. Zur besseren Veranschaulichung der Hell-Dunkel-Grenze wird mit der Pipette ein Tropfen Wasser auf das Glas gebracht. Die Hell-Dunkel-Grenze ist dann deutlich an der »Waterline« zu erkennen (Bild 3). Der Frostschutz muss bis etwa - 25 °C gewährleistet sein.
■ Bei zu geringem Frostschutz Kühlflüssigkeit ablassen und durch Kühlmittelzusatz G12 plusplus ergänzen.
■ Probefahrt durchführen und Frostschutz des Kühlmittels erneut prüfen. Kühlsystem auf Dichtigkeit prüfen. Zur Prüfung der Dichtheit des Kühlsystems und des Überdruckventils wird ein Kühlsystem-Prüfgerät (V.A.G 1274 B) einschließlich Adapter für Kühlsystem-Prüfgerät (V.A.G 1274/8 und V.A.G 1274/9) benötigt. Der Motor muss betriebswarm sein.
■ Verschlussdeckel vom Kühlmittel-Ausgleichsbehälter öffnen.
■ Adapter für Kühlsystemprüfgerät (V.A.G 1274/8) in den Kühlmittelausgleichsbehälter schrauben, Anschlussstück (V.A.G 1274 B/1) in den Adapter für Kühlsystemprüfgerät klemmen und das Anschlussstück über den mitgelieferten Verbindungsschlauch mit dem Kühlsystem-Prüfgerät (V.A.G 1274 B) verbinden (Bild 4).
■ Mit der Handpumpe des Kühlsystem-Prüfgerätes ca. 1,0 bar Überdruck erzeugen. Fällt der Druck ab: Undichte Stelle suchen und Fehler beseitigen. Bevor das Kühlsystemprüfgerät vom Verbindungsschlauch oder Anschlussstück getrennt wird, muss unbedingt der vorhandene Druck abgebaut werden. Dazu das Druckentlastungsventil am Kühlsystem-Prüfgerät drücken, bis das Druckmanometer den Wert »0« anzeigt. Überdruckventil im Verschlussdeckel des Kühlmittelbehälters prüfen.
■ Verschlussdeckel des Kühlmittel-Ausgleichsbehälters in den Adapter für Kühlsystemprüfgerät (V.A.G 1274/9) schrauben, Anschlussstück (V.A.G 1274 B/1) in den Adapter für Kühlsystemprüfgerät klemmen und das Anschlussstück über den mitgelieferten Verbindungsschlauch mit dem Kühlsystem-Prüfgerät verbinden.
■ Mit der Handpumpe des Kühlsystem-Prüfgerätes einen Überdruck von max. 1,6 bar erzeugen. Das Überdruckventil darf noch nicht öffnen. Öffnet das Überdruckventil vorzeitig: Verschlussdeckel ersetzen.
■ Druck auf über 1,6 bar erhöhen. Das Überdruckventil muss öffnen. Öffnet das Überdruckventil nicht: Verschlussdeckel ersetzen.

## Kühlmittel ablassen, ergänzen, auffüllen

### Kühlmittel ablassen

Der wesentlichen Arbeitsschritte unterscheiden sich nicht in den einzelnen Motormodellen. Wir stellen Ihnen eine allgemeingültige Anweisung vor und führen die Besonderheiten der einzelnen Modelle auf.

■ Verschlussdeckel vom Kühlmittel-Ausgleichsbehälter öffnen.

Achtung: Bei warmem Motor steht das Kühlsystem unter Druck, beim Öffnen des Ausgleichsbehälters kann deshalb heißer Dampf bzw. heißes Kühlmittel entweichen. Überdruck abbauen, dazu Verschlussdeckel mit einem Lappen abdecken und vorsichtig öffnen. Schutzbrille und Schutzbekleidung tragen, um Augenverletzungen und Verbrühungen zu vermeiden.

■ Fahrzeug anheben und Motorspritzschutz (Geräuschdämpfung) abschrauben.
■ Auffangwanne für Werkstattkräne (z. B. VAS 6208) unter den Motor stellen.

*2,0 l TDI-Motor*

■ Schlauchschellen lösen und den Luftführungsschlauch ausbauen.

Tipp: Es darf kein Kühlmittel eindringen, deshalb den Anschluss am Ladeluftkühler mit einem sauberen Stopfen verschließen. Gut geeignet ist das Verschlussstopfenset Motor (VAS 6122).

■ Kühlmittelschlauch an der Pumpe für Kühlmittelumlauf abziehen und unten vom Kühler abbauen. Beim Schlauch am Kühler die Halteklammer anheben und Kühlmittel ablaufen lassen.
■ Zusätzlich zum Ablassen des Kühlmittels aus dem Motor auch den Kühlmittelschlauch am Ölkühler abziehen.

*1,4 l (T)FSI-Motoren*

■ Ziehen Sie die Halteklammer heraus und ziehen Sie den unteren Kühlmittelschlauch vom Kühler ab.
■ Kühlmittel aus dem Ladeluftkühlsystem ablassen. Dazu den Kühlmittelschlauch (Schnellkupplung) am unteren Anschlussstutzen des Zusatzwasserkühler für Ladeluftsystem trennen.

*2,0 l (T)FSI-Motoren*

■ Schraube am Halter für Pumpe für Kühlmittelnachlauf herausdrehen. Die Pumpe für Kühlmittelnachlauf verbleibt in Einbaulage.
■ Kühlmittelschlauch abziehen.
■ Kühlmittelschlauch unten zur Pumpe für Kühlmittelnachlauf abbauen und Kühlmittel ablaufen lassen.

*Fahrzeuge mit Standheizung*

■ Kühlmittelschläuche abbauen und restliches Kühlmittel ablaufen lassen.

**Motorkühlsystem befüllen**

Wurden Kühler, Wärmetauscher, Zylinderkopf oder Zylinderkopfdichtung ersetzt: Gebrauchtes Kühlmittel vorschriftsmäßig entsorgen und nicht wieder verwenden!

■ Kühlmittelschlauch unten am Kühler einbauen und mit Halteklammer sichern.
■ Kühlmittelschläuche am Ölkühler und an der Pumpe 2 für Kühlmittelumlauf anschließen.
■ Geräuschdämpfung einbauen.
■ Zum Befüllen ist laut Werkstattunterlagen von VW ab Herbst 2010 ausdrücklich destilliertes Wasser (plus Frostschutz) vorgeschrieben. Bis dahin galt die Vorschrift »Leitungswasser mit dem vorgeschriebenen Frostschutzzusatz«. Nun also heißt es: »Durch die unterschiedlichen Inhaltsstoffe, die länderspezifisch und sogar regionalspezifisch sein können, hat Volkswagen entschieden, die Wasserqualität für Kühlsysteme zu definieren. Destilliertes Wasser erfüllt alle Anforderungen. Aus diesem Grund wird empfohlen, auch bei älteren Modellen das Kühlmittel bei Ergänzungen und Neubefüllungen mit destilliertem Wasser anzumischen. Bei neueren Fahrzeugtypen (ab Baujahr 2010) ist destilliertes Wasser zwingend vorgeschrieben.« Die Konzentration des Kühlmittels darf auch in der warmen Jahreszeit bzw. in warmen Ländern nicht durch Nachfüllen von Wasser verringert werden. Der Kühlmittelzusatz-Anteil muss mindestens 40% betragen. Ist ein stärkerer Frostschutz erforderlich, kann der Anteil von G12 plusplus erhöht werden, jedoch nur bis zu 60% (Frostschutz bis etwa -40 °C), da sich sonst der Frostschutz wieder verringert und außerdem die Kühlwirkung verschlechtert wird.
■ Zum Feststellen der aktuellen Frostschutzdichte wird das Refraktometer (T10007) empfohlen.

**Befüllen mit Gerät VAS 6096 (Bild 5)**

■ Den Adapter für Ausgleichsbehälter V.A.G 1274/8 auf den Behälter schrauben.
■ Den Kühlmittelkreislauf mit dem Kühlsystem-Befüllgerät entsprechend Bedienungsanleitung mit mindestens 8 Litern vorgemischtem Kühlmittel (im Behälter VAS 6096/1) im richtigen Mischungsverhältnis befüllen. Dazu werden die beiden Ventile) bedient. Der Schlauch wird an Druckluft (6 bis 10 bar Überdruck) angeschlossen.

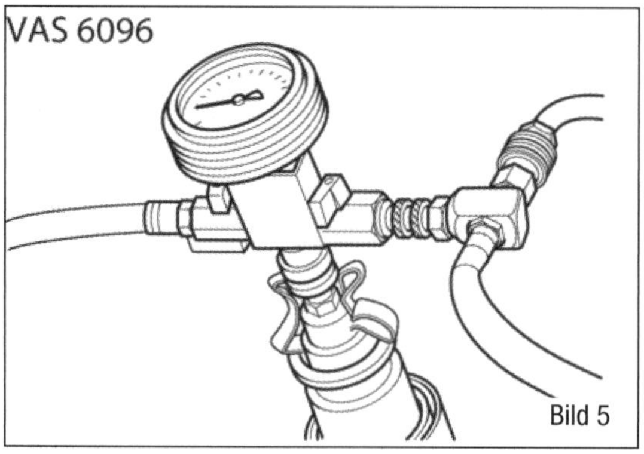


Bild 5
Füllgerät für den Kühlkreislauf bei VW/Audi.

■ Die Abluft durch den Auslassschlauch reißt eine geringe Menge Kühlmittel mit, die in einem geeigneten offenen Behälter aufgefangen wird.

**Befüllen ohne Gerät**
■ Das Kühlmittel langsam bis zur oberen Markierung des gerasterten Feldes am Ausgleichsbehälter auffüllen (Bild 1).
■ Ausgleichsbehälter verschließen. Den Motor starten und die Motordrehzahl für ca. 3 Minuten auf ca. 2000/min halten.
■ Motor danach im Leerlauf laufen lassen, bis der Lüfter anläuft.
■ Kühlmittelstand prüfen und ggf. ergänzen. Bei betriebswarmem Motor muss der Kühlmittelstand an der oberen Markierung, bei kaltem Motor in der Mitte des gerasterten Feldes liegen.

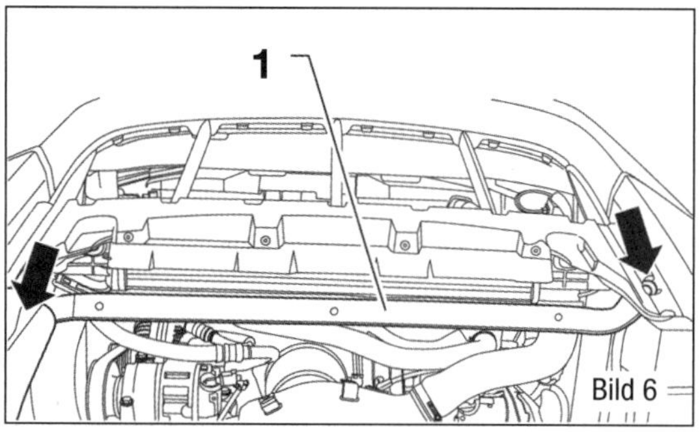


Bild 6
Querstrebe (1) in der Fahrzeugfront.

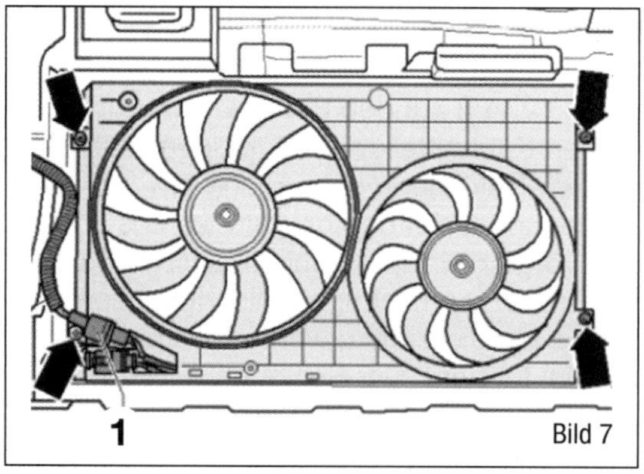


Bild 7
1 Steckverbindung
Pfeile =Befestigungsschrauben

## Kühler aus- und einbauen

■ Geräuschdämpfung oder den Unterfahrschutz ausbauen.
■ Kühlmittel ablassen.

**2,0 l TDI-Motoren**
■ Kühlmittelschläuche vom Kühler abziehen.
■ Stecker für Kühlerlüfter abziehen.
■ Luftführungshutze mit Lüftern ausbauen.
■ Befestigungsschrauben des Kühlers herausschrauben und den Kühler nach oben herausnehmen.

Der Einbau erfolgt sinngemäß in umgekehrter Reihenfolge.

**1,4 l (T)FSI-Motoren**
■ Kühlmittelschläuche oben und unten am Kühler abziehen.
■ Radhausschale vorn rechts und links ausbauen.
■ Querstrebe (1) unten ausbauen, dazu die Schrauben (Pfeile) herausdrehen (Bild 6).
■ Befestigungsschrauben der Luftführungshutze herausschrauben.
■ Steckverbindung entriegeln und abziehen.
■ Luftführungshutze nach unten herausnehmen.
■ Befestigungsschrauben (Pfeile im Bild 7) des Kühlers herausschrauben und Kühler nach unten herausnehmen.

Der Einbau erfolgt sinngemäß in umgekehrter Reihenfolge.

**2,0 l (T)FSI-Motoren**
■ Lüfterzarge ausbauen.
■ Luftführungsschlauch ausbauen (Pfeile) und Ladeluftkühler mit einem sauberen Putzlappen verschließen.
■ Bauen Sie den Halter (1 im Bild 6) aus, indem Sie die Befestigungsschrauben (Pfeile) herausdrehen.
■ Entriegeln Sie die Halteklammer und ziehen Sie den Anschlussstutzen links am Kühler ab.
■ Ziehen Sie den Anschlussstutzen am Kühler rechts ebenfalls ab.
■ Drehen Sie die Befestigungsschraube (Pfeil im Bild 8) heraus.
■ Drehen Sie die Schrauben am Kühler heraus und nehmen Sie den Kühler nach unten heraus.

Der Einbau erfolgt sinngemäß in umgekehrter Reihenfolge.

## Lüfter und Zarge aus- und einbauen

**2,0 l TDI-Motoren**

- Motorabdeckung ausbauen.
- Luftfiltergehäuse mit Luftmassenmesser und dem Verbindungsrohr ausbauen.
- Die oberen Schrauben (Pfeile oben im Bild 7) der Luftführungshutze herausdrehen.
- Geräuschdämpfung ausbauen.
- Verbindungsschlauch »heiße Seite« zum Ladeluftrohr ausbauen. Dazu die Schlauchschelle lösen.
- Steckverbindung (1) trennen.
- Die unteren Schrauben (Pfeile unten) herausdrehen.
- Luftführungshutze mit den Kühlerlüftern nach oben herausnehmen.
- Steckverbindung der Lüftermotoren (wenn vorhanden) und die Leitungen freilegen.
- Muttern der Lüftermotoren abschrauben und die Kühlerlüfter herausnehmen.

Der Einbau erfolgt sinngemäß in umgekehrter Reihenfolge.

**1,4 l (T)FSI-Motoren**

- Geräuschdämpfung oder den Unterfahrschutz ausbauen.
- Motorabdeckung ausbauen.
- Befestigungsschrauben (Pfeile im Bild 7) der Luftführungshutze herausschrauben.
- Steckverbindung (1) entriegeln und abziehen.
- Luftführungshutze nach unten herausnehmen.
- Steckverbindung der Lüftermotoren (wenn vorhanden) und die Leitungen freilegen.
- Muttern der Lüftermotoren abschrauben und die Kühlerlüfter herausnehmen.

Der Einbau erfolgt sinngemäß in umgekehrter Reihenfolge.

**2,0 l (T)FSI-Motoren**

- Deckel für Luftführung Ansaugluft abziehen, dazu seitliche Haltespangen (Bild 9) entriegeln.
- Luftführung unten abclipsen, dazu Haltespangen am Schlossträger entriegeln.

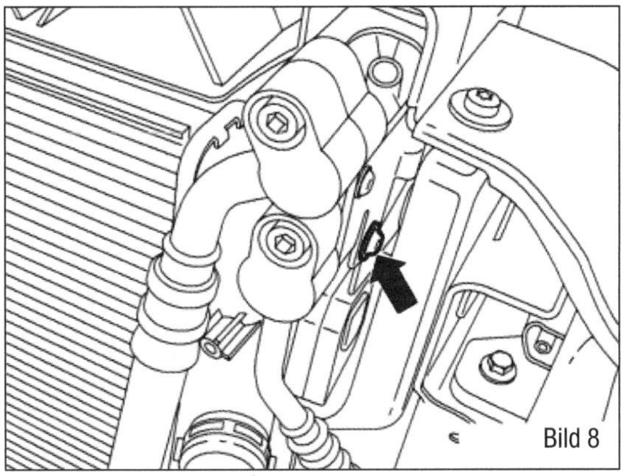

Bild 8

Bild 8
Befestigungsschraube seitlich bei den großen Benzinern.

- Schrauben (1) von oben herausdrehen. Die linke Schraube ist unterhalb des Kühlmittelstutzens.
- Bauen Sie die Geräuschdämpfung aus.
- Bauen Sie den Halter (1 im Bild 6) aus, indem Sie die Befestigungsschrauben (Pfeile) herausdrehen.
- Elektrische Steckverbindung (3) trennen (Bild 10).
- Schrauben (1) herausdrehen und Lüfterzarge nach unten abnehmen.
- Steckverbindung der Lüftermotoren (wenn vorhanden) und die Leitungen freilegen.

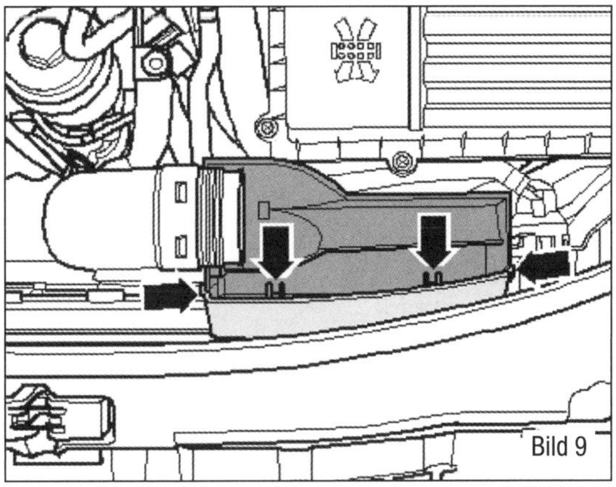

Bild 9

Bild 9
Haltespangen an der Luftführung.

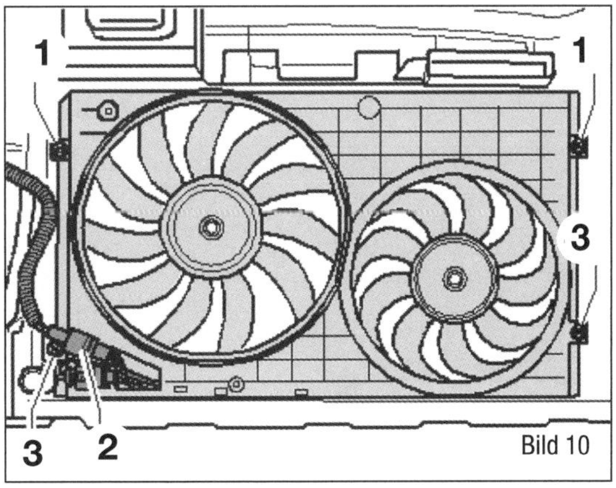


Bild 10

Bild 10
1 Befestigungsschrauben
2 Halter
3 lektrische Steckverbindung

Sichtprüfung Messen

■ Muttern der Lüftermotoren abschrauben und die Kühlerlüfter herausnehmen.

Der Einbau erfolgt sinngemäß in umgekehrter Reihenfolge.

## Kühlmittelpumpe (Wasserpumpe) aus- und einbauen

**2,0 l TDI-Motoren**

■ Lassen Sie das Kühlmittel ab.
■ Bauen Sie den Keilrippenriemen aus.
■ Bauen Sie den Zahnriemen aus.
■ Schrauben Sie die Befestigungsschrauben (1) der Kühlmittelpumpe (2) heraus und nehmen Sie Kühlmittelpumpe vorsichtig heraus.

Der Einbau erfolgt in umgekehrter Reihenfolge. Beachten Sie die nachfolgenden Schritte:

■ Benetzen Sie den neuen O-Ring (3) mit Kühlmittel (Bild 11).

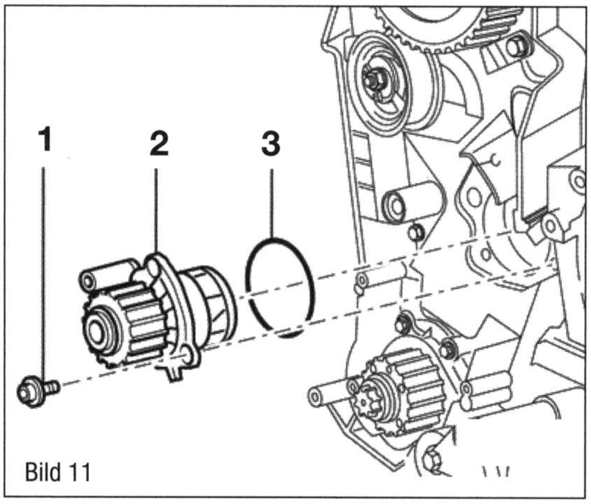


Bild 11
Wasserpumpe bei TDI.
1 Schraube
2 Wasserpumpe
3 O-Ring

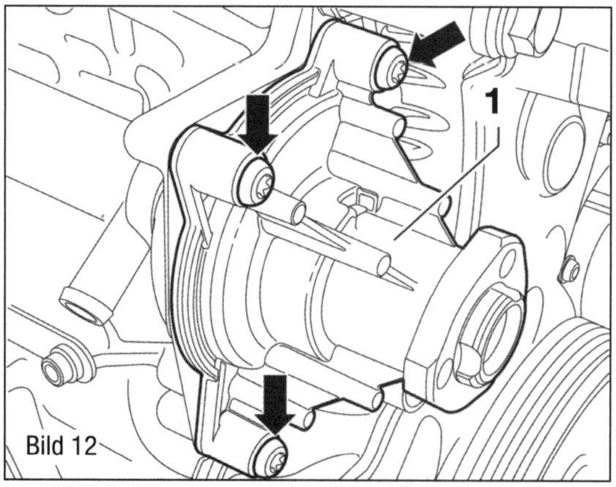


Bild 12
Befestigungsschrauben der Wasserpumpe.

■ Setzen Sie die Kühlmittelpumpe (2) in den Zylinderblock ein und ziehen Sie die Befestigungsschrauben (1) mit 15 Nm fest. Der Verschlussstopfen der Kühlmittelpumpe zeigt nach unten.
■ Bauen Sie den Zahnriemen ein.
■ Bauen Sie den Keilrippenriemen wieder ein.
■ Füllen Sie das Kühlmittel auf.

**1,4 l (T)FSI-Motoren**

■ Lassen Sie das Kühlmittel ab.
■ Bauen Sie den Keilrippenriemen aus.
■ Bauen Sie den Halter (1) aus. Der Halter wird nur in der Fahrzeugproduktion benötigt und braucht nicht mehr eingebaut werden (Bild 12).
■ Halten Sie die Riemenscheibe mit dem Wasserpumpenschlüssel (V.A.G 1590) fest.
■ Drehen Sie die Befestigungsschrauben der Riemenscheibe Kühlmittelpumpe heraus und nehmen Sie die Riemenscheibe ab.
■ Schrauben Sie die Befestigungsschrauben (Pfeile) der Kühlmittelpumpe ab und ziehen Sie die Pumpe aus dem Zylinderblock.

Der Einbau erfolgt in umgekehrter Reihenfolge, dabei ist Folgendes zu beachten:
■ Kühlmittelpumpe in den Zylinderblock einsetzen.
■ Befestigungsschrauben mit 9 Nm festziehen.
■ Ziehen Sie die Riemenscheibe der Kühlmittelpumpe mit 20 Nm fest.
■ Den Keilrippenriemen einbauen.
■ Das Kühlmittel auffüllen.

**2,0 l (T)FSI-Motoren**

■ Kleines Kühlmittelrohr ausbauen.
■ Elektrische Steckverbindung an der Drosselklappensteuereinheit trennen.
■ Schrauben des Drosselklappenstücks herausdrehen und Drosselklappensteuereinheit abnehmen.
■ Zahnriemen für Kühlmittelpumpe ausbauen.
■ Saugrohrstütze ausbauen, dazu die Befestigungsmutter abschrauben und Schraube herausdrehen.
■ Gummimetalllager für Saugrohrstütze am Saugrohr abschrauben.
■ Kühlmitteltemperaturgeber ausbauen.
■ Die fünf Befestigungsschrauben der Kühlmittelpumpe herausdrehen.
■ Kühlmittelpumpe von den Zentrierbolzen nehmen und vom Motorölkühler abziehen.

Dichtungen und O-Ringe ersetzen. Die Kühlmittelpumpe ohne Kühlmitteltemperaturgeber ansetzen. Der Kühlmitteltemperaturgeber steht etwas aus der Kühlmittelpumpe heraus und erschwert das Ansetzen der Kühlmittelpumpe.

- O-Ringe mit Kühlmittel benetzen.
- Kontrollieren, ob die beiden Zentrierbolzen (11, Bild 13) im Zylinderblock eingesetzt sind, ggf. einsetzen.
- Verbindungsstück (3) in den Motorölkühler einsetzen.
- Kühlmittelpumpe (9) zuerst auf das Verbindungsstück schieben und dann auf die Zentrierbolzen im Zylinderblock stecken.
- Mithilfe eines Spiegels kontrollieren, ob die Kühlmittelpumpe richtig auf den Zentrierbolzen »sitzt«.
- Schrauben von der Mitte ausgehend gleichmäßig festziehen.

Wenn eine neue Kühlmittelpumpe eingebaut wurde, müssen Sie die Schutzkappe abziehen.

- Kühlmitteltemperaturgeber einbauen.

Der weitere Zusammenbau erfolgt sinngemäß in umgekehrter Reihenfolge zum Ausbau.

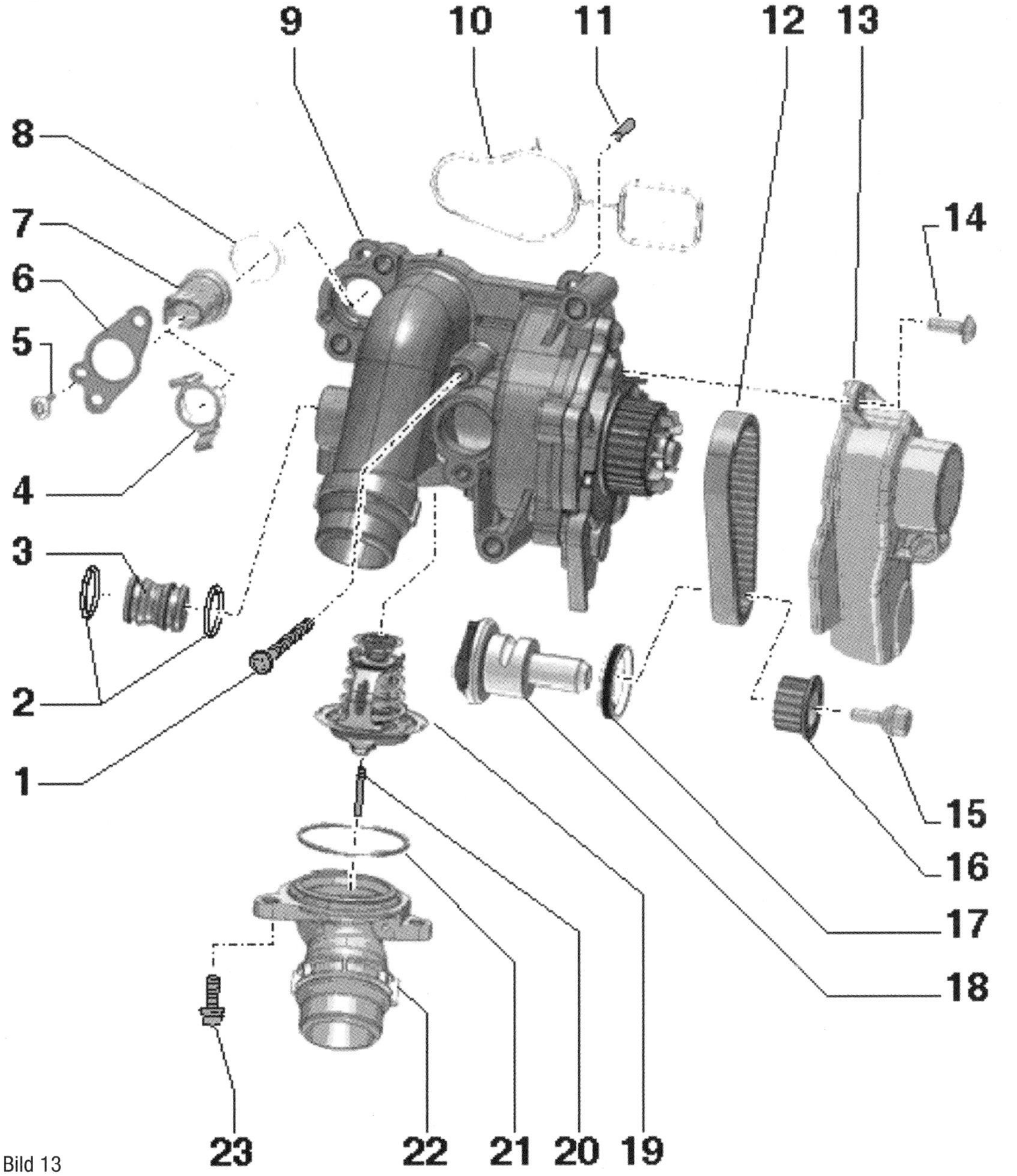


Bild 13

Bild 13
1 Schraube
2 O-Ringe
3 Verbindungsstutzen,
4 Halteklammer
5 Schraube
6 Halteplatte
7 Kühlmitteltemperaturgeber
8 O-Ring
9 Kühlmittelpumpe
10 Dichtung
11 Zentrierstift
12 Zahnriemen
13 Zahnriemenschutz
14 Schraube
15 Schraube
16 Antriebsrad für Zahnriemen
17 Wellendichtring
18 Ausgleichswelle
19 Kühlmittelregler
20 Zentrierstift
21 O-Ring
22 Anschlussstutzen
23 Schraube

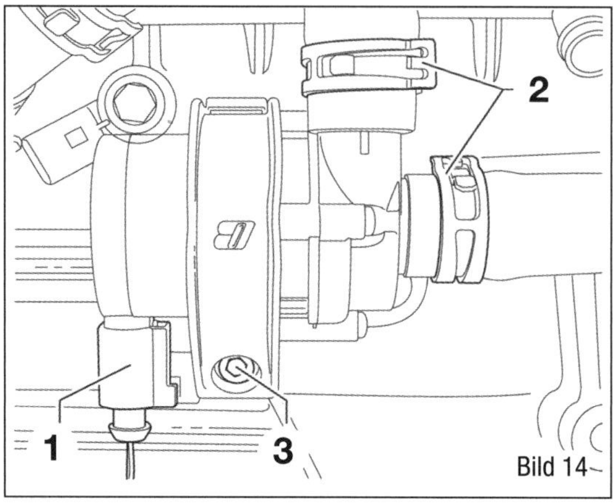


Bild 14
1 Anschlussstecker
2 Schlauchschellen
3 Befestigungsschraube

**Kühlmittelumlaufpumpe (elektrisch) aus- und einbauen**

☞ Der Einbauort der Pumpe für Kühlmittelumlauf befindet sich unterhalb des Saugrohres.

■ Geräuschdämpfung oder den Unterfahrschutz ausbauen.
■ Überdruck abbauen, dazu Verschlussdeckel für Kühlmittelausgleichsbehälter mit Lappen abdecken und vorsichtig öffnen.
■ Stecker (1) entriegeln und abziehen (Bild 14).
■ Wasserschläuche mit Schlauchklemmen bis 40 mm (3093) verschließen.
■ Schellen öffnen Kühlmittelschläuche (2) abziehen.
■ Befestigungsschraube (3) herausdrehen und die Pumpe vom Halter nehmen.

Der Einbau erfolgt sinngemäß in umgekehrter Reihenfolge.

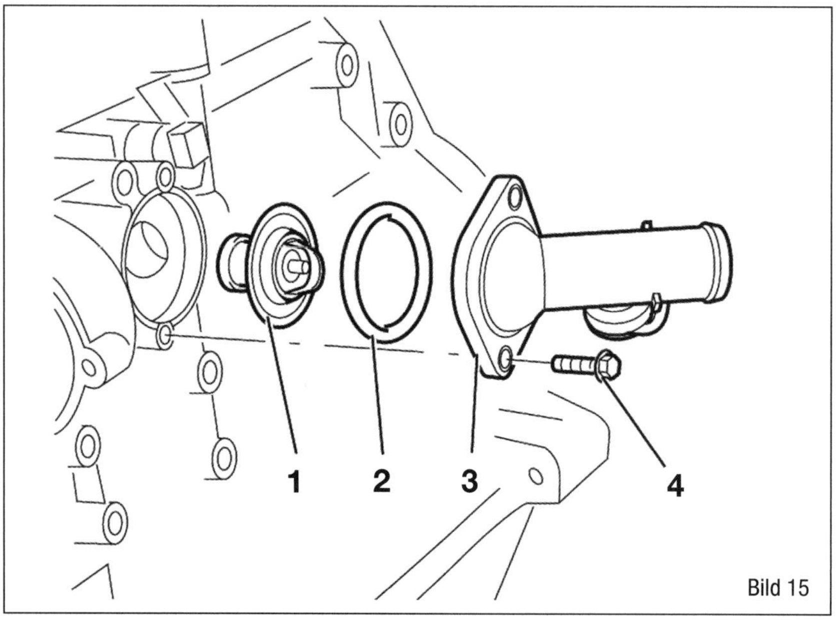


Bild 15
1 Kühlmittelregler
2 O-Ring
3 Anschlussstutzen
4 Befestigungsschrauben

## Temperaturregler und Thermostat

**2,0 l TDI Motoren**
Hier finden Sie zwei unterschiedliche Bauweisen, die wir Ihnen beide im Anschluss vorstellen werden.

*Thermostat (Bild 15)*
■ Kühlmittel ablassen.
■ Bauen Sie die Drosselklappensteuereinheit aus.
■ Kühlmittelschlauch vom Anschlussstutzen abziehen.
■ Befestigungsschrauben (4) des Anschlussstutzens (3) mit Gelenkschlüssel Schlüsselweite 10 (VAG 3185) lösen und mit Steckeinsatz (VAG T10058) herausschrauben und Anschlussstutzen (3) mit Kühlmittelregler (1) ausbauen.
■ Kühlmittelregler (1) 90° nach links drehen und aus dem Anschlussstutzen (3) herausnehmen.

Der Einbau erfolgt in umgekehrter Reihenfolge, dabei ist Folgendes zu beachten:
■ Neuen O-Ring (2) mit Kühlmittel benetzen.
■ Kühlmittelregler (1) in den Anschlussstutzen (3) einsetzen und 90° nach rechts drehen.

☞ Die Bügel vom Kühlmittelregler müssen nahezu senkrecht stehen.

■ Anschlussstutzen (3) mit Kühlmittelregler (1) in den Zylinderblock einsetzen.
■ Befestigungsschrauben (4) mit Gelenkschlüssel Schlüsselweite 10 (VAG 3185) festziehen. Anzugsdrehmoment: 15 Nm
■ Kühlmittel auffüllen.

*4/2-Wege-Ventil mit Kühlmittelregler (Bild 16)*

☞ Der Kühlmittelregler befindet sich innerhalb des 4/2-Wege-Ventils und kann nicht einzeln getauscht werden.

■ Kühlmittel ablassen.
■ Bauen Sie den Drehstromgenerator aus.
■ Bauen Sie die Drosselklappensteuereinheit aus.
■ Kühlmittelschläuche von den Anschlussstutzen (A, B und D) abziehen.
■ Lösen Sie die Befestigungsschraube des Kühlmittelrohrs hinter dem Ölfilter um einige Umdrehungen mit dem Gelenksteckschlüssel (VAG XZN 8-T10445).

■ Das Kühlmittelrohr aus dem Anschluss (C) herausziehen.
■ Drehen Sie die Befestigungsschrauben (3) des 4/2-Wege-Ventils (2) heraus.
■ Ziehen Sie das Ventil aus dem Zylinderblock und nachfolgend nach links, um den Anschluss (C) vom Kühlmittelrohr zu trennen.
■ Setzen Sie das 4/2-Wege-Ventil zuerst mit dem Anschluss (C) an das Kühlmittelrohr und nachfolgend in den Zylinderblock. Ersetzen Sie die Dichtungen und Dichtringe.
■ Drehen Sie die Befestigungsschrauben (3) ein und ziehen Sie sie mit 15 Nm fest.
■ Schließen Sie die Kühlmittelschläuche wie folgt an:
A zur Bypass-Leitung zum Zylinderkopf
B zum Ausgleichsbehälter
D zur Kühlerrücklaufleitung
■ Ziehen Sie die Schraube des Kühlmittelrohrs hinter dem Ölfilter mit Gelenksteckschlüssel (VAG XZN 8-T10445) auf 10 Nm fest.
■ Befüllen Sie das Kühlsystem.
■ Bauen Sie die Drosselklappensteuereinheit ein.
■ Bauen Sie den Drehstromgenerator ein.

**1,4 l (T)FSI-Motoren**
■ Kühlmittel ablassen.
■ Drehen Sie die Befestigungsschrauben (15) heraus (Bild 17).
■ Nehmen Sie die beiden Anschlusstücke (1) ab.
■ Ersetzen Sie die O-Ringe (2) bei jeder Montage.
■ Prüfen Sie den Zustand der Stößel (4).
■ Nehmen Sie die Kühlmittelregler (5) heraus.
■ Dichtfläche für O-Ring reinigen.

Die Montage erfolgt sinngemäß in umgekehrter Reihenfolge.

**2,0 l (T)FSI-Motoren**
■ Kühlmittel ablassen.
■ Deckel für Luftführung abziehen, dazu seitliche Haltespangen entriegeln.
■ Luftführung unten abclipsen, dazu Haltespangen entriegeln.
■ Luftführung unten mit Luftführungsschlauch abnehmen.

*Fahrzeuge mit Geräuschgenerator*
■ Ladeluftführung zum Geräuschgenerator ausbauen.

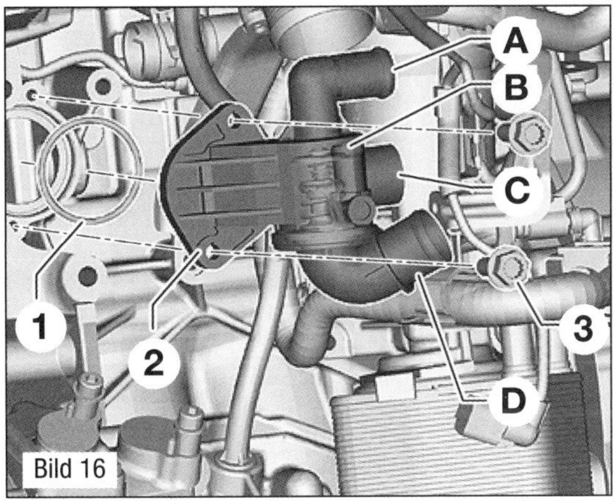

Bild 16

*Alle Fahrzeuge*
■ Schlauchschelle am Luftführungsrohr vorne lösen.
■ Befestigungsschraube oben am Luftführungsrohr herausdrehen.
■ Elektrische Steckverbindung zum Sensor im Luftführungsrohr trennen.
■ Schraube unten herausdrehen und Luftführungsrohr nach unten abnehmen.

Bild 16
A Bypass-Leitung zum Zylinderkopf
B Ausgleichsbehälter
C Anschluss
D Kühlerrücklaufleitung
1 O-Ring
2 4/2 Wegeventil
3 Befestigungsschrauben

Bild 17
1 Anschlussstutzen
2 O-Ring
3 Druckfeder
4 Stößel
5 Kühlmittelregler
6 Kühlmitteltemperaturgeber
7 Halteklammer
8 Kühlmittelreglergehäuse
9 Dichtring
10 Schraube
11 Anschluss zum Ausgleichsbehälter
12 Anschlussstutzen
13 Kühlmittelrohr
14 Kühlmittelrohr
15 Schraube
16 Anschluss vom Kühler unten
17 Anschluss zum Kühler oben

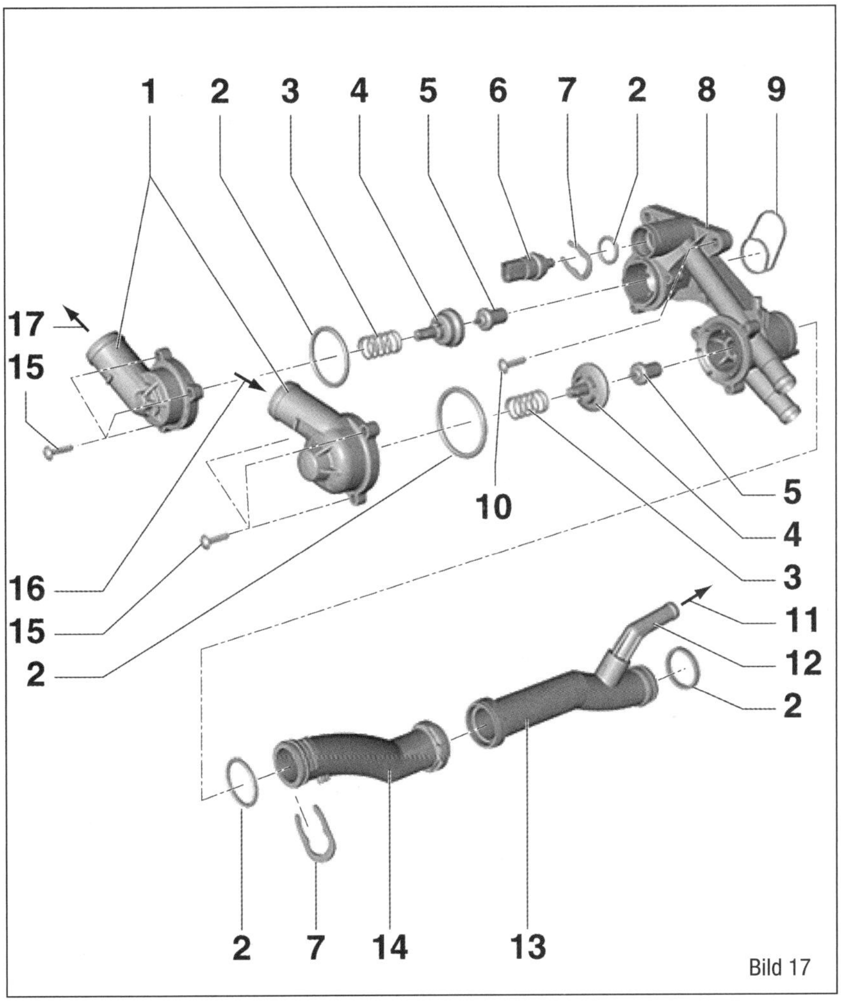

Bild 17

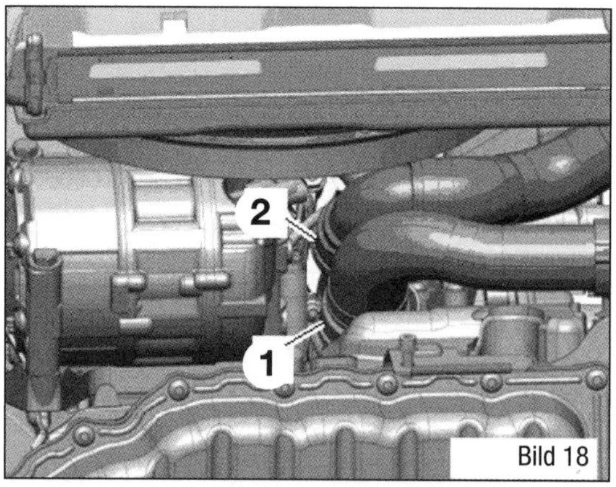


Bild 18

Bild 18
Anschlussschläuche (1 und 2) am Motorblock vorne im Bereich des Klimakompressors.

Bild 19

Bild19
Stütze.
1 Schraube
2 Mutter

Bild 20

Bild 20
Pfeile = Schrauben

■ Kühlmittelschlauch und elektrischen Leitungsstrang im Bereich des Übergangs Motor/Getriebe vorne freilegen.
■ Schraube herausdrehen und Halter abnehmen.
■ Schraube am Halter für Pumpe für Kühlmittelnachlauf herausdrehen. Die Pumpe für Kühlmittelnachlauf verbleibt aber in Einbaulage. Die Anschlussschläuche bleiben montiert.

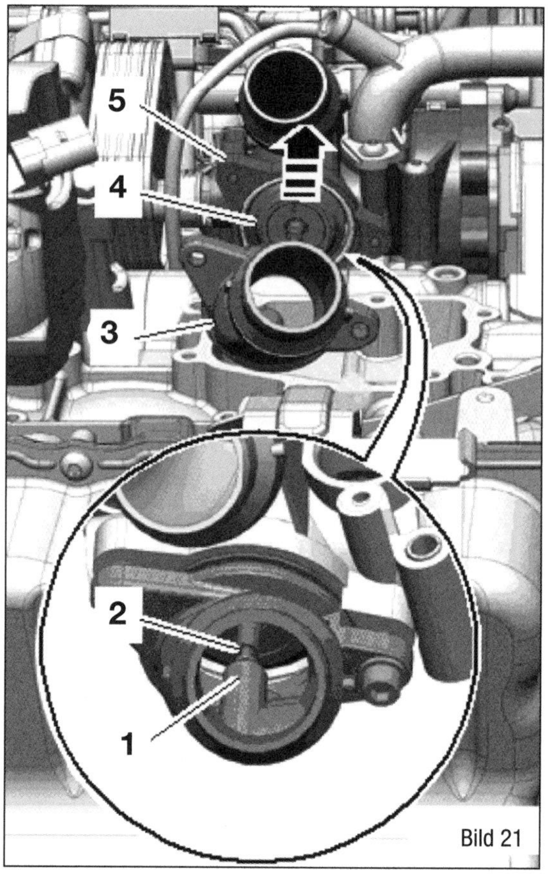


Bild 21

Bild 21
1 Führung
2 Zentrierstift
3 Anschlussstutzen,
4 Kühlmittelregler
5 Gehäuse

■ Kühlmittelschläuche zum Motorblock vorne (1 und 2) abbauen und zur Seite legen (Bild 18).
■ Mutter (2) lösen, Schraube (1) herausdrehen und Stütze für Saugrohr etwas nach rechts schwenken (Bild 19).
■ Grobölabscheider ausbauen.
■ Schrauben (Pfeile) herausdrehen und Anschlussstutzen abnehmen (Bild 20).

☞ Für die rechte Schraube ist der Steckeinsatz (T10058) hilfreich.

■ Kühlmittelregler abziehen.

Der Einbau erfolgt in umgekehrter Reihenfolge, dabei muss Folgendes beachtet werden:
■ Ersetzen Sie Dichtungen und O-Ringe.
■ Dichtfläche für O-Ring reinigen.
■ O-Ring mit Kühlmittel benetzen.
■ Kühlmittelregler (4) in das Gehäuse (5) für Kühlmittelpumpe einsetzen und etwas nach vorn schwenken (Pfeil, Bild 21).
■ Anschlussstutzen (3) vorsichtig ansetzen, dabei Zentrierstift (2) in die Führung (1) einführen.

# 7 Kraftstoffversorgung

## Bauteile der Anlage und Arbeiten am Kraftstoffsystem

**Sicherheit geht vor**

Der Kraftstoffdruck im Hochdruckrohr kann bis zu 120 bar betragen! Beachten Sie die Sicherheitsmaßnahmen zum Druckabbau im Hochdruckbereich. Die Kraftstoffvorlaufleitung steht unter Druck! Tragen Sie Schutzbrille und Schutzbekleidung, um Verletzungen und Hautkontakt zu vermeiden. Vor dem Lösen von Schlauchverbindungen Putzlappen um die Verbindungsstelle legen, dann durch vorsichtiges Abziehen des Schlauchs Druck abbauen.

Aus Sicherheitsgründen muss vor dem Öffnen des Kraftstoffsystems die Stromzufuhr zur Kraftstoffpumpe unterbrochen werden. Die Kraftstoffpumpe wird sonst beim Öffnen der Fahrertür aktiviert. Nutzen Sie eine der folgenden Möglichkeiten um die Stromzufuhr zu unterbrechen.

Wichtig zu wissen für die Arbeit an dieser Reparaturgruppe ist die Tatsache, dass es automatische Ein- und Ausschaltfunktionen für die Kraftstoffpumpe

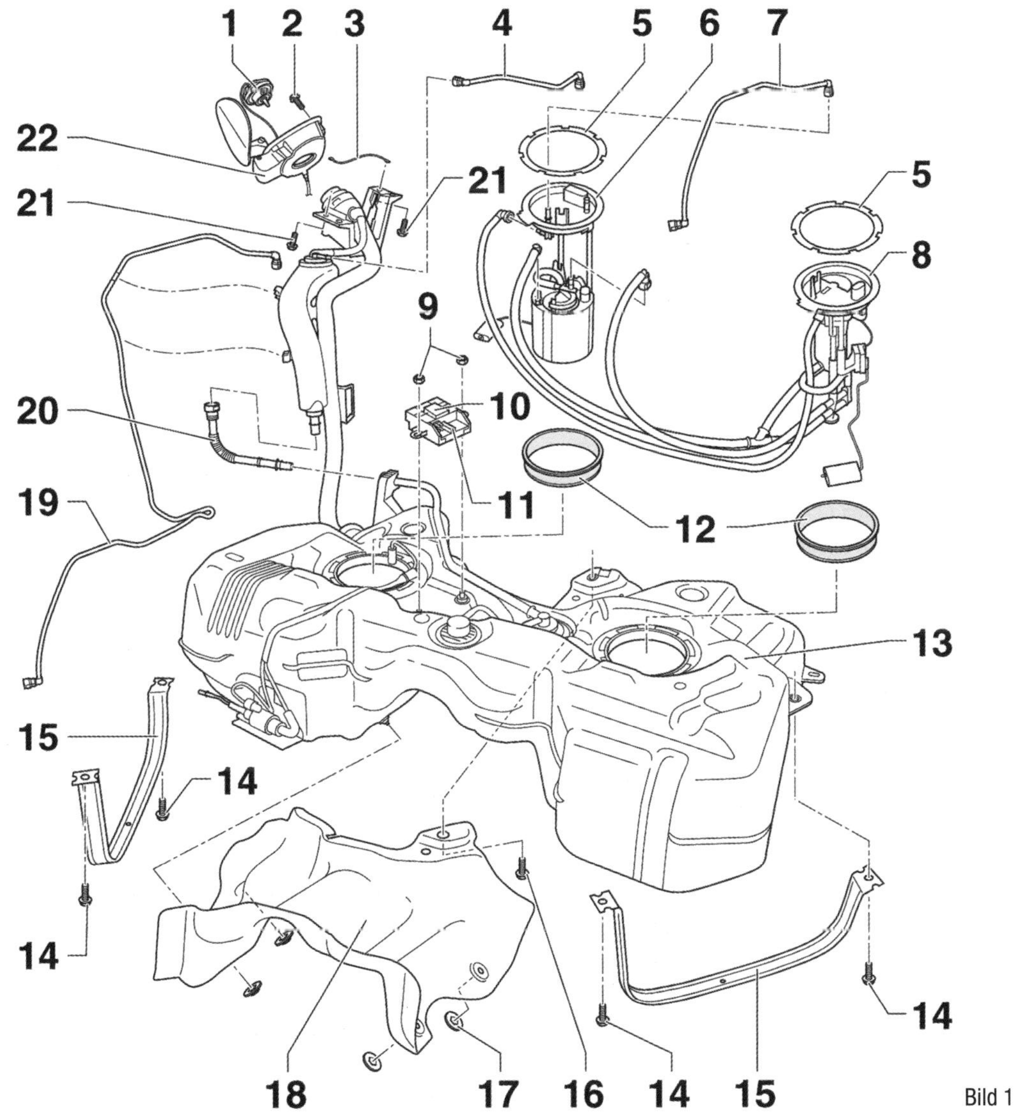

Bild 1

Bild 1
1 Verschlussdeckel
2 Befestigungsschraube
3 Masseverbindung
4 Entlüftungsleitung
5 Verschlussring
6 Kraftstofffördereinheit
7 Vorlaufleitung
8 Kraftstoffvorratsgeber 2
9 Schraube
10 Halter für Steuergerät für Kraftstoffpumpe
11 Steuergerät für Kraftstoffpumpe
12 Dichtring
13 Kraftstoffbehälter
14 Schraube
15 Spannband
16 Schraube
17 Klemmscheibe
18 Wärmeschutzblech
19 Entlüftungsleitung
20 Entlüftungsleitung
21 Schraube
22 Tankklappeneinheit

gibt. Die Crash-Kraftstoffabschaltung soll die Gefahr eines Fahrzeugbrandes nach einem Crash reduzieren, indem die Kraftstoffpumpe abgeschaltet wird. Kurzzeitiges Einschalten der Pumpe beim Öffnen der Tür soll andererseits eine Komfortverbesserung des Startverhaltens beim Motor bewirken. Dabei wird die Kraftstoffpumpe zwei Sekunden lang angesteuert, damit sich im Kraftstoffsystem Druck aufbaut. Weil die Kraftstoffpumpe beim Einschalten der Zündung und durch den Türkontaktschalter der Fahrertür aktiviert wird, muss vor dem Öffnen des Kraftstoffsystems aus Sicherheitsgründen, wenn die Batterie nicht abgeklemmt wird, der Anschlussstecker von der Kraftstofffördereinheit abgezogen oder die Sicherung für die Ansteuerung der Kraftstofffördereinheit aus dem Sicherungshalter entfernt werden.

**Die Anlage im Überblick**
Wichtigste Bauteile des Systems der Kraftstoffversorgung sind der Kraftstoffbehälter (Tank), in den der Kraftstoff über Tankklappeneinheit und Einfüllstutzen eingebracht wird, die in den Tank eingebaute Kraftstofffördereinheit (Kraftstoffpumpe), der Kraftstofffilter und die Kraftstoffleitungen (Bild 1). Die Vorlaufleitung, die untere Leitung über dem Verschlussring der Fördereinheit, ist schwarz gekennzeichnet, die Rücklaufleitung (im Bild die obere) ist blau. Es gibt kaum Merkmale, durch die sich die durchaus unterschiedlichen Tankanlagen für Diesel und Benzinermodelle mit 0,5 oder 6 bar Niederdrucksystem voneinander unterscheiden lassen. Die Einbauposition der Komponenten unterscheidet sich nicht. Erfahrungsgemäß werden sich der Ersatz oder auch Arbeiten am Tanksystem auf die Intankpumpe oder den Kraftstoffgeber beschränken. Der Austausch der kompletten Tankanlage ist möglich, aber aufwändig und kommt sehrt selten vor.

Bild 2
Variante 1.
1 Steckkupplung
2 Kraftstoffleitung

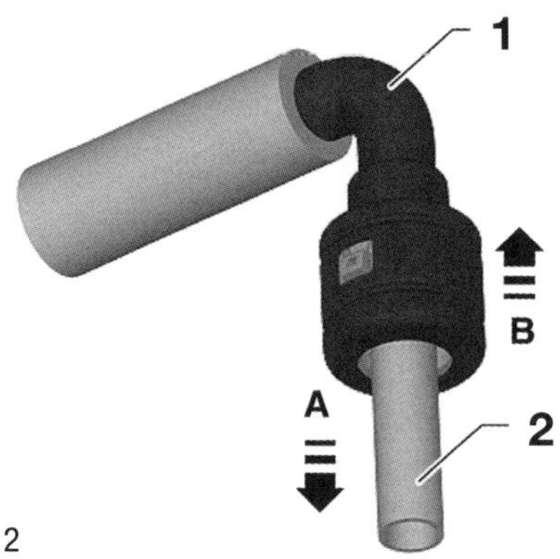

Bild 2

**Elektrische Sicherungen für Kraftstoffpumpe**
Die zutreffende Sicherung befindet sich auf dem Steckplatz »SC 27« des Sicherungshalters »SC« in der Schalttafel links. Diese 15 A-Sicherung 27 sichert die Stromzufuhr zum Steuergerät für Kraftstoffpumpe und zum Kraftstoffpumpenrelais auf der Kraftstofffördereinheit, zum Relais für Kraftstoffvorlauf und zum Relais für Zusatzkraftstoffpumpe. Einbezogen in diesen Sicherungskreis ist auch die Diagnosepumpe für Kraftstoffsystem. Der Sicherungshalter »SC« ist der wichtigste Einbauort für die zum schnellen Zugriff gedachten Sicherungen. Falls im Motorraum gearbeitet wird und die »E-Box« auf der linken Seite zugänglich ist: Sicherung F15 auf dem Steckplatz SB 15 des Sicherungshalters »SB« entnehmen; auch sie bedient das Kraftstoffpumpenrelais. Beim Aus- und Einbau des Gebers für Kraftstoffvorratsanzeige oder der Kraftstoffpumpe (Kraftstoff-Fördereinheit) aus gefüllten oder teilweise gefüllten Kraftstoffbehältern muss bereits vor Beginn der Arbeiten in der Nähe der Montageöffnung des Kraftstoffbehälters zum Absaugen der freiwerdenden Kraftstoffgase der Abgasschlauch einer eingeschalte-ten Abgas-Absauganlage gelegt werden. Alternativ kann ein Radiallüfter mit Motor außerhalb des Luftstroms und mit einem Fördervolumen größer als 15 m³/h verwendet werden. Kraftstoffleitungen sind mit Schnellverschlüssen gesichert. Kraftstoffschläuche dürfen nur mit Federbandschellen gesichert werden. Die Verwendung von Klemm- oder Schraubschellen ist nicht zulässig.

## Steckkupplungen trennen

Bei Fahrzeugen der Volkswagengruppe finden sich sechs typische Stecksysteme für die Verbindungen der Kraftstoffversorgungsschläuche.

**Variante 1 (Bild 2)**
- Steckkupplung (1) in Pfeilrichtung A drücken.
- Entriegelungstasten drücken und gedrückt halten.

■ Steckkupplung (1) in Pfeilrichtung B von der Kraftstoffleitung (2) abziehen.
■ Beim Einbau Farbzuordnung beachten.
■ Steckkupplungen müssen beim Verriegeln »hörbar« einrasten.
■ Den festen Sitz der Steckkupplung durch Gegenziehen prüfen!

**Variante 2 (Bild 3)**
■ Steckkupplung (1) in Pfeilrichtung A drücken.
■ Zugentriegelung (2) in Pfeilrichtung B ziehen.
■ Steckkupplung (1) in Pfeilrichtung B von der Kraftstoffleitung (3) abziehen.
■ Beim Einbau Farbzuordnung beachten.
■ Die Steckkupplungen müssen beim Verriegeln »hörbar« einrasten.
■ Den festen Sitz der Steckkupplung durch Gegenziehen prüfen!

**Variante 3 (Bild 4)**
■ Entriegelungstaste (Pfeil) drücken und Steckkupplungen abziehen.
■ Beim Einbau Farbzuordnung beachten.
■ Steckkupplungen müssen beim Verriegeln »hörbar« einrasten.
■ Den festen Sitz der Steckkupplungen durch Gegenziehen prüfen!

**Variante 4 (Bild 5)**
■ Steckkupplung in Pfeilrichtung A drücken.
■ Entriegelungstasten (Pfeile) drücken und Steckkupplung abziehen.
■ Beim Einbau Farbzuordnung beachten.
■ Steckkupplungen müssen beim Verriegeln »hörbar« einrasten.
■ Den festen Sitz der Steckkupplung durch Gegenziehen prüfen!

**Variante 5 (Bild 6)**
■ Steckkupplung mit Entriegelungstasten (Pfeile) rechts und links öffnen.
■ Entriegelungstasten (Pfeile) drücken und Steckkupplung abziehen.
■ Beim Einbau Farbzuordnung beachten.
■ Steckkupplungen müssen beim Verriegeln »hörbar« einrasten.
■ Den festen Sitz der Steckkupplung durch Gegenziehen prüfen!

**Variante 6 (Bild 7)**
■ Steckkupplung mit Entriegelungstasten (Pfeile) rechts und links.

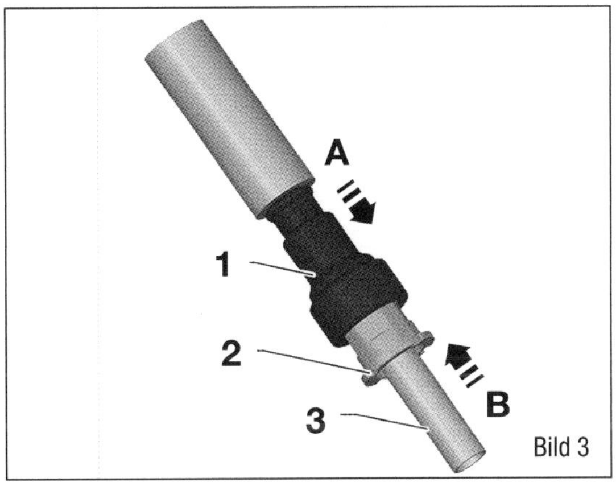


Bild 3

Bild 3
Variante 2.
1 Steckkupplung
2 Zugentriegelung
3 Kraftstoffleitung

Bild 4

Bild 4
Variante 3.
Pfeil = Entriegelungstaste

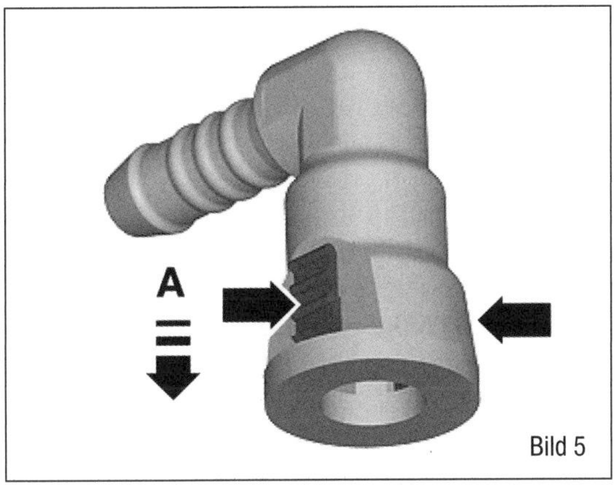


Bild 5

Bild 5
Variante 4.
Pfeile = Entriegelungstasten

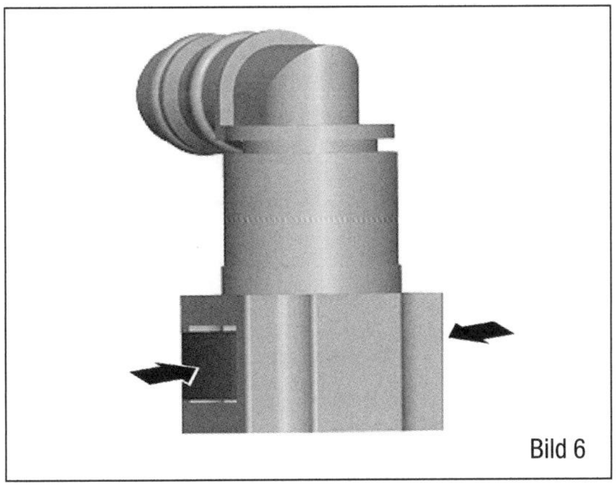

Bild 6

Bild 6
Variante 5.
Pfeile = Entriegelungstasten

Sichtprüfung Messen

Bild 7
Variante 6.
Pfeile = Entriegelungstasten
1 Steckkupplung

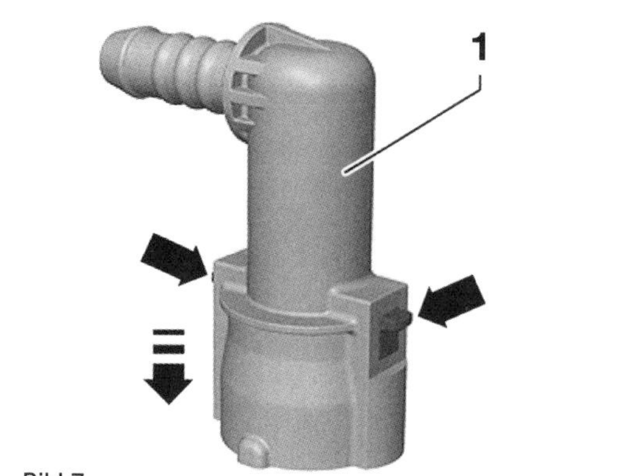

Bild 7

■ Steckkupplung (1) in Pfeilrichtung drücken und gedrückt halten.
■ Entriegelungstasten (Pfeile) drücken und Steckkupplung abziehen.
■ Beim Einbau Farbzuordnung beachten.
■ Steckkupplungen müssen beim Verriegeln »hörbar« einrasten.
■ Den festen Sitz der Steckkupplung durch Gegenziehen prüfen!

## Kraftstoffbehälter entleeren

Werkzeuge: Kraftstoffabsauggerät (z. B. VAS 5190 mit Adapter für Kraftstoffabsaugung), Schlüssel (T10202) für Tankgeber (und für Verschlussring der Kraftstofffördereinheit), Drehmomentschlüssel 40 bis 200 Nm.

Das Entleeren des Tanks mit dem Absauggerät wird vor allem dann erforderlich, wenn die Kraftstoffpumpe nicht arbeitet. Wir erläutern das Vorgehen bei fast gefülltem und bei weniger vollem Kraftstoffbehälter.

⚠ Hautkontakt mit Kraftstoff vermeiden! Kraftstoffbeständige Handschuhe tragen!

Bild 8
VAS 5190 Absaugpumpe.
1 Schaft der Pumpe
2 Kegelstück
a Abstand zum Einmessen

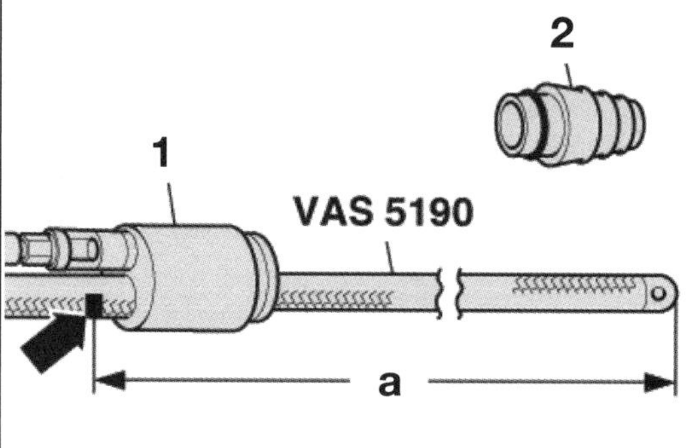

Bild 8

**Kraftstoffbehälter entleeren bei intakter Kraftstoffpumpe**

■ Ziehen Sie die Vorlaufleitung ab, fangen ausfließenden Kraftstoff mit einem Putzlappen auf.
■ Kraftstoffabsauggerät (VAS 5190) mit Adapter zur Kraftstoffabsaugung (VAS 5190 /3) an die Kraftstoffvorlaufleitung anschließen.
■ Trennen Sie die Steckverbindung zur Zusatzkraftstoffpumpe bzw. zur Kraftstoffpumpe 2 (Inline EKP).
■ Schließen Sie den Fahrzeugdiagnosetester an.
■ Schalten Sie die Zündung ein.
■ Nehmen Sie den Verschlussdeckel vom Kraftstoff-Einfüllstutzen ab.
■ Schließen Sie den Fahrzeugdiagnosetester an und führen Sie die geführte Funktion »Kraftstoffsystem entleeren« durch.

☞ Die Kraftstoffpumpen werden nun angesteuert. Der Fahrzeugdiagnosetester zeigt den Fortschritt des Entleerens an.

■ Absperrhahn am Kraftstoffabsauggerät (VAS 5190) öffnen, bis der Kraftstoffbehälter entleert ist.

**Kraftstoffpumpe nicht intakt, Tank mehr als 3/4 gefüllt**

■ Masseleitung des Kraftstoffabsauggeräts an einer blanken Stelle der Karosserie befestigen.
■ Kegelstück (2) vom Schaftstück (1) des Kraftstoffabsauggeräts abziehen.
■ Im Abstand (a) = 1200 mm vom Ende des Absaugschlauchs mit Isolierband eine Markierung (Pfeil) auf den Schlauch kleben (Bild 8).
■ Verschlussdeckel vom Kraftstoff-Einfüllstutzen abnehmen und das Schaftstück (1) des Kraftstoffabsauggeräts auf den Einfüllstutzen des Kraftstoffbehälters schrauben. Dann den Absaugschlauch vorsichtig nur so weit in den Kraftstoffbehälter schieben, bis die zuvor angebrachte Markierung (Pfeil) am Schaftstück steht (Bild 9).
■ Am unteren Ende des Einfüllstutzens befindet sich im Kraftstoffbehälter (1) ein Kugelventil (2), das durch den Absaugschlauch (3) nicht beschädigt werden darf (Bild 10).

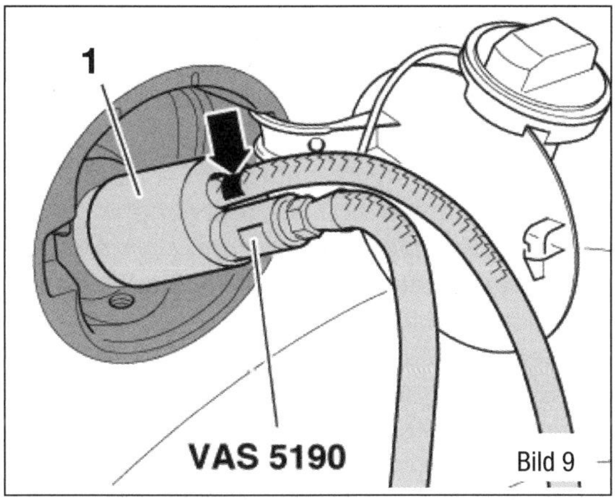


Bild 9

Bild 9
VAS 5190 Absaugpumpe.
1 Schaft der Pumpe

**Kraftstoffpumpe nicht intakt und Tank weniger als 3/4 gefüllt**

■ Die hintere Sitzbank, Teppich nach vorn klappen, Teppich unter den Sitzen lösen und nach vorn klappen, und die Abdeckung von der Kraftstofffördereinheit abnehmen.

■ Anschlussstecker und die Kraftstoffleitungen vom Flansch abziehen.

■ Verschlussring mit dem Schlüssel »T10202« öffnen (Bild 11). Die Kraftstofffördereinheit anheben.

■ Saugschlauch des Kraftstoffabsauggeräts so tief wie möglich in den Kraftstoffbehälter stecken und den Kraftstoff absaugen.

■ Wenn der Kraftstoffbehälter nur entleert werden sollte, Kraftstofffördereinheit wieder einbauen.

## Kraftstofffördereinheit im Tank aus- und einbauen

Soll die Kraftstofffördereinheit getauscht werden, ist zuvor die Kraftstoffpumpe zu prüfen (Funktion und Spannungsversorgung, Kraftstoffdruck und Haltedruck sowie Kraftstofffördermenge, Stromaufnahme). Prüfen Sie zuerst die Steckverbindung 5-polig auf festen Sitz, indem Sie am Stecker ziehen, ohne die Verriegelung zu betätigen. War der Stecker nicht richtig gesteckt, kann er einen Fehler verursacht haben. Damit soll u. a. auch ein Fehltausch der Kraftstofffördereinheit vermieden werden. Diese komplexen Prüfungsarbeiten erfordern eine Reihe von Prüf- und Messgeräten, wie Druckmessgerät (V.A.G 1318) mit verschiedenen Adaptern, Mengenvergleichsmessgerät (V.A.G 1348) und einen

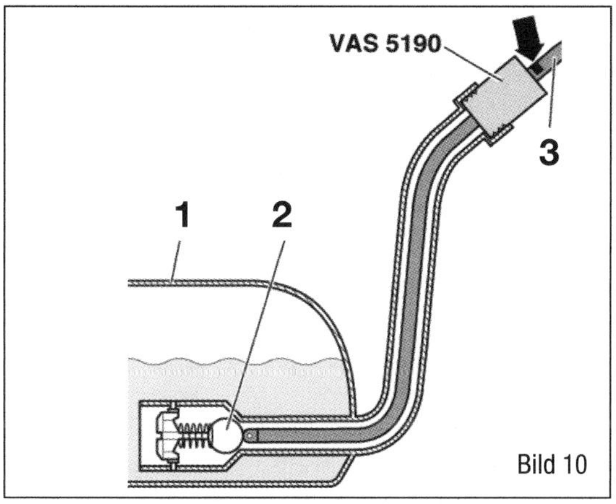


Bild 10

Bild 10
VAS 5190 Absaugpumpe.
1 Tank
2 Kugelventil
3 Absaugschlauch

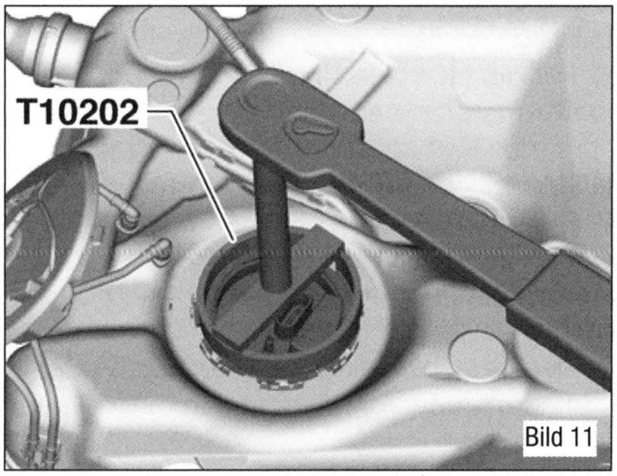


Bild 11

Bild 11
Spezialwerkzeug zum Öffnen der Tankverschlussschraube.

Fahrzeugdiagnosetester, die in der heimischen Garage kaum vorhanden sein dürften. Eventuell hilft eine Mietwerkstatt. Wir halten für diese Prüfung eine Fachwerkstatt für die beste Empfehlung.

⚠ Kraftstoffsystem steht unter Druck! Tragen Sie Schutzbrille und Schutzhandschuhe um Verletzungen und Hautkontakt zu vermeiden. Vor dem Lösen von Schlauchverbindungen Putzlappen um die Verbindungsstelle legen. Dann durch vorsichtiges Abziehen des Schlauchs Druck abbauen.

■ Der Kraftstoffbehälter darf maximal 3/4 gefüllt sein. Damit ist sichergestellt, dass der Füllstand unterhalb des Flansches der Kraftstofffördereinheit liegt.

■ Sitzbank ausbauen und die Abdeckung von der Kraftstofffördereinheit abnehmen.

■ Entriegeln Sie den Stecker am Steuergerät für Kraftstoffpumpe mit dem Montagewerkzeug (T10118) und ziehen Sie ihn ab.

■ Stecker (Bild 12) herausziehen und die Kraftstoffleitungen vom Flansch abziehen.

■ Zum Entriegeln der Kraftstoffleitungen den Sicherungsring eindrücken. Bei Fahrzeugen mit Zusatzheizung zusätzlich die Steckverbindung und die Kraftstoffleitung der Dosierpumpe trennen.

■ Den Verschlussring mit dem Schlüssel T10202 (Bild 11) oder einem vergleichbaren Werkzeug öffnen und den Flansch etwas anheben.
■ Fördereinheit und Dichtring aus der Öffnung des Kraftstoffbehälters herausziehen. Wenn die Fördereinheit ersetzt werden soll, muss sie entleert und dann vorschriftsmäßig entsorgt werden.
■ Für die Montage einen neuen Dichtring der Kraftstofffördereinheit trocken in die Öffnung des Kraftstoffbehälters einsetzen und auf der Innenseite mit Kraftstoff benetzen.
■ Beim Einsetzen der Kraftstofffördereinheit darauf achten, dass der Geber für die Kraftstoffvorratsanzeige nicht verbogen wird.
■ Den Verschlussflansch gegen die Federkraft nach unten drücken und in Einbaulage bringen.

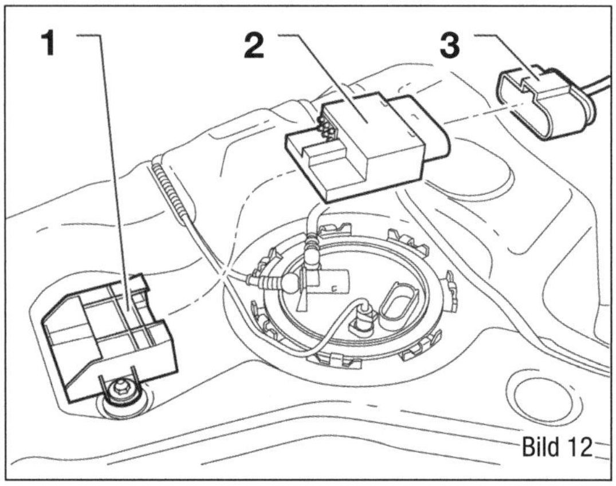


Bild 12
1 Halter
2 Steuergerät
3 Stecker

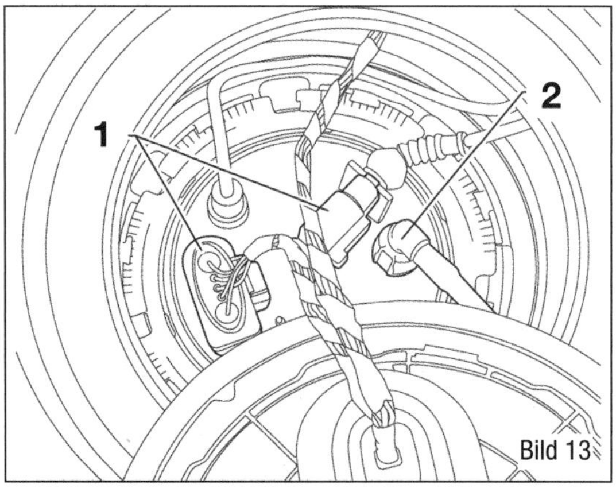


Bild 13
1 Steckkontakte
2 Vorlaufleitung

Die Lasche am Verschlussflansch muss zwischen den Nasen am Kraftstoffbehälter genau entgegen der Fahrtrichtung liegen.
■ Verschlussflansch mit einem Anzugsdrehmoment von 110 Nm festziehen.
■ Erst schwarze Vorlaufleitung (2), dann blaue (oder blau markierte) Rücklaufleitung aufstecken (Bild 13).
■ Stecker aufstecken und den festen Sitz der Steckkupplungen der Kraftstoffleitungen und des Steckers durch Gegenziehen prüfen!
■ Der weitere Zusammenbau erfolgt sinngemäß in umgekehrter Reihenfolge. Dabei die Einbaulage des Flansches der Kraftstofffördereinheit beachten: Markierung auf dem Flansch muss mit Markierung auf dem Kraftstoffbehälter übereinstimmen.

## Geber für Kraftstoffvorratsanzeige

Die Montagearbeiten für die einzelnen Modelle unterscheidet sich nur unwesentlich. Die hier beschriebenen Arbeitsschritte können als Arbeitsschema für alle Modelle übernommen werden. Bei Fahrzeugen mit Allradantrieb macht es die Bauform des Kraftstoffbehälters erforderlich, den Kraftstoff aus dem Bereich des Kraftstoffvorratsgebers zur Kraftstofffördereinheit zu pumpen. Hierzu pumpt eine Saugstrahlpumpe den Kraftstoff von der linken Kammer in die rechte Kammer des Kraftstoffbehälters. Der linke Flansch besteht aus Saugstrahlpumpe, Kraftstofffilter, Druckbegrenzungsventil und Kraftstoffvorratsgeber.

■ Bauen Sie die Sitzbank aus.
■ Kraftstofffördereinheit ausbauen.
■ Stecker der Leitungen für den Geber für Kraftstoffvorrat mit einem gebogenen Schweißdraht in »L«-Form (10mm x 70mm) entriegeln und abziehen.
■ Drücken Sie den Schweißdraht (1) in (Pfeilrichtung) in die Aussparung unter dem Geber.
■ Schieben Sie gleichzeitig den Geber für Kraftstoffvorrat (2) in Pfeilrichtung von den Führungen (Bild 15).

Die Montage erfolgt in folgender Reihenfolge:

- Geber für Kraftstoffvorrat in den Führungen an der Kraftstofffördereinheit einsetzen und bis zum Einrasten nach unten drücken.
- Klemmen Sie die Stecker an und prüfen Sie die sichere Verrastung.
- Die Kraftstofffördereinheit einbauen.

## Kraftstofftank aus- und einbauen

- Prüfen Sie zuerst, ob ein codiertes Radio eingebaut ist. In diesem Fall erfragen Sie bitte die Anti-Diebstahl-Codierung.
- Klemmen Sie bei ausgeschalteter Zündung das Masseband der Batterie ab.
- Befestigungsschraube für Tankklappeneinheit herausschrauben und Tankklappeneinheit ausbauen.
- Kraftstoffbehälter entleeren und Umfeld am Kraftstoff-Einfüllrohr reinigen.
- Bauen Sie die Sitzbank aus und entfernen Sie die Abdeckung von der Kraftstofffördereinheit.
- Ziehen Sie die Stecker und Anschlussleitungen vom Tank ab.
- Lösen Sie die Befestigungsmuttern der Klemmhülse zwischen vorderem und hinterem Schalldämpfer und schieben Sie sie auf dem Abgasrohr nach vorn.
- Bauen Sie die hintere Abgasanlage mit Mittel- und Nachschalldämpfer aus.

*Fahrzeuge mit Allradantrieb*

- Pendelstütze losschrauben (Pfeile).
- Bauen Sie die Kardanwelle aus.

*Fortsetzung für alle Fahrzeuge*

- Kraftstoffleitung (schwarz) und Entlüftungsleitung (weiß) an der Verbindungsstelle trennen. Ist eine Standheizung verbaut, trennen Sie die Kraftstoffleitung ebenfalls.
- Schrauben Sie das rechte Hinterrad ab.
- Radhausschale hinten rechts ausbauen.
- Trennen Sie die Entlüftungsleitungen am Aktivkohlebehälter und am Tankeinfüllstutzen.
- Clipsen Sie den Seilzug am Halter aus.
- Trennen Sie die Masseleitung am Tankeinfüllstutzen.

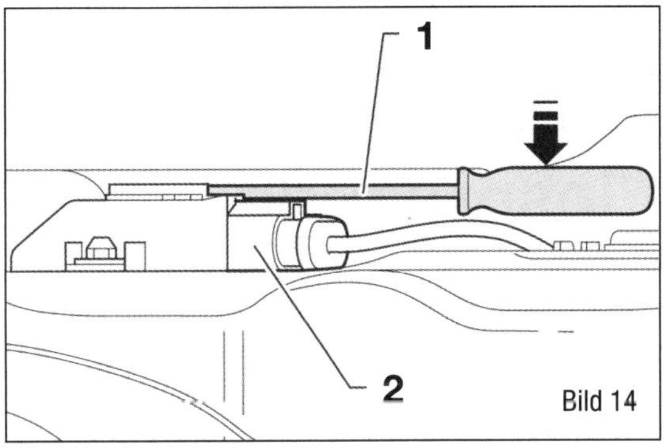


Bild 14

Bild 14
1 Schraubendreher
2 Steuergerät mit Stecker

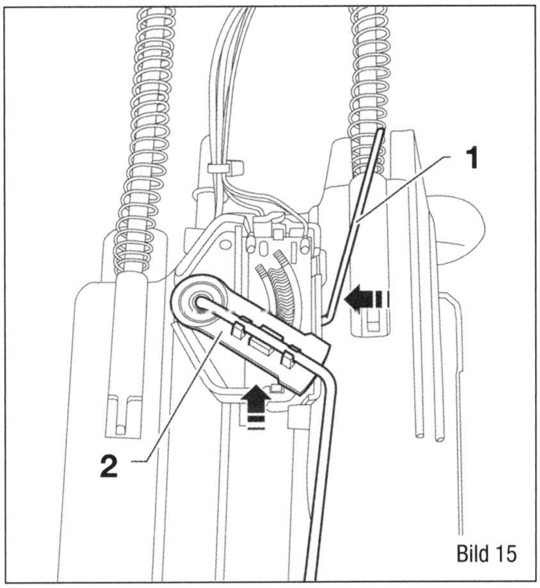


Bild 15

Bild 15
1 Draht
2 Geberarm

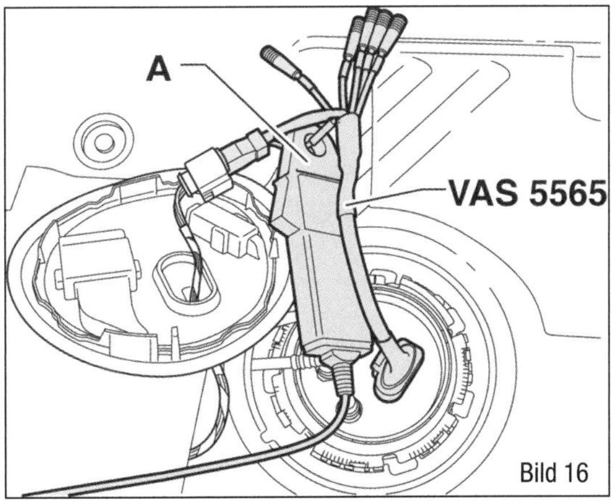


Bild 16

Bild 16
Amperemesszange (A): Bei Leerlauf sollte die Pumpe etwa 16A aufnehmen.

- Einfüllstutzen am Aufbau abschrauben.
- Drehen Sie die Befestigungsschraube heraus und schrauben Sie das Spannband und Befestigungsschrauben ab.
- Fangen Sie den Kraftstoffbehälter mit Motor- und Getriebeheber (V.A.G 1383 A) ab.

Die Montage erfolgt sinngemäß in umgekehrter Reihenfolge. Achten Sie auf eine korrekte Lage der Fangbänder und Leitungen.

# 8 Kraftstoffaufbereitung und Einspritzung

Gemischaufbereitung, Einspritzung und (Selbst-)Zündung werden durch elektronisch gesteuerte Einspritzsysteme realisiert. Die Aufladung über Abgasturbolader gehört zur Ausrüstung der Motoren, egal ob diese der Gattung »Diesel« oder «Benzin« angehören. TSI-Benzinmotoren haben eine direkte Benzineinspritzung und der 1,4 TSI hat zu noch stärkerer Aufladung über Abgasturbolader Aufladung mit Frischluft zusätzlich einen Kompressor.

## TDI-Motoren

Die TDI-Motoren haben direkte Kraftstoffeinspritzung über Hochdruckspeicher »Common Rail« (Bild 1) mit Aufladung über Abgasturbolader. Der Kraftstoff für die TDI, Diesel mit einer Cetanzahl (CZ) von mindestens 51, wird von der Fördereinheit im Tank über Vorlaufleitung und Kraftstofffilter zur Hochdruckpumpe geschafft. Diese drückt ihn ins »Common Rail«, das Kraft-

Bild 1
1 Kraftstoffbehälter
2 Kraftstofffilter
3 Zusatzkraftstoffpumpe
4 Filtersieb
5 Kraftstofftemperaturgeber
6 Hochdruckpumpe
7 Ventil für Kraftstoffdosierung
8 Regelventil für Kraftstoffdruck
9 Hochdruckspeicher (Rail)
10 Kraftstoffdruckgeber
11 Druckhalteventil
12 Einspritzventile (Piezo-Injektoren)

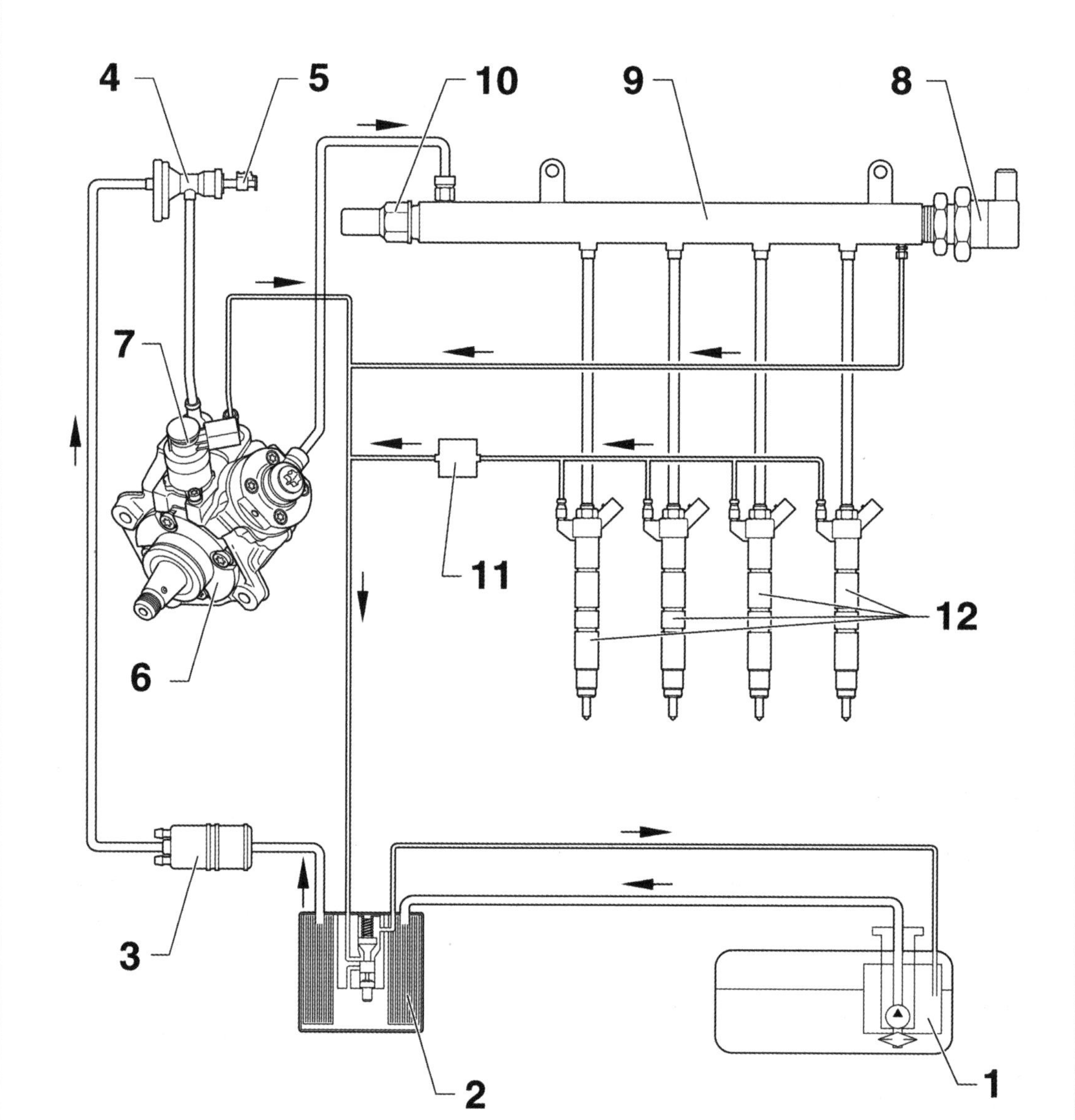

Bild 1

stoffsammler und Verteilerrohr und von dort in die Piezo-Injektoren, die hier als Einspritzventil zum Einsatz kommen. Kraftstoffvor- und - Rücklaufleitungen sind aus besonders druckfestem Material gefertigt.

**Hauptkomponenten der Anlage**
Einige Anmerkungen zu einzelnen Komponenten der Einspritzanlage gemäß Bild 2. Das Schema zeigt die Anlage für die 2,0 l TDI. Das Ventil für Kraftstoffdosierung an der Hochdruckpumpe darf nicht geöffnet werden. Wenn die Kraftstoff-Hochdruckpumpe (10) erneuert wurde, muss eine Kraftstofferstbefüllung vorgenommen werden, auf jeden Fall muss Trockenlauf vermieden werden. Die Einspritzventile (20), bei den TDI von Anfang an Piezo-Injektoren, die Vorteile gegenüber magnetisch angesteuerten Dieselinjektoren haben, werden als Bauteil (»N«) durchnummeriert von 30 bis 33. Der Injektor für Zylinder 1 ist demnach »N30«, der Injektor für Zylinder 4 ist »N33«. Die Kraftstoffrücklaufleitungen (2) dürfen nicht zerlegt werden. Sie dürfen nur komplett mit Druckhalteventil erneuert werden. Dieses Druckhalteventil hat die Aufgabe, in den Kraftstoffrücklaufleitungen immer einen Restdruck (Steuermenge) von ca. 1 bar zu halten. Die Piezo-Injektoren benötigen diese Steuermenge für ihre Funktion. Das Druckhalteventil ist innerhalb der

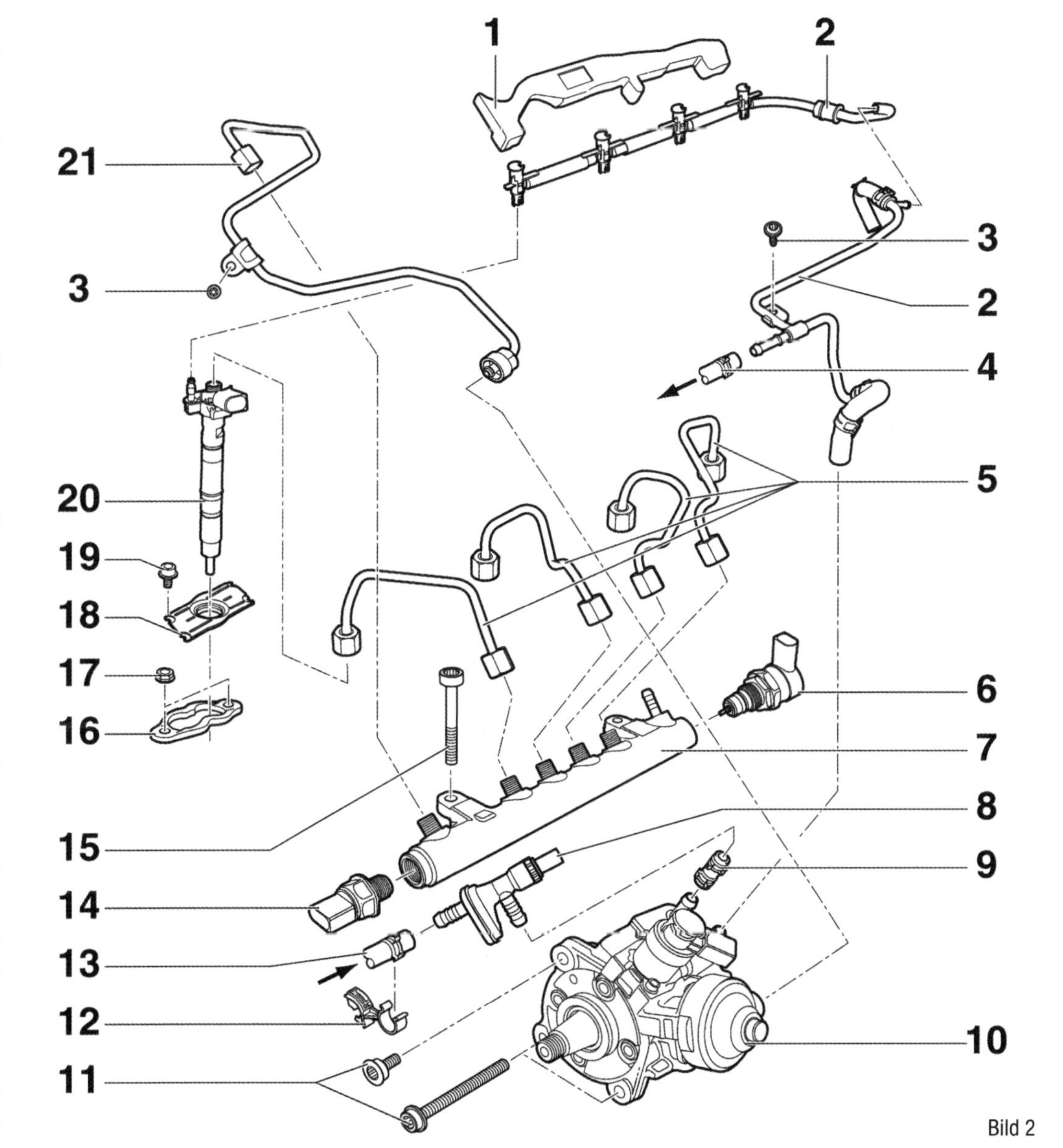

Bild 2

Bild 2
1 Schutzleiste
2 Kraftstoffrücklaufleitungen
3 Anbindung
4 Kraftstoffrücklaufleitung
5 Hochdruckleitungen
6 Regelventil für Kraftstoffdruck
7 Hochdruckspeicher (Rail)
8 Kraftstofftemperaturgeber
9 Kraftstoffvorlaufleitung
10 Hochdruckpumpe
11 Schraube
12 Halter
13 Kraftstoffvorlaufleitung
14 Kraftstoffdruckgeber
15 Schraube
16 Spannpratze
17 Mutter
18 Abdeckung für Einspritzeinheit
19 Schraube
20 Einspritzdüse (Piezo-Injektor)
21 Hochdruckleitung

Kraftstoffrücklaufleitungen kurz vor der (Metall-) Rücklaufleitung einzubauen. Nach Austausch (Ventil-plus-Leitungen) muss der Motor für ca. 2 Minuten im Leerlauf laufen, um das Kraftstoffsystem zu entlüften. Anschließend müssen die Kraftstoffrücklaufleitungen auf Dichtigkeit geprüft werden. Der Kraftstoffkühler muss nicht zwingend eingebaut sein. Auch das separate Vorwärmventil muss nicht eingebaut sein. Die Montageübersicht Bild 1 vermittelt einen Eindruck von der konkreten Umsetzung des Schemas in Funktionsgruppen und Bauteile. Wir geben hier einige der direkt aufs Bauteil bezogenen Arbeitshinweise von VW wieder, um auf die Sensibilität des Systems aufmerksam zu machen. Daran darf nur mit Kenntnis, Sachverstand und Fingerspitzengefühl gearbeitet werden. Hochdruckleitung (21) verläuft zwischen Hochdruckpumpe und Rail-Element (Common Rail, Hochdruckspeicher). Sie muss spannungsfrei eingebaut werden. Die Hochdruckleitung kann wieder verwendet werden, wenn ihr Dichtkonus ohne Beanstandungen auf Verformungen und Risse geprüft wurde und wenn die Leitungsbohrung nicht verformt, verengt oder beschädigt ist. Korrodierte Leitungen dürfen nicht mehr verwendet werden. Die Hochdruckleitungen (21) verlaufen zwischen dem Rail-Element (Hochdruckspeicher (7) und den Einspritzventilen (Piezo-Injektoren (20). Sie dürfen nicht vertauscht und müssen spannungsfrei eingebaut werden. Bei Wiederverwendung der Hochdruckleitungen nach den zu (21) genannten Überprüfungen muss ihre zylinderspezifische Kennzeichnung beachtet werden. Bei Beschädigung der Dichtungen an den Injektoren muss die Zylinderkopfhaube ersetzt werden.

## (T)FSI-Motoren

### FSI-Konzept

Bei einem konventionellen Einspritzsystem für Ottomotoren befindet sich das Einspritzventil im Saugrohr vor dem Einlassventil. Diese Systeme werden dann Saugrohreinspritzer »SRE« genannt. »Direkteinspritzung« bezeichnet ein Verfahren zur Kraftstoffeinspritzung für Dieselmotoren und Ottomotoren. Bei der Direkteinspritzung wird dagegen der Kraftstoff direkt in den Zylinder-Brennraum eingespritzt. Unterschiede zum Dieselmotor bestehen auch in dem deutlich geringeren Einspritzdruck. Der Einspritzdruck beim Saugrohrbenziner ist bei etwa 3,5 - 5 bar angesiedelt. Der »DI«-Benziner spritzt in einem Bereich von 100 – 200 bar ein, beim Common-Rail-Diesel liegt die Einspritzung im Bereich von 1600 – 2000 bar. Bei beiden Motorentypen wird der Einspritzdruck steigen, um die Verwirbelung und den Kraftstoffverbrauch oder auch die Leistung und das Drehmoment zu verbessern.

Durch die direkte Einspritzung sollte eigentlich eine Ladungsschichtung erreicht werden, wodurch der Motor mit Sauerstoffüberschuss besonders sparsam betrieben werden kann.
Zwar wurde aufgrund der schwierigen Gemischbildung und Alltagsproblemen zunehmend auf die Schichtladung verzichtet, die entwickelten Vorteile des Gemischbildungsverfahrens durch Turbolader und/oder Kompressor und die verringerte Motor-Reibleistung sind der Trend in der jüngeren Motorenentwicklung in der Volkswagengruppe.

### FSI, TSI, und TFSI

Die Bezeichnungen sind ähnlich lautend und klingen sportlich dynamisch. Was dahintersteckt sind Abkürzungen für die Motorentechnologie aus der englischen Sprache.

*FSI*

»**F**uel-**S**tratified-**I**njektion« bedeutet Kraftstoff-Schichteinspritzung. Hier findet sich die eigentliche Idee des Systems noch in der Namensgebung wieder.

*TFSI*

»**T**urbo-**F**uel-**S**tratified-**I**njektion« bedeutet Kraftstoff-Schichteinspritzung mit Turboaufladung. Der FSI-Motor ist ein Saugmotor, der auf die leistungssteigernde Beschickung durch einen Turbolader verzichten muss.

*TSI*

»**T**wincharged-**S**tratified-**I**njection verweist ursprünglich nur auf die doppelt aufgeladenen Motoren. Ab Modelljahr 2008 wurden auch die bisherigen nur turbogeladenen Motoren

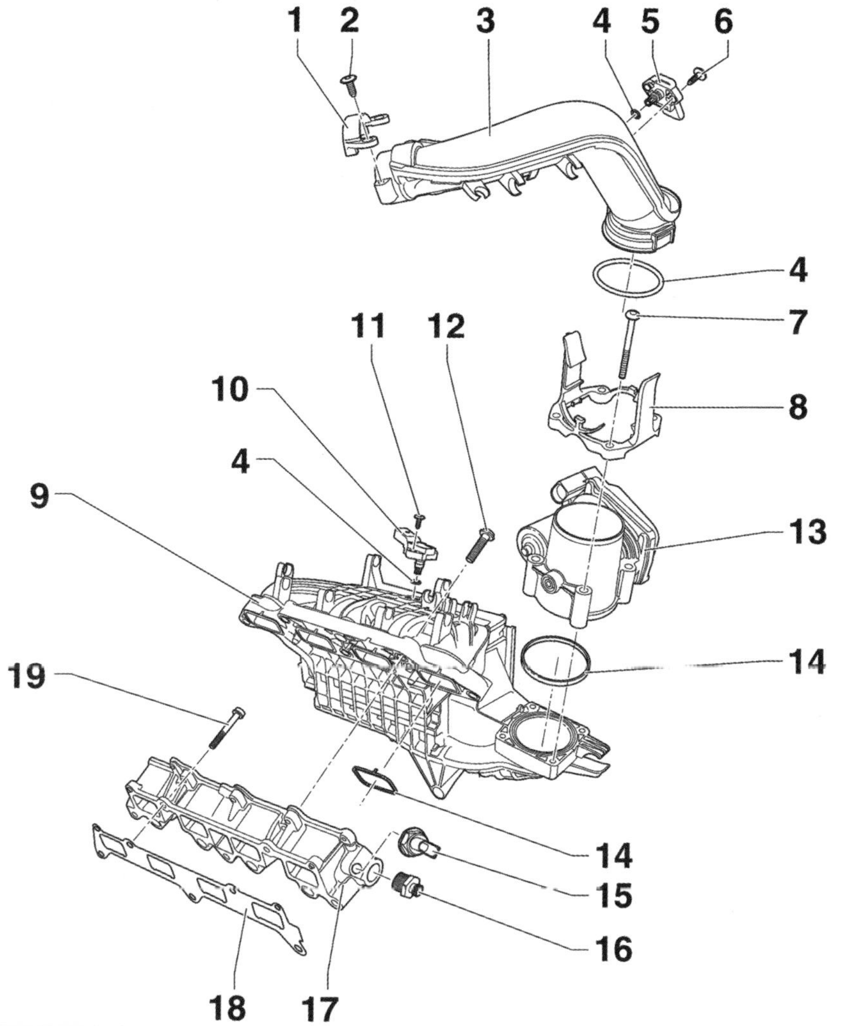


Bild 3

Bild 3
1 Halteklammer
2 Schraube
3 Druckrohr
4 O-Ring
5 Ladedruckgeber mit Ansauglufttemperaturgeber
6 Schraube
7 Schraube
8 Adapter
9 Saugrohr
10 Saugrohrdruckgeber
11 Schraube
12 Schraube
13 Drosselklappensteuereinheit
14 Dichtring
15 Kraftstoffdruckgeber
16 Schraube
17 Saugrohrunterteil
18 Dichtung
19 Schraube

Bild 4
1 O-Ring
2 Federelement
3 Einspritzventil für Zylinder 4
4 Saugrohrunterteil

mit Benzindirekteinspritzung als »**T**urbocharged **S**tratified **I**njection (TSI) in unterschiedlichen Modellen eingesetzt.

**Anlagentypen und Hinweise zur Arbeit**
Die elektronische Zündung ohne Verteiler hat bei den Vierzylinder-Motoren durchweg eine Zündfolge von 1-3-4-2. Je nach Motor, vor allem hinsichtlich der Leistungsstufe, und nach aktuellem Entwicklungsstand werden im Tiguan verschiedene elektronisch gesteuerte Systeme verwendet.

*Hinweise zur Arbeit an der Einspritzung*

- Das Motorsteuergerät ist mit Eigendiagnose ausgestattet. Vor Reparaturen sowie zur Fehlersuche ist als Erstes der Fehlerspeicher abzufragen. Ebenso sind die Unterdruckschläuche und Anschlüsse zu prüfen (Falschluft).
- Das Kraftstoffsystem steht unter Druck.

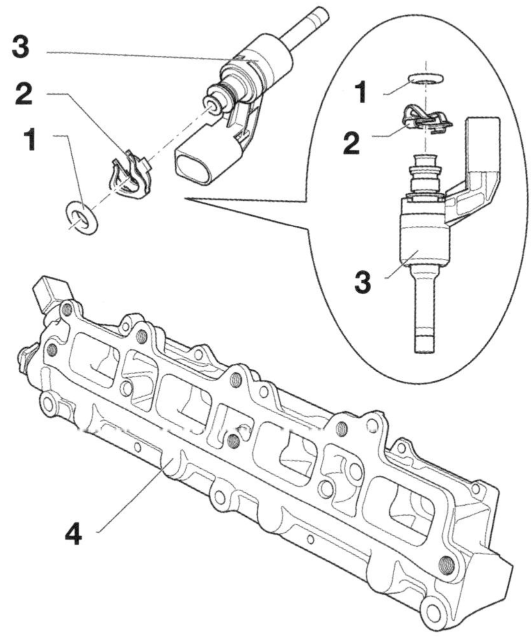


Bild 4

Schutzbrille und Schutzbekleidung tragen. Vor dem Lösen von Schlauchverbindungen einen sauberen Putzlappen um die Verbindungsstelle legen. Dann vorsichtig Druck abbauen.

■ Zur einwandfreien Funktion der elektrischen Bauteile ist eine Spannung von mindestens 11,5 V erforderlich.

■ Vor dem Öffnen des Kraftstoffsystems Zündung ausschalten und Masseband der Batterie abklemmen (»Elektrische Anlage«) oder die zutreffenden Sicherungen (für Kraftstoffpumpe oder Steuergerät) aus den Siche-rungshaltern entfernen: Sicherung SB15 oder/-und SB 33 im Sicherungshalter B in der E-Box im Motorraum (Bild 1 in Kapitel 15) oder/und Sicherung SC 27 im Sicherungshalter C in der Schalttafel links (siehe Bild 7 in Kapitel 15). Das Ab- und Anklemmen der Batterie darf nur bei ausgeschalteter Zündung erfolgen, da sonst das Motorsteuergerät beschädigt werden kann. Zündleitungen bei laufendem Motor oder bei Anlassdrehzahl nicht berühren und nicht abziehen. Leitungen der Anlage, auch Messgeräteleitungen, nur bei ausgeschalteter Zündung ab- und anklemmen.

■ Wenn TSI-Motoren mit Anlassdrehzahl betrieben werden sollen, ohne dass sie anspringen: Sicherung für Steuergerät der Kraftstoffpumpe aus dem Sicherungshalter entfernen, alle Zündkerzenstecker von den Zündkerzen abziehen.

■ Kraftstoffschläuche im Motorraum dürfen nur mit Federbandschellen gesichert werden. Die Verwendung von Klemm- oder Schraubschellen ist nicht zulässig.

■ Keine silikonhaltigen Dichtmittel verwenden. Vom Motor angesaugte Spuren von Silikonbestandteilen werden im Motor nicht verbrannt und schädigen die Lambdasonde.

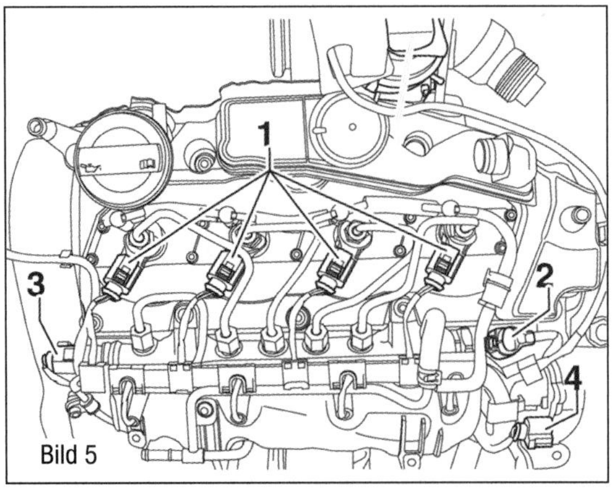


Bild 5
1 Steckkontakte an den Einspritzdüsen
2 elektrischen Anschluss Drucksensor
3 Railsrucksensor
4 Steckkontakt

■ Prüf- und Messgeräte an Bord bei Probefahrten sind immer auf dem Rücksitz zu befestigen und durch eine zweite Person auch von dort zu bedienen. Wenn die Prüf- und Messgeräte vom Beifahrersitz aus bedient werden, könnte es bei einem Unfall durch das Auslösen des Beifahrer-Airbags zu Verletzungen der dort sitzenden Person kommen.

■ Springt der Motor nach Fehlersuche, Reparatur oder Prüfungen von Bauteilen nur kurz an und geht dann aus, kann das daran liegen, dass die Wegfahrsicherung das Motorsteuergerät sperrt. Dann muss das Steuergerät mit dem Diagnosetester angepasst werden (VAS 505x: »Geführte Funktion«).

## Einspritzdüsen wechseln

**TDI-Injektor wechseln**

Bei jedem Aus- und Einbau von Injektoren müssen folgende Bauteile und Dichtungen oder O-Ringe erneuert werden:
- »Kupferscheibe«
- »O-Ring vom Injektorschacht«
- »Schraube für Spannpratze«
- »Halteklammer Rücklaufleitung«

Beim Erneuern eines Injektors müssen folgende Bauteile und Dichtungen oder O-Ringe erneuert werden:
- »Spannpratze«
- »Kupferscheibe«
- »Schraube für Spannpratze«

■ Bauen Sie die Motorabdeckung ab.

■ Nehmen Sie die Geräuschdämpfung von der Zylinderkopfhaube ab.

■ Ziehen Sie die Steckverbindung (1) an den auszubauenden Injektoren ab (Bild 5).

■ Reinigen Sie vor dem Ausbau (z. B. mit handelsüblichem Kaltreiniger) den Rücklaufleitungs-Anschluss an den auszubauenden Einspritzeinheiten.

■ Trocknen Sie den Rücklaufleitungs-Anschluss.

■ Decken Sie den Rücklaufleitungs-Anschluss mit einem Putzlappen ab.

■ Ziehen Sie die Anschlüsse der Kraftstoffrücklaufleitung an den auszubauenden Injektoren ab. Drücken Sie dazu den Anschluss an den Laschen nach unten und ziehen Sie das Mittelstück zum Entriegeln nach oben.

Achten Sie auf Sauberkeit! Schmutz darf keinesfalls in die abgezogenen Rücklaufleitungen und in die Anschlüsse der Einspritzeinheiten gelangen. Schützen Sie alle geöffneten Kraftstoffanschlüsse unbedingt mit geeigneten Mitteln vor Schmutzeintrag.

■ Schrauben Sie die Hochdruckleitung zwischen Rail und den auszubauenden Injektoren ab.
■ Schrauben Sie die Befestigungsschrauben der Abdeckung der auszubauenden Injektoren heraus.
■ Heben Sie die Abdeckung etwas an und drehen Sie sie um 90°, um die Befestigungsmuttern des Injektors freizulegen.

Beim Drehen der Befestigungsmuttern des Injektors besteht die Gefahr, dass die jeweilige Mutter in den Zylinderkopf fällt. Gehen Sie mit großer Vorsicht vor, um unnötige Montagearbeiten oder Folgeschäden zu vermeiden.
■ Drehen Sie die Befestigungsmuttern der entsprechenden Einspritzeinheit heraus.
■ Setzen Sie den Abzieher (T10055) mit dem Adapter (T10055/1) wie im Bild 6 gezeigt an und ziehen Sie durch Klopfbewegungen den Injektor nach oben heraus.

Die Montage erfolgt weitestgehend und sinngemäß in umgekehrter Reihenfolge.

Vor Wiederverwendung der »Einspritzhochdruckleitung« müssen die Dichtkonen durch Augenschein auf Beschädigungen wie Querriefen oder Korrosion geprüft werden. Bei Beschädigung immer ersetzen!
■ Demontierte Einspritzventile, Hochdruckleitungen und Spannpratzen dürfen bei Weiterverwendung nur wieder am selben Ort (Zylinder) montiert werden.
■ Beim Lösen von Hochdruckleitungen muss am Hochdruckstutzen gegengehalten werden.
■ Die Halteklammern von Hochdruckleitungen müssen immer ersetzt werden.
■ Sprühen Sie die Spitze der Einspritzeinheit mit einem Rostlösespray ein. Nach ca. 5 Minuten entfernen Sie mit einem Lappen die Ruß- bzw. Ölpartikel.

**1,4 l (T)FSI – Injektor wechseln**
Am Zylinderkopf sitzt das Saugrohr mit Drosselklappensteuereinheit und Kraftstoffverteiler, der beim 1,4 l TSI am Saugrohrunterteil angeschraubt ist. Am Kraftstoffverteiler sind mit Halteklammern die Einspritzventile eingebaut; bei den TSI-Motoren sind es Direkteinspritzventile, die über den Verteiler von der Hochdruckpumpe mit Kraftstoff versorgt werden.

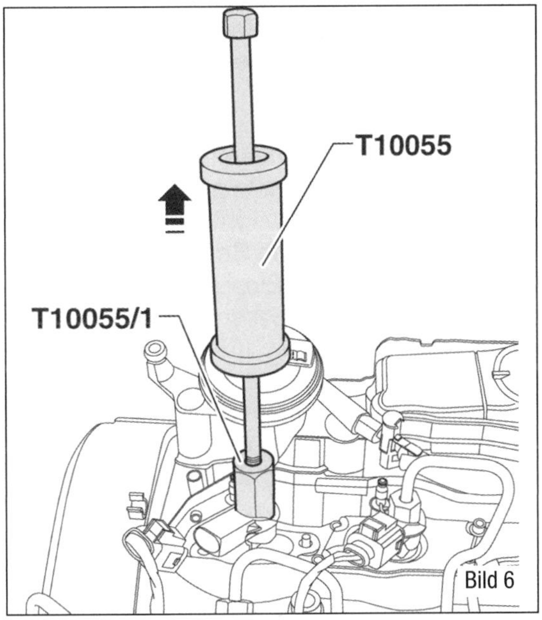


Bild 6
Ausziehen der Einspritzeinheit.

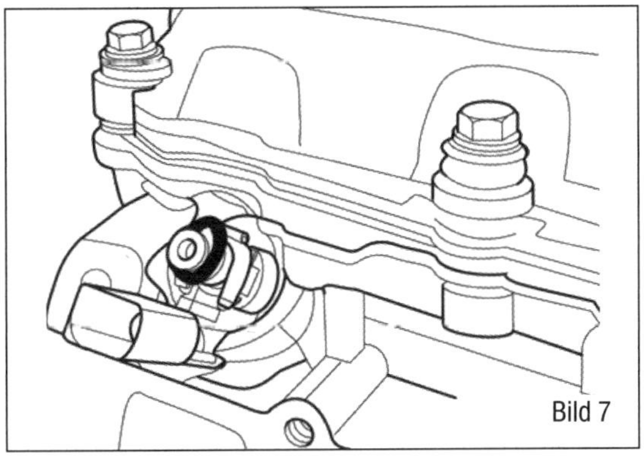


Bild 7
Demontage des O-Rings

■ Bauen Sie das Saugrohr aus.
■ Bauen Sie das Saugrohrunterteil aus.
■ Drücken Sie den O-Ring von Hand wie gezeigt nach oben und nehmen Sie ihn vom Einspritzventil ab (Bild 7).
■ Verschrauben Sie den Schlaghammer (T10133/3) mit dem Abzieher (T10133/15).
■ Ziehen Sie das Einspritzventil mit vorsichtigen Schlägen heraus.

*Montage*:
■ Reinigen Sie die Bohrungen der Einspritzventile im Zylinderkopf gründlich mit der Nylonbürste (T10133/4).
■ Prüfen Sie die Stützscheibe aus Kunststoff auf Beschädigungen, ggf. ersetzen.

- Ersetzen Sie nach jedem Ausbau der Einspritzventile das Federelement sowie den Teflondichtring.
- O-Ringe zwischen Einspritzventil und Saugrohrunterteil ersetzen und leicht mit sauberem Motoröl benetzen.
- Drücken Sie das Einspritzventil von Hand bis zum Anschlag in die Bohrung des Zylinderkopfes ein. Das Einspritzventil muss sich leicht einsetzen lassen, ggf. noch warten, bis sich der Dichtring so weit zusammengezogen hat.
- Achten Sie auf korrekten Sitz und Einbaulage der Einspritzventile im Zylinderkopf.
- Setzen Sie das Saugrohrunterteil vorsichtig auf die Einspritzventile und ziehen Sie die Befestigungsschrauben mit 20 Nm fest.
- Bauen Sie das Saugrohr ein.

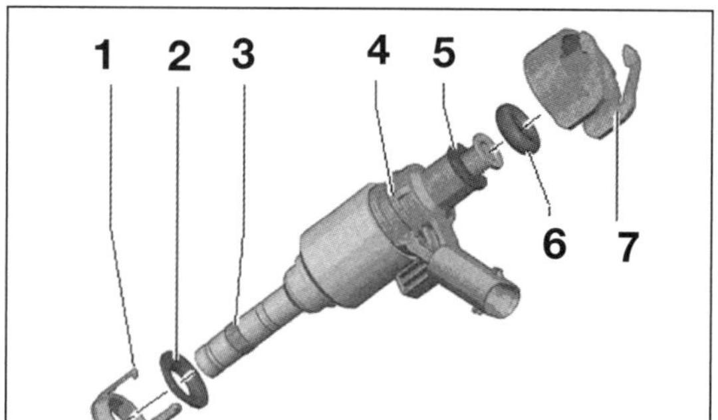


Bild 8
Einspritzventil (Injektor) (neue Version).
1 Zwischenring
2 Aufnahme
3 Brennraumdichtring
4 Einspritzventil
5 Distanzring
6 O-Ring
7 Stützring

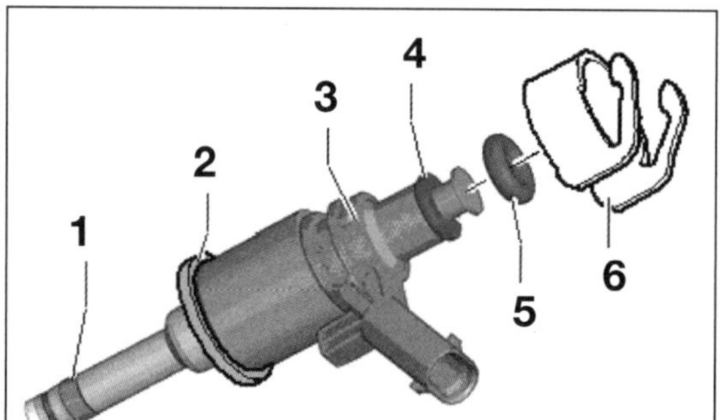


Bild 9
Einspritzventil (Injektor) (alte Version).
1 Brennraumdichtring
2 Stützring
3 Einspritzventil
4 Distanzring
5 O-Ring
6 Stützring

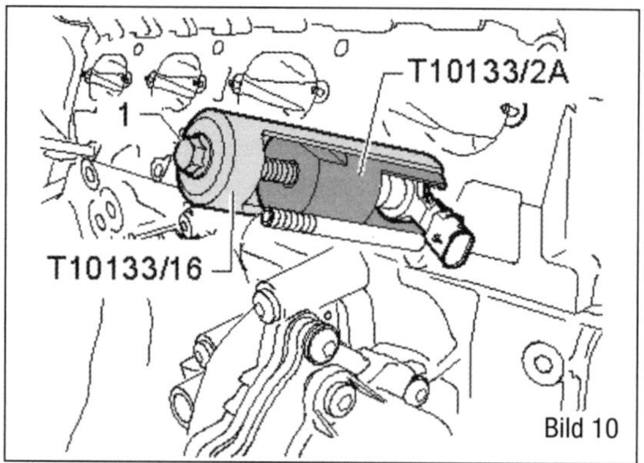


Bild 10
Ausziehen des Injektors.
1 Schraube

**2,0 l (T)FSI – Injektor wechseln**

- Saugrohr mit Kraftstoffverteiler ausbauen. Wenn die Einspritzventile im Kraftstoffverteiler stecken bleiben, ziehen Sie sie aus dem Kraftstoffverteiler heraus.
- Ansaugkanäle mit einem sauberen Lappen verschließen.
- Abstützelement herunternehmen und Stecker von den Einspritzventilen abziehen.
- Setzen Sie den Abzieher (T10133/2A) in die Rille am Einspritzventil.
- Demontagewerkzeug (T10133/16) aufsetzen und durch Drehen der Schraube (1) das Einspritzventil herausziehen (Bild 10).

Achten Sie auf die Zwischenringe. Der Teflondichtring ist grundsätzlich vor Wiedereinbau des Einspritzventils zu ersetzen.

*Montage*

Der Teflondichtring des Einspritzventils darf nicht eingeölt oder gefettet werden. Möglicherweise behindert ein geöffnetes Einlassventil die Reinigung. Für diesen Fall ist der Motor mit einem Schraubenschlüssel von Hand an der Kurbelwelle weiterzudrehen.

- Reinigen Sie die Bohrungen der Hochdruck-Einspritzventile im Zylinderkopf gründlich mit der Nylonbürste (T10133/4).
- Die Teflondichtring des Einspritzventils bitte ersetzen.
- Das Einspritzventil mit den Teilen aus dem Reparatursatz komplettieren.
- Das Einspritzventil von Hand bis zum Anschlag in die Bohrung des Zylinderkopfes (öl- und fettfrei) eindrücken.

Auf die korrekte Lage der Einspritzventile im Zylinderkopf achten. Sollte das Einsetzen des Einspritzventils von Hand nicht gehen, benutzen Sie den Abzieher (T10133/2A-2) mit dem Schlaghammer (T10133/3) zum Einführen des Einspritzventils.

- Stützring auf das Einspritzventil stecken.
- O-Ringe des Hochdruck-Einspritzventils leicht mit sauberem Motoröl benetzen.
- Saugrohr mit Kraftstoffverteiler einbauen.

Die weitere Montage erfolgt weitestgehend und sinngemäß in umgekehrter Reihenfolge.

## Glühkerzen wechseln

**2,0 l TDI-Motor**

■ Schalten Sie die Zündung aus.
■ Bauen Sie die Motorabdeckung ab.
■ Nehmen Sie die Geräuschdämpfung an den Injektoren heraus.
■ Ziehen Sie die Steckverbindungen an den Injektoren, dem Drucksensor für Abgas und dem Raildrucksensor ab.
■ Drehen Sie die Befestigungsschrauben der Kühlmittelleitung auf dem Saugrohr heraus und legen Sie die Leitung vor dem Saugrohr ab.
■ Setzen Sie die Zange (3314) mit der Zangennut am Bund der Stützhülse und ziehen Sie die Stecker von den Glühstiftkerzen ab.

Achten Sie darauf, dass keine Kabelverbindung beim Abziehen der Steckverbindungen beschädigt wird. Ansonsten muss der gesamte Leitungsstrang erneuert werden. Drücken Sie die Zange (3314) zum Abziehen der Steckverbindungen nicht zu fest zusammen, da sonst die Stützhülse beschädigt werden kann.

■ Ziehen Sie die Steckverbindung vorsichtig von der Glühstiftkerze ab.
■ Schrauben Sie die Befestigungsmutter der Kraftstoffrücklaufleitung auf dem Saugrohr ab, öffnen Sie die Schelle und ziehen Sie die Leitung am Rail ab.

*(Motorkennbuchstaben CBAA, CBBB, CBAB, CBBA, CBDB, CBDC, CBAC, CBDA)*
■ Ziehen Sie die Anschlüsse der Kraftstoffrücklaufleitung an den Injektoren ab. Drücken Sie dazu den Anschluss an den Laschen nach unten und ziehen Sie das Mittelstück zum Entriegeln nach oben.

Achten Sie auf Sauberkeit. Schmutz darf keinesfalls in die abgezogenen Rücklaufleitungen und in die Anschlüsse der Einspritzeinheiten gelangen.
■ Nehmen Sie die komplette Rücklaufleitung ab und legen Sie sie vor dem Saugrohr ab.
■ Nehmen Sie die Kabelführung ab und legen Sie sie zur Seite.
■ Reinigen Sie den Glühkerzenkanal im Zylinderkopf (Schmutz darf nicht in den Zylinder fallen).

*(Motorkennbuchstabe CJAA)*
■ Lösen Sie die Federbandschelle mit der Zange für Federbandschellen (VAS 6362) und ziehen Sie die Leitung am Rail-Element (Hochdruckspeicher) ab.
■ Reinigen Sie vor dem Ausbau (z. B. mit handelsüblichem Kaltreiniger) den Rücklaufleitungs-Anschluss an den Einspritzeinheiten.
■ Trocknen Sie die Rücklaufleitungs-Anschlüsse.
■ Decken Sie die Rücklaufleitungs-Anschlüsse mit einem Putzlappen ab.
■ Ziehen Sie die Anschlüsse der Kraftstoffrücklaufleitung an den Einspritzeinheiten ab. Zum Entriegeln bitte nach oben ziehen.

Achten Sie auf Sauberkeit. Es darf kein Schmutz in die abgezogenen Rücklaufleitungen und in die Anschlüsse der Einspritzeinheiten gelangen.
■ Lösen Sie die Federbandschelle mit der Zange für Federbandschellen (VAS 6362) und ziehen Sie die Kraftstoffrücklaufleitung ab.

*weiter für alle Motoren*
Beispiel zum Reinigen:
■ Groben Schmutz mit einem Staubsauger aussaugen.
■ Sprühen Sie einen Bremsenreiniger oder einen geeigneten Reiniger in den Glühkerzenkanal, kurz einwirken lassen und mit Pressluft ausblasen.
■ Reinigen Sie anschließend den Glühkerzenkanal mit einem Öl benetzten Lappen.
■ Verwenden Sie zum Lösen der Glühkerzen den Gelenkschlüssel Schlüsselweite 10 (3220).

*Montage*
■ Verwenden Sie zum Festziehen der Glühkerzen den Gelenkschlüssel Schlüsselweite 10 (3220) mit einem geeigneten Drehmomentschlüssel.
■ Ziehen Sie die Glühkerzen mit dem Anzugsdrehmoment von 18 Nm fest.
■ Stecken Sie die Glühkerzenstecker wieder auf die jeweilige Glühkerze, auf festen Sitz achten.

Der weitere Einbau erfolgt in umgekehrter Reihenfolge.
■ Löschen Sie den Ereignisspeicher des Motorsteuergeräts.

## Zündsystem am (T)FSI

Ein weiterer Teil des Systems ist die Zündanlage. 1,4 TSI-Turbo- und Twincharger haben keinen Zündtrafo, sondern auf jeder Zündkerze eine Zündspule mit Leistungsendstufe. Die Spulen sind in der Zylinderreihenfolge benannt: Spule 1 = N70, Spule 2 = N127, Spule 3 = N291, Spule 4 = N292. Die Leitungsführung für die vierpoligen Zündspulenstecker ist bei den 1,4 TSI mit 5 Nm-Schrauben am Nockenwellengehäuse festgeschraubt.

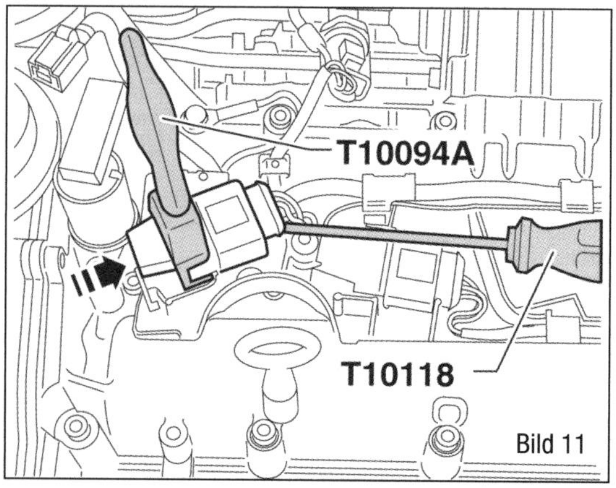


Bild 11
Einsatz des Werkzeugs für die Montagearbeiten.

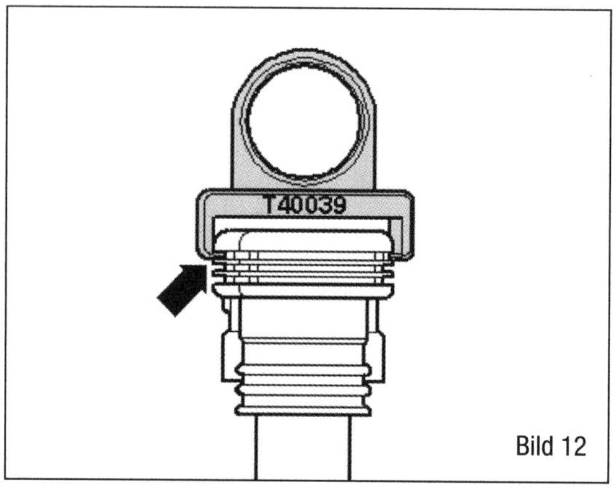


Bild 12
Werkzeug in der ersten Rille einsetzen!

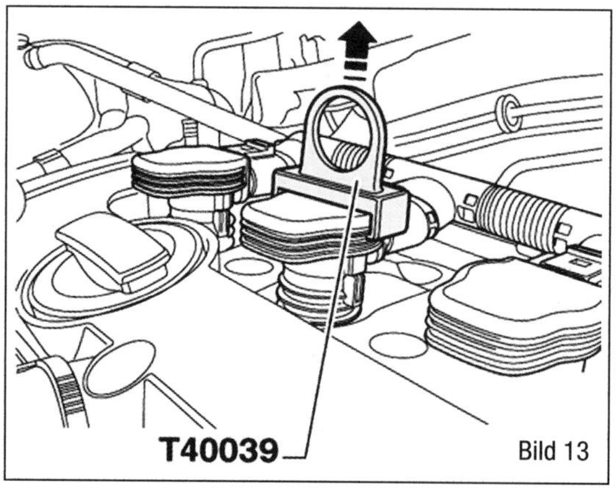


Bild 13
Abziehen der Zündspule.

**Zündkerzen wechseln 1,4 l (T)FSI**

- Setzen Sie den Abzieher (T10094 A) auf die Zündspule mit Leistungsendstufe (Pfeil, Bild 11).
- Ziehen Sie die Zündspule mit Leistungsendstufe etwas heraus.
- Setzen Sie das Montagewerkzeug (T10118) wie gezeigt an.
- Lösen Sie vorsichtig die Steckerverriegelung und ziehen den Stecker ab.
- Drehen Sie die Zündkerzen mit Zündkerzenschlüssel (3122 B) heraus.

*Montage*:

- Drehen Sie die Zündkerzen mit Zündkerzenschlüssel (3122 B) und einem Drehmomentschlüssel auf 30 Nm fest.
- Setzen Sie den Abzieher (T10094 A) auf die Zündspule mit Leistungsendstufe.
- Schieben Sie den Stecker auf die Zündspule mit Leistungsendstufe, bis er hörbar einrastet.
- Drücken Sie die Zündspule mit Leistungsendstufe fest in den Zylinderkopf.

**Zündkerzen wechseln 2,0 l (T)FSI**

- Ziehen Sie mit dem Abzieher (T40039) alle Zündspulen ca. 30 mm aus dem Zündkerzenschacht (Bilder 12 und 13).
- Entriegeln Sie die Stecker und ziehen Sie alle Stecker gleichzeitig von den Zündspulen.
- Reinigen Sie den Kerzenschacht gründlich mit Druckluft.

*Montage*:

- Achten Sie auf den vorgeschriebenen Elektrodenabstand der Zündkerzen.
- Bauen Sie die Zündkerzen ein (25 Nm).
- Stecken Sie alle Zündspulen locker in den Zündkerzenschacht.
- Richten Sie die Zündspulen zu den Steckern aus und stecken Sie alle Stecker gleichzeitig auf die Zündspulen.
- Drücken Sie die Zündspulen gleichmäßig mit der Hand auf die Zündkerzen.

## Kraftstofffilter wechseln

**TDI-Motoren**

Hier finden Sie im Wesentlichen zwei unterschiedliche Systeme, die sich durch den Druck voneinander unterscheiden.

*0,5-bar-Kraftstoffniederdruck-System (Bild 14)*
- Stellen Sie den Motor ab.
- Trennen Sie die Schnellverschlüsse der Kraftstoffleitungen.
- Öffnen Sie die Schellen und ziehen Sie die Kraftstoffschläuche Kraftstofffilter ab.
- Clipsen Sie den Halter für Kühlmittelschlauch aus, indem Sie ihn zu Seite drücken.
- Drehen Sie die Befestigungsschrauben (10) heraus.
- Nehmen Sie den Kraftstofffilter nach oben heraus.
- Fangen Sie eventuell abtropfenden Kraftstoff mit einem geeigneten Lappen auf.

*6,0-bar-Kraftstoffniederdruck-System (Bild 15)*
- Steckkupplungen trennen.
- Stellen Sie den Motor ab.
- Halter für Kühlmittelschlauch (1) ausclipsen.
- Schellen öffnen und Kraftstoffschläuche abziehen.
- Stecker am Kraftstofftemperaturgeber trennen.
- Kraftstofffilter an den Befestigungen (4 im Bild 15) abschrauben.
- Kraftstofffilter nach oben herausnehmen.
- Eventuell auslaufenden Kraftstoff mit einem geeigneten Lappen auffangen.

Der Einbau erfolgt in umgekehrter Reihenfolge. Dabei ist Folgendes zu beachten:
- Kraftstoffschläuche müssen knickfrei verlegt werden.
- Auf festen Sitz der Kraftstoffschläuche achten.
- Vor- und Rücklaufleitung nicht vertauschen (Rücklaufleitung blau bzw. mit blauer Markierung, Vorlaufleitung weiß, bzw. weiße Markierung).
- Kraftstoff- und Kühlmittelschläuche wieder in die Halterungen clipsen.
- Entlüften Sie das Kraftstoffsystem.

**(T)FSI-Motoren**
Das Druckbegrenzungsventil und der Kraftstofffilter sind im Kraftstoffflansch auf der linken Seite im Tank integriert und können nicht einzeln ersetzt werden. Die Montagearbeiten haben wir bereits für die »Kraftstofffördereinheit« abgearbeitet.

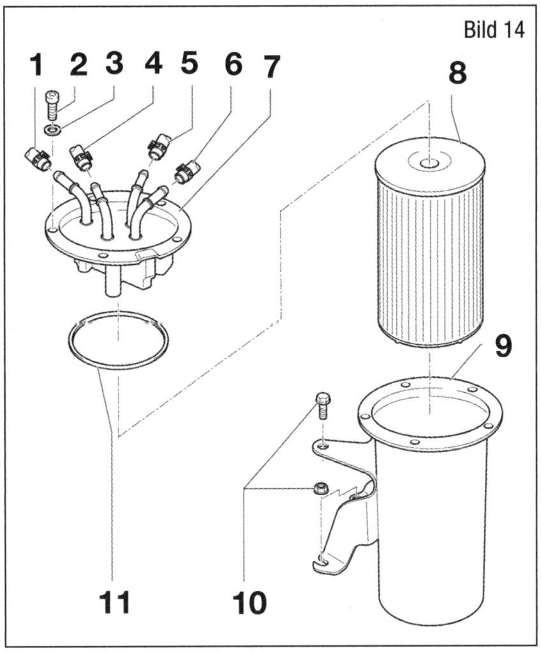


Bild 14
0,5-bar-System.
1 Kraftstoffleitung
2 Schraube
3 Scheibe
4 Kraftstoffleitung
5 Kraftstoffleitung
6 Kraftstoffleitung
7 Kraftstofffilter-Oberteil
8 Wechselfilter
9 Kraftstofffilter-Unterteil
10 Schraube
11 Dichtring

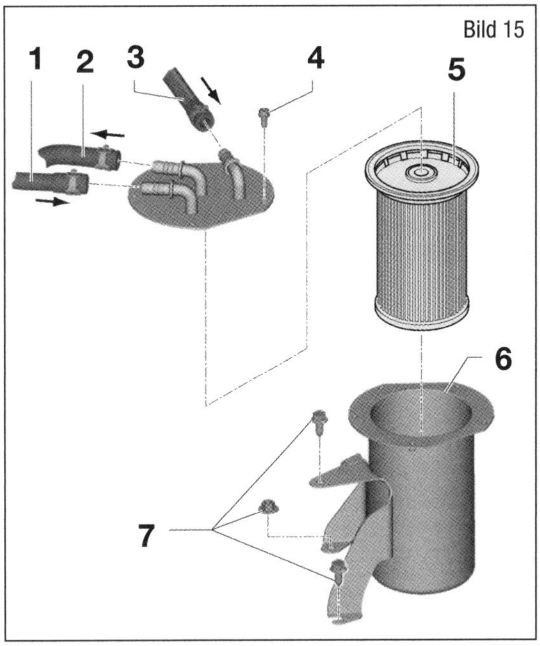


Bild 15
6,0-bar-System.
1 Vorlaufleitung vom Kraftstoffbehälter
2 Vorlaufleitung zur Hochdruckpumpe
3 Rücklaufleitung
4 Schraube für Kraftstofffilter Oberteil
5 Wechselfilter
6 Kraftstofffilter-Unterteil
7 Schraube

## Luftfilter wechseln

Beim Ausblasen des Luftfiltergehäuses mit Pressluft ist Folgendes zu beachten: Zur Vermeidung von Funktionsstörungen bitte die kritischen Luft führenden Motorbauteile wie Luftmassenmesser, Lufteinlassrohre usw. mit einem sauberen Putzlappen abdecken. Schlauchstutzen und Schläuche für Ladeluftsystem müssen vor dem Montieren öl- und fettfrei sein. Verwenden Sie keine silikonhaltigen Gleitmittel bei der Montage.

Sichtprüfung Messen

**TDI-Motoren**

■ Stellen Sie den Motor ab.

■ Ziehen Sie die Steckverbindung zum Luftmassenmesser (2) ab (Bild 16).

■ Drehen Sie die Befestigungsschrauben (5) heraus.

■ Nehmen Sie den Luftfiltereinsatz (13) heraus.

Der Einbau erfolgt in umgekehrter Reihenfolge. Reinigen Sie vor der Montage des neuen Filtereinsatz den Luftfilterkasten mit einem Staubsauger.

Bild 16
Luftfilter bei CBAA, CBBB, CBAB, CBBA, CBDB, CBDC, CBAC, CBDA; für den CJAA sieht die Bauweise ähnlich aus.

1 Ansaugschlauch zum Abgasturbolader
2 Luftmassenmesser
3 O-Ring
4 Unterdruckschlauch
5 Schraube
6 Luftfilteroberteil
7 Ansaugluftführung
8 Schraube
9 Luftführungsschlauch
10 Entwässerungsrohr
11 Luftfilterunterteil
12 Schraube
13 Filtereinsatz
14 Schraube
15 Verbindungsrohr

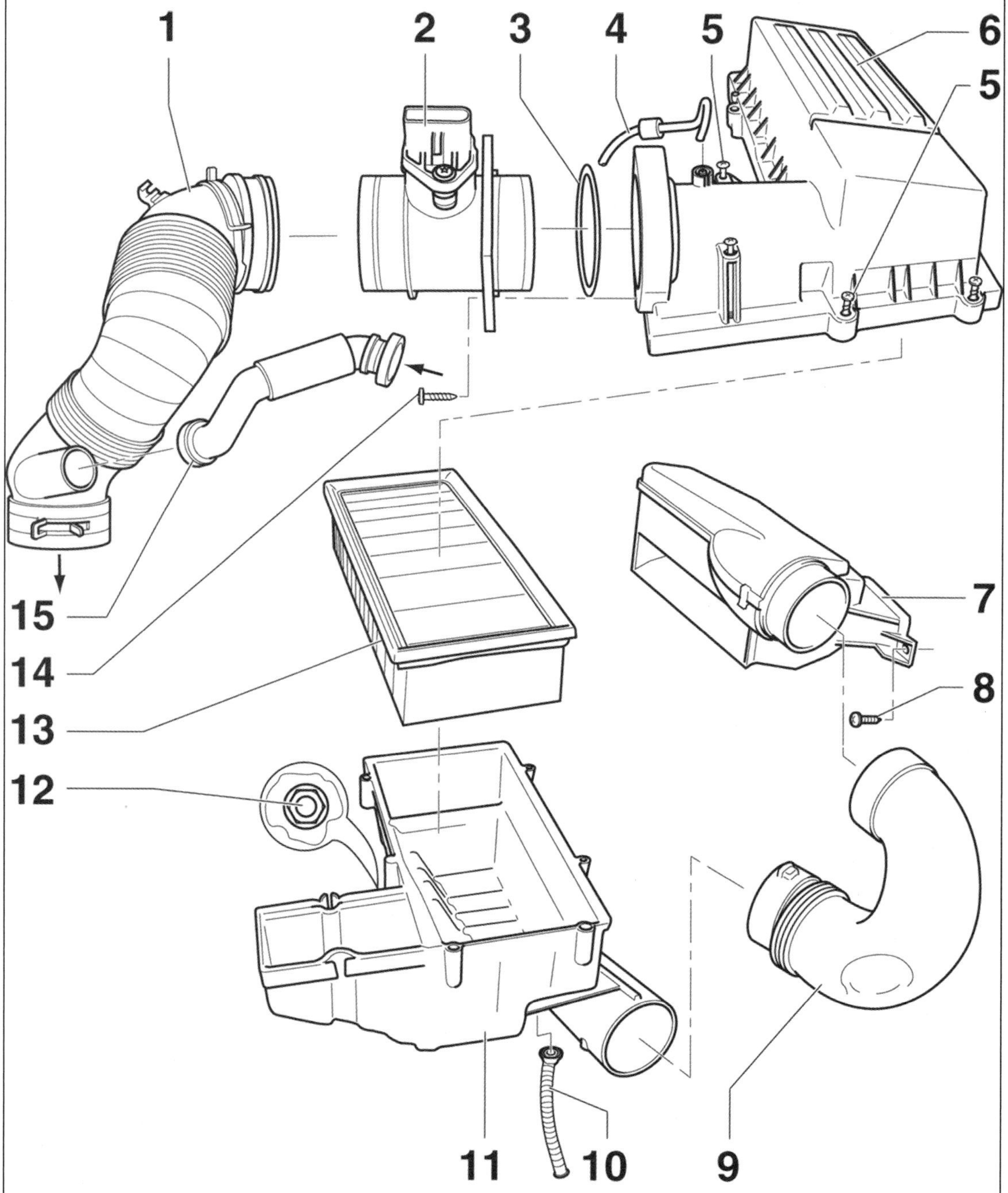


Bild 16

**1,4 l (T)FSI-Motoren**

■ Drücken Sie die Verrastungen und nehmen Sie die Abdeckung vom Ansaugstutzen im Frontblech ab.

■ Ziehen Sie den Unterdruckschlauch (16 im Bild 17) am Luftfiltergehäuse ab.

■ Drehen Sie die Befestigungsschraube (2) heraus und ziehen Sie das Luftfiltergehäuse nach oben von den Lagerbolzen.

Der Einbau erfolgt in umgekehrter Reihenfolge.

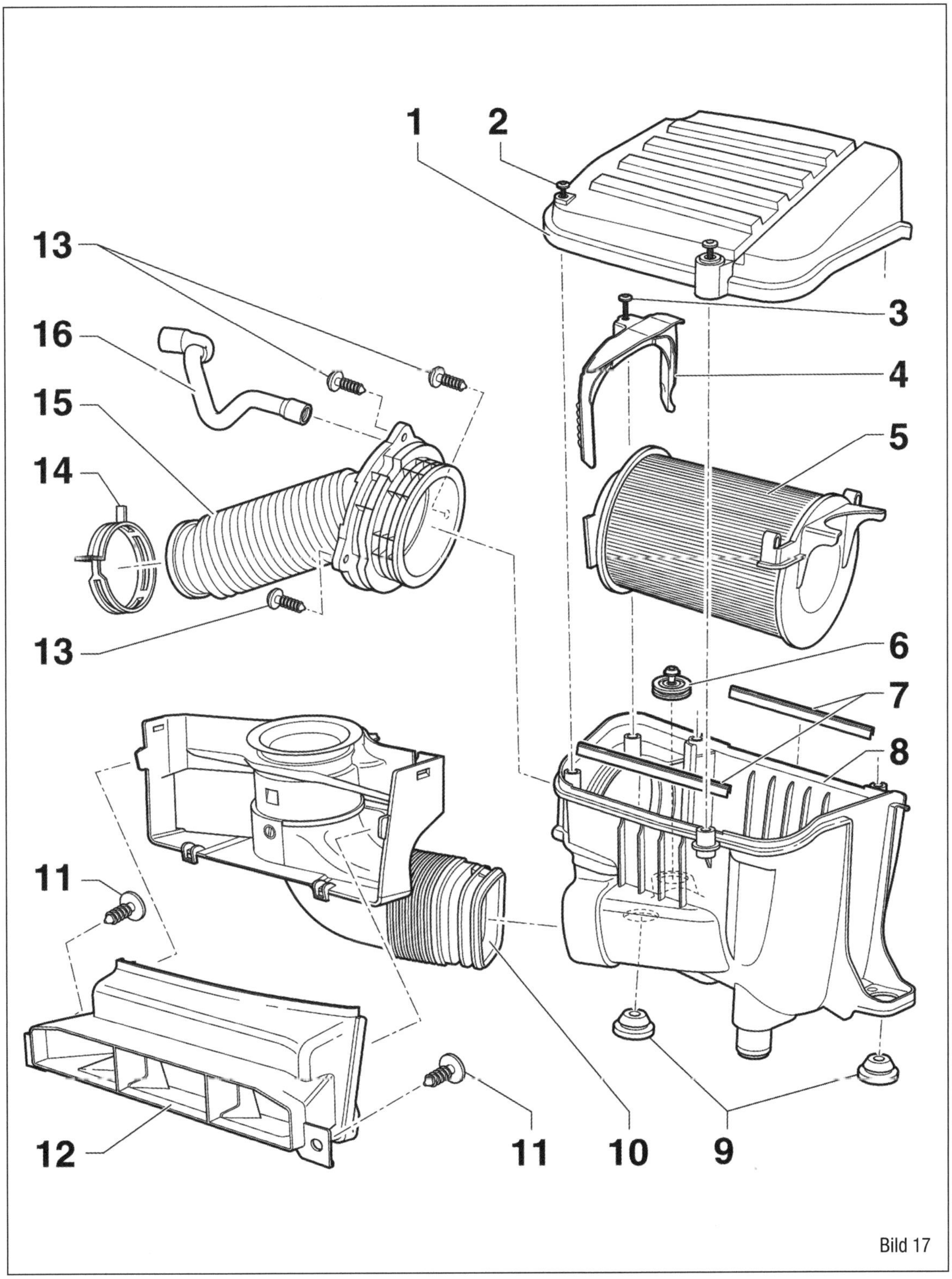


Bild 17
Luftfilter 1,4 l (T)FSI.
1 Luftfilteroberteil
2 Schraube
3 Schraube
4 Halter
5 Filtereinsatz
6 Gummimetalllager
7 Dichtleisten
8 Luftfilterunterteil
9 Gummilager
10 Ansaugstutzen
11 Schraube
12 Ansaugluftführung
13 Schraube
14 Federbandschelle
15 Ansaugschlauch
16 Unterdruckschlauch

**2,0 l (T)FSI-Motoren**
Die Bauweise des Luftfilterkasten ähnelt dem des Diesels sehr stark. Die Abbildung 16 kann daher als Ansicht verwendet werden.

*Motorkennbuchstabe CBFA:*
- Schlauch zum Motor für Sekundärluftpumpe vom Luftfiltergehäuse abziehen.

Bild 18
VAG-COM oder VCDS mit Laptop.

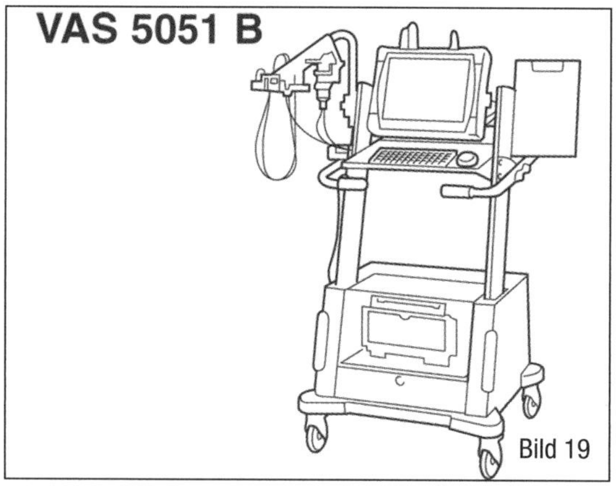


Bild 19
VAG Tester in Werkstattstation.

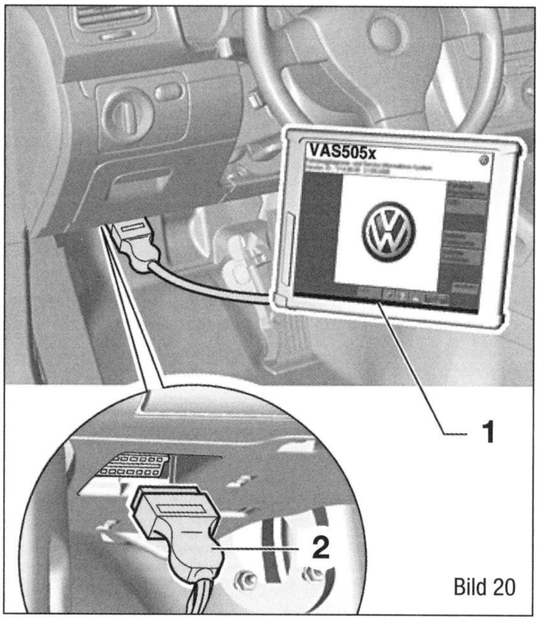


Bild 20
1 VAG Tester als Tabletgerät
2 Anschlussstecker an die E-OBD-Dose im Fußraum

*Alle:*
- Schrauben Sie die Schrauben (5 in Bild 16) vom Luftfilteroberteil heraus.
- Heben Sie das Luftfilteroberteil hoch und nehmen Sie den Luftfiltereinsatz heraus.
- Nehmen Sie das Schneesieb (nicht bei allen Fahrzeugen eingebaut) heraus und reinigen Sie es.
- Reinigen Sie den Wasserablauf (10) und das Luftfilterunterteil.
- Achten Sie beim Einbau vom Luftfiltereinsatz, dass dieser zentriert in der Aufnahme im Luftfilterunterteil aufgesetzt wird.
- Setzen Sie das Luftfilteroberteil sorgfältig ohne größere Kräfte auf das Luftfilterunterteil auf. Hierbei ist darauf zu achten, dass das Luftfilteroberteil nicht schräg auf den Luftfiltereinsatz aufgesetzt wird (Dichtlippe vom Luftfiltereinsatz beachten).

Der weitere Einbau erfolgt in umgekehrter Reihenfolge.

## Fahrzeugdiagnosetester einsetzen

Es gibt eine Reihe von Arbeiten im Bereich der Einspritz- und Zündanlage, die man ohne Tester mit Übung und Erfahrung, unter Einsatz bestimmter Spezialwerkzeuge und am besten auch mit fachkundiger Beratung in einer Mietwerkstatt ausführen kann. Darauf gehen wir mit den folgenden Arbeitsbeschreibungen ein. Vielfach aber kann man an den elektronisch gesteuerten Einspritzsystemen nur selbst Hand anlegen, wenn man über einen Diagnosetester verfügt. Das Steuergerät kann zwar viele Fehler an elektrischen Teilen der Einspritz- und Zündanlage per Selbstdiagnose erkennen und sie in einem Fehlerspeicher ablegen. Dabei wird auch eine Entscheidung getroffen, ob es sich um permanente Fehler oder um sporadische Mängel handelt.

**Diagnosegeräte**
Zum Abfragen des Fehlerspeichers aber wird das Diagnosegerät benötigt. Volkswagen-Werkstätten verwenden das schon mehrmals erwähnte VAS 505x, aber mit geeigneter Software und gewisser Kenntnis der Funktions- und Vorgehensweise sind auch andere Werkstattsysteme zu verwenden, wie sie in vielen Mietwerkstätten vorhanden sind. Wir haben schon auf das System »VCDS«

hingewiesen. Es ist absehbar, dass sich dieser hochwertige Tester in freien Werkstätten verbreitet. Die Firma PCI Tuning bietet auf Internetseiten Fehlerbeschreibungen und das Vorgehen mit dem VCDS an.

### Anschluss am Fahrzeug

- Schließen Sie ein Erhaltungsladegerät an die Batterie an.
- Stecken Sie den Stecker der Diagnoseleitung auf den Diagnoseanschluss (Bild 20).
- Schalten Sie den Fahrzeugdiagnosetester ein.
- Zündung einschalten.
- Folgen Sie den Anzeigen auf dem Bildschirm, um die gewünschten Funktionen zu starten.

### Fehlerspeicher auslesen (am Beispiel »Motor«)

Die meisten der Fahrzeugtester arbeiten »Menü-geführt«. Das bedeutet, Sie werden mit der Displayanzeige oder der Bildschirmanzeige durch einzelne Menüpunkte geführt, indem Sie diese mit Cursor oder Maustaste anwählen. Die Menüpunkte hängen wesentlich von den freigegebenen Funktionen des Steuergerätes ab und weiterhin natürlich auch von der Ausarbeitung durch den Testerhersteller. Für die VW/Audi-Szene hat sich der VAG-Com als verbreiteter Standardtester durchgesetzt. Wir zeigen Ihnen am Beispiel der Fehlerspeicherauslese für das Motorsteuergerät die wirklich einfache Vorgehensweise. Die Vorgehensweise verändert sich für andere Steuergeräte und auch Funktionen so unwesentlich, dass wir auf weitere Beschreibungen verzichten und Sie auf die praktische Arbeit mit Ihrem Tester verlagern wollen. Achten Sie auf die Beschreibungen des Testers!

- Schließen Sie ein Erhaltungsladegerät an die Batterie an.
- Stecken Sie den Stecker der Diagnoseleitung auf den Diagnoseanschluss (Bild 20).
- Klicken Sie auf die Taste »Verbaut«.
- Klicken Sie auf die Taste »01 Motorelektronik« (Bild 21).
- Klicken Sie auf die Taste »Fehlerspeicher 02«. Nun werden Ihnen die Fehler, soweit vorhanden, als Text angezeigt.
- Sie können die Fehleranzeige speichern, drucken oder kopieren. Sie sollten sich in jedem Fall den Fehler notieren, um diesem vielleicht gelegentlich nachgehen zu können. Die Erfahrung zeigt, dass man sich den Fehler auf Dauer nicht im Kopf merken kann.
- Anschließend können Sie den einzelnen oder alle Fehler mit einem Klick löschen.
- Schalten Sie die Zündung aus.
- Ziehen Sie den Tester aus der Diagnosedose.

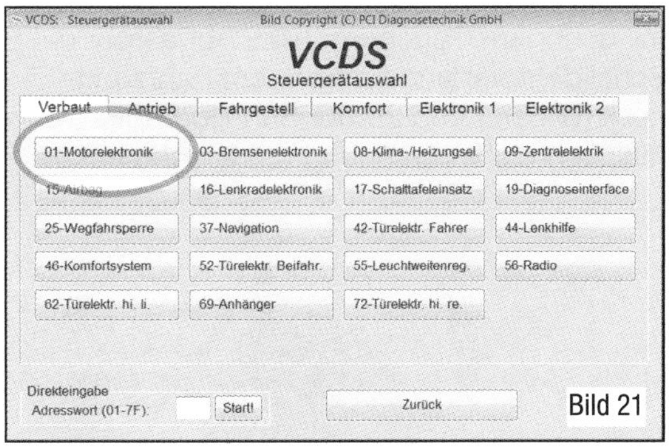


Bild 21 Anwahl der Motorelektronik.

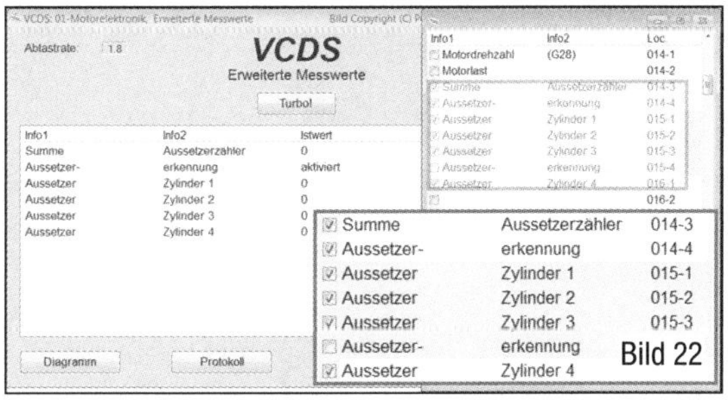


Bild 22 Sonderfunktion »Aussetzererkennung« zur Fehlersuche.

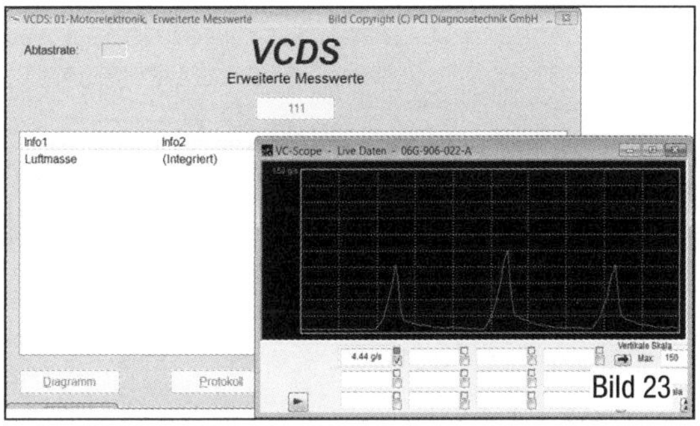


Bild 23 Grafische Auswertung zur Bauteilprüfung: Hier wird anhand des Spannungsverlaufs und der Spannungshöhe der Zustand des Luftmassenmessers bewertet.

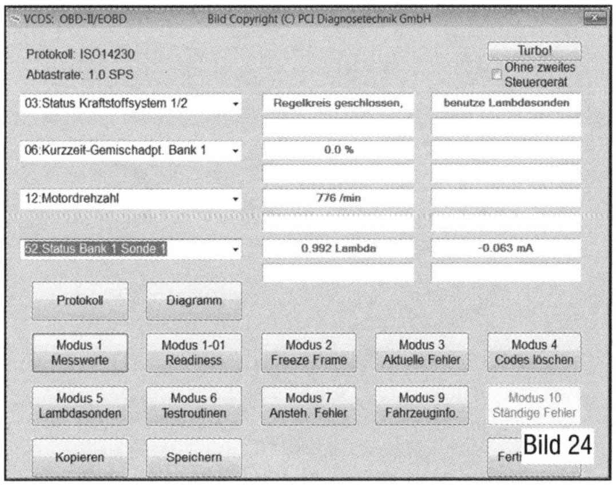


Bild 24 Für die AU relevante Messwerte finden sich durch den Aufruf des Button »E-OBD«.

# 9 Abgasanlage

Die Abgas- oder Auspuffanlage am Unterboden des Tiguan reinigt mit Partikelfilter plus Oxidationskatalysator und Abgasvorrohr oder mit Katalysator und Abgasvorrohr die Verbrennungsabgase und leitet sie mit geringem Gegendruck ins Abgasrohr mit Schalldämpfer und Endrohr am Fahrzeugheck (Bilder 1 und 2). Der Schalldämpfer reduziert die Verbrennungsgeräusche auf ein Minimum. Der Differenzdruckgeber und der Abgastemperaturgeber mit Regelsystem tragen dazu bei, die Motorleistung zu optimieren. Der Auspuff moderner Pkw ist für mehr als 60.000 Kilometer gut, wobei die Lebensdauer natürlich auch von den Einsatzbedingungen des Fahrzeugs abhängt. Ist man überwiegend auf kurzen Strecken unterwegs, fallen mehr Kondensat, Ruß und aggressive Säuren im Innern der Anlage an als beim Langstreckenbetrieb mit voll durchgewärmtem Motor. Das Abgasvorrohr ist seltener als die anderen Teile vom Rost be-

Bild 1
Benzin-Motor.
1 Schraube
2 Aufhängung
3 Dichtung
4 Schraube
5 Lambdasonde
6 Abgasvorrohr mit Katalysatoren
7 Lambdasonde nach Katalysator
8 Klemmhülse vorn
9 Mutter
10 Halter
11 Schraube
12 Aufhängung
13 Aufhängung
14 Abgasrohr mit Mittel- und Nachschalldämpfer
15 Tunnelbrücke
16 Schraube
17 Schraube
18 Aufhängung
19 Schraube
20 Halter
21 Halter
22 Schraube

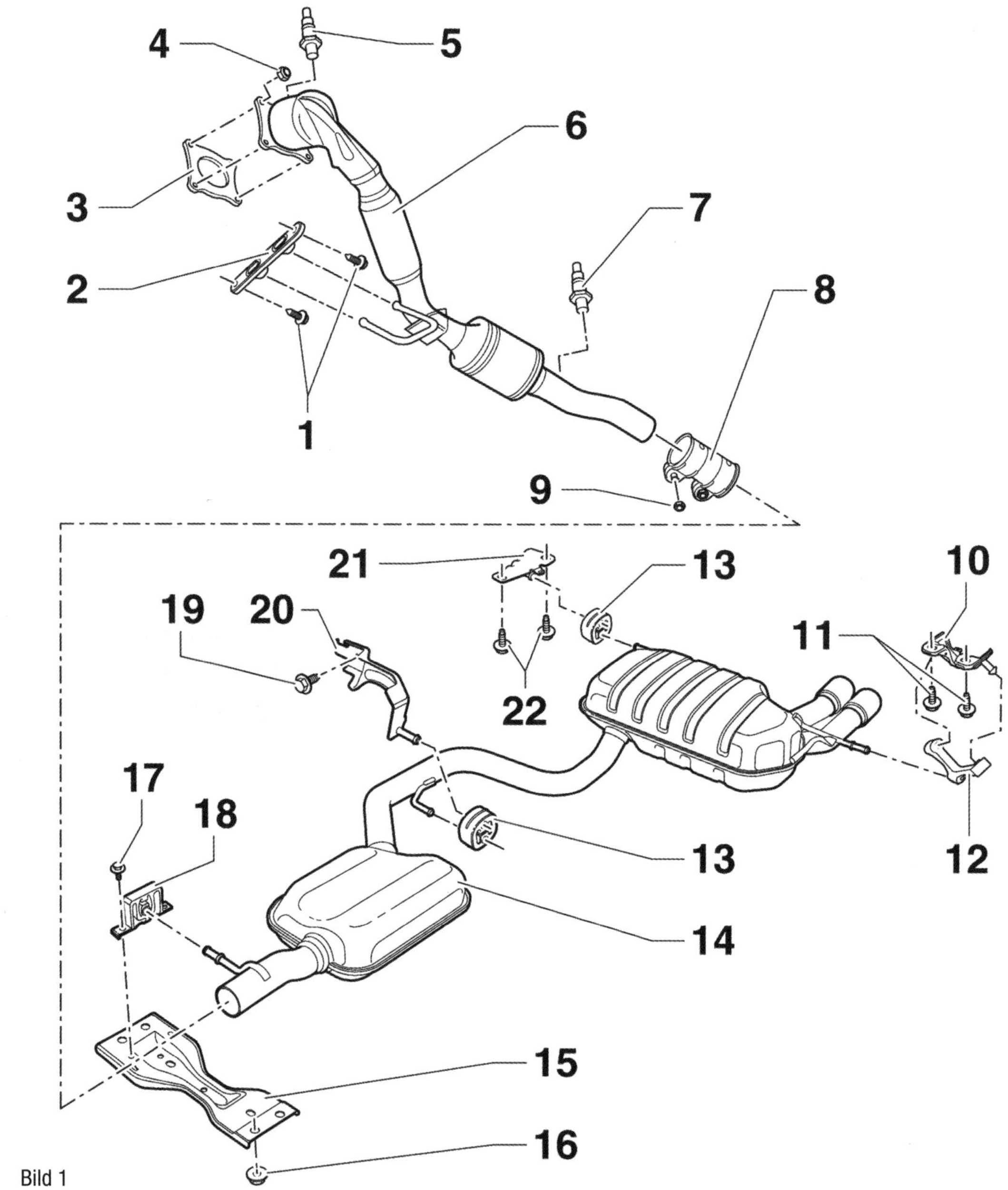


Bild 1

droht, weil dort die Verbrennungsgase noch mit Temperaturen zwischen 800 und 1000 °C einströmen. Danach verlieren die Abgase an Temperatur und sind am Endrohr nur noch 150 bis 300 °C heiß. Dort tritt das meiste Kondenswasser aus. Es mischt sich mit Verbrennungsrückständen zu aggressiven Säuren und lässt das Auspuffblech von innen nach außen durchrosten. Falls das Endrohr nicht aus besonders korrosionsbeständigem Material hergestellt wurde, ist Arbeit angesagt: Ausbau des alten und Einbau eines neuen Abgasrohrs mit Schalldämpfer.

## Hinweise und Regeln für Arbeiten an der Auspuffanlage

Reparaturen an durchgerosteten Auspuffanlagen, z. B. mit Auspuffkitt und Bandagen, haben nur kurzzeitig Erfolg. Das Blech bricht bald neben der Reparaturstelle. Werkstätten wechseln Auspuffanlagen meist komplett aus. Vor weiteren Arbeiten daher Zustand der Anlage genau prüfen und dann entscheiden, ob einzelne Teile oder das ganze System erneuert werden sollen. Die Abgasanlage hinten kann, bei der Demontage abgestützt, komplett mit Schalldämpfer ausgebaut werden.

Wird nach gründlicher Prüfung an der Abgasanlage gearbeitet, sollten folgende Grundregeln beachtet werden:

- Bei einer Demontage darf die Abgasanlage keinesfalls herunterfallen. Dabei könnten wichtige Teile beschädigt werden.
- Dichtungen und selbstsichernde Muttern immer ersetzen.
- Verschraubungen der Auspuffanlage lassen sich beim nächsten Mal leichter lösen, wenn die Gewinde beim Einbau mit hochhitzefestem Kupferfett bestrichen werden.

Achtung: Werden Partikelfilter oder Differenzdruckgeber gewechselt, muss der Differenzdruckgeber zwingend über den Fahrzeugdiagnosetester angepasst werden (Tester erforderlich).

- Werden Partikelfilter ausgebaut und ersetzt, müssen die Altteile vorschriftsmäßig entsorgt werden. Sie dürfen nicht wie Schrott behandelt werden, weil sie wertvolles Edelmetall enthalten, das wieder in den Produktionsprozess eingebracht werden kann.

Tipp: Für Arbeiten an Lambdasonden gilt: Nur das Gewinde mit Heißschraubenpaste »G 052 112 A3« fetten. An die Schlitze des Sondenkörpers darf kein Fett kommen. Aus- und Einbau am besten mit Ringschlüsselsatz für Lambdasonde (3337). Dichtring bei Undichtigkeit aufkneifen und ersetzen. Festziehen mit 50 bzw. 55 Nm.

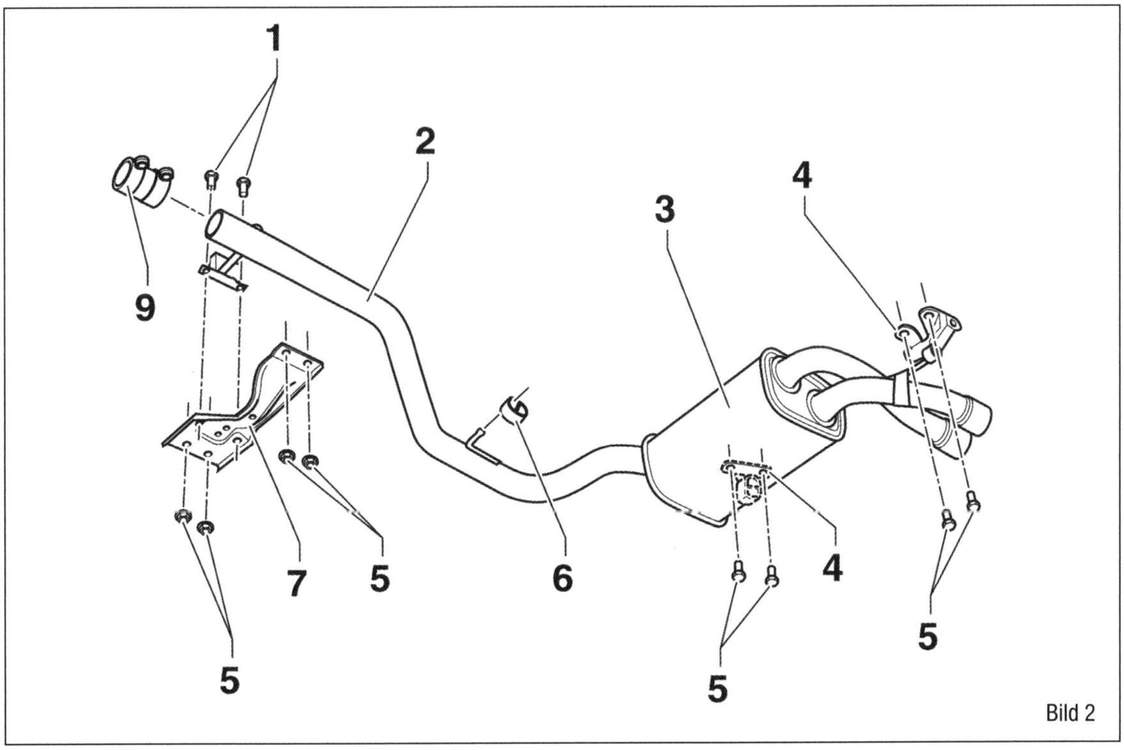


Bild 2
Diesel-Motor.
1 Schraube
2 Abgasrohr
3 Nachschalldämpfer
4 Aufhängung
5 Schraube
6 Tunnelbrücke
7 Aufhängung
9 Klemmhülse

Sichtprüfung Messen

■ Alle Schlauchverbindungen mit Schlauchschellen sichern, die dem Serienstand entsprechen.
■ Alle Kabelbinder, die beim Ausbau gelöst werden, sind beim Einbau an der gleichen Stelle wieder anzubringen.
■ Nach Montagearbeiten an der Abgasanlage darauf achten, dass die Anlage nicht verspannt wird und ausreichend Abstand zum Aufbau hat. Gegebenenfalls Doppelschelle lösen und Schalldämpfer und Abgasrohr so ausrichten, dass überall ausreichend Abstand zum Aufbau vorhanden ist und die Aufhängungen gleichmäßig belastet werden.
■ Nach getaner Arbeit immer Motorprobelauf durchführen und »Auspuffanlage auf Dichtheit prüfen« (Bild 7). Ansonsten gelten für Arbeiten an Abgasanlage und Abgasrückführung hinsichtlich Sauberkeit und Sicherheit die Vorschriften, die auch für Arbeiten an Motor, Kraftstoff- oder Einspritzsystem üblich sind.

## Arbeiten an SCR-Systemen »NOx-Reduktionsmittel AUS 32« (AdBlue®)

Der Tank für das Reduktionsmittel befindet sich am Fahrzeugunterboden, der Tankverschluss in der Reserveradwanne im Kofferraum (siehe Bild 287).

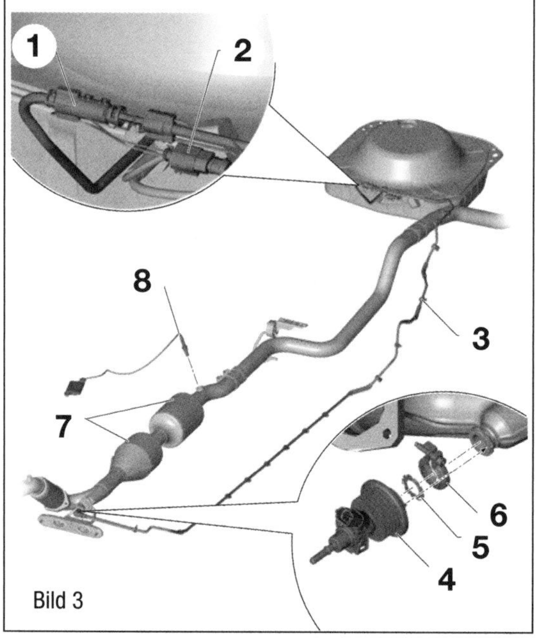


Bild 3

Bild 3
Ad-Blue-Pumpe.
1 Leitungsstrang
2 Förderleitung
3 Schraube
4 Pumpe für Reduktionsmittel
5 Dichtring
6 Dichtung
7 Verschlussring
8 Heizelement
9 Dichtung
10 Sieb

⚠ Achten Sie zu jedem Zeitpunkt darauf, dass kein Reduktionsmittel auf Verkleidungs- oder Karosserieteile gelangt. Sollte dies geschehen sein, waschen Sie das Reduktionsmittel mit klarem Wasser und einem fusselfreien Baumwolltuch wieder heraus. Falls sich das Reduktionsmittel bereits kristallisiert haben sollte, benutzen Sie warmes Wasser und einen Schwamm. Nicht entfernte Reduktionsmittelreste kristallisieren nach einiger Zeit und können die betroffene Oberfläche beschädigen.

☞ Die Fehlersuche am Reduktionsmittelsystem ist Werkstattsache. Selbst das Abpumpen des Reduktionsmitteltanks muss mit Spezialwerkzeug erfolgen. Die Montagearbeiten sind weder für Sie noch für Ihr Fahrzeug ungefährlich, da das Reduktionsmittel ätzend wirkt.
Fahren Sie deshalb bei zu hohem Reduktionsmittelverbrauch und oder bei anderen Fehlern in diesem System zu einem VW-Spezialisten mit einer entsprechenden Ausbildung zu diesem System.

## Arbeiten am Abgasrückführungssystem

**Dieselmotoren – Temperaturfühler für Abgasrückführung aus- und einbauen**

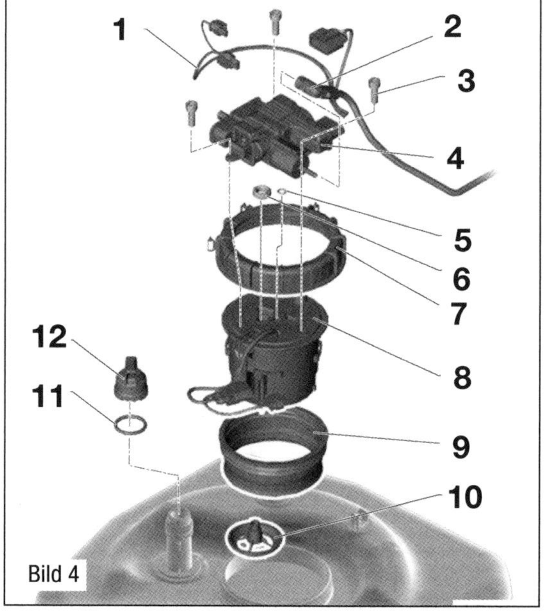


Bild 4

Bild 4
Ad-Blue-Leitungen.
1 Schnellverschluss
2 Steckverbindung
3 Förderleitung für Reduktionsmittel
4 Einspritzventil für Reduktionsmittel
5 Dichtung
6 Schelle
7 Reduktionskatalysator
8 NOx-Geber

Für diese Arbeiten ist es erforderlich, dass die Zündung ausgeschaltet und der Motor kalt ist.

*Montagarbeiten Fahrzeug von unten:*

- Bauen Sie die Geräuschdämpfung aus.
- Lassen Sie das Kühlmittel ab.

Damit Montagearbeiten am Temperaturfühler für Abgasrückführung durchgeführt werden können, müssen die Kühlmittelschläuche im Bereich der Abgasrückführung abgezogen und zur Seite gelegt werden.

- Trennen Sie die Kühlmittelschläuche von den beiden Anschlussstutzen.
- Legen Sie die beiden Kühlmittelschläuche zur Seite.

*Montagarbeiten Motorraum von oben:*

- Bauen Sie die Motorabdeckung aus.

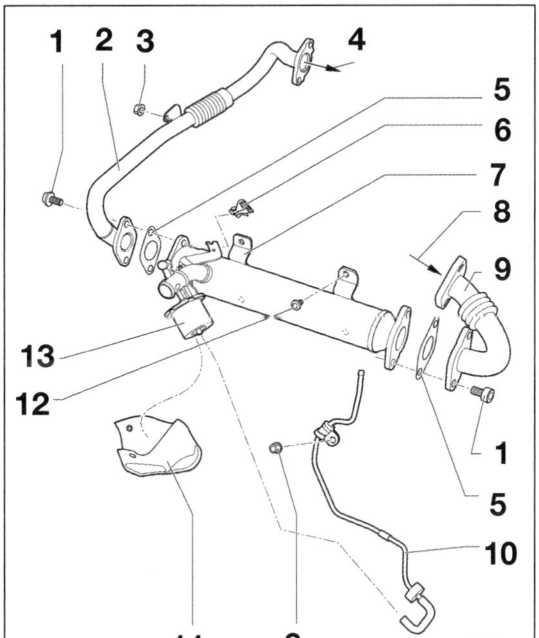


Bild 5

Bild 5
AGR, Motorkennbuchstaben CJAA.
1 Schraube
2 Verbindungsrohr
3 Schraube
4 zum Abgasrückführungsventil
5 Dichtung
6 Kabelführung
7 Kühler
8 vom Abgaskrümmer
9 Verbindungsrohr
10 Unterdruckleitung
11 Wärmeschutz
12 Schraube
13 Unterdruckdose

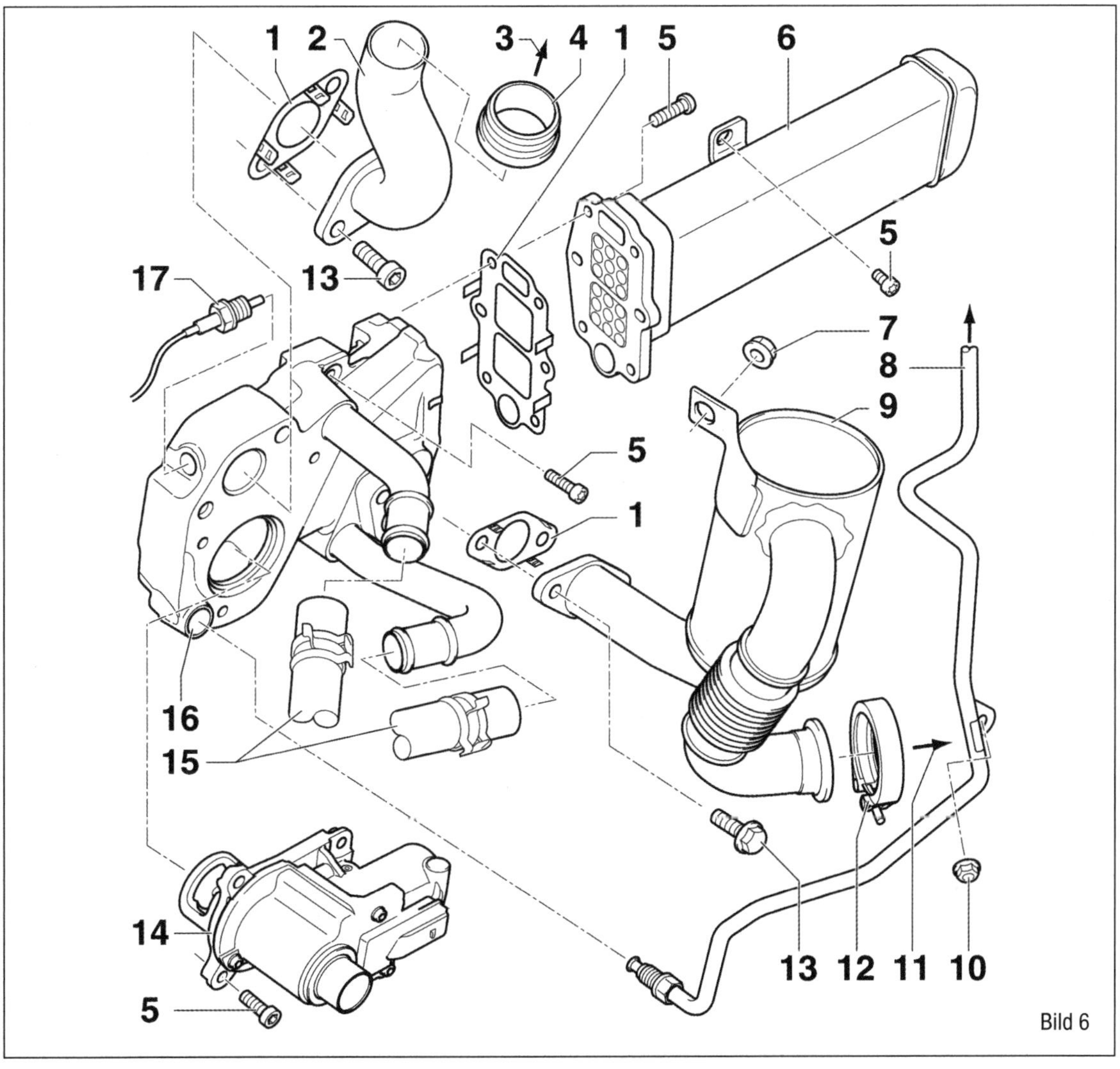


Bild 6

Bild 6
AGR, Motorkennbuchstaben CBAA, CBBB, CBAB, CBBA, CBDB, CBDC, CBAC, CBDA.
1 Dichtung
2 Verbindungsrohr
3 zum Anschlussstutzen am Abgasturbolader
4 Dichtring
5 Schraube
6 Kühler
7 Schraube
8 Steuerleitung
9 Filter
10 Schraube
11 zum Partikelfilter
12 Befestigungsschelle
13 Schraube
14 Ventil für Abgasrückführung
15 Kühlmittelschlauch
16 Gehäuse
17 Temperaturfühler für Abgasrückführung

■ Masseleitung an der Batterie bei ausgeschalteter Zündung abklemmen.
■ Bauen Sie das Luftfiltergehäuse aus.
■ Batterie und den Batterieträger ausbauen.
■ Ziehen Sie die Steckverbindung vom Temperaturfühler für Abgasrückführung ab und fädeln Sie die Leitung aus.

☞ Beachten Sie die Einbaulage der Leitungsverlegung und des Wärmeschutzes!

■ Führen Sie den Steckeinsatz SW 14 (T10401) mit einer Knarrenverlängerung vorsichtig auf den Temperaturfühler für Abgasrückführung.
■ Beachten Sie, dass das Kabel vom Temperaturfühler für Abgasrückführung in die Nut vom Steckeinsatz SW 14 (T10401) geführt wird.
■ Lösen Sie den Temperaturfühler für Abgasrückführung und drehen Sie ihn heraus.

Der Einbau erfolgt sinngemäß in umgekehrter Reihenfolge.

**2,0 l Benzinmotoren – Sekundärlufteinblasventil aus- und einbauen**
■ Luftfilter ausbauen.
■ Batterie und den Batterieträger ausbauen.
■ Stecker und Schlauch vom Sekundärlufteinblasventil abziehen.
■ Kühlmittelrohr lösen, dazu Schrauben herausdrehen.
■ Schrauben herausdrehen und Sekundärlufteinblasventil abnehmen.

*Einbauen:*
Der Einbau erfolgt in umgekehrter Reihenfolge, ersetzen Sie hierbei die Dichtung.

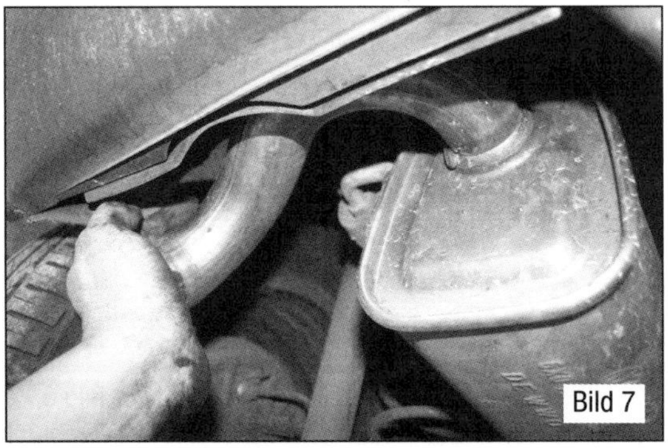


Bild 7
Zuhalten des Abgasrohres zur Dichtheitsprüfung.

## Zustand der Auspuffanlage kontrollieren

■ Fahrzeug auf einer Hebebühne anheben oder absolut rüttelsicher aufbocken. Es darf nicht kippeln, wenn heftig an den Rohren der Auspuffanlage gedreht oder gezerrt wird. Die Aufhängungen und Gummiösen dürfen keine Schäden aufweisen.
■ Zur Kontrolle die Abgasanlage an den Schraubbefestigungen rütteln. Komponenten auf Brüchigkeit, Einrisse oder sonstige Schäden überprüfen, bei Bedarf ersetzen.
■ Wenn sich beim Demontieren eine Verschraubung nicht lösen lässt, mit Rost lösendem Mittel behandeln oder durch Überdrehen abreißen. Beim Festziehen von Verschraubungen z. B. am Abgaskrümmer die Reihenfolge von innen nach außen und über Kreuz einhalten.
■ Wenn Teile der Anlage schon einmal ersetzt wurden, trennt man die Steckverbindung der Rohrenden am besten in erwärmtem Zustand. Schweißbrenner oder Propangasbrenner verwenden und Feuerlöscher bereithalten.
■ Schalldämpfer mit einem Hammer rundum gründlich abklopfen, auch an den Stirnseiten (Übergang von den Töpfen zu den Rohren). Nicht zu zaghaft hämmern. Klingt es bei jedem Schlag hell, ist das Blech noch gesund. Wird das Klopfgeräusch an manchen Stellen dumpfer, ist die Außenhaut bereits geschwächt und wird bald durchbrechen.

☞ Ein sehr dumpfer Auspuffton und Knallen im Schiebebetrieb können auf einen durchgerosteten Auspuff hinweisen.

■ Dichtheit der Auspuffanlage prüfen (nachfolgende Anleitung).

## Abgasanlage auf Dichtheit prüfen

■ Motor anlassen und im Leerlauf drehen lassen.
■ Auspuffendrohr für die Dauer der Dichtheitsprüfung verschließen (Lappen, Stöpsel). Der Motor kann ausgehen. Grundsätzlich sollten Sie keine lauten Zischgeräusche wahrnehmen können (Bild 7).

■ Verbindungsstellen Zylinderkopf/Abgaskrümmer, Abgasturbolader/Abgasvorrohr usw. durch Abhören auf Dichtheit prüfen. Gibt es zischelnde Geräusche an Verbindungsstellen, ist die Anlage an der Geräuschstelle undicht.
■ Festgestellte Undichtigkeiten beseitigen.

## Abgasvorrohr aus- und einbauen

**Dieselmotoren (Partikelfilter)**
■ Lambdasonde aus dem Partikelfilter ausbauen. Steckverbindung für Abgastemperaturgeber trennen und die Leitung freilegen.
■ Den Stecker am Differenzdruckgeber abziehen. Die beiden Schrauben herausdrehen und den Differenzdruckgeber vom Halter abziehen.
■ Rechtes Vorderrad abbauen, die Geräuschdämpfung unten ausbauen, die Schrauben herausdrehen und das Wärmeschutzblech für Gelenkwelle rechts abnehmen.
■ Rechte Gelenkwelle vom Getriebeflansch abbauen und nach vorn drücken.
■ Drehen Sie die Schrauben des Wärmeschutzblech über der Achswelle rechts mit Steckeinsatz Schlüsselweite 8 ab. Drücken Sie ggf. den Partikelfilter etwas nach oben, um die hintere Verschraubung zu erreichen.
■ Bauen Sie den unteren Halter für den Partikelfilter aus.
■ Bauen Sie den Filter für Abgasrückführung (9 Bild 6) aus.
■ Partikelfilter vom oberen Halter abbauen und Halter am Zylinderkopf lösen.
■ Befestigungsschelle zwischen Partikelfilter und Abgasturbolader ausbauen.
■ Muttern der Abdeckung für Unterboden herausschrauben und die Abdeckung etwas nach unten ziehen.
■ Trennen Sie die »orange« Steckverbindung (1 in Bild 8) für Abgastemperaturgeber sowie die »braune« Steckverbindung für Lambdasonde nach Katalysator.
■ Stecker vom Halter (2 in Bild 8) abziehen und Leitungen am Unterboden ausfädeln.
■ Aufhängung für NOx-Speicherkatalysator am Aggregateträger abschrauben.
■ Aggregateträger ca. 6 cm absenken.

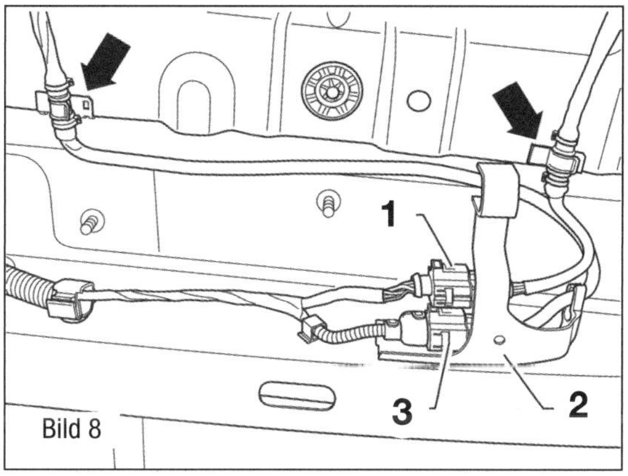

Bild 8

Bild 8
Pfeile Halter am Unterboden.
1 Steckverbinder orange
2 Halter
3 Steckverbinder Lambdasonde nach Katalysator

■ Tunnelbrücke ausbauen.
■ Befestigungsschelle zwischen NOx-Speicherkatalysator und Abgasklappensteuereinheit ausbauen.
■ Befestigungsschelle zwischen NOx-Speicherkatalysator und Partikelfilter losschrauben und NOx-Speicherkatalysator ausbauen.
■ Partikelfilter ausbauen. Achten Sie dabei auf die elektrischen Leitungen und Bauteile.

Der Einbau erfolgt in umgekehrter Reihenfolge. Dichtungen, selbstsichernde Muttern und die Schelle für Partikelfilter ersetzen. Alle Kabelbinder und Halter beim Einbau wieder an der gleichen Stelle anbringen.

⚠ Das Gewinde des Abgastemperaturgebers ist beschichtet. Es darf nicht zusätzlich mit Heißschraubenpaste gefettet und muss zwingend mit 60 Nm Anzugsdrehmoment angezogen werden. Es kann ansonsten zum Lösen der Verschraubung und zu Ausfällen kommen.

■ Lambdasonde und Differenzdruckgeber einbauen.
■ Nach Ersetzen des Partikelfilters muss eine Anpassung (mit Fahrzeugdiagnose-, Mess- und Informationssystem) in der Betriebsart »Geführte Funktionen« erfolgen.

**Benzinmotor**
■ Geräuschdämpfung und Unterbodenverkleidung rechts ausbauen.
■ Elektrische Steckverbindung für Lambdasonde (18 im Bild 9) nach Katalysator trennen.
■ Die Steckkupplung aus dem Halter nehmen und die Leitung zur Lambdasonde freilegen.
■ Den Querträger vorn für Unterboden ausbauen.

Sichtprüfung Messen

■ Die Abgasanlage an der Klemmschelle trennen. Die Abkoppelelemente im Abgasvorrohr dürfen nicht mehr als 10° geknickt werden, sonst Beschädigungsgefahr!
■ Den Halter für Abgasanlage abschrauben.
■ Wärmeschutzblech für Gelenkwelle rechts abschrauben.
■ Die Befestigungsmuttern (9) Abgasvorrohr/Abgaskrümmer herausschrauben.
■ Abgasvorrohr mit Katalysator abnehmen.

Der Einbau erfolgt sinngemäß in umgekehrter Reihenfolge.
■ Dichtungen und selbstsichernde Muttern ersetzen.
■ Das Abgasvorrohr in der vorgegebenen Anzugsreihenfolge am Abgaskrümmer festschrauben.
■ Die Abgasanlage spannungsfrei einrichten.

Bild 9
1 Schraube
2 Lambdasonde nach Katalysator
3 Dichtung
4 Abgasrohr
5 Doppelschelle
6 Mutter
7 Aufhängung
8 Schraube
9 Mutter
10 Abgasrohr
11 Abgasturbolader
12 Halter
13 Wärmeschutzblech
14 Mutter
15 Schraube
16 Katalysator mit Abgasrohr
17 Mutter
18 Lambdasonde

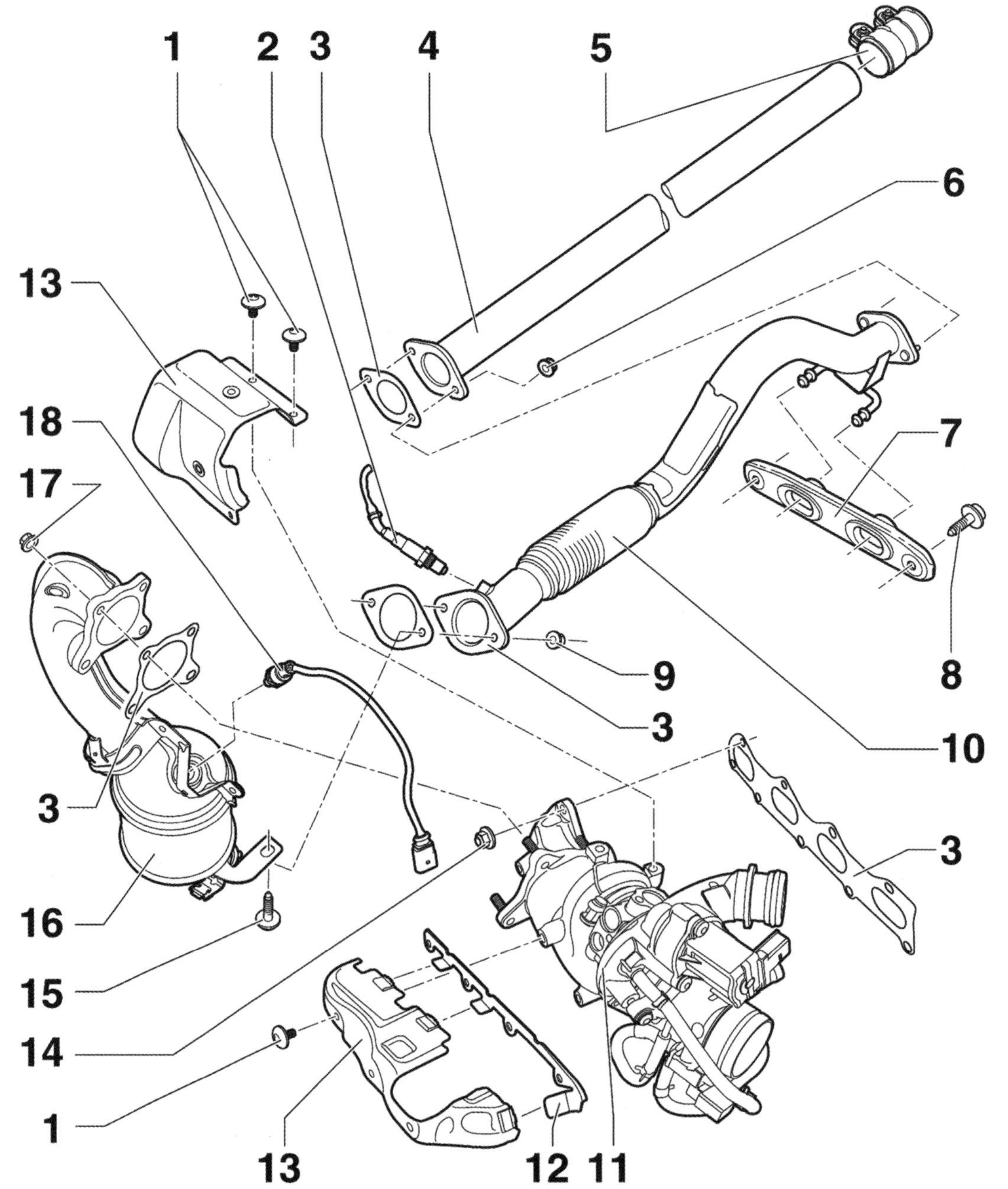

Bild 9

## Abgasanlage spannungsfrei einrichten

■ Der Motor muss kalt sein. Beide Verschraubungen der Klemmhülse vorn (Bild 12) lösen. Die Klemmhülse zur Markierung auf dem Abgasvorrohr (2) ausrichten; der Pfeil zeigt in Fahrtrichtung (Bild 12). Wenn eine Klemmhülse vorn mit zwei einzelnen Schellen (A nach Bild 12) eingebaut ist, beträgt das Maß »a« = 5 mm. Die Klemmenschrauben sind mit 25 Nm festzuziehen.

VW führt aber gleitend den Einsatz von Klemmhülsen mit durchgehender Schelle ein. Bei dieser Klemmhülse beträgt das Einbaumaß (nur Klemmhülse vorn) »a« = 8,5 mm. Die Schrauben werden mit 35 Nm festgezogen.

■ Die Verschraubungen dieser »Klemmhülse vorn« müssen nach rechts zeigen, dürfen nicht über die Unterkante der Klemmhulse (1) hinausragen und sollten zur Waagerechten einen Winkel zwischen 15° und maximal 20° bilden (Bild 11).

■ Vordere Verschraubung der Klemmhülse (im Bild 12 die rechte) handfest anziehen.

■ Schalldämpfer so weit nach vorn schieben, bis das Maß »a« zwischen Aufhängung/-Karosserie und Aufhängung/Schalldämpfer von 15 bis 17 mm (bei den 2-Liter-Motoren) oder 3 bis 7 mm (bei den 1,4-Liter-Motoren) an der Aufhängeöse erreicht ist (Bild 11). Der Pfeil im Bild 12 zeigt in Fahrtrichtung.

■ Schalldämpfer waagerecht ausrichten. In diesem Zustand die Verschraubungen der Klemmhülse festziehen (25 bzw. 35 Nm).

■ Nach dem Anziehen der Klemmhülse das Maß »a« prüfen und ggf. korrigieren.

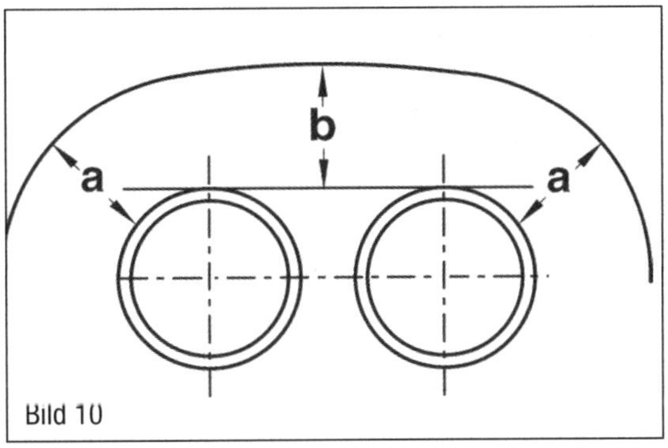


Bild 10
Die Abstandmaße zum Schalldämpferrohr müssen annähernd gleich ausfallen.

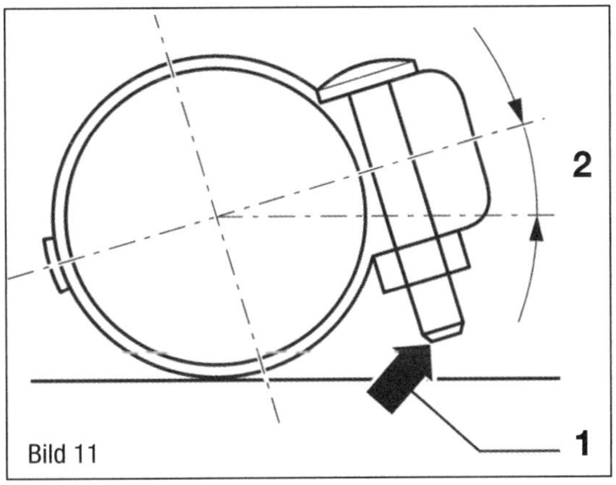


Bild 11
1 Schraubenende
2 Einbauwinkel

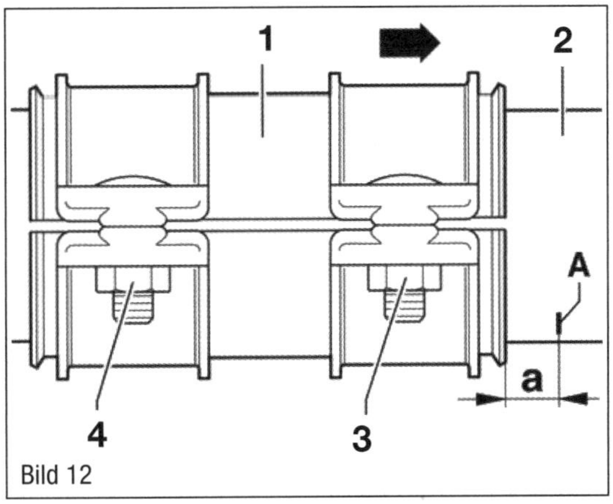


Bild 12
1 Klemmhülse
2 Abgasvorrohr
3 Befestigungsmutter
4 Befestigungsmutter
a Einbaumaß
A Markierung

## Arbeiten am Aufladesystem

Alle Modelle des Tiguan sind mit Aufladesystemen wie dem Turbolader ausgerüstet. Die sich ergebende Mehrleistung und der steigende Drehmoment erlauben den Einsatz von Motoren mit kleinerem Hubraum bei erstaunlichen Fahrleistungswerten.

### Ausbau des Turboladers 2,0-l-TDI-Motor

*Motorkennbuchstaben (CBAA, CBBB, CBAB, CBBA, CBDB, CBDC, CBAC, CBDA)*

■ Bauen Sie die Ansaugleitung (13 im Bild 13) aus und ziehen Sie den Stecker vom Positionsgeber für Ladedrucksteller am Abgasturbolader ab.

■ Ziehen Sie die Unterduckleitung am Abgasturbolader ab.

■ Trennen Sie die Steckverbindung für Abgastemperaturgeber an der Wasserkasten-Stirnwand und fädeln Sie die Leitung aus den Halterungen.

■ Schrauben Sie die Ölvorlaufleitung (2 im Bild 14) am Abgasturbolader ab.

■ Drehen Sie die Befestigungsschraube (11) vom Ladeluftrohr heraus, lösen Sie die Schelle (5) und ziehen Sie den Verbindungsschlauch am Abgasturbolader so weit wie möglich ab.

■ Bauen Sie den Partikelfilter aus.
■ Bauen Sie das Verbindungsrohr (10) zum Abgasrückführungskühler aus.
■ Bauen Sie den Abgastemperaturgeber aus.
■ Ziehen Sie die (Antriebs-) Achswelle rechts vom Winkelgetriebe ab.
■ Drehen sie die Hohlschraube (17) der Stütze des Abgasturboladers heraus.
■ Drehen Sie die obere Schraube der Stütze am Abgasturbolader heraus.
■ Drehen Sie das Unterteil der Stütze um 90° und ziehen Sie die Stütze nach unten von deren Oberteil ab.
■ Bauen Sie das Wärmeschutzblech am Abgaskrümmer ab.
■ Schrauben Sie die Befestigungsmuttern des Abgaskrümmers heraus.
■ Nehmen Sie den Abgasturbolader ab, drehen Sie ihn so, dass die Ansaugseite nach unten zeigt, und nehmen Sie den Abgasturbolader nach unten heraus.

Bild 13
1 Schraube
2 Lager
3 Ladeluftkühler
4 Verbindungsschlauch
5 Verbindungsschlauch
6 Zur Drosselklappensteuereinheit
7 Verbindungsschlauch
8 Ladedruckgeber mit Ansauglufttemperaturgeber
9 Schraube
10 Gummitülle
11 Schraube
12 Ladeluftrohr
13 Verbindungsschlauch
14 Vom Abgasturbolader
15 Ladeluftrohr
16 Verbindungsschlauch

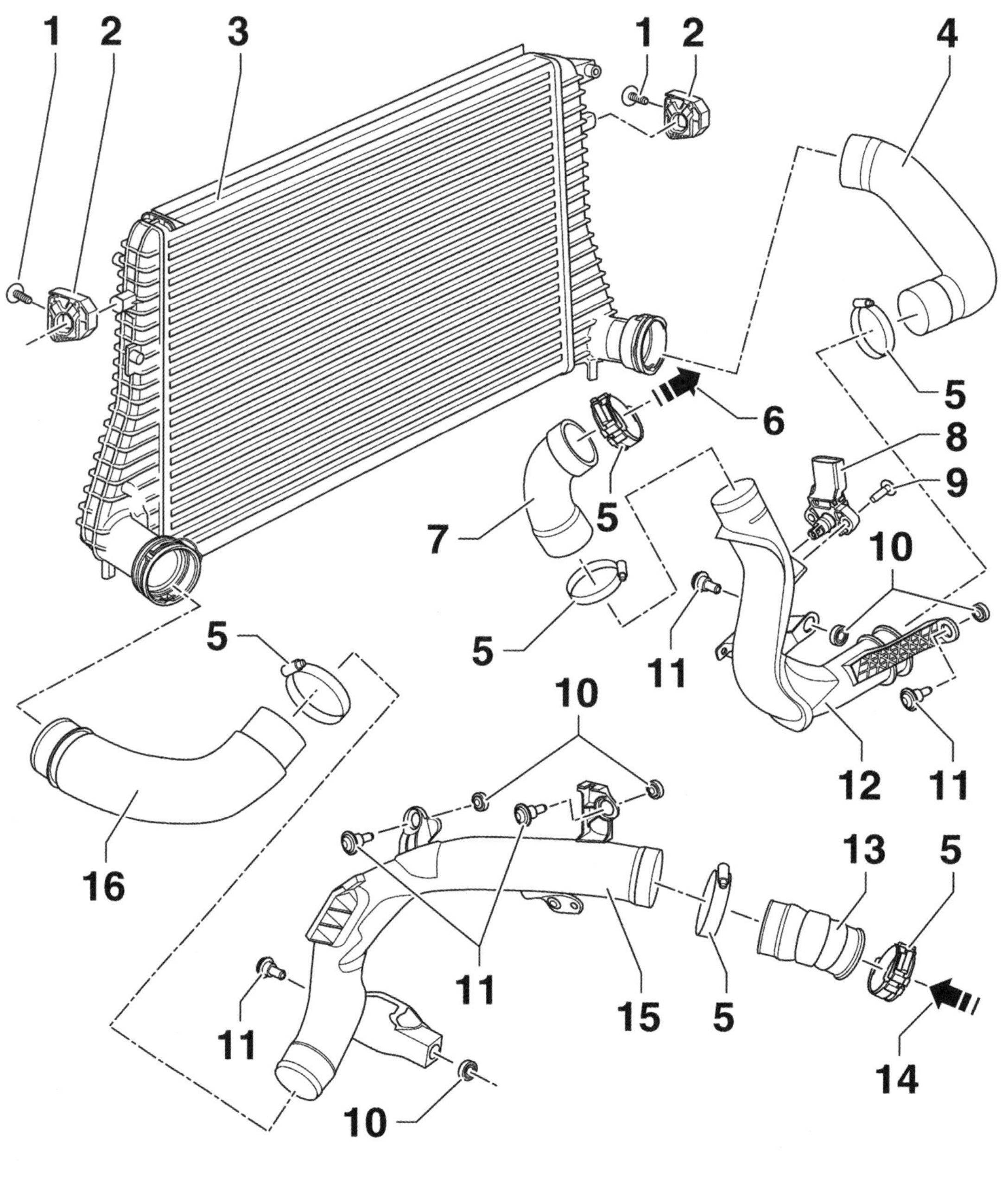


Bild 13

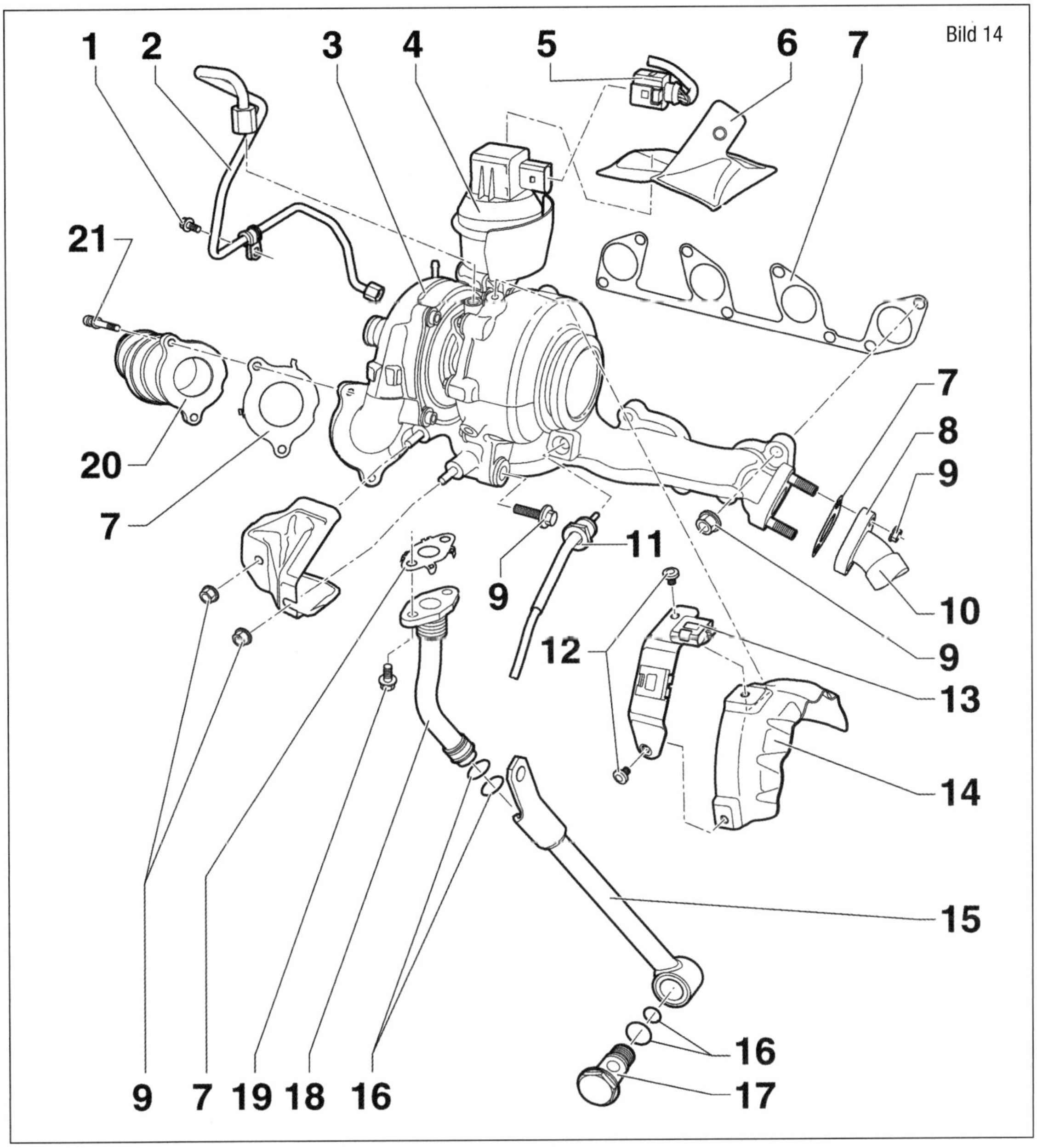


Bild 14
1 Schraube
2 Ölvorlaufleitung
3 Abgasturbolader
4 Druckdose
5 Steckverbindung
6 Hitzeschutz
7 Dichtung
8 Verbindungsrohr
9 Mutter
10 Entkopplungselement
11 Abgastemperaturgeber
12 Schraube
13 Halter
14 Wärmeschutzblech
15 Stütze
16 Dichtring
17 Hohlschraube
18 Ölrücklaufrohr
19 Schraube
20 Pulsationsdämpfer
21 Schraube

*Motorkennbuchstabe (CJAA)*

■ Bauen Sie den Partikelfilter mit NOx-Speicherkatalysator aus.

■ Demontieren Sie den ersten Abgastemperaturgeber.

■ Bauen Sie die Steuerleitung zwischen dem Gehäuse für Abgasrückführung und Drucksensor für Abgas aus.

■ Bauen Sie das Gehäuse mit dem Kühler für Abgasrückführung und den zweiten Abgastemperaturgeber aus.

■ Demontieren Sie die Steuerleitung zwischen dem Gehäuse für Abgasrückführung und Drucksensor für Abgas.

■ Bauen Sie das Gehäuse mit dem Kühler für Abgasrückführung aus.

■ Trennen Sie die »schwarze« Steckverbindung für Abgastemperaturgeber an der Wasserkasten-Stirnwand.

■ Fädeln Sie die Leitung aus den Halterungen an der Wasserkasten-Stirnwand und am Abgasturbolader aus.

■ Bauen Sie das Verbindungsrohr (8 im Bild 14) aus.

■ Bauen Sie die Ölvorlaufleitung aus.

■ Drehen Sie die Hohlschraube Pos. 17 der Stütze des Abgasturboladers heraus.

■ Schrauben Sie die Sechskantstiftschraube der Stütze am Abgasturbolader heraus.

■ Drehen Sie das Unterteil der Stütze um 90° und ziehen Sie die Stütze nach unten von deren Oberteil ab.

■ Bauen Sie das Wärmeschutzblech am Abgaskrümmer ab.
■ Schrauben Sie die Befestigungsmuttern des Abgaskrümmers heraus.
■ Nehmen Sie den Abgasturbolader mit dem Abgaskrümmer vom Zylinderkopf ab, drehen Sie ihn so, dass die Ansaugseite nach unten zeigt. Bauen Sie den Abgasturbolader mit dem Abgaskrümmer nach unten aus.

*beide Varianten*

Der Einbau erfolgt in umgekehrter Reihenfolge. Dabei ist Folgendes zu beachten:
■ Selbstsichernde Muttern, Dichtungen, Dichtringe und Befestigungsschellen sind zu ersetzen.
■ Abgasturbolader mit der Druckseite nach oben einsetzen.
■ Verbindungsschlauch des Ladeluftrohrs vor dem Verschrauben des Abgasturboladers ansetzen.
■ Einbauposition vom Abgastemperaturgeber beachten.
■ Hohlschraube (Bruchgefahr) der Abgasturboladerstütze sowie O-Ringe der Ölrücklaufleitung erneuern.
■ Entkopplungselement des Ölrücklaufrohrs bei der Montage der Stütze für Abgasturbolader nicht überdehnen.

**Ausbau des Turboladers 1,4-l-(T)FSI-Motor**

Im weiteren Arbeitsablauf muss das Masseband der Batterie abgeklemmt werden. Prüfen Sie deshalb bitte, ob ein codiertes Radio eingebaut ist. Gegebenenfalls ist dann vorher die Anti-Diebstahl-Codierung zu erfragen.

Bild 15
1 Zusatzwasserkühler für Ladeluftsystem
2 O-Ring
3 Kühlmittelschlauch oben
4 Federbandschelle
5 Verbindungsrohr
6 Kühlmittelschlauch
7 Schutztülle
8 Kühlmittelschlauch
9 Kühlmittelschlauch
10 Saugrohr
11 Dichtung
12 Dichtleiste
13 Ladeluftkühler
14 Schraube
15 Verbindungsrohr
16 Kühlmittelschlauch
17 Kühlmittelschlauch
18 Schraube
19 Schraube
20 Pumpe für Kühlmittelumlauf
21 Halter
22 Schraube
23 Kühlmittelrohr
24 Schraube
25 Kühlmittelschlauch unten

Bild 15

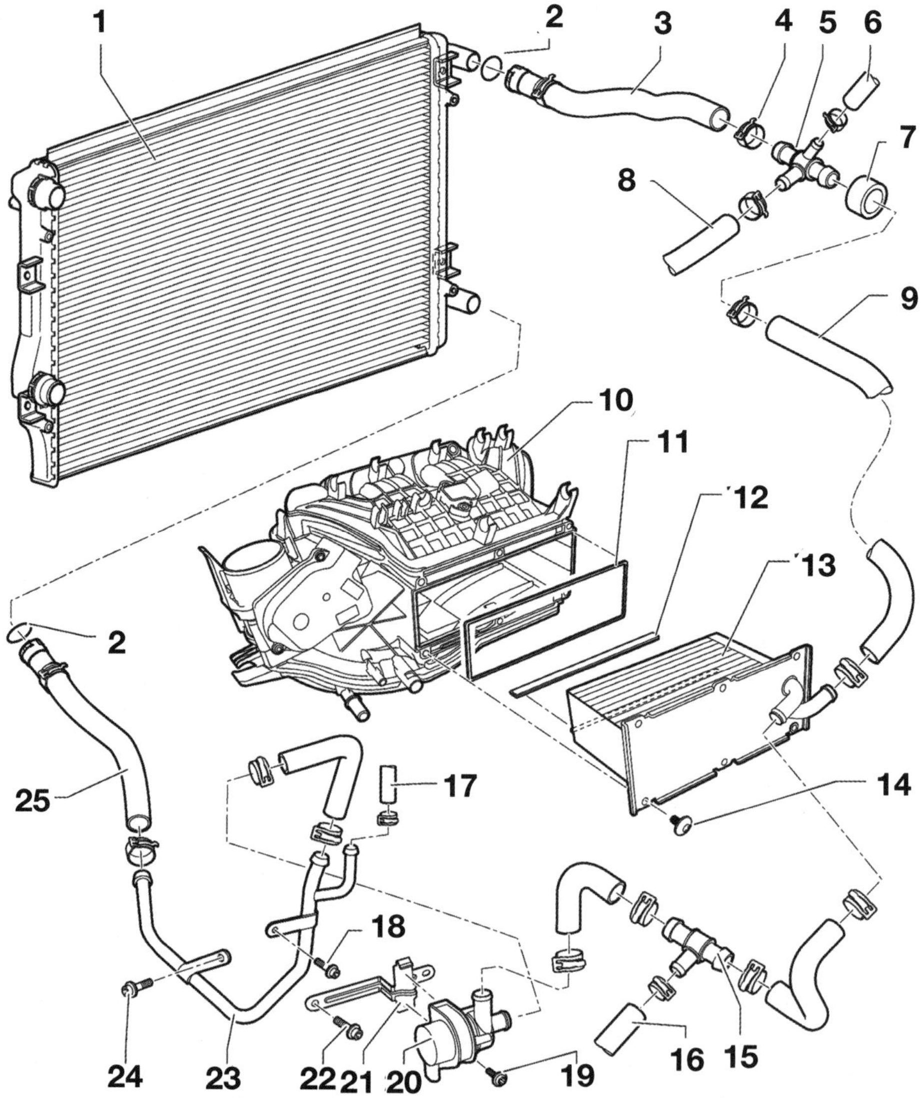

- Klemmen Sie die Batterie ab.
- Die Kühlmittelschläuche zum Abgasturbolader mit Schlauchklemmen (VAG 3094) abklemmen.
- Drehen Sie die Befestigungsschrauben der Motorabdeckung heraus.
- Hängen Sie die Kühlmittelschläuche an der Motorabdeckung aus und Motorabdeckung nach oben.
- Ziehen Sie den Stecker vom Umluftventil für Turbolader ab.
- Hängen Sie die Schläuche am Druckrohr aus und öffnen Sie die Leitungsführung.
- Ziehen Sie die Schläuche am Ansaugstutzen (Nr. 6 in Bild 17) Turbolader ab.
- Ziehen Sie den Stecker vom Ladedruckgeber mit Ansauglufttemperaturgeber ab und drehen Sie die Befestigungsschrauben heraus.
- Drücken Sie die Halteklammern nach außen und ziehen Sie das Druckrohr nach oben.
- Ziehen Sie anschließend das Druckrohr vom Abgasturbolader ab.
- Drehen die Befestigungsschrauben heraus und nehmen Sie das Wärmeschutzblech vom Abgasturbolader ab.
- Ziehen Sie die Kühlmittelschläuche am Motorblock vorne von den Kühlmittelrohren ab.
- Drehen Sie die Befestigungsschrauben heraus und nehmen Sie das Kühlmittelrohr ab.
- Keilrippenriemen ausbauen.
- Klimakompressor ausbauen. Die Leitungen der Klimaanlage werden nicht geöffnet.
- Befestigen Sie den Klimakompressor am Schlossträger.

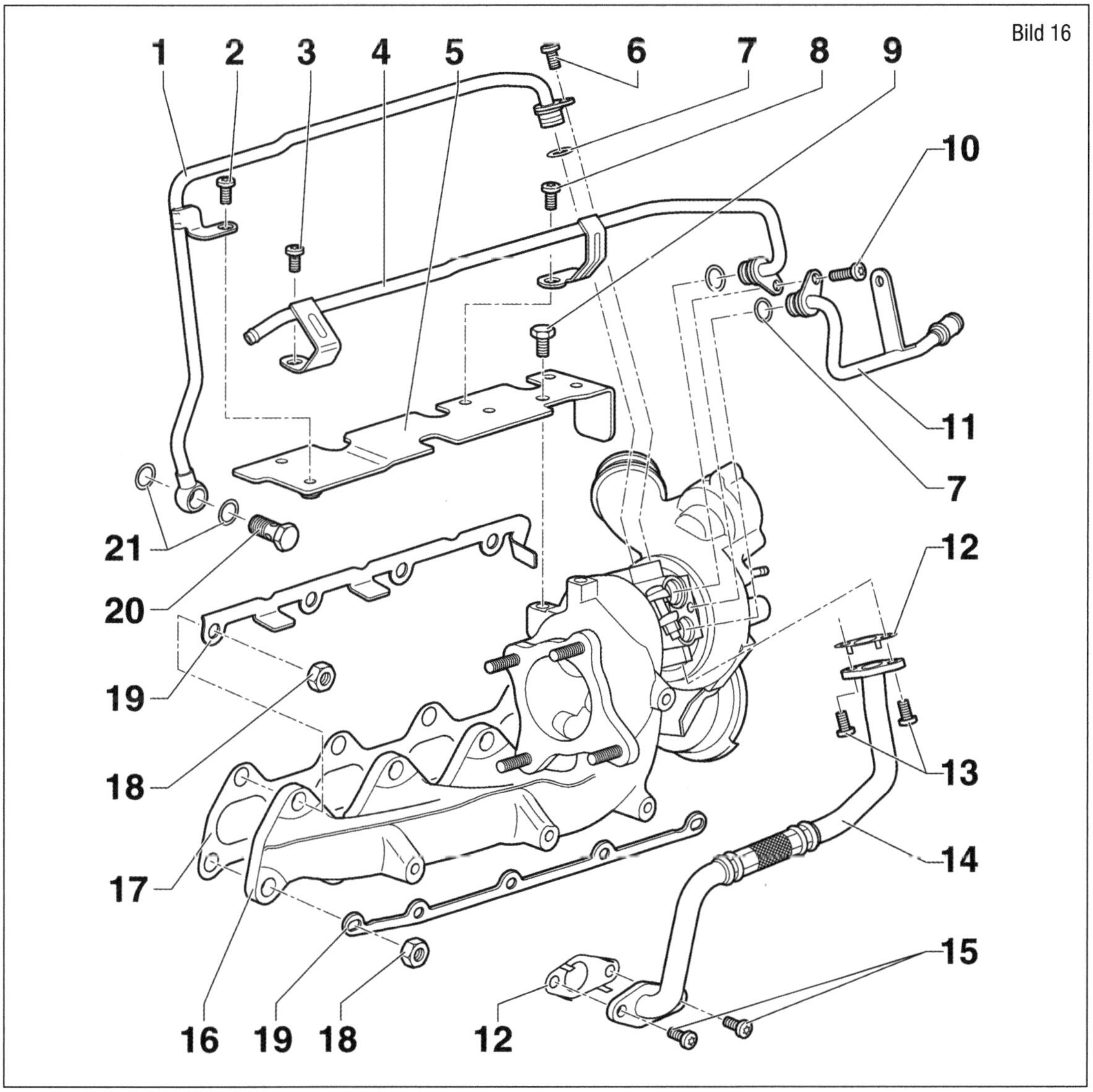


Bild 16
1 Ölvorlaufrohr
2 Schraube
3 Schraube
4 Kühlmittelrohr
5 Halter
6 Schraube
7 O-Ring
8 Schraube
9 Schraube
10 Schraube
11 Kühlmittelrohr
12 Dichtung
13 Schraube
14 Ölrücklaufrohr
15 Schraube
16 Abgasturbolader mit Abgaskrümmer
17 Dichtung
18 Mutter
19 Halter
20 Hohlschraube
21 Dichtring

Sichtprüfung Messen

■ Beachten Sie, dass die Leitungen nicht geknickt werden.
■ Schrauben Sie die Befestigungsmuttern am Turbolader ab.
■ Clipsen Sie die Leitungen am Katalysator aus und trennen Sie die Steckverbindungen.
■ Demontieren Sie die Befestigungsmuttern und nehmen Sie die Dichtung ab.
■ Nehmen Sie den Katalysator nach unten heraus.
■ Drehen Sie die Befestigungsschrauben des Wärmeschutzblechs am Turbolader heraus und ziehen Sie das Blech in vom Abgaskrümmer.
■ Drehen Sie die Befestigungsschrauben (8) des Ölvorlaufrohres (1) heraus (Bild 16).
■ Schrauben Sie die Hohlschraube (20) vom Zylinderblock ab und nehmen Sie das Ölvorlaufrohr ab.

Ab dem Modelljahr 2009 ist der Befestigungspunkt der Hohlschraube (20) am Steuergehäuse.
■ Drehen Sie die Befestigungsschraube (9) heraus und nehmen Sie den Halter (5) herunter.
■ Schrauben Sie die Befestigungsschrauben des Ölrücklaufrohres (14) heraus und nehmen Sie das Rohr ab.
■ Lösen Sie den Drehstromgenerator.

Der Drehstromgenerator braucht nur bei Befestigungsmuttern mit Innenverzahnung gelöst werden.

■ Schrauben Sie sämtliche Befestigungsmuttern des Abgaskrümmers ab und ziehen Sie den Halter (3) von den Stiftschrauben.
■ Nehmen Sie den Abgaskrümmer mit Turbolader (16) vom Zylinderkopf ab.

Bild 17
1 Abgasturbolader mit Abgaskrümmer
2 O-Ring
3 Umluftventil für Turbolader
4 Schraube
5 Verbindungsschlauch
6 Ansaugstutzen
7 Schraube
8 Verbindungsschlauch
9 Federbandschelle
10 Magnetventil für Ladedruckbegrenzung
11 Schraube
12 Verbindungsschlauch
13 Verbindungsschlauch
14 Halter

Bild 17

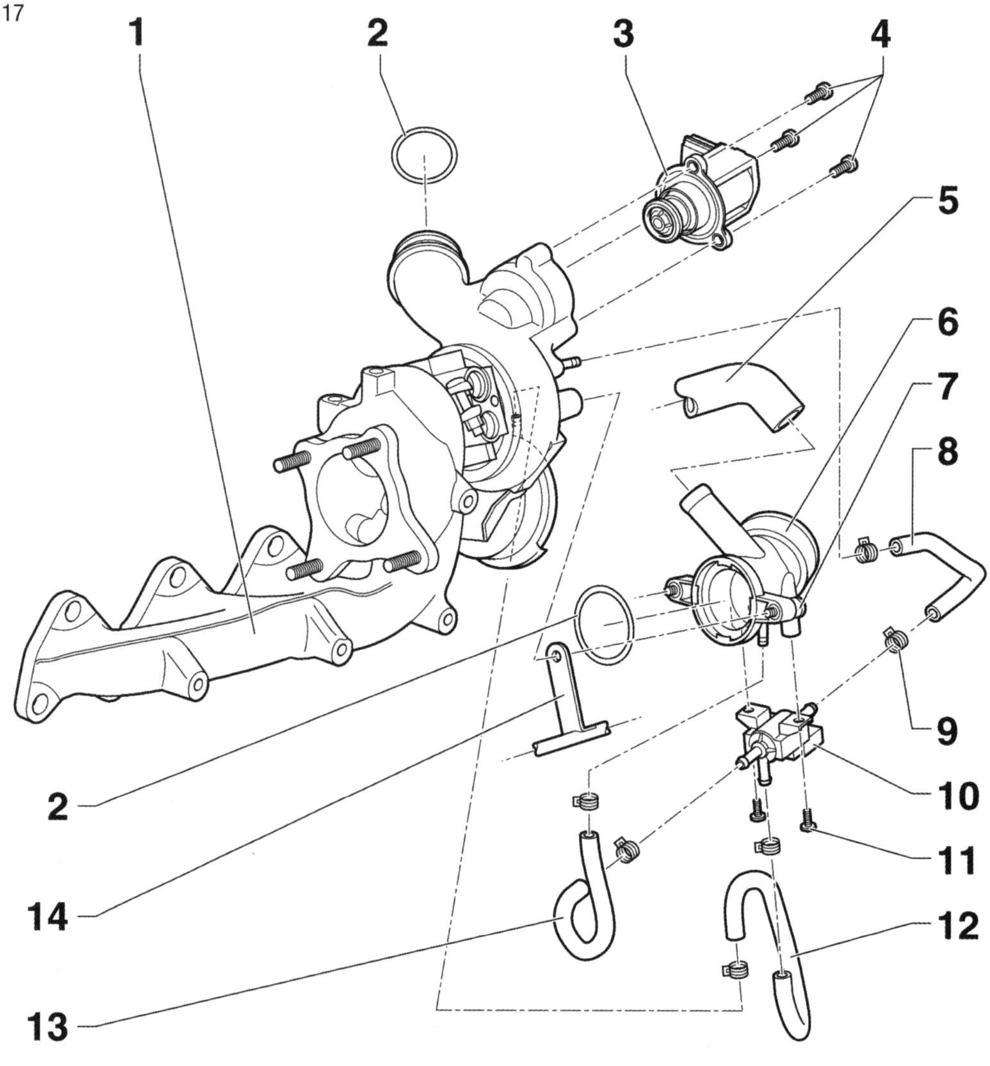

*Montage*

■ Setzen Sie den Abgasturbolader mit Abgaskrümmer und einer neuen Dichtung am Zylinderkopf an.

■ Ziehen Sie die Befestigungsmuttern in der angegebenen Reihenfolge mit 16 Nm fest.

Der weitere Einbau erfolgt in umgekehrter Reihenfolge, dabei müssen die folgenden Punkte beachtet werden:

■ Dichtungen, Dichtringe und selbstsichernde Muttern sind zu ersetzen.

■ Abgasturbolader am Anschlussstutzen der Ölvorlaufleitung mit Motoröl befüllen.

■ Motor nach dem Einbau des Abgasturboladers ca. 1 Minute im Leerlauf laufen lassen, damit die Ölversorgung des Turboladers sichergestellt ist.

■ Sichern Sie alle Schlauchverbindungen mit Schlauchschellen, die dem Serienstand entsprechen.

**Ausbau des Kompressors am 1,4-l-(T)FSI-Motor**

■ Demontieren Sie die Motorabdeckung.

■ Klemmen Sie die Federbandschelle vom Ansaugschlauch ab.

■ Drehen Sie die Befestigungsschraube am Geräuschdämpfer heraus (4, Bild 18).

■ Trennen Sie die Kraftstoffvorlaufleitung und die Leitung zum Aktivkohlebehälter. Drücken Sie dazu die Entriegelungstasten.

■ Schrauben Sie die Schlauchschelle und die Befestigungsschraube am Ladeluftrohr ab.

■ Bitte die Radhausschale vorn rechts ausbauen.

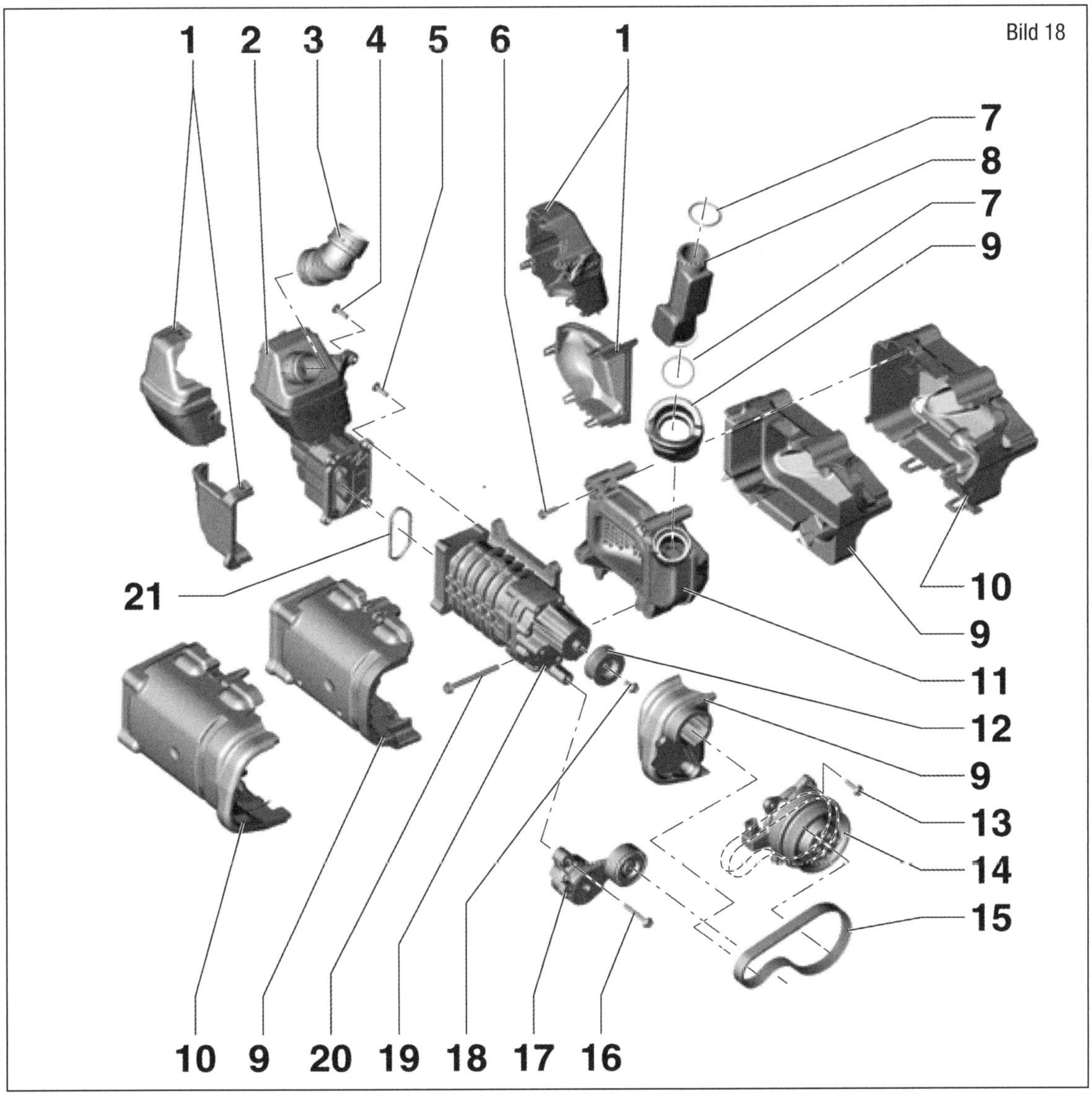


Bild 18
1 Gehäuse mit Geräuschdämpfung
2 Geräuschdämpfer
3 Ansaugschlauch
4 Schraube
5 Schraube
6 Schraube
7 O-Ring
8 Druckrohr
9 Geräuschdämpfung
10 Gehäuse
11 Geräuschdämpfer
12 Riemenscheibe
13 Schraube
14 Kühlmittelpumpe mit Magnetkupplung für Kompressor
15 Keilrippenriemen
16 Schraube
17 Spannelement
18 Befestigungsschraube der Kompressorwelle
19 Kompressor
20 Schraube

Sichtprüfung Messen

■ Bauen Sie den Keilrippenriemen aus.
■ Bauen Sie, je nach Ausstattung, die Geräuschdämpfung oder den Unterfahrschutz aus.
■ Demontieren Sie die rechte Gelenkwelle.
■ Bauen Sie die Lambdasonde nach dem Katalysator aus.
■ Schrauben Sie das Abgasrohr am Katalysator und zum Vorschalldämpfer ab.

*Motorkennbuchstabe BWK*
■ Drehen Sie die Befestigungsschrauben der Abgasrohrlagerung heraus.
■ Nehmen Sie die Abgasrohrlagerung nach unten heraus.

*weiter für alle Varianten*
■ Lösen Sie die Befestigungsschrauben der Doppelschelle und ziehen das Abgasrohr nach hinten.
■ Ziehen Sie das Abgasrohr mit dem Abkoppelelement ebenfalls heraus.
■ Drücken Sie die Sicherungsklammer am Ladeluftkühler und ziehen Sie den Schlauch ab.
■ Drehen Sie die Befestigungsschraube für Ladeluftrohr heraus und nehmen Sie das Ladeluftrohr nach unten heraus.

*Motorkennbuchstaben BLG, BMY*
■ Drehen Sie die Befestigungsschraube der Riemenscheibe heraus und nehmen Sie die Riemenscheibe und den Keilrippenriemen Kompressor ab.

*Motorkennbuchstabe BWK*
■ Schrauben Sie die Muttern am Abgasrohrflansch ab und ziehen Sie das Abgasrohr nach hinten. Drücken Sie es dabei nach hinten aus der Aufhängung heraus.

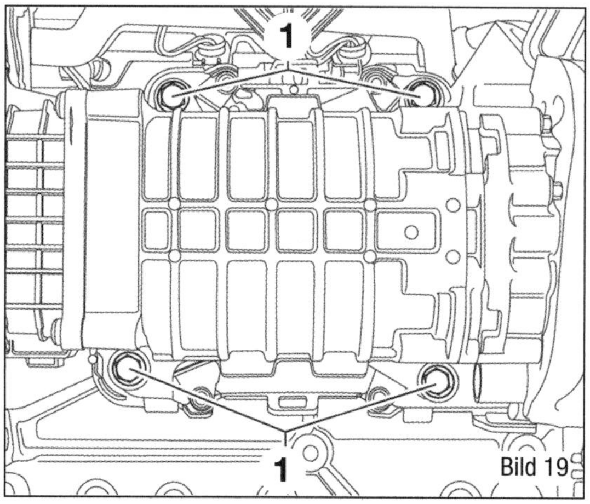


Bild 19
Befestigungsschrauben (1) des Kompressors.

■ Senken Sie den Aggregateträger ab.
■ Nehmen Sie das Abgasrohr nach vorn heraus.
■ Bauen Sie das Winkelgetriebe aus.
■ Drücken Sie die Sicherungsklammer am Ladeluftkühler nach außen und ziehen Sie den Schlauch ab.
■ Drehen Sie die Befestigungsschraube für Ladeluftrohr heraus und nehmen Sie das Ladeluftrohr nach unten heraus.

*Alle Varianten*
■ Öffnen Sie die Clips der Schlauchführungen an der Geräuschdämpfung und drücken Sie die Schläuche zur Seite.
■ Drücken Sie die Verriegelungslaschen am Gehäuse für Geräuschdämpfung vorsichtig nach außen und ziehen Sie das vordere Gehäuse mit der Geräuschdämpfung ab.
■ Drehen Sie die Befestigungsschrauben (1 im Bild 19) des Kompressors heraus und nehmen Sie den Kompressor zusammen mit dem Geräuschdämpfer für Ansaugluft ab.

Die Montage erfolgt sinngemäß in umgekehrter Reihenfolge.
■ Nach fertig gestellter Arbeit grundsätzlich Motor starten und Riemenlauf kontrollieren.

**Ausbau des Turboladers am 2,0-l-(T)FSI-Motor**
■ Luftfiltergehäuse ausbauen.
■ Bauen Sie die Geräuschdämpfung aus.
■ Vorderen Teil der rechten Radhausschale bzw. vordere rechte Radhausschale ausbauen.
■ Lassen Sie das Kühlmittel ab.
■ Bauen Sie die Motorabdeckung ab.
■ Stecker von den Zündspulen abziehen und den Leitungsstrang an die Seite legen.
■ Kühlmittelleitung zum Kühlmittelausgleichsbehälter trennen.
■ Unterdruckleitung (1 in Bild 22) an der Trennstelle (2) am Zylinderkopf trennen und Leitung freilegen.
■ Kühlmittelschläuche (Pfeile) vom Kühlmittelrohr abbauen.
■ Die Masseleitung (3) am Zylinderkopf abschrauben (nicht bei Motorkennbuchstabe CCZA, CCZB, CCZC, CCZD) und Schraube (4) lösen.

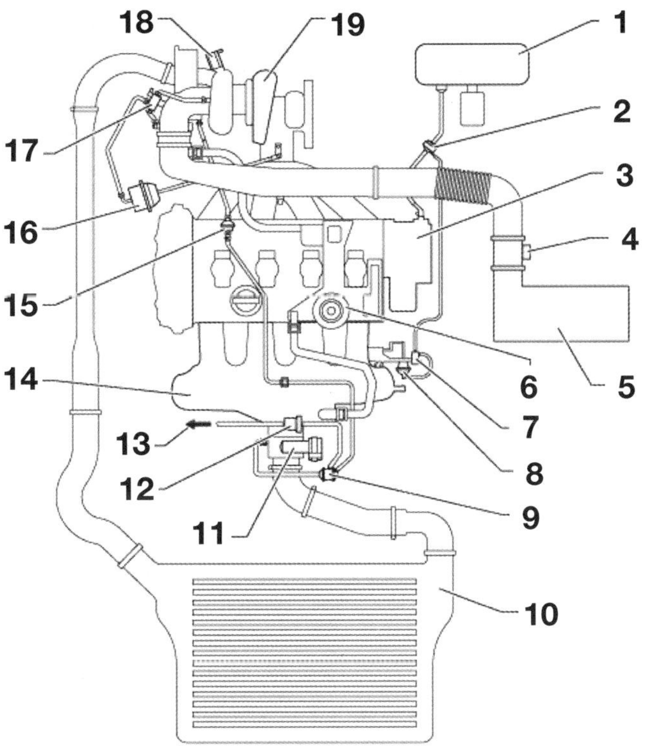


Bild 20

Bild 20
1 Bremskraftverstärker
2 Rückschlagventil
3 Unterdruckpumpe
4 Luftmassenmesser
5 Luftfilter
6 Druckregelventil
7 Ventil für Registersaugrohrumschaltung
8 Unterdruckdose für Saugrohrumschaltung
9 Rückschlagventil
10 Ladeluftkühler
11 Drosselklappensteuereinheit
12 Magnetventil 1 für Aktivkohlebehälter
13 zum Aktivkohlebehälter
14 Saugrohr
15 Rückschlagventil
16 Druckdose für Ladedruckregelung
17 Magnetventil für Ladedruckbegrenzung
18 Umluftventil für Turbolader
19 Abgasturbolader

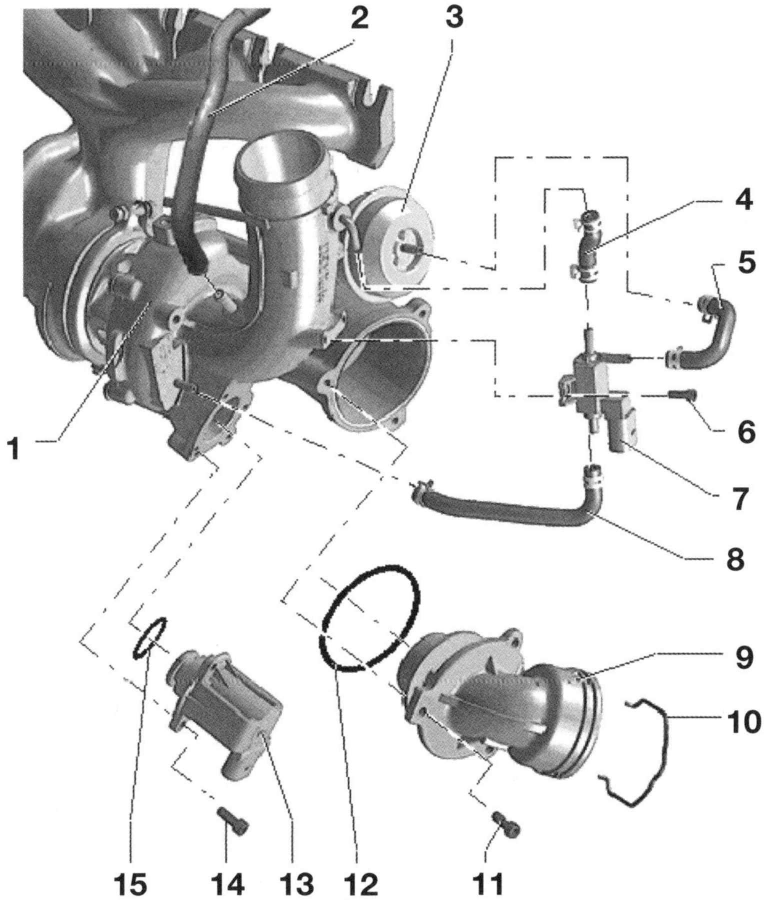


Bild 21

Bild 21
1 Abgasturbolader
2 Zum Aktivkohlebehälter
3 Druckdose für Abgasturbolader
4 Schlauch
5 Schlauch
6 Schraube
7 Magnetventil für Ladedruckbegrenzung
8 Schlauch,
9 Stutzen
10 Sicherungsklammer
11 Schraube
12 Dichtring
13 Umluftventil für Turbolader
14 Schraube
15 Dichtring

Bild 22
1 Unterdruckleitung
2 Trennstelle
3 Masseanschluss
4 Schraube

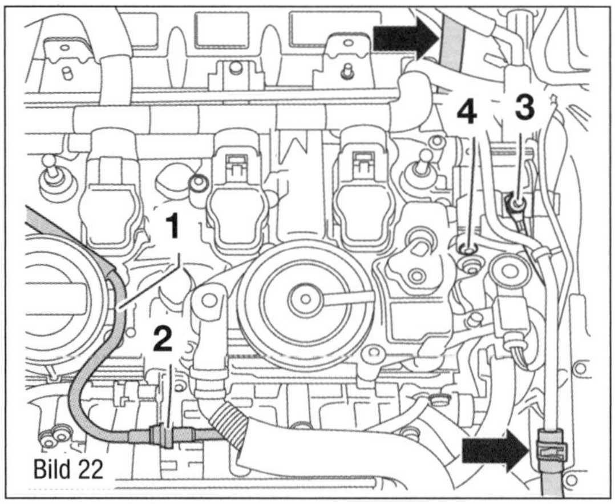

Bild 22

*Motorkennbuchstaben BZB, CAWA, CAWB, CGYA, CCZA, CCZB, CCZC, CCZD, CDAA:*
■ Entriegelungstasten des Luftführungsschlauch drücken, dann den Luftführungsschlauch abziehen und zur Seite schwenken.
■ Schraube für Luftführungsrohr herausdrehen. Luftführungsrohr ausbauen, dazu Schlauchschelle lösen.

*Motorkennbuchstabe CBFA, CCTA, CCTB:*
■ Schraube für Luftführungsrohr herausdrehen. Schlauchschelle lösen und Luftführungsrohr auf dem Zylinderkopf ablegen.

*Alle Varianten:*
■ Turbolader mit dem Verschlussstopfenset Motor (VAS 6122) verschließen.
■ Die Schrauben des Wärmeschutzblechs herausschrauben und das Wärmeschutzblech zusammen mit dem Kühlmittelrohr abnehmen.
☞ Bei den 2,0-l-Motoren die Schraube vom Wärmeschutzblech mit einem 6-mm-Sechskant-Steckeinsatz herausschrauben. Die Sechskantform muss mindestens 5 cm lang sein. Ein Steckeinsatz, der sich an der Spitze auf 6 mm verjüngt, ist zu dick.
■ Ölvorlaufleitung vom Abgasturbolader abschrauben.
■ Die Schrauben des Luftführungsrohr im Bereich des Radhauses herausdrehen, das Luftführungsrohr ausbauen. Dazu Klammern im Kunststoffrohr anheben.
■ Wärmeschutzblech über der rechten Gelenkwelle ausbauen.
■ Katalysatoren mit Abgasvorrohr ausbauen.
■ Elektrische Steckverbindungen am Turbolader trennen und elektrische Leitung freilegen.

*Fahrzeuge mit Standheizung:*
■ Schrauben am Kühlmittelrohr herausdrehen und die Kühlmittelrohre nach links schwenken.

*Alle Fahrzeuge:*
■ Schrauben oben und unten an Turboladerstütze mit Steckeinsatz (VAG XZN 10 T10154) herausdrehen.
■ Hohlschraube am Turbolader herausdrehen und Kühlmittelleitung zur Seite legen.

*Fahrzeuge mit Frontantrieb:*
■ Die Schrauben an der Ölrücklaufleitung herausdrehen.

*Fahrzeuge mit Allradantrieb:*
■ Die Schrauben der Ölrücklaufleitung am Kurbelgehäuse herausdrehen.

*Alle Fahrzeuge:*
■ Schraube der Befestigungsschelle an der Ölvorlaufleitung herausdrehen.
■ Kühlmittelschlauch unten abziehen und freilegen.
■ Muttern am Krümmer abschrauben.
■ Abgasturbolader/Abgaskrümmer nach oben herausnehmen.
⚠ Wird am Abgasturbolader ein mechanischer Schaden festgestellt, z. B. ein zerstörtes Verdichterrad, genügt es nicht nur den Turbolader zu ersetzen. Um Folgeschäden zu vermeiden, führen Sie bitte folgende Arbeiten durch:
■ Prüfen Sie das Luftfiltergehäuse, den Luftfiltereinsatz und die Ansaugschläuche auf Verunreinigungen.
■ Prüfen Sie die gesamte Ladeluftstrecke und den Ladeluftkühler auf Fremdkörper. Werden Fremdkörper im Ladeluftsystem festgestellt, muss die Ladeluftstrecke gereinigt und der Ladeluftkühler ggf. ersetzt werden.

Der Einbau erfolgt in umgekehrter Reihenfolge, dabei ist Folgendes zu beachten:
■ Dichtungen, Dichtringe und selbstsichernde Muttern sind zu ersetzen.
■ Abgasturbolader am Anschlussstutzen der Ölvorlaufleitung mit Motoröl befüllen.
■ Motor nach dem Einbau des Abgasturboladers ca. 1 Minute im Leerlauf laufen lassen, damit die Ölversorgung des Turboladers sichergestellt ist.
■ Schlauchstutzen und Schläuche für Ladeluftsystem müssen vor dem Montieren öl- und fettfrei sein. Nur bei Steckkupplungen müssen der Dichtring und die Dichtfläche leicht eingeölt werden.

# 10 Kraftübertragung

## Getriebetypen beim Tiguan

Zum System der Kraftübertragung bei Fahrzeugen mit Schaltgetriebe gehören Getriebe, Kupplung und Achsantrieb. Damit alle Akteure perfekt zusammenarbeiten und die vom Motor produzierte Leistung an die Antriebsräder übertragen, sind sie durch Gelenke, Wellen und Zahnräder miteinander verbunden. Welche Kraft tatsächlich an den Rädern benötigt wird, hängt davon ab, was dem Fahrzeug während der Fahrt abverlangt wird. Der Motor bietet jedoch nur in einem begrenzten Drehzahlbereich eine verwertbare Leistung an. Damit der Wagen beim Beschleunigen und bei Bergfahrten trotzdem genügend Zugkraft entwickelt, ist das Getriebe nötig. Mit seinen verschiedenen Gängen gewährleistet es eine jeweils passende Übersetzung. Im Tiguan werden je nach Motor vier verschiedene Getriebe verbaut. Gerade beim Ersetzen des Getriebes aus dem Gebrauchtmarkt ist es wichtig die Getriebe unterscheiden zu können.

**Bedeutung der Getriebekennung**
Auf dem Getriebeblock von oben sichtbar ist im Bereich des Pfeils im Bild 1 die Kennnummer eingeschlagen. Diese Kennnummer finden Sie auch auf dem Fahrzeugdatenträger im Fahrzeug oder im Serviceplan.

| Kennbuchstaben | Fertigung | | |
|---|---|---|---|
| | Tag | Monat | Jahr |
| JBS | 25 | 05 | 8 |

Bei gleicher Bezeichnung unterscheidet sich das Übersetzungsverhältnis für das 6-Ganggetriebe 0BB je nach Motorvariante teilweise. Wird ein Getriebe gebraucht verbaut, sollte die Verwendung nach Motortyp geprüft werden. Die Untergruppierungen der OBB-Getriebe lassen sich bestimmten Fahrzeugen und Bauzeiträumen zuordnen. Die beiden Getriebe werden in verschiedenen Ausführungen als Weiterentwicklungen früherer Getriebe gebaut.

**Getriebe OBB (6-Gang-Schaltgetriebe)**

| Fahrzeug (Bauzeitraum) | 6-Gang-OBB Kennbuchstaben |
|---|---|
| TDI 2,0 l -85 kW<br>TDI 2,0 l -100 kW<br>TDI 2,0 l -103 kW<br>(05/10 - 05/11) | LQU |
| TDI 2,0 l - 81 kW<br>(11/09 - 05/11) | |
| TDI 2,0 l - 81 kW<br>TDI 2,0 l -85 kW<br>TDI 2,0 l -100 kW<br>TDI 2,0 l -103 kW<br>(05/11) | NFZ |
| (T)FSI) 1,4 l - 110 kW<br>(05/08-05/09) | JBS |
| (T)FSI) 1,4 l - 110 kW<br>(05/09-06/09) | LHB |
| (T)FSI) 1,4 l - 90 kW<br>(11/09) | LXM |
| (T)FSI) 1,4 l - 110 kW<br>(11/09) | |
| (T)FSI) 1,4 l - 118 kW<br>(11/09) | |
| (T)FSI) 1,4 l - 110 kW<br>(05/10) | |
| (T)FSI) 1,4 l - 110 kW<br>(05/10 - 06/10) | LZV |

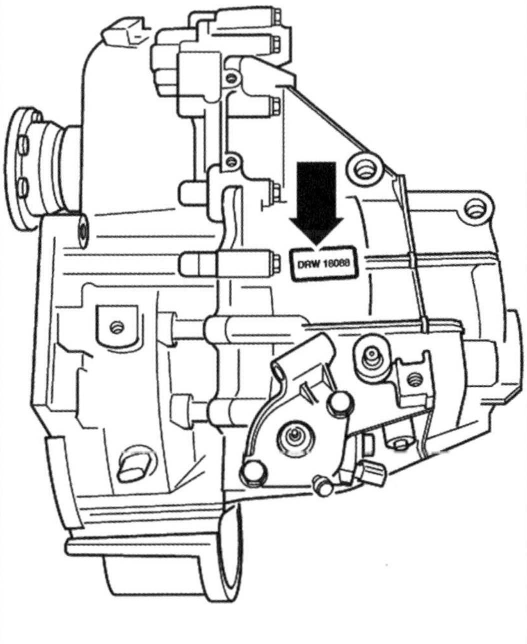

Bild 1

Bild 1 Getriebekennnummer im Block.

Sichtprüfung Messen

Bild 2
1 Kupplungsgehäuse
2 Abtriebswelle Rückwärtsgang
3 Abtriebswelle 1. und 2. Gang
4 Nehmerzylinder mit Ausrücklager
5 Antriebswelle mit Schalträder für 5. und 6.Gang
6 Abtriebswelle, 3. und 4.Gang
7 Ausgleichsgetriebe
8 Steckwelle rechts
9 Steckwelle links
10 Getriebegehäuse
11 Schaltrad 4. Gang
12 Schaltrad 3. Gang
13 Schaltrad 6. Gang
14 Schaltrad 5. Gang
15 Schaltrad 2. Gang
16 Schaltrad 1. Gang
17 Schaltrad Rückwärtsgang

Bild 3
1 Kupplungsgehäuse
2 Abtriebswelle Rückwärtsgang
3 Abtriebswelle 1. und 2. Gang
4 Nehmerzylinder mit Ausrücklager
5 Antriebswelle mit Schalträder für 5. und 6. Gang
6 Abtriebswelle 3. und 4. Gang
7 Ausgleichsgetriebe
8 Winkelgetriebe
9 Steckwelle rechts
10 Kopfkegelrad mit Antriebswelle
11 Schaftkegelrad
12 Abtriebsflansch
13 Steckwelle links
14 Getriebegehäuse
15 Schaltrad 4. Gang
16 Schaltrad 3. Gang
17 Schaltrad 6. Gang
18 Schaltrad 5. Gang
19 Schaltrad 2. Gang
20 Schaltrad 1. Gang
21 Schaltrad Rückwärtsgang

Bild 4
LZZ – Getriebekennbuchstabe
A01 – Getriebeausführung
0310 – laufende Nummer
14 – Werksschlüssel
12059 - Produktionsdatum: 12. Mai 2009

| **Getriebe OA6 Frontantrieb (6-Gang-Schaltgetriebe)** | |
|---|---|
| **Fahrzeug (Bauzeitraum)** | **6-Gang-OA6 Kennbuchstaben** |
| TDI 2,0 l -103 kW (06/08 - 07/08) | LJW |
| TDI 2,0 l -103 kW (06/08 - 05/10) | LMY |
| (T)FSI 2,0 l -125 kW (T)FSI 2,0 l -147 kW (06/08) | LMW |
| (T)FSI 2,0 l -125 kW (T)FSI 2,0 l -147 kW (06/08 - 07/08) | LJU |

| **Getriebe OA6 Allradantrieb (6-Gang-Schaltgetriebe)** | |
|---|---|
| **Fahrzeug (Bauzeitraum)** | **6-Gang-OA6 Kennbuchstaben (Winkelgetriebe)** |
| TDI 2,0 l -125 kW TDI 2,0 l -103 kW TDI 2,0 l -100 kW (02/08 - 07/08) | KVC (KUH, LGZ) |
| TDI 2,0 l -147 kW TDI 2,0 l -103 kW TDI 2,0 l -100 kW (06/08 - 05/10) | KUG (KUH) |
| TDI 2,0 l -125 kW TDI 2,0 l -120 kW TDI 2,0 l -103 kW TDI 2,0 l -100 kW (06/08 - 05/10) | KVE (KUH, LGS, LGZ) |
| TDI 2,0 l -125 kW TDI 2,0 l -120 kW TDI 2,0 l -103 kW TDI 2,0 l -100 kW (07/08 - 05//11) | LJS (LGZ) |
| TDI 2,0 l -125 kW TDI 2,0 l -120 kW TDI 2,0 l -103 kW TDI 2,0 l -100 kW (06/08 - 07/08) | LMU (LGZ) |

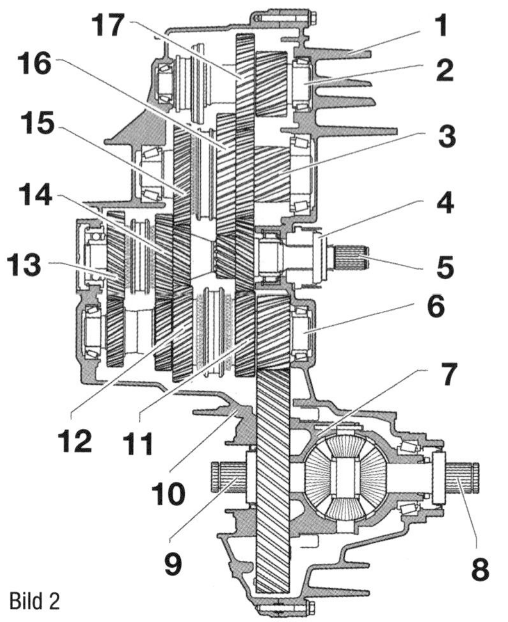

Bild 2

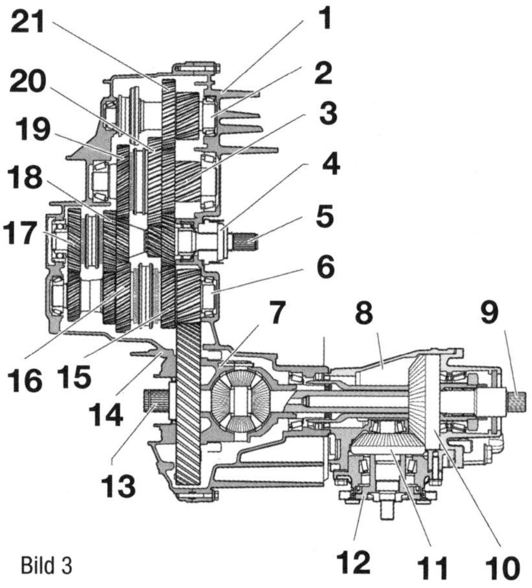

Bild 3

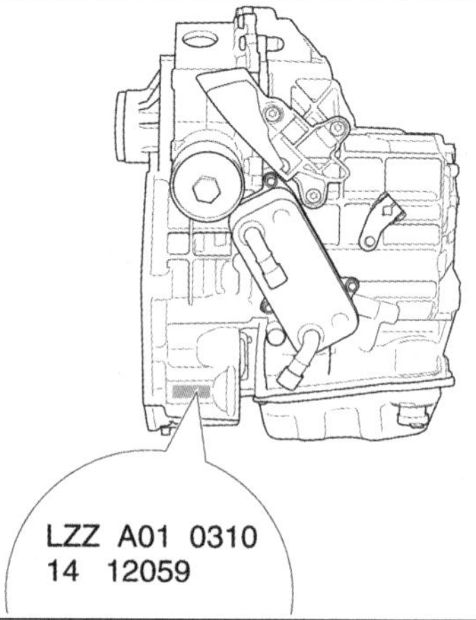

Bild 4

| DSG-Getriebe Frontantrieb (7-Gang) | |
|---|---|
| **Fahrzeug** | **7-Gang-DSG Kennbuchstaben** |
| TDI 2,0 l -103 kW<br>TDI 2,0 l -100 kW | LWS, MYB, MYG, NYD |
| (T)FSI 2,0 l -125 kW<br>(T)FSI 2,0 l -147 kW | LWT, MYC, NEZ |
| (T)FSI 2,0 l -155 kW<br>(T)FSI 2,0 l -132 kW | NEZ, NYE |

| Achsgetriebe hinten (Allrad) | |
|---|---|
| **Fahrzeug** | **Achsantrieb 0AY Kennbuchstaben** |
| TDI 2,0 l -100 kW bis 125 kW<br>(T)FSI 1,4 l -118 kW bis 147 kW | 6-Gang Schaltgetriebe (0A6) |
| TDI 2,0 l -100 kW bis 103 kW<br>(T)FSI 2,0 l -125 kW bis 147 kW | 6-Gang Automatisches Getriebe (09M) |
| TDI 2,0 l -100 kW bis 103 kW<br>(T)FSI 2,0 l -155 kW bis 147 kW | 7-Gang-Doppelkupplungsgetriebe (0BH) |

## Montagearbeiten am Getriebe

Die Arbeitsbeschreibungen zur Demontage des Getriebe erfordert einige spezielle Werkzeuge und auch Erfahrung in der Montage. Im Rahmen dieses Buches gehen wir nur auf Arbeiten ein, die üblicherweise in privater Hand von Schraubern angegangen werden.
Hinzu kommt, dass der Umfang der Arbeitsbeschreibungen für die Demontage den Rahmen dieses Buches sprengen würde.
Wir stellen Ihnen im Anschluss trotzdem einige Montageübersichten mit den entsprechenden Anzugsdrehmomenten vor. Die Arbeiten am DSG sollten Sie grundsätzlich dem Volkswagenfachhändler Ihres Vertrauens überlassen.

## Ölwechsel am Getriebe

**Ölwechsel am 6-Gang-Schaltgetriebe**
Die Arbeitsvorgänge für die Schaltgetriebe sind sehr ähnlich. Wir stellen Ihnen hier eine allgemeingültige Arbeitsbeschreibung vor.

- Geräuschdämpfung abbauen.
- Drehen Sie die Schraube (21 in Bild 6) heraus und lassen Sie das Getriebeöl vollständig ablaufen.
- Drehen Sie die Schraube zur Getriebeölkontrolle (Pfeil im Bild 5) heraus.
- Drehen Sie die Ablassschraube unter Verwendung eines neuen Dichtrings wieder hinein.
- Füllen Sie neues Getriebeöl durch die Einfüll- und Kontrollschraube ein. Der Ölstand ist korrekt, wenn das Getriebe bis Unterkante Öleinfüllbohrung befüllt ist.

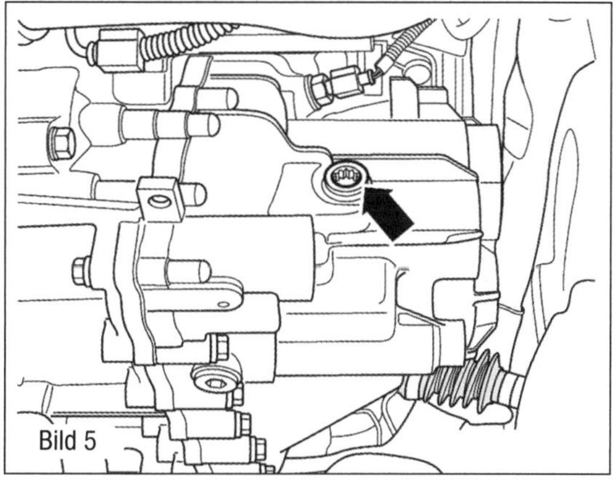
Bild 5

Bild 5
Öleinfüllschraube (Pfeil) und Ölablassschraube unten.

Bild 6
1 Kegelschraube (35 Nm)
2 Steckwelle links mit Druckfeder
3 Sicherungsring
4 Verschlussdeckel
5 Schraube (5 Nm)
6 Sicherungsblech
7 Haltebügel
8 Schraube (20 Nm)
9 Sechskantmutter (20 Nm + 90°)
10 Schraube (6 Nm)
11 Geber für Getriebe-Neutralstellung
12 Schalter für Rückfahrleuchten (20 Nm)
13 Dichtring
14 Schraube
15 O-Ring
16 Schalteinheit
17 Schraube (25 Nm)
18 Kupplungsgehäuse
19 Getriebegehäuse
20 Dichtring
21 Ölablassschraube (45 Nm)

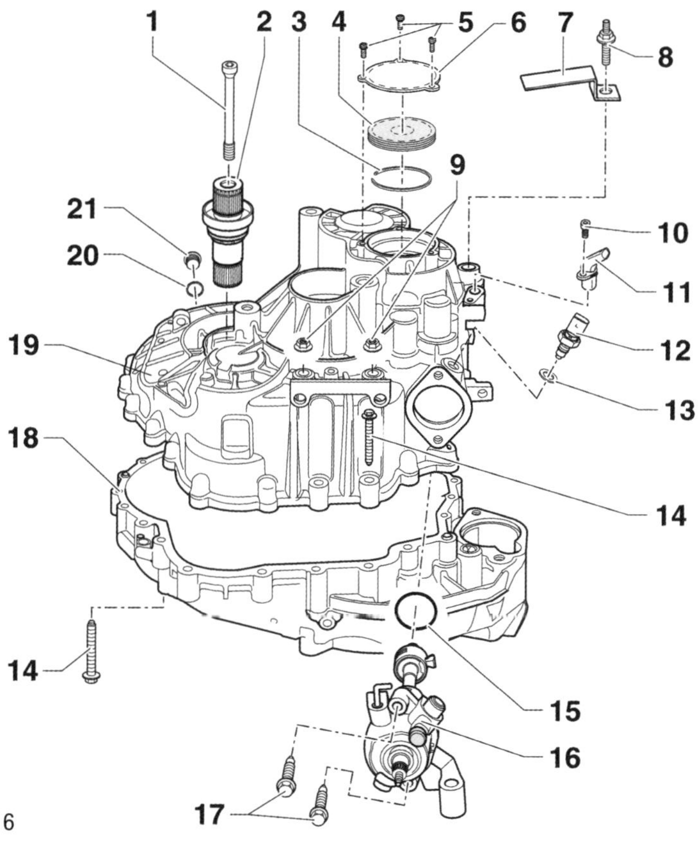

Bild 6

Sichtprüfung Messen

Bild 7
1 Abtriebswelle Rückwärtsgang
2 Schaltschwinge für Rückwärtsgang
3 O-Ring
4 Abtriebswelle 1. und 2. Gang
5 Schaltstange mit Schaltgabel für 1. und 2. Gang
6 Abtriebswelle 3. und 4. Gang
7 Schaltstange mit Schaltgabel für 3. und 4. Gang
8 Antriebswelle
9 Schaltstange mit Schaltgabel für 5. und 6. Gang,
10 Entlüfter
11 Kupplungsgehäuse
12 O-Ring
13 Schraube
14 Nehmerzylinder mit Ausrücklager

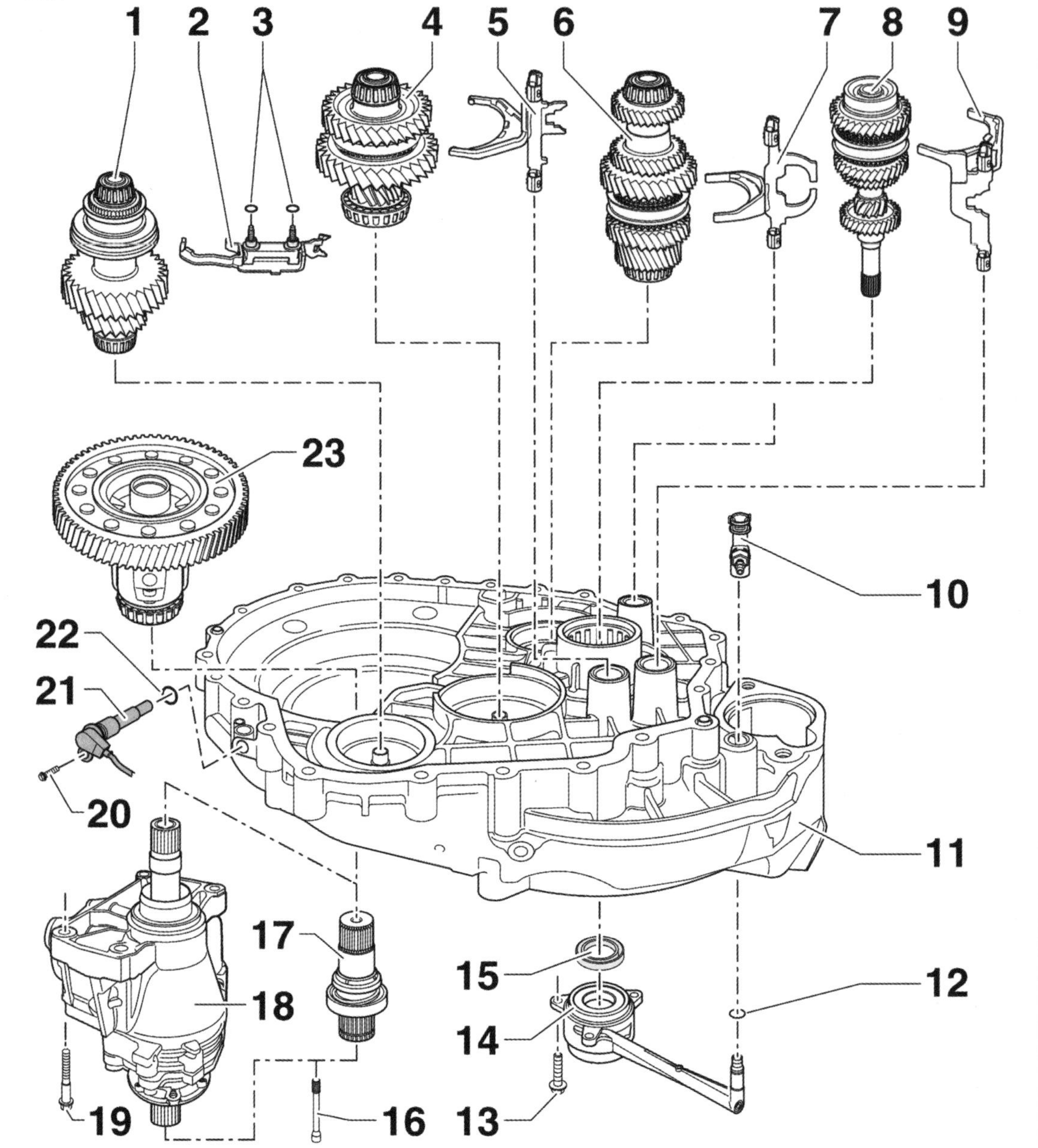

Bild 7

Bild 8
Ölablassschraube mit Innenvielzahn 45 Nm, Ölablassschraube mit Innensechskant 30 Nm.

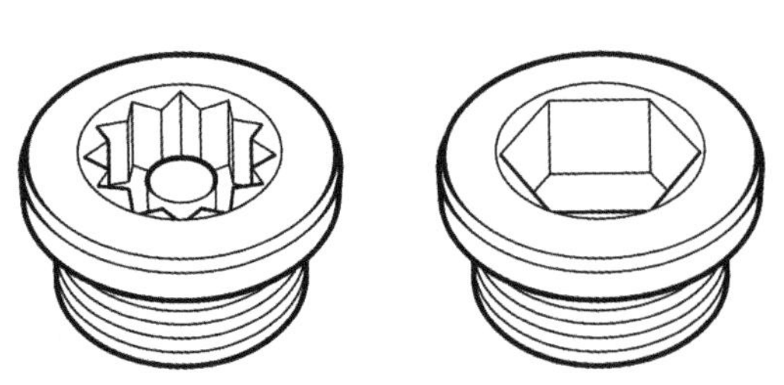

Bild 8

■ Öleinfüllschraube mit neuem Dichtring einschrauben und mit 45 Nm festziehen.
■ Falls vorhanden, Geräuschdämpfung an das Getriebe und unterhalb Motor/Getriebe anbauen.

**Ölwechsel am DSG-Getriebe**
Das Doppelkupplungsgetriebe »0BH« besitzt nur einen Ölhaushalt. Dieser Ölhaushalt gilt für die Räder/Wellen, den Achsantrieb, die Kupplungen und für die Mechatronik für Doppelkupplungsgetriebe.

⚠ Das Öl ist ein Originalteil, das vor dem Öffnen geschüttelt werden muss. Es dürfen keine Zusätze in das Öl gefüllt werden und es darf mit keinem anderen Öl gemischt werden. Abgelassenes Öl darf nicht wieder eingefüllt werden.

*Ölfilterwechsel nicht erforderlich, wenn…*

- der Getriebeölkühler oder seine O-Ringe ersetzt wurde(n) und kein Kühlmittel in das Öl gelangt ist,
- der Dichtring für die Schaltwelle ersetzt wurde,
- der Dichtring für die Steckwelle ersetzt wurde,
- undichte Deckel/Dichtungen der Mechatronik oder der Mehrfachkupplung ersetzt wurden,
- das Wartungsintervall erreicht wurde.

*Ölfilterwechsel erforderlich, wenn…*

- Metallspäne im Öl gefunden wurden,
- die Kupplung verbrannt oder mechanisch defekt ist.

Zuerst wird die Öltemperatur ausgelesen. Ist sie höher als 50° Celsius Getriebe abkühlen lassen. Bei stehendem Motor das Überlaufrohr herausdrehen und das Öl ablaufen lassen. Danach das Überlaufrohr wieder einbauen und das Getriebe mit Öl »überfüllen«. Anschließend den Motor starten und überschüssiges Öl so lange ablassen, bis der Ölstand das Überlaufrohr erreicht hat.

*Erforderliche Bedingungen:*

- Motor abgestellt.
- Fahrzeug steht in waagerechter Stellung, alle Aufnahmen der Bühne sind gleichmäßig in einer Höhe.
- Falls vorhanden, muss die Geräuschdämpfung ausgebaut werden.
- Der Wählhebel steht in der Position »P«.
- Ein geeignetes Fahrzeugdiagnosesystem ist angeschlossen.
- Zu Beginn der Arbeit darf die Öltemperatur nicht höher als 45 °C sein.

*Ölwechsel durchführen*

- Fahrzeugdiagnosesystem, anschließen und in »Geführte Funktionen« das Fahrzeug identifizieren.
- »Doppelkupplungsgetriebe« auswählen.
- »Ölstand prüfen« auswählen.
- Motor auslassen und nicht starten!
- Ölablassschraube ausbauen.
- Dichtring der Schraube ersetzen.

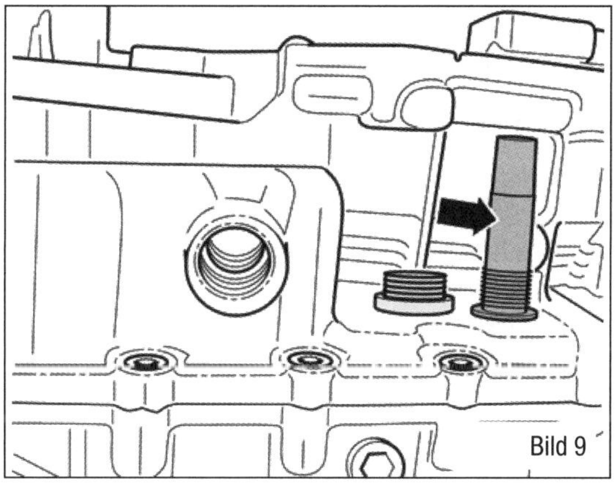

Bild 9
Ölablassschraube und Ölstandsrohr.

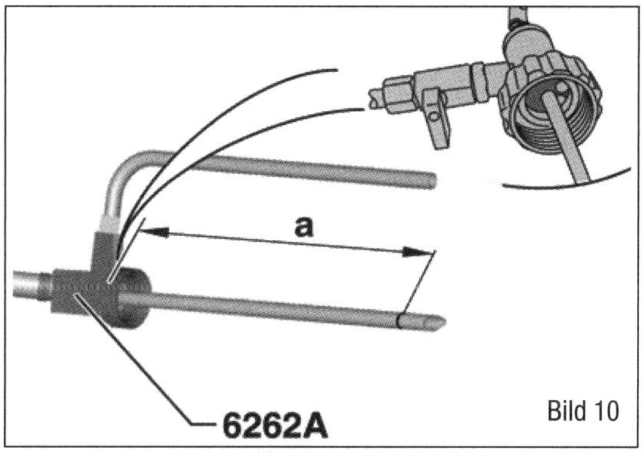


Bild 10
Adapter zur Ölbefüllung (VAS 6262 A).

- Ölstandsrohr (Pfeil im Bild 9) entfernen und Öl herauslaufen lassen.
- Ölablassschraube der Mechatronik ausbauen. Es laufen noch etwa 1,2 Liter Öl aus.
- Dichtring ersetzen und Ölablassschraube der Mechatronik wieder einbauen und mit 20 Nm festziehen.
- Ölstandsrohr bis Anschlag eindrehen und mit 3 Nm festziehen.
- Vor dem Aufschrauben des Adapters zur Ölbefüllung (VAS 6262 A) auf die Öl-Flasche, die Länge des Entlüftungsrohr Maß (a) messen, ggf. kürzen (Maß (a) = 210 mm) Das Maß (a) wird ab dem Schaft (grüne Fläche in der Lupe) des Adapters zur Ölbefüllung (VAS 6262 A) gemessen (Bild 10).
- Adapter vom Adapter zur Ölbefüllung (VAS 6262 A) handfest in die Kontrollbohrung einschrauben.
- Vor dem Öffnen Flaschen schütteln.
- 5,5 Liter Öl auffüllen.
- Zum Flaschen wechseln Hahn verschließen oder Adapter zur Ölbefüllung (VAS 6262 A) höher als das Getriebe halten.
- Ölablassschraube nur handfest anziehen.
- Motor starten.
- Bremse treten und jede Wählhebelstellung für ca. 3 Sekunden einlegen, danach Hebel wieder in »P« stellen.

■ Motor nicht abstellen.
■ Anschließend Ölstand mit dem Tester prüfen und wenn erforderlich ergänzen.

**Ölfilterwechsel am DSG-Getriebe**
■ Wählhebel in »P« stellen.
■ Luftfiltergehäuse ausbauen.

*Nur Fahrzeuge mit Dieselmotor*
■ Kühlmittelrohr links zusammen mit Ladeluftrohr ausbauen.

*Weiter alle Fahrzeuge*
Vor dem Abschrauben des Filtergehäuses den Bereich um den Ölfilter mit ausreichend vielen Lappen abdecken. Es verbleibt eine Restmenge Öl im Ölfilter. Dieses läuft beim Abschrauben des Filtergehäuses aus.

Bild 11

Bild 11
1 Ölfilter
2 Hitzeschutz

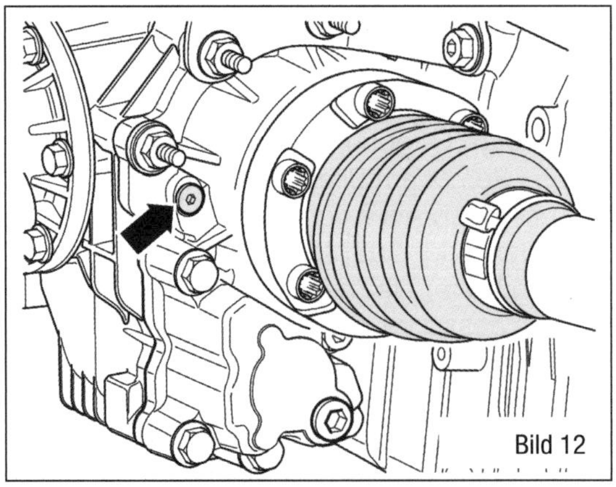
Bild 12

Bild 12
Pfeil: Öleinfüllschraube; unten: Ölablassschraube mit Innenvielzahn 45 Nm, Ölablassschraube mit Innensechskant 30 Nm.

■ Filtergehäuse (1 im Bild 11) zunächst ungefähr 7 Umdrehungen lösen.
■ Etwa 10 Sekunden warten. So kann das Öl aus dem Filtergehäuse in das Getriebe zurückfließen.
■ Erst jetzt das Filtergehäuse (1) mit Filter abnehmen.
■ Fehlende oder beschädigte Wärmeabschirmung (2) ersetzen.

Der weitere Einbau erfolgt in umgekehrter Reihenfolge. Verölte Stellen am Getriebe gründlich reinigen.
■ Neuen Ölfilter mit dem Bund nach unten einsetzen.
■ Filtergehäuse eindrehen und mit 20 Nm festziehen.
■ Anschließend Ölstand mit dem Tester prüfen und wenn erforderlich, ergänzen.

**Ölwechsel am Winkelgetriebe (Allrad)**
■ Geräuschdämpfung abbauen.
■ Auffangwanne unter das Winkelgetriebe stellen.
■ Lassen Sie das Getriebeöl an der Ablassschraube ablaufen (Bild 12).
■ Öleinfüllschraube (Pfeil) im Winkelgetriebe herausdrehen. Die Öleinfüllschraube muss ersetzt werden. Der Ölstand ist korrekt, wenn das Winkelgetriebe bis Unterkante Öleinfüllbohrung befüllt ist. Wenn Öl auf das Winkelgetriebe gelangen sollte, muss dies sorgfältig entfernt werden.
■ Füllen Sie ggf. Achsöl nach.
■ Neue Öleinfüllschraube einschrauben.
■ Ziehen Sie die Schraube mit Anzugsdrehmoment fest.

Die weitere Montage erfolgt sinngemäß in umgekehrter Reihenfolge.

**Ölstand prüfen am hinteren Achsgetriebe (Allrad)**
Achsantrieb und Haldex-Kupplung haben getrennte »Ölkreisläufe«. Keine »Zusätze« in das Öl mischen. Abgelassenes Öl nicht wieder auffüllen.
■ Auffangwanne (VAS 6208) unter den Achsantrieb stellen.
■ Schraube zur Getriebeölkontrolle (Pfeil) herausschrauben.
Der Ölstand ist korrekt, wenn der Achsantrieb hinten bis Unterkante Öleinfüllbohrung befüllt ist.
■ Schraube (Pfeil) einschrauben und festziehen.

### Ölstand prüfen am Haldexgetriebe (Allrad)

Achsantrieb und Haldex-Kupplung haben getrennte »Ölkreisläufe«. Keine »Zusätze« in das Öl mischen. Abgelassenes Öl nicht wieder auffüllen.

■ Auffangwanne (VAS 6208) unter den Achsantrieb stellen.

■ Schraube (1) herausschrauben.

Der Ölstand ist korrekt, wenn der Achsantrieb hinten bis Unterkante Öleinfüllbohrung befüllt ist.

■ Schraube (1) einschrauben und festziehen. Anzugsdrehmoment 15 Nm.

## Besonderheiten am DSG-Getriebe

Die 7-Gang-Doppelkupplungsgetriebe-/ -DSG-Automatikgetriebe verbinden Komfortansprüche an Automatikgetriebe mit der Möglichkeit direkter Einflussnahme und blitzschneller, ruckfreier Handschaltung. Das wird mit zwei Lamellen-Kupplungen und unterschiedlichen automatischen Schaltprogrammen verwirklicht. Das 94 kg schwere 6-Gang-DSG hat zwei Mehrscheiben-Nass-Lamellen-Kupplungen und verfügt über sechs Vorwärts- und einen Rückwärtsgang. Das 7-Gang-DSG, das bis zu 250 Nm verarbeiten kann, hat eine Trocken-Doppelkupplung und sieben Vorwärtsgänge. Die Gänge sind alle synchronisiert und lassen sich im Automatik- und im Tiptronic-Modus bedienen. Der Kraftstoffverbrauch von Tiguan-DSG-Modellen liegt auf dem Niveau sparsamer Fahrzeuge mit Handschaltgetriebe.

### Notentriegelung des Wählhebels

■ Schaltabdeckung ausclipsen und zur Seite halten. Nicht den Griff abbauen.

■ Bremse treten oder Handbremse anziehen.

■ Auf das gelbe Kunststoffteil drücken (Pfeil im Bild 15).

■ Der Hebel kann jetzt aus Stellung »P« herausgeschaltet werden und das Fahrzeug ist wieder rangierbar und transportfähig.

### Verhalten des Steuergeräts bei einem Fehler im DSG

Vor den Arbeitsbeschreibungen zunächst noch ein Wort zu eventuellen Fehlern bei den Doppelkupplungsgetrieben (DSG). Das Steuergerät arbeitet mit hoch entwickelter Software. Sie ist in der Lage, im Millisekundenbereich elektrische Funktionen auszuführen, zu überwachen und zu steuern. Neben der weiterentwickelten Software wurde auch vieles getan, um das Getriebe im Falle einer Störung zu schützen. So wird beim Auftreten eines Fehlers dieser gespeichert und ein Ersatzprogramm gestartet. Es werden vier Fehlerreaktionen unterschieden:

1. Der Fehler ist so geringfügig, dass die Weiterfahrt durch ein Ersatzprogramm ermöglicht werden kann und die Fahrsicherheit erhalten bleibt. Dem Fahrer wird dies nicht über die Wählbereichsanzeige signalisiert. Die Anzeige zeigt ganz normal die Wählhebelstellung. Wenn überhaupt, können Fahrverhaltensänderungen wahrgenommen werden.

2. Einzelne Hebelstellungen blinken in der Wählbereichsanzeige. Dem Fahrer wird signalisiert, dass diese Gangwahl

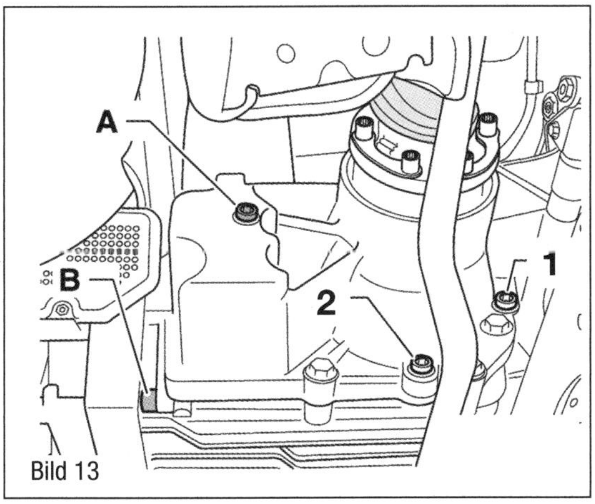


Bild 13

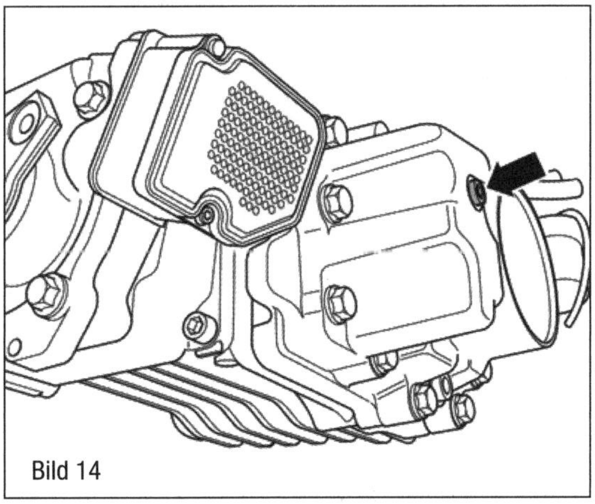

Bild 14

Bild 13
A Einfüllschraube
B Ablassschraube
1 Kontrollschraube
2 Ablassschraube M14x1, 15 Nm

Bild 14
Pfeil = Öleinfüllschraube M20x1 40 Nm; M14x1 15 Nm.

momentan nicht möglich ist. Ein Beispiel: Rückwärtsfahrt, Hebel in »R« und Fahrzeug fährt rückwärts. Wird in dieser Situation »D« eingelegt, blinkt in der Wählbereichsanzeige der Buchstabe »D«. Das Steuergerät verhindert in diesem Fall das Einlegen des 1. Ganges, um das Getriebe nicht zu beschädigen. Erst bei Fahrzeugstillstand wird der Gang eingelegt.

3. Die Wählbereichsanzeige ist komplett erleuchtet und blinkt. Die eingelegte Wählhebelstellung ist zu erkennen (hervorgehoben). Ein Beispiel hierzu: Die Getriebeöltemperatur ist zu hoch. Gründe können unter anderem sein: Anhängerbetrieb mit zu hoher Last, Zusatzeinbauten vorn am Fahrzeug, Mangel an Kühlluft.

4. Die eingelegte Wählhebelstellung ist nicht zu erkennen. Die Wählbereichsanzeige blinkt. Änderungen im Fahr- und Schaltverhalten sind deutlich zu spüren. Rückwärtsfahrt ist nicht möglich. Es liegt ein »schwerer Fehler« vor, ein Teilgetriebe ist abgeschaltet, eine Getriebereparatur unumgänglich.

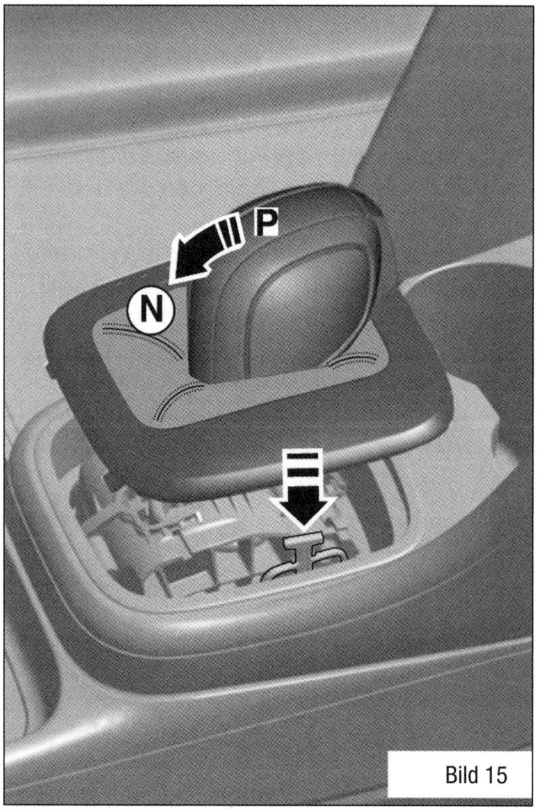

Bild 15

Bild 15
Notentriegelung am Wählhebel (siehe Pfeil).

## Ausbau Getriebe und Komponenten des Antriebs

Wir geben hier nur grob das prinzipielle Vorgehen an. Diese Arbeit, die viel Spezialwerkzeug erfordert, gehört üblicherweise in die Fachwerkstatt. Die meisten einzelnen Schritte haben wir übrigens im Kapitel 4 Motoren unter »Motor aus- und einbauen« beschrieben. Dabei wurde das Motor/Getriebe-Aggregat ausgebaut, von dem nach Ausbau das Getriebe abgeflanscht werden konnte. Hier nun wird das Getriebe einzeln (ohne Motor) nach unten ausgebaut.

**Schaltgetriebe aus- und einbauen**
*Von oben*
Zuerst werden die Batterie mit Konsole (Batterieträger), der Luftfilter (er behindert den Ausbau) und der Anlasser ausgebaut. Je nach Fahrzeugmodell genügt es schon, Stecker und Leitung vom Anlasser abzubauen. Die Kühlmittelschläuche werden abgeklemmt und (modellabhängig) ausgebaut. Den Getriebeausbau oder den Einsatz der Abfangvorrichtung behindernde Schlauch- und Kabelverbindungen werden ausgebaut. Schaltseilzug, Getriebeschalthebel, Seilzugwiderlager und (bei den Handschaltgetrieben) Nehmerzylinder (Kupplung) werden ausgebaut. Das linke Aggregatelager wird ausgebaut. Motor mit Getriebe werden abgefangen, wozu die Abfangvorrichtung vor der Stütze für die Frontklappe aufgesetzt wird. Alle von oben erreichbaren Verbindungsschrauben Motor/Getriebe werden ausgebaut. Gut geeignet dazu ist ein Einsteckwerkzeug mit den passenden Bits.

*Von unten:*
Hier werden nach Anheben mit einer Hebebühne zunächst die Geräuschdämpfung und die linke Radhausschale ausgebaut. Erst die linke, dann die rechte Gelenkwelle müssen vom Getriebe abgebaut und (z. B. mit Spanngurten) hochgebunden werden (z. B. an die Federbeine).

*Schaltgetriebe:*
Bei Fahrzeugen mit Schaltgetriebe Pendelstütze und Getriebekonsole ausbauen. Den Halter T10346 mit einer Bundschraube M6 x 20 festschrauben und die Abstützvorrichtung (3300 A) am Halter befestigen.

Motor- und Getriebeheber unter das Fahrzeug stellen, Justierplatte parallel zum Getriebe ausrichten, Sicherungsaufnahme am Getriebe arretieren und den Bolzen (3282/29) in die Bohrung für die Befestigungsschraube der Pendelstütze am Getriebe einschrauben.

*DSG-Getriebe*:
Bei den Fahrzeugen mit DSG die Lenkung von der Lenksäule trennen. Dann den Aggregateträger mit Pendelstütze, Lenkung und beiden Achslenkern zusammen ausbauen. Der Aggregateträger muss zum Ausbau richtig fixiert werden, wozu die Fixiervorrichtung T10096 nötig ist. Dazu immer, nachdem eine Schraube am Aggregateträger herausgedreht wurde, sofort eine Fixiervorrichtung (T10096) eindrehen. Wenn der Aggregateträger nicht mit den Bolzen fixiert wird, muss später eine Achsvermessung erfolgen, was eine unnötige und teure Zusatzarbeit wäre. Getriebeaufnahme (3282) mit Justierplatte (3282/42 A) einrichten, Motor- und Getriebeheber unter das Getriebe fahren und Getriebe abfangen, aber nicht hochheben.

*Schaltgetriebe und DSG:*
Alle Verbindungsschrauben Getriebe/Motor herausschrauben. Dazu und bei den meisten Modellen auch zur Getriebeentnahme muss der vordere Teil der Abgasanlage vom Motor abgebaut werden: Wie auch im Kapitel 9 Abgasanlage beschrieben, die Abgasanlage trennen (Pfeile 1) und den Halter für Abgasrohr vom Aggregateträger abschrauben (Pfeile 2; Bild 16). Getriebe von den Passhülsen abdrücken und unter Beachtung aller Leitungen absenken und herausschwenken.

Der Einbau erfolgt in umgekehrter Reihenfolge. Wir nennen wieder einige wesentliche Schritte:

*Schaltgetriebe*
■ Alle Gewindebohrungen für selbstsichernde Schrauben vorsichtig mit einem Gewindeschneider von den Rückständen des Sicherungsmittels reinigen und die selbstsichernden Schrauben (gilt auch für derartige Muttern) immer ersetzen.
■ Kontrollieren, ob Passhülsen zur Zentrierung von Getriebe an Motor im Zylinderblock vorhanden sind, ggf. einsetzen. Bei nicht vorhandenen Passhülsen treten Schaltschwierigkeiten, Kupplungsprobleme und ggf. Geräusche vom Getriebe (Rasseln) auf.
■ Kerbverzahnung der Antriebswelle reinigen und leicht mit Schmierfett für Kupplungsscheibensteckverzahnung (G 000 100) schmieren. Die Kupplungsscheibe muss auf der Antriebswelle leicht hin- und herschiebbar sein.

*Doppelkupplungsgetriebe*
■ Wenn das Nadellager in der Kurbelwelle beschädigt oder blau angelaufen ist, muss es ersetzt werden. Ist es nicht beschädigt, wird es mit Hochtemperaturfett (G052133A2) leicht gefettet. Auch den Zapfen (nicht die Verzahnung) des Getriebes leicht einfetten.
■ Korrekten Sitz der beiden Passhülsen zwischen Motor und Getriebe sowie des Zwischenblechs überprüfen. Motor und Getriebe müssen sich von Hand so weit zusammenführen lassen, bis sich beide Flansche umlaufend berühren, sonst »läuft etwas verkehrt«!
■ Die Getriebeaufnahme nachjustieren, bis Motor und Getriebe in Flucht zueinander stehen.

*Alle Getriebetypen*
■ Getriebe unter das Fahrzeug fahren, in Einbaulage zum Motor ausrichten und einsetzen.
■ Zuerst die unteren Schrauben für die Befestigung Getriebe an Motor einschrauben.
■ So früh wie möglich, schon beim Hochheben des Getriebes, den Wählhebelseilzug (nicht fetten!) in das Seilzugwiderlager führen. Die Sicherungsscheiben des Wählhebelseilzugs müssen erneuert werden.
■ Wählhebelseilzug immer einstellen (folgt).
■ Kühlmittelstand prüfen und wenn nötig, ergänzen.
■ Anzugsdrehmomente beachten. VW gibt vor, dass bei Benutzung des Einsteckwerkzeugs SW18 (T10179) statt 80 Nm nur 65 Nm gelten.

**Winkelgetriebe aus- und einbauen**
Die Montagearbeiten am Haldexgetriebe haben wir nicht beschrieben. Vor und nach jeder Montage muss es geprüft werden. Diese

Arbeiten können lediglich von versierten Schraubern mit einiger Erfahrung durchgeführt werden und sollten entweder durch solche oder durch den Volkswagenhändler Ihres Vertrauens durchgeführt werden.
- Radschrauben vorn lösen.
- Fahrzeug anheben.
- Räder vorn abbauen.
- Geräuschdämpfung unterhalb Motor/Getriebe ausbauen.
- Halter für Abgasanlage vom Aggregateträger (Pfeile im Bild 321) abbauen.

*Wenn nach Ausbau des Winkelgetriebes das Schaltgetriebe ausgebaut wird:*
- Bauen Sie den Aggregateträger mit Lenkgetriebe aus. Beachten Sie dabei wie beschrieben, das Fixieren des Aggregateträgers.

*Wenn nur das Winkelgetriebe ausgebaut wird:*
- Senken Sie den Aggregateträger mit Lenkgetriebe ab. Beachten Sie dabei, wie beschrieben, das Fixieren des Aggregateträgers.

*Fortsetzung für alle*
- Bauen Sie die den vorderen Teil der Abgasanlage ab.
- Gelenkwelle vom Winkelgetriebe abbauen und hochbinden.

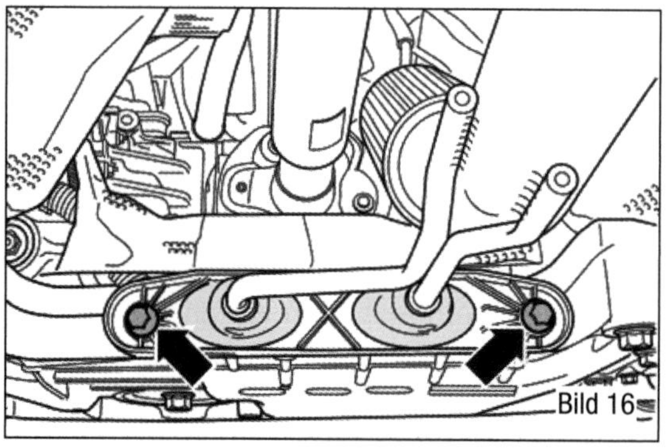


Bild 16
Befestigungsschrauben am Motorträger.

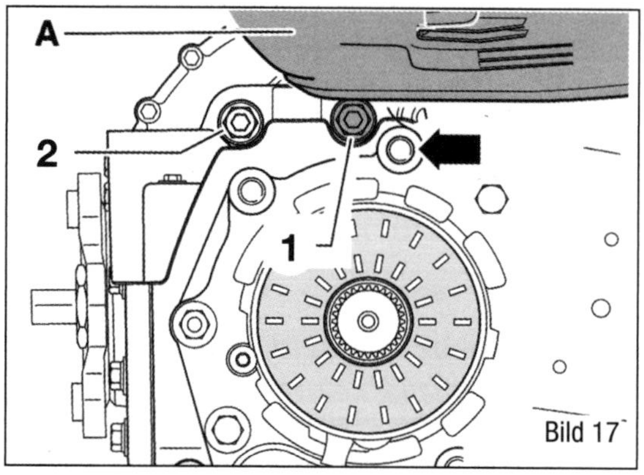


Bild 17
Anordnung der Befestigungsschrauben oben (1) und (2) für das Winkelgetriebe am Schaltgetriebe. Die Schraube (1)wird durch die Geräuschdämpfung des Kompressors (A) verdeckt und befindet sich in der Nähe der Gewindebohrung (Pfeil).

*Wenn der Aggregateträger ausgebaut ist:*
- Befestigen Sie die Abstützvorrichtung (T10323) an den innen liegenden, hinteren Gewindebohrungen für den Aggregateträger.
- Benutzen Sie dazu die Befestigungsschrauben für den Aggregateträger.
- Stellung der Kardanwelle mit Gelenkscheibe zum Flansch des Winkelgetriebes mit Farbe kennzeichnen.
- Kardanwelle vom Winkelgetriebe abschrauben.
- Legen Sie einen Lappen auf die Abstützvorrichtung, damit die Lackierung der Kardanwelle nicht beschädigt wird.
- Schieben Sie die Kardanwelle vorn bis Anschlag zurück.
- Legen Sie die Kardanwelle auf der Abstützvorrichtung ab.

*Wenn der Aggregateträger abgesenkt ist:*
- Stellung der Kardanwelle mit Gelenkscheibe zum Flansch des Winkelgetriebes mit Farbe kennzeichnen.
- Kardanwelle vom Winkelgetriebe abschrauben.
- Legen Sie einen Lappen auf den Aggregateträger, damit die Lackierung der Kardanwelle nicht beschädigt wird.
- Schieben Sie die Kardanwelle vorn bis Anschlag zurück.
- Legen Sie die Kardanwelle auf dem Aggregateträger ab.

*Fortsetzung für alle*
- Drehen Sie die Schrauben für Getriebeträger an Motor und Winkelgetriebe heraus.
- Nehmen Sie den Getriebeträger ab.
- Bauen Sie den Sicherungsring und den O-Ring von der Steckwelle rechts ab.
- Kegelschraube für Steckwelle rechts herausschrauben.
- Bauen Sie die Geräuschdämpfung vom Kompressor ab.
- Befestigungsschrauben oben für Winkelgetriebe am Schaltgetriebe herausschrauben.
- Befestigungsschrauben unten für Winkelgetriebe am Schaltgetriebe herausschrauben (Bild 17).
- Winkelgetriebe vom Schaltgetriebe vorsichtig abdrücken und herausnehmen.
- Verschlusskappe in das Getriebe einsetzen.

Die Montage erfolgt sinngemäß in umgekehrter Reihenfolge.
- Fetten Sie die Verzahnung am Ausgleichsgetriebe mit dem Fett (VAG G 000 100).
- Winkelgetriebe an das Schaltgetriebe heranschieben, dabei ggf. an der Steckwelle drehen. Bei richtiger Zahnstellung und zentrischer Führung rutscht das Winkelgetriebe bis zum Anschlag gegen das Schaltgetriebe.

Das Winkelgetriebe nicht mit den Befestigungsschrauben gegen das Schaltgetriebe ziehen, da sonst das Winkelgetriebe verkantet und die Befestigungsösen abbrechen können.
- Achsöl im Winkelgetriebe prüfen.

**Achsantrieb Hinterachse aus- und einbauen (Allrad)**

Drucken Sie vor dem Ausbau ein Diagnoseprotokoll aus. Schicken Sie den ausgebauten Achsantrieb mit dem Protokoll auf dem üblichen Weg zurück. Vor dem Anheben des Fahrzeuges müssen im Kofferraum zwei Bohrungen angebracht werden. Die Positionen, wo Sie bohren müssen sind »ab Werk« markiert. Durch diese Bohrungen haben Sie »Zugang« zu den darunter befindlichen Befestigungsschrauben Achsantrieb/Aggregateträger. Die Pendelstütze wird vorn vom Getriebe abgeschraubt. Der Stabilisator wird ausgebaut, die Gelenkwellen werden vom Achsantrieb abgeschraubt. Die elektrischen Verbindungen und Entlüftungsleitungen werden am Achsantrieb getrennt. Der »hintere Teil« der Abgasanlage wird ausgebaut, die Kardanwelle vom Achsantrieb abgeschraubt, nach oben gelegt und dort fixiert. Der Achsantrieb wird mit dem Getriebeheber in Fahrtrichtung schräg nach »unten« abgelassen.

- Bodenbelag im Kofferraum anheben.
- Notrad herausnehmen. Nun haben Sie »Zugang« zu den Markierungen (1 im Bild 18) im Kofferraumboden. Der Pfeil zeigt in Fahrtrichtung.
- Bohren Sie in die Markierungen 2 Löcher (1) auf das Maß (a = 26 mm). Bohrspäne möglichst schon beim Bohren absaugen.
- Bohrungen entgraten und Späne sorgfältig entfernen. Korrosionsschutz mit den vom Hersteller vorgegebenen Materialien, Grundierung und Rostschutzfarbe wieder herstellen.
- Beide Schrauben lösen und herausziehen. Diese Schrauben müssen Sie später ersetzen.
- Das Fahrzeug anheben.
- Den Stabilisator ausbauen.
- Das vordere Abgasrohr mit Spanngurt (T10038) am Mittellager der Kardanwelle ab fangen (Bild 19).
- Halter für Abgasrohr vom Aggregateträger abschrauben.
- Trennen Sie die Abgasanlage an der Klemmhülse und bauen Sie den hinteren Teil der Abgasanlage aus.
- Geräuschdämpfung vorne unterhalb Motor/Getriebe ausbauen.
- Drehen Sie die Schrauben der Pendelstütze heraus.
- Damit der Geber für Fahrzeugniveau hinten links nicht beschädigt wird: Steckverbindung trennen, Geber abschrauben und auf dem Achslenker (A) ablegen (Bild 20).
- Zwischenlager der Kardanwelle nur lösen, nicht abschrauben.
- Drücken Sie Motor und Getriebe von Hand nach vorn und fixieren Sie diese Lage mit einem geeignetem Holzstück.
- Prüfen Sie, ob an der Gelenkscheibe und am Flansch/Kardanwelle vom Achsantrieb

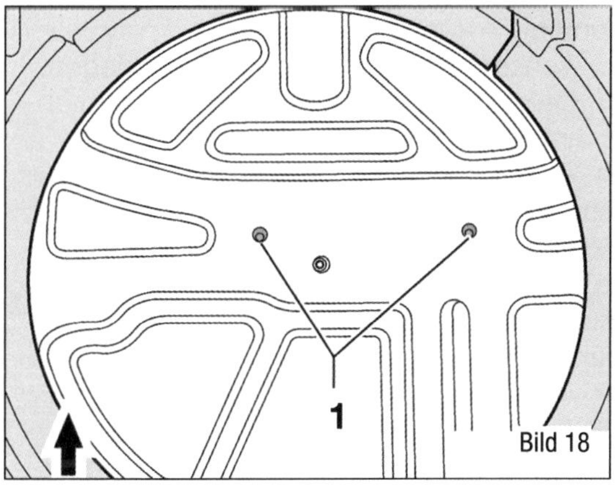


Bild 18
1 Markierungen für die Bohrungen.

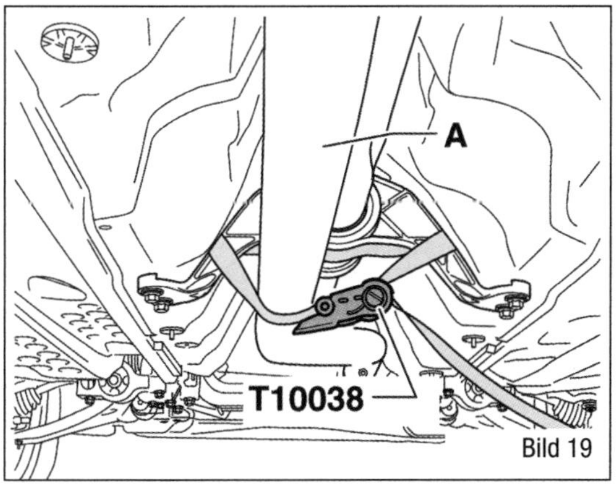


Bild 19
A Abgasrohr mit Spanngurt abfangen.

hinten eine Markierung (Farbpunkt) vorhanden ist. Wenn nicht, kennzeichnen Sie die Stellung der Gelenkscheibe und des Flansches/Kardanwelle am Achsantrieb hinten zueinander, damit es später nicht durch Unwucht zu Geräuschen kommt.
■ Kardanwelle vom Achsantrieb hinten abschrauben.
■ Kardanwelle vom Achsantrieb abziehen, und mittig nach oben bis unter den Kraftstofftank führen. In dieser Position mit einem geeignetem Stück Holz auf der Tunnelstütze abstützen.

⚠ Der Kraftstofftank darf dabei nicht eingedrückt werden.

Zum Ab- und Anbauen der Gelenkwellen muss der Achsantrieb im hinteren Bereich beweglich sein. Dazu die Schraube am vorderen Lagerbock nicht mehr als 5 Umdrehungen lösen.
■ Gelenkwelle links vom Achsantrieb abschrauben.
■ Achsantrieb im hinteren Bereich anheben und so weit wie möglich nach rechts schieben.
■ Gelenkwelle links aus dem Flansch herausnehmen und vorsichtig nach unten führen.
■ Achsantrieb in Einbaulage zurücklegen.
■ Gelenkwelle rechts vom Achsantrieb abschrauben.
■ Achsantrieb im hinteren Bereich anheben und so weit wie möglich nach links schieben.
■ Gelenkwelle rechts aus dem Flansch herausnehmen und vorsichtig nach unten führen.
■ Achsantrieb in Einbaulage zurücklegen.
■ Achsantrieb mit Motor -und Getriebeheber (V.A.G 1383 A) abfangen, mit

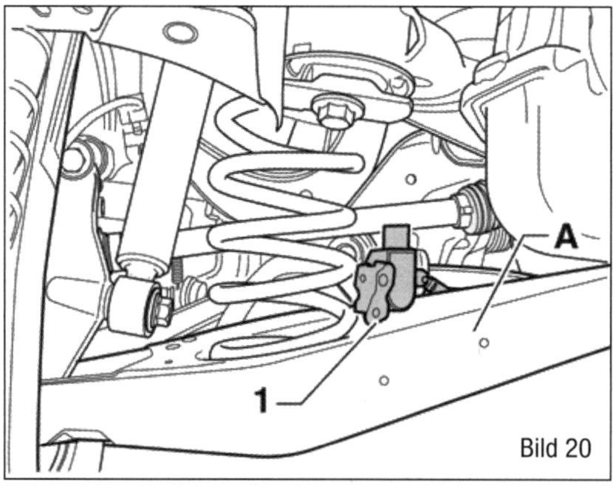

Bild 20

Bild 20
1 Fahrzeugniveaugeber
A Achslenker

dem Gurt auf der Universalaufnahme gegen Herunterfallen sichern.
■ Schraube am vorderen Lagerbock herausdrehen. Diese Schraube müssen Sie später ersetzen.
■ Scheibe oben auf dem Lagerbock herausnehmen.
■ Achsantrieb im Fahrzeug schräg stellen und gleichzeitig etwas absenken.
■ Trennen Sie die Steckverbindung am Steuergerät für Allradantrieb.
■ Ziehen Sie die Entlüftungsleitungen vom Achsantrieb ab.
■ Zum Herausnehmen Achsantrieb weiter absenken und nach »vorne« ziehen, dabei auf ausreichend »Freigang« zu anderen Bauteilen achten.

Die Montage erfolgt sinngemäß in umgekehrter Reihenfolge.
■ Achsantrieb mit dem Gurt der Universalaufnahme gegen Herunterfallen sichern.
■ Pendelstütze mit »neuen« Schrauben festziehen.
■ Zwischenlager spannungsfrei ausrichten und festziehen. Anzugsdrehmomente beachten.
■ Geber für Fahrzeugniveau hinten links einbauen.
■ Grundeinstellung der Scheinwerfer mit Fahrzeugdiagnosetester durchführen.
■ Zwei »neue« Schrauben durch die Bohrungen im Kofferraumboden (Bild 18) stecken und festziehen.
■ Bohrungen verschließen. Verwenden Sie dazu die Verschlussdeckel (VAG N 908 572 01).

*Wird der Achsantrieb ersetzt:*
■ Ölstand der Haldex-Kupplung prüfen, Öl nachfüllen.
■ Ölstand im Achsantrieb prüfen, Öl nachfüllen.

**Gelenkwellen ausbauen**

(Sichtprüfung) Nicht alle Fahrzeuge haben die gleichen Antriebswellen: eine Ausführung bei eingebauten Gleichlaufgelenken von 107 mm (VL107). Drei weitere weisen andere Merkmale auf. Es liegen also Unterschiede bei den in dieser Ausgabe behandelten Fahrzeugausführungen vor. Beim Bezug einer neuen Welle müssen diese Unterschiede beachtet werden (Bilder 21 bis 25).

Die Montagearbeiten für die hinteren beim Allradfahrzeug und die vorderen Achsgelenkwellen unterscheiden sich kaum voneinander. Schrauberisch werden sie auch keinen Unterschied zu den Fronttrieblern feststellen, lediglich zum Schwenken des hinteren Radlagergehäuses müssen die Spurstange vom Radlagergehäuse abgeschraubt werden und die Fahrwerksfeder ausgebaut werden.

*Unterscheidungsmerkmale der Gelenkwellen im eingebauten Zustand:*

| **Bauform / Bautyp** | **VL 107 geschraubt** | **VL 107 gesteckt** | **AAR3300i** |
|---|---|---|---|
| Durchmesser des Innengelenkes (mm) | 107 | 107 | |
| Deckel zwischen Innengelenk und Flanschwelle | X | | |
| Innengelenk in das Getriebe gesteckt (nur Automatikgetriebe) | | | X |
| Innengelenk auf das Getriebe gesteckt (nur Automatikgetriebe Allradantrieb) | | | X |
| Innengelenk auf das Getriebe gesteckt (Schaltgetriebe) | | X | |

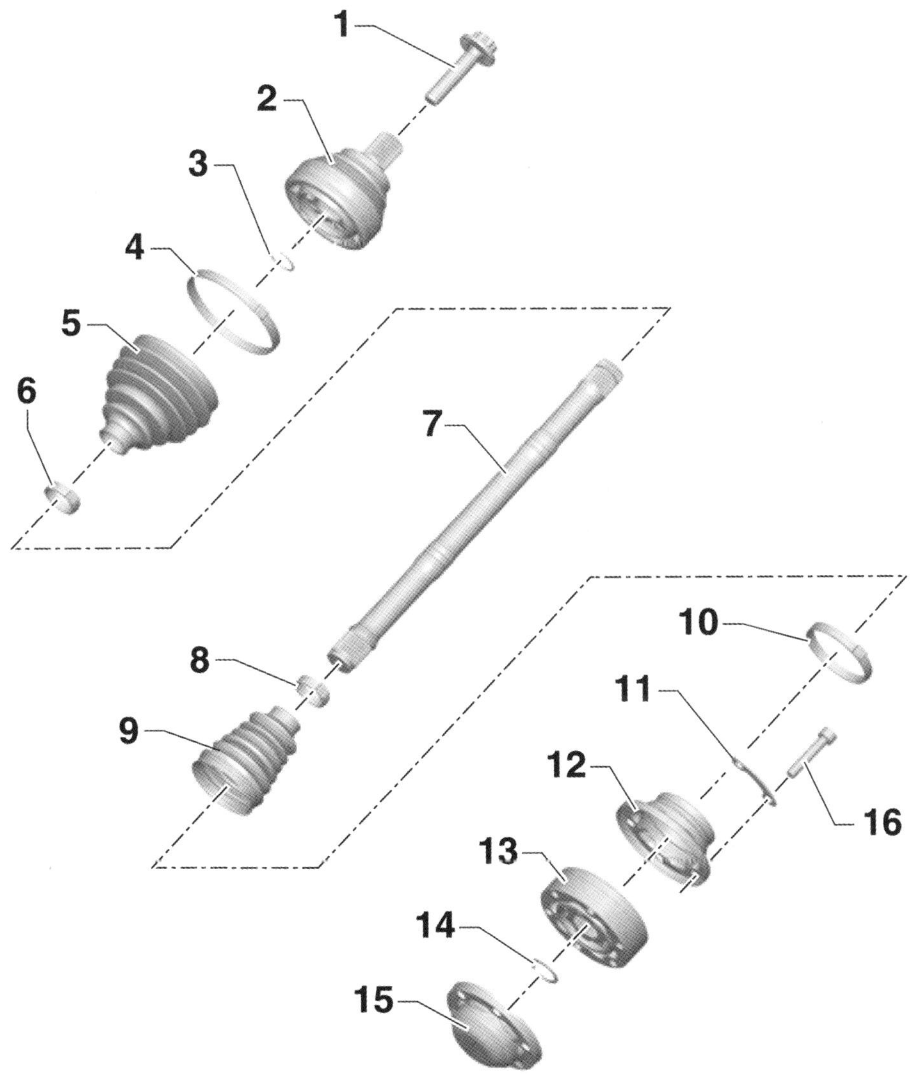


Bild 21

Bild 21
Gelenkwelle mit Gleichlaufgelenk VL107 (geschraubt)
1 Schraube
2 Gleichlaufgelenk außen
3 Sicherungsring
4 Klemmschelle
5 Gelenkschutzhülle
6 Klemmschelle
7 Gelenkwelle
8 Klemmschelle
9 Gelenkschutzhülle für Gleichlaufgelenk
10 Klemmschelle
11 Unterlegplatte
12 Kappe,
13 Gleichlaufgelenk innen
14 Sicherungsring
15 Deckel
16 Innenvielzahnschraube

Sichtprüfung

Messen

*Aus- und Einbau der Gelenkwellen*

■ Die Radzierblende entfernen. Bei eingebauten Leichtmetallrädern den Radzierdeckel entfernen. Den Abzieher dazu finden Sie im Bordwerkzeug.

■ Die Achsschraube der Antriebswelle lösen, solange das Fahrzeug auf den Rädern ruht.

■ Das Rad abschrauben.

■ Den Wellenflansch am Getriebe lösen. Dazu ist ein vielverzahnter Steckeinsatz von 8 mm Durchmesser oder auch ein Inbuseinsatz zu verwenden. Achten Sie darauf, dass der Steckeinsatz richtig in die Schraube eingreift. Es besteht sonst die Gefahr, dass die Verzahnung »rund« gedreht wird.

■ Die Welle trennen und nach oben über das Getriebe heben.

■ Unter Bezug auf das Bild 4 in Kapitel 11 die mit (11) bezeichneten Muttern im Verhältnis zum Querlenker kennzeichnen und herausdrehen. Ebenfalls die beiden Schrauben des Bremssattels lösen.

Den Bremssattel abnehmen und mit einem Stück Draht an der Vorderradaufhängung festbinden. Nicht den Bremssattel am Schlauch herunterhängen lassen.

■ Zum Ausdrücken der Antriebswelle ist nicht unbedingt ein Abzieher erforderlich. Dieser wird an der Radnarbe verschraubt.

Bild 22
Gelenkwelle mit Gleichlaufschiebegelenk VL107.
1 Gleichlaufgelenk außen
2 Schraube
3 Sicherungsring
4 Anlaufring
5 Tellerfeder
6 Klemmschelle
7 Gelenkschutzhülle
8 Klemmschelle
9 Gelenkwelle
10 Klemmschelle
11 Gelenkschutzhülle für Gleichlaufschiebegelenk
12 Sicherungsring
13 Klemmschelle
14 Gleichlaufschiebegelenk
15 Abschirmkappe

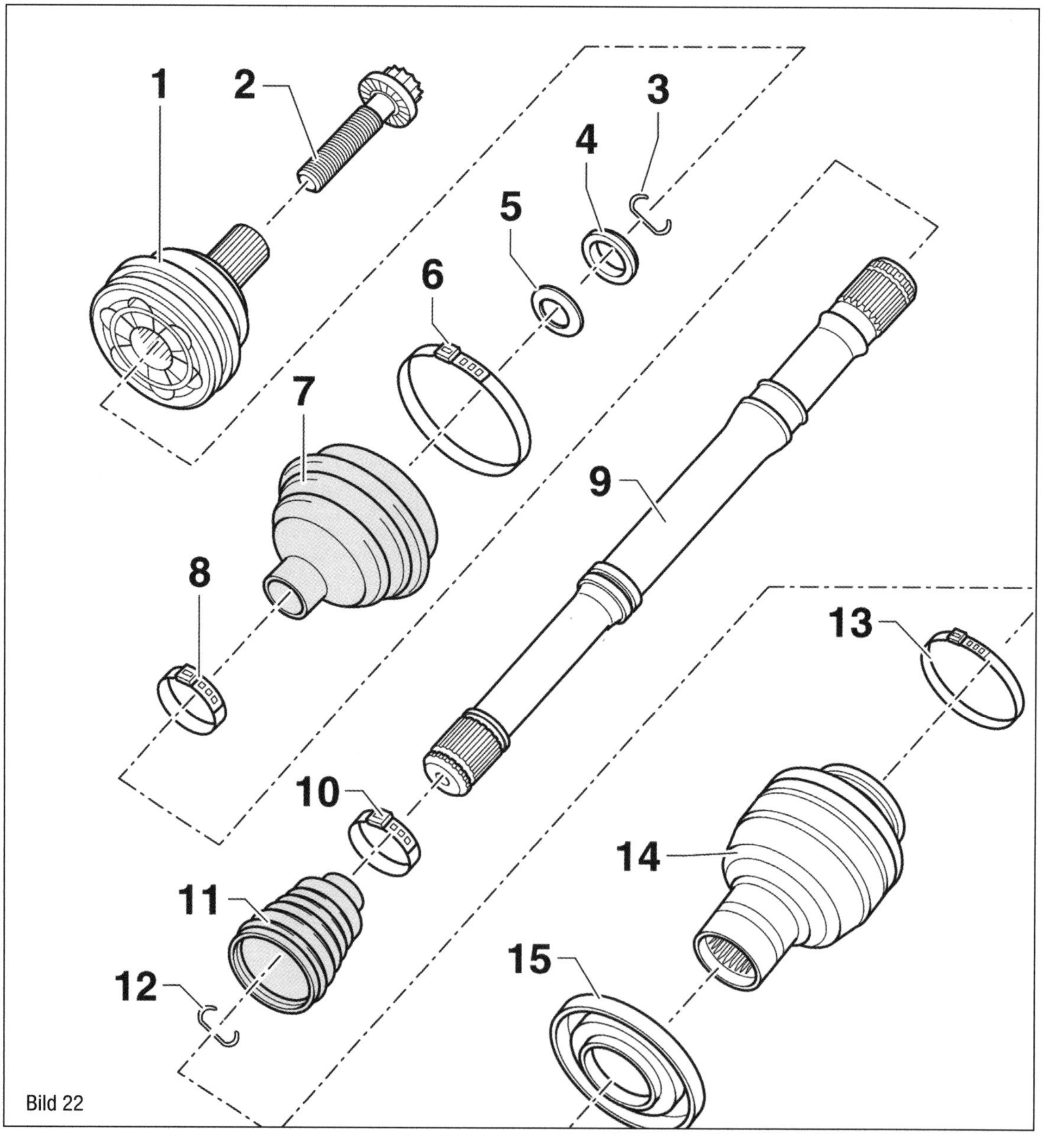

Bild 22

Ein beliebiger Abdrücker wird sich dazu eignen, solange er mit der Mittelschraube gegen die Welle drückt. An der Innenseite muss man überwachen, dass die Welle dabei nirgends anstößt. Meist lässt sich die Achswelle auch mit leichten Schlägen auf einen passenden Kunststoffdurchschlag austreiben.

- Die Welle herausnehmen.

Beim Ausbau einer Antriebswelle niemals die Radnarbe anwärmen, da die Radlager beschädigt werden können. Ebenfalls das Fahrzeug nach Ausbau einer Antriebswelle nicht wegschieben, da man andernfalls ebenfalls die Radlager beschädigen kann. Muss das Fahrzeug weggeschoben werden, kann man versuchen, ein altes, äußeres Gleichlaufwerk oder eine Schraube M14 oder M16 mit passenden Unterlegscheiben und dicken Karosseriescheiben zu besorgen. Die Mutter mit einem Anzugsdrehmoment von 100 Nm anziehen.

Beim Einbau der Antriebswelle folgendermaßen vorgehen:

- Die Antriebswelle in das Fahrzeug einsetzen.
- Das äußere Gleichlaufwerk so weit wie möglich in die Verzahnung der Radnabe einschieben.

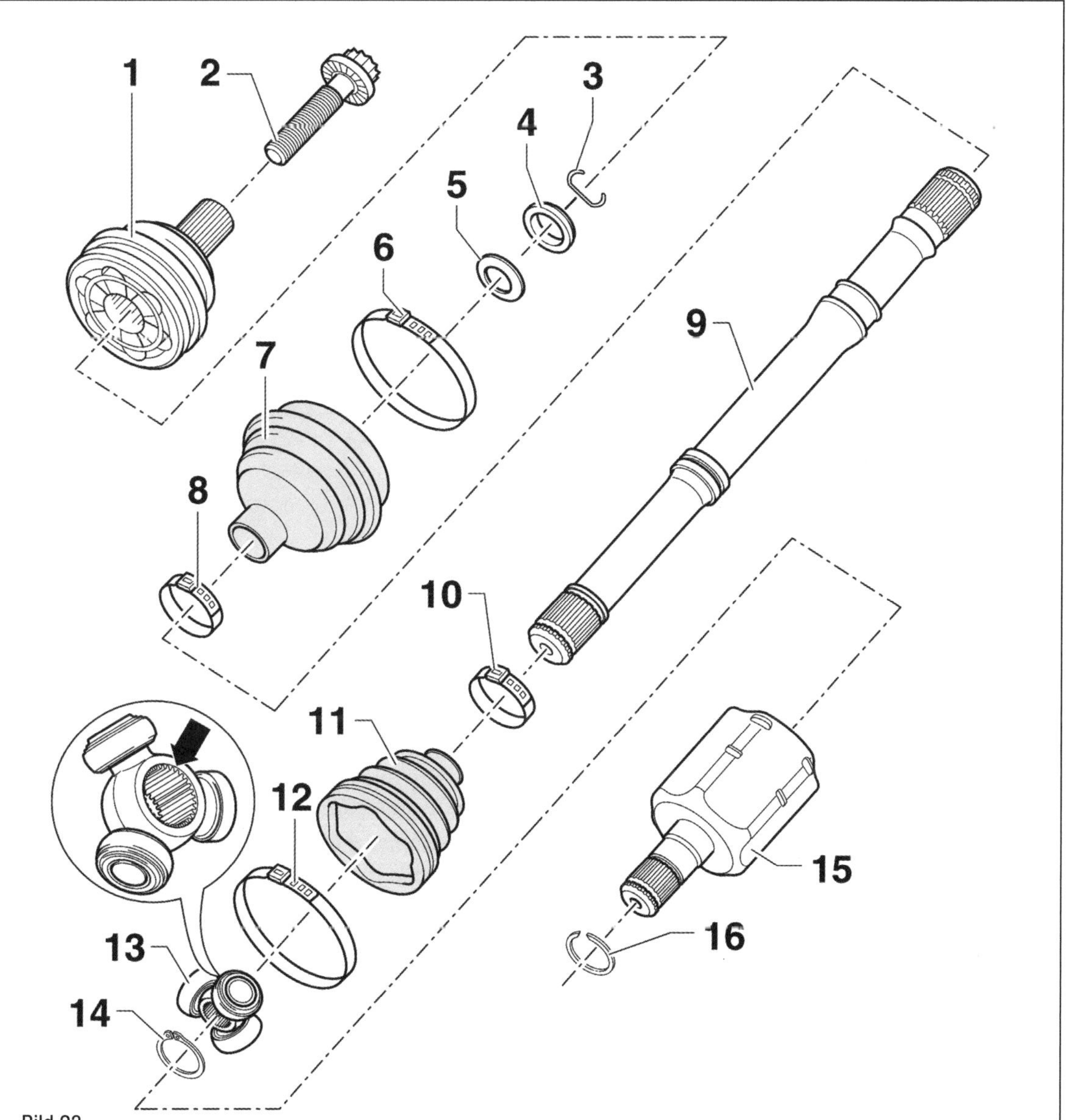

Bild 23

Bild 23
Gelenkwelle mit Tripodegelenk AAR3300i.
1 Gleichlaufgelenk außen
2 Schraube
3 Sicherungsring
4 Anlaufring
5 Tellerfeder
6 Klemmschelle
7 Gelenkschutzhülle
8 Klemmschelle
9 Gelenkwelle
10 Klemmschelle
11 Gelenkschutzhülle für Tripodegelenk
12 Klemmschelle
13 Tripodestern mit Rollen
14 Sicherungsring
15 Gelenkstück
16 Sicherungsring

■ Das untere Kugelgelenk entsprechend der eingezeichneten Kennzeichnung anschrauben und die Schrauben mit 20 Nm anziehen.
■ Nochmals kontrollieren, dass die Kennzeichnungen fluchten.
■ Die gelöste Seite der Pendelaufhängung wieder am Nebenrahmen verschrauben (20 Nm).

■ Die Flanschverbindung der Welle mit dem Getriebe verbinden und die Schrauben unter Benutzung des vorschriftsmäßigen Schlüsseleinsatzes auf Drehmoment anziehen.
■ Die Berührungsfläche der Doppelsechskantmutter und die Verzahnung des äußeren Gleichlaufwerkes etwas einölen und die Mutter so weit wie möglich aufschrauben.

Bild 24
Gelenkwelle hinten (Allrad).
1 Gleichlaufgelenk außen
2 Schraube
3 Gelenkwelle
4 Klemmschelle
5 Gelenkschutzhülle
6 Klemmschelle
7 Tellerfeder
8 Sicherungsring
9 Gelenkschutzhülle für Gleichlaufgelenk
10 Klemmschelle
11 Unterlegplatte
12 Innenvielzahnschraube
13 Sicherungsring
14 Dichtung
15 Gleichlaufgelenk innen
16 Tellerfeder

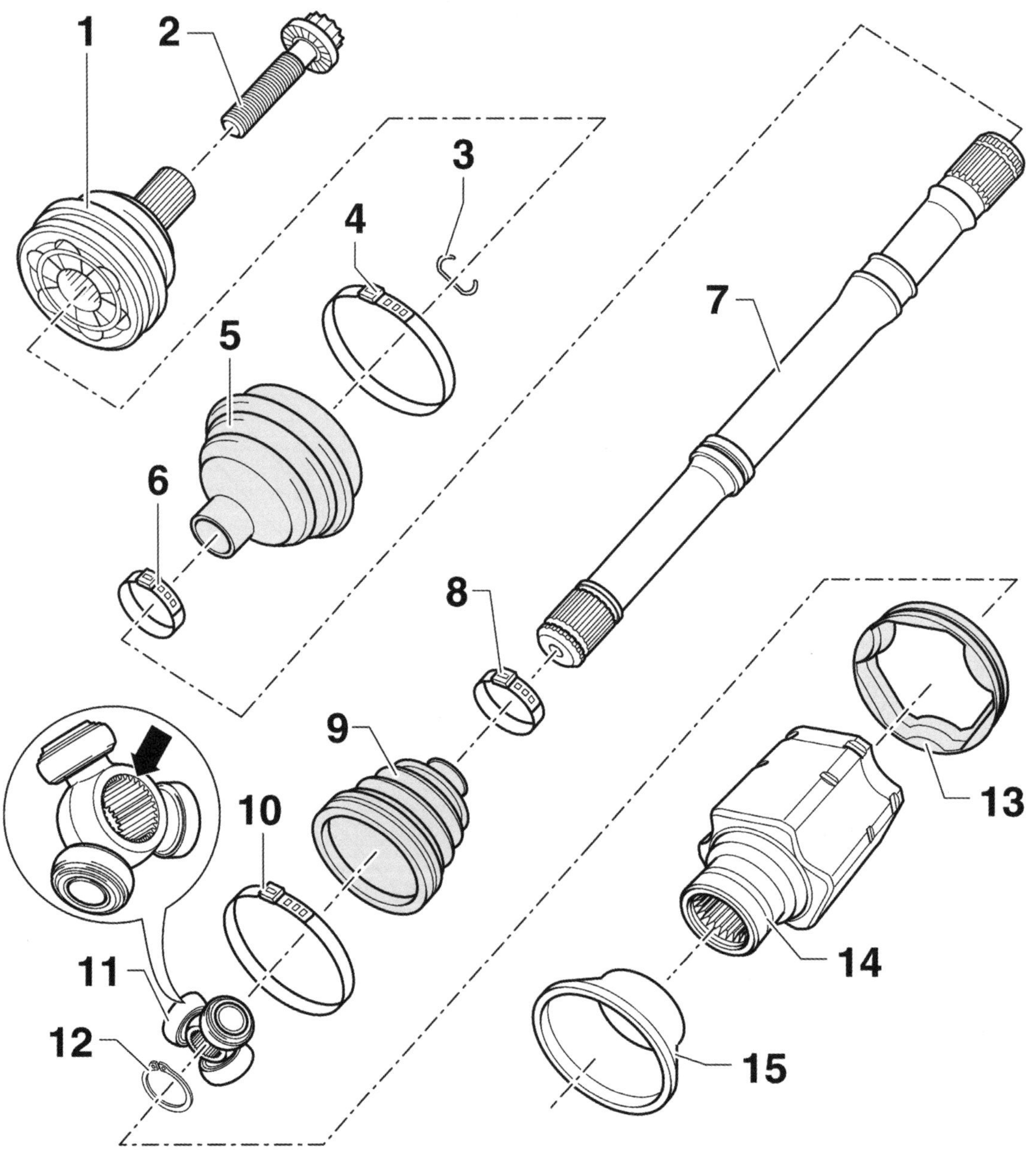

Bild 24

■ Das Fahrzeug wieder ablassen, ohne dass das Rad vollkommen auf dem Boden aufstehen kann (Achtung: sonst Radlagerbeschädigung).
■ Die Fußbremse von einem Helfer kräftig betätigen lassen und die Achsschraube mit einem Anzugsdrehmoment von 200 Nm anziehen.
■ Aus der Endstellung um genau 180° nachziehen.

**Gelenkwellen prüfen**
Es gibt eigentlich nur drei Gründe eine Achsgelenkwelle zu zerlegen. Zuerst einmal möchten wir den Hintergrund für diese Arbeiten genauer beleuchten:

*Spiel an den Gelenken*
Spiel an den Achswellen prüfen. Halten Sie den Lageraußenring mit der Hand fest und verdrehen Sie die Achswelle. Sie sollte möglichst kurze schnelle Bewegungen machen (einfach schnell hin und herdrehen). So bemerken Sie ein mögliches Lagerspiel in den Achswellen sehr schnell. Spiel an den Gelenken sollte immer nachgegangen werden (Bild 26).

Denken Sie daran, dass Ihr Fahrzeug beim Anheben einen anderen Winkel der Achswelle bewirkt. Die Prüfungen sollten immer am Boden stattfinden. Zumindest sollte das Fahrzeug mit allen vier Rädern auf dem Boden stehen. Eine Grube in der Garage oder eine Mutterbühne ist hier sehr hilfreich. Stellen Sie übermäßiges Spiel fest, sollte die Gelenkwelle erneuert oder zerlegt und repariert werden. Zumeist zeigen sich bei der Demontage erhebliche Schäden an Lagerflächen oder Kugeln. Wird das Spiel zu groß (mehr als 2 mm Spiel in der Verdrehung), kann die Antriebswelle »auseinanderfliegen« und sorgt dann im günstigsten Fall für eine Panne. Im schlimmsten Fall kann die Achswelle weitere Schäden verursachen, wenn sie aus den Führungen herausrutscht.

*Geräusche*
Die Prüfung der Achsgelenkwellen auf diese Schäden erfolgt in der Regel bei einer Probefahrt. Es sollten hier enge Radien gefahren werden können (z. B. Supermarktparkplatz) und auch der Lastwechsel vom Beschleunigen zum Schiebebetrieb (Gefahren vermeiden! Auf den Verkehr achten!) simuliert werden. Geräusche an den Achswellen lassen sich leider nur für das radseitige Gelenk sicher orten. Die Getriebeseite wird oftmals als »Getriebeschaden« wahrgenommen. Sollten also Geräusche beim Lastwechsel entstehen, nehmen Sie auch die Antriebswellen einmal genauer unter die Lupe. Ein deutliches »Klackern« oder durchaus schon »Schläge« gerade beim Kurvenfahren in engen Radien weisen auf einen Achswellenschaden hin. Je lauter diese Geräusche werden, umso dringender besteht Handlungsbedarf. Auch hier sind oft an den zerlegten Wellen sehr gut sichtbare Schäden vorhanden.

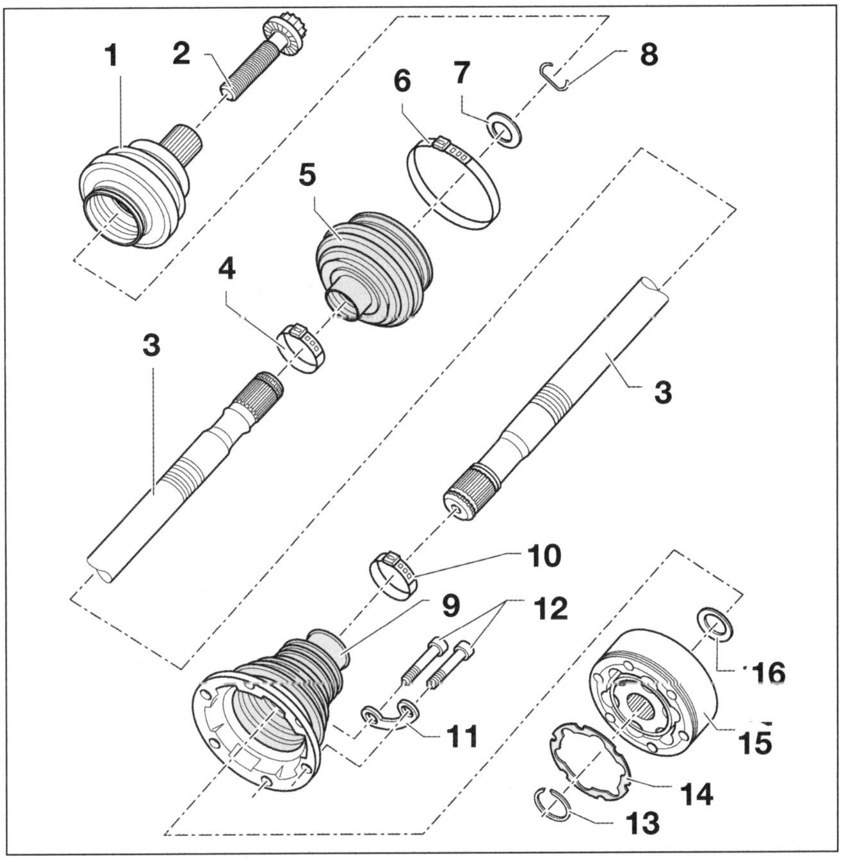


Bild 25
Gelenkwelle mit Tripodegelenk AAR3300i für automatisches Getriebe 09M - 6 Gang Allradantrieb.
1 Gleichlaufgelenk außen
2 Schraube
3 Sicherungsring
4 Klemmschelle
5 Gelenkschutzhülle für Gleichlaufgelenk
6 Klemmschelle
7 Gelenkwelle
8 Klemmschelle
9 Gelenkschutzhülle für Tripodegelenk
10 Klemmschelle
11 Tripodestern mit Rollenelle
12 Sicherungsring
13 Adapter
14 Gelenkstück
15 Abschirmkappe

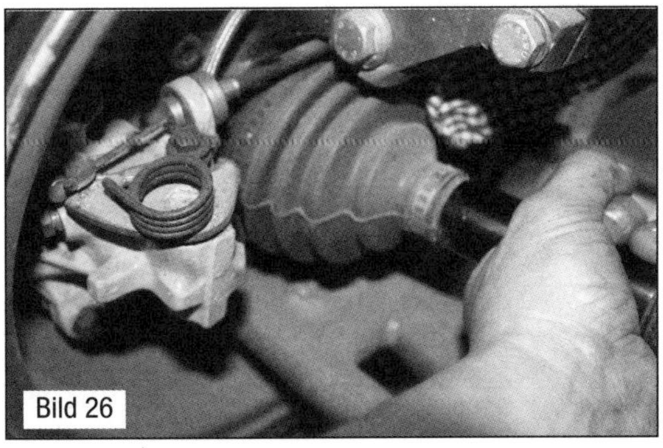

Bild 26

Bild 26
Spiel an den Gelenken der Achswellen prüfen.

Sichtprüfung Messen

*Manschette beschädigt*
Das Ende der Lagerungen einer Achswelle wird natürlich schneller erreicht, wenn Schmutz, Wasser und Straßendreck durch eine defekte Manschette eindringen können. Kontrollieren Sie die Lenkmanschetten und die Gelenkmanschette regelmäßig. Bei Schäden führt an einer Reinigung des Gelenkes und dem Ersatz der Manschette kein Weg vorbei. Achten Sie auch auf kleine Fettspritzer im Radlaufbereich oder an den Bremsteilen. Oftmals zeichnen schon kleinste Schäden an der Manschette deutliche Spuren. Durch die hohe Drehzahl wird das Fett im Gelenk sehr schnell in der Landschaft verteilt. Daraufhin läuft das Gelenk trocken und wird mit der Unterstützung des eindringenden Schmutzes ein erhebliches Verschleißverhalten entwickeln.

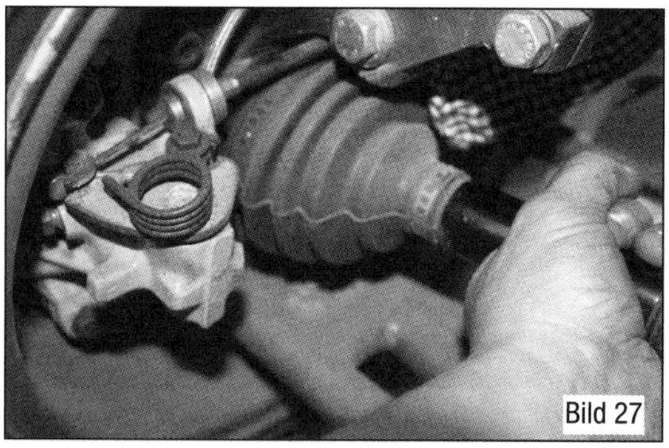
Bild 27

Bild 27
Richtiges Ansetzen des Dorns beim Austreiben.

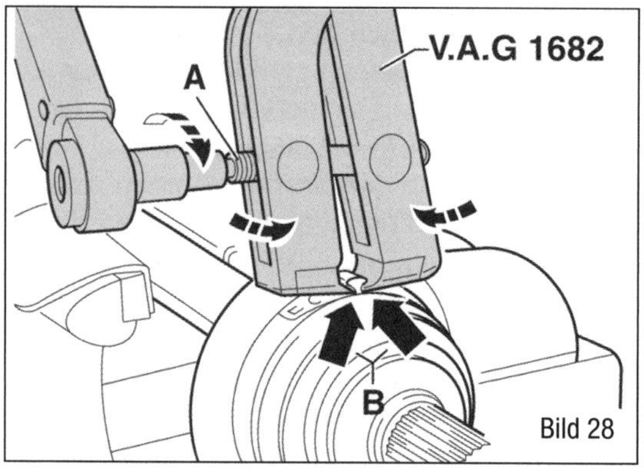

Bild 28

Bild 28
Anziehen der Klemmschelle mit der VW-Spezialwerkzeugzange.

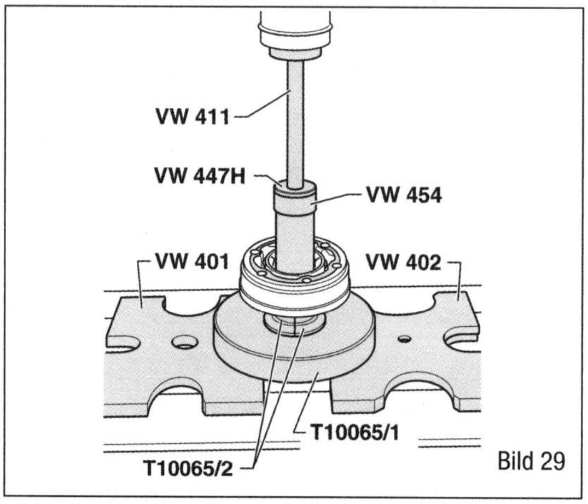

Bild 29

Bild 29
Aufbau des Spezialwerkzeuges bei der Montage des Gelenks.

**Gelenkwellen zerlegen**

*Gleichlaufgelenk außen abtreiben*

■ Gelenkwelle mit Schutzbacken in Schraubstock einspannen.
■ Faltenbalg zurückstülpen.
■ Gleichlaufgelenk mit einem Dorn (A im Bild 27) von der Gelenkwelle treiben.

⚠ Der Dorn muss genau am Stern des Gleichlaufgelenkes angesetzt werden.

*Gelenk auftreiben*

■ Mit Plastikhammer auf die Welle auftreiben, bis Sicherungsring einrastet.

*Gleichlaufgelenk innen abpressen*

■ Gelenkschutzhülle mit Dorn von Gelenk abpressen.
■ Sicherungsring ausbauen.
■ Beide Klemmschelle abbauen und Gelenkschutzhülle zum Außengelenk schieben.

*Zusammenbauen*

■ Beachten Sie die Einbaulage der Tellerfeder am Innen- und Außengelenk.
■ Gelenk bis Anschlag aufpressen.
■ Sicherungsring einfedern.
■ Gleichlaufgelenk innen aufpressen.

☞ Fase am Innendurchmesser der Kugelnabe (Verzahnung) muss zum Anlagebund der Gelenkwelle zeigen.

■ Spannzange (V.A.G 1682) wie in Bild 28 gezeigt ansetzen. Dabei ist zu beachten, dass die Schneiden der Zange in den Ecken (Pfeile B) des Schlauchbinders anliegen.
■ Klemmschelle durch Drehen der Spindel mit einem Drehmomentschlüssel spannen (Zange dabei nicht verkanten).

☞ Aufgrund des harten Werkstoffes (gegenüber Gummi) der Gelenkschutzhülle und der dadurch erforderlichen Edelstahl-Klemmschelle, kann diese nur mit Spannzange (V.A.G 1682) gespannt werden. Das Anziehdrehmoment beträgt 25 Nm. Achten Sie darauf, dass das Gewinde der Spindel der Zange leichtgängig ist. Ggf. mit MOS 2-Schmierfett schmieren. Bei Schwergängigkeit, z. B. Verschmutzung des Gewindes, wird die erforderliche Spannkraft der Klemmschelle bei dem vorgegebenem Anziehdrehmoment nicht erreicht.

**Kardanwelle ausbauen (Allrad)**
An der Kardanwelle werden seitens VW keine Instandsetzungsarbeiten durchgeführt.

Die Arbeiten an der Kardanwelle möglichst auf einer Zweisäulen-Hebebühne durchführen. Vor dem Ausbau Position aller Teile zueinander kennzeichnen. Der Wiedereinbau sollte in der gleicher Stellung erfolgen, da sonst die Unwucht zu groß wird, es könnten Schäden an der Lagerung und Brummgeräusche auftreten. Kardanwelle nicht knicken, nur gestreckt lagern und transportieren. Die Kardanwelle beim Ausbauen nicht »herunterhängen« lassen, sondern immer abstützen. Sie muss immer waagerecht vom Gelenkflansch abgezogen oder aufgesteckt werden.

- Geräuschdämpfung ausbauen.
- Schrauben der Pendelstütze herausdrehen.
- Motor und Getriebe nach vorn drücken und die Lage mit einem geeignetem Holzstück fixieren.
- Vorderen Teil der Abgasanlage mit Motor- und Getriebeheber (V.A.G 1383 A) abfangen.
- Trennen Sie die Abgasanlage an der Klemmhülse und bauen Sie den hinteren Teil der Abgasanlage aus.
- Tunnelstrebe ausbauen.
- Schrauben des Zwischenlagers 2 Umdrehungen lösen.
- Kardanwelle vorn und hinten lösen, noch nicht abschrauben.
- Zum Lösen und Festziehen der Kardanwelle am Achsantrieb hinten gegenhalten (Bild 30).
- Sind keine Markierungen (Pfeile im Bild 31) vorhanden, Position der Kardanwelle zum Flansch am Achsantrieb kennzeichnen, damit es später nicht durch Unwucht zu Geräuschen kommt.
- Auch die Position der Kardanwelle zum Flansch am Winkelgetriebe kennzeichnen.
- Kardanwelle vom Achsantrieb hinten abschrauben und auf dem Motor- und Getriebeheber (V.A.G 1383 A) ablegen.
- Beim Abziehen und Aufstecken der Kardanwelle immer darauf achten, dass die Buchse (Pfeil) nicht beschädigt wird.

Für den weiteren Ausbau der Kardanwelle wird ein zweiter Mechaniker benötigt.

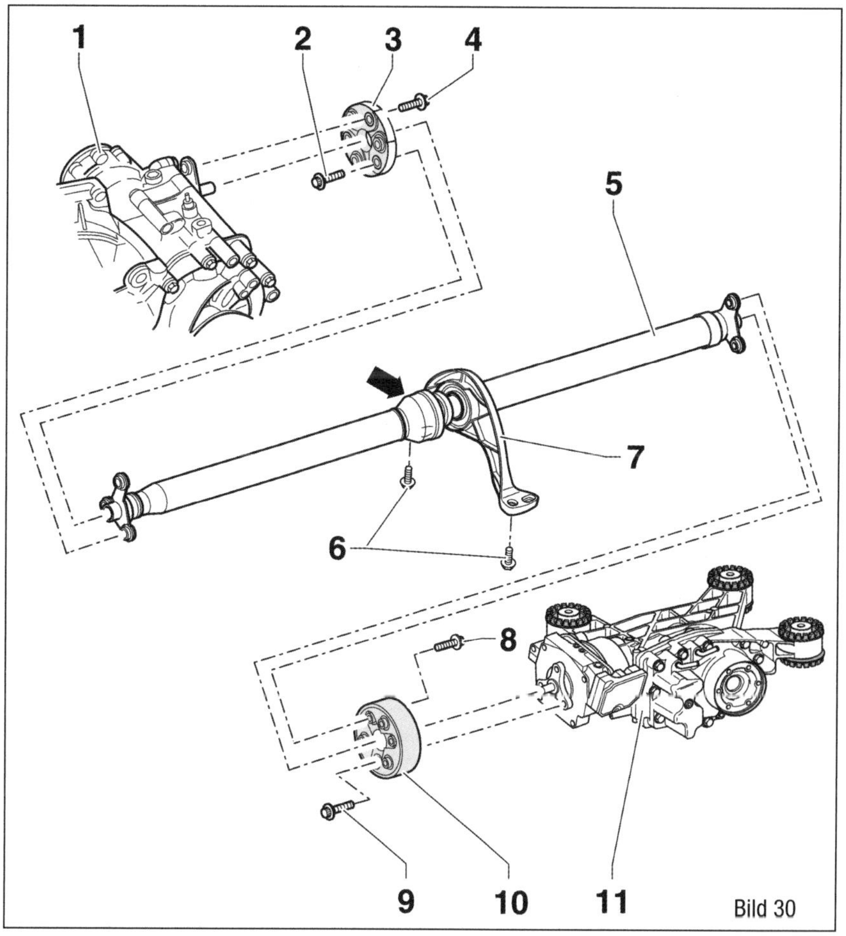


- Kardanwelle vom Winkelgetriebe abschrauben.

Damit die Schutzmanschette im Mittellager nicht beschädigt wird, Kardanwelle möglichst in der gestreckten Länge aus- und einbauen, bzw. lagern.

- Zwischenlager abschrauben und Kardanwelle möglichst in ihrer gestreckten Länge nach hinten herausnehmen.

Bild 30
1 Getriebe mit Winkelgetriebe
2 Bundschraube
3 Gelenkscheibe vorn
4 Bundschraube
5 Kardanwelle
6 Schraube
7 Zwischenlager
8 Schraube
9 Schraube
10 Gelenkscheibe mit Schwingungstilger
11 Achsantrieb hinten

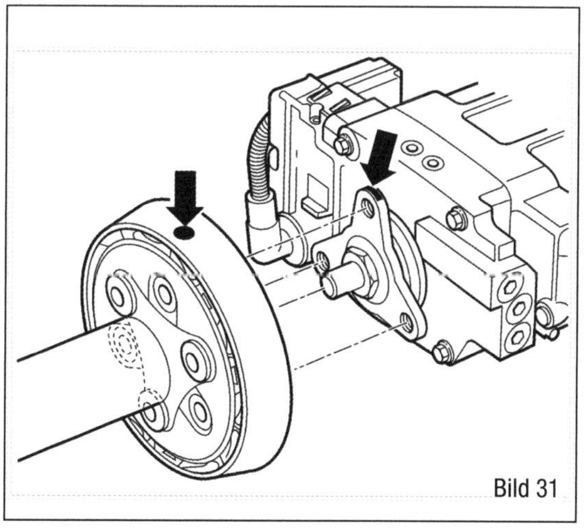


Bild 31
Markierung an den Kardanflanschen.

Sichtprüfung Messen

Der Einbau erfolgt in umgekehrter Reihenfolge, dabei ist Folgendes zu beachten:
- Alle zueinander gekennzeichneten Teile in der ursprünglichen Position einbauen.
- Kardanwelle festziehen.
- Pendelstütze mit »neuen« Schrauben festziehen.
- Abgasanlage einbauen.
- Geräuschdämpfung einbauen.
- Tunnelstrebe einbauen.

## Schaltbetätigung aus- und einbauen

Über die Schaltbetätigung wird die Bewegung des Schalthebels (rechts neben bis vor dem Fahrersitz) auf die Schaltwelle im Getriebe zur Wahl des gewünschten Gangs übertragen. Sie besteht aus:
- Schalthebel mit Schaltknopf und Druckfeder/Wählwinkel im Schaltgehäuse zur Bewegung der Betätigungsseilzüge,
- dem Wählseilzug für die »Wahlebene« (R,1/2, 3/4, 5/6 ),
- dem Schaltseilzug zur Gangwahl in einer »Wahlebene«,
- der Mechanik aus Getriebeschalthebel und Umlenkhebel (Bild 32). Der Wählseilzug kommt hinten rechts aus dem Schaltgehäuse, der Schaltseilzug hinten links. Wichtige Bauelemente an den Seilzügen sind die Sicherungsscheiben nach Bild 34, dessen Legende den Aus- und Einbau der Scheibe erläutert.

Bild 32

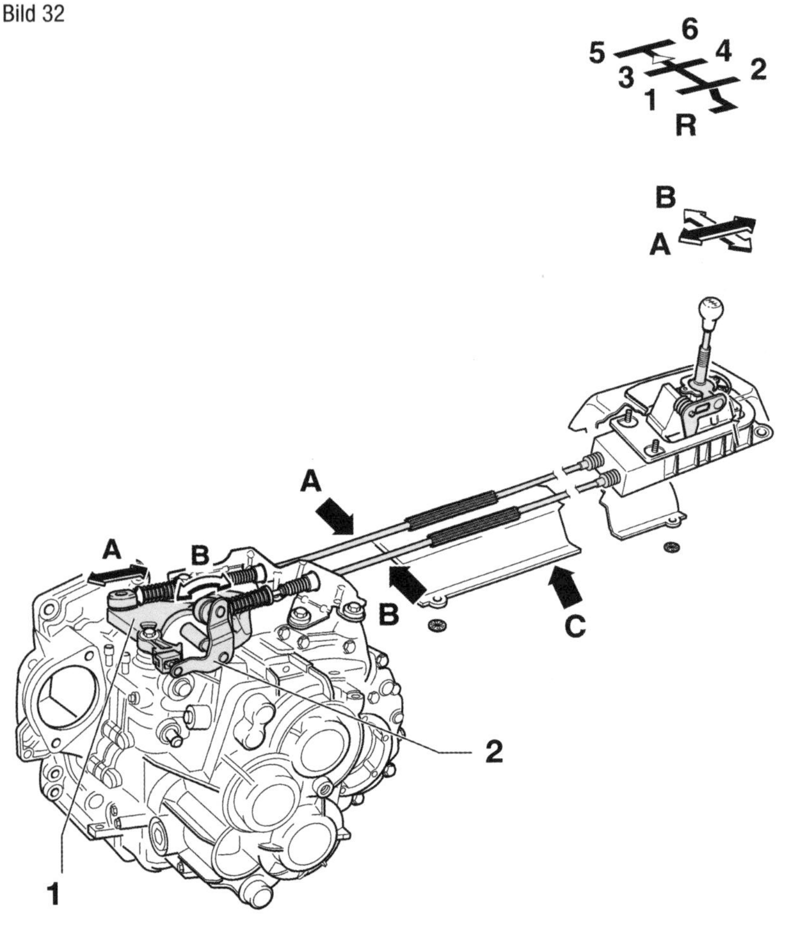


Bild 32
Pfeil A Schaltbewegung
Pfeil B Wählbewegung
A Schaltseilzug für Schaltbewegung
B Wählseilzug für Wählbewegung
C Wärmeschutzblech
1 Getriebeschalthebel
2 Umlenkhebel

**Ausbau bei Handschaltgetriebe**
- Wenn ein codiertes Radio eingebaut ist, die Anti-Diebstahl-Codierung bereithalten.
- Masseband der Batterie bei ausgeschalteter Zündung abklemmen.
- Manschette mit Schaltknopf und (wenn eingebaut) Geräuschdämpfung ausbauen: Manschette nach oben aus dem Rahmen für Mittelkonsole herausziehen oder vorsichtig aushebeln, ggf. im vorderen Bereich abhebeln, dann nach oben über den Schaltknopf stülpen. Die Schelle unter dem Schaltknopf öffnen (aufkneifen) und den Knopf zusammen mit der Manschette abziehen. Falls der Rahmen in der Mittelkonsole verbleibt und nicht automatisch mit herauskommt, muss er abgezogen oder vorsichtig ausgehebelt werden. Die Geräuschdämpfung wird einfach abgezogen.

Beim **Einbau** von Manschette und Schaltknopf mit dem Einsetzen der Geräuschdämpfung beginnen: Auf der Dämpfung befindet sich ein Pfeil, er muss in Fahrtrichtung zeigen. Die vier Rastnasen sind in unterschiedlichen Abständen angeordnet, weshalb Einbau nur in der definierten Stellung möglich ist. Die Rasten müssen in der Mittelkonsole arretieren. Dann den Rahmen in die Mittelkonsole eindrücken, die Innenseite der Manschette nach außen wenden und den Schaltknopf bis Anschlag aufdrücken. Beim Aufstecken muss der Schaltknopf in die umlaufende Nut des Schalthebels einrasten. Neue Klemmschelle zusammendrücken und die Manschette in den Rahmen in der Mittelkonsole eindrücken.
- Mittelkonsole und Befestigungswinkel für Mittelkonsole abbauen und, falls vorhanden, Sensor für Innenraumüberwachung von den hinteren Befestigungsmuttern abnehmen.

■ Die vier Muttern für das Schaltgehäuse abschrauben und das komplette Luftfiltergehäuse ausbauen, falls es sich (modellbedingt) über der Schaltbetätigung befindet.
■ Die Sicherungsscheibe für den Schaltseilzug vom Getriebeschalthebel abbauen und den Schaltseilzug vom Zapfen abziehen.
■ Seilzugarretierung am Umlenkhebel vom Wählseilzug trennen: Sicherungsmechanismus bis Anschlag nach vorn in Pfeilrichtung (1) ziehen und danach nach links in Pfeilrichtung (2) verriegeln. Den Umlenkhebel nach vorn in Pfeilrichtung (3) drücken (Bild 33).

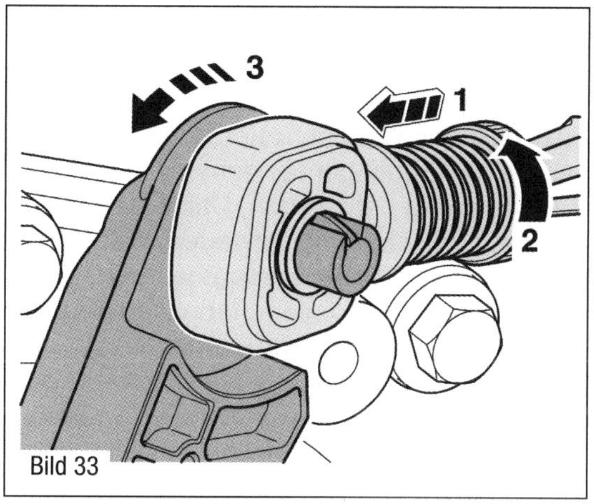

Bild 33

Bild 33
Seilzugarretierung am Umlenkhebel vom Wählseilzug trennen.

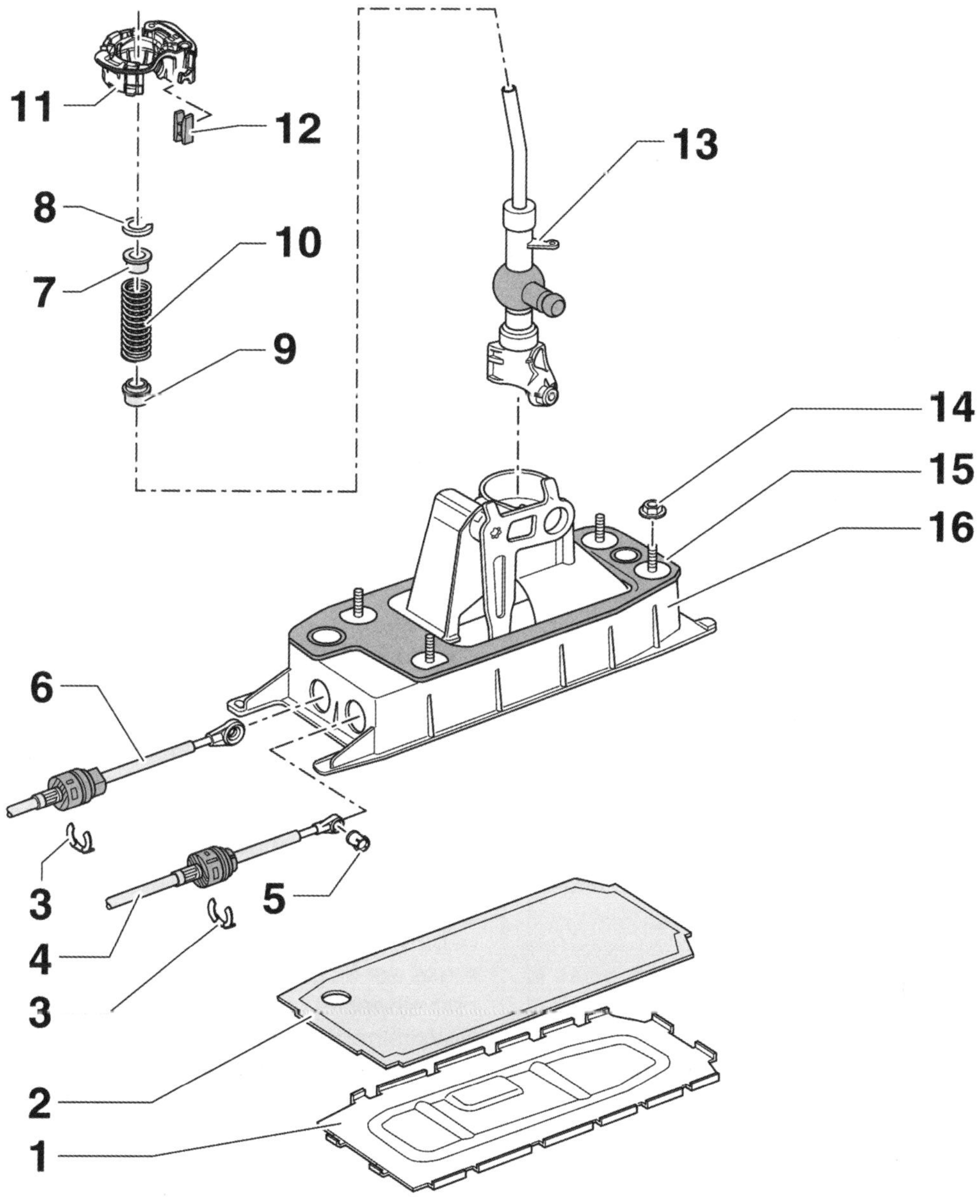

Bild 34

Bild 34
1 Bodenplatte
2 Dichtung
3 Sicherungsscheibe
4 Wählseilzug
5 Buchse
6 Schaltseilzug
7 Buchse
8 Sicherungsscheibe
9 Buchse
10 Druckfeder
11 Lagerschale
12 Dämpfung
13 Schalthebel
14 Sechskantmutter
15 Dichtung
16 Schaltgehäuse

Sichtprüfung Messen

■ Umlenkhebel gemeinsam mit der Seilzugarretierung ausbauen: wenn ein Umlenkhebel mit Raste verbaut ist, die (untere) Raste bis Anschlag herunterdrücken und den Umlenkhebel gemeinsam mit der Seilzugarretierung entnehmen. Dabei den Hebel in Betätigungsrichtung bewegen. Wenn ein Umlenkhebel mit Clip verbaut ist, den Clip abziehen und den Umlenkhebel gemeinsam mit der Seilzugarretierung entnehmen.

Zum Einbau die Lagerstellen und Gleitflächen mit Fett »G 000 450 02« fetten. Seilzugarretierung auf den Umlenkhebel aufdrücken und Hebel gemeinsam mit Seilzugarretierung bis Anschlag einsetzen. Die Seilzugarretierung muss sich hinter der (oberen) Raste befinden. Der Hebel wird wieder mit der (unteren) Raste oder dem dort anzusetzenden Clip gesichert.

■ Nun das Seilzugwiderlager vom Getriebe abschrauben, ggf. vorher die Schlauchleitung am Halter ausclipsen.

■ Fahrzeug anheben, Geräuschdämpfung und Tunnelbrücken abschrauben, Abgasanlage wie beschrieben trennen und vom Aggregateträger abbauen, Abgasanlage hinten aushängen.

■ Unterbodenverkleidung abschrauben.

■ Schaltgehäuse herunter schwenken und mit Schaltseilen entnehmen.

**Einbau bei Handschaltgetriebe**

■ Der Einbau erfolgt in umgekehrter Ausbaureihenfolge.

■ Das Schaltgehäuse parallel zum Aufbau ausrichten. Der Abstand zum Aufbau muss dann auf beiden Seiten gleich sein.

■ Schaltgehäuse festschrauben.

■ Die Seilzüge von der Schaltbetätigung zum Getriebe so verlegen, dass sie parallel zueinander bis zum Seilzugwiderlager am Getriebe verlaufen (Bild 32).

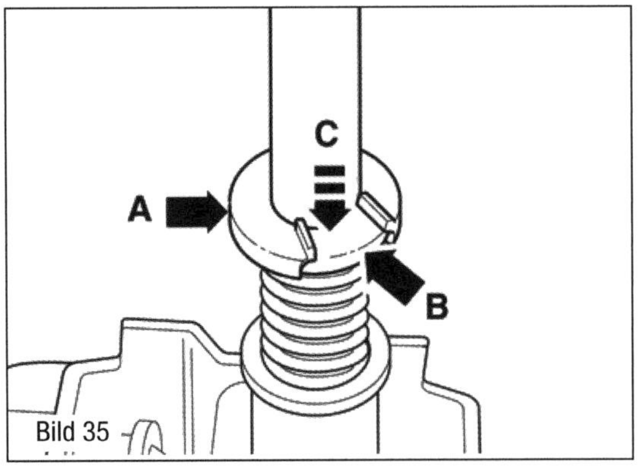


Bild 35

Bild 35
Sicherungsscheiben am Betätigungsseilzug: Feder vorsichtig entspannen.

Die Seilzüge müssen in der hierfür vorgesehenen Mulde im Wärmeschutzblech verlegt sein.

■ Seilzüge und Wärmeschutzblech werden durch einen Clip zueinander in Position gehalten.

Die Bohrungen in den Seilzugarretierungen haben unterschiedliche Durchmesser.

■ Eine kleine Menge Fett »G 000 450 02« auf die Zapfen des Getriebeschalthebels und des Umlenkhebels auftragen, eine neue Sicherungsscheibe für den Schaltseilzug einbauen.

■ Umlenkhebel und Seilzugarretierung wie schon beschrieben gemeinsam montieren.

■ Den Wählseilzug in die Seilzugarretierung einsetzen.

■ Falls vorhanden, Sensor für Innenraumüberwachung auf die hinteren Befestigungsmuttern aufsetzen.

■ Befestigungswinkel für Mittelkonsole einbauen.

■ Manschette mit Schaltknopf und Geräuschdämpfung wie beschrieben einbauen, Unterbodenverkleidung anschrauben, Abgasanlage spannungsfrei zusammenbauen (siehe unter »Abgasanlage«) und Tunnelbrücken anschrauben.

■ Schaltbetätigung einstellen (folgt).

■ Falls ausgebaut, dass komplette Luftfiltergehäuse wieder einbauen.

■ Batterie anklemmen.

**Ausbau bei DSG-Getriebe**

Wir befassen uns hier nur mit der Schaltbetätigung, wie sie seit März 2009 für beide DSG eingebaut wird. Dabei dürfen Schaltbetätigung und Wählhebelseilzug nicht voneinander getrennt werden, sie werden gemeinsam ausgebaut. Im Motorraum kann es je nach Modell notwendig sein, Freiraum zu schaffen. Meist muss der Luftfilter ausgebaut werden. Wir gehen davon aus, dass im Innenraum immer die Mittelkonsole ausgebaut werden muss. Nach dem Einbau muss der Zug auf Leichtgängigkeit geprüft und eingestellt werden.

■ Wählhebel in »P«-Position stellen und Wählhebelgriff ausbauen. Die Sperrtaste lässt sich bei allen Griffen in diesen hineindrücken (Bild 36).

Dann immer daran denken, den Griff niemals mit eingedrückter Sperrtaste einzubauen. Vor dem Ausbauen die Sperrtaste über ihren Druckpunkt hinaus ziehen und gegen Eindrücken mit einem Kabelbinder oder Draht sichern. Griffabdeckung ausclipsen und darunter liegende Hülse nach oben schieben, um den Griff zu entriegeln. Nach dem Einbau den Griff wieder verriegeln. Dazu die Hülse unter dem Griff wieder nach unten drücken.

■ Die vier Schrauben (Anzugsdrehmoment 8 Nm) ausbauen.

■ Fahrzeug anheben. Wärmeschutzblech ausbauen, weil dann später das Herausnehmen einfacher ist.

■ Die beiden Sicherungsscheiben (siehe Bild 35) am Seilzug ausbauen und entsorgen, sie müssen später beim Einstellen des Zugs ersetzt werden.

■ 6-Gang-DSG: Einstellschraube am Seilzug lösen. 7-Gang-DSG: Seilzug vom Kugelkopf abnehmen. Bevor der Seilzug wieder eingebaut wird, muss im Fahrzeug und am Getriebe »P« eingestellt werden.

■ Um Seilzug und Schaltbetätigung auszubauen, müssen das Wärmeschutzblech und falls nötig, Teile der Abgasanlage ausgebaut werden.

■ Dann die Schaltbetätigung herausnehmen.

**Einbau bei Doppelkupplungsgetriebe**

■ Der Einbau erfolgt in umgekehrter Reihenfolge. Bevor der Seilzug auf das Getriebe gesetzt wird, muss er auf Leichtgängigkeit geprüft werden. Dazu das abgebaute Ende so ablegen, dass es nirgendwo anstößt. Dann wird der Wählhebel mehrmals von »P« nach »S« und wieder nach »P« gestellt. Der Wählhebel muss dabei leichtgängig sein.

## Schaltbetätigung oder Wählhebelseilzug einstellen

Für eine korrekte Schalteinstellung müssen folgende Voraussetzungen erfüllt sein:

■ Einwandfreie Bedienungs- und Übertragungselemente.

■ Schaltbetätigung ist leichtgängig.

■ Getriebe, Kupplung und Kupplungsbetätigung in einwandfreiem Zustand.

■ Getriebe in Leerlaufstellung.

Wenn der Winkel zum Feststellen der Schaltwelle und der Sicherungsmechanismus von Schaltseilzug und Wählseilzug durch das Luftfiltergehäuse nicht zugänglich sind, muss dieses komplett ausgebaut werden.

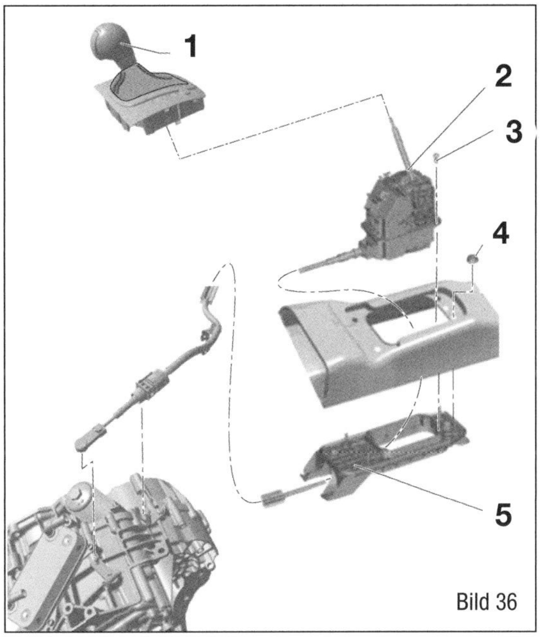

Bild 36

Bild 36
1 Griff mit Schaltabdeckung
2 Wählhebel und Schaltbetätigung mit Wählhebelseilzug
3 Schraube
4 Sechskantmutter mit Bund
5 Schaltgehäuse

**Schaltbetätigung der Handschaltgetriebe einstellen**

■ Bringen Sie das Getriebe in Leerlaufstellung.

■ Bauen Sie das Luftfiltergehäuse aus, wenn dadurch der Winkel (A im Bild 37) und der Sicherungsmechanismus von Schaltseilzug und Wählseilzug nicht zugänglich sind.

■ Sicherungsmechanismus an der Seilzugarretierung von Schaltseilzug und Wählseilzug bis Anschlag nach vorn ziehen und danach nach links verriegeln.

■ Ziehen Sie die Schaltwelle hoch in Pfeilrichtung 1. Beim Hochziehen der Schaltwelle drücken Sie den Arretierwinkel (A) in Pfeilrichtung 2 und drücken ihn dabei gleichzeitig in Pfeilrichtung 3 nach oben, bis er in der Schaltwelle einrastet.

■ Manschette mit Schaltknopf und Geräuschdämpfung ausbauen.

■ Leerlauf am Schalthebel einlegen und den Absteckstift (T10027 A) durch die Bohrung (A) in die Bohrung (B) einführen (Bild 38). Wähl- und Schaltseilzug müssen spannungsfrei in den Seilzugarretierungen stecken.

■ Sicherungsmechanismus an der Arretierung von Schaltseilzug und Wählseilzug bis Anschlag nach rechts drehen. Die Feder drückt den Sicherungsmechanismus in die Ausgangsstellung.

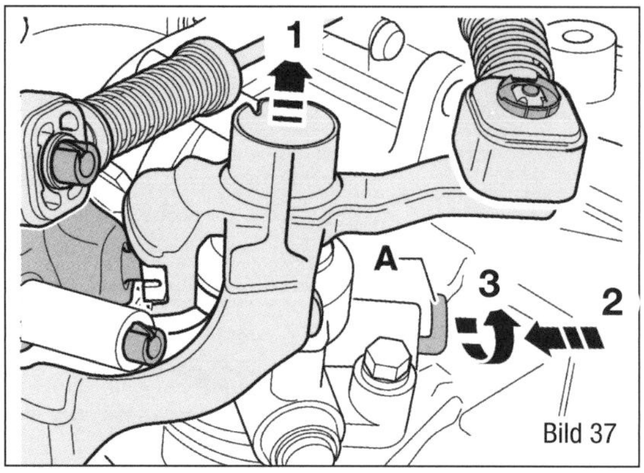


Bild 37
Absteckposition des Schaltgetriebes.
1-3 Ablaufreihenfolge

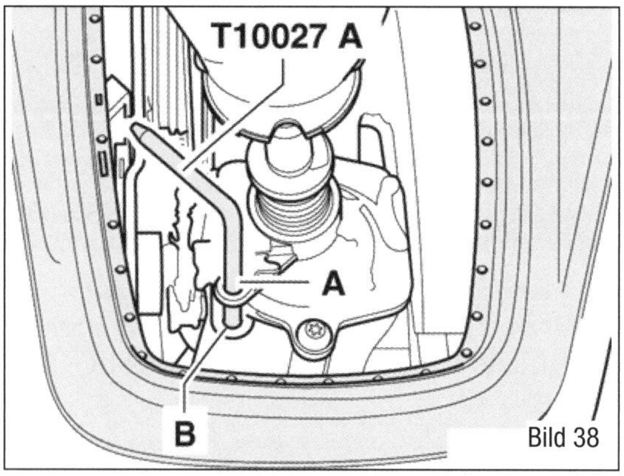


Bild 38
Absteckposition des Schalthebels.
A Stift
B Bohrung

■ Den Winkel (A, Bilder 37) in die Ausgangsstellung zurückdrehen. Der Winkel muss aus dem Schaltgehäuse bis Anschlag herausgedrückt sein und beim 5-Gang-Getriebe senkrecht nach oben, beim 6-Gang-Getriebe nach hinten zeigen.
■ Absteckstift aus den Bohrungen herausziehen, Manschette mit Schaltknopf und Geräuschdämpfung einbauen, die Schaltwelle auf Freigängigkeit prüfen und das Luftfiltergehäuse wieder einbauen.
■ Funktion überprüfen: Der Schalthebel muss im Leerlauf in der Gasse 3./4. Gang stehen. Kupplung betätigen, alle Gänge mehrmals durchschalten, auf die Funktion der Rückwärtsgangsperre besonders achten. Wenn beim wiederholten Einlegen eines Ganges noch ein Haken auftritt, muss das Einstellen der Schaltbetätigung wiederholt werden.

### Wählhebelseilzug der Doppelkupplungsgetriebe einstellen

Der Wählhebelseilzug muss immer eingestellt werden, wenn: Motor/Getriebe in ihrer Lage verändert, zum Beispiel spannungsfrei eingebaut wurden, der Seilzug selbst oder die Schaltbetätigung aus- und eingebaut wurde, der Wählhebelseilzug vom Getriebe abgebaut wurde, Motor und / oder Getriebe aus- und eingebaut wurden oder Teile der Aggregatelagerung aus- und eingebaut wurden.

■ Wählhebel im Fahrzeug in Stellung »P« schalten.
■ Hebel am Getriebe in »P« schalten. Der Hebel am Getriebe muss beim 7-Gang-DSG ganz zur rechten Fahrzeugseite, in Richtung Seilzugwiderlager für Wählhebelseilzug gedrückt werden. Um dabei sicherzugehen den Hebel nach vorn ziehen und dann in die entsprechende Richtung drücken. In der zweiten Raste ist »P«.
■ Seilzug mit gelöster Einstellschraube und neuen Sicherungsscheiben anbauen.
■ Den Hebel am Getriebe nach hinten drücken. So wird das Getriebe in Stellung »P« gebracht. Um sicher zu sein, dass sich das Getriebe in »P« befindet, also die Parksperre eingerastet ist, sollte das Fahrzeug angehoben werden. Beide Vorderräder dürfen sich nicht gemeinsam in eine Richtung drehen lassen. Das Getriebe ist übrigens auch in »P«, wenn sich das Fahrzeug bei frei drehenden Rädern nicht schieben lässt.
■ Am Griff des Wählhebels leicht nach vorn und hinten tippen, jedoch auf keinen Fall aus »P« herausschalten. So findet die Seele des Zugs ihre optimale Lage.
■ Einstellschraube mit 13 Nm festziehen. Damit ist die Einstellung beendet. Die Richtigkeit der Einstellung kann daran geprüft werden, dass sich in den Wählhebelstellungen »R«, »D« und »S« der Anlasser nicht betätigen lassen darf.

### Mechanische Prüfungen der Einstellungen am DSG-Getriebe

Elektrisch erkennbare Fehler werden mit dem Diagnosesystem im Rahmen der »Geführten Fehlersuche« erfasst.

■ Wählhebel in Stellung »P« und Zündung eingeschaltet, Bremspedal wird nicht getreten.
Der Wählhebel ist gesperrt und kann mit gedrückter Sperrtaste nicht aus Stellung »P« herausgeschaltet werden. Wenn das Bremspedal getreten wird, gibt der Magnet für Wählhebelsperre den Wählhebel frei. Das Einlegen einer Fahrstufe ist möglich. Wählhebel von »P« nach »S« langsam durchschalten; dabei prüfen, ob die Wählhebelstellung im Schalttafeleinsatz mit der Wählhebelstellung übereinstimmt.

■ Ist der Wählhebel in Stellung »N« und Zündung eingeschaltet, das Bremspedal wird nicht getreten, dann ist der Wählhebel gesperrt und kann mit gedrückter Sperrtaste nicht aus Stellung »P« herausgeschaltet werden. Der Magnet für Wählhebelsperre blockiert den Wählhebel. Wenn das Bremspedal getreten wird, gibt der Magnet den Wählhebel frei. Das Einlegen einer Fahrstufe ist möglich.

■ Wählhebel in Stellung »Tiptronic« und den Wählhebel in die Tiptronic-Gasse führen – dann muss die Beleuchtung des »D«-Symbols in der Abdeckung für Schaltbetätigung erlöschen. Die Symbole »+« und »-« müssen aufleuchten. Die Anzeige der Wählhebelstellung im Schalttafeleinsatz muss beim Schalten des Wählhebels in die Tiptronic-Gasse von: »P R N D S« auf »(7) 6 5 4 3 2 1« wechseln.

## Arbeiten an der Kupplungshydraulik

### Kupplungspedal ausbauen

■ Bewegen Sie den Fahrersitz so weit wie möglich nach hinten und stellen Sie das Lenkrad in die höchste Position.

■ Ablagefach und Abdeckung Fahrerseite ausbauen.

*Fahrzeuge mit Knieairbag*

⚠ Lassen Sie den Knieairbag ausbauen. Für diese Arbeit ist bereits die Airbagsachkunde erforderlich. Es müssen Sicherheitsvorschriften für die Montagearbeiten und die Lagerung erfüllt werden. Führen Sie diese Arbeiten niemals ohne diese spezielle Ausbildung durch!

*Fortsetzung für alle*

■ Demontieren Sie den Fußraumausströmer.

■ Bauen Sie die Crashstrebe aus.

■ Sicherungshalter unter der Schalttafel links abschrauben und seitlich ablegen.

■ Relaisträger unter der Schalttafel links aushängen und seitlich ablegen.

■ Fußraumverkleidung ausbauen, dazu die verbauten Kunststoffmuttern abschrauben.

■ Schraube im Fußraum abschrauben und Kreuzgelenk von Lenkgetriebe abziehen.

■ Wenn vorhanden, Dämpfung am unteren Bereich vom Lagerbock/Kupplungspedal abbauen. Dazu die Klemmscheiben für die Dämpfung abnehmen.

■ Ziehen Sie die Dämpfung ab.

■ Dämpfung im Bereich der oberen Befestigungsmutter oberhalb des Kupplungspedals nach oben drücken.

■ Schrauben Sie das Kupplungspedal (8) vom Lagerbock (3) ab, dazu die Mutter (16) herausdrehen und die Schraube (4) herausziehen (Bild 39).

■ Schwenken Sie das Kupplungspedal etwas nach vorn und nehmen Sie die Übertotpunktfeder (5) aus dem Lagerbock heraus.

■ Entriegeln Sie das Kupplungspedal vom Geberzylinder mit der Zange (VAG T10005).

■ Nehmen Sie das Kupplungspedal ab.

Ersetzen Sie bei der Montage alle selbstsichernden Muttern und kontrollieren Sie den Sitz der Verkleidungen und die Funktion der Pedalerie.

Bild 39
1 Stirnwand
2 Dichtung
3 Lagerbock
4 Schraube
5 Übertotpunktfeder
6 Lagerbuchse
7 Lagerbolzen
8 Kupplungspedal
9 Aufnahme
10 Dichtung
11 Geberzylinder
12 Kupplungspositionsgeber
13 Klammer
14 Nachlaufschlauch
15 Sechskantmutter
16 Sechskantmutter
17 Anschlag

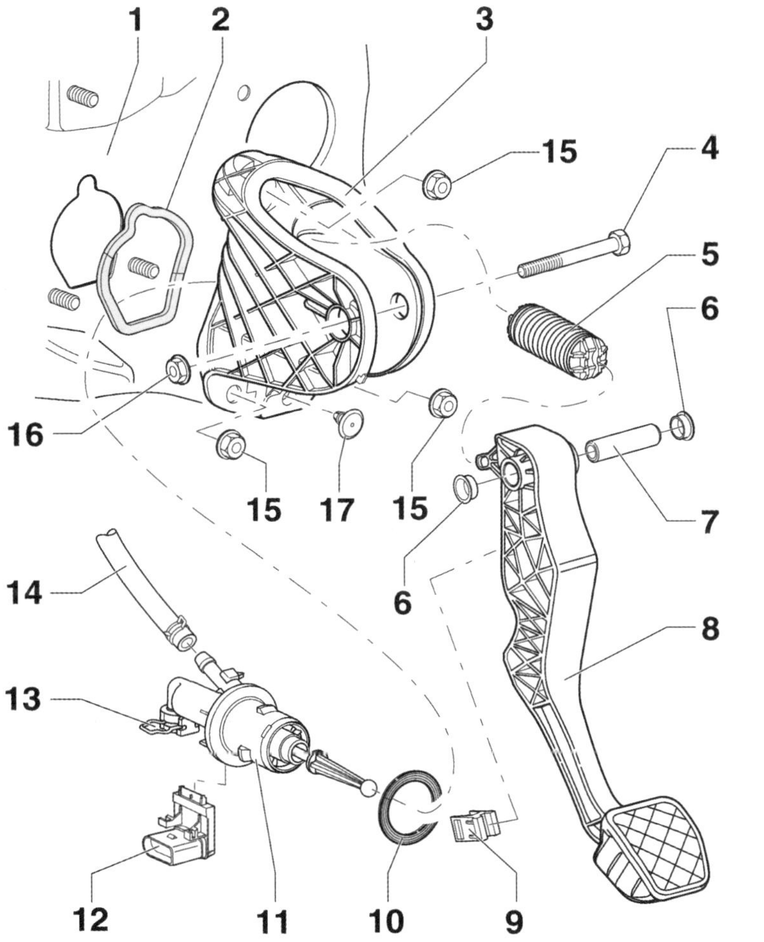


Bild 39

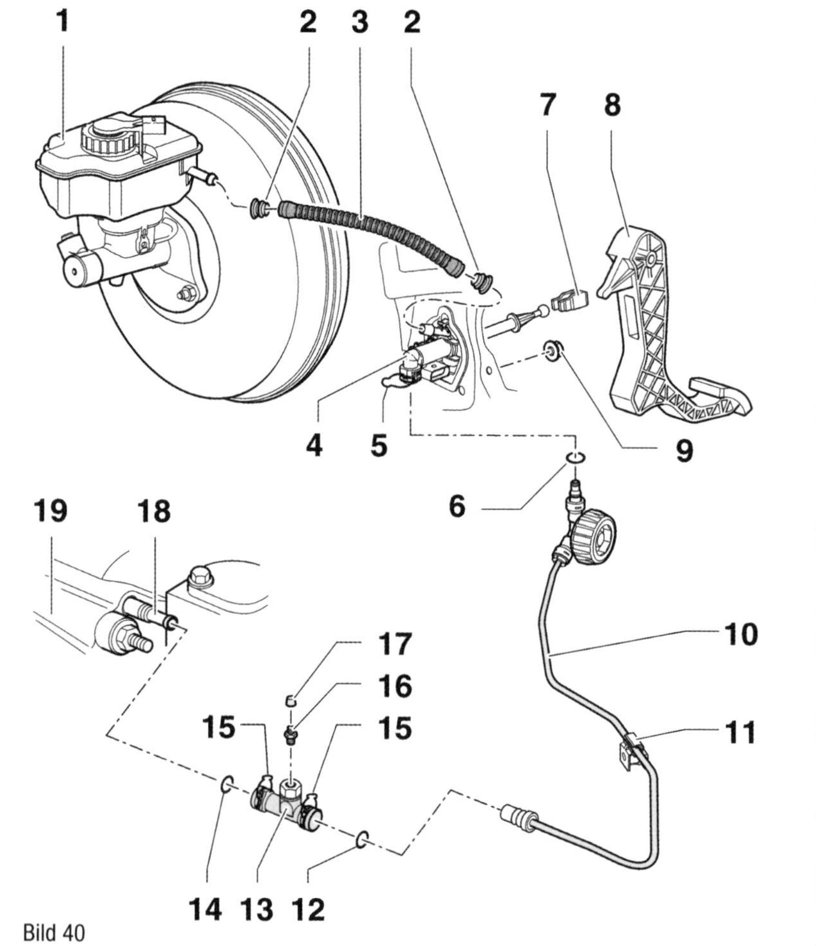


Bild 40

Bild 40
1 Bremsflüssigkeitsbehälter
2 Dichtung
3 Nachlaufschlauch
4 Geberzylinder
5 Klammer
6 Dichtring / O-Ring
7 Aufnahme
8 Kupplungspedal
9 Sechskantmutter, selbstsichernd
10 Rohrleitung
11 Halter
12 Dichtring / O-Ring
13 Entlüfter
14 Dichtring / O-Ring
15 Klammer
16 Entlüftungsventil
17 Staubkappe
18 Nehmerzylinder
19 Getriebe

■ Bringen Sie die Aufnahme (7) an der Betätigungsstange des Geberzylinders (4) an (Bild 40).
■ Drücken Sie die Aufnahme bis zum hörbaren Einrasten in die Aussparung am Kupplungspedal.
■ Legen Sie die Übertotpunktfeder (5, Bild 39) von oben in den Lagerbock ein.
■ Der Aufnahmebereich für den Lagerzapfen des Kupplungspedals muss senkrecht stehen.
■ Lagerzapfen des Kupplungspedals in die Lagerpfanne der Übertotpunktfeder einlegen.
■ Kupplungspedal etwas andrücken, Schraube durchschieben und selbstsichernde Mutter festziehen.

☞ Bei einigen Fahrzeugen befindet sich eine Dämpfung (Abdeckung) auf dem Lagerbock/Kupplungspedal. Bringen Sie diese wieder in Einbaulage.

■ Bauen Sie die Crashstrebe ein und ziehen Sie die Schraube fest.

■ Setzen Sie das Kreuzgelenk auf das Lenkgetriebe auf und schrauben Sie eine neue Schraube ein.
■ Führen Sie die Grundeinstellung für den Lenkwinkelgeber mit einem geeigneten Fahrzeugdiagnosesystem (wie VAS 5051) durch.
■ Bauen Sie auf der Fahrerseite die Blende und die Abdeckung unterhalb der Blende ein.

**Geberzylinder ausbauen**

■ Prüfen Sie zuerst, ob ein codiertes Radio eingebaut ist. In diesem Fall erfragen Sie bitte die Anti-Diebstahl-Codierung.
■ Bauen Sie das komplette Luftfiltergehäuse aus, wenn es sich im Bereich der Batterie befindet.
■ Batterie und Batterieträger ausbauen.
■ Klemmen Sie den Nachlaufschlauch (3) zum Geberzylinder (4 im Bild 40) mit Schlauchklemme (VAG 3094) ab.
■ Zusätzlich können Sie ihn mit dem Verschlusswerkzeug (VAG T10249/1) verschließen. Im weiteren Arbeitsablauf müssen der Kupplungspositionsgeber und die Sicherungsklammer demontiert werden. Diese befinden sich in der Nähe des Bremskraftverstärkers. Sie werden durch diesen teilweise abgedeckt.

■ Ziehen Sie den Nachlaufschlauch (3) am Geberzylinder (4) ab.
■ Sicherungsklammer (15) entriegeln und Leitung (10) am Geberzylinder abziehen.
■ Den Kupplungspositionsgeber in der Nähe des Nachlaufschlauches am Geberzylinder abclipsen und mit angeschlossener elektrischer Steckverbindung abnehmen.

⚠ Schützen Sie bei Arbeiten im Fußraum den Bodenteppich mit Lappen vor auslaufender Bremsflüssigkeit.

■ Ablagefach und Abdeckung Fahrerseite ausbauen.

*Fahrzeuge* mit Knieairbag

⚠ Lassen Sie den Knieairbag ausbauen. Für diese Arbeit ist bereits die Airbagsachkunde erforderlich. Es müssen Sicherheitsvorschriften für die Montagearbeiten und die Lagerung erfüllt werden. Führen Sie diese Arbeiten niemals ohne diese spezielle Ausbildung aus!

*Fortsetzung für alle*

■ Demontieren Sie den Fußraumausströmer.
■ Bauen Sie die Crashstrebe aus.
■ Sicherungshalter unter der Schalttafel links abschrauben und seitlich ablegen.
■ Relaisträger unter der Schalttafel links aushängen und seitlich ablegen.
■ Schrauben Sie die Befestigungsmuttern (Pfeile) für den Lagerbock wie im Bild 41 gezeigt ab.
■ Wenn vorhanden, Dämpfung am unteren Bereich vom Lagerbock/Kupplungspedal abbauen. Dazu die Klemmscheiben für die Dämpfung abnehmen.
■ Kupplungspedal abbauen.
■ Kreuzgelenk aus dem Steckschlüssel-Sortiment mit Klebeband umwickeln.
■ Leitungsstrang mit der Verlängerung nach oben links drücken.
■ Dämpfung, falls vorhanden, im Bereich der oberen Befestigungsmutter oberhalb des Kupplungspedals nach oben drücken.
■ Schrauben Sie die obere Befestigungsmutter für den Lagerbock ab. Die obere Befestigungsmutter ist zwischen dem Relaisträger und der Lenksäule zugänglich.
■ Schrauben Sie anschließend die beiden unteren Befestigungsmuttern ab und entnehmen Sie den Lagerbock.
■ Nehmen Sie den Lagerbock heraus.
■ Falls eingebaut ziehen Sie dabei die Dämpfung ab.
■ Entriegeln Sie die Aufnahme der Betätigungsstange für Geberzylinder mit der VW Zange (T10005) oder einem anderen geeigneten Werkzeug.
■ Legen Sie ein Distanzstück zwischen Kupplungspedal und Anschlag und drücken Sie das Kupplungspedal zum Distanzstück. Die Länge des Distanzstückes sollte ca. 40 mm (z. B. 1/2"-Steckschlüsseleinsatz) betragen.
■ Entriegeln Sie den Sicherungsbügel und ziehen Sie den Geberzylinder aus dem Lagerbock heraus (Pfeil 1 im Bild 42 und Pfeil 2).
■ Bewegen Sie das Kupplungspedal bis zum Anschlag in Ruhestellung.

Der Einbau erfolgt sinngemäß in umgekehrter Reihenfolge.

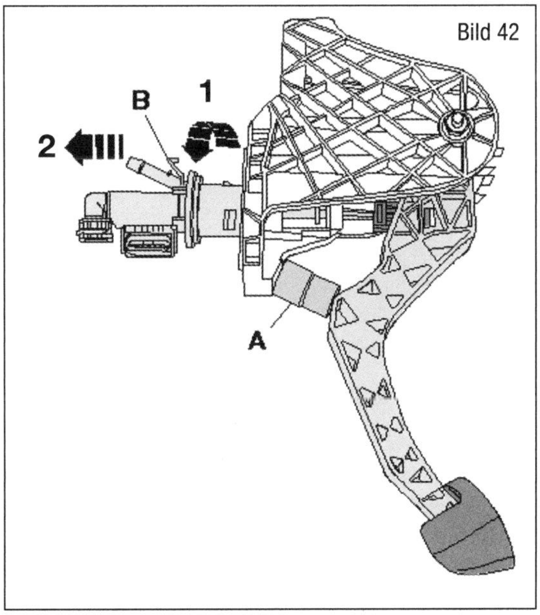


Bild 42
1 und 2 Bewegungsrichtungen
A Distanzstück 40 mm
B Geberzylinder

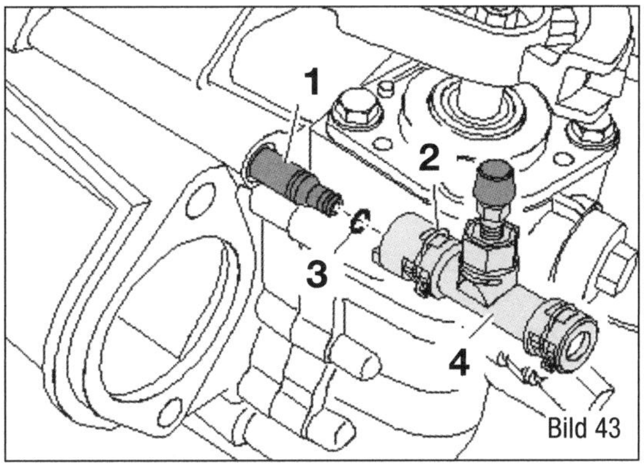


Bild 43
1 Nehmerzylinder
2 Clips
3 Dichtring
4 Entlüfter

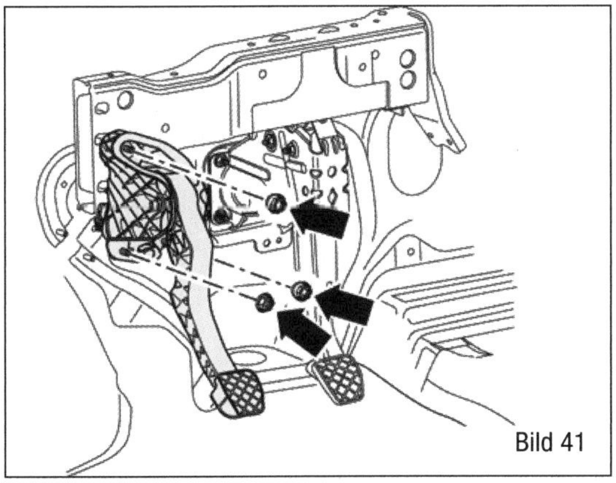

Bild 41
Befestigungsmuttern des Lagerbocks.

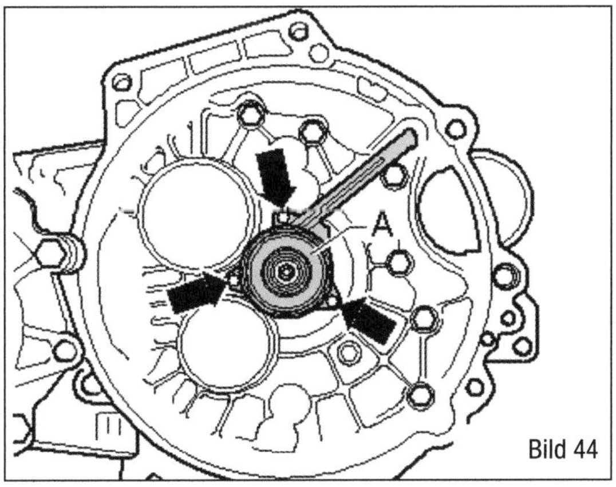


Bild 44
Befestigungsschrauben des Nehmerzylinders.

### Nehmerzylinder ausbauen

Der Nehmerzylinder ist bei diesen Fahrzeugen eine Einheit mit dem Ausrücklager und kann nur nach dem Getriebeausbau angegangen werden.

■ Bauen Sie das Getriebe aus.
■ Sicherungsklammer (2 im Bild 43) mit einem Schraubendreher entriegeln und Entlüfter (4) vom Nehmerzylinder (1) abziehen.
■ Bauen Sie das Getriebe aus.
■ Drehen Sie die Befestigungsschrauben (Pfeile im Bild 44) heraus, nehmen Sie Nehmerzylinder/Ausrücklager ab.

⚠ Der Einbau erfolgt in umgekehrter Reihenfolge. Die Befestigungsschrauben für den Nehmerzylinder dürfen nur jeweils in kleinen Stufen festgezogen werden, sonst besteht die Gefahr, dass die Laschen mit den Anschraubbohrungen abbrechen.

### Kupplung entlüften

■ Bauen Sie das komplette Luftfiltergehäuse aus, wenn dadurch der Entlüfter (Bild 349) nicht zugänglich ist.
■ Schließen Sie das Bremsenfüll- und Entlüftungsgerät (VAS 5234) oder (V.A.G 1869) oder ein anderes Gerät mit den von VW geforderten Eigenschaften an.
■ Den Entlüfterschlauch dann mit der Auffangflasche des Bremsenentlüftungsgerätes verbinden.
■ Entlüfterschlauch auf den Entlüfteranschluss stecken.
■ Beaufschlagen Sie das System mit einem Druck von 2 bar und öffnen Sie das Entlüftungsventil ca. 1/4 Umdrehung.
■ Bewegen Sie das Kupplungspedal 15 bis 20 Mal sehr schnell von Hand von Anschlag zu Anschlag.
■ Schließen Sie das Entlüftungsventil und schalten Sie das Entlüftungsgerät aus.
■ Nach Beendigung des Entlüftungsvorganges, wenn der Druck von 2 bar abgebaut ist, das Kupplungspedal bitte noch 10 Mal mit dem Fuß betätigen.
■ Falls ausgebaut, bauen Sie das komplette Luftfiltergehäuse ein.

### Kupplung ausbauen

Für den Tiguan werden zwei Kupplungssysteme in Einsatz gebracht. Sie unterscheiden sich im Wesentlichen durch den Hersteller. Die beiden Systeme von LUK und SACHS unterscheiden sich aber in den Montagearbeiten nur unwesentlich voneinander.

■ Bauen Sie das Getriebe aus.
■ Setzen Sie den Gegenhalter (VAG 3067) oder ein anderes geeignetes Werkzeug zum Lösen der Schrauben ein.
■ Schrauben in kleinen Stufen über Kreuz lösen. Beim Losschrauben muss sich der Anschlag (2) mit dem Bolzen (1) lockern (Bild 46). Lockert sich der Anschlag nicht, drücken Sie den Bolzen in Richtung Zweimassenschwungrad.
■ Nehmen Sie die Druckplatte und die Kupplungsscheibe ab (Bild 45).

Der Einbau erfolgt in umgekehrter Reihenfolge.

■ Achten Sie auf die Zentrierung der Kupplungsscheibe auf dem Zweimassenrad.
■ Prüfen Sie, ob Passhülsen zur Zentrierung Motor/Getriebe im Zylinderblock vorhanden sind, ggf. einsetzen. Bei nicht vorhandenen Passhülsen treten Schaltschwierigkeiten, Kupplungsprobleme und ggf. Geräusche vom Getriebe (Losräderrasseln) auf.
■ Beachten Sie die Einbaulage Kupplungsscheibe. Die Beschriftung »Getriebeseite« und der hervorstehende Federkäfig zeigen zum Getriebe.
■ Die Enden der Membranfeder prüfen. Die Abnutzung bis zur halben Dicke der Membranfeder ist zulässig.

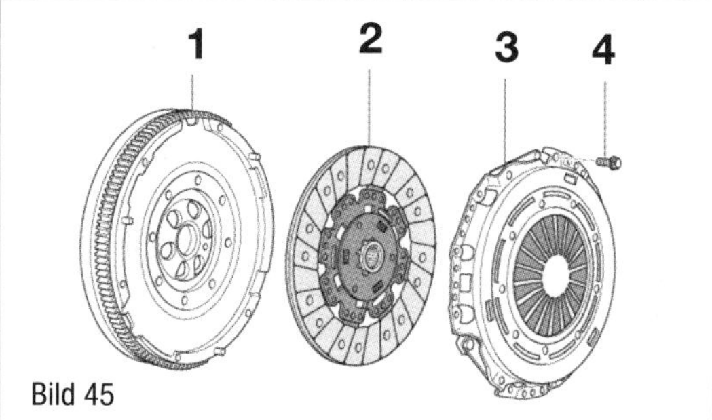

Bild 45

Bild 45
1 Zweimassenschwungrad
2 Kupplungsscheibe
3 Druckplatte
4 Schraube

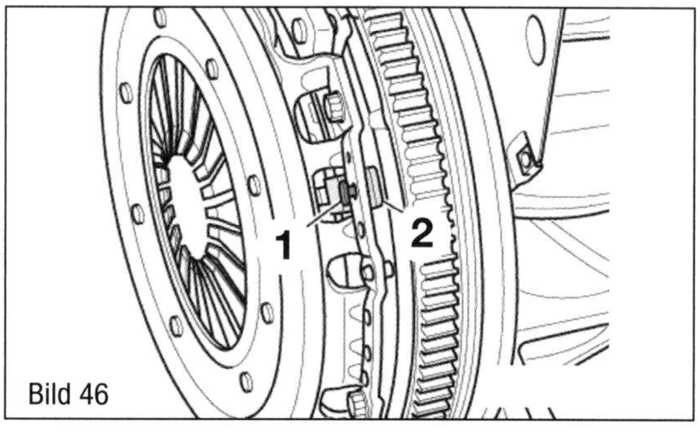

Bild 46

Bild 46
1 Bolzen
2 Anschlag

# 11 Fahrwerk

## Arbeiten am Fahrwerk

Bei der Instandsetzung von tragenden und Rad führenden Bauteilen zum Beispiel an Unfallfahrzeugen können Schäden am Fahrwerk unentdeckt bleiben. Diese unentdeckten Schäden führen unter Umständen im späteren Fahrbetrieb zu schweren Folgeschäden. Bei Unfallfahrzeugen müssen deshalb auf jeden Fall die im Folgenden aufgeführten Bauteile in der beschriebenen Weise und Reihenfolge kontrolliert werden. Wichtig ist immer auch eine Vermessung des Fahrwerks. Werden dabei keine Abweichungen von den Sollwerten festgestellt, liegen auch keine Verformungen am Fahrwerk vor.

**Sicht und Funktionsprüfung für das Lenksystem**

- Sichtprüfung auf Verformung und Risse.
- Spielprüfung der Spurstangengelenke und des Lenkgetriebes.
- Sichtprüfung auf defekte Falten- und Fettbälge.
- Elektrische und hydraulische Leitungen, Schläuche auf Scheuer-, Schnitt- und Knickstellen untersuchen.
- Hydraulische Leitungen, Verschraubungen und Lenkgetriebe auf Dichtheit kontrollieren.
- Lenkgetriebe und Leitungen auf Festsitz überprüfen.
- Einwandfreie Funktion über den gesamten Lenkeinschlag prüfen, indem die Lenkung von Anschlag zu Anschlag betätigt wird. Dabei muss das Lenkrad mit gleich bleibender Betätigungskraft ohne zu haken drehbar sein.

**Sicht- und Funktionsprüfung für das Fahrwerk**

- Alle in den Montageübersichten dargestellten Bauteile auf Verformung, Risse und sonstige Beschädigungen überprüfen.
- Beschädigte Teile ersetzen.
- Fahrzeug auf einem von der Volkswagen AG freigegebenen Achsmessstand vermessen lassen.
- Räder und Reifen auf Rundlauf und Unwucht untersuchen.
- Reifen auf Einschnitte und Stoßverletzungen im Profil und an den Flanken überprüfen.
- Bereifung auf Fülldruck (Angaben in der Tankklappe), Zustand, Reifenlaufbild und Profiltiefe prüfen.
- Bei Beschädigungen am Scheibenrad und/oder am Reifen ist der Reifen zu ersetzen. Dies gilt auch, wenn ein Unfallhergang und Schäden am Fahrzeug auf eine mögliche, wenngleich nicht sichtbare Beschädigung schließen lassen.
- Reifen sollten nicht älter als 6 Jahre sein.

**Elektronische Fahrzeugsysteme**

Sicherheitsrelevante Systeme wie zum Beispiel ABS/EDS, Airbag, elektronisch geregelte Fahrwerkssysteme, elektromechanische Lenk- und sonstige Fahrerassistenzsysteme müssen mit einem Fahrzeugdiagnose-, Mess- und Informationssystem (VAS 505x, VCDS) auf eventuell gespeicherte Fehlermeldungen abgefragt werden. Wurden in den Fehlerspeichern der genannten Systeme Fehler gespeichert, sind diese entsprechend den Vorgaben von VW (Reparaturleitfäden »Erwin«, elektronisches Service-Informationssystem ELSA) instand zu setzen. Nach erfolgter Reparatur sind die jeweils betroffenen Systeme nochmals auf Fehlerspeichereinträge zu prüfen, um sicher zu sein, dass die Funktion wieder gewährleistet ist.

**Die Regelsysteme DCC und ESP/ABS**

Die »Adaptive Fahrwerksregelung DCC« passt die Dämpfung an die Fahrbahnbedingungen an und bietet so immer den optimalen Fahrkomfort. Über den Taster für DCC in der Mittelkonsole können die Regelprogramme »Normal«, »Sport« und »Comfort« gewählt und im Schalttafeleinsatz angezeigt werden. Je nach Fahrsituation wird die Dämpfung automatisch angepasst, um Nicken und Wanken des Fahrzeugs zu unterdrücken. Im Regelprogramm »Sport« wird außerdem die Lenkung sportlicher eingestellt. Zu den Komponenten von DCC gehören vier kennfeldregelbare Dämpfer, ein Gateway-Steuergerät als Schnittstelle zu den CAN-Datenbussystemen, das Steuergerät für elektrisch geregelte Dämpfung, drei Sensoren zur Messung der Radwege und drei Sensoren zur Messung der Aufbaubewegungen. Die

Sichtprüfung Messen

Neuerung beim ESP-Aggregat der Produktfamilie MK 60 EC ist, dass der bisherige »Sensorcluster« entfällt, der den Gierratensensor sowie den Längs- und Querbeschleunigungssensor enthielt. Diese Sensoren sind nun auf der Platine im Steuergerät für ABS/ESP integriert.

**Hinweise und Vorschriften**

Schweiß- und Richtarbeiten an tragenden und Rad führenden Bauteilen der Radaufhängung sind nicht zulässig.

- Selbstsichernde Muttern sowie korrodierte Schrauben und Muttern müssen immer ersetzt werden.
- Gummimetalllager haben einen begrenzten Verdrehbereich. Ziehen Sie deshalb die Schraubverbindungen an den Bauteilen mit Gummimetalllagern erst dann fest, wenn das Radlagergehäuse angehoben ist (siehe »Radlagerung in Leergewichtslage heben«).

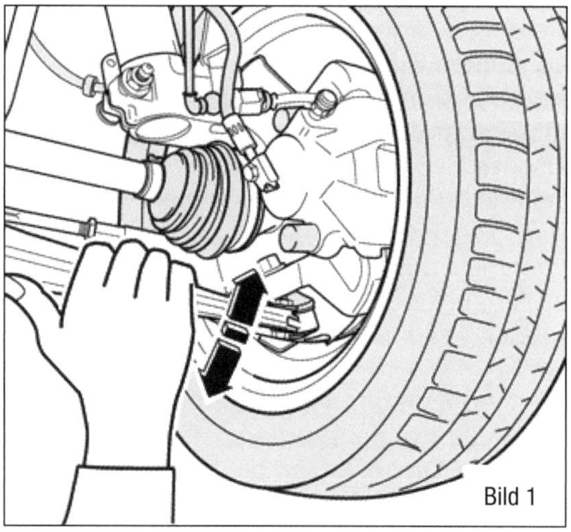

Bild 1
Axialspiel prüfen.

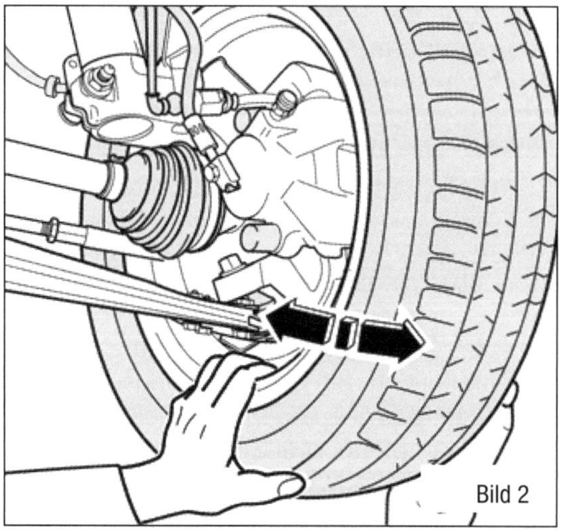

Bild 2
Radialspiel prüfen.

## Prüfungen an der Achslagerung

**Achsgelenke und Achslager: Sichtprüfung**

Bitte prüfen Sie die Dichtungsbälge der Achsgelenke auf Undichtigkeiten und Beschädigungen.

- Weiterhin prüfen Sie die Achslager: Es darf kein Spiel vorhanden sein, das vulkanisierte Gummilager darf keine Risse und poröse Stellen aufweisen.

**Achsgelenk prüfen**

Es darf bei beiden Prüfungen kein fühl- oder sichtbares »Spiel« vorhanden sein. Während der Prüfungen Achsgelenk beobachten. Eventuell vorhandenes Radlagerspiel oder »Spiel« im Federbeinlager oben berücksichtigen. Gummibalg auf Beschädigung prüfen, ggf. Achsgelenk ersetzen.

*Axialspiel prüfen*

- Achslenker kräftig in Pfeilrichtung (Bild 1) nach unten ziehen und wieder hochdrücken.

*Radialspiel prüfen*

- Rad unten kräftig in (Pfeilrichtung) nach innen und außen drücken. (Bild 2)

**Radlagerung in Leergewichtslage heben**

Alle Schrauben an Fahrwerksteilen mit Gummimetalllagern müssen grundsätzlich in Leergewichtslage (unbeladener Zustand) festgezogen werden. Gummimetalllager haben einen begrenzten Verdrehbereich. Achsbauteile mit Gummimetalllagern müssen deshalb vor dem Festziehen in eine Position gebracht werden, die der Position im Fahrbetrieb entspricht (Leergewichtslage). Anderenfalls wird das Gummimetalllager verspannt, eine geringere Lebensdauer wäre dann die Folge. Durch Anheben der entsprechenden Radaufhängung mit dem Motor -und Getriebeheber (V.A.G 1383 A) und der Aufnahme der entsprechenden Radaufhängung mit dem Motor- und Getriebeheber (V.A.G 1383 A) und der Aufnahme (T10149) kann diese Position auf der Hebebühne simuliert werden. Bevor die entsprechende Radaufhängung angehoben wird, muss das Fahrzeug auf beiden Fahrzeugseiten an den Tragarmen der Hebebühne mit den Spanngurten (T10038) verzurrt werden.

Wird das Fahrzeug nicht verzurrt, besteht die Gefahr, dass das Fahrzeug von der Hebebühne abrutschen kann!

- Radnabe so weit drehen, bis eine der Bohrungen für Radschrauben oben steht.
- Aufnahme (T10149) mit Radschraube an die Radnabe anbauen.
- Das Festziehen der betroffenen Schrauben/Muttern darf nur dann erfolgen, wenn das Maß (a) zwischen der Radnabenmitte und der Unterkante Radhaus erreicht ist (Bild 3).
- Das Maß (a) ist abhängig von der Standhöhe des eingebauten Fahrwerks:

| Fahrwerk* | Standhöhe (a) in mm |
|---|---|
| Basisfahrwerk (G02) | 430 ± 10 mm |
| Sportfahrwerk (G03) | 430 ± 10 mm |
| Basisfahrwerk mit adaptiver Fahrwerksregelung DCC (G40) | 430 ± 10 mm |
| Basisfahrwerk US-Ausführung (G34) | 430 ± 10 mm |

** Auf dem Fahrzeugdatenträger ist vermerkt, welches Fahrwerk im Fahrzeug eingebaut ist. Das Fahrwerk wird durch eine PR.-Nummer dargestellt. Welche PR.-Nummer welchem Fahrwerk zugeordnet ist, finden Sie in der Tabelle oben.*

- Radlagergehäuse mit Motor -und Getriebeheber (V.A.G 1383 A) so weit anheben, bis Maß (a in der Tabelle oben) erreicht ist.

Fahrzeug nicht anheben oder ablassen, wenn der Motor/Getriebeheber unter dem Fahrzeug steht. Motor -und Getriebeheber (V.A.G 1383 A) nicht länger als erforderlich unter dem Fahrzeug stehen lassen.

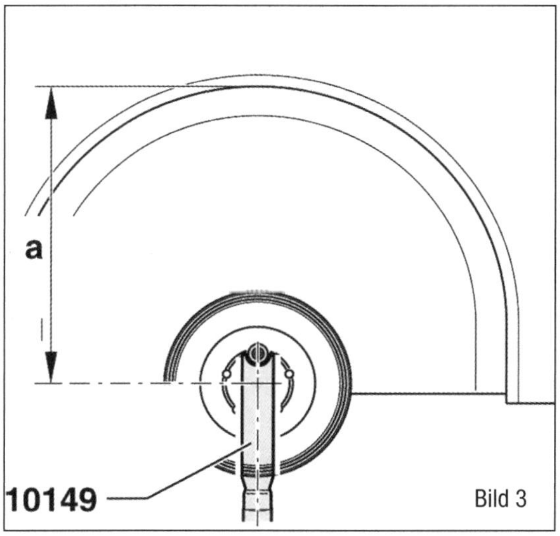

Bild 3

- Betroffene Schrauben/Muttern festziehen.
- Radlagergehäuse ablassen.
- Motor -und Getriebeheber (V.A.G 1383 A) unter dem Fahrzeug weg ziehen.
- Aufnahme (T10149) abbauen.

## Achsgelenk aus- und einbauen

- Schraube für Gelenkwelle an Radnabe lösen.
- Das entsprechende Rad abbauen.
- Muttern (11 im Bild 4) abschrauben.
- Gelenkwelle etwas aus der Radnabe ziehen.
- Achsgelenk aus dem Achslenker herausziehen und dabei Radlagergehäuse nach außen schwenken.
- Achslenker so weit wie erforderlich nach unten beugen.
- Kugelgelenkabzieher (3287 A) oder anderen geeigneten Gelenkbolzenabzieher ansetzen und Achsgelenk ausdrücken.

Motor -und Getriebeheber (V.A.G 1383 A) oder Ähnliches unterstellen (Unfallgefahr durch herabfallende Teile beim Ausdrücken des Achsgelenkes. Die Mutter zum Schutz des Gewindes einige Gewindegänge auf dem Achsgelenk belassen.

Die Montage erfolgt sinngemäß in umgekehrter Reihenfolge.

- Gelenkwelle aus der Radnabe ziehen.
- Achsgelenk in Radlagergehäuse einsetzen.
- Neue selbstsichernde Mutter aufschrauben, dabei mit Innentorx (T40) gegenhalten.
- Gelenkwelle in Radnabe einsetzen.
- Die Muttern (11) festziehen.

Auf beschädigungsfreien und nicht verdrillten Dichtbalg achten.

- Rad anbauen und festziehen.
- Schraube für Gelenkwelle an Radnabe anziehen. Dabei darf das Fahrzeug nicht auf den Rädern stehen, da sonst das Radlager beschädigt werden.

Bild 3
Abstandsmaß für die Standhöhe.

Sichtprüfung Messen

Bild 4
1 Mutter
2 Stabilisator
3 Koppelstange
4 Mutter
5 Lagerbock
6 Schraube
7 Schraube
8 Achslenker
9 Mutter
10 Achsgelenk
11 Mutter
12 Schraube
13 Schraube
14 Schraube
15 Schraube
16 Gummimetalllager unten für Pendelstütze
17 Pendelstütze
18 Schraube
19 Schraube
20 Abschirmblech
21 Schraube
22 Schraube
23 Aggregateträger
24 Gummimetalllager oben für Pendelstütze

Bild 4

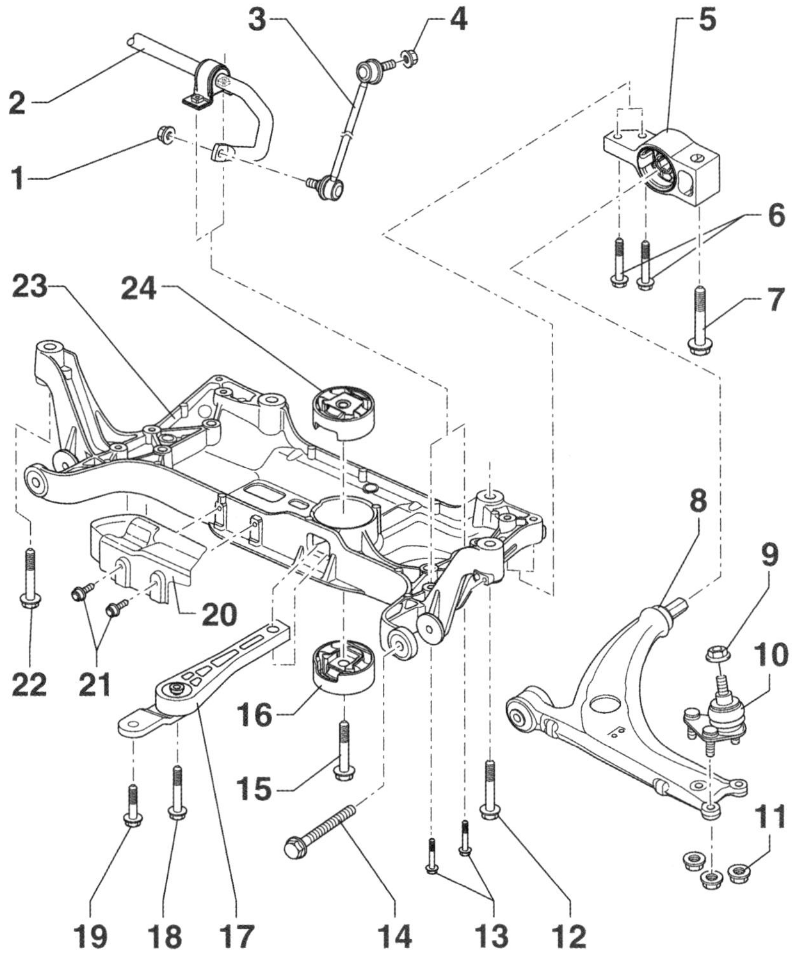


## Radlagereinheit aus- und einbauen

■ Schraube für Gelenkwelle an Radnabe lösen:
■ Das entsprechende Rad abbauen.
■ Den Bremssattel mit Bremsträger abbauen und mit Draht am Aufbau aufhängen.
■ Den ABS-Drehzahlfühler ausbauen.
■ Die Bremsscheibe abbauen.
■ Muttern des Achsgelenks auf der entsprechenden Fahrzeugseite abschrauben.
■ Achslenker aus dem Achsgelenk herausziehen.
■ Gelenkwelle aus der Radnabe herausziehen.
■ Schrauben (14 im Bild 5) herausdrehen.
■ Radlagereinheit aus dem Radlagergehäuse herausnehmen.

Der Einbau erfolgt sinngemäß in umgekehrter Reihenfolge.

## Federbein vorne aus- und einbauen

Bei loser radseitiger Gelenkwellenverschraubung dürfen die Radlager nicht belastet werden. Werden die Radlager durch das Eigengewicht des Fahrzeugs belastet, wird das Radlager vorgeschädigt. Die Radlagerlebensdauer ist dadurch geringer. Die Schraube für Gelenkwelle darf maximal 90° gelöst werden, wenn das Fahrzeug auf den Rädern steht. Fahrzeuge ohne Gelenkwelle dürfen nicht bewegt werden, da sonst das Radlager beschädigt wird. Soll ein Fahrzeug trotzdem bewegt, werden, bitte anstatt der Gelenkwelle ein Außengelenk einbauen und mit 100 Nm festziehen.

■ Schraube für Gelenkwelle an Radnabe lösen Federbein ab.
■ Muttern (11 im Bild 4) herausschrauben.

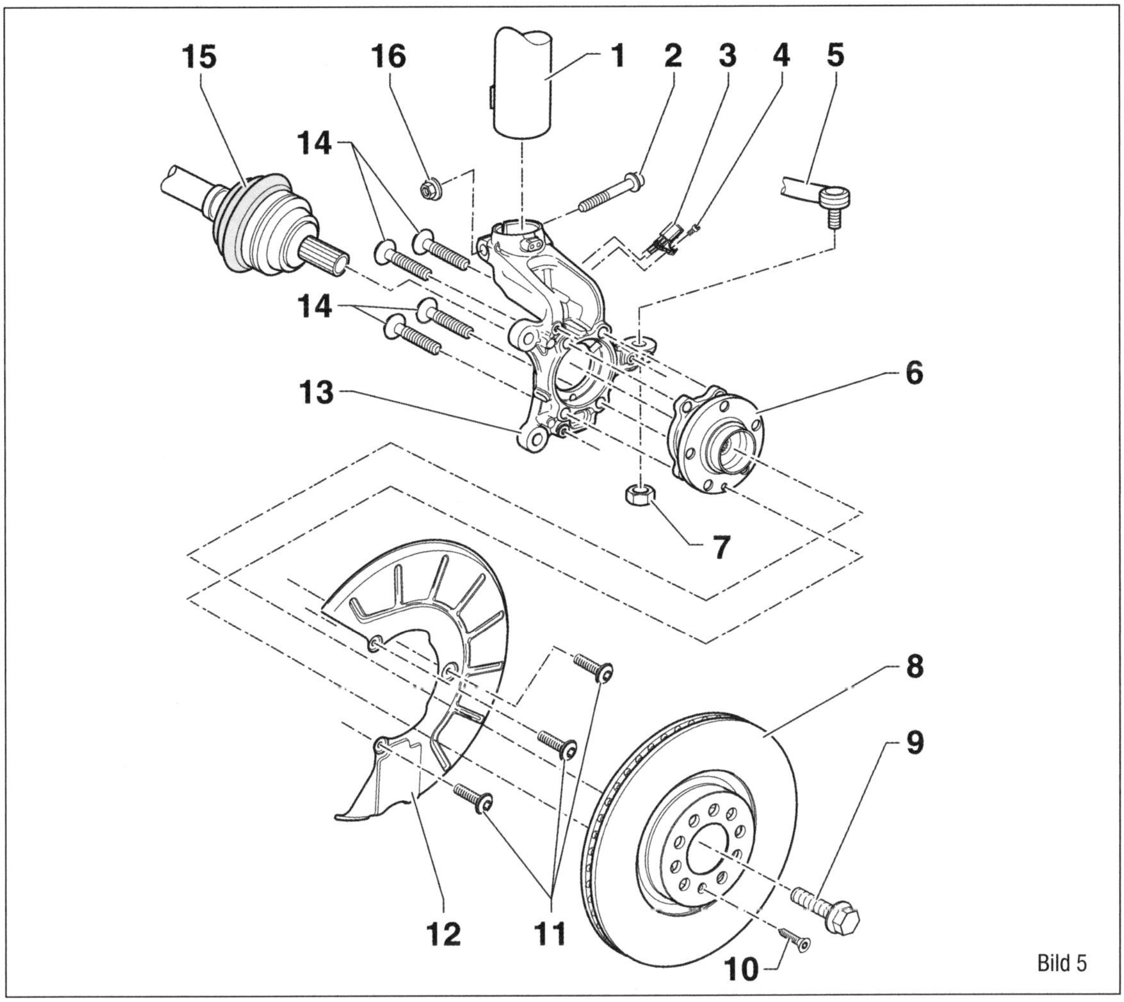

Bild 5

Bild 5
1 Federbein
2 Innenvielzahnschraube
3 Drehzahlfühler vorn links
4 Innensechskantschraube
5 Spurstangenkopf
6 Radnabe mit Radlager
7 Mutter
8 Bremsscheibe
9 Schraube
10 Schraube
11 Schraube
12 Abdeckblech
13 Radlagergehäuse
14 Innenvielzahnschraube
15 Gelenkwelle
16 Mutter

- Radlagergehäuse (13 im Bild 5) mit Achsgelenk aus dem Achslenker herausziehen.
- Außengelenk der Gelenkwelle aus der Radnabe ziehen.
- Gelenkwelle mit Bindedraht am Aufbau befestigen.

⚠ Die Gelenkwelle darf nicht herunterhängen, das Innengelenk wird sonst durch Überbeugen beschädigt.

- Achsgelenk wieder mit Achslenker verschrauben.
- Motor -und Getriebeheber (V.A.G 1383 A) mit Aufnahme (T10149) an der Radnabe mit einer Radschraube befestigen.
- Schraubverbindung Radlagergehäuse/Federbein trennen.
- Spreizer (3424 in Bild 6) in den Schlitz des Radlagergehäuses einsetzen.
- Knarre um 90° drehen und von Spreizer (3424) abziehen.
- Drücken Sie mit der Hand auf die Bremsscheibe in Richtung Federbein, sonst kann sich das Dämpferrohr in der Bohrung des Radlagergehäuses verkanten.
- Radlagergehäuse nach unten vom Dämpferrohr abziehen und mit Motor- und Getriebeheber (V.A.G 1383 A) so weit absenken, bis das Dämpferrohr frei hängt.
- Binden Sie das Radlagergehäuse mit Bindedraht am Aggregateträger fest.
- Motor- und Getriebeheber (V.A.G 1383 A) unter dem Radlagergehäuse wegnehmen.

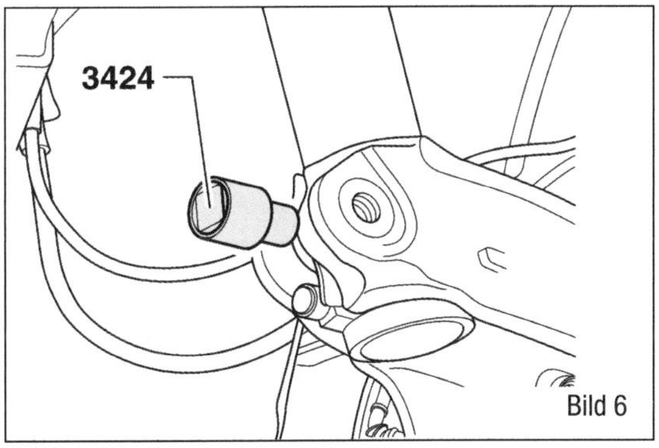

Bild 6

Bild 6
Spreizer für die Stoßdämpferaufnahme.

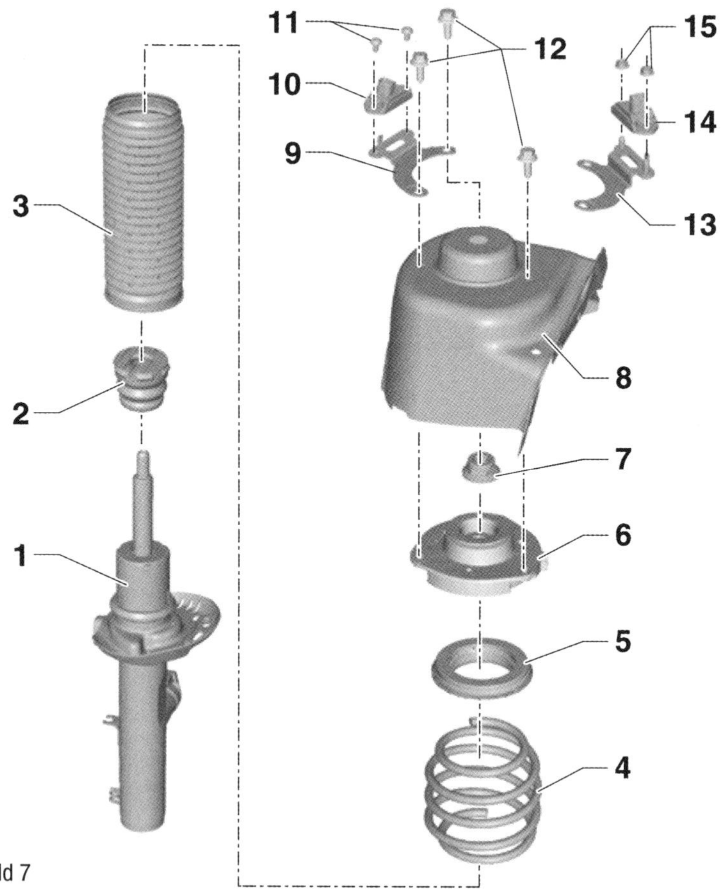

Bild 7

Bild 7
Federbein für adaptive Fahrwerksregelung DCC.
1 Stoßdämpfer
2 Anschlagpuffer
3 Schutzhülle
4 Schraubenfeder
5 Axialrillenkugellager
6 Federbeinlager
7 Sechskantmutter
8 Federbeindom
9 Halter
10 Karosseriebeschleunigungsgeber vorn links
11 Schraube
12 Schraube
13 Halter
14 Karosseriebeschleunigungsgeber vorn rechts
15 Mutter

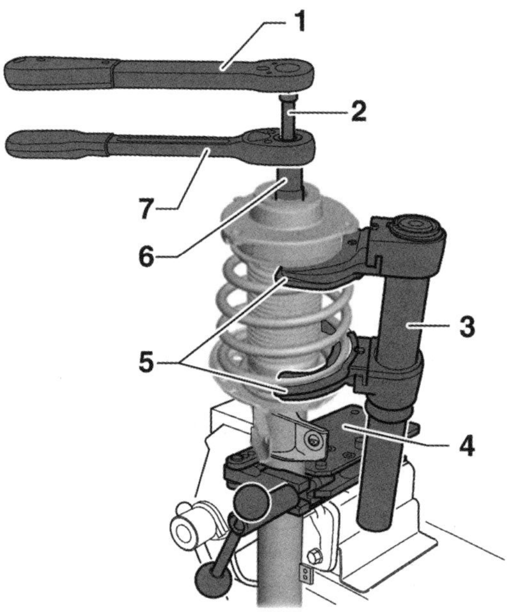

Bild 8

Bild 8
1 Drehmomentschlüssel
2 Steckeinsatz (T10001/8)
3 Federspanngerät (V.A.G 1752/1)
4 Spannbock für Federbeine (V.A.G 1752/20)
5 Federhalter (V.A.G 1752/4)
6 Steckeinsatz (T10001/5)
7 Knarre (T10001/11)

*Nur bei Ausbau linkes Federbein:*
■ Wischerarme ausbauen.

*Fortsetzung für beide Seiten:*
■ Wasserkastenabdeckung ausbauen.
■ Sechskantschrauben für die obere Dämpferbefestigung abschrauben und Federbein herausnehmen.

Die Montage erfolgt sinngemäß in umgekehrter Reihenfolge.

## Schraubenfeder vorne ausbauen

■ Spannbock für Federbeine (VAG 1752/20) (4) in einen Schraubstock einspannen.
■ Federbein in den Spannbock für Federbeine (V.A.G 1752/20) (4) einspannen (Bild 8)
■ Schraubenfeder mit Federspanngerät (V.A.G 1752/1) (3) so weit vorspannen, bis das Axialrillenkugellager oben frei ist.

⚠ Zuerst die Feder so weit vorspannen, dass der obere Federteller entlastet ist!

■ Auf den richtigen Sitz der Schraubenfeder im Federhalter (V.A.G 1752/4) achten.
■ Sechskantmutter von Kolbenstange abschrauben.
■ Einzelteile des Federbeins und Schraubenfeder mit Federspanngerät (V.A.G 1752/1) abnehmen.

Die Montage erfolgt sinngemäß in umgekehrter Reihenfolge.
■ Schraubenfeder mit Federspanngerät (V.A.G 1752/1) auf Federunterlage unten aufsetzen. Das Ende der Federwindung muss am Anschlag (Pfeil im Bild 9) anliegen.
■ Neue Sechskantmutter an Kolbenstange festziehen.
■ Federspanngerät (V.A.G 1752/1) entspannen und von der Schraubenfeder abnehmen.

Bild 9

Bild 9
Position der Fahrwerksfeder im Federteller.

## Radlager / Radnabeneinheit hinten aus- und einbauen

**Fahrzeuge mit Frontantrieb**

- Das Fahrzeug anheben.
- Das entsprechende Rad abschrauben.
- Drücken Sie die Staubkappe ab.
- Bremsträger mit Bremssattel abbauen und mit Draht am Aufbau aufhängen.
- Schraube für Bremsscheibe herausschrauben und Bremsscheibe abnehmen.
- Schraube (1) mit Steckeinsatz (T10162) (2) abschrauben (Bild 10).

Achtung: Zum Abschrauben der Schraube (1) mit dem Steckeinsatz (T10162-2) darf kein Schlagschrauber verwendet werden!

- Radnaben/Radlagereinheit (2) vom Achszapfen abziehen.

Der weitere Einbau erfolgt sinngemäß in umgekehrter Reihenfolge.

- Schieben Sie die Radnaben/Radlagereinheit vorsichtig auf den Achszapfen auf. Achten Sie bitte darauf, dass sich die Radnaben/Radlagereinheit nicht verkantet!
- Verwenden Sie eine neue Innenvielzahnschraube und ziehen diese fest.

Tipp: Schraube zuerst mit dem Drehmomentschlüssel auf das angegebene Anzugsdrehmoment festziehen. Für das Aufbringen des Weiterdrehwinkels einen starren Schlüssel verwenden.

- Treiben Sie die Staubkappe mit Einziehhülse (3241/4) ein. Staubkappen immer ersetzen. Beschädigte Staubkappen ermöglichen den Eintritt von Feuchtigkeit. Deshalb unbedingt das abgebildete Werkzeug verwenden.
- Rad anbauen und festziehen.

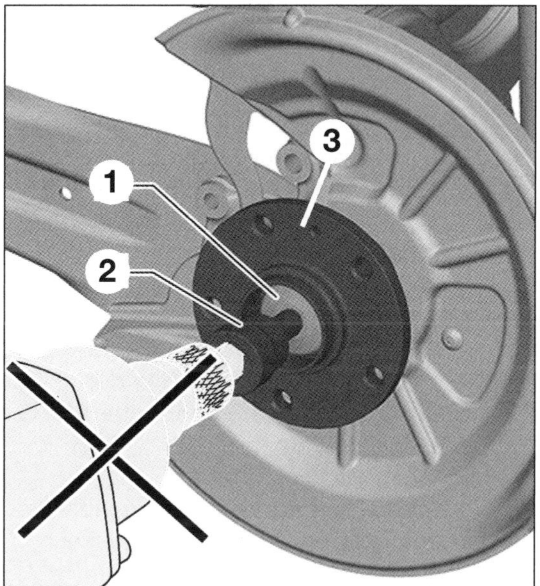


Bild 10

Bild 10
1 Schraube
2 Steckeinsatz
3 Radnabe

**Fahrzeuge mit Allradantrieb**

- Bauen Sie die Schraubenfeder aus.
- Bauen Sie die Gelenkwelle aus.
- Bremsträger mit Bremssattel abbauen und mit Draht am Aufbau aufhängen.

Tipp: Lassen Sie den Bremssattel nicht am Bremsschlauch hängen.

- Schraube für Bremsscheibe herausschrauben und Bremsscheibe abnehmen.
- Schrauben (2) herausdrehen (Bild 11).
- Ziehen Sie die Radnaben/Radlagereinheit vom Radlagergehäuse heraus.

Der Einbau erfolgt sinngemäß in umgekehrter Reihenfolge.

- Schraube für Gelenkwelle an Radnabe festziehen. Dabei darf das Fahrzeug nicht auf den Rädern stehen. Das Radlager kann bei gelöster Schraube durch das Eigengewicht des Fahrzeuges beschädigt werden.

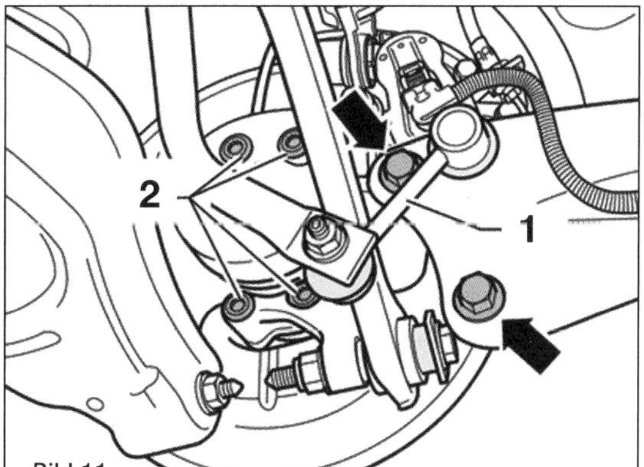


Bild 11

Bild 11
1 Koppelstange hinten
2 Schrauben

Bild 13
1 Federhalter (V.A.G 1752/3A)
2 Adapter (V.A.G 1752/9)
3 Federspanngerät (V.A.G 1752/1)

## Schraubenfeder hinten ausbauen

Die Montagearbeiten für Fahrzeuge mit Allrad- oder Frontantrieb unterscheiden sich nicht.

- Rad abbauen.
- Setzen Sie den Federspanner (3) ein (Bild 13).

⚠ Achten Sie auf richtigen Sitz der Schraubenfeder im Federhalter (V.A.G 1752/3A) (2) (Unfallgefahr).

- Verwenden Sie für das Zusammendrehen des Federspanngerätes einen Schlüssel oder eine Umschaltknarre.
- Spannen Sie die Schraubenfeder so weit, bis Sie diese herausnehmen können.
- Bauen Sie die Feder aus.

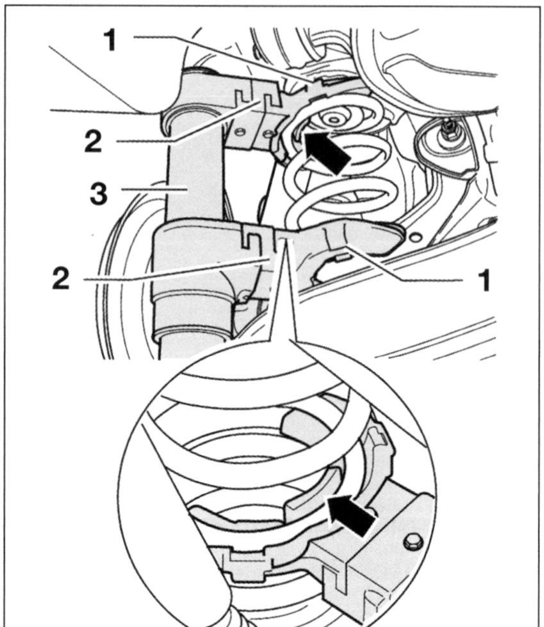


Bild 13

Bild 12
1 Federauflage unten
2 Montagehilfe
3 Schraubenfeder
4 Federauflage oben
5 Schraube
6 Schraube
7 Stoßdämpfer
8 Scheibe
9 Querlenker unten
10 Radlagergehäuse

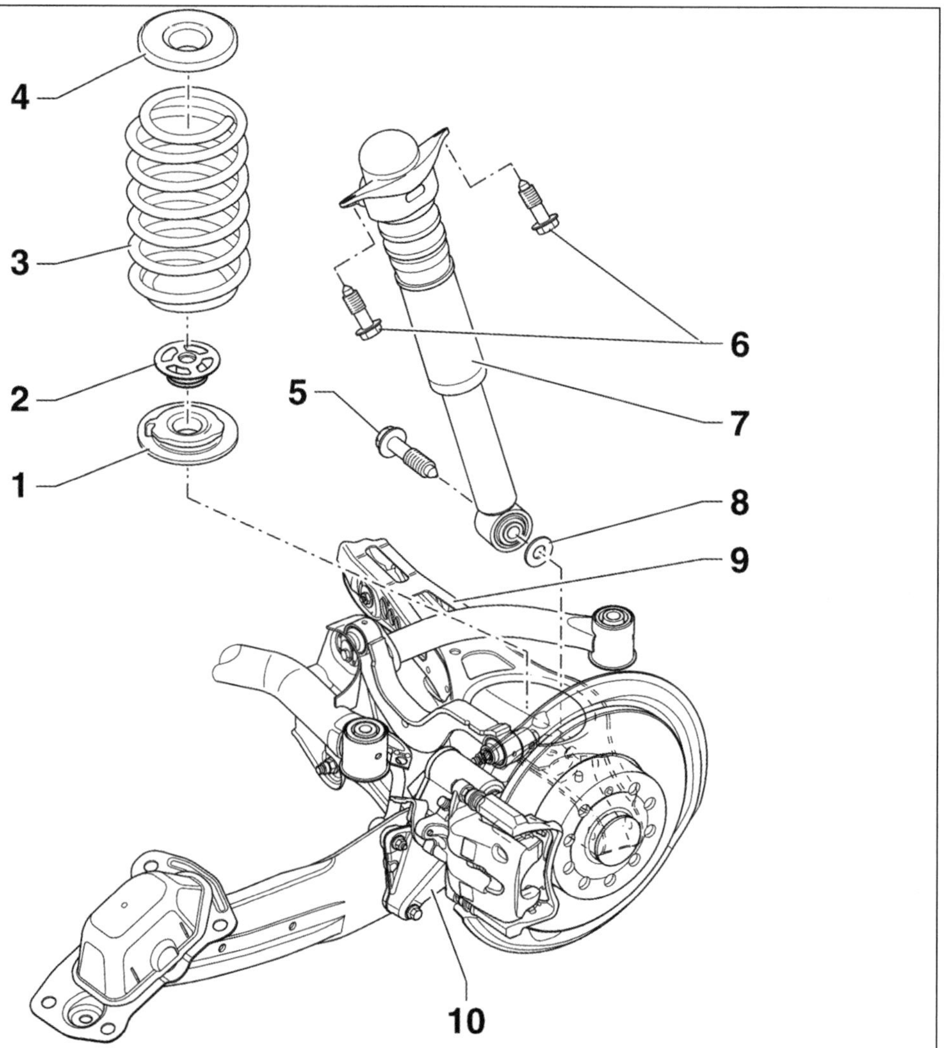


Bild 12

Beachten Sie die Einbaulage! Der Federanfang (Pfeil im Bild 13) muss am Anschlag der Federauflage unten anliegen.

- Bauen Sie die Feder zusammen mit der Federauflage ein. Die Federauflage unten hat einen Zapfen. Diesen Zapfen setzen Sie in die Bohrung des Querlenkers unten ein (Bild 14).
- Setzen Sie dann die Federauflage oben in das obere Federende ein.
- Entspannen Sie die Feder, dabei obere Federauflage auf die Nase der Karosserie aufsetzen) (Bild 15.
- Nehmen Sie den Federspanner heraus.
- Rad anbauen und festziehen.

## Stoßdämpfer hinten ausbauen

Die Montagearbeiten für Fahrzeuge mit Allrad- oder Frontantrieb unterscheiden sich nicht.

- Rad abbauen.
- Bauen Sie die Radhausschale aus.
- Bauen Sie die Schraubenfeder aus.
- Schrauben oben (Pfeile im Bild 16) herausdrehen.
- Schraube unten (Pfeil im Bild 17) herausdrehen.
- Stoßdämpfer herausnehmen.

Der Einbau erfolgt sinngemäß in umgekehrter Reihenfolge.

- Die Verschraubung Stoßdämpfer an Radlagergehäuse darf nur erfolgen, wenn das Maß (a) der Leergewichtslage erreicht ist. Die Vorgehensweise hierzu haben wir bereits beschrieben (siehe auch Bild 3).

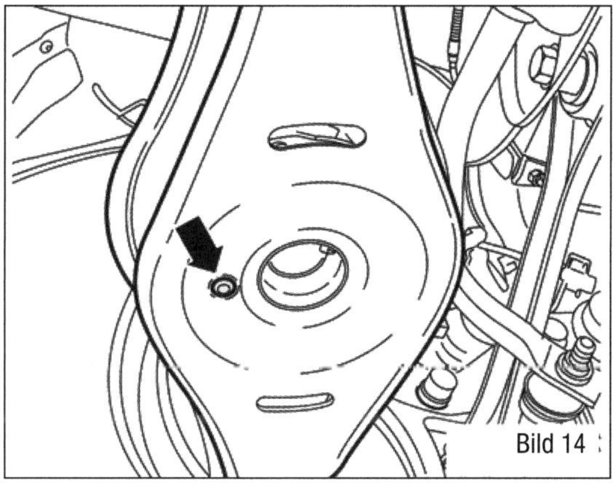

Bild 14
Bohrung zur Arretierung.

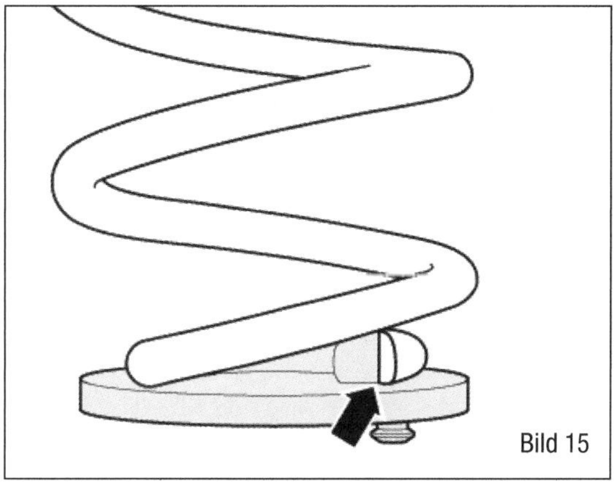

Bild 15
Nase zur Arretierung.

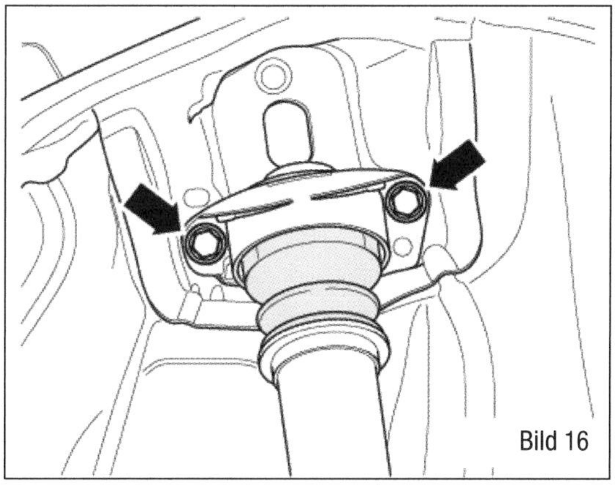

Bild 16
Befestigungsschrauben oben.

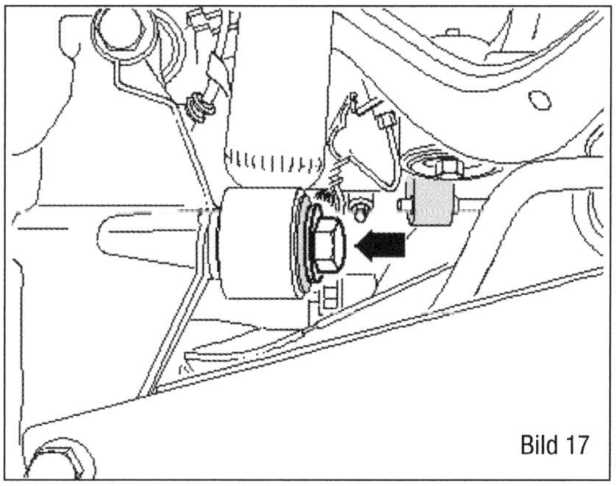

Bild 17
Befestigungsschraube unten.

# 12 Elektromechanische Servolenkung

Die äußerst direkt ansprechende elektromechanische Servolenkung (EPS, Electrical Power Steering; Bilder 1 und 2) trägt erheblich zur Geradeauslaufstabilität des Tiguan bei. Sie basiert auf einer konventionellen Zahnstangenlenkung und ist gekennzeichnet durch harmonisches Lenkverhalten und Vermittlung eines ausgeprägten Lenkgefühls. Diese souveräne und sichere Situation am Volant schließt Lenkungsspiel praktisch völlig aus. Kontrollieren Sie dennoch gelegentlich, ob die Lenkung noch einwandfrei und ohne Spiel reagiert. Die Lenkung lässt sich individuell auf viele Anforderungen abstimmen. Im Steuergerät sind sämtliche achslastabhängigen Kennfelder vorprogrammiert und abgelegt. Aktiviert wird die individuelle Programmierung der Lenkung quasi auf Knopfdruck, und zwar am Endpunkt der Produktion. Dank ihrer Programmierbarkeit bietet die Lenkung die Möglichkeit zur leichten Abstimmung und optimalen Anpassung an verschiedene Fahrzeugcharakteristika. Das Spektrum reicht von sportlich über komfortabel bis zur besonders leichtgängigen Lenkung für Behindertenfahrzeuge. Bei extremer Langsamfahrt erleichtern geringe Lenkkraftmomente die Manövrierbarkeit. Bei schneller Fahrt vermitteln höhere Momente dem Fahrer eine maximale »Rückmeldung«.

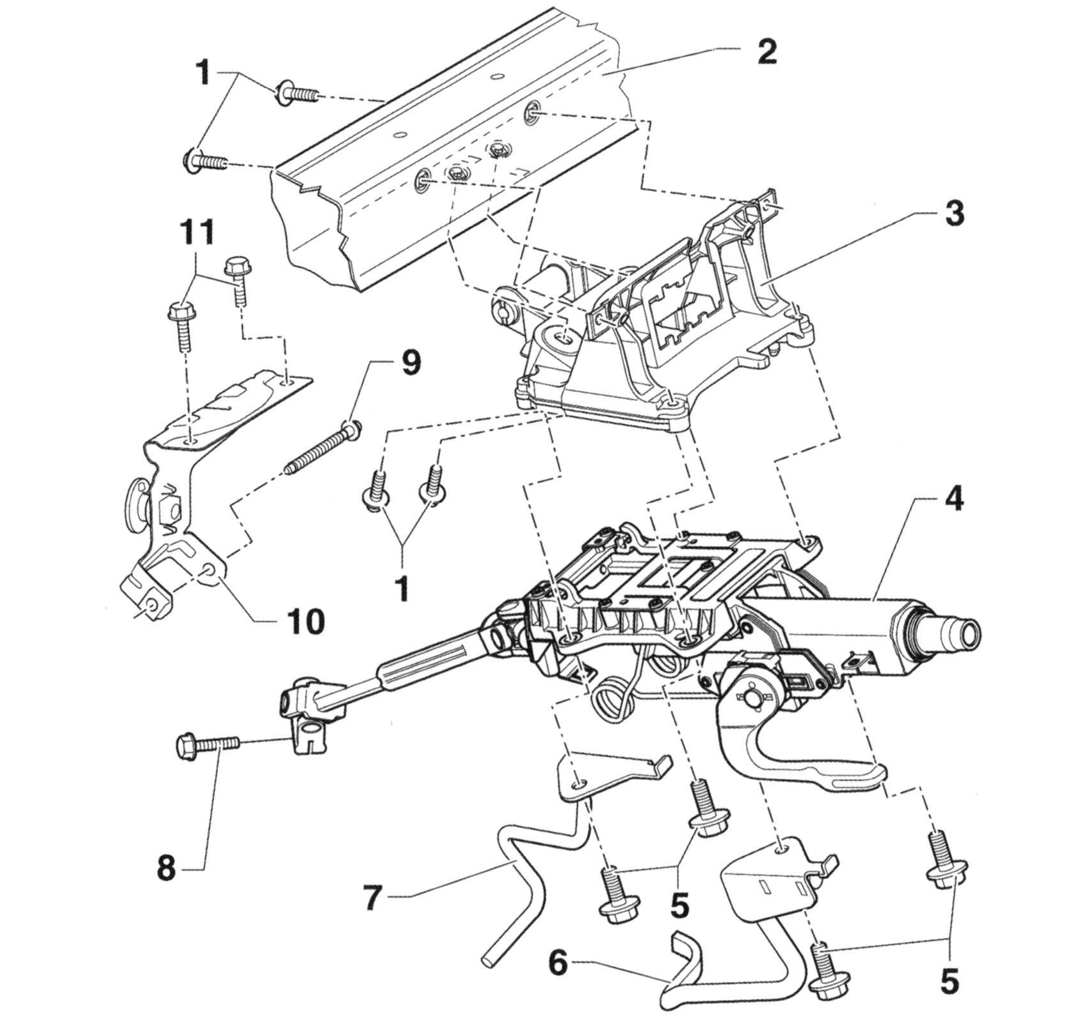

Bild 1

Bild 1
Montageübersicht Lenksäule.
1 Schraube
2 Querträger für Lenksäule
3 Lagerbock
4 Lenksäule
5 Schraube
6 Crashstrebe Bremspedal
7 Crashstrebe Kupplungspedal
8 Schraube
9 Schraube
10 Frequenzstrebe
11 Schraube

## Umgang mit der Lenksäule

**Lenkungsspiel prüfen**

■ Die Räder geradeaus stellen. Von außen durchs geöffnete Fenster greifen und das Lenkrad kurz hin und her drehen.

■ Auf die Felge achten: Bewegt sich das Vorderrad wie erforderlich sofort mit? Eine Hilfsperson kann die Spurstangenköpfe umfassen und das Lagerspiel bei Lenkbewegung fühlen oder in Extremfällen sogar beobachten.

■ Falls Spiel bemerkt wird, muss das Nachstellen in der Werkstatt erfolgen. Wenn die Lenkung um die Geradeausstellung kein Spiel hat, aber bei stärkerem Einschlag spürbar klemmt, ist die Zahnstange verschlissen. Das dürfte zwar erst nach einer gehörigen Fahrstrecke der Fall sein, aber dann muss das Lenkgetriebe ausgetauscht werden!

**Lenksäule überprüfen**

■ Wenn an der Lenksäule gearbeitet wurde, muss danach auf sichtbare Schäden und Funktion geprüft werden. Lässt sich die Säule, ohne zu haken und ohne Schwergängigkeit drehen? Lässt sie sich in Längsrichtung und in der Höhe leicht verstellen?

■ Lässt sich das Rohr der Säule deutlich nach vorn und hinten oder seitlich bewegen? Dann ist etwas faul, die Lenksäule muss ausgetauscht werden.

**Lenksäule richtig tragen**

■ Aus- und Einbau der Lenksäule empfehlen wir hier nicht, weil diese Arbeiten mit dem Aus- und Einbau von Airbags verbunden sind, was in die Fachwerkstatt gehört. Wenn Sie aber eine ausgebaute oder einzubauende Lenksäule zu transportieren haben, müssen Sie beachten, dass die falsche Behandlung der Lenksäule ein Sicherheitsrisiko darstellt.

⚠ Eine mechanische Beschädigung kann sich auf die gesamte Funktion der Servotronic (Steuergerät) des Lenksystems auswirken, die für die Gestaltung verschiedenster Lenkparameter sorgt.

■ Die Lenksäule immer mit beiden Händen tragen. Packen Sie die Säule dazu fest am Mantelrohr oben und im Bereich des oberen Kreuzgelenkes an der Gelenkwelle an.

■ Das Greifen der Lenksäule am Deformationselement, am Klemmhebel oder an den beiden Gewichtsausgleichfedern führt zur Vorschädigung der Lenksäule.

■ Jedes Transportieren der Lenksäule mit einer Hand an der Gelenkwelle stellt ein Sicherheitsrisiko dar.

⚠ Falsche Behandlung der Lenksäule kann zur Beschädigung der Kreuzgelenkbuchsen und des unteren Lenksäulenlagers führen.

■ Vermeiden Sie ferner auf jeden Fall das Beugen der Gelenke über 90° hinaus.

## Arbeiten am Lenkgetriebe (links)

Vor Instandsetzungen am elektromechanischen Lenkgetriebe ist die Schadensursache mit einem Fahrzeugdiagnosesystem in den Betriebsarten »Geführte Fehlersuche«, »Fahrzeug-Eigendiagnose« und »Messtechnik« möglichst genau zu ermitteln. Für eine einwandfreie und erfolgreiche Lenkgetriebereparatur sind größtmögliche Sorgfalt und Sauberkeit sowie einwandfreie Werkzeuge eine wichtige Voraussetzung. Selbstverständlich gelten bei Instandsetzungen auch die allgemein üblichen Grundregeln der Sicherheit. Beim Einbau des Lenkgetriebes auf richtigen Sitz der Passhülsen zwischen Konsole und Lenkgetriebe achten. Ausgebaute Teile auf einer sauberen Unterlage ablegen und abdecken, damit sie nicht verschmutzen. Folien und Papier verwenden. Keine fasernden Lappen benutzen! Nach dem Ausbau von Dichtungen die Anlagefläche an Gehäusen bzw. Wellen auf Grate und Beschädigungen untersuchen und diese beseitigen. Dichtmittelreste von Flüssigdichtungen restlos von den Dichtflächen entfernen, wobei keine Dichtmittelreste in das Lenkgetriebegehäuse gelangen dürfen. Besonders empfindliche Teile wie Servomotor mit Steuergerät nicht verkanten, sondern stufenweise über Kreuz lösen und anziehen.

**Lenkgetriebe Linkslenker ausbauen**

■ Fahrzeugdiagnosetester anschließen und »Geführte Fehlersuche« starten. Den Anweisungen auf dem Bildschirm folgen.

■ Lenkrad in Geradeausstellung drehen und Zündschlüssel abziehen, damit sich die Lenkradsperre verriegelt.

Sichtprüfung Messen

*Fahrzeuge mit schlüssellosem Schließ- und Startsystem »Keyless Access«*
■ Zündung ausschalten und Fahrertür öffnen, damit sich die Lenkradsperre verriegelt.

*Fortsetzung für alle Fahrzeuge*
■ Batterie abklemmen.
■ Fußraumverkleidung ausbauen, dazu die Befestigungsmuttern abschrauben.
■ Sicherungsschraube des Kreuzgelenks abschrauben und Kreuzgelenk von Lenkgetriebe abziehen.
■ Räder vorn abbauen.
■ Mutter von Spurstangenkopf lösen, aber noch nicht abschrauben.

Mutter zum Schutz des Gewindes einige Umdrehungen auf dem Zapfen lassen.

■ Spurstangenkopf von Radlagergehäuse mit Kugelgelenkabzieher (3287A) abdrücken und Mutter jetzt abschrauben.
■ Geräuschdämpfung unten abbauen.
■ Koppelstangen vom Stabilisator abbauen.

Bild 2
Montageübersicht Lenkgetriebe.
1 Kreuzgelenk
2 Schraube
3 Servolenkgetriebe
4 Radlagergehäuse
5 Mutter
6 Aggregateträger
7 Schraube
8 Abschirmblech
9 Torxschraube
10 Elektrische Leitung

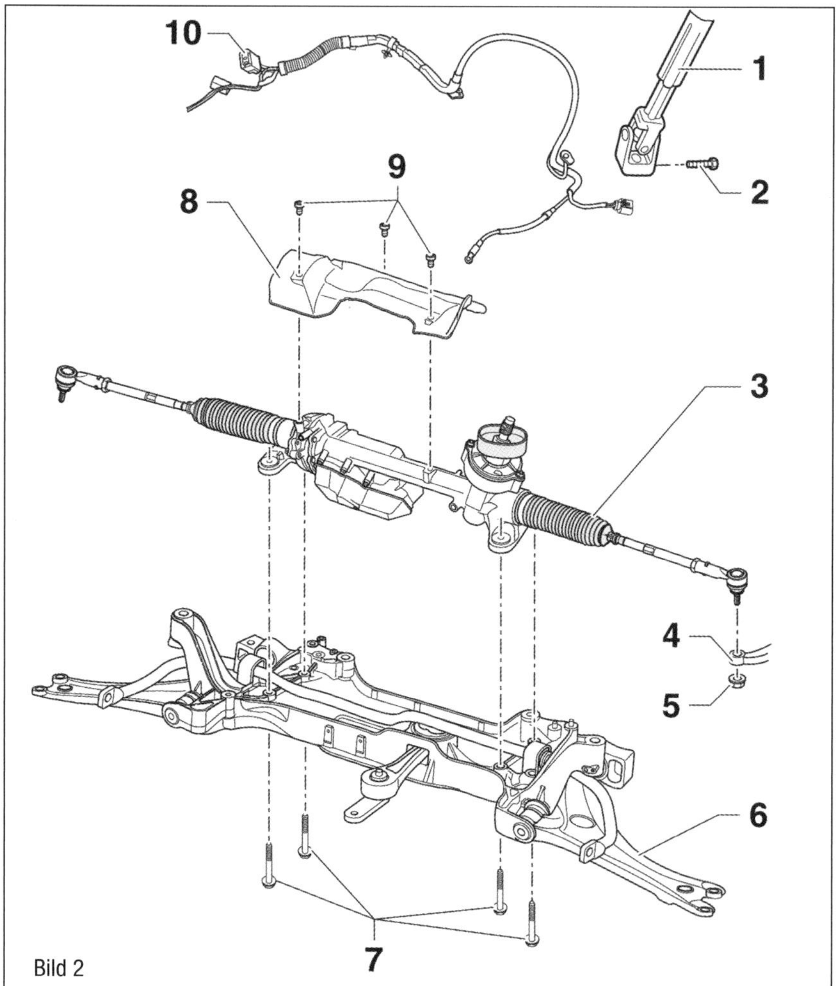

Bild 2

■ Muttern des Achsbolzens abschrauben.
■ Pendelstütze von Getriebe abbauen, dazu Schrauben (13 im Bild 3) herausschrauben.
■ Halter der Abgasanlage von Aggregateträger abbauen.

*Fahrzeuge mit Frontantrieb*
■ Schrauben vom Wärmeabschirmblech ausbauen.
■ Wärmeabschirmblech von Aggregateträger abnehmen.

*Fortsetzung für alle Fahrzeuge*
■ Schrauben (7 in Bild 2) für das Lenkgetriebe herausdrehen.
■ Schrauben für den Stabilisator am Aggregateträger herausdrehen.
■ Aggregateträger lösen, aber noch nicht ablassen.
■ Stecker für Wartungs-Intervall-Verlängerung an der Ölwanne trennen.
■ Motor- und Getriebeheber (V.A.G 1383 A) unter den Aggregateträger stellen.
■ Legen Sie zum Beispiel ein Stück Holz zwischen den Motor -und Getriebeheber (V.A.G 1383 A) und den Aggregateträger.
■ Die hinteren Schrauben des Aggregateträgers herausdrehen und den Aggregateträger etwas absenken. Dabei die elektrischen Leitungen beobachten.
■ Bauen Sie das Wärmeschutzblech über dem Lenkgetriebe aus.
■ Schrauben (Pfeile im Bild 4) ausbauen.
■ Kabelführung von Aggregateträger abschrauben.
■ Alle weiteren Kabelbefestigungspunkte am Lenkgetriebe ausclipsen.
■ Steckverbindungen vom Lenkgetriebe abklemmen.
■ Aggregateträger mit Motor -und Getriebeheber (V.A.G 1383 A) vorsichtig ablassen.
■ Heben Sie jetzt den Stabilisator nach vorn über den Aggregateträger herunter, dabei den Stabilisator etwas drehen.
■ Lenkgetriebe vom Aggregateträger herunterheben.
■ Legen Sie das Lenkgetriebe wie in der Abbildung dargestellt ab. Sie vermeiden damit Beschädigungen an dem Steuergerät.

Der Einbau erfolgt sinngemäß in umgekehrter Reihenfolge.
■ Kontrollieren, ob die weiße Druckmembran (Pfeil im Bild 5) sauber und unbeschädigt ist.

■ Druckmembran gegebenenfalls vorsichtig reinigen.

Tipp: Ist die Druckmembran beschädigt, dann muss das Lenkgetriebe getauscht werden.

■ Steckverbindungen zum Lenkgetriebe so aufstecken, dass sie hörbar einrasten.

■ Die Gewindehülse des Lenkgetriebes muss in der Bohrung des Aggregateträgers sitzen.

Tipp: Dichtung auf dem Lenkgetriebe vor dem Einbauen des Lenkgetriebes mit Gleitmittel, z. B. Schmierseife, einstreichen. Nach Ansetzen des Lenkgetriebes an das Kreuzge-lenk darauf achten, dass die Dichtung auf dem Lenkgetriebe ohne Knick an der Montageplatte anliegt und die Öffnung zum Fußraum korrekt abdichtet. Wassereintritt und/oder Geräusche können sonst entstehen.

■ Auf saubere Dichtflächen achten.

■ Vor dem Ansetzen der Schrauben für den Aggregateträger, Lenkgetriebe auf Aggregateträger positionieren und Schrauben für Lenkgetriebe und Stabilisator ansetzen.

■ Batterie anklemmen.

■ Grundeinstellung Lenkwinkelgeber mit dem Fahrzeugdiagnosetester durchführen. Wurde ein neues Lenkgetriebe eingebaut, dann muss die elektromechanische Servolenkung mit dem Fahrzeugdiagnosetester angepasst werden.

■ Wenn im Fahrzeug eine Einparkhilfe verbaut ist, dann muss das Steuergerät für Lenkhilfe neu codiert werden.

■ Nach dem Einbau muss während einer Probefahrt die Stellung des Lenkrades geprüft werden. Steht das Lenkrad schief oder wurde ein neues Lenkgetriebe eingebaut, muss das Fahrzeug vermessen werden.

**Spurstangenkopf wechseln**

■ Fahrzeug anheben.

■ Lenkrad in Geradeausfahrt drehen.

■ Mutter (Pfeil 3 im Bild 6) lösen, dabei am Spurstangenkopf (Pfeil 2) gegenhalten.

■ Rad vorn abbauen.

■ Mutter von Spurstangenkopf lösen, aber noch nicht abschrauben.

■ Spurstangenkopf von Radlagergehäuse mit Kugelgelenkabzieher (3287 A) abdrücken und Mutter jetzt abschrauben.

■ Drehen Sie den Spurstangenkopf von der Spurstange ab. Merken Sie sich die Einbauposition des Gelenkbolzens, indem Sie die Gewindeumdrehungen mitzählen, bis der

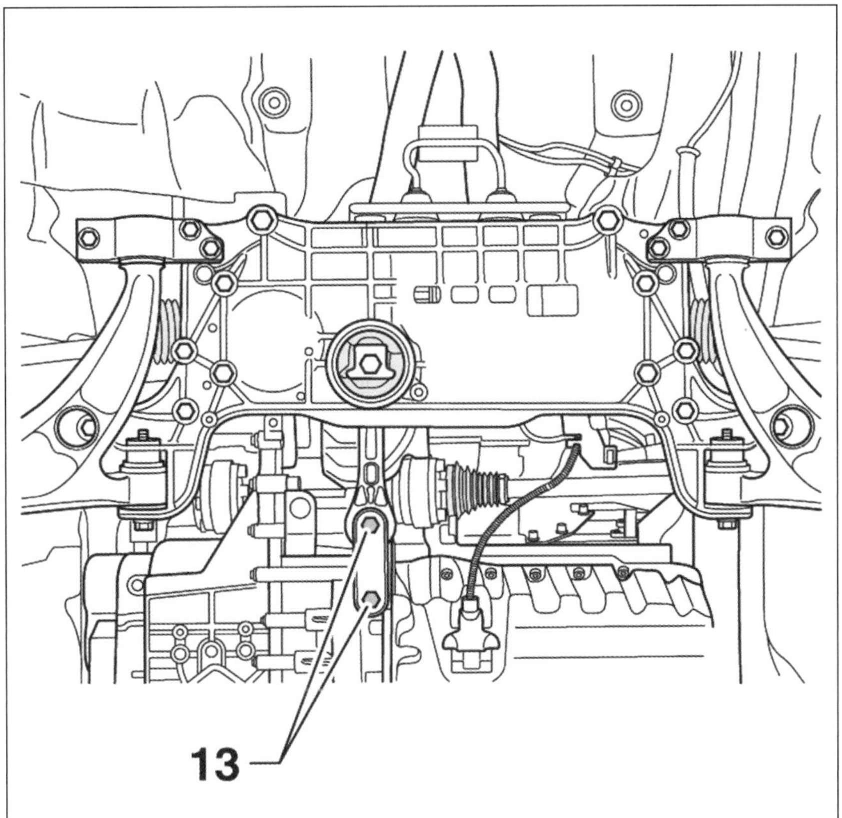


Bild 3

Bild 3
13 Befestigungsschrauben der Pendelstütze am Getriebe.

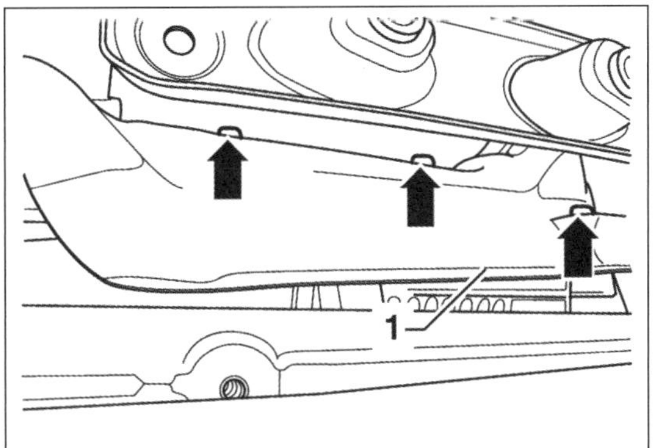


Bild 4

Bild 4
Pfeile: Verschraubungen am Aggregateträger.

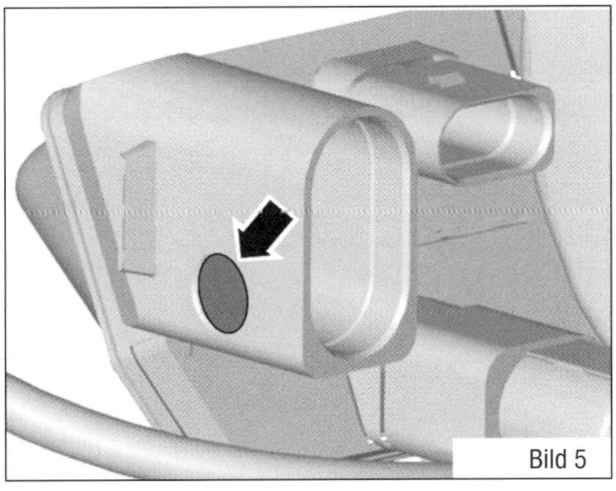

Bild 5

Bild 5
Pfeil: Druckmembran.

alte Spurstangenkopf abgedreht ist. Das erleichtert Ihnen die Arbeit bei der Achsvermessung.

- Fahrzeug vermessen.
- Wenn beide Spurstangen ausgetauscht wurden, dann führen Sie die Grundeinstellung für den Lenkwinkelgeber durch. Führen Sie anschließend die Grundeinstellung der Lenkung durch.

Der weitere Einbau erfolgt sinngemäß in umgekehrter Reihenfolge.

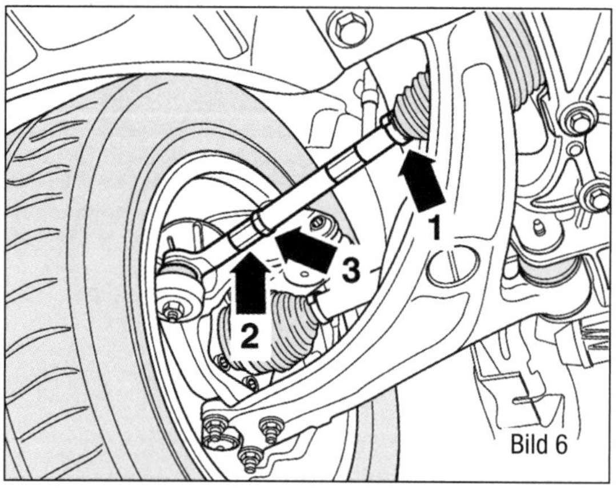


Bild 6
1 Faltenbalg
2 Spurstangenkopf
3 Mutter

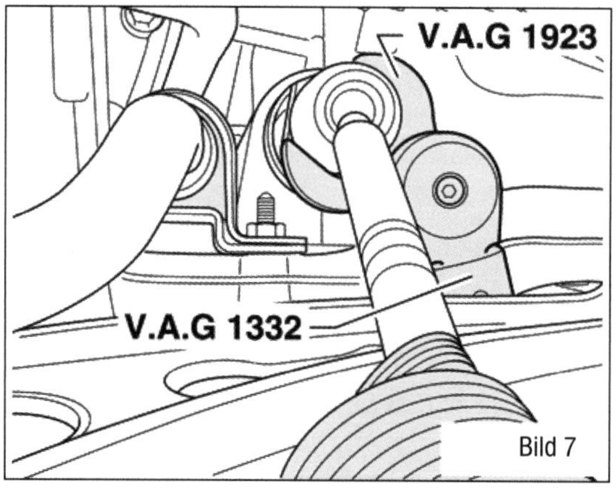


Bild 7
Lösen der Spurstange an der Lenkzahnstange.

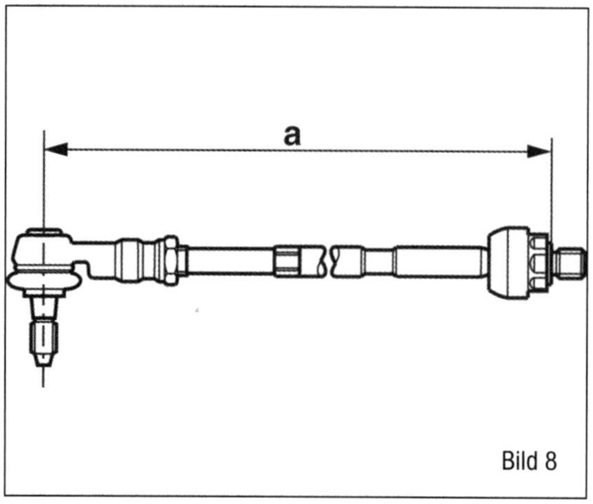


Bild 8
Abstandsmaß (a) zur Grundeinstellung der Spurstange.

**Spurstange ausbauen**

- Fahrzeug anheben.
- Lenkrad in Geradeausfahrt drehen.
- Lenkgetriebe außen im Bereich des Faltenbalges reinigen. Mutter (Pfeil 3 im Bild 6) lösen, dabei am Spurstangenkopf (Pfeil 2) gegenhalten.
- Rad vorn abbauen.
- Mutter von Spurstangenkopf lösen, aber noch nicht abschrauben. Mutter zum Schutz des Gewindes einige Umdrehungen auf dem Zapfen lassen.
- Spurstangenkopf von Radlagergehäuse mit Kugelgelenkabzieher (3287 A) abdrücken und Mutter jetzt abschrauben.
- Federbandschelle mit Schlauchbinderzange (V.A.G 1275) von Faltenbalg lösen und auf die Spurstange schieben.
- Klemmschelle abbauen und Faltenbalg vom Lenkgetriebegehäuse abziehen.
- Schrauben Sie die Spurstange mit dem Maulschlüsseleinsatz SW 38 (V.A.G 1923) von der Zahnstange ab (Bild 7).

Ist Korrosion, eine Beschädigung, eine Abnutzung oder sind Ansätze von Verschmutzung auf der Zahnstange zu sehen, muss das Lenkgetriebe komplett ersetzt werden. Ist kein Schmierfilm auf der Zahnstange sichtbar, muss das Lenkgetriebe ebenfalls komplett ersetzt werden.

**Spurstange einbauen**

⚠ Die Zahnstange darf nicht gefettet werden.

- Lenkrad in Geradeausfahrt drehen.
- Neue Schellen und Faltenbalg auf die Spurstange auffädeln.

Drehen Sie die Spurstange so weit in den Spurstangenkopf, bis das Maß (a) erreicht ist (Bild 8). Maß (a) = 367 ± 1 mm.

- Spurstange in die Zahnstange drehen und festziehen.
- Dichtstelle Faltenbalg zur Spurstange mit Fett (G 052 168 A1) (aus Reparatursatz Fett der Fa. Fuchs Renolit JP1619) leicht fetten.
- Faltenbalg (2) auf die Spurstange (1) schieben, dabei die richtige Position beachten (Bild 9).
- Federbandschelle auf Faltenbalg mit Schlauchbinderzange (V.A.G 1275) befestigen.
- Dichtstelle Faltenbalg zum Lenkgetriebegehäuse mit Fett (G 052 168 A1) (aus Reparatursatz Fett der Fa. Fuchs Renolit JP1619) leicht fetten.

■ Schieben Sie den Faltenbalg bis zum Anschlag auf das Lenkgetriebegehäuse.
■ Neue Klemmschelle mit Klemmzange für die Manschettenmontage verbauen (Bild 10).

Der weitere Einbau erfolgt in umgekehrter Reihenfolge. Nach dem Einbau muss das Fahrzeug vermessen werden.
■ Wenn beide Spurstangen ausgetauscht wurden, führen Sie die Grundeinstellung für den Lenkwinkelgeber durch.
■ Führen Sie anschließend die Grundeinstellung der Lenkung durch.

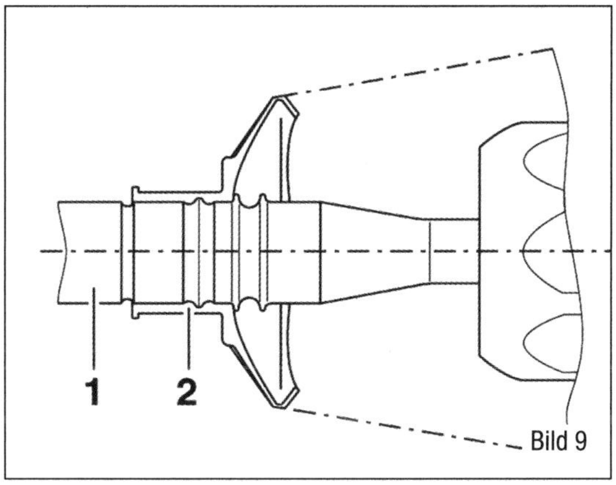


Bild 9
1 Spurstange
2 Faltenbalg

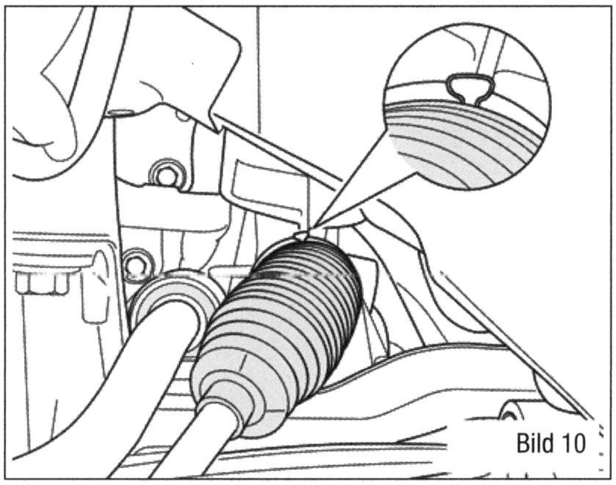


Bild 10
Position der Klemmschelle an der Lenkmanschette.

# 13 Bremsanlage

## Die Bremsen des Tiguan

Der Tiguan wird kraftvoll und sicher über ein Hydraulik-Zweikreis-Bremssystem mit rundum Scheibenbremsen verzögert. Die vorderen Scheibenbremsen sind innen belüftet, die Bremsscheiben hinten sind derzeit durchweg für alle Motorisierungen massiv. Die elektromechanische Feststellbremse wirkt auf die Hinterräder. Die Bremsunterstützung erfolgt pneumatisch durch Vakuumbremskraftverstärker. In ihnen wird der hydraulische Druck, der dann an den Bremsen wirkt, mehr als verdoppelt. Auf diese Weise werden etwa 60% der wirkenden Bremskraft aufgebracht. Das Vakuum für den Unterdruck im Bremskraftverstärker wird dem Saugrohr entnommen oder mit einer Vakuumpumpe erzeugt. Je nach Motorisierung werden im Tiguan unterschiedliche Bremsenmodelle eingesetzt. Welche Bremsen in einem bestimmten Fahrzeug verbaut sind, wird unter anderem auf dem Fahrzeugdatenträger (Reserveradmulde, Serviceheft) durch die entsprechenden PR-Nummern dokumentiert. Die nachstehende Tabelle zeigt eine Aufschlüsselung der PR-Nummern sowie der Bremsentypen zu den Motorisierungen, siehe auch Bild 1. Die PR-Nummern sind für die Kombination Bremssattel/- Bremsscheibe/Bremstrommel und Bremsbelag wichtig.

| **Bremse vorne** | | |
|---|---|---|
| Motor | PR-Nr. | Vorderradbremse |
| 1,4 l - 110 kW FSI<br>2,0 l - 125 kW FSI<br>2,0 l - 147 kW FSI | 1LJ | FN 3 (16 Zoll) |
| 2,0 l - 147 kW FSI* | 1ZD | FN 3 (16 Zoll) |
| 2,0 l - 100 kW TDI<br>2,0 l - 103 kW TDI<br>2,0 l - 125 kW TDI | 1LJ | FN 3 (16 Zoll) |

| **Bremse hinten** | | |
|---|---|---|
| Motor | PR-Nr. | Hinterradbremse |
| 1,4 l - 110 kW FSI<br>2,0 l - 125 kW FSI<br>2,0 l - 147 kW FSI | 1KU | CII 41 (16 Zoll) |
| 2,0 l - 147 kW FSI* | 1KU | CII 41 (16 Zoll) |
| 2,0 l - 100 kW TDI<br>2,0 l - 103 kW TDI<br>2,0 l - 125 kW TDI | 1KU | CII 41 (16 Zoll) |
| ** Nur Japan/Nordamerika* | | |

Bild 1

## Antiblockiersystem (ABS)

Der Tiguan verfügt serienmäßig über ein Antiblockiersystem (Bild 2). Eingebaut werden TRW-Systeme (ABS/EDS/ASR/ESP). Das Steuergerät für ABS ist per Innentorxschrauben mit der Hydraulikeinheit für ABS fest verbunden. Die verschraubte Einheit befindet sich im Motorraum rechts. Zur Hydraulikeinheit kommen die beiden Bremsleitungen vom Druckstangenkolbenkreis und vom Schwimmkolbenkreis des Hauptbremszylinders. Von der Einheit gehen die vier Bremsleitungen zu den vier Bremssätteln ab. Die Leitungen sind folgendermaßen erkennbar:

- Vom Hauptbremszylinder 6,5 mm und Rohrschraube mit langem Gewinde M 12 x 1
- Zum Bremssattel vorn links 5,25 mm und Rohrschraube mit Gewinde M 12 x 1

Bild 1
Information über die verbaute Vorderradbremse. Informationen über die Hinterradbremse sind noch nicht aus dem Datenträger auslesbar.

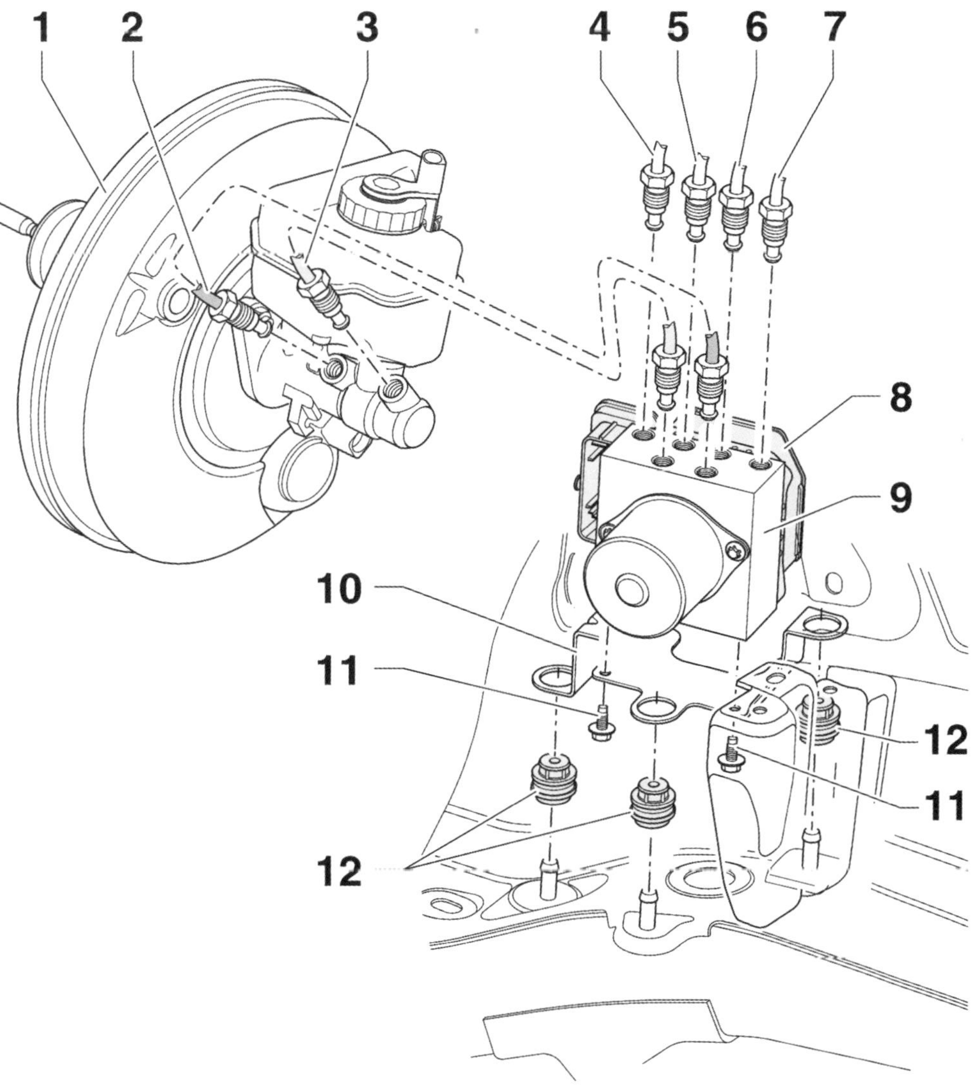

Bild 2

Bild 2
ABS TRW (ABS/EDS/ASR/ESP).

1 Bremskraftverstärker
2 Bremsleitung
3 Bremsleitung Hauptbremszylinder/Hydraulikeinheit
4 Bremsleitung Bremssattel vorn rechts
5 Bremsleitung Bremssattel hinten links
6 Bremsleitung Bremssattel hinten rechts
7 Bremsleitung Bremssattel vorn links
8 Steuergerät für ABS
9 Hydraulikeinheit für ABS
10 Halter
11 Innentorxschraube
12 Dämpfergummi

Sichtprüfung Messen

■ Zum Bremssattel vorn rechts 5,25 mm und Rohrschraube mit Gewinde M 10 x 1
■ Zum Bremssattel hinten links 5,25 mm und Rohrschraube mit Gewinde M 12 x 1
■ Zum Bremssattel hinten rechts 5,25 mm und Rohrschraube mit Gewinde M 10 x 1

Die im Hydrauliksystem zirkulierende Flüssigkeit ist bei Volkswagen Bremsflüssigkeit nach dem Standard »FMVSS 116 DOT 4«, wovon auch die Weiterentwicklung »DOT 4 plus« erhältlich ist. Das Produkt hat die Katalog-Teilenummer VW 501 14 B 000 750.

⚠ Bremsflüssigkeit auf keinen Fall mit mineralölhaltigen Flüssigkeiten (Öl, Benzin, Reinigungsmittel) in Verbindung bringen. Mineralöle beschädigen die Dichtungen und Gummitüllen der Bremsanlage!
■ Bremsflüssigkeit ist giftig. Sie darf wegen ihrer ätzenden Wirkung auch nicht mit Lack in Berührung kommen. Eventuell ausgetretene Bremsflüssigkeit mit viel Wasser abspülen!
■ Bremsflüssigkeit ist hygroskopisch, das heißt, sie nimmt aus der umgebenden Luft Feuchtigkeit auf und ist darum stets in luftdicht verschlossenen Behältern aufzubewahren.

Störungen am ABS haben keinen Einfluss auf Bremsanlage und Bremskraftverstärkung. Die herkömmliche Bremsanlage bleibt auch ohne ABS funktionsfähig. Es muss jedoch mit einem veränderten Bremsverhalten gerechnet werden. Nach Aufleuchten der ABS-Kontrollleuchte können die Hinterräder beim Bremsen frühzeitig blockieren.

## Bremsflüssigkeitsstand (abhängig vom Belagverschleiß) prüfen

Der Stand der Bremsflüssigkeit ist an den Markierungen des Bremsflüssigkeitsbehälters abzulesen.

■ Der Bremsflüssigkeitsstand (Menge) ist stets in Abhängigkeit vom Bremsbelagverschleiß zu beurteilen. Im Fahrbetrieb sinkt durch Abnutzung und automatische Nachstellung der Bremsbeläge der Flüssigkeitsstand geringfügig ab.
■ Bei einem Flüssigkeitsstand an der »MIN«-Markierung und etwas darüber ist kein Nachfüllen erforderlich, wenn die Bremsbelagverschleißgrenze nahezu erreicht ist.
■ Sind die Bremsbeläge neu bzw. weit von der Belagverschleißgrenze entfernt, muss der Flüssigkeitsstand zwischen der »MIN«- und der »MAX«-Markierung liegen.
■ Die »MAX«-Markierung darf jedoch nicht überschritten werden, damit die Flüssigkeit nicht aus dem Bremsflüssigkeitsbehälter austritt.
■ Ist der Flüssigkeitsstand unter die »MIN«-Markierung abgesunken, muss, bevor Bremsflüssigkeit ergänzt wird, das ganze Bremssystem überprüft werden ggf. sind Reparaturen einzuleiten.

## Bremsanlage auf Undichtigkeiten und Beschädigungen prüfen

**Sichtprüfung**
Folgende Bauteile müssen auf Undichtigkeiten und Beschädigungen überprüft werden:

■ Hauptbremszylinder
■ Bremskraftverstärker
■ Hydraulikeinheit
■ Bremssättel

*Weiterhin ist zu prüfen:*
■ Vorhandensein der Staubkappen an den Entlüftungsventilen für Bremsflüssigkeit.
■ Dass die Bremsschläuche nicht verdreht sind und beim maximalen Lenkeinschlag keine Fahrzeugbauteile berühren.
■ Dass Bremsschläuche nicht porös und brüchig sind.
■ Dass Bremsschläuche und Bremsleitungen keine Scheuerstellen aufweisen.
■ Dass Bremsanschlüsse und Befestigungen richtig sitzen, nicht undicht und frei von Korrosion sind.

Festgestellte Mängel sind unbedingt durch entsprechende Reparaturmaßnahmen zu beseitigen.

**Dichtigkeitsprüfung unter Druck**
Diese Prüfung erfordert ein Prüfgerät für Bremssysteme mit Adapter (z. B. V.A.G 1310 A mit -/6). Prüfvoraussetzung ist, dass

Funktion und Dichtheit der Bremsanlage gewährleistet sind.

■ Entlüftungsventil an einem der vorderen Bremssättel herausschrauben. Das Prüfgerät für Bremssysteme anschließen und entlüften.

■ Bremspedal belasten, bis das Druckmanometer 50 bar Überdruck anzeigt. Während der Prüfdauer von 45 Sekunden darf der Druckabfall nicht mehr als 4 bar betragen. Bei größerem Druckabfall Hauptbremszylinder ersetzen.

## Bremsanlage mit Gerät entlüften

**Normale Entlüftung**

Den Arbeitsablauf zum Entlüften der Bremsanlage genau einhalten.

■ Bremsenfüll- und Entlüftungsgerät anschließen, d. h. Adapter statt Verschlussdeckel auf Bremsflüssigkeitsbehälter aufschrauben, Druck einstellen und Befüllschlauch des Gerätes an den Adapter anschließen.

■ Abdeckkappen von den Entlüftungsventilen abziehen (Bild 3), Schlauch der Entlüfterflasche aufstecken und dann Entlüftungsventile mit einem passenden Schlüssel in folgender Reihenfolge öffnen und jeweiligen Radbremszylinder/Bremssättel entlüften:

1. Bremssattel hinten links
2. Bremssattel vorn links
3. Bremssattel vorn rechts
4. Bremssattel hinten rechts

■ Entlüftungsventil bei aufgestecktem Schlauch der Entlüfterflasche so lange geöffnet lassen, bis blasenfreie Bremsflüssigkeit ausströmt.

Tipp: Geeigneten Entlüfterschlauch verwenden. Er muss straff auf dem Entlüftungsventil sitzen, damit keine Luft in die Bremsanlage gelangen kann!

**Vorentlüftung**

Wenn bei Fahrzeugen mit EDS, EDS/ASR oder EDS/ASR/ESP eine Kammer des Bremsflüssigkeitsbehälters komplett leer gelaufen ist (z. B. bei Undichtigkeiten der Bremsanlage), muss zuerst eine Vorentlüftung erfolgen.

■ Bremssattel vorn links und vorn rechts gleichzeitig zusammen entlüften.

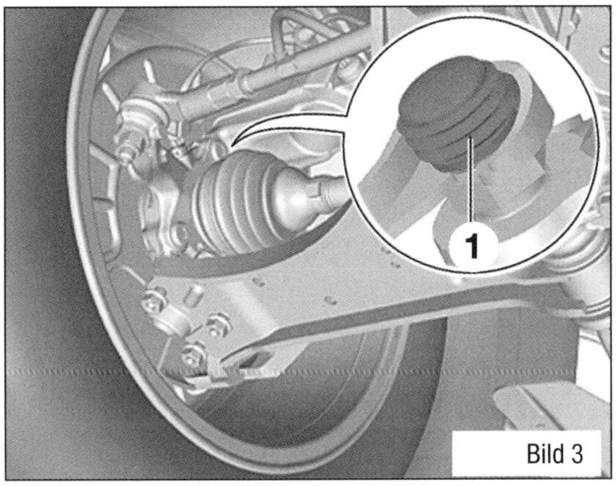

Bild 3

Bild 3
1 Entlüftungsnippel am Bremssattel

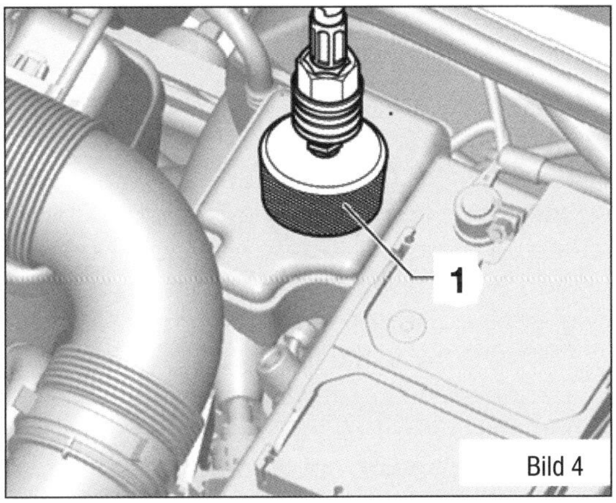

Bild 4

Bild 4
1 Anschluss für das Bremsenentlüftungsgerät auf dem Gewinde des Verschlussdeckels.

■ Bremssattel hinten links und hinten rechts gleichzeitig zusammen entlüften.

■ Entlüftungsventile bei aufgesteckten Schläuchen der Entlüfterflasche so lange geöffnet lassen, bis blasenfreie Bremsflüssigkeit ausströmt.

■ Anschließend muss über die Funktion »Grundeinstellung« mit dem Diagnosetester VAS 505x (oder VCDS) die Hydraulikeinheit nochmals entlüftet werden. Grundeinstellung einleiten (zum Entlüften der Bremsanlage): VAS oder VCDS anschließen und Funktion anwählen. Zum Entlüften der Hydraulikeinheit ist ein Vordruck von 2 bar nötig.

■ Danach die Bremsanlage normal entlüften (siehe oben).

## Bremsanlage ohne Gerät entlüften

Steht kein Bremsenfüll- und Entlüftungsgerät zur Verfügung, muss die Bremsanlage mit einfachen Mitteln entlüftet werden. Nötig dafür sind neue Bremsflüssigkeit und ein

Sichtprüfung Messen

geeigneter, möglichst durchsichtiger Kunststoffschlauch, wie ihn Baumärkte im Sortiment haben. Er muss straff auf der Entlüfterschraube Radbremszylinder/Bremssattel sitzen, damit keine Luft in die Bremsanlage gelangen kann.

■ Wenn erforderlich, die Entlüftungsventile einige Stunden vor der Arbeit mit Rostlöser einsprühen. Das mindert das Risiko, dass die Ventile beim Lösen abgerissen werden.

■ Entlüftungsreihenfolge wie bei »Entlüftung normal«.

■ Staubkappe vom Entlüftungsventil abziehen, Ventilnippel säubern, den Kunststoffschlauch auf den Nippel schieben und das freie Schlauchende in einen teilweise mit Bremsflüssigkeit gefüllten Auffangbehälter stecken.

■ Entlüftungsschraube mit einem Ringschlüssel maximal eine Umdrehung lösen. Ein Helfer tritt das Bremspedal langsam bis zum Boden, damit die Bremsflüssigkeit und die darin eingeschlossene Luft herausgepumpt werden.

☞ Auf Schlauch und Auffangbehälter achten: Die Luftbläschen müssen zu sehen sein.

■ Das Bremspedal am Boden halten.

■ Nun die Entlüftungsschraube schließen, erst dann das Bremspedal zurücknehmen.

■ Diesen Vorgang so lange wiederholen, bis keine Luftbläschen mehr aufsteigen, es ist dann keine Luft mehr im System. Dabei aber ständig den Stand der Bremsflüssigkeit im Ausgleichsbehälter beobachten. Bei Bedarf nachfüllen, aber nur so viel, dass der vorherige Stand im Bremsflüssigkeitsbehälter nicht überschritten wird. Dadurch wird verhindert, dass bei einem späteren Wechsel der Bremsbeläge zu viel Bremsflüssigkeit im System ist und der Behälter beim Zurückdrücken der Bremskolben überläuft.

■ Nach dem letzten Durchgang muss der Helfer das Bremspedal wieder am Boden halten, bis das Entlüftungsventil endgültig geschlossen ist (Schraube nicht anknallen).

■ Die Arbeit an den anderen Entlüftungsventilen wiederholen.

■ Lässt sich die Bremse nach vorgenannter Methode nicht vollständig entlüften, alle Entlüftungsventile schließen, den Motor starten und mehrfach die Bremse betätigen. Dann nochmals einen Entlüftungsdurchgang vornehmen.

■ Zum Schluss noch einmal alle Bremsleitungen, Entlüftungsventile (angezogen?), den Stand im Bremsflüssigkeitsbehälter und die Funktion der Bremsen bei einer (vorsichtigen) Probefahrt prüfen. Dabei einmal so stark bremsen, dass die ABS-Regelung greift.

### Bremsflüssigkeit wechseln

■ Verschlussdeckel vom Bremsflüssigkeits-Vorratsbehälter abschrauben. Das Sieb darf nicht aus dem Behälter entfernt werden!

■ Mit dem Saugschlauch vom Bremsenfüll- und Entlüftungsgerät so viel Bremsflüssigkeit wie möglich absaugen. Abgesaugte Bremsflüssigkeit darf nicht wieder verwendet werden.

■ Adapter (aus dem Bremsenentlüftungswerkzeug) auf den Bremsflüssigkeits-Vorratsbehälter schrauben, den richtigen Druck am Bremsenfüll- und Entlüftungsgerät einstellen (Bedienungsanleitung des Gerätes beachten) und den Befüllschlauch des Geräts an den Adapter anschließen.

■ Abdeckkappe des Entlüftungsventils am Bremssattel vorn links abziehen und Entlüfterschlauch der Auffangflasche auf das Ventil stecken, Entlüftungsventil öffnen und die entsprechende Bremsflüssigkeitsmenge (siehe folgende Tabelle) ausfließen lassen. Entlüftungsventil mit 10 Nm schließen. Abdeckkappe am Entlüftungsventil des Bremssattels vorn links wieder aufstecken.

■ Diesen Arbeitsablauf an der rechten Fahrzeugseite vorn wiederholen.

■ Schrauben Sie ggf. beide Räder an der Hinterachse ab, um nun dort an die Entlüftungsventile zu gelangen. Abdeckkappe am Entlüftungsventil des Bremssattels hinten links abziehen und Entlüfterschlauch der Auffangflasche auf das Entlüftungsventil hinten links stecken, Entlüftungsventil öffnen und die entsprechende Bremsflüssigkeitsmenge (siehe folgende Tabelle) ausfließen lassen. Entlüftungsventil mit 10 Nm schließen. Abdeckkappe am Entlüftungsventil des Bremssattels hinten links wieder aufstecken.

■ Diesen Arbeitsablauf an der rechten Fahrzeugseite hinten wiederholen.

**Ausfließende Bremsflüssigkeitsmengen**

| Reihenfolge Entlüftungsventile | Bremsflüssigkeitsmengen |
|---|---|
| Bremssattel vorn links | 0,20 Liter |
| Bremssattel vorn rechts | 0,20 Liter |
| Bremssattel hinten links | 0,30 Liter |
| Bremssattel hinten rechts | 0,30 Liter |
| Kupplungsnehmerzylinder | 0,15 Liter |

**Kupplungszylinder entlüften**

■ Luftfiltergehäuse wie früher beschrieben ausbauen.

■ Entlüfterschlauch auf das Entlüftungsventil des Kupplungsnehmerzylinders stecken, Ventil öffnen und ca. 100 ml Bremsflüssigkeit ausfließen lassen.

■ Ventil schließen und 10 bis 15 Mal schnell hintereinander das Kupplungspedal betätigen.

■ Ventil erneut öffnen und ca. 50 ml Bremsflüssigkeit ausfließen lassen.

■ Ventil schließen, Entlüfterschlauch abnehmen und mehrmals das Kupplungspedal betätigen.

■ Luftfiltergehäuse wieder einbauen.

■ Befüllhebel vom Bremsenfüll- und Entlüftungsgerät in Stellung »B« stellen (siehe Bedienungsanleitung des Geräts). Befüllschlauch vom Adapter abnehmen, Adapter vom Bremsflüssigkeits-Vorratsbehälter abschrauben.

■ Bremsflüssigkeitsstand kontrollieren und ggf. korrigieren, er muss zwischen MIN- und MAX-Markierung liegen.

■ Verschlussdeckel des Bremsflüssigkeits-Vorratsbehälters einschrauben.

■ Hinterräder ggf. wieder anbauen und eine Funktionsprüfung während einer Probefahrt durchführen.

## Bremslichtschalter aus- und einbauen

Der Bremskraftverstärker mit montiertem Bremslichtschalter, Hauptbremszylinder und Bremsflüssigkeitsbehälter bildet eine Montageeinheit, die sich links hinten im Motorraum direkt an der Wasserkastenwand befindet. Alle drei Komponenten können aber unabhängig voneinander einzeln ersetzt werden (Bild 5).

**Ausbau**

■ Motorabdeckung herausnehmen und (nur bei einigen Fahrzeugen nötig) den Ansaugschlauch ausbauen.

■ Die Steckverbindung vom Bremslicht schalter (8 im Bild 5) trennen.

■ Die Befestigungsschraube aus dem Hauptbremszylinder mit einem Torx-Schraubendreher herausdrehen.

■ Den Bremslichtschalter (8) unten vom Hauptbremszylinder abziehen und oben aus dem Clip herausnehmen.

**Einbau**

■ Einbau in umgekehrter Reihenfolge. Die Torx-Schraube (7 im Bild 5) an Hauptbremszylinder mit 5 Nm festziehen.

## Hauptbremszylinder aus- und einbauen

■ Radio-Codierung beachten, Batterie abklemmen, Batterieverkleidung ausbauen.

■ Ausreichend nicht fasernde Lappen im Bereich des Motors und des Getriebes auslegen und so viel Bremsflüssigkeit wie möglich mit dem Bremsenfüll- und Entlüftungsgerät oder mit einer Absaugvorrichtung aus dem Bremsflüssigkeitsbehälter absaugen.

■ Bei Fahrzeugen mit Schaltgetriebe den Nachlaufschlauch für Kupplungsgeberzylinder abziehen und hochbinden oder mit einem handelsüblichen Werkzeug (Hazet 4590) abklemmen und dann abziehen.

Bild 5
1 Fußhebelwerk
2 Sechskantmutter
3 Dichtung
4 Bremskraftverstärker
5 Dichtring
6 Hauptbremszylinder
7 Innentorxschraube
8 Bremslichtschalter
9 Wärmeabschirmblech
10 Sechskantmutter
11 Bremsleitung
12 Bremsleitung
13 Dichtungsstopfen
14 Bremsflüssigkeitsbehälter
15 Verschlussdeckel
16 Unterdruckschlauch
17 Dichtungsstopfen

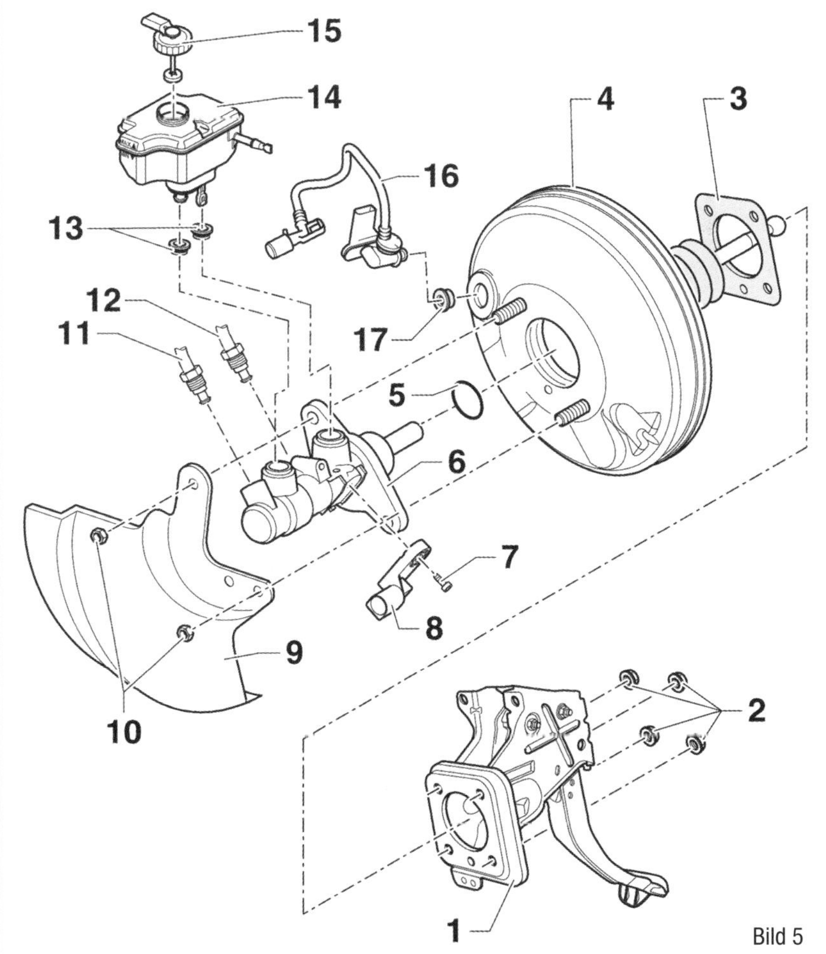

Bild 5

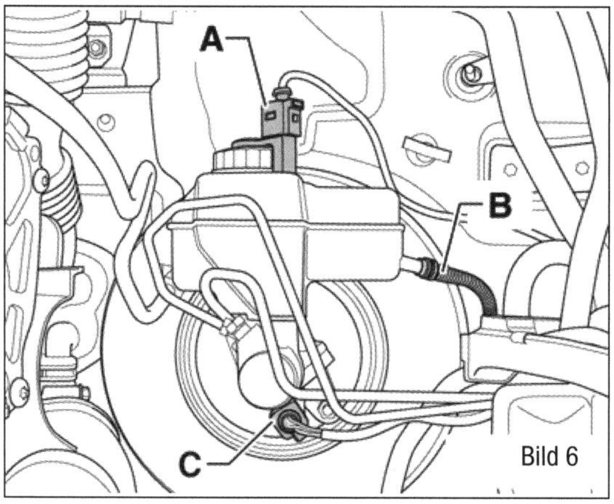


Bild 6
A Steckkontakt Vorratsbehälter
B Zulaufschlauch Kupplung
C Steckkontakt Bremslichtschalter

■ Steckverbindungen vom Warnkontakt für Bremsflüssigkeitsstand und vom Bremslichtschalter abziehen (Bild 6).
■ Bremsflüssigkeitsbehälter ausbauen: Die Einrastlaschen am Behälter nach außen drücken und gleichzeitig den Behälter aus den Dichtungsstopfen ziehen.
■ Bremsleitungen am Hauptbremszylinder abschrauben und mit Verschlussstopfen (Reparatursatz 1H0 698 311 A) verschließen.
■ Muttern vom Hauptbremszylinder abschrauben, Wärmeschutzblech, falls vorhanden, abnehmen.
■ Hauptbremszylinder vorsichtig aus dem Bremskraftverstärker entnehmen.

Der Einbau erfolgt sinngemäß in umgekehrter Reihenfolge. Beim Zusammensetzen des Hauptbremszylinders mit dem Bremskraftverstärker auf richtigen Sitz der Druckstange im Hauptbremszylinder achten.
■ Bremsanlage wie beschrieben entlüften.

## Funktion des Bremskraftverstärkers prüfen

■ Bremspedal bei stehendem Motor mehrere Male kräftig durchtreten (dadurch wird der im Gerät vorhandene Unterdruck abgebaut).
■ Bremspedal jetzt mit mittlerer Fußkraft in Bremsstellung halten und Motor starten. Bei einem einwandfrei funktionierenden Bremskraftverstärker gibt das Bremspedal dabei unter dem Fuß spürbar nach (Verstärkung wird wirksam). Senkt sich das Pedal nicht, liegt eine Störung vor.

Diese kann in der Unterdruckversorgung (Leitung, Pumpe, Anschluss) oder am Bremskraftverstärker selbst zu finden sein. In diesem Fall muss er ersetzt werden, Reparaturen an diesem Bauteil sind nicht vorgesehen.

## Bremskraftverstärker aus- und einbauen

■ Bei Fahrzeugen mit codiertem Radio die Codierung beachten ggf. erfragen.
■ Batterie abklemmen.
■ Bauen Sie den Luftfilter aus.
■ Batterie ausbauen.
■ Bauen Sie den Batterieträger aus.
■ Öffnen Sie den Kabelkanal, nehmen Sie die beiden Leitungsstränge heraus und legen Sie dann die Leitungsstränge zur Seite.
■ Bauen Sie den Kabelkanal von der Konsole ab.
■ Ausreichend nicht fasernde Lappen im Bereich des Motors und des Getriebes auslegen.
■ So viel Bremsflüssigkeit wie möglich mit einem Bremsen- Füll- und Entlüftungsgerät (VAS 5234) oder der Absaugvorrichtung (V.A.G 1869/4) aus dem Bremsflüssigkeitsbehälter absaugen.

*Bei Fahrzeugen mit Schaltgetriebe*
■ Den Nachlaufschlauch für Kupplungsgeberzylinder abziehen und hochbinden oder den Nachlaufschlauch für Kupplungsgeberzylinder mit einem handelsüblichen Werkzeug, (z. B. Hazet 4590) abklemmen und dann abziehen.

*Fortsetzung für alle Fahrzeuge*
■ Steckverbindung vom Warnkontakt für Bremsflüssigkeitsstand abziehen.
■ Steckverbindung vom Bremslichtschalter abziehen.
■ Ziehen Sie den Unterdruckschlauch aus dem Bremskraftverstärker heraus.
■ Die beiden Bremsleitungen vom Hauptbremszylinder zur Hydraulikeinheit kennzeichnen und ausbauen.
■ Bremsleitungen und Gewindebohrungen sofort mit Verschlussstopfen aus dem Reparatursatz (ET.-Nr. 1H0 698 311 A) verschließen.

*Zusätzliche Arbeiten bei Fahrzeugen mit 1,4-l-FSI-Motor*
■ Steuergerät und Hydraulikeinheit ausbauen.

*Zusätzliche Arbeiten bei Fahrzeugen mit 2,0-l-TDI-Motor*

■ Binden Sie den Verbindungsschlauch vom Luftfilter zum Abgasturbolader zur Seite.

■ Lösen Sie die Schraubschelle am Verbindungsschlauch zwischen Ladeluftrohr und Abgasturbolader und drehen Sie die Schraubschelle nach hinten.

*Fortsetzung für alle Fahrzeuge*

■ Befestigungsmuttern zum Teppich im Fußraum Fahrerseite abschrauben und Fußraumverkleidung ausbauen.

■ Die Geräuschdämpfung, falls vorhanden, am Bremspedal abbauen.

■ Das Bremspedal vom Bremskraftverstärker trennen.

■ Schrauben Sie die Muttern (1) vom Bremskraftverstärker ab (Bild 7).

■ Lösen Sie die beiden oberen Muttern (2, Bild 7) vom Lagerbock.

■ Nehmen Sie den Bremskraftverstärker vorsichtig aus dem Fahrzeug heraus.

■ Schrauben Sie die Muttern für den Hauptbremszylinder ab.

■ Nehmen Sie den Hauptbremszylinder vorsichtig aus dem Bremskraftverstärker heraus.

Der Einbau erfolgt in umgekehrter Reihenfolge. Beim Einbau sind folgende Punkte zu beachten:

■ Achten Sie auf den richtigen Sitz der Manschette.

■ Bremspedal mit Bremskraftverstärker verclipsen.

■ Nach dem Einbau sind die Bremsanlage und die Kupplung zu entlüften.

## Bremspedal vom Bremskraftverstärker trennen

■ Verkleidung Fahrerseite ausbauen.

■ Bremspedal zunächst in Richtung Bremskraftverstärker drücken und festhalten.

■ Entriegelungswerkzeug (T10159) einsetzen und in Richtung Fahrersitz ziehen, dabei am Bremspedal gegenhalten (Pedal darf sich in diesem Moment nicht nach hinten bewegen). Dadurch werden die Haltenasen der Aufnahme vom Kugelkopf

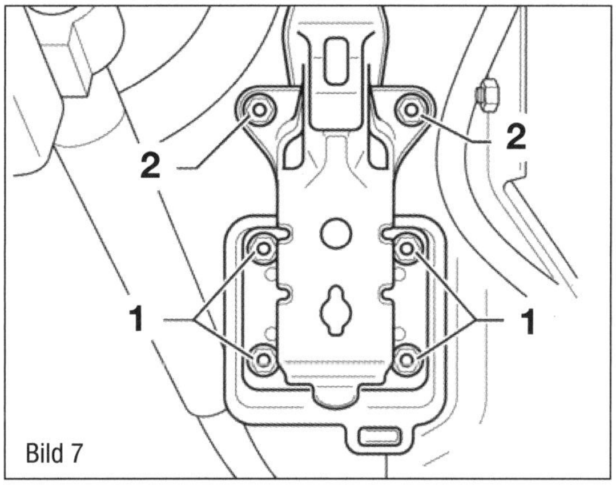

Bild 7

Bild 7
Aus Sicht des Fußraumes.
1 Befestigungsschrauben oben
2 Befestigungsschrauben unten

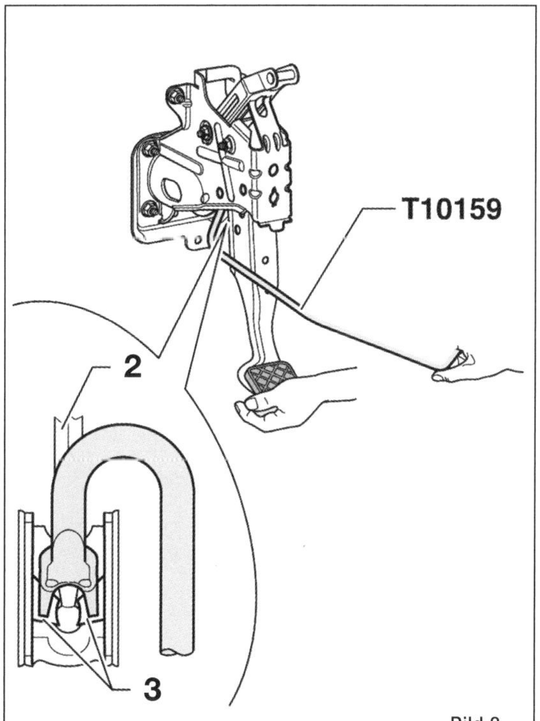

Bild 8

Bild 8
T10159 Spezialhebel
2 Druckstange
3 Klauen

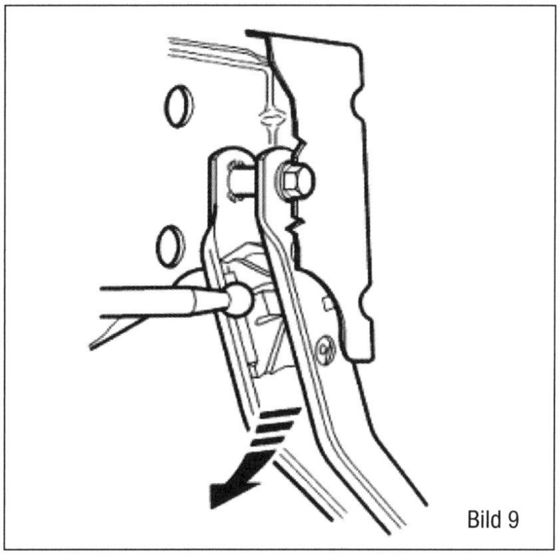
Bild 9

Bild 9
Andrücken des Pedals bei der Montage.

der Druckstange abgedrückt. Bild 8 zeigt zur besseren Darstellung das Trennen des Bremspedals vom Bremskraftverstärker bei ausgebautem Fußhebelwerk.

■ Entriegelungswerkzeug (T10159) und Bremspedal gemeinsam in Richtung Fahrersitz ziehen (das Bremspedal wird dadurch vom Kugelkopf der Druckstange abgezogen).

Der weitere Einbau erfolgt sinngemäß in umgekehrter Reihenfolge.

■ Kugelkopf der Druckstange vor die Aufnahme halten und Bremspedal in Richtung Bremskraftverstärker drücken, sodass der Kugelkopf hörbar einrastet (Bild 9).

## Bremsscheiben und Beläge

Die nachfolgenden Abmessungen sind zur Beurteilung des Verschleißes der Bremsanlage erforderlich.

**Maße an den Vorderradbremsen FN 3**

| Pos. | PR-Nr. | | 1LJ / 1ZD |
|---|---|---|---|
| 1 | Bremssattel | | FN3 (16") |
| 2 | Bremsbelag, Dicke | mm | 14 |
| 3 | Bremsscheibe | Ø in mm | 312 |
| | Bremsscheibe, Dicke | mm | 25 |
| 4 | Bremssattel, Kolben | Ø in mm | 54 |

**Maße an den Hinterradbremsen CII 41**

| Pos. | PR-Nr. | | 1KU |
|---|---|---|---|
| 1 | Bremssattel | | CII41 16" |
| 2 | Bremsbelag, Dicke | mm | 11 |
| 3 | Bremsscheibe | Ø in mm | 286 |
| | Bremsscheibe, Dicke | mm | 12 |
| 4 | Bremssattel, Kolben | Ø in mm | 41 |

### Bremsbelagdicke und Bremsscheiben prüfen

*Bremsbeläge vorn*

■ Zur besseren Beurteilung der Restbelagdicke einen Prüfspiegel benutzen und das Rad auf der Seite abnehmen, auf der die Bremsbelagverschleißanzeige verbaut ist. Ggf. Radschraubenkappen abziehen und die Stellung des Rades zur Bremsscheibe kennzeichnen.

■ Radschrauben herausdrehen und Rad abnehmen.

■ Dicke des äußeren und inneren Belages messen. Bei der Belagdicke von 2 mm ohne Rückenplatte haben die Bremsbeläge ihre Verschleißgrenze erreicht und sind zu ersetzen (siehe Tabelle).

■ Rad in der gekennzeichneten Position wieder anschrauben. Radbefestigungsschrauben über Kreuz mit 120 Nm anziehen, ggf. Radschraubenkappen aufstecken.

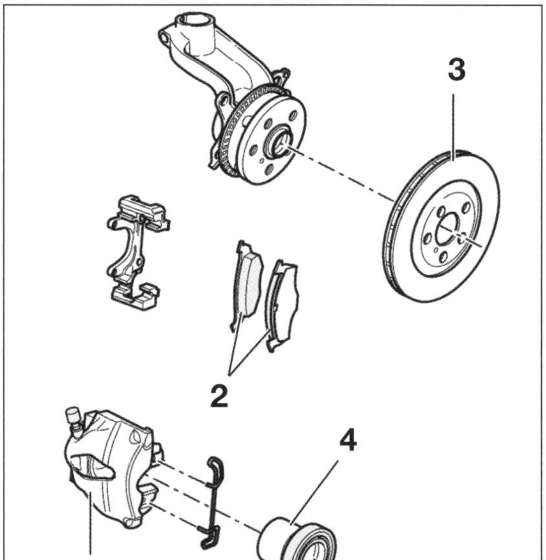


Bild 10

Bild 10
Bremse Vorderachse.
1 Bremssattel
2 Bremsbelag
3 Bremsscheibe
4 Bremskolben

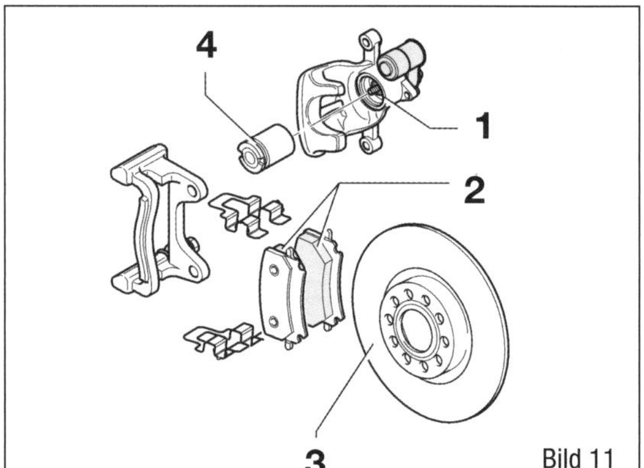


Bild 11

Bild 11
Bremse Hinterachse.
1 Bremssattel
2 Bremsbelag
3 Bremsscheibe
4 Bremskolben

*Bremsbeläge hinten*

Mit einer Taschenlampe durch einen Durchbruch in der Felge leuchten. Dicke des äußeren Belages durch Sichtprüfung ermitteln. Mit einer Taschenlampe inneren Belag anleuchten und Spiegel anhalten. Dicke des inneren Belages durch Sichtprüfung ermitteln. Auch diese Bremsbeläge haben bei einer Dicke von 2 mm ohne Rückenplatte ihre Verschleißgrenze erreicht und sind zu ersetzen.

*Bremsscheiben prüfen*

Wenn die Scheibenbremsbeläge ersetzt werden müssen, sind unbedingt auch die Bremsscheiben auf Verschleiß zu prüfen. Fehlerbilder sind:
- Risse
- Riefen
- Rost
- Grat am Bremsscheibenrand

■ Ggf. Bremsscheiben ersetzen (grundsätzlich achsweise).

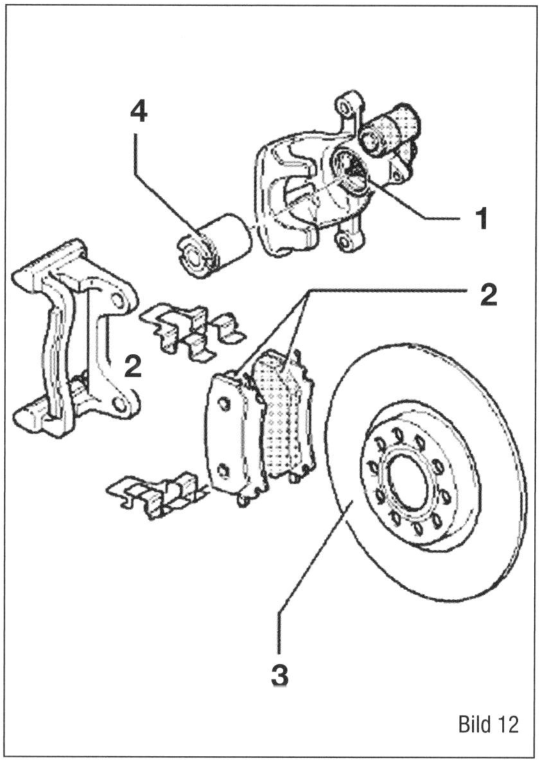


Bild 12

Bild 12
Bremse Hinterachse
1 Bremssattel,
2 Bremsbelag,
3 Bremsscheibe,
4 Bremskolben

## Vorderradbremse

**Bremsbeläge vorne wechseln**

Weiter zu verwendende Bremsbeläge beim Ausbau kennzeichnen. Die Beläge an gleicher Stelle wieder einbauen, sonst kann eine ungleichmäßige Bremswirkungen entstehen!

■ Räder abbauen.

■ Haltefeder für Bremsbeläge mit einem Schraubendreher aus dem Bremssattel (Pfeil im Bild 12) hebeln und abnehmen.

■ Trennen Sie die Steckverbindung für Bremsbelagverschleißanzeige.

■ Abdeckkappen (Pfeile im Bild 13) abnehmen.

■ Beide Führungsbolzen (Pfeile im Bild 392) lösen und aus dem Bremssattel herausnehmen.

■ Bremssattel abnehmen und so mit Draht befestigen, dass das Gewicht des Bremssattels den Bremsschlauch nicht belastet bzw. beschädigt.

■ Bremsbelag aus Bremssattel herausnehmen bzw. vom Bremsträger abnehmen.

*Reinigen:*

Bremsanlage nicht mit Druckluft ausblasen, der dabei entstehende Staub ist gesundheitsschädlich!

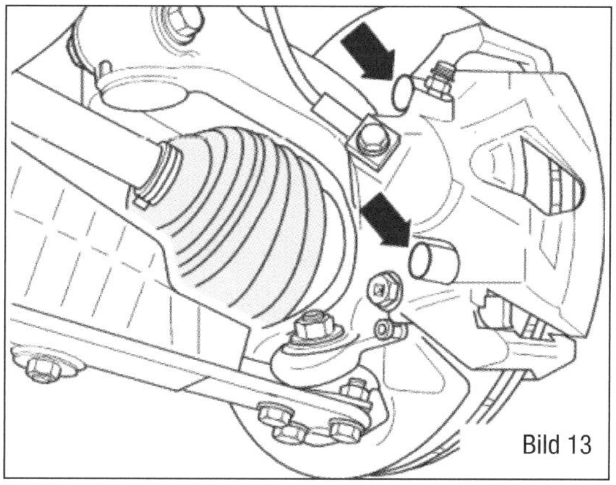

Bild 13

Bild 13
Abdeckkappen auf den Lagerbolzen des Bremssattels.

■ Reinigen Sie am Bremsträger die Auflageflächen für die Bremsbeläge gründlich, Korrosion entfernen.

■ Bremssattel reinigen, besonders die Klebefläche für den Bremsbelag, sie muss frei von Kleberesten und Fett sein. Für das Reinigen des Bremssattels ist ausschließlich Spiritus zu verwenden.

*Einbauen*

Bevor Sie den Kolben mit der Kolbenrücksetzvorrichtung in den Zylinder drücken, müssen Sie Bremsflüssigkeit aus dem Bremsflüssigkeitsbehälter absaugen. Sonst kann, wenn zwischenzeitlich Bremsflüssigkeit nachgefüllt wurde, Bremsflüssigkeit auslaufen und zu Schäden führen.

Bild 14
Bremse Hinterachse.
1 Abdeckblech
2 Bremsscheibe
3 Innentorxschraube
4 Innenvielzahnschraube
5 Bremsträger mit Führungsbolzen und Schutzkappe
6 Belaghalteblech
7 Bremsbelag
8 Bremsbelag
9 Belaghalteblech
10 Sechskantschraube
11 Bremssattel
12 Dichtring
13 Feststellmotor
14 Innentorxschraube
15 Halter
16 Bremsschlauch mit Ringstutzen und Hohlschraube
17 Halteklammer
18 Sechskantschraube

■ Kolben zurückdrücken.
■ Schutzfolie von der Rückenplatte des äußeren Bremsbelages abziehen.
■ Äußeren Bremsbelag auf Bremsträger aufsetzen.
■ Inneren Bremsbelag mit Haltefeder in den Bremssattel (Kolben) einsetzen.

Beim Ansetzen des Bremssattels darauf achten, dass der Bremsbelag nicht mit dem Bremssattel verklebt, bevor die richtige Einbaulage erreicht ist. Klebefläche nicht beschädigen.

**Bremsscheiben vorne wechseln**

■ Heben Sie das Fahrzeug an.
■ Demontieren Sie die Vorderräder.
■ Beide Führungsbolzen lösen und aus dem Bremssattel herausnehmen.
■ Haltefeder für Bremsbeläge mit einem Schraubendreher aus dem Bremssattel hebeln und abnehmen.

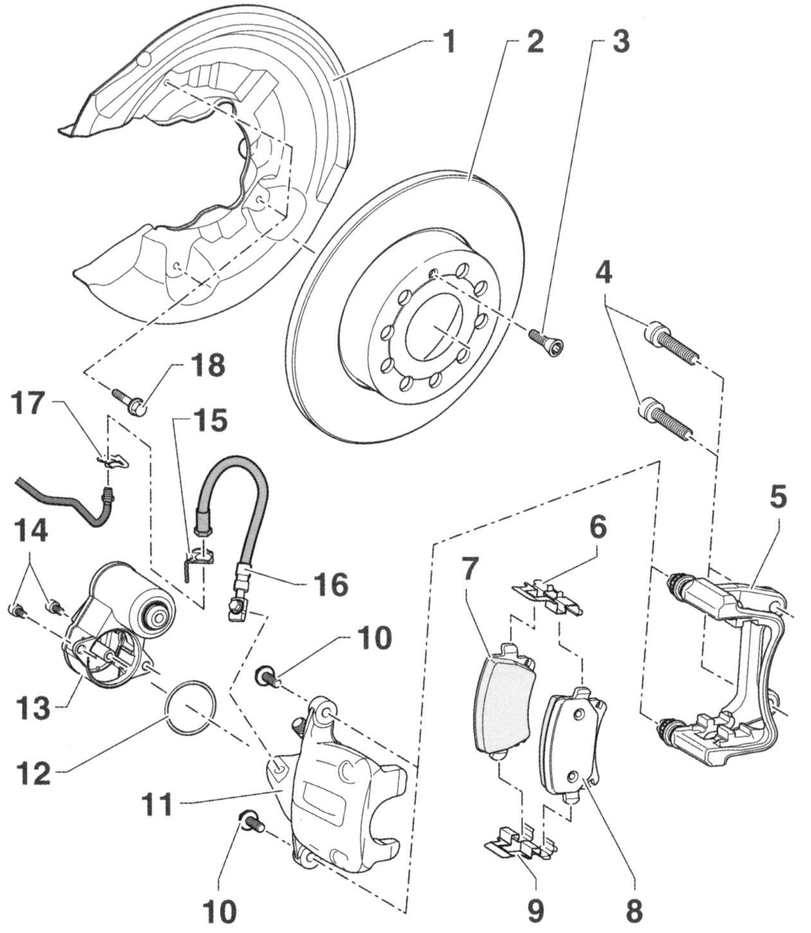

Bild 14

■ Trennen Sie die Steckverbindung für Bremsbelagverschleißanzeige.
■ Ziehen Sie den Bremssattel von Bremsträger ab.
■ Nehmen Sie die Bremsbeläge aus dem Bremssattel heraus.
■ Drehen Sie die Befestigungsschraube aus der Bremsscheibe heraus.
■ Nehmen Sie die Bremsscheibe ab.

Die Montage erfolgt sinngemäß in umgekehrter Reihenfolge.
■ Reinigen Sie die Auflagefläche der Bremsscheibe gründlich.
■ Das Auftragen von etwas Kupferpaste verringert die Korrosionsbildung zwischen Scheibe und Nabe. Verwenden Sie nur so viel, dass die Paste nicht auf die Reibflächen der Bremsscheibe gelangen kann.

## Die Hinterradbremse

**Bremsbeläge hinten wechseln**

Weiter zu verwendende Bremsbeläge müssen beim Ausbau gekennzeichnet werden. Sie müssen an gleicher Stelle wieder eingebaut werden, da sonst ungleichmäßige Bremswirkung entstehen kann!

Die Steckverbindungen der Feststellmotoren nicht trennen. Die Kolben der Feststellbremse müssen mit dem Diagnosetester (VAS 5051) zurückgefahren werden. Bevor Sie die Kolben zurückstellen, müssen Sie Bremsflüssigkeit aus dem Bremsflüssigkeitsbehälter absaugen. Sonst kann, wenn zwischenzeitlich Bremsflüssigkeit nachgefüllt wurde, Bremsflüssigkeit auslaufen und zu Schäden führen.

■ Die Feststellbremse ist nicht betätigt!
■ Räder abbauen.
■ Danach können Sie die Befestigungsschrauben (4, Bild 14) vom Bremssattel abschrauben, dabei am Führungsbolzen gegenhalten (Bild 15).
■ Tester anschließen und Funktion »elektromechanische Feststellbremse« anwählen.
■ Wählen Sie dabei die Funktion »Kolben Feststellmotoren vor- und zurückstellen« aus.

Fahren Sie mit dem Diagnosetester (VAS 5051) die Kolben zurück.

Das Zurückstellen der Kolben mit dem Tester ist oft nicht ausreichend, aber

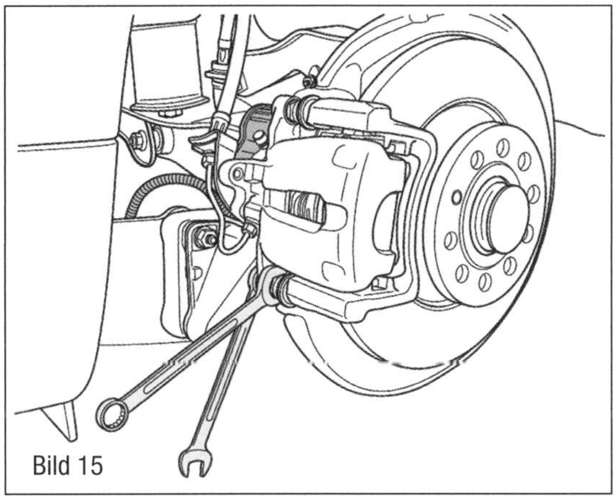

Bild 15
Lösen der Befestigungsschrauben mit zwei Schlüsseln (SW13 und SW15).

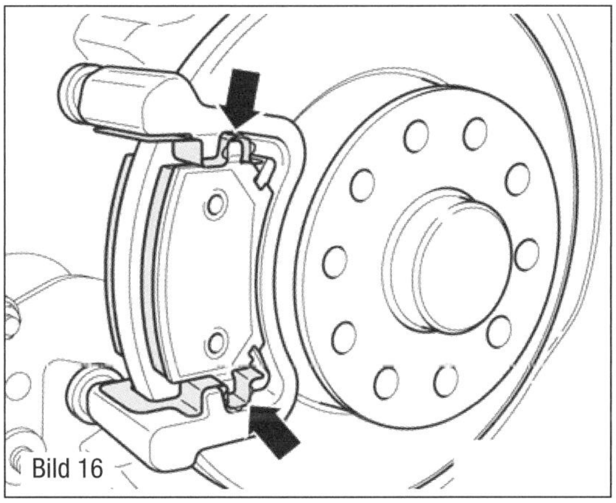

Bild 16
Auf den richtigen Sitz der Belaghaltebleche achten!

notwendig! Die Druckmutter im Kolben ist gleitend gelagert, dadurch kann der Kolben nur gedrückt und nicht zurückgezogen werden. Es wird nur die Spindel mit der Druckmutter zurückgefahren.

■ Drücken Sie nun den Kolben mit der Kolbenrücksetzvorrichtung (T10145) endgültig zurück.
■ Befestigen Sie den Bremssattel mit Draht, sodass das Gewicht des Bremssattels den Bremsschlauch nicht belastet bzw. beschädigt.
■ Bremsbeläge und Belaghaltebleche (Pfeile im Bild 16) ausbauen.

*Reinigen:*

⚠ Bremsanlage nicht mit Druckluft ausblasen, der dabei entstehende Staub ist gesundheitsschädlich!

■ Reinigen Sie am Bremsträger die Auflageflächen für die Bremsbeläge gründlich, Korrosion entfernen.
■ Für das Reinigen des Bremssattels ausschließlich Spiritus verwenden.

**Bremsscheiben hinten wechseln**

■ Heben Sie das Fahrzeug an.
■ Demontieren Sie die Hinterräder.
■ Bauen Sie die Bremsbeläge wie beschrieben aus und stellen Sie den Sattel zurück (Tester und manuell).
■ Ziehen Sie den Bremssattel (11 im Bild 14) von Bremsträger ab.
■ Nehmen Sie die Bremsbeläge (7 + 8) aus dem Bremssattel heraus.
■ Drehen Sie die Befestigungsschraube (3) aus der Bremsscheibe heraus.
■ Nehmen Sie die Bremsscheibe ab.

Die Montage erfolgt sinngemäß in umgekehrter Reihenfolge.

■ Reinigen Sie die Auflagefläche der Bremsscheibe gründlich.
■ Das Auftragen von etwas Kupferpaste verringert die Korrosionsbildung zwischen Scheibe und Nabe. Verwenden Sie nur so viel, dass die Paste nicht auf die Reibflächen der Bremsscheibe gelangen kann.

**Handbremsbetätigung (Feststellmotor) aus- und einbauen (Bild 17)**

■ Heben Sie das Fahrzeug an.
■ Demontieren Sie die Hinterräder.
■ Schalten Sie die Zündung aus. Die Zündung muss bis zum Trennen der Steckverbindung mindestens 30 Sekunden ausgeschaltet sein.
■ Ziehen Sie den Stecker vom Feststellmotor ab.
■ Schrauben Sie die beiden Innentorxschrauben des Feststellmotors heraus.
■ Ziehen Sie den Feststellmotor vom Bremssattel ab.
■ Nehmen Sie den Dichtring heraus. Achten Sie darauf, dass die Ringnut des Dichtringes und die Anlagefläche des Feststellmotors nicht beschädigt werden.
■ Reinigen Sie die Ringnut und Anlagefläche des Feststellmotors.

*Einbauen*

■ Neuen Dichtring leicht mit Bremsflüssigkeit benetzen und dann montieren.
■ Drehen Sie die Spindel mit einem 8-mm-Innenvielzahneinsatz ein wenig zurück, bis Sie den Feststellmotor richtig ansetzen können.

⚠ Der Dichtring darf sich während der Montage des Feststellmotors nicht herausdrehen!

■ Setzen Sie den Feststellmotor vorsichtig an, achten Sie dabei auf den Sitz des Dichtringes.

Sichtprüfung Messen

Bild 17
Bauteilübersicht der elektromechanischen Handbremse.
1 Taster
2 Kontrollleuchte
3 Taster für AUTO HOLD
4 Kontrollleuchte für AUTO HOLD
5 Fehlerlampe
6 Kontrollleuchte für Bremsanlage
7 Akustisches Signal
8 Steuergerät
9 Dichtring
10 Feststellmotor rechts
11 Innentorxschraube
12 Feststellmotor links

■ Feststellmotor so weit verdrehen, bis Schraubenloch und Gewinde zur Deckung kommen. Achten Sie darauf, dass der Feststellmotor bündig am Bremssattel anliegt. Auf keinen Fall den Feststellmotor mit den Befestigungsschrauben gegen den Bremssattel ziehen.
■ Innentorxschrauben mit Hand ansetzen und dann festschrauben.
■ Stecker montieren.
■ Diagnosetester (VAS 5051 oder VAG COM) anschließen und Grundeinstellung der Bremsanlage durchführen.

**Steuergerät für elektromechanische Feststellbremse aus- und einbauen**
Das Steuergerät für elektromechanische Feststellbremse und die Sensoreinheit für ESP sind in einem Gehäuse unter der Mittelkonsole verbaut. Nach dem Wechsel des Steuergeräts für elektromechanische Feststellbremse mit der Sensoreinheit für ESP muss das Steuergerät für ABS codiert werden und es muss eine Grundeinstellung der »Bremsanlage« erfolgen.

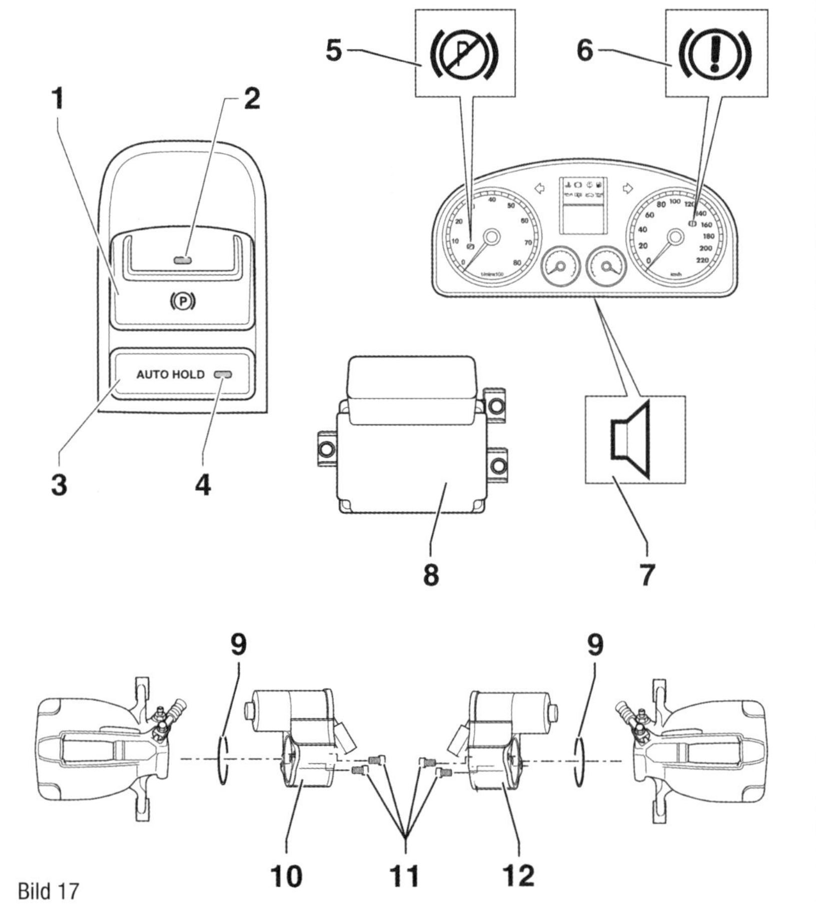

Bild 17

⚠ Starke Erschütterungen (z. B. Sturz, Schlag) können die Sensoreinheit für ESP zerstören. Die Sensoreinheit für ESP darf danach nicht mehr verwendet werden.

■ Bauen Sie die Mittelkonsole aus.
■ Schrauben Sie die drei Befestigungsmuttern des Steuergerätes für elektromechanische Feststellbremse ab.
■ Ziehen Sie den Stecker vom Steuergerät für elektromechanische Feststellbremse ab.
■ Steuergerät für elektromechanische Feststellbremse herausnehmen.

Der Einbau erfolgt in umgekehrter Reihenfolge. Beim Einbau des Steuergeräts für elektromechanische Feststellbremse muss der korrekte und spannungsfreie Sitz auf der Halterung gewährleistet sein.
■ Befestigungsmuttern mit 9 Nm festziehen.
⚠ Auf keinen Fall darf das Steuergerät für elektromechanische Feststellbremse gewaltsam mit den Befestigungsmuttern auf seine Position gesetzt werden.
■ Das Steuergerät codieren mit dem Fahrzeugdiagnose-, Mess- und Informationssystem (VAS 5051) in der »Geführten Fehlersuche«. Dabei muss eine Grundeinstellung des Lenkwinkelgebers, des Querbeschleunigungsgebers, des Bremsdruckgebers und des Längsbeschleunigungsgebers erfolgen.
■ Grundeinstellung der »Bremsanlage« (elektromechanische Feststellbremse) durchführen.

# 14 Elektrische Anlage

Schon im Stand, aber erst recht während der Fahrt benötigt der Tiguan elektrischen Strom. Motorsteuerung, Lenkung und Kraftstoffeinspritzung müssen mit Elektroenergie versorgt werden. Alle weiteren unbedingt erforderlichen oder für die Sicherheit und Bequemlichkeit eingebauten automatischen Systeme sowie natürlich die gesamte Lichtanlage sind ohne elektrische Energie arbeitsunfähig. Viele Störungen und Funktionsprüfungen gerade in diesem Bereich gehören, ähnlich wie bei anderen Baugruppen, in die Fachwerkstatt. Denn zum genauen Erkennen und Beseitigen der Mängel muss häufig das auch in anderen Kapiteln schon mehrfach erwähnte Fahrzeugdiagnosegerät (VAS 505x, VCDS) angeschlossen und der Fehlerspeicher abgefragt werden. Der Diagnoseanschluss im Fahrzeug (Steckkontakt für das Werkstattsystem) befindet sich, wie inzwischen international festgelegt, im Fußraum Fahrerseite über dem Bremspedal. Nun sind die meisten Innovationen im Kraftfahrzeug heute zwar von immer komplizierterer Elektronik geprägt, Reparaturen an der elektrischen Anlage sind aber durchaus nicht in jedem Fall von ihr verursacht. Oft sitzt nur ein Kabel lose, sind Sicherungen durchgebrannt oder Kontakte korrodiert, oder messtechnisch zu ermittelnde Bauteile sind defekt. Nicht wenige Störungen an der Elektrik lassen sich mit einfachen Mitteln beheben. Natürlich muss man sich etwas auskennen und die Grundbegriffe verstehen.

## Arbeiten an der Spannungsversorgung

Zu allererst haben wir es im Tiguan noch immer mit elektrischen Bauteilen zu tun, die schon die gesamte Entwicklungsgeschichte des Automobils begleiten: Batterie, Anlasser (Starter) und Lichtmaschine (Drehstromgenerator). Sie sind zusammen für die Arbeitsaufnahme des Motors verantwortlich. Um seine Aufgabe zu erfüllen, ist jedes dieser drei Bauteile auf das andere angewiesen. Wir wenden uns hauptsächlich ihnen zu.

## Batterie

**Batterie an- und abklemmen**
Auf das Prüfen (Sichtprüfung, Batterietester) und Laden sowie auf Warnhinweise und allgemeine Sicherheitsregeln bei Arbeiten an der Batterie (Kennzeichnungen auf der Batterie selbst) gehen wir in diesem Ratgeber nur begrenzt ein. Sie sind ausführlich in der Bedienungsanleitung des Fahrzeugs behandelt.
Um Beschädigungen der Batteriepolklemmen und der Batteriepole zu vermeiden, schreibt VW vor:

- Die Batteriepolklemmen dürfen nur gewaltfrei von Hand aufgesteckt werden.
- Die Batteriepole dürfen nicht gefettet werden.
- Die Batteriepolklemmen sind so zu montieren, dass der Batteriepol bündig mit der Klemme abschließt oder aus ihr herausragt.
- Nach dem Anziehen der Batteriepolklemmen mit dem vorgeschriebenen Anzugsdrehmoment von 6 Nm dürfen die Verschraubungen nicht nochmals nachgezogen werden.
- Durch das Abschrauben der Batterie-Minuspolklemme (Stromunterbrechung) wird das sichere Arbeiten an der elektrischen Anlage gewährleistet. Das Abschrauben der Batterie-Pluspolklemme ist nur für den Ausbau der Batterie erforderlich. In jedem Fall müssen die Hinweise zum Anklemmen der Batterie beachtet werden.

*Abklemmen*

- Zündung und alle elektrischen Verbraucher ausschalten, Zündschlüssel abziehen.
- Bei Fahrzeugen mit Batteriekasten die Verriegelung an der linken Kastenseite öffnen und den Deckel abnehmen.
- Bei Fahrzeugen mit Batterieschutzhülle die Abdecklasche der Schutzhülle öffnen.
- Die Befestigungsmutter Batteriepolklemme Masseleitung lösen und die Minuspolklemme von der Batterie abnehmen.

⚠ Falls wie beim Batterieausbau die Pluspolklemme auch abgenommen wird: Immer zuerst die Minusklemme abnehmen!

- Die Batterie-Masseleitung darf karosserieseitig nicht gelöst werden.

*Anklemmen*

- Die Batteriepolklemme Masseleitung in der richtigen Stellung auf den Minuspol der

Batterie stecken und die Befestigungsmutter mit 6 Nm anziehen. Dabei auf festen Sitz der Batterieklemme achten.

⚠ Falls wie beim Batterieausbau die Pluspolklemme auch abgenommen wird: Immer zuerst die Pluspolklemme wieder anklemmen! Erst danach die Masseleitung wie beschrieben anklemmen.

Nach Anklemmen der Batterie und Einschalten der Zündung leuchtet die Kontrollleuchte für ESP und ASR dauerhaft. Die Kontrollleuchte erlischt automatisch, wenn mit 15 bis 20 km/h eine Wegstrecke geradeaus gefahren wird. Dadurch wird der Geber für Lenkwinkel wieder aktiviert.

**Arbeitsschritte nach Anklemmen der Batterie**

- Zündung mit dem Zündschlüssel einschalten und wieder ausschalten.
- Fehlerspeicher auslesen: »Geführte Fehlersuche« mit dem Fahrzeugdiagnosegerät.
- Uhrzeiteinstellung prüfen, ggf. nach Bedienungsanleitung neu einstellen.
- Zündung einschalten und mit Fensterheberschalter alle Fenster bis Endanschlag öffnen und wieder vollständig schließen.
- Die Taster für die Fensterheber nach oben ziehen und mindestens eine Sekunde lang in dieser Stellung halten.
- Anschließend bei geschlossenen Fenstern den Fensterheberschalter ziehen, bis das Relais hörbar schaltet.
- Die Komfortschaltung der Fensterheber prüfen: Das Fenster muss bei betätigter Komfortschaltung ohne Halten des Schalters schließen.
- Alle elektrischen Verbraucher auf Funktion prüfen.

Bild 1
Anlasser.
1 Anlasser
2 Anschluss B+-Leitung an Anlasser
3 Befestigungsmutter B+-Leitung an Anlasser
4 Befestigungsschrauben
5 Abschirmkappe
6 Befestigungsmuttern
7 Leitungshalter

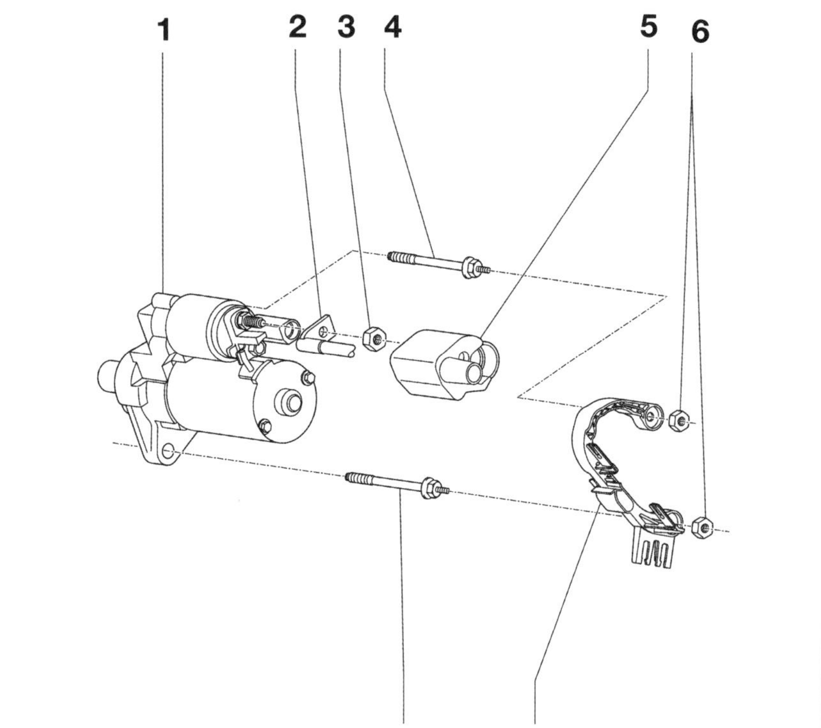

Bild 1

**Batterie aus- und einbauen**

- Batterie wie beschrieben abklemmen.
- Je nach Ausstattung entweder die Wand des Batteriekastens oder die Vliestasche nach oben von der Batterie abziehen.
- Die Befestigungsschraube abschrauben und den Befestigungsbügel herausnehmen.
- Die Griffe nach oben klappen und die Batterie heraus nehmen.
- Einbau in umgekehrter Reihenfolge.

*Batterie anklemmen*

- Die Schraubverbindungen mit den geforderten Anzugsdrehmomenten anziehen: Muttern an den Polklemmen 6 Nm, M8-Schraube am Klemmbügel 35 Nm.
- Batterie nach dem Einbau auf festen Sitz prüfen.

⚠ Bei einer lose montierten Batterie bestehen folgende Gefahren: Verkürzte Lebensdauer durch Rüttelschäden (Explosionsgefahr!), Schädigung der Gitterplatten, Beschädigung des Batteriegehäuses durch den Befestigungsbügel (möglicher Säureaustritt, hohe Folgekosten) und mangelhafte Crash-Sicherheit.

## Anlasser (Starter) aus- und einbauen

Fahrzeuge mit Start-Stopp-System sind wegen der dadurch höheren Anforderung an den Anlasser mit einer modifizierten Ausführung ausgestattet. Diese muss beim Ersatz korrekt nach Ersatzteilbezeichnung im »Elektronischen Teile-Katalog – ETKA« beschafft werden. Die für Start-Stopp angepassten Bauteile (siehe auch die Batterie) sind nicht extra gekennzeichnet und unterscheiden sich äußerlich nicht oder kaum von herkömmlichen Anlassern.

Der Arbeitsablauf unterscheidet sich für die unterschiedlichen Motorvarianten kaum voneinander. Wir stellen Ihnen im Rahmen dieses Buches eine allgemeingültige Anweisung zur Verfügung, die sich allerdings in kleinem Nuancen unterscheiden kann (Bild 1).

- Batterie wie beschrieben abklemmen.
- Unterdruckschlauch entriegeln und abziehen, die Motorabdeckung nach oben aus ihrer Gummilagerung ziehen und nach vorn abnehmen.
- Luftfiltergehäuse ausbauen, Schutzkappe (Abschirmkappe) nach vorn vom Magnetschalter herunterschieben.
- Die Plusleitung abschrauben und die Steckverbindung der Klemme 50 trennen.
- Die Masseleitung von der oberen Befestigungsschraube des Anlassers abschrauben und die Schraube herausdrehen.
- Geräuschdämpfung wie früher beschrieben ausbauen.
- Mutter von der unteren Befestigungsschraube des Anlassers abschrauben und den Leitungshalter abnehmen.
- Die untere Befestigungsschraube des Anlassers herausdrehen und den Anlasser nach unten aus dem Fahrzeug nehmen.

Der Einbau erfolgt sinngemäß in umgekehrter Reihenfolge.

## Generator aus- und einbauen

Der Generator (Bild 2) ist mit vier Befestigungsschrauben an den Halter für Nebenaggregate am Motor montiert und wird über seine Riemenscheibe per Keilrippenriemen vom Motor angetrieben. An der Rückseite des Generators ist ein Spannungsregler angeschraubt. Die Hauptanschlussleitung (B+-Leitung) des Drehstromgenerators (»Lichtmaschine«) ist ebenfalls an die Generatorrückseite geschraubt. Wenn sie nicht mit dem angegebenen Anzugsdrehmoment befestigt wird, bestehen die folgenden Gefahren: Die Batterie wird nicht vollständig geladen, es kommt zum Komplettausfall der Fahrzeugelektrik/-elektronik (»Liegenbleiben«), es besteht Brandgefahr aufgrund von Funkenbildung und es kann zu Schäden durch Überspannungen an elektronischen Bauteilen und Steuergeräten kommen. Deshalb die Befestigungsmutter, der B+-Leitung unbedingt mit dem richtigen Drehmoment von 15 Nm festziehen.

**1,4 l (T)FSI-Motor**

- Keilrippenriemen ausbauen.
- Die beiden Befestigungsschrauben des Klimakompressors herausschrauben.
- Stecker am Klimakompressor entriegeln und abziehen.
- Die dritte Befestigungsschraube herausschrauben und den Klimakompressor vom Halter für Nebenaggregate abnehmen.
- Beim Abnehmen des Klimakompressors darauf achten, dass die beiden Zentrierhülsen in den übereinanderstehenden Gewindeboh-rungen des Halters für Nebenaggregate verbleiben.
- Die Schläuche am Klimakompressor können angeschlossen bleiben.
- Den Klimakompressor bis zum Wiedereinbau mit einem Bindedraht an geeigneter Stelle unter das Fahrzeug hängen.
- Dabei ist darauf zu achten, dass die Schläuche nicht gezogen oder geknickt werden.
- Stecker der DF-Leitung entriegeln und abziehen.
- Die Abschirmkappe am Plusanschluss abhebeln.

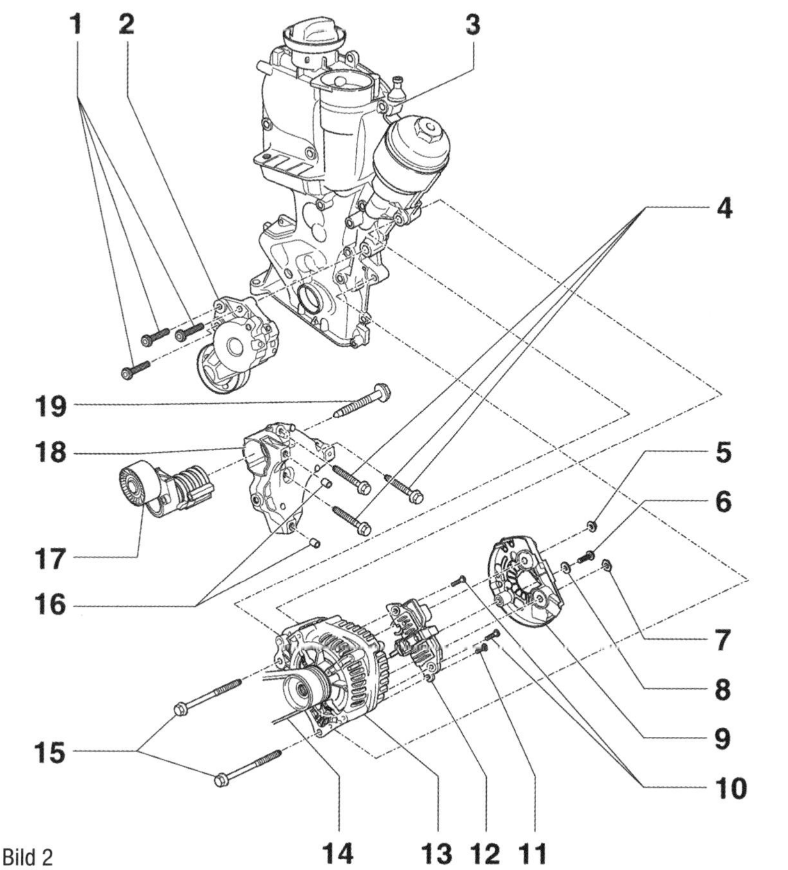


Bild 2

Bild 2
Generator.
1 Innenvielzahnschraube
2 obere Spannrolle
3 Steuergehäuse
4 Sechskantflanschschrauben
5 Sechskantbundmutter
6 Kreuzschlitzschraube
7 Sechskantmutter
8 Unterlegscheibe
9 Abschirmkappe
10 Kreuzschlitzschrauben
11 Kreuzschlitzschraube
12 Spannungsregler
13 Drehstromgenerator
14 Keilrippenriemen
15 Sechskantbundschrauben
16 Zentrierhülsen
17 untere Spannrolle
18 Halter Nebenaggregate
19 Sechskantbundschraube

■ Die Befestigungsmutter abschrauben und die darunterliegende B+Leitung vom Anschlussgewinde des Generators abnehmen.
■ Die Befestigungsmutter abschrauben und den Leitungshalter (2) vom Generator abnehmen.

*Fahrzeuge mit 118 kW:*
■ Die obere Spannrolle wieder entspannen.
■ Die 3 Befestigungsschrauben (1 im Bild 2) herausschrauben und die obere Spannrolle aus dem Fahrzeug nehmen.

*Fortsetzung alle Fahrzeuge:*
■ Die Befestigungsschrauben des Generators (15) herausschrauben.
■ Den Generator nach unten aus dem Fahrzeug nehmen.

Der Einbau erfolgt sinngemäß in umgekehrter Reihenfolge, dabei ist Folgendes zu beachten:
■ Die Gewindebuchsen etwa 4 mm aus dem Gehäuse des Generators heraustreiben.
■ Den Leitungshalter (Pfeil) an der Rückseite des Generators in 9-Uhr-Stellung festschrauben.

Bild 3
1 Sechskantbundschraube
2 Kreuzschlitzschrauben
3 Unterlegscheibe
4 Kreuzschlitzschraube
5 Sechskantmutter
6 Sechskantmutter
7 Abschirmkappe
8 Kreuzschlitzschraube
9 Spannungsregler
10 Drehstromgenerator
11 Keilrippenriemen

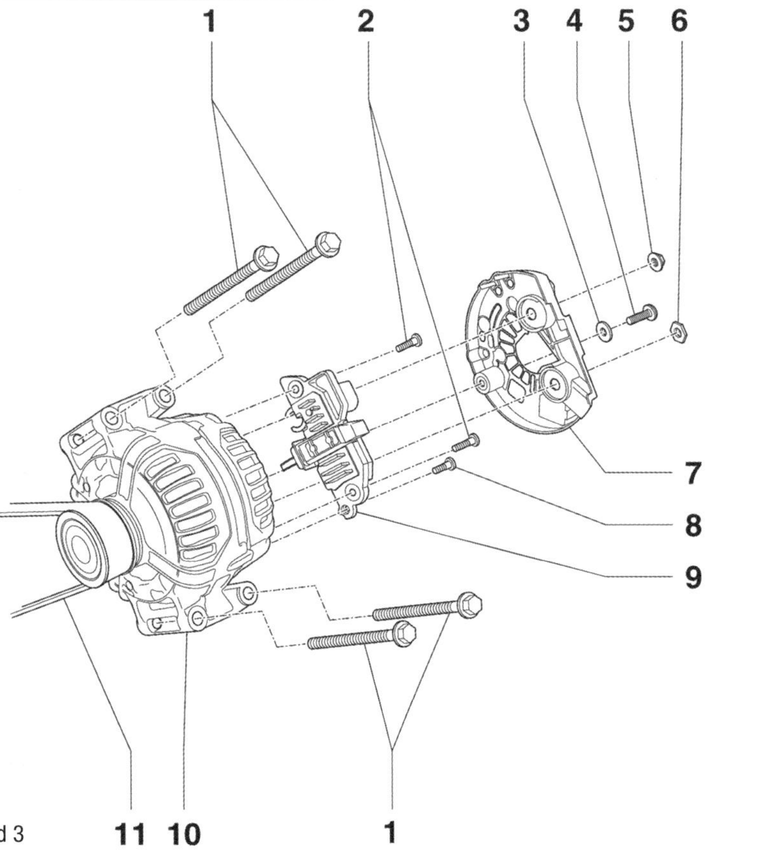


Bild 3

**Drehstromgenerator aus- und einbauen, 2,0 l (T)FSI-Motor**
■ Batterie abklemmen.
■ Keilrippenriemen ausbauen.
■ Die Stecker am Generator entriegeln und abziehen.
■ Die beiden Öldruckschalter herausschrauben (Schlüsselweite 24).

*Nur Fahrzeuge mit 147 kW:*
■ Stecker des Öldruckschalters entriegeln und abziehen.
■ Den Öldruckschalter herausschrauben (Schlüsselweite 24).

*Fortsetzung alle Fahrzeuge:*
■ Die 4 Befestigungsschrauben (1) des Generators herausschrauben.
■ Den Generator etwas nach links schwenken, um Zugang zu den Anschlüssen auf der Generatorrückseite zu erhalten.
■ Den Stecker der DF-Leitung entriegeln und abziehen.
■ Die Abschirmkappe am Pluspol abhebeln.
■ Die Befestigungsmutter abschrauben und die darunterliegende »B+-Leitung« vom Anschlussgewinde des Generators abnehmen.
■ Die beiden Befestigungsschrauben herausschrauben und die Rohrleitungen und den Schlauch vor dem Generator hochlegen, um Platz für den Ausbau des Generators zu schaffen.

☞ Die Rohrleitungen und der Schlauch können dabei angeschlossen bleiben.

■ Den Generator nach oben aus dem Fahrzeug nehmen.
Der Einbau erfolgt sinngemäß in umgekehrter Reihenfolge.

**Drehstromgenerator aus- und einbauen, 2,0 l TDI-Motor**
■ Batterie abklemmen.
■ Die Motorabdeckung nach oben abziehen.
■ Keilrippenriemen ausbauen.
■ Die beiden Befestigungsschrauben und die Befestigungsmutter abschrauben und den Kraftstofffilter beiseite legen. Die Kraftstoffschläuche können dabei angeschlossen bleiben.
■ Die beiden Befestigungsschrauben des Klimakompressors herausschrauben.

■ Stecker des Klimakompressors entriegeln und abziehen.
■ Die dritte Befestigungsschraube des Klimakompressors herausschrauben und den Klimakompressor nach unten vom Halter für Nebenaggregate abnehmen.

Die Schläuche am Klimakompressor können angeschlossen bleiben. Den Klimakompressor bis zum Wiedereinbau mit einem Bindedraht an geeigneter Stelle unter das Fahrzeug hängen. Dabei ist darauf zu achten, dass die Schläuche nicht gezogen oder geknickt werden.

■ Den Stecker der DF-Leitung des Generators entriegeln und abziehen.
■ Die Abschirmkappe auf dem B+-Anschluss abhebeln.
■ Die Befestigungsmutter abschrauben und die darunterliegende B+-Leitung vom Anschlussgewinde des Generators abnehmen.
■ Die Befestigungsmutter abschrauben und den Leitungshalter vom Generator abnehmen.
■ Die beiden Befestigungsschrauben (8) des Generators herausschrauben (Bild 4).
■ Den Generator nach unten aus dem Fahrzeug nehmen.

Der Einbau erfolgt sinngemäß in umgekehrter Reihenfolge.

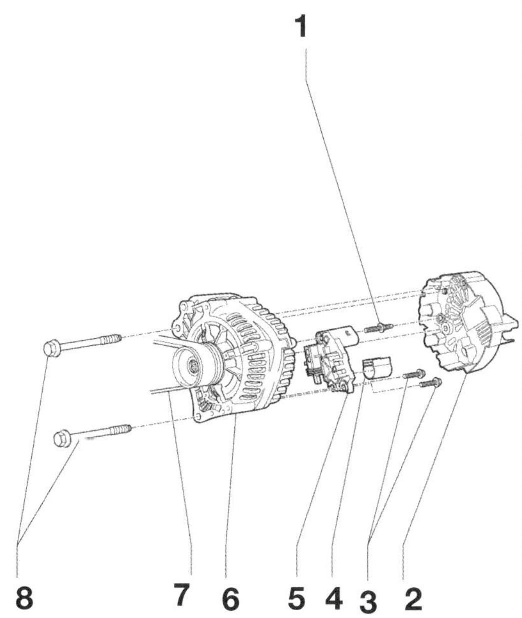

Bild 4

## Leuchtmittel wechseln (Halogenscheinwerfer)

Beim Einbau einer Lampe nicht den Glaskolben berühren. Die Finger hinterlassen Fettspuren auf dem Glaskolben, die beim Einschalten der Lampe verdampfen und den Glaskolben trüben.

**Lampe für Halogen-Abblendlichtscheinwerfer 12V, 55W**
■ Zündung und alle elektrischen Verbraucher ausschalten, den Zündschlüssel abziehen.
■ Die Abdeckkappe (1) in Pfeilrichtung bis zum Anschlag drehen und abnehmen (Bild 5).
■ Die Lampenfassung mit Griffstück (1 im Bild 6) in Pfeilrichtung bis zum Anschlag drehen und zusammen mit der Lampe für Abblendlichtscheinwerfer aus dem Scheinwerfer herausnehmen.

Der elektrische Anschluss der Lampe für Abblendlichtscheinwerfer wird beim Verdrehen gleichzeitig getrennt.

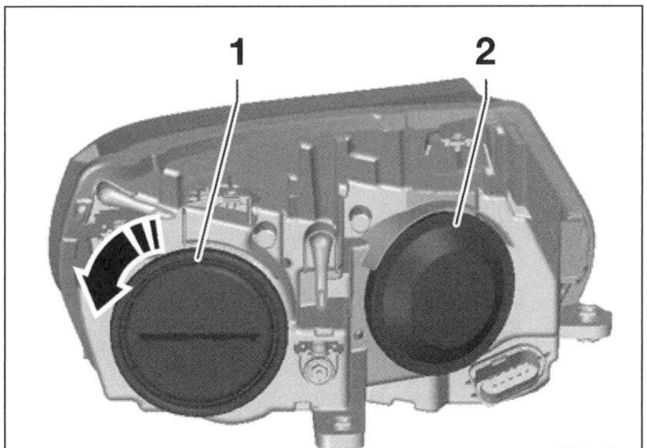

Bild 5

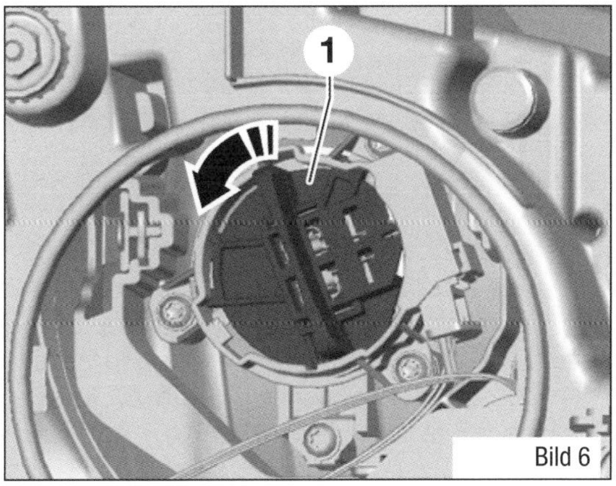

Bild 6

Bild 5
1 Abdeckkappe Abblendlicht
2 Abdeckkappe Fernlicht

Bild 6
1 Lampenfassung mit Griffstück

Bild 4
1 Sechskantbundschraube
2 Abschirmkappe
3 Kreuzschlitzschrauben
4 Abschirmkappe
5 Spannungsregler
6 Drehstromgenerator
7 Keilrippenriemen
8 Sechskantbundschrauben

■ Die Lampe für Abblendlichtscheinwerfer gerade aus der Lampenfassung mit Griffstück herausziehen.

Der Einbau erfolgt sinngemäß in umgekehrter Reihenfolge.
■ Die Funktionen des Scheinwerfers prüfen.
■ Scheinwerfereinstellung prüfen und ggf. Scheinwerfer einstellen.

**Lampe für Halogen-Fernlichtscheinwerfer 12V, 55W**
Die Vorgehensweise unterscheidet sich nicht zur Arbeitsbeschreibung der »Lampe für Halogen-Abblendlichtscheinwerfer 12V, 55W«. Sie finden die Lampe unter der Abdeckung im Scheinwerfer (2 im Bild 5).

**Lampe für Standlicht ersetzen 12V, W5W**
■ Zündung und alle elektrischen Verbraucher ausschalten und den Zündschlüssel abziehen.
■ Die Abdeckkappe (2) in Pfeilrichtung bis zum Anschlag drehen und abnehmen (Bild 5).
■ Den Kugelkopf am Griffstück (1 im Bild 7) in Pfeilrichtung aus der Verrastung im Lampengehäuse ausrasten.

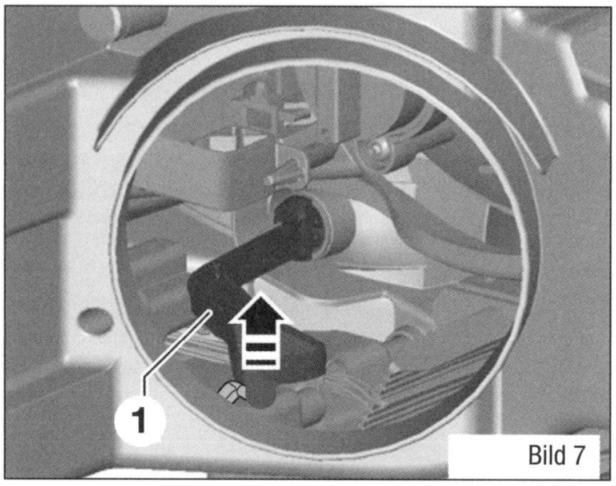


Bild 7

Bild 7
1 Lampenfassung mit Griffstück Standlicht.

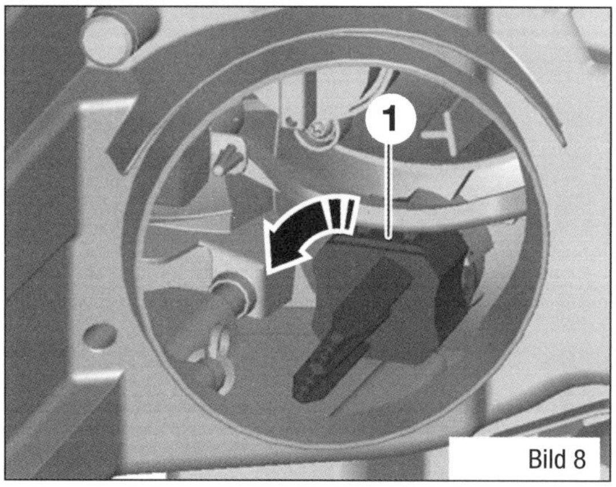


Bild 8

Bild 8
1 Lampenfassung für Blinklicht.

■ Die Lampenfassung mit Griffstück (1 im Bild 8), unter Berücksichtigung der angeschlossenen Leitungslängen, nach hinten aus dem Scheinwerfergehäuse herausziehen.
■ Die Lampe für Standlicht gerade aus der Lampenfassung mit Griffstück herausziehen.

**Lampe für Blinklicht vorn ersetzen 12V, PY21W**
■ Zündung und alle elektrischen Verbraucher ausschalten und den Zündschlüssel abziehen.
■ Die Lampenfassung mit Griffstück der Standlichtlampe ausbauen (vorherige Beschreibung).
■ Die Lampenfassung mit Griffstück (1 im Bild 7) in Pfeilrichtung bis zum Anschlag drehen.
■ Die Lampenfassung mit Griffstück (1), unter Berücksichtigung der angeschlossenen Leitungslängen, zusammen mit der Lampe für Blinklicht vorn aus dem Scheinwerfer herausnehmen.
■ Die Lampe für Blinklicht vorn in die Fassung drücken, gleichzeitig gegen den Uhrzeigersinn drehen und aus der Fassung herausziehen.

Der Einbau erfolgt sinngemäß in umgekehrter Reihenfolge.
■ Die Funktionen des Scheinwerfers prüfen.

## Lampen am Scheinwerfer mit Gasentladungslampen und Kurvenlicht ersetzen

**Gasentladungslampe ersetzen D1S, 35W**
Die Gasentladungslampe links und die Gasentladungslampe rechts können über die Stellglieddiagnose des Bordnetzsteuergerät geprüft werden.

■ Scheinwerfer ausbauen.
■ Abdeckkappe hinten abziehen.
■ Die seitliche Taste am Stecker drücken und den Stecker vom Zündgerät für Gasentladungslampen abziehen.

⚠ Im Glaskolben der Gasentladungslampe herrschen Drücke von 7 bar (kalt) bis 100 bar (heiß). Am heißen Glaskolben werden Temperaturen bis zu 700 Grad Celsius erreicht. Der Glaskolben kann explodieren und es besteht Verbrennungsgefahr. Zum Aus- und Einbau der Gasentladungslampe unbedingt Schutzbrille und Handschuhe benutzen.

■ Das Zündgerät für Gasentladungslampen (1 im Bild 9) in Pfeilrichtung bis zum Anschlag drehen und zusammen mit der Gasentladungslampe aus dem Reflektor herausnehmen.

⚠ Beim Einbau der Abdeckkappe auf den richtigen Sitz der Kappe achten. Durch Wassereintritt in den Scheinwerfer wird dieser zerstört.

⚠ Beim Einbau einer Gasentladungslampe nicht den Glaskolben berühren. Ihre Finger hinterlassen Fettspuren auf dem Glaskolben, die beim Einschalten der Gasentladungslampe verdampfen und den Glaskolben trüben.

⚠ Den Glaskolben der Gasentladungslampe keinerlei mechanischen Beanspruchungen aussetzen. Der Glaskolben ist äußerst empfindlich und steht außerdem unter hohem Druck.

⚠ Nicht direkt in den gebündelten Lichtstrahl sehen, die UV-Strahlung der Gasentladungslampe ist etwa 2,5 Mal höher ist als bei herkömmlichem Halogenlicht.

⚠ Wird ein Scheinwerfer mit automatischer Leuchtweitenregelung ausgebaut, ist nach dem Einbau immer die Grundeinstellung der Scheinwerfer durchzuführen.

Der Einbau erfolgt sinngemäß in umgekehrter Reihenfolge.

■ Funktionen und Einstellung des Scheinwerfers prüfen.

**Lampe für Kurvenlicht ersetzen H7 12V, 55W**

■ Zündung und alle elektrischen Verbraucher ausschalten und den Zündschlüssel abziehen.

■ Die innere Abdeckkappe zur Mitte hin abziehen.

■ Die Fassung (1 im Bild 8) der Lampe für Kurvenlicht in Pfeilrichtung bis zum Anschlag drehen.

■ Die Lampe für Kurvenlicht, unter Berücksichtigung der angeschlossenen Leitungslängen, vorsichtig aus dem Scheinwerfer herausnehmen.

■ Die Lampe für Kurvenlicht gerade aus der Fassung herausziehen.

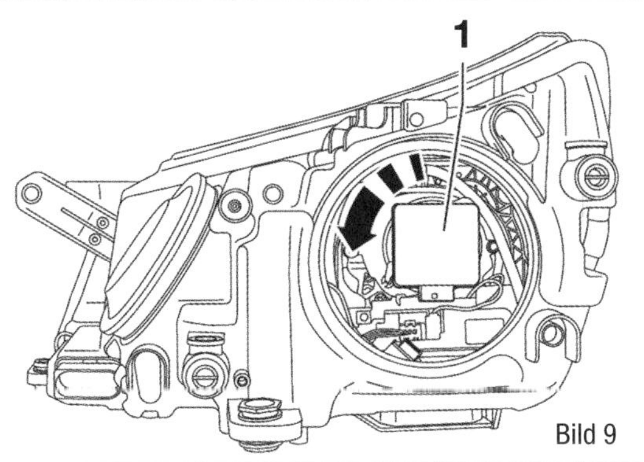


Bild 9
1 Lampenfassung mit Griffstück Xenon

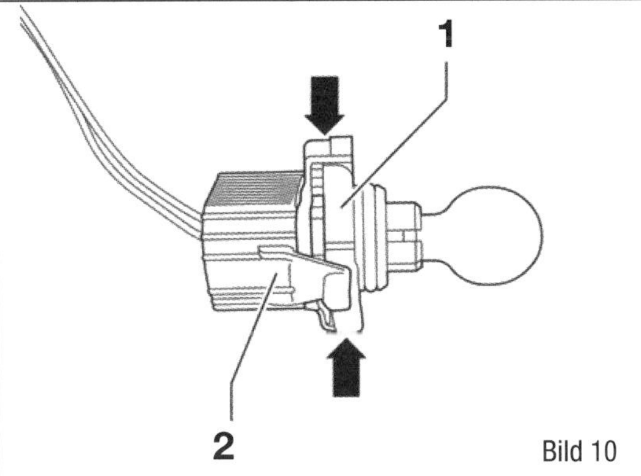


Bild 10
1 Lampe
2 Fassung

Der Einbau erfolgt sinngemäß in umgekehrter Reihenfolge.

⚠ Beim Einbau einer Lampe nicht den Glaskolben berühren. Die Finger hinterlassen Fettspuren auf dem Glaskolben, die beim Einschalten der Lampe verdampfen und den Glaskolben trüben.

■ Die Lampenfassung (1) mit der Lampe für Kurvenlicht in den Reflektor einsetzen.

**Lampe für Blinklicht vorn ersetzen 12V, PSY 24W**

■ Zündung und alle elektrischen Verbraucher ausschalten und den Zündschlüssel abziehen.

■ Die innere Abdeckkappe zur Mitte hin abziehen.

■ Die Fassung (ähnlich 1 im Bild 8) der Lampe für Kurvenlicht in Pfeilrichtung bis zum Anschlag drehen.

■ Die Lampenfassung mit der Lampe für Blinklicht vorn in Pfeilrichtung bis zum Anschlag drehen und, unter Berücksichtigung der angeschlossenen Leitungslängen, aus dem Reflektor nehmen.

■ Die Verriegelungen (Pfeile im Bild 10) drücken und die Lampe für Blinklicht vorn (1) aus der Lampenfassung (2) herausziehen.

Die Lampe für Blinklicht vorn ist fest mit dem Lampenhalter verbunden und kann nicht weiter zerlegt werden.

Beim Einbau der Abdeckkappe auf den richtigen Sitz der Kappe achten. Durch Wassereintritt in den Scheinwerfer wird dieser zerstört.

Beim Einbau einer Lampe nicht den Glaskolben berühren. Die Finger hinterlassen Fettspuren auf dem Glaskolben, die beim Einschalten der Lampe verdampfen und den Glaskolben trüben.

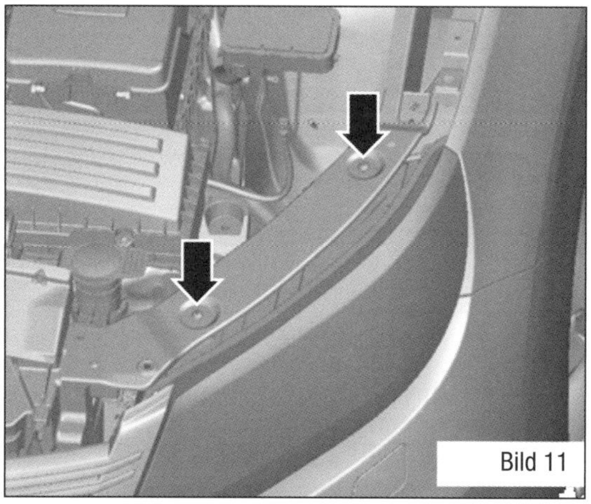

Bild 11
Schrauben am Scheinwerfer oben.

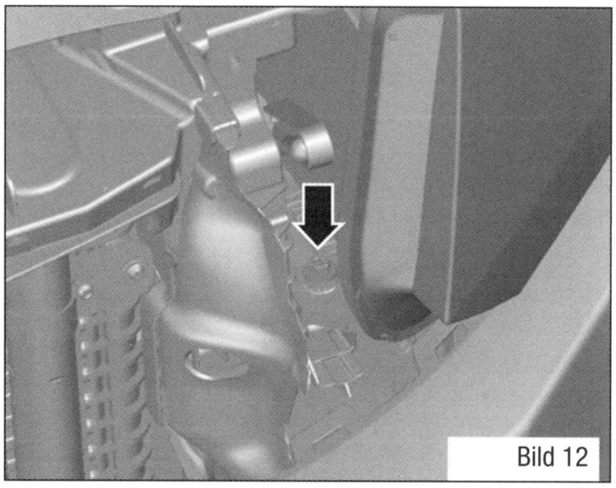

Bild 12
Schraube am Scheinwerfer unten.

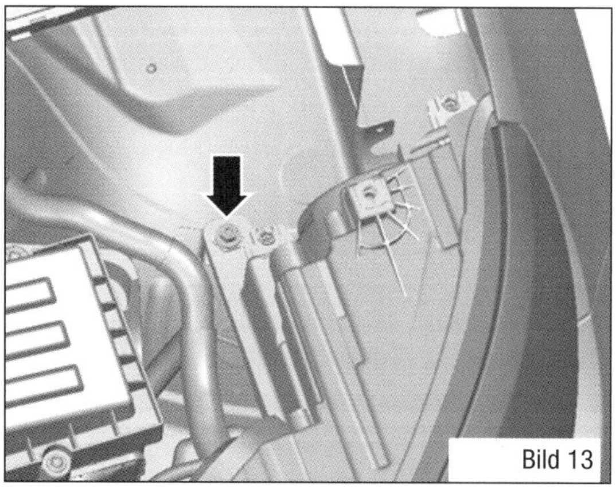

Bild 13
Schraube am Scheinwerfer hinten.

Der Einbau erfolgt sinngemäß in umgekehrter Reihenfolge.

- Abdeckkappe aufsetzen.
- Funktionen des Scheinwerfers prüfen.

**LED-Modul für Tagfahrlicht und Standlicht**

Die LED-Module links und rechts für Tagesfahrlicht und Standlicht befinden sich innerhalb des jeweiligen Scheinwerfers und können nicht einzeln ersetzt werden. Im Schadensfall muss der Scheinwerfer ersetzt werden.

**Scheinwerfer vorne aus- und einbauen**

- Zündung und alle elektrischen Verbraucher ausschalten und den Zündschlüssel abziehen.
- Stoßfängerabdeckung vorn ausbauen.
- Stecker des Kabelanschlusses entriegeln und trennen.
- Die 2 Befestigungsschrauben (Pfeile im Bild 11) herausschrauben.
- Die Befestigungsschraube (Bild 12) vorn am Scheinwerfer herausschrauben.
- Die Befestigungsschraube (Bild 13) hinten am Scheinwerfer herausschrauben und den Scheinwerfer nach vorn aus dem Karosserieausschnitt herausziehen.

Der Einbau erfolgt in umgekehrter Reihenfolge.

- Die Einbaulage des Scheinwerfers auf gleichmäßige Spaltmaße kontrollieren. Weist der Scheinwerfer ungleichmäßige Spaltmaße zur Karosserie auf, muss die Einbaulage korrigiert werden.
- Die Funktionen des Scheinwerfers prüfen.
- Scheinwerfereinstellung prüfen und ggf. Scheinwerfer einstellen.

## Nebelscheinwerfer aus- und einbauen

- Zündung und alle elektrischen Verbraucher ausschalten und den Zündschlüssel abziehen.
- Blende (6) aus den Verrastungen in der Stoßfängerabdeckung clipsen und abnehmen (Bild 14).
- Befestigungsschraube (3) herausschrauben.

■ Nebelscheinwerfergehäuse (2), unter Berücksichtigung der angeschlossenen Leitungslängen, aus der Stoßfängerabdeckung herausschwenken.
■ Anschlussstecker entriegeln und abziehen.
■ Nebelscheinwerfergehäuse abnehmen.

Der Einbau erfolgt sinngemäß in umgekehrter Reihenfolge.
■ Funktion des Scheinwerfers prüfen.
■ Nebelscheinwerfereinstellung prüfen und ggf. einstellen.

## Scheinwerfer einstellen

Der Reifendruck muss in Ordnung sein. Die Scheinwerferscheiben dürfen weder beschädigt noch verschmutzt sein. Reflektoren und Glühlampen sind intakt. Die Fahrzeugbelastung muss hergestellt sein. Das Fahrzeug muss einige Meter gerollt bzw. vorn und hinten mehrmals durchgefedert werden, damit sich die Federn setzen. Das Fahrzeug und das Scheinwerfer-Einstellgerät müssen auf einer ebenen Fläche stehen, eingestellt und ausgerichtet sein.
■ Scheinwerferhöhenverstellung prüfen, indem die maximale Stufe eingestellt und dabei das Licht der Scheinwerfer beobachtet wird.
■ Anschließend das Rändelrad für die Leuchtweitenregelung, falls vorhanden, in Position »0« stellen.

**Belastung:**
mit einer Person oder 75 kg auf dem Fahrersitz bei sonst unbelastetem Fahrzeug (Leergewicht). Das Leergewicht ist das Gewicht des betriebsfertigen Fahrzeugs mit vollständig gefülltem Kraftstoffbehälter (mindestens 90 %), einschließlich des Gewichts aller im Betrieb mitgeführten Ausrüstungsteile (z. B. Reserverad, Werkzeug, Wagenheber, Feuerlöscher usw.). Ist der Kraftstoffbehälter nicht zu mindestens 90 % gefüllt, Belastung wie folgt herstellen:
■ Füllstand des Kraftstoffbehälters an der Kraftstoffvorratsanzeige ablesen. Zusatzgewicht anhand der nachstehenden Tabelle ermitteln und Gewicht in den Kofferraum legen.

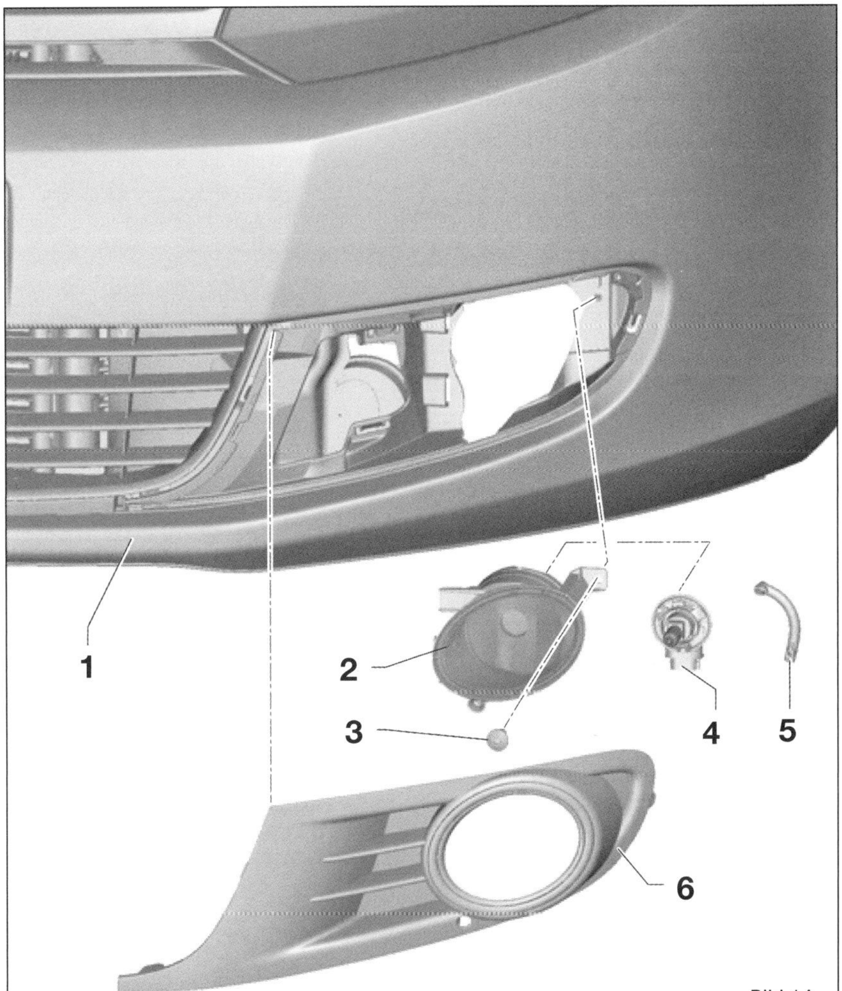

Bild 14

Bild 14
1 Stoßfängerabdeckung vorn
2 Nebelscheinwerfergehäuse
3 Befestigungsschraube, 4 Lampe
5 Entlüfterschlauch
6 Blende

| Füllstand der Kraftstoffvorratsanzeige | Zusatzgewicht in kg |
|---|---|
| 1/4 | 40 |
| 1/2 | 25 |
| 3/4 | 15 |
| voll | 0 |

**Einstellung Scheinwerfer vorne**
In der Blende oberhalb des Scheinwerfers sind Neigungsmaßangaben in »%« eingeprägt. Nach diesen Angaben müssen die Scheinwerfer eingestellt werden. Die Prozentangabe ist auf 10 m Projektionsabstand bezogen. Bei einem Neigungsmaß von z. B. 1,0 % sind das umgerechnet 10 cm.

■ Drehen Sie zuerst zur Höhenverstellung der Hell-Dunkel-Grenze die Einstellschraube (2).
■ Danach müssen Sie die Seitenverstellung prüfen und gegebenenfalls mit der Einstellschraube (1) korrigieren (Bild 15).

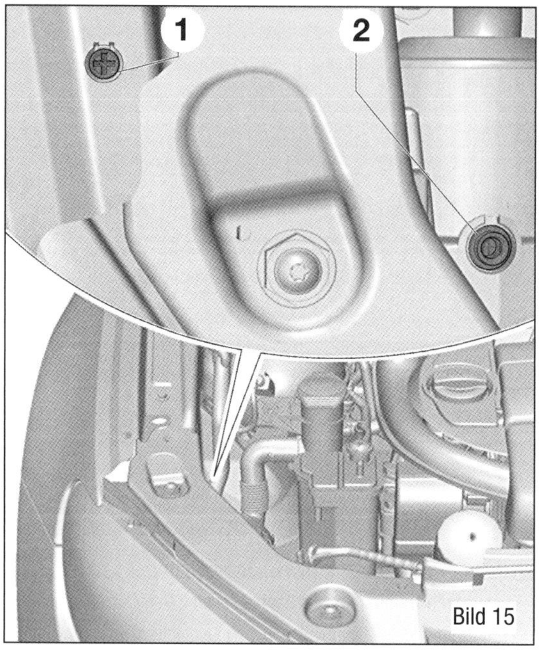


Bild 15

Bild 15
1 Einstellschraube
2 Einstellschraube

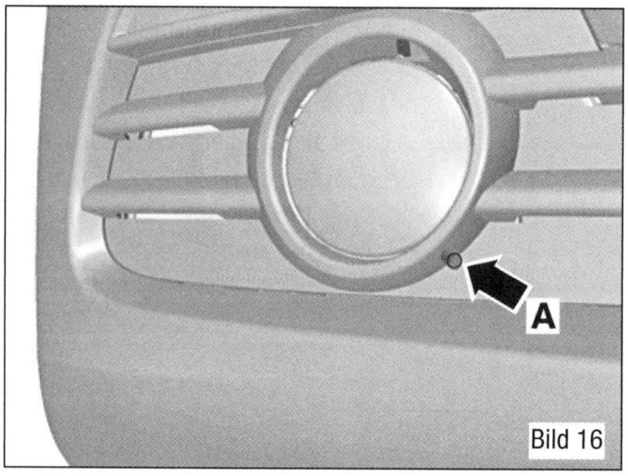


Bild 16

Bild 16
Verstellen der Leuchtweite.

**Einstellung Nebelscheinwerfer**
Das Neigungsmaß für Nebelscheinwerfer beträgt »2,0%«.

■ Drehen Sie zum Verstellen der Leuchtweite die Einstellschraube (Pfeil A im Bild 16).
■ Eine Seitenverstellung ist nicht vorgesehen.

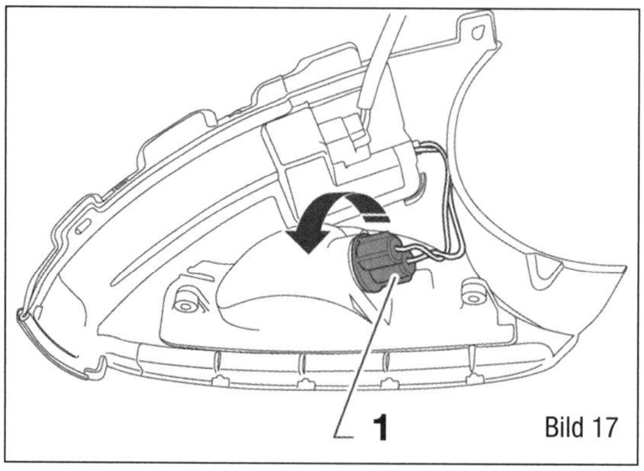


Bild 17

Bild 17
1 Fassung der Glühlampe im Einstiegsbereich.

## Blinkleuchte und Einstiegsleuchte im Außenspiegel

Die Lampen für die Blinkleuchte im Außenspiegel (Seitenblinkleuchte) sind in den Gehäusen der Außenspiegel eingebaut. Außerdem befindet sich in den Außenspiegelgehäusen je eine Einstiegsleuchte, die im Dunkeln den Bereich des Einstiegs um die geöffnete Fahrer- bzw. Beifahrertür beleuchtet.

**Fehlererkennung und Fehleranzeige**
Die Bordnetzsteuerung ist mit einer Eigendiagnose ausgestattet, die die Fehlersuche erleichtert. Zur Fehlersuche ist ein Diagnosetester (VAS 5051A) in der Betriebsart »Geführte Fehlersuche« zu verwenden.

**Blinkleuchte im Außenspiegel**
Die Lampe für Blinkleuchte im Außenspiegel ist fest in das Gehäuseunterteil des linken bzw. rechten Außenspiegels eingebaut und nicht zerlegbar. Das Ersetzen der LED-Leuchtmittel ist nicht möglich. Im Schadensfall muss das Gehäuseunterteil des Außenspiegels ersetzt werden.

**Glühlampe der Einstiegsleuchte im Außenspiegel ersetzen (Glassockellampe 12V, 5W)**
■ Zündung und alle elektrischen Verbraucher ausschalten und den Zündschlüssel abziehen.
■ Das Gehäuseunterteil des Außenspiegels ausbauen.
■ Fassung (1) in Pfeilrichtung drehen und zusammen mit der Glühlampe aus dem Lampengehäuse herausziehen (Bild 17).
■ Die Glassockellampe gerade aus der Fassung herausziehen.
Der Einbau erfolgt sinngemäß in umgekehrter Reihenfolge. Nach dem Einbau ist eine Funktionsprüfung der Außenspiegel durchzuführen.

## Rückleuchten im Seitenteil aus- und einbauen

**Fehlererkennung und Fehleranzeige**
Die Bordnetzsteuerung ist mit einer Eigendiagnose ausgestattet, die die Fehlersuche erleichtert. Zur Fehlersuche ist ein Diagnosetester (VAS 5051A) in der Betriebsart »Geführte Fehlersuche« zu verwenden.

*Ausbauen*

■ Zündung und alle elektrischen Verbraucher ausschalten und den Zündschlüssel abziehen.
■ Blende (5) abclipsen.
■ Die beiden Befestigungsschrauben (6) herausschrauben (Bild 18).
■ Die Klappe in der Seitenwand des Kofferraums öffnen.
■ Zum Entriegeln die Verriegelungsschraube um etwa 90° gegen den Uhrzeigersinn bis zum Anschlag drehen.
■ Die Schlussleuchte (7), unter Berücksichtigung der angeschlossenen Leitungslängen, gerade nach hinten aus der Verriegelung (1) ziehen.
■ Den Anschlussstecker entriegeln und abziehen und die Schlussleuchte (7) abnehmen.
■ Um an die Leuchtmittel zu gelangen, muss der Lampenträger ausgeclipst werden.

*Einbauen*

Der Einbau erfolgt sinngemäß in umgekehrter Reihenfolge.

■ Den Anschlussstecker aufstecken und hörbar verrasten.
■ Die Aufnahme an der Schlussleuchte in die seitliche Verriegelung einschieben und sicher verrasten.
■ Die beiden Befestigungsschrauben (6) des Schlussleuchtengehäuses mit dem erforderlichen Anzugsdrehmoment festziehen.
■ Blende aufclipsen.
■ Nach dem Einbau die Funktionen und die Spaltmaße der Schlussleuchte zur Karosserie kontrollieren.

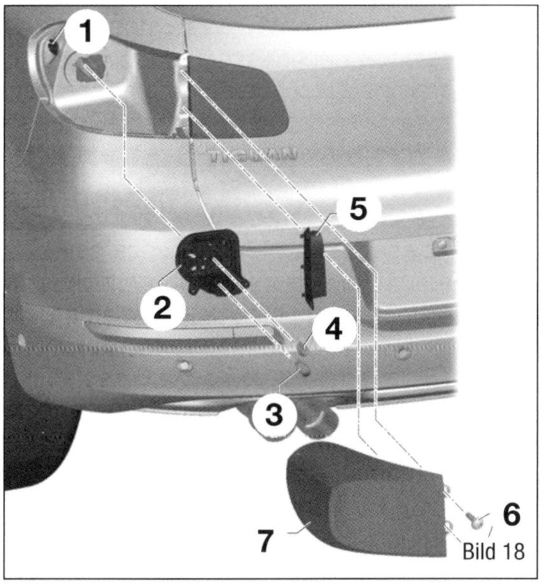


Bild 18

## Rückleuchten in der Heckklappe aus- und einbauen

### Fehlererkennung und Fehleranzeige

Die Bordnetzsteuerung ist mit einer Eigendiagnose ausgestattet, die die Fehlersuche erleichtert. Zur Fehlersuche ist ein Diagnosetester (VAS 5051A) in der Betriebsart »Geführte Fehlersuche« zu verwenden.

*Ausbauen*

■ Zündung und alle elektrischen Verbraucher ausschalten und den Zündschlüssel abziehen.
■ Den Servicedeckel in gerade aus der Verkleidung ausclipsen.
■ Stecker entriegeln und abziehen.
■ Die Befestigungsmuttern und abschrauben und die Schlussleuchte aus der Heckklappe herausnehmen.

*Einbauen*

Der Einbau erfolgt sinngemäß in umgekehrter Reihenfolge.

■ Der Stecker der Schlussleuchte in der Heckklappe muss beim Aufstecken »hörbar« einrasten.
■ Die Schlussleuchte in den Karosserieausschnitt einführen und nach oben und zur Mitte hin zur Anlage bringen.
■ Zuerst die obere Befestigungsmutter und anschließend die untere Befestigungsmutter anziehen.
■ Nach dem Einbau die Funktionen und die Spaltmaße der Schlussleuchte zur Karosserie kontrollieren.

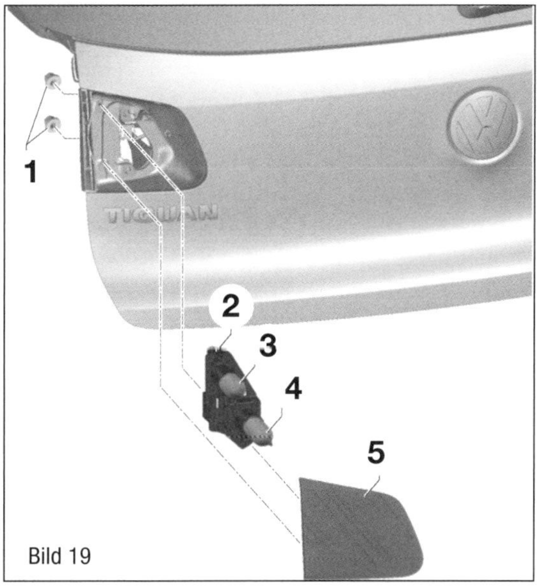


Bild 19

Bild 18
1 seitliche Verriegelung
2 Lampenträger
3 Lampe für Brems- und Schlusslicht
4 Lampe für Blinklicht
5 Blende
6 Befestigungsschrauben
7 Schlussleuchtengehäuse im Seitenteil

Bild 19
1 seitliche Verriegelung
2 Lampenträger
3 Lampe für Schlusslicht
4 Lampe für Nebelschlussleuchte
5 Schlussleuchtengehäuse in der Heckklappe

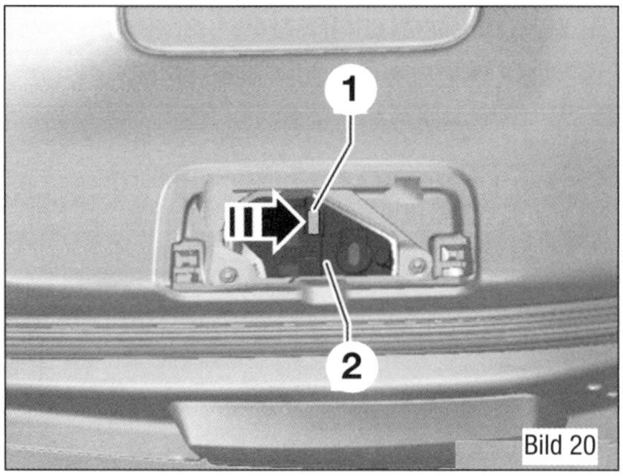

Bild 20

Bild 20
1 Verriegelung
2 Lampenträger

**Lampe in der Heckklappe ersetzen (12V, 16W)**

■ Zündung und alle elektrischen Verbraucher ausschalten und den Zündschlüssel abziehen.
■ Den Servicedeckel aus der Verkleidung ausclipsen.
■ Stecker des Lampenträgers entriegeln und abziehen.
■ Verriegelung (1) in Pfeilrichtung drücken und den Lampenträger (2) herausnehmen (Bild 20).
■ Die Lampe für Schlusslicht gerade aus der Fassung im Lampenträger herausziehen.

Der Einbau erfolgt sinngemäß in umgekehrter Reihenfolge.
■ Nach dem Einbau die Funktionen der Schlussleuchte prüfen.

## Kennzeichenleuchte aus- und einbauen (Soffitte 12V, 5W)

■ Zündung und alle elektrischen Verbraucher ausschalten und den Zündschlüssel abziehen.
■ Die Befestigungsschrauben herausschrauben.

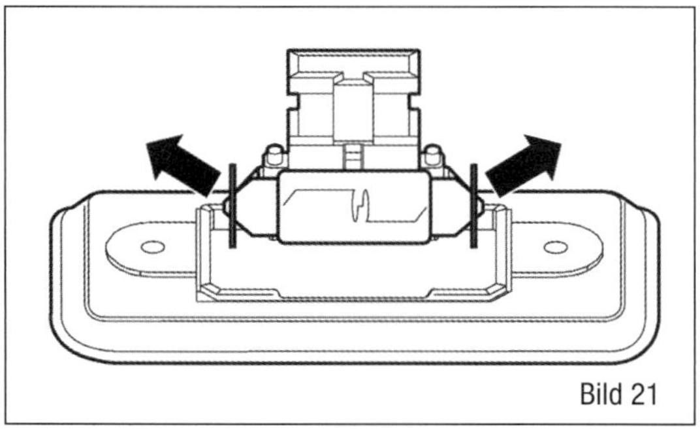
Bild 21

Bild 21
Kontaktbleche leicht nach außen biegen und Fassung und Glühlampe entnehmen.

■ Die Kennzeichenleuchte, unter Berücksichtigung der angeschlossenen Leitungslängen, herausziehen.
■ Stecker entriegeln und abziehen.

Der Einbau erfolgt sinngemäß in umgekehrter Reihenfolge.

☞ Auf der Streuscheibe der Kennzeichenleuchte ist ein kleiner silberfarbener Blendschutzstreifen aufgebracht. Dieser muss beim Einbau der Streuscheibe immer der Stoßfängerseite zugewandt sein.
■ Die Kontaktbleche in Pfeilrichtung drücken und die Glühlampe entnehmen (Bild 21).

## Dritte Bremsleuchte aus- und einbauen

⚠ Die Einzel-LEDs (Licht emittierende Dioden) in der Lampe für das hochgesetzte Bremslicht sind in Gruppen zu drei LEDs zusammengefasst und werden gruppenweise mit Strom versorgt. Durch den Ausfall einzelner LEDs werden die intakten LEDs dieser Gruppe höher belastet, weshalb mit einem baldigen Ausfall weiterer LEDs zu rechnen ist. Ist eine LED-Gruppe (drei Einzel-LEDs) ausgefallen, werden die gesetzlichen Lichtwerte der ECE-Regelung (Economic Commission for Europe) weiterhin erfüllt. Sind mehr als drei Einzel-LEDs ausgefallen, werden die gesetzlichen Lichtwerte nicht mehr erfüllt und die Lampe für hochgesetztes Bremslicht ist zu ersetzen.

■ Zündung und alle elektrischen Verbraucher ausschalten und den Zündschlüssel abziehen.
■ Den Bereich der Heckklappe über der Bremsleuchte mit einem Streifen handelsüblichem Klebeband abziehen.
■ Den Kunststoffkeil (T10039/1) (1, Bild 22) oben zwischen die Lampe für hochgesetztes Bremslicht (2) und die Heckklappe stecken.
■ Die Verrastung der Lampe für hochgesetztes Bremslicht durch Drücken des Montagekeils (1) in Fahrtrichtung entriegeln.
■ Die Lampe für hochgesetztes Bremslicht, unter Berücksichtigung der angeschlossenen Leitungslängen, aus der Heckklappe herausnehmen.

■ Die Sicherung (2 in Bild 23) in (Pfeilrichtung A) entriegeln und den Kompaktstecker (1) gleichzeitig in (Pfeilrichtung B) aus der Halterung schieben.
■ Die Verriegelung (1) in Pfeilrichtung drücken und den Stecker (2) nach oben herausziehen.

Der Einbau erfolgt sinngemäß in umgekehrter Reihenfolge.

Beim Einbau der Lampe für hochgesetztes Bremslicht auf den richtigen Sitz der Dichtung achten. Die Dichtung darf nicht beschädigt sein und keine Schlaufen werfen.
■ Kompaktstecker verbinden und auf die Halterung am Lampenkörper aufschieben und verriegeln.
■ Lampe für hochgesetztes Bremslicht in die Heckklappe einstecken und sicher verrasten.
■ Funktion der Lampe für hochgesetztes Bremslicht prüfen.

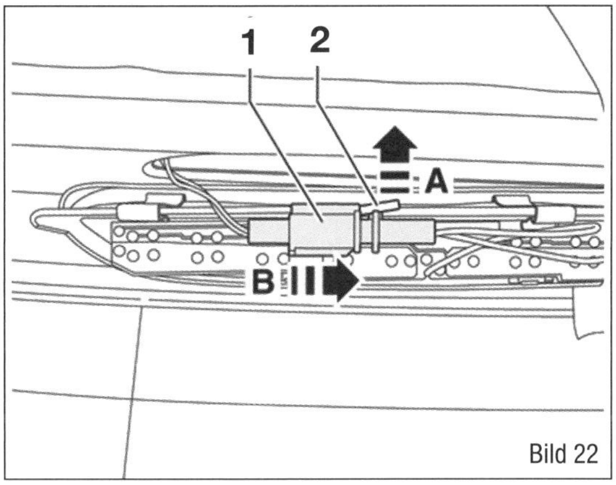


Bild 22
1 Kompaktstecker
2 Sicherung

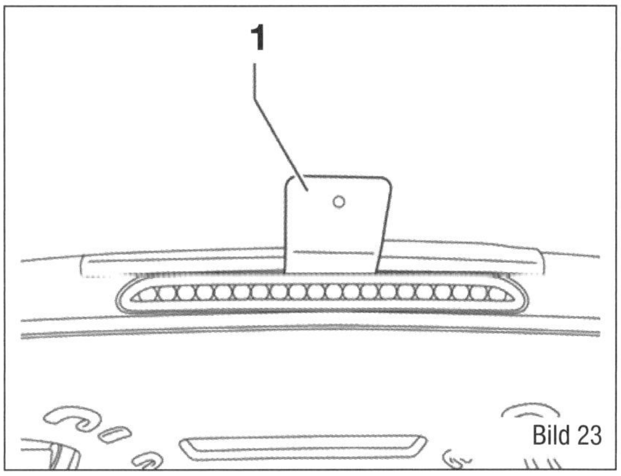


Bild 23
Montagekeil beim Ausbau der 3. Bremsleuchte.

## Scheibenwischermotor vorne aus- und einbauen

Das Steuergerät für Wischermotor und der Scheibenwischermotor sind zu einer Baueinheit zusammengefasst. Wird das Steuergerät für Wischermotor getauscht, ist vorher die Codierung auszulesen und das neue Steuergerät für Wischermotor mit diesem Wert zu codieren. Zum Ausbau der Wischerblätter müssen die Wischerarme in die »Service-/Winterstellung« gefahren werden. Die »Service-/Winterstellung« wird innerhalb von 10 Sekunden nach dem Ausschalten der Zündung durch Betätigen des Scheibenwischerhebels in Stellung »Tippwischen« aktiviert.

### Fehlererkennung und Fehleranzeige

Die Bordnetzsteuerung ist mit einer Eigendiagnose ausgestattet, die die Fehlersuche erleichtert. Zur Fehlersuche ist ein Diagnosetester (VAS 5051A) in der Betriebsart »Geführte Fehlersuche« zu verwenden.

### APS-Funktion deaktivieren

Die Frontscheibenwischanlage ist mit der APS-Funktion (alternierende Parkstellung) ausgestattet. Die APS-Funktion bewirkt, dass sich der Wischer bei jedem zweiten Abschalten, nach Erreichen der tiefsten Position, wieder ein Stück aufwärts bewegt. Zum Einbau der Wischerarme am Gestänge ist es erforderlich, den Motor in der unteren Parkposition abzustellen. Dies erfolgt durch das Deaktivieren der APS-Funktion (Steuergerät für Wischermotor codieren). Eine Aktivierung der APS-Funktion ist nicht möglich. Nach 100 Wischzyklen wird die APS-Funktion automatisch aktiviert. Dies gilt für Wischermotoren, deren APS-Funktion deaktiviert wurde, ebenso wie für neue Wischermotoren.

### Frontscheibenwischanlage aus- und einbauen

■ APS-Funktion deaktivieren.
■ Die Wischerarme in die Endablage laufen lassen und anschließend die Zündung ausschalten.
■ Batterie abklemmen.
■ Wischerarme (wie im Bild 25) ausbauen.
■ Wasserkastenabdeckung ausbauen.
■ Anschlussstecker entriegeln und abziehen.
■ Die Befestigungsschrauben des Wischermotorrahmens mit Hebeln herausschrauben und den Wischerrahmen mit Motor seitlich aus dem Fahrzeug nehmen.

Bild 24
1 Befestigungsmuttern
2 Scheibenwischer
3 Wischerarme
4 Befestigungsschrauben
5 Wischerrahmen
6 Scheibenwischermotor mit Steuergerät
7 Gummitülle in Stirnwand

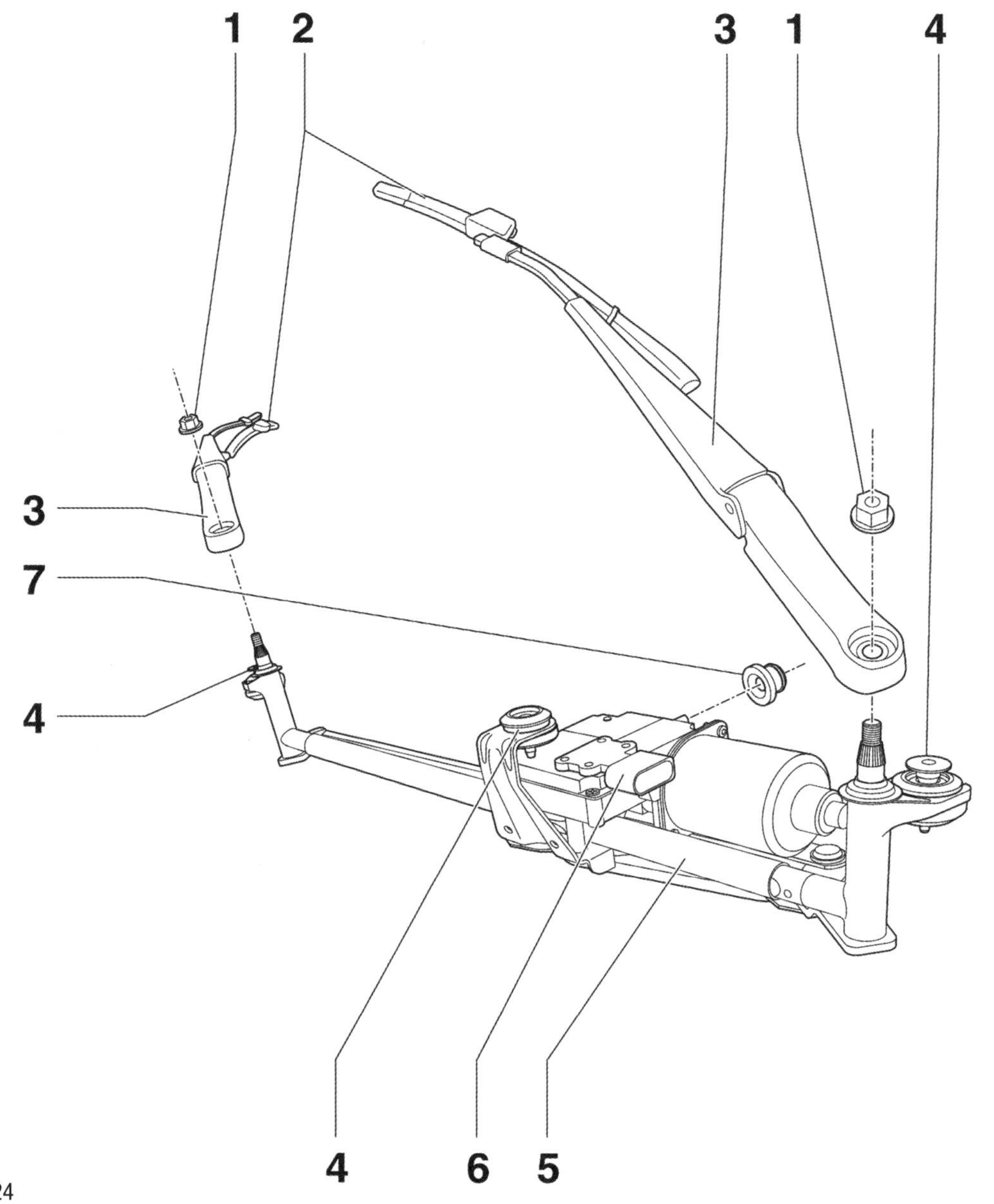

Bild 24

Bild 25
1 Druckschraube
2 Abzieher (VAG T10369/1)
3 Druckstück
4 Wischerarm

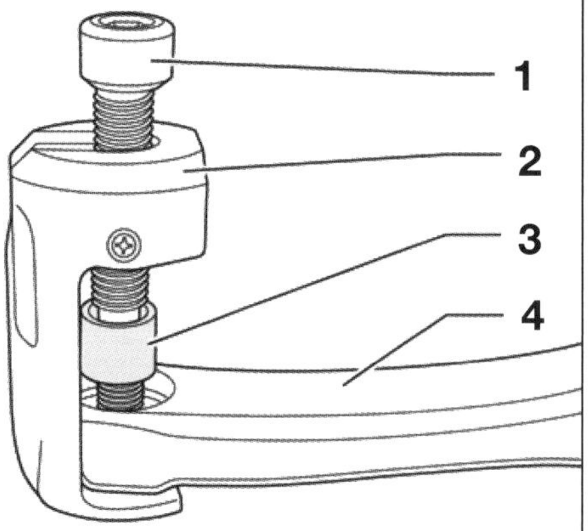

Bild 25

Der Einbau erfolgt sinngemäß in umgekehrter Reihenfolge.

- Den Wischerrahmen mit Gestänge und Wischermotor in den Wasserkasten einführen.
- Den Führungsstift des Wischerrahmens beim Einbau in die Gummitülle (7 im Bild 24) in der Stirnwand einstecken.
- Befestigungsschrauben des Wischermotorrahmens einschrauben und anziehen.
- Stecker auf den Anschluss am Wischermotor aufstecken und verrasten.
- Wasserkastenabdeckung einbauen.
- Batterie anklemmen.
- Die Wischerarme einbauen.

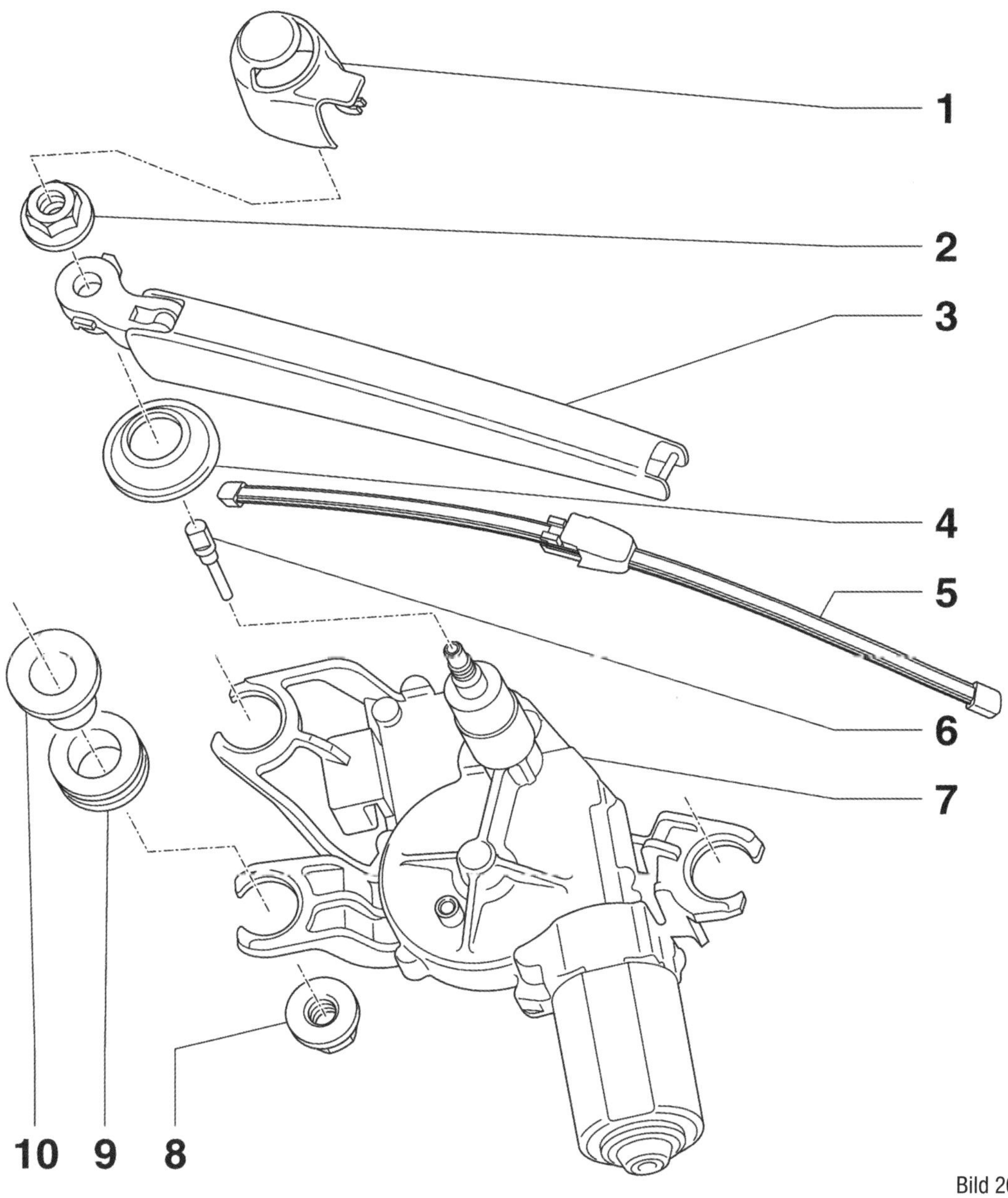

Bild 26

Bild 26
1 Abdeckkappe
2 Befestigungsmutter
3 Wischerarm
4 Dichtung
5 Wischerblatt
6 Spritzdüse
7 Motor
8 Befestigungsmutter
9 Gummiring
10 Distanzstück

## Scheibenwischermotor hinten aus- und einbauen

■ Die untere Verkleidung der Heckklappe ausbauen.
■ Stecker (3) entriegeln und abziehen (Bild 27).
■ Den Sicherungsclip an der Schlauchverbindung (1) zum Entriegeln verdrehen.
■ Schlauchverbindung vom Motor für Heckscheibenwischer abziehen.
■ Die Befestigungsmuttern (Pfeile im Bild 27) abschrauben.
■ Den Motor für Heckscheibenwischer (2) vorsichtig von der Heckklappe abziehen.

Der Einbau erfolgt sinngemäß in umgekehrter Reihenfolge.
■ Den korrekten Sitz der Dichtung in der Öffnung der Heckscheibe kontrollieren. Die Markierung der Dichtung muss mit der Markierung der Heckscheibe übereinstimmen.
■ Alle Schraubverbindungen anziehen.

**Wischerarm demontieren**
■ Zündung und alle elektrischen Verbraucher ausschalten und den Zündschlüssel abziehen.
■ Abdeckkappe des Heckscheibenwischers hochklappen und aufgeklappt gerade abziehen.

Sichtprüfung Messen

Bild 27
1 Schlauchverbindung
2 Motor
3 tecker
Pfeile: Befestigungsschrauben

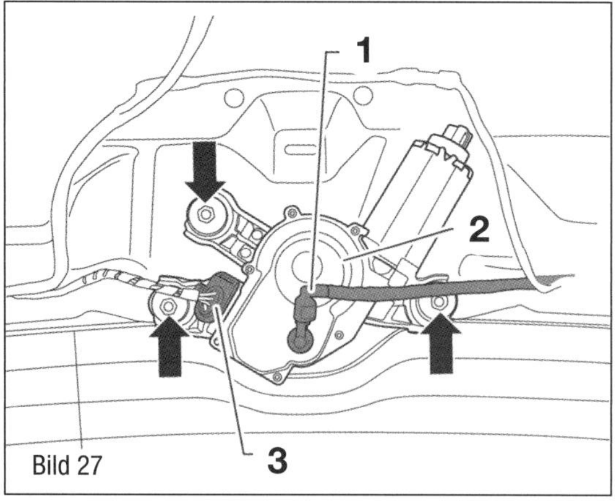

Bild 27

■ Die Befestigungsmutter (2 im Bild 26) lösen, ohne sie ganz abzuschrauben.
■ Den Wischerarm hochklappen und durch seitliche Bewegungen vom Konus lösen.
■ Die Befestigungsmutter abschrauben und den Wischerarm abnehmen.

Der Einbau erfolgt sinngemäß in umgekehrter Reihenfolge.
■ Um den Wischerarm in die Endablage zu fahren, den Heckscheibenwischer bei eingeschalteter Zündung ein- und wieder ausschalten.

Bild 28
Abstandsmaß der Scheibenwischer auf der Fahrerseite.

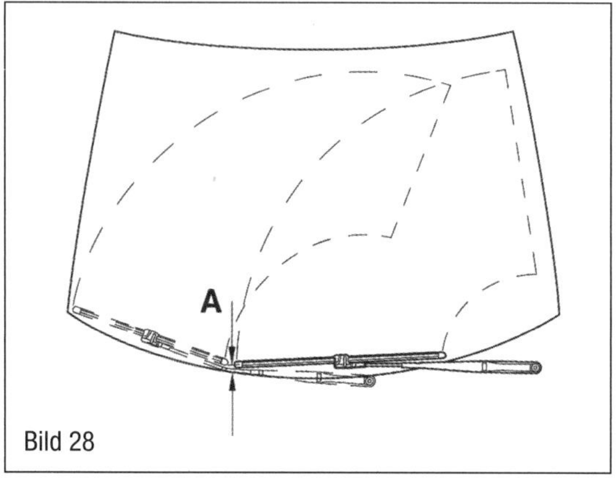

Bild 28

Bild 29
Abstandsmaß der Scheibenwischer auf der Beifahrerseite.

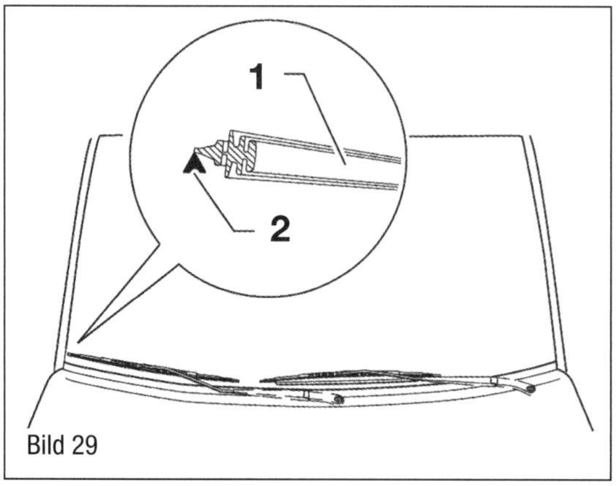

Bild 29

■ Zündung und alle elektrischen Verbraucher ausschalten und den Zündschlüssel abziehen.
■ Den Wischerarm in der ungefähren Endablage auf die Wischerarmwelle aufstecken und die Befestigungsmutter handfest aufschrauben.

## Endlage der Scheibenwischerblätter

**Wischerblätter vorne**
■ APS-Funktion deaktivieren.
■ Die Wischer in die Endablage laufen lassen und anschließend die Zündung ausschalten.
■ Einstellung der Scheibenwischerblätter-Endablage vornehmen.

*Fahrerseite*:
☞ Das angegebene Einstellmaß für die Scheibenwischerblätter-Endablage (A) wird auf der Fahrerseite zwischen der Mitte der Wischerblattspitze und der Oberkante der Wasserkastenabdeckung gemessen und eingestellt. Der Abstand (A) zwischen der Spitze der Wischerlippe und der Oberkante der Wasserkastenabdeckung muss 10 mm betragen (Bild 28).
■ Die Scheibenwischerblätter-Endablage gegebenenfalls durch Versetzen des Wischerarms einstellen.

*Beifahrerseite:*
Aufgrund der Frontscheibenform im Einstellbereich wird auf der Beifahrerseite die Mitte der Wischerblattspitze auf einen Pfeil an der Frontscheibe ausgerichtet.
■ Die Mitte der Wischerblattspitze (1 im Bild 29) auf den Pfeil auf der Frontscheibe (2) ausrichten.
■ Die Scheibenwischerblätter-Endablage gegebenenfalls durch Versetzen des Wischerarms einstellen.

## Sensor für Regen- und Lichterkennung aus- und einbauen

Der Sensor für Regen- und Lichterkennung ist konstruktiv so ausgelegt, dass er wieder verwendet werden kann. Voraussetzung für die Wiederverwendung ist, dass das Koppelkissen keine Beschädigung aufweist (prüfen!).

Den ausgebauten Sensor für Regen- und Lichterkennung bis zum Wiedereinbau staubfrei lagern und darauf achten, dass das Silikon-Koppelkissen nicht verschmutzt. Wird ein Regensensor ausgetauscht und durch einen Regensensor mit einer anderen Teilenummer ersetzt, muss der Regensensor mit dem Diagnosetester codiert werden. Die Regensensoren können nicht wahlweise verbaut werden. Den richtigen Regensensor anhand des ETKA (Elektronischer Teilekatalog) bestimmen (lassen).

- Zündung und alle elektrischen Verbraucher ausschalten und den Zündschlüssel abziehen.
- Innenspiegel ausbauen.
- Stecker vom Sensor für Regen- und Lichterkennung (1 im Bild 30) abziehen.
- Den Sensor für Regen- und Lichterkennung mit einem geeigneten Schlitzschraubendreher an der Aussparung (3) aus der Halteplatte (2) vorsichtig heraushebeln.

Beim Ausbau ist darauf zu achten, den kompletten Sensor für Regen- und Lichterkennung und nicht nur die Oberschale des Sensors abzuhebeln.

Der Einbau erfolgt sinngemäß in umgekehrter Reihenfolge.

Die Oberfläche der Frontscheibe, innerhalb der Halterung für den Sensor für Regen- und Lichterkennung, ist vor dem Einbau gründlich zu reinigen. Eventuell auf der Scheibe anhaftende Reste des Koppelkissens sind restlos zu entfernen. Die Oberfläche (Koppelkissen) des Sensors darf beim Einbau nicht verschmutzt oder beschädigt sein. Ein Sensor mit beschädigtem Koppelkissen ist zu ersetzen.
Ist die Oberfläche (Koppelkissen) des Sensors verschmutzt, kann sie eventuell durch »Aufkleben« und anschließendem »Abziehen« eines oder mehrerer Klebestreifen gereinigt werden.

- Die Frontscheibe innerhalb der Halteplatte gründlich reinigen, Halteplatte für Innenspiegel mit Regensensor ankleben.
- Ggf. die Schutzkappe des neuen Sensors entfernen.
- Den Sensor in die Halteplatte an der Frontscheibe (2) einsetzen und festdrücken.

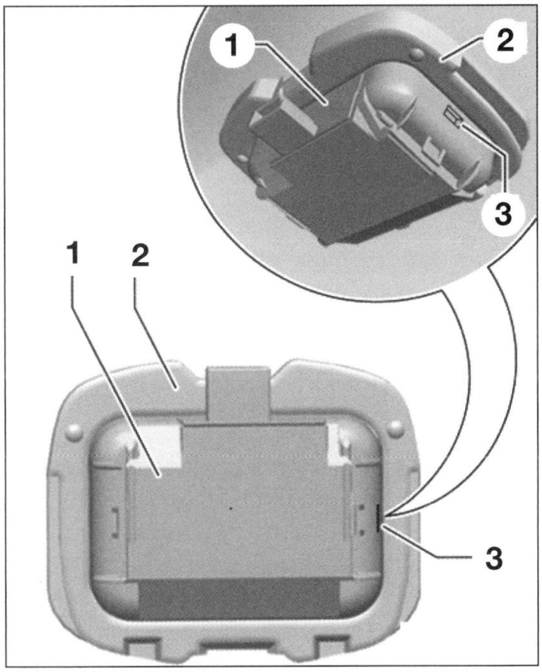


Bild 30
1 Sensor für Regen- und Lichterkennung
2 Halteplatte an der Frontscheibe
3 Aussparung

Auch bei korrektem Einbau des Sensors können sich zunächst kleinere Luftblasen zwischen Frontscheibe und Koppelkissen befinden. Nach ca. 10 Minuten muss die Kontaktfläche blasenfrei sein.

- Stecker aufstecken und den Regensensor durch den Einbau der Leitungsabdeckung sichern.
- Innenspiegel einbauen.
- Ggf. den Sensor für Regen- und Lichterkennung codieren.

## Waschdüsen vorne

### Spritzdüsen vorne ausbauen

- Die Düse zuerst nach oben drücken (Pfeil A im Bild 31) und anschließend nach hinten aus der Klappe herausziehen (Pfeil B).
- Den Schlauchclip entriegeln und die Schlauchverbindung von der Spritzdüse abziehen.
- Bei Fahrzeugen mit beheizbaren Spritzdüsen den Stecker entriegeln, abziehen und die Spritzdüse abnehmen.

*Montage*

- Stecker auf die Spritzdüse aufstecken und verrasten.
- Schlauchverbindung auf die Spritzdüse aufstecken und den Schlauchclip verriegeln.
- Die Spritzdüse oben beginnend in die Einbauöffnung stecken, bis sie hörbar verrastet.
- Spritzdüsen einstellen.

Sichtprüfung Messen

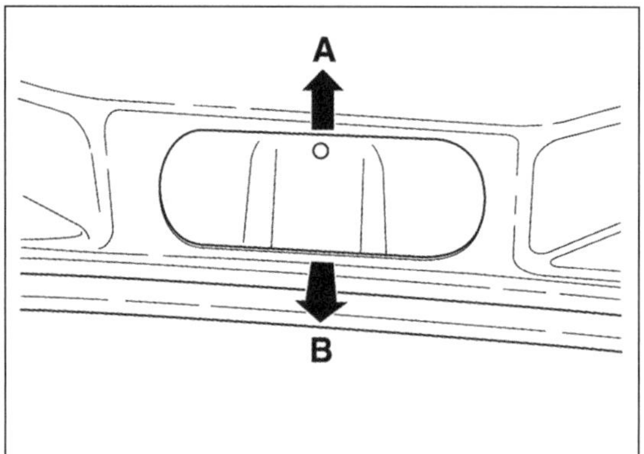


Bild 31
Bewegungsrichtungen beim Ausbau der Spritzdüse.

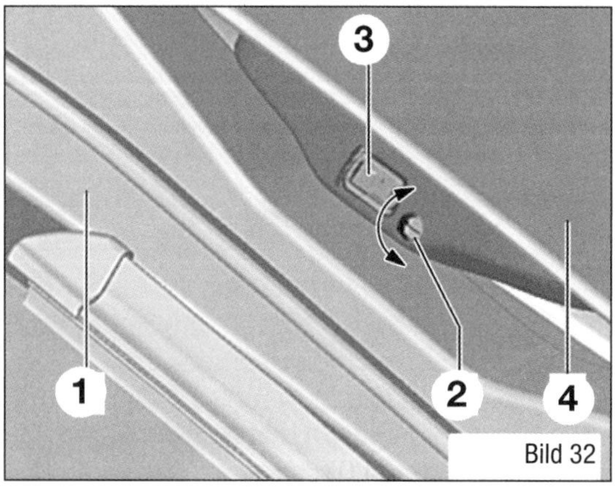


Bild 32
1 Windlaufblech vor der Frontscheibe
2 Einsteller
3 Fächerdüse
4 Motorhaube

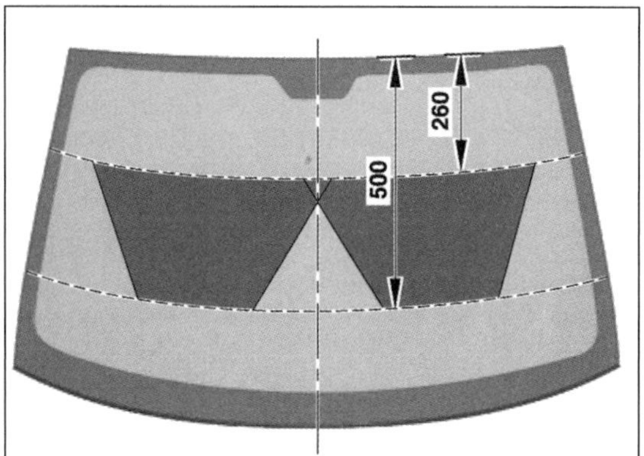


Bild 33
Sprühfeld für die Fächerstrahldüse.

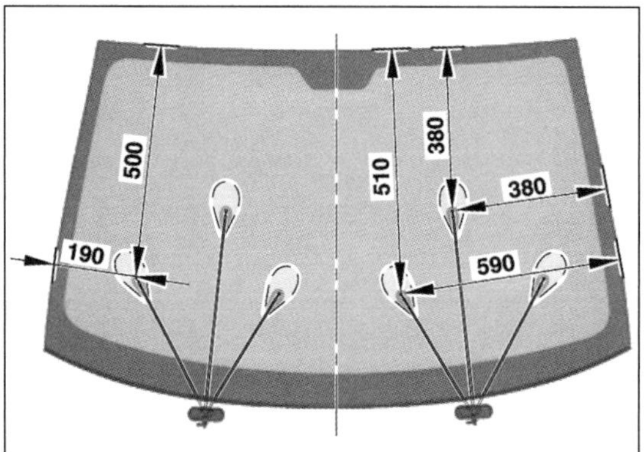


Bild 34
Einstellen der Düsen.

**Spritzdüsen vorne einstellen**
Im Falle eines ungleichmäßigen Spritzfeldes durch Verunreinigungen in der Spritzdüse ist die Spritzdüse auszubauen und entgegen der Spritzrichtung mit Wasser durchzuspülen. Das anschließende Durchblasen entgegen der Spritzrichtung mit Druckluft ist zulässig.

⚠ Keine Gegenstände zum Reinigen der Spritzdüsen verwenden!

*Fächerstrahldüsen*
Die Spritzdüsen sind voreingestellt. Es können aber kleine Höhenunterschiede ausgeglichen werden.

- Liegen die beiden Spritzfelder nicht auf gleicher Höhe, Spritzrichtung wie folgt nach oben bzw. unten korrigieren (Bild 33).
- Die Spritzdüse (3) durch Verdrehen am Einsteller (2) mit einem Schraubendreher verstellen. »Im Uhrzeigersinn« erfolgt Verstellung tiefer. »Gegen Uhrzeigersinn« erfolgt die Verstellung höher.
- Spritzbild in den dunklen Bereich verstellen (Bild 33). Die Werte für die obere und untere Grenze sind in »mm« angegeben und dienen als Orientierung.

*Kugelstrahldüsen*

- Die Düsen nach dem im Bild 34 dargestellten Schema einstellen. Die Werte für die Düsen sind in »mm« angegeben und dienen als Orientierung.
- Die Maße können gespiegelt werden und sind damit für Fahrer- und Beifahrerseite gültig.

## Waschdüse hinten

**Spritzdüsen hinten ausbauen**

- Wischerarm in die Endablage laufen lassen.
- Zündung und alle elektrischen Verbraucher ausschalten und den Zündschlüssel abziehen.
- Die Abdeckkappe des Heckscheibenwischerarms hochklappen.
- Die Spritzdüse mit einer geeigneten Zange aus der Wischerarmwelle herausziehen.

*Einbauen:*

- Die Spritzdüse, mit nach oben weisender Spritzöffnung, bis zum Anschlag in die Wischerarmwelle hineinschieben.
- Spritzdüse für Heckscheibenwaschanlage einstellen.

**Spritzdüsen hinten einstellen**

■ Spritzdüse mit Einstellwerkzeug (T10127) oder Einstellwerkzeug (T40187) so einstellen (Einstellnadel), dass der Wasserstrahl auf das obere Drittel der Heckscheibe auftrifft (Bild 35).

## Spritzdüseneinstellung der Scheinwerferreinigungsanlage prüfen

Die Spritzdüsen dürfen nur auf Funktion kontrolliert, aber nicht eingestellt werden.

■ Das Abblendlicht einschalten.
■ Die Scheibenwaschanlage für die Frontscheibe betätigen.
■ Die Scheinwerfer werden gewaschen, wenn der Scheibenwischerhebel mindestens 1,5 Sekunden in »Wischstellung« gehalten wird.
Der Sprühstrahl sollte mittig auf die Scheinwerferlampen auftreffen, siehe (B) und (C) im Bild 36. Weicht das Spritzbild von den Vorgaben ab, Reparaturmaßnahme durchführen.

## Scheibenwaschanlage, Pumpe und Behälter (Scheibe und Lampen)

**Waschpumpe aus- und einbauen**

Ausstattungsabhängig kann der Einbauort der Frontscheibenwasch- und Heckscheibenwaschpumpe leicht von den Abbildungen abweichen. Der Ausbau erfolgt sinngemäß.

*Pumpe Scheibe und Scheinwerfer*

■ Zündung und alle elektrischen Verbraucher ausschalten und Zündschlüssel abziehen.
■ Radhausschale vorn links ausbauen.
Um ein vertauschtes Anschließen der Waschwasserleitungen an die Front- und Heckscheibenwaschpumpe zu verhindern, sind die Anschlüsse an der Pumpe und den Schlauchleitungen farblich codiert. Die Schlauchverbindungsstücke sind beim Einbau jeweils auf die farblich entsprechenden Pumpenanschlüsse zu stecken.

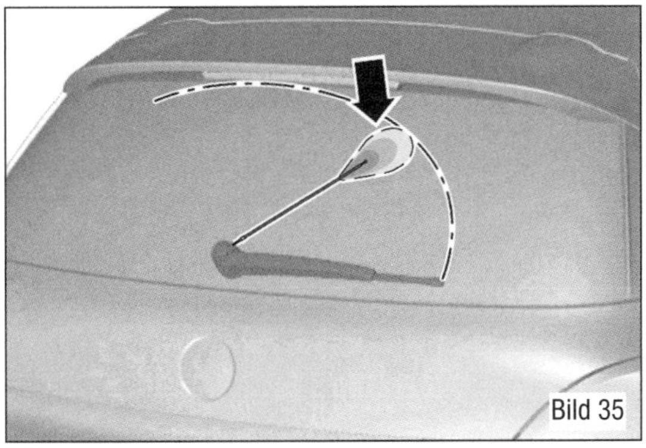

Bild 35

Bild 35
Auftreffpunkt auf der Heckscheibe.

■ Die Sicherungsclipse an den Schlauchverbindungen zum Entriegeln verdrehen und die Schlauchverbindungen von der Waschpumpe (6) abziehen.
■ Ggf. auslaufende Flüssigkeit in einem geeigneten Gefäß auffangen.

*Scheibenwaschpumpe*

■ Die Front- und Heckscheibenwaschpumpe (6 im Bild 37) nach oben aus dem Behälter (5) herausziehen.
■ Den Anschlussstecker der Front- und Heckscheibenwaschpumpe entriegeln und abziehen.

*Scheinwerferwaschpumpe*

■ Die Pumpe für Scheinwerferreinigungsanlage (6 im Bild 38) nach oben aus dem Behälter herausziehen.
■ Den Anschlussstecker der Pumpe für Scheinwerferreinigungsanlage entriegeln und abziehen.

Der Einbau erfolgt jeweils sinngemäß in umgekehrter Reihenfolge.
■ Nach Abschluss der Montagearbeiten ist immer die Scheinwerferreinigungsanlage zu entlüften.
■ Prüfen Sie nach Betätigung die Dichtheit der beiden Systeme.

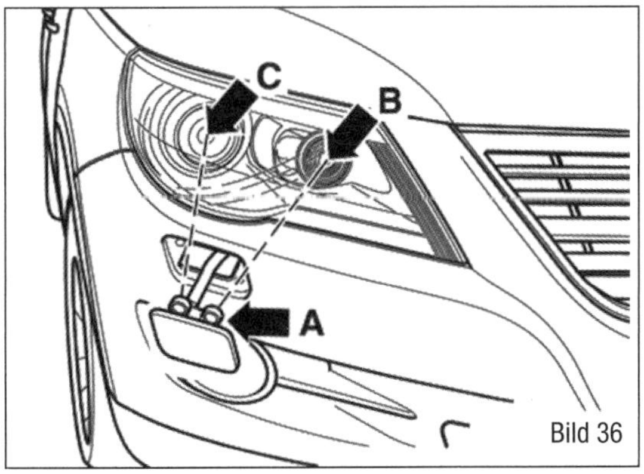


Bild 36

Bild 36
A Waschdüse
B und C Auftreffpunkt auf dem Scheinwerfer

**Scheinwerferreinigungsanlage entlüften**

■ Den Behälter für Scheibenwasch- und Scheinwerferreinigungsanlage auffüllen.

■ Motor starten.

■ Scheinwerfer einschalten.

■ Die Scheinwerferreinigungsanlage mehrmals betätigen (3 - 5 Impulse für je 3 Sekunden Dauer).

Bild 37
1 Anschlussstück
2 Winkelanschlussstück
3 Spritzdüse für Heckscheibenwaschanlage
4 Schlauch
5 Behälter für Scheibenwasch- und Scheinwerferreinigungsanlage
6 Front- und Heckscheibenwaschpumpe
7 Winkelanschlussstück

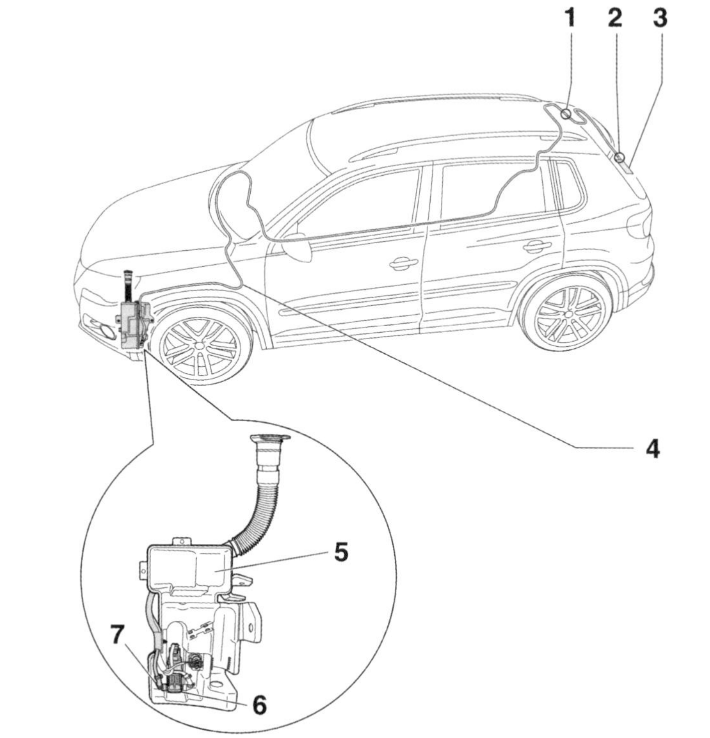

Bild 37

Bild 38
1 Spritzdüsenhalter mit Spritzdüsen rechts
2 Winkelanschlussstück
3 T-Anschlussstück
4 Spritzdüsenhalter mit Spritzdüsen links
5 Behälter für Scheibenwasch- und Scheinwerferreinigungsanlage
6 Pumpe für Scheinwerferreinigungsanlage
7 Winkelanschlussstück
8 Schlauch

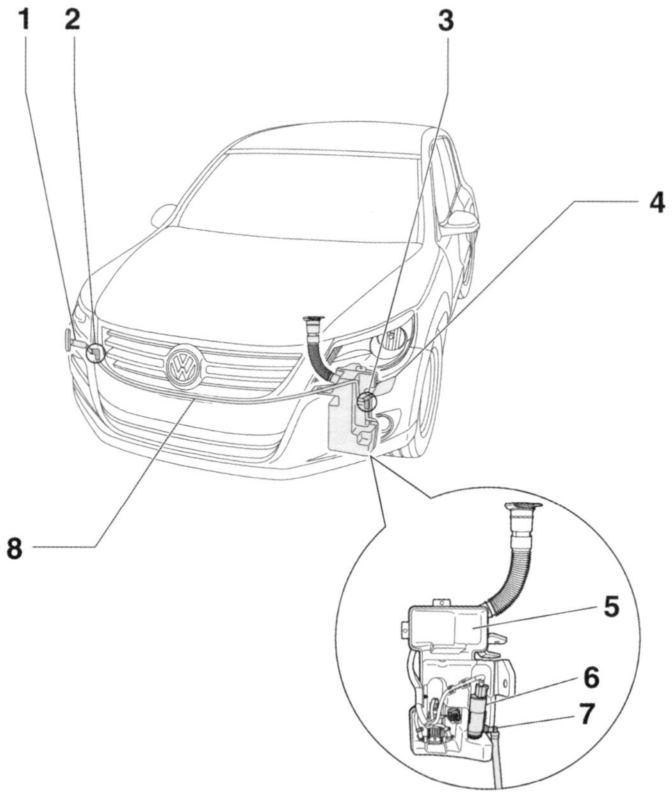

Bild 38

# 15 Stromlaufpläne

## Sicherungen und Sicherungshalter

Damit Sie die Elektrik Ihres Autos einfach, zuverlässig und sicher nutzen können, gibt es Schaltstellen, Leitungsstränge und Sicherheitsvorkehrungen. Prüfen Sie vor jeder Fehlersuche immer die verbauten Sicherungen (Bild 1). Überprüfen Sie auch, ob die Sicherungsbelegung bei Ihrem Fahrzeug identisch ist (siehe Fahrerhandbuch). Herstellerbedingt werden zwar bestimmte Belegungen ausgewählt, diese aber müssen nicht unbedingt Ihrer Variante entsprechen. Schließlich werden oft genug Ausstattungsvarianten ergänzt und erweitert. In den meisten Fällen erkennen Sie schon an der verbauten Sicherungsstärke, um welche Anschlussvariante es sich handelt. Vergessen Sie nicht, dass viele »Kleinsicherungen« durchaus im Sicherungskasten »A« zusätzlich abgesichert sein können! Solche Sicherungen werden auch »Vorsicherung« genannt. Die freien Sicherungsplätze und ihre Schaltfunktionen können sehr hilfreich bei der Erweiterung der Ausrüstung Ihres Tiguan sein.

**Die E-Box im Motorraum (SA und SB)**
Ganz links neben der Batterie. Hier sind die Halter A und B mit den Sicherungen SA und SB sowie eine Reihe von Relais untergebracht. SA bezeichnet die Plätze für die Vorsicherungen an der Stirnseite. SB beinhaltet kleinere Vorsicherungen und einige Relaissteckplätze.

**Sicherungsträger im Fußraum (SC)**
In der Schalttafel links (Fahrerseite) sitzt der Sicherungshalter C (Sicherungen SC). Er ist für die erste Überprüfung bei Störungen der elektrischen Anlage besonders wichtig, weil er die meisten jener Stecksicherungen enthält, die schnell zugänglich sein müssen. Dieser Sicherungshalter wird nach Abheben einer Abdeckung von der Stirnwand der Schalttafel zugänglich. Kunststoff-Demontagekeil oder einen kleinen Flachschraubendreher verwenden!
Die genaue Sicherungsbelegung ist von der Fahrzeugausstattung abhängig. Ein Schema ist als Aufkleber oder lose bei den Sicherungshaltern zu finden. Wir verweisen auf die aktuelle Belegungslisten in der Fahrzeugbedienungsanleitung. Sicherungen sind nach Steckplätzen nummeriert. Angegeben sind abgesicherter Verbraucher und der Stromstärke-Wert (in A), durch Farbe markiert.

**Sicherungen im Sicherungshalter SA ausbauen**

- Batterie abklemmen.
- Die Sicherungsbügel (1 im Bild 2) in Pfeilrichtung schieben und den Deckel der E-Box (2) nach oben abnehmen.
- Die Zuordnung der angeschlossenen Leitungen zu den Anschlusspunkten an der E-Box markieren.

⚠ Elektrische Bauteile, die über die Mehrfachsicherung abgesichert sind, z. B. die elektromechanische Servolenkung, können ausfallen!

- Die Sechskantmuttern (1) abschrauben.
- Abdeckungen der Leitungsführungen an der E-Box (3) in Pfeilrichtung öffnen (Bild 3).
- Leitungen von den Anschlussbolzen abnehmen.

⚠ Die Mehrfachsicherung wird beim Lösen der Sechskantmuttern der Leitungsanschlüsse beschädigt! Sie muss nach jedem Lösen der Anschlüsse ersetzt werden.

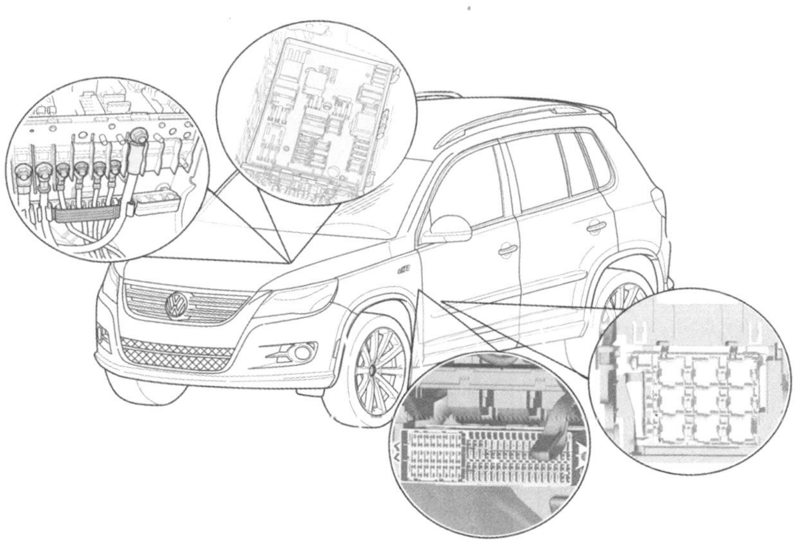

Bild 1

Bild 1
1 Relaisträger
SA Vorsicherungsträger
SB Vorsicherungen und Relais im Motorraum
SC Sicherungen im Fußraum am Bordnetzsteuergerät mit Relaisträger.

Sichtprüfung Messen

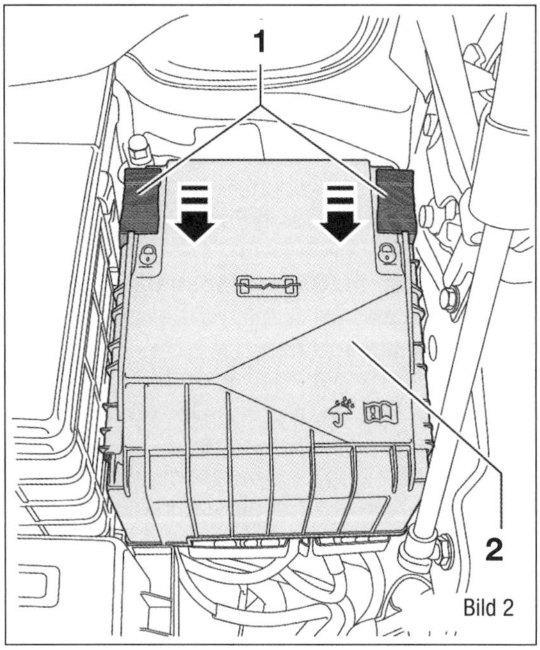


Bild 2
1 Sicherungsbügel
2 Deckel E-Box

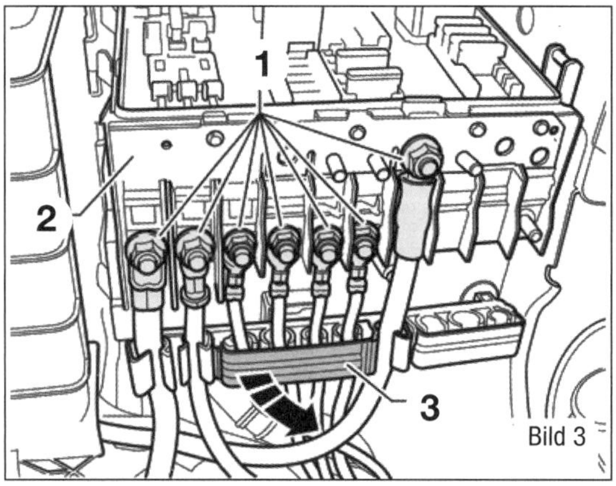


Bild 3
1 Sechskantmuttern
2 E-Box
3 Leitungsführungen

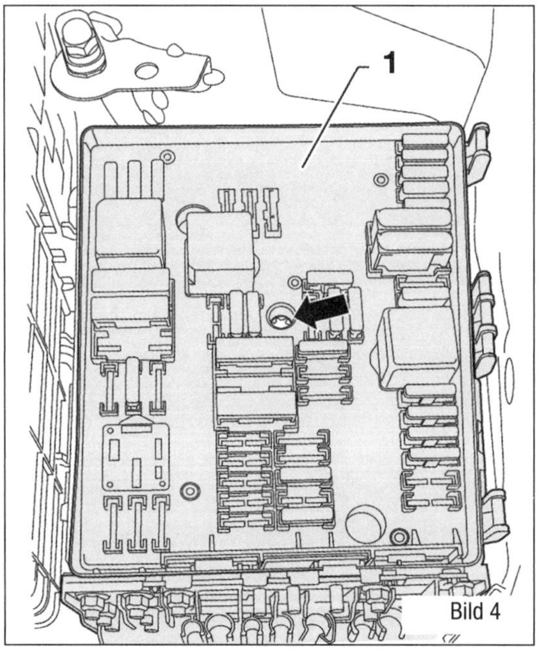


Bild 4
1 E-Box
Pfeil Zentralschraube

- Leitungen aus den Leitungsführungen ausclipsen.
- Mehrfachsicherung (2) nach jedem Lösen der Sechskantmuttern (1) ersetzen.

**Sicherungshalter SB ausbauen**

- Batterie abklemmen.
- Sicherungen im Sicherungshalter SA ausbauen.
- Zentralschraube Pfeil der E-Box (1) herausschrauben. Durch das Herausschrauben der Zentralschraube Pfeil wird die E-Box (1) nach oben vom Halter der E-Box abgedrückt.
- E-Box (1) nach oben vom Halter der E-Box abziehen (Bild 4).
- Falls notwendig, das Luftfiltergehäuse ausbauen.
- Batterie ausbauen.

☞ Um das Flachkontaktgehäuse (1 in Bild 5) ausbauen zu können, müssen vorher das Luftfiltergehäuse (nur Fahrzeuge mit Dieselmotor), die Batterie und der Batterieträger ausgebaut werden.

- Befestigungsschrauben des Batterieträgers herausschrauben.
- Batterieträger aus dem Fahrzeug nehmen.
- Die Laschen am Halter der E-Box auseinanderdrücken (Pfeile B) und das Flachkontaktgehäuse (1) seitlich (Pfeil A) aus dem Halter der E-Box herausschieben (Bild 5).

*Nur Fahrzeuge mit E-Box Version »High«*

- Die Laschen am Halter der E-Box auseinanderdrücken (Pfeile C) und das Flachkontaktgehäuse (2) nach vorn (Pfeil D) aus dem Halter der E-Box herausschieben (Bild 5).

*Alle Fahrzeuge*

- Befestigungsmuttern (Pfeile im Bild 6) des E-Box-Halters (1) abschrauben.

☞ Es hängt von der Fahrzeugausstattung ab, ob der Zusatzrelaisträger verbaut ist.

- Halter der E-Box (1), unter Berücksichtigung der angeschlossenen Leitungslängen, nach oben von den Stiftschrauben abziehen.
- Zusatzrelaisträger seitlich aus dem Halter der E-Box ausclipsen.
- Den Relaisträger seitlich aus dem Halter der E-Box ausclipsen.
- Halter der E-Box aus dem Fahrzeug nehmen.

Der Einbau erfolgt sinngemäß in umgekehrter Reihenfolge

- Die Leitungen in der beim Ausbau markierten Zuordnung wieder an die E-Box anschließen.
- Die Befestigungsmuttern M5 (Schlüsselweite 8 mm) mit 4 Nm anziehen.
- Die Befestigungsmuttern M6 (Schlüsselweite 10 mm) mit 6 Nm anziehen.
- Die Zentralschraube der E-Box mit 9 Nm anziehen.
- Den Deckel auf die E-Box setzen und die Sicherungsbügel schieben, bis der Deckel verrastet ist.

**Sicherungshalter SC ausbauen**

- Zündung und alle elektrischen Verbraucher ausschalten und den Zündschlüssel abziehen.
- Blende im Fahrerfußraum ausbauen.
- Befestigungsschrauben (Pfeile im Bild 7) herausschrauben und den Sicherungshalter (1) nach unten vom Halter abziehen.

Der Einbau erfolgt sinngemäß in umgekehrter Reihenfolge.

- Den Sicherungshalter zuerst auf der rechten Seite in den Halter einhängen.
- Anschließend den Sicherungshalter auf der linken Seite bis zum Anschlag hochschwenken und mit den beiden Befestigungsschrauben festschrauben.
- Befestigungsschrauben mit dem vorgeschriebenen Anzugsdrehmoment von 4 Nm anziehen.

**Relaisträger ausbauen**

- Batterie abklemmen.
- Die Blende Fahrerseite ausbauen.
- Bordnetzsteuergerät ausbauen.
- Die Verrastungen (Pfeile A im Bild 8) entriegeln und den Relaisträger (1) unter Berücksichtigung der angeschlossenen Leitungslängen nach unten ziehen.
- Den Relaisträger (1) aus der seitlichen Führung (Pfeil B) herausschwenken.
- Alle Stecker an der Rückseite des Relaistragers (1) entriegeln und abziehen.
- Den Relaisträger (1) aus dem Fahrzeug nehmen.

Der Einbau erfolgt sinngemäß in umgekehrter Reihenfolge.

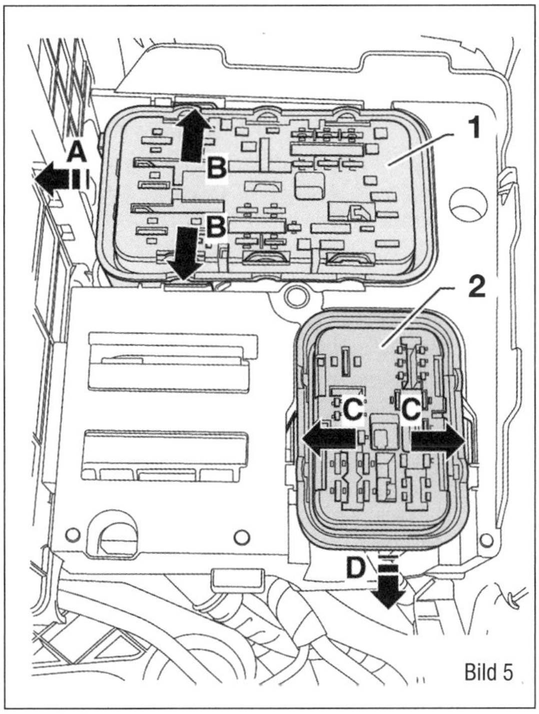

Bild 5

Bild 5
1 Flachkontaktgehäuse
2 Flachkontaktgehäuse (highline)
A Demontagerichtung
B Laschen
C Laschen
D Demontagerichtung

Bild 6

Bild 6
1 E-Box-Halter
Pfeile: Befestigungsmuttern

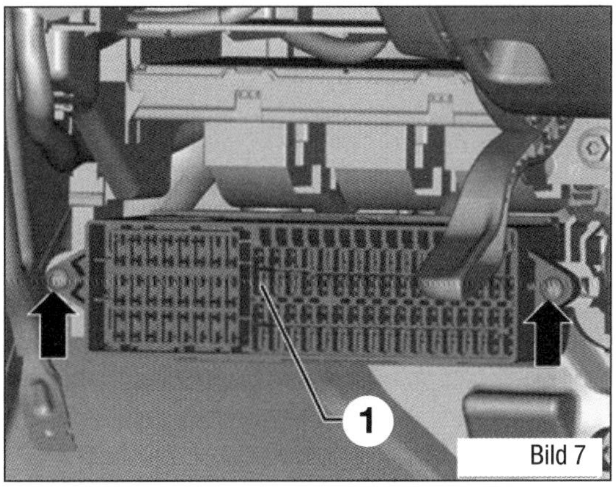

Bild 7

Bild 7
1 Sicherungshalter
Pfeile Verschraubungen

**Relaisträger am Bordnetzsteuergerät ausbauen**

- Zündung und alle elektrischen Verbraucher ausschalten und den Zündschlüssel abziehen.
- Blende im Fahrerfußraum ausbauen.
- Sicherungshalter in der Schalttafel ausbauen.
- Die beiden Verrastungen (Pfeile im Bild 9) drücken und das Bordnetzsteuergerät etwas nach unten schwenken.
- Das Bordnetzsteuergerät nach unten und entgegen der Fahrtrichtung aus dem Halter ziehen.

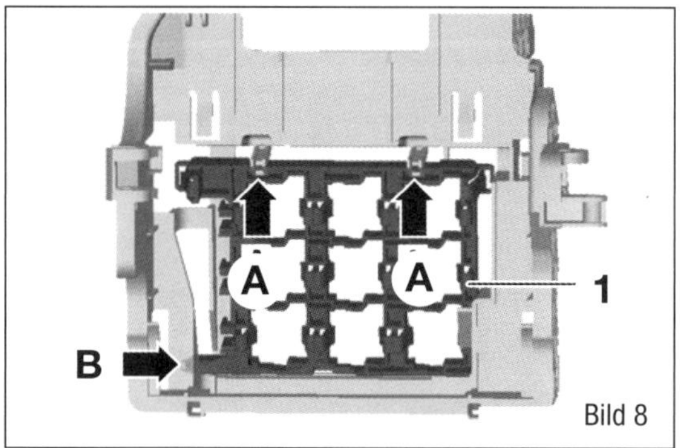


Bild 8
1 Relaisträger
A Verrastungen
B seitliche Führungen

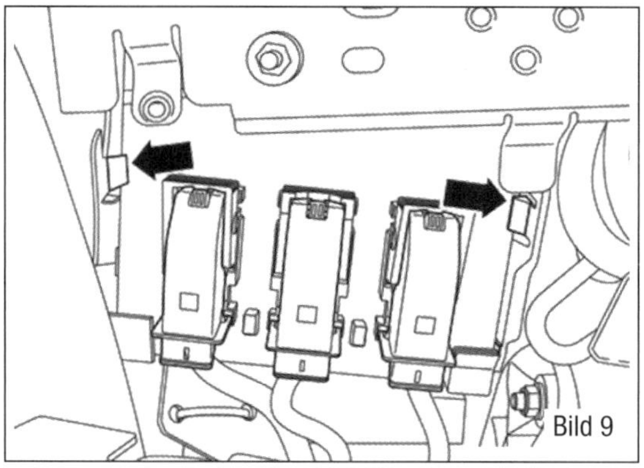

Bild 9
Pfeile stellen die Verrastungen des Bordnetzsteuergerätes heraus.

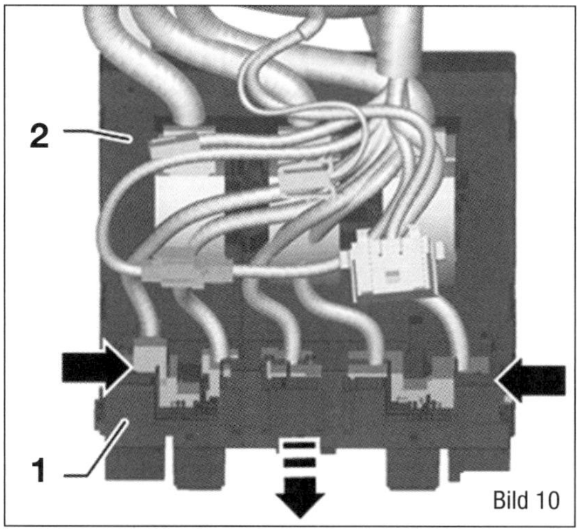


Bild 10
Rückseite.
1 Relaisträger
2 Bordnetzsteuergerät

- Das Bordnetzsteuergerät unter Berücksichtigung der angeschlossenen Leitungslängen umdrehen.
- Die beiden Verrastungen (Pfeile im Bild 10) entriegeln und den Relaisträger (1) in Pfeilrichtung vom Bordnetzsteuergerät (2) abziehen.
- Auf der Rückseite des Relaisträgers die 2 Entriegelungstasten am Relaisstecker (Pfeile im Bild 10) nach innen drücken und den Relaisstecker (1) zusammen mit seinem Relais aus dem Relaisträger (2) herausziehen.
- Diesen Vorgang nacheinander an allen ausstattungsabhängig vorhandenen Relais durchführen und anschließend den Relaisträger abnehmen.

Der Einbau erfolgt sinngemäß in umgekehrter Reihenfolge.

- Beim Einbau auf das sichere Verrasten der Relaisstecker im Relaisträger und des Relaisträgers am Bordnetzsteuergerät achten.

## Kabelfarben und Kabelquerschnitt

**Kabelfarbe**

Im Schaltplan werden die Information über die Kabelfarbe und die Kabelstärke angegeben. Die Farben werden als Kürzel dargestellt. Farbangaben in Kombination stellen Kabelkennzeichnungen mit einer Farblinie dar. Die Kabelbezeichnung sw/ws ist beispielsweise die Bezeichnung für ein schwarzes Kabel mit einer weißen Linie. Die Grundfarbe des Kabels wird immer zuerst genannt.

| Kürzel | Farbe |
|---|---|
| ws | weiß |
| sw | schwarz |
| ro | rot |
| br | braun |
| gn | grün |
| bl | blau |
| gr | grau |
| li | lila |
| ge | gelb |
| or | orange |
| rs | rosa |

**Kabelquerschnitt**
Auch der Kabel(Leitungs-)querschnitt ist im Schaltplan angegeben. Er wird durch eine Zahl über der Angabe der Kabelfarbe dargestellt. Beim Suchen der entsprechenden Anschlusskabel kann das die Arbeit sehr erleichtern.

## Massepunkte am Tiguan

### Massepunkte im Motorraum (Bild 11)

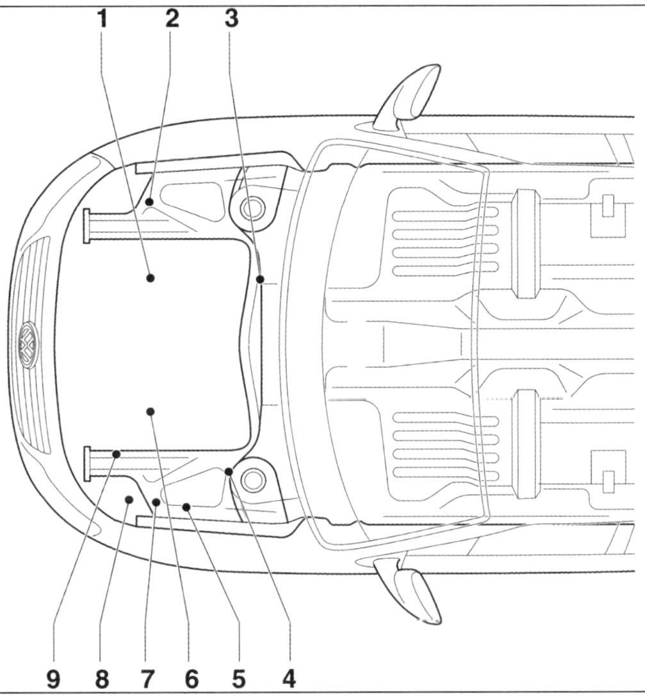

Bild 11

Bild 11
1 (15) Massepunkt am Zylinderkopf
2 (13) Massepunkt im Motorraum rechts
3 10) Massepunkt im Wasserkasten
4 1) Masseband Batterie – Aufbau
5 29) Massepunkt, Nähe Batterie
6 (18) Massepunkt am Motorblock
7 640) Massepunkt 2 im Motorraum links
8 (12) Massepunkt im Motorraum links
9 (671) Massepunkt 1 am Längsträger vorn links

### Massepunkte im Fahrgastraum (Bild 12)

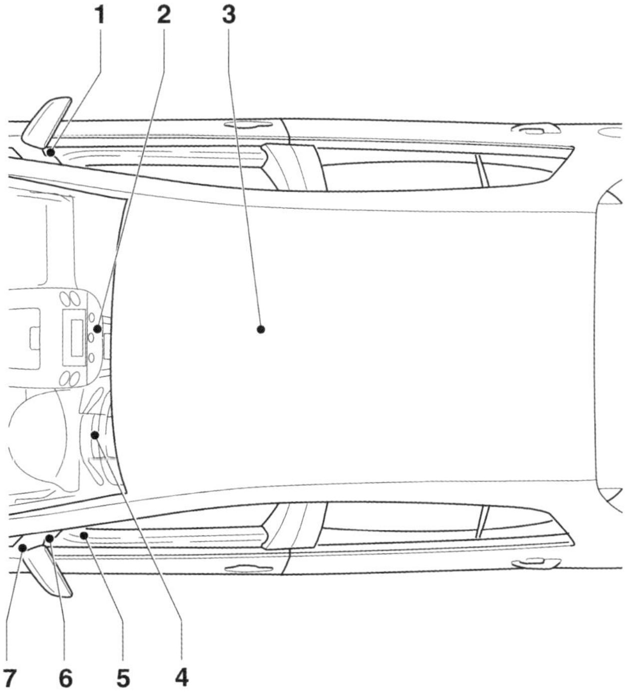

Bild 12

Bild 12
1 (43) Massepunkt Säule A rechts unten
2 (687) Massepunkt 1 auf dem Mitteltunnel
3 (688) Massepunkt 2 auf dem Mitteltunnel
4 (605) Massepunkt an der Lenksäule oben
5 (684) Massepunkt am Unterholm vorn links
6 (602) Massepunkt im Fußraum vorn links
7 (44) Massepunkt Säule A links unten

Sichtprüfung Messen

Bild 13
1 (690) Massepunkt am Dachrahmen hinten Mitte
2 (51) Massepunkt im Kofferraum rechts
3 (53) Massepunkt in der Heckklappe rechts
4 (61) Massepunkt an der C-Säule links

**Massepunkte im Gepäckraum (Bild 13)**

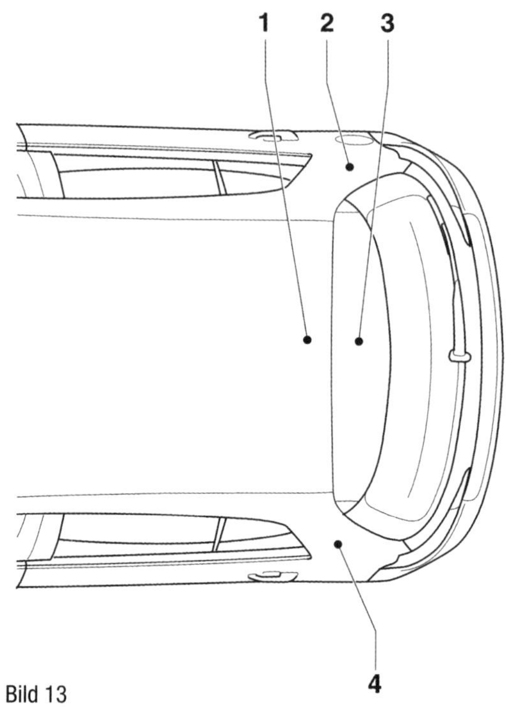


Bild 13

## Belegungen der Sicherungskästen und Relaisträger

Die Bordelektrik unterliegt wie die Schaltpläne auch im Laufe der Produktion einer stetigen Wandlung. Die Darstellung aller Varianten ist schon aus Aktualitätsgründen nicht möglich. VW weist schon zu Redaktionsschluss dieses Buches mehrere Varianten aus, so dass eine übergreifende Darstellung nicht sinnvoll ist.
Die Zuordnung ist nur über das VW-eigene Werkstattinformationssystem »Erwin« aktuell und sinnvoll möglich. Wer bei der Arbeit an einer Baugruppe die jeweiligen aktuellen Informationen zugrunde legen möchte, hat folgende Möglichkeiten:

- Man kann die Informationen aus dem Fahrzeugbordbuch entnehmen
- Kann sie direkt bestellen und kaufen über https://erwin.volkswagen.de/erWinVW/
- oder per E-Mail: VWBestell@Bertelsmann.de
- oder per Post: Volkswagen Distributions-Service arvato logistics services, Friedrich Menzefricke Straße 16-18 33775 Versmold.

## Kabelinstandsetzungsarbeiten

**Reparatur von Airbag- und Gurtstrafferleitungen**
Das Airbag- und Gurtstraffersystem kann ausfallen. Fehlerhafte Reparaturen am Airbag- und Gurtstrafferleitungsstrang können zur Fehlfunktion des Insassenschutzes führen. Bei Reparaturen am Airbag- und Gurtstrafferleitungsstrang dürfen nur die dafür vorgesehenen Kontakte, Stecker und Leitungen verwendet werden. Leitungen des Airbag- und Gurtstrafferleitungsstrangs dürfen nur mit dem Leitungsstrang-Reparaturset (VAS 1978 B) und den Vorgängern repariert werden.

⚠ Bei Reparaturen an Leitungen des Airbag- und Gurtstraffersystems dürfen maximal zwei Reparaturstellen ausgeführt werden (Bild 14). Reparaturstellen erhöhen den elektrischen Widerstand in der Leitung und können Fehler in der Eigendiagnose des Systems auslösen. Bei Reparaturen am Airbag- oder Gurtstrafferleitungsstrang müssen die Quetschverbinder grundsätzlich geschrumpft werden, um Korrosion zu verhindern.

☞ Wickeln Sie die Reparaturstelle nicht wieder in den fahrzeugeigenen Leitungsstrang ein und kennzeichnen Sie die Reparaturstelle gut sichtbar mit gelbem Isolierband. Reparaturen im Bereich von Airbag oder Gurtstraffer sollten maximal 30 cm vom nächsten Kontaktgehäuse entfernt ausgeführt werden. Zusammen mit der Kennzeichnung durch das gelbe Isolierband ermöglicht diese Vorgehensweise einen schnellen Überblick über vorangegangene Reparaturen. Die Leitungen zu den Auslöseeinheiten (Airbags) haben in der Serie die Verdrillung mit der Schlaglänge 20 mm ± 5. Diese Schlaglänge ist für die Serienfertigung über Normteilnummern für die Leitungspaare sichergestellt und muss bei den Reparaturlängen der verdrillten Leitungen zwingend eingehalten werden. Bei Reparaturarbeiten müssen die Leitungen zu den Auslöseeinheiten (Airbags) die gleiche Länge aufweisen. Beim Verdrillen der Leitungen (1) und (2) muss die Schlaglänge von A = 20 mm ± 5 zwingend eingehalten werden. Es darf dabei kein Leitungsstück, zum Beispiel im Bereich von Quetschverbindern (Pfeil), größer als B = 100 mm ohne Verdrillung der Leitungen entstehen (Bild 15).

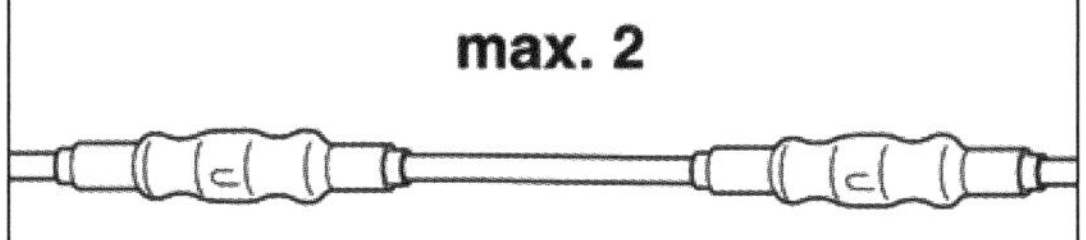


Bild 14

Bild 14
Reparaturstelle mit Abdichtung.

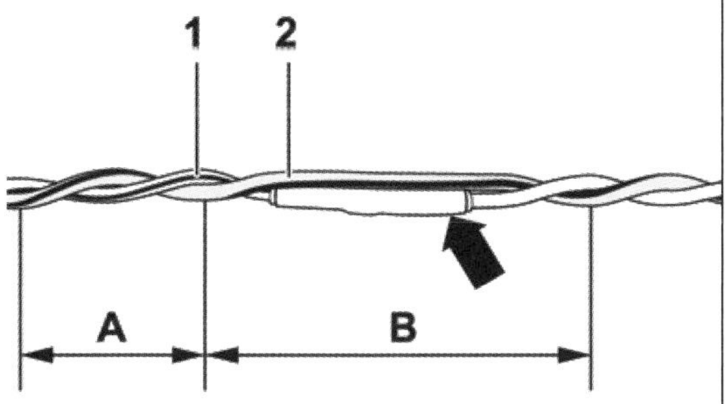


Bild 15

Bild 15
Verdrillen der Leitungen.

**Reparaturmöglichkeiten CAN-Bus**
Als CAN-Busleitung wird eine ungeschirmte Zweidrahtleitung (1) und (2) mit einem Querschnitt von 0,35 mm 2 oder 0,5 mm 2 verwendet. Die Farbcodierungen der CAN-Busleitungen entnehmen Sie der folgenden Tabelle:

| | |
|---|---|
| CAN-High-Leitung, Antrieb | orange/schwarz |
| CAN-High-Leitung, Komfort | orange/grün |
| CAN-High-Leitung, Infotainment | orange/violett |
| CAN-Low-Leitung, (alle) | orange/braun |

Die Reparatur von CAN-Busleitungen kann sowohl mit Reparaturleitung in passendem Querschnitt als auch mit den gedrillten Leitungen »grün/gelb« bzw. »weiß/gelb« aus dem elektronischen Teilekatalog ausgeführt werden. Bei Reparaturarbeiten (wie im Bild 14) müssen beide Busleitungen die gleiche Länge aufweisen. Beim Verdrillen der Leitungen (1) und (2) muss die Schlaglänge von A – 20 mm eingehalten werden. Es darf dabei kein Leitungsstück, zum Beispiel im Bereich von Quetschverbindern (Pfeil), größer als B = 50 mm ohne Verdrillung der Leitungen entstehen (Bild 15). Versehen Sie die Reparaturstelle mit gelbem Klebeband, um eine vorangegangene Reparatur zu kennzeichnen.

## Messgeräte und Diagnosetester

**Geeignete Messmittel in der Elektrik**
Verwenden Sie nur geeignete Messmittel wie Multimeter und Mess- und Prüfsysteme. Prüflampen mit Glühlampe können Schäden in der Elektronik verursachen und können zudem keine Messwerte ausgeben.

**Vorgaben zur Diagnose am Fahrzeug**
Vor unseren Hinweisen zum Umgang mit den Stromlauf- oder Schaltplänen möchten wir, weil dazu ein enger Zusammenhang besteht, nochmals kurz auf das Fahrzeugdiagnose-, Mess- und Informationssystem eingehen.

⚠ Wird das Diagnose- und Informationssystem während einer Prüf- oder Messfahrt im Aktionsbereich eines Airbags deponiert, besteht im Falle einer Airbag-Auslösung das Risiko von schweren bis tödlichen Verletzungen! Deshalb zu Prüf- oder Messfahrten stets einen Helfer mitnehmen, der auf einem Rücksitz das System bedient. Zum Anschließen des Diagnose- und Testsystems schreibt Volkswagen folgendes Vorgehen vor:

- Die Handbremse anziehen. Fahrzeug mit einem Erhaltungsladegerät versehen (Batterie laden).
- Bei Fahrzeugen mit Automatikgetriebe den Wählhebel in die Stellung »P« oder »N« bringen.
- Bei Fahrzeugen mit Schaltgetriebe den Schalthebel in die Leerlaufstellung bringen.
- Den Fahrzeugdiagnosetester bei ausgeschalteter Zündung mit der Diagnoseleitung am Diagnoseanschluss des Fahrzeugs anschließen.
- Die Zündung einschalten.
- Alle elektrischen Verbraucher ausschalten.

## Schaltpläne

**Zum Gebrauch der Stromlaufpläne**

Die Bordelektrik wird in Aufbau und Vernetzung durch Stromlaufpläne (auch Schaltpläne genannt) dargestellt, die für den Tiguan in gedruckter Form schon in der Grundausführung 1500 Seiten umfassen, also einen Ordner von ganz beträchtlichem Umfang füllen. Das Schaltplanangebot enthält neben den einzelnen Stromlaufplänen für die Basisausstattung, die Elektrik für jeden einzelnen Motor bis hin zu Sonderausstattungen (z. B. für Climatronic, Dämpfersteuerung, Einparkhilfe, Rückfahrkamera oder Autogasbetrieb) auch zeitliche Überarbeitungen. Es macht sachlich wenig Sinn und der begrenzte Umfang dieses Buches lässt das auch nicht zu, einzelne Stromlaufpläne aus der Fülle herauszugreifen und in diesem Ratgeber darzustellen.
Wer bei der Arbeit an einer Baugruppe die jeweiligen aktuellen Schaltplan zugrunde legen möchte, hat folgende Möglichkeiten:

- Man kann die Informationen aus dem Fahrzeugbordbuch entnehmen
- Kann sie direkt bestellen und kaufen über https://erwin.volkswagen.de/erWinVW/
- oder per E-Mail: VWBestell@Bertelsmann.de
- oder per Post: Volkswagen Distributions-Service arvato logistics services, Friedrich Menzefricke Straße 16-18 33775 Versmold.

Für den Umgang mit den Schaltplänen geben wir mit den folgenden Grafiken und Übersichten die grundsätzlichen Hinweise. Mit Bild 16 informieren wir über den Aufbau der Stromlaufpläne. Bild 17 soll mit den Symbolen in den Plänen vertraut machen. Die beiden Bilder 18 und 19 präsentieren die in den Stromlaufplänen verwendeten Schaltzeichen. Die Liste auf der übernächsten Seite fasst die häufig benutzten Klemmenbezeichnungen zusammen, wie wir sie im Kapitel »Elektrische Anlage« auch im Zusammenhang mit der Funktion von Sicherungen angegeben haben.

Bild 16
Aufbau der Stromlaufpläne.

A - Batterie
B - Anlasser
D - Zündanlassschalter
J519 - Steuergerät für Bordnetz
T3a - Steckverbindung, 3-fach, im Wasserkasten (grau)
T8b - Steckverbindung, 8-fach, am Steuergerät für Bordnetz (braun)
(11) Massepunkt, im Motorraum links
(A1) Plusverbindung (30a), im Schalttafelleitungsstrang
(P1) Plusverbindung (30), im Sicherungskasten

**Legende**
In allen Stromlaufplänen werden für gleiche Bauteile die gleichen Teile-Bezeichnungen verwendet, z.B. immer A für Batterie.

Bild 16

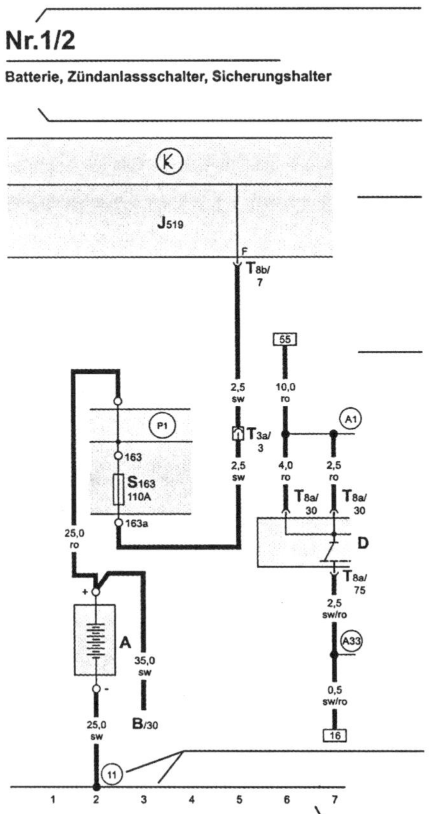


**Schaltungskomplex (funktionsorientiert mit fortlaufender Nr.)**

**Bezeichnung der auf dieser Seite dargestellten Stromkreise**

**J519 – Steuergerät für Bordnetz durch graues Feld gekennzeichnet (weiter wird dieses Steuergerät in den Stromlaufplänen nicht mehr bezeichnet)**

**Verbraucherstromkreise mit Leitungsführung**
Alle Schalter und Kontakte sind in mechanischer Ruhestellung gekennzeichnet

**Schlüssel für Leitungsfarben**

| | |
|---|---|
| ws = weiß | bl = blau |
| sw = schwarz | gr = grau |
| ro = rot | li = lila |
| br = braun | ge = gelb |
| gn = grün | or = orange |

**Fahrzeugmasse**
Zahlen in den Kreisen kennzeichnen den Einbauort (siehe Legende)

**Strompfad-Nr.**
Zum leichteren Auffinden der Verknüpfungen

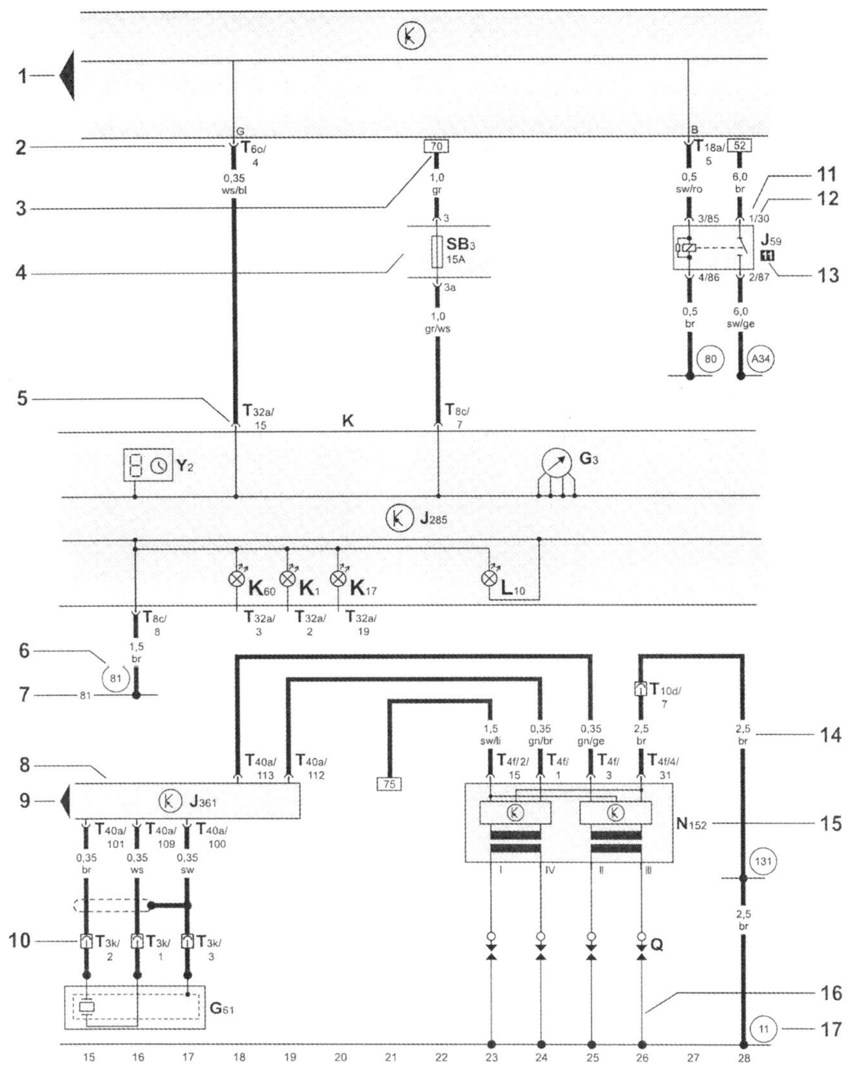

Bild 17

Bild 17

Erläuterung der Symbole in den Stromlaufplänen.

1 Der Pfeil weist auf den nächsten zum Stromlaufplan gehörenden Stromkreis hin.
2 Bezeichnung einer Steckverbindung am Steuergerät für Bordnetz. Gibt die Belegung einer Mehrfachsteckverbindung mit einer Leitung an, z. B. T60/4 - Steckverbindung T60, 6-fach, Kontakt 4.
3 Verweis auf Weiterführung der Leitung. Die Zahl im Rahmen kennzeichnet, in welchem Strompfad die Leitung weitergeführt wird.
4 Bezeichnung einer Sicherung, z. B. Sicherung Nr. 3 (15A ) im Sicherungshalter.
5 Bezeichnung einer Steckverbindung an einem Bauteil. Gibt die Bezeichnung der Mehrfachsteckverbindung, die Anzahl der Kontakte und die belegte Kontaktnummer an, z. B. T32a/15 - Mehrfachsteckverbindung T32a, 32-fach, Kontakt 15.
6 Bezeichnung für Verbindung im Leitungsstrang. Die Legende zum Stromlaufplan gibt Auskunft, in welchem Leitungsstrang sich diese nicht lösbare Verbindung (Leitungsschweißpunkt) befindet.
7 Verweis auf Weiterführung der internen Verbindung. Die Zahl kennzeichnet, wo im nächsten Stromlaufplanteil die Verbindung weitergeführt wird.
8 Schaltzeichen für ein Bauteil (siehe Bild 3).
9 Der Pfeil weist auf die Fortsetzung des Bauteils im nächsten Stromlaufplan hin.
10 Bezeichnung einer Steckverbindung im Leitungsstrang. Gibt die Bezeichnung der Mehrfachsteckverbindung, die Anzahl der Kontakte und die belegte Kontaktnummer an, z. B. T3k/2 – Mehrfachsteckverbindung T3k, 3-fach, Kontakt 2.
11 Bezeichnung einer Anschlussklemme. Klemmenbezeichnung, die auf dem Originalteil zu finden ist und/oder Kontaktnummer einer Mehrfachsteckverbindung.
12 Bezeichnung der Verbindung - am Zusatzrelaishalter. Sie kennzeichnet den einzelnen Kontakt von Relais, z. B. 30 = Kontakt 30 am Relais.
13 Relaisplatz-Bezeichnung – am Zusatzrelaishalter.
14 Leitungsquerschnitt (mm$^2$) und Leitungsfarbe (die Abkürzungen werden im Schlüssel für Leitungsfarben neben dem Stromlaufplan erläutert).
15 Teile-Bezeichnung. In der Legende zum Stromlaufplan wird erläutert, wie das Teil heißt.
16 Interne Verbindung (dünner Strich). Diese Verbindung ist nicht als Leitung vorhanden. Interne Verbindungen sind jedoch elektrisch leitende Verbindungen. Sie ermöglichen die Verfolgung des Stromverlaufes innerhalb von Bauteilen und Leitungssträngen.
17 Bezeichnung eines Massepunktes. Die Legende zum Stromlaufplan weist auf die Lage des Massepunktes im Fahrzeug hin.

Bild 18
Schaltzeichen für Stromlaufpläne 1.

## Schaltzeichen für Stromlaufpläne

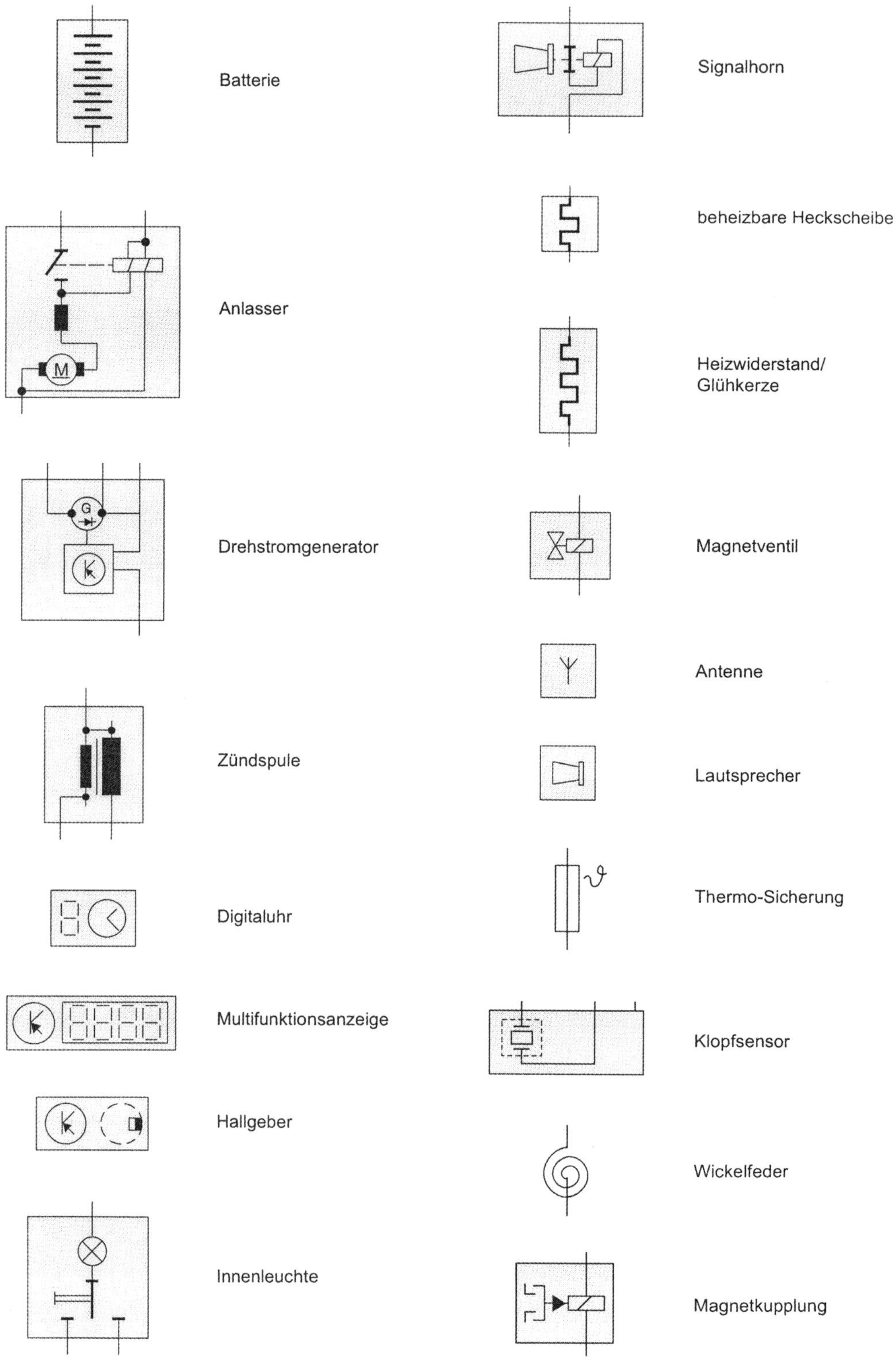


Bild 18

Bild 19
Schaltzeichen für Stromlaufpläne 2.

## Schaltzeichen für Stromlaufpläne

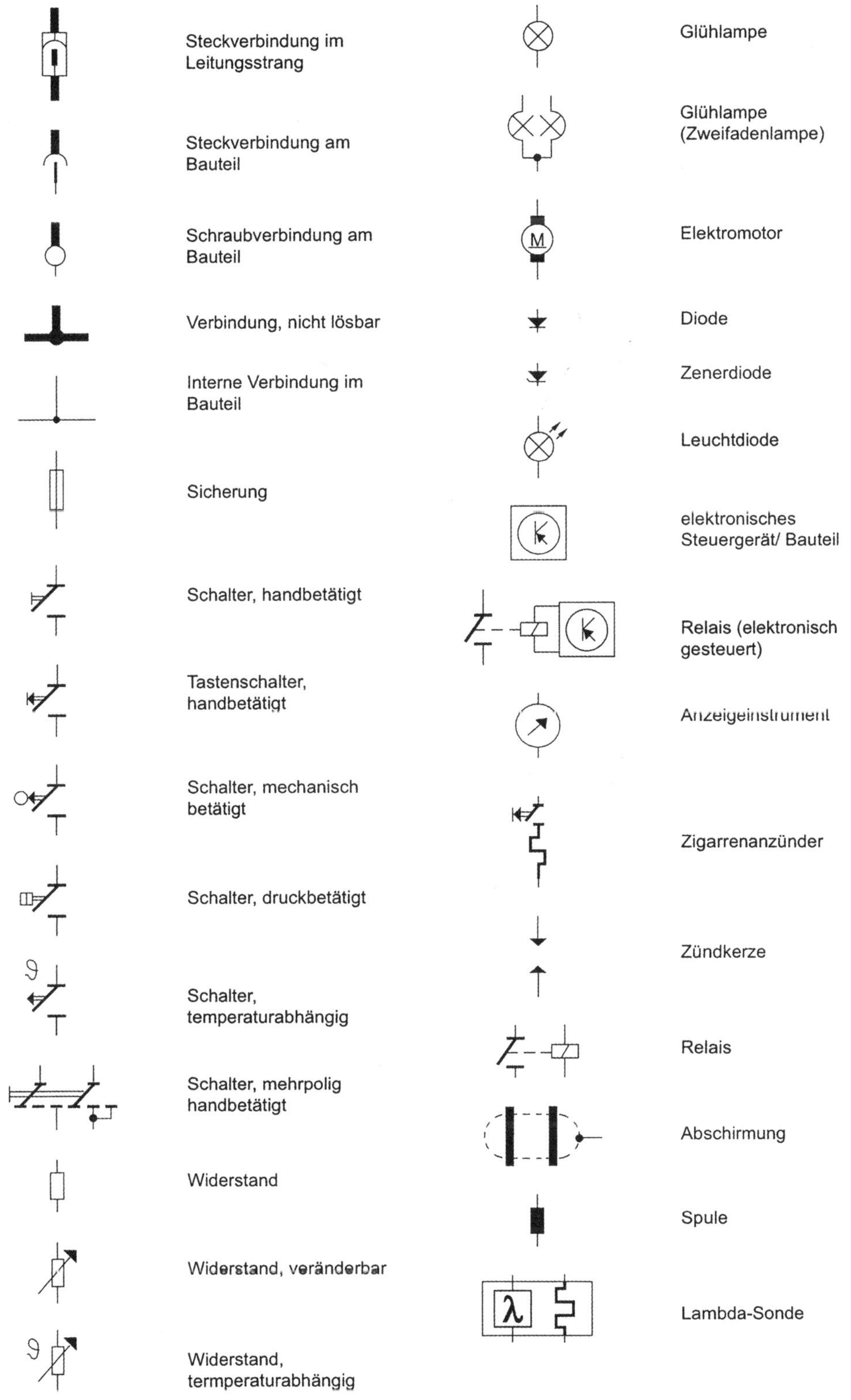


Bild 19

Bild 20
Schaltzeichen für Stromlaufpläne 1.

## Klemmenbezeichnungen

| Klemme | Bedeutung |
|---|---|
| 15 | Geschaltetes Plus hinter Batterie (Ausgangskontakt vom Zündanlassschalter) |
| 15a | Geschaltetes Plus vom Zündanlassschalter (hinter der Sicherung) |
| 30 | Ausgang direkt von Batterie Plus |
| 30a | Ausgang direkt von Batterie Plus (hinter der Sicherung) |
| 30al | Ausgeschaltetes Plus von Steuergerät für Bordnetz für Innenleuchte |
| 31 | Batterie Minus, oder Fahrzeugmasse |
| 50 | Ausgangskontakt vom Zündanlassschalter für Anlasser |
| 54 | Bremsleuchten |
| 56 | Ausgang von Lichtschalter für Abblendlicht und Fernlicht |
| 56a | Fernlicht |
| 56aL | Fernlicht links |
| 56aR | Fernlicht rechts |
| 56b | Abblendlicht |
| 56bL | Abblendlicht links |
| 56bR | Abblendlicht rechts |
| 58 | Stand-und Schlusslicht, Kennzeichenleuchte |
| 58d | Beleuchtung von Schaltern und Schalttafeleinsatz (Beleuchtungsintensität einstellen) |
| 58L | Standlicht, Schlusslicht und Parklicht links |
| 58R | Standlicht, Schlusslicht und Parklicht rechts |
| 71 | Eingang für Signalhorn |
| 75 | Ausgangskontakt vom Zündanlassschalter für Ausschalten von Verbrauchern für Entlastung der Batterie beim Anlassen |
| 75a | Ausgeschaltetes Plus hinter dem Relais für Entlastung der Batterie beim Anlassen (hinter der Sicherung) |
| 86s | Ausgeschaltetes Plus durch Zündanlassschalter beim vollständigen Herausziehen des Schlüssels aus dem Zündanlassschalter |
| 87 | Ausgangskontakt vom Kraftstoffpumpenrelais oder vom Relais für Dieseldirekteinspritzanlage |
| 87a | Ausgangskontakt vom Kraftstoffpumpenrelais oder vom Relais für Dieseldirekteinspritzanlage hinter der Sicherung |
| CAN - H, Antrieb }<br>CAN - L, Antrieb } | Datenbus zwischen Steuergeräte von Antrieb (Motor, autom. Getriebe, ABS, Diagnose-Interface für Datenbus,...) |
| CAN - H, Komfort }<br>CAN - L, Komfort } | Komfort Datenbus zwischen Steuergeräte von Komfortelektrik (Türsteuergeräte, Climatic, Steuergerät für Bordnetz, Diagnose-Interface für Datenbus,...) |
| CANH - KI }<br>CANL - KI } | Datenbus zwischen Schalttafeleinsatz und Diagnose-Interface für Datenbus |
| CAN - H, Infotainment }<br>CAN - L, Infotainment } | Datenbus zwischen Diagnose-Interface für Datenbus und Radio, Verstärker,... |
| LIN - Bus | Datenbus zwischen Steuergerät für Bordnetz, Steuergerät für Wischermotor,... |
| K-Leitung | Diagnoseleitung zwischen Steuergeräte |

Bild 20

# 16 Technische Daten

Wie vieles bei Volkswagen entstammt auch die Motorisierung durch Kombinationen aus bewährten Komponenten der Großserie. VW kennzeichnet jeden Motortyp mit drei »Kennbuchstaben« und einer sechsstelligen »laufenden Nummer«. Wurden von einem Motortyp mehr als 999.999 Triebwerke hergestellt, wird die erste der sechs Stellen durch einen Buchstaben ersetzt. So ergeben sich auch bei gleichen Motoren unterschiedliche Motornummern.

## Benzinmotoren

| **Tiguan Modellbezeichnung** | **1,4 l TSI** | **1,4 l TSI** | **1,4 l TSI** | **1,4 l TSI** |
|---|---|---|---|---|
| Motorkennbuchstaben | CAXA | BWK | CAVA, CTHA | CAVD |
| Kraftstoff (Qualität) | Benzin (95 ROZ) | Benzin (95 ROZ) | Benzin (95 ROZ) | Benzin (95 ROZ) |
| Hubraum | 1,4 l | 1,4 l | 1,4 l | 1,4 l |
| Zylinderzahl | 4 | 4 | 4 | 4 |
| Ventile pro Zylinder | 4 | 4 | 4 | 4 |
| Leistung kW bei 1/min | 90/5000 | 110/5800 | 110/5800 | 118/5800 |
| Drehmoment Nm bei 1/min | 200/1500 bis 5000 | 240/1750 bis 4000 | 240/1500 bis 4000 | 240/1750 bis 4500 |
| Einspritzsystem | Motronic MED 17 | Motronic MED 17.5.1 | Motronic MED 17.5.10 | Motronic MED 17.5 |
| Bohrung Ø mm | 76,51 | 76,51 | 76,51 | 76,5 |
| Hub mm | 75,6 | 75,6 | 75,6 | 75,6 |
| Kolbendurchmesser (Grund) | 76,460 | 76,460 | 76,460 | 76,460 |
| Kolbendurchmesser (Stufe1) | 76,71 | 76,71 | 76,71 | 76,71 |
| Kolbendurchmesser (Stufe2) | 76,96 | 76,96 | 76,96 | 76,96 |
| Laufspiel | 0,05 | 0,05 | 0,05 | 0,05 |
| Stoßspiel 1. Ring | 0,20-0,40 | 0,20-0,40 | 0,20-0,40 | 0,20-0,40 |
| Stoßspiel 2. Ring | 0,40-0,60 | 0,40-0,60 | 0,40-0,60 | 0,40-0,60 |
| Stoßspiel Ölabstreifring | 0,20-0,80 | 0,20-0,80 | 0,20-0,80 | 0,20-0,80 |
| Höhenspiel 1. Ring | 0,04-0,08 | 0,04-0,08 | 0,04-0,08 | 0,04-0,08 |
| Höhenspiel 2. Ring | 0,02-0,06 | 0,02-0,06 | 0,02-0,06 | 0,02-0,06 |
| Pleuellagerspiel Kurbelwelle | 0,02-0,06 | 0,02-0,06 | 0,02-0,06 | 0,02-0,06 |
| Lagerspiel KW-Hauptlager | 0,20 | 0,20 | 0,20 | 0,20 |
| Aufladesystem | TSI Turbocharger | TSI Twincharger | TSI Twincharger | TSI Twincharger |
| Nockenwellenantrieb | Kette | Kette | Kette | Kette |
| Ventilspiel | Hydro | Hydro | Hydro | Hydro |
| Ölfilter | Einsatz | Einsatz | Einsatz | Einsatz |
| Ölmenge mit Filter | 3,6 l | 4,0 l | 4,0 l | 4,0 l |
| Ölmenge Filter | ca. 0,5 l | ca. 0,5 l | ca. 0,5 l | ca. 0,5 l |
| Kühlmittelmenge | 5,6 l | 5,6 l | 5,6 l | 5,6 l |
| Getriebeöl_6-Gang-Schaltgetriebe | 2,3 l | 2,3 l | 2,3 l | 2,3 l |
| Getriebeöl DSG-Getriebe | G052-182 | G052-182 | G052-182 | G052-182 |
| Erstbefüllung | 7,0 l + 1 l | 7,0 l + 1 l | 7,0 l + 1 l | 7,0 l + 1 l |
| Wechsel | ca. 5,5 l | ca. 5,5 l | ca. 5,5 l | ca. 5,5 l |
| Getriebeöl Automatik-Getriebe) (Lebensdauerfüllung | ATF 7,0 l | ATF 7,0 l | ATF 7,0 l | ATF 7,0 l |
| Winkelgetriebe vorne (Allrad) | 0,9 l | 0,9 l | 0,9 l | 0,9 l |
| Getriebeöl Hinterachsgetriebe (Allrad) | Markierung | Markierung | Markierung | Markierung |
| Bremsflüssigkeit | DOT 4 | DOT 4 | DOT 4 | DOT 4 |
| Servoflüssigkeit | keine | keine | keine | keine |
| Klimaanlage Klimamittel (alle Systeme) | R134a 660g | R134a 660g | R134a 660g | R134a 660g |
| Klimaöl in $cm^3$ (Denso/Sanden/Delphi) | 140/110/110 | 140/110/110 | 140/110/110 | 140/110/110 |

Sichtprüfung Messen

| **Tiguan Modellbezeichnung** | **2,0 l TSI** | **2,0 l TSI** | **2,0 l TSI** | **2,0 l TSI** | **2,0 l TSI** |
|---|---|---|---|---|---|
| Motorkennbuchstaben | CAWA, CCZC | CCTB | CCZD | CAWB, CCTA CCZA | CCZB |
| Kraftstoff (Qualität) | Benzin (98 ROZ) | Benzin (95 ROZ) | Benzin (95 ROZ) | Benzin (95 ROZ) | Benzin (95 ROZ) |
| Hubraum | 2,0 l | 2,0 l | 2,0 l | 2,0 l | 2,0 l |
| Zylinderzahl | 4 | 4 | 4 | 4 | 4 |
| Ventile pro Zylinder | 4 | 4 | 4 | 4 | 4 |
| Leistung kW bei 1/min | 125/4300 bis 6000 | 125/5500 bis 6200 | 132/4500 bis 6200 | 147/5100 bis 6000 | 155/6200 Drehmoment |
| Nm bei 1/min | 280/1700 bis 4200 | 280/1500 bis 5000 | 280/1700 bis 5200 | 280/1700 bis 5200 | 280/1700 bis 5200 |
| Bohrung Ø mm | 82,51 | 82,5 | 82,5 | 82,5 | 82,5 |
| Hub mm | 92,8 | 92,8 | 92,8 | 92,8 | 92,8 |
| Kolbendurchmesser | 82,46 | 82,46 | 82,46 | 82,46 | 82,46 |
| Laufspiel | 0,05 | 0,05 | 0,05 | 0,05 | 0,05 |
| Stoßspiel Kompressionsring | 0,20-0,40 | 0,20-0,40 | 0,20-0,40 | 0,20-0,40 | 0,20-0,40 |
| Stoßspiel Ölabstreifring | 0,25-0,50 | 0,25-0,50 | 0,25-0,50 | 0,25-0,50 | 0,25-0,50 |
| Höhenspiel | 0,06-0,09 | 0,06-0,09 | 0,06-0,09 | 0,06-0,09 | 0,06-0,09 |
| Höhenspiel | 0,03-0,06 | 0,03-0,06 | 0,03-0,06 | 0,03-0,06 | 0,03-0,06 |
| Pleuellagerspiel Kurbelwelle | 0,2 | 0,2 | 0,2 | 0,2 | 0,2 |
| Lagerspiel KW-Hauptlager | 0,02-0,06 | 0,02-0,06 | 0,02-0,06 | 0,02-0,06 | 0,02-0,06 |
| Aufladesystem | TSI Turbocharger | TSI Turbocharger | TSI Turbocharger | TSI Turbocharger | TSI Turbocharger |
| Nockenwellenantrieb | Kette | Kette | Kette | Kette | Kette |
| Ventilspiel | Hydro | Hydro | Hydro | Hydro | Hydro |
| Ölfilter | Einsatz | Einsatz | Einsatz | Einsatz | Einsatz |
| Ölmenge mit Filter | 4,7 l | 4,7 l | 4,7 l | 4,7 l | 4,7 l |
| Ölmenge Filter | ca. 0,5 l | ca. 0,5 l | ca. 0,5 l | ca. 0,5 l | ca. 0,5 l |
| Kühlmittelmenge | 8,0 l | 8,0 l | 8,0 l | 8,0 l | 8,0 l |
| Getriebeöl 6-Gang-Schaltgetriebe | 2,3 l | 2,3 l | 2,3 l | 2,3 l | 2,3 l |
| Getriebeöl DSG-Getriebe | G052-182 | G052-182 | G052-182 | G052-182 | G052-182 |
| Erstbefüllung | 7,0 l + 1 l | 7,0 l + 1 l | 7,0 l + 1 l | 7,0 l + 1 l | 7,0 l + 1 l |
| Wechsel | ca. 5,5 l | ca. 5,5 l | ca. 5,5 l | ca. 5,5 l | ca. 5,5 l |
| Getriebeöl Automatik-Getriebe (Lebensdauerfüllung) | ATF 7,0 l | ATF 7,0 l | ATF 7,0 l | ATF 7,0 l | ATF 7,0 l |
| Winkelgetriebe vorne (Allrad) | 0,9 l | 0,9 l | 0,9 l | 0,9 l | 0,9 l |
| Getriebeöl Hinterachsgetriebe (Allrad) | Markierung | Markierung | Markierung | Markierung | Markierung |
| Bremsflüssigkeit | ATF 7,0 l | DOT 4 | DOT 4 | DOT 4 | DOT 4 |
| Servoflüssigkeit | 0,9 l | keine | keine | keine | keine |
| Klimaanlage Klimamittel (alle Systeme) | Markierung | R134a 660g | R134a 660g | R134a 660g | R134a 660g |
| Klimaöl in $cm^3$ (Denso/Sanden/Delphi) | 140/110/110 | 140/110/110 | 140/110/110 | 140/110/110 | 140/110/110 |

## Dieselmotoren

| **Tiguan Modellbezeichnung** | **2,0 TDI** | **2,0 TDI** | **2,0 TDI** | **2,0 TDI** | **2,0 TDI** |
|---|---|---|---|---|---|
| Motorkennbuchstaben | CFFD | CBAA, CFFA | CBAB, CFFB CLJA* | CBBA | CBBB CFGB |
| Kraftstoff (Einspritzsystem) | Diesel (Rail) | Diesel (Rail) | Diesel (TDI) | Diesel (TDI) | Diesel (TDI) |
| Hubraum | 2,0 l | 2,0 l | 2,0 l | 2,0 l | 2,0 l |
| Einspritzsystem | CR/CP4 S1/R35/20 | CR/CP4 S1/R35/20 | CR/CP4 S1/R35/20 | CR/CP4 S1/R35/20 | CR/CP4 S1/R35/20 |
| Zylinderzahl | 4 | 4 | 4 | 4 | 4 |
| Ventile pro Zylinder | 4 | 4 | 4 | 4 | 4 |
| Leistung kW bei 1/min | 81/4200 | 100/4200 | 103/4200 | 120/4200 | 125/4200 |
| Drehmoment Nm bei 1/min | 280/1750 bis 2750 | 320/1750 bis 2500 | 320/1750 bis 2500 | 350/1750 bis 2500 | 350/1750 bis 2500 |
| Bohrung Ø mm | 81,01 | 81,01 | 81,01 | 81,01 | 81,01 |
| Hub mm | 95,5 | 95,5 | 95,5 | 95,5 | 95,5 |
| Kolbendurchmesser (Grund) | 80,96 | 80,96 | 80,96 | 80,96 | 80,96 |
| Kolbendurchmesser (Stufe1) | -- | -- | -- | -- | -- |
| Kolbendurchmesser (Stufe2) | -- | -- | -- | -- | -- |
| Laufspiel | 0,05 | 0,05 | 0,05 | 0,05 | 0,05 |
| Stoßspiel 1. Ring | 0,20-0,40 | 0,20-0,40 | 0,20-0,40 | 0,20-0,40 | 0,20-0,40 |
| Stoßspiel 2. Ring | 0,20-0,40 | 0,20-0,40 | 0,20-0,40 | 0,20-0,40 | 0,20-0,40 |
| Stoßspiel Ölabstreifring | 0,25-0,50 | 0,25-0,50 | 0,25-0,50 | 0,25-0,50 | 0,25-0,50 |
| Höhenspiel 1. Ring | 0,06-0,09 | 0,06-0,09 | 0,06-0,09 | 0,06-0,09 | 0,06-0,09 |
| Höhenspiel 2. Ring | 0,05-0,08 | 0,05-0,08 | 0,05-0,08 | 0,05-0,08 | 0,05-0,08 |
| Höhenspiel Ölabstreifring | 0,03-0,06 | 0,03-0,06 | 0,03-0,06 | 0,03-0,06 | 0,03-0,06 |
| Aufladesystem | TDI Turbocharger | TDI Turbocharger | TDI Turbocharger | TDI Turbocharger | TDI Turbocharger |
| Nockenwellenantrieb | Zahnriemen | Zahnriemen | Zahnriemen | Zahnriemen | Zahnriemen |
| Ventilspiel | Hydro | Hydro | Hydro | Hydro | Hydro |
| Ölfilter | Einsatz | Einsatz | Einsatz | Einsatz | Einsatz |
| Ölmenge mit Filter | 4 l | 4 l | 4 l | 4 l | 4 l |
| Ölmenge Filter | ca. 0,5 l | ca. 0,5 l | ca. 0,5 l | ca. 0,5 l | ca. 0,5 l |
| Getriebeöl 6-Gang-Schaltgetriebe | 2,3 l | 2,3 l | 2,3 l | 2,3 l | 2,3 l |
| Getriebeöl DSG-Getriebe | G052-182 | G052-182 | G052-182 | G052-182 | G052-182 |
| Erstbefüllung | 7,0 l + 1 l | 7,0 l + 1 l | 7,0 l + 1 l | 7,0 l + 1 l | 7,0 l + 1 l |
| Wechsel | ca. 5,5 l | ca. 5,5 l | ca. 5,5 l | ca. 5,5 l | ca. 5,5 l |
| Getriebeöl Automatik-Getriebe (Lebensdauerfüllung) | ATF 7,0 l | ATF 7,0 l | ATF 7,0 l | ATF 7,0 l | ATF 7,0 l |
| Winkelgetriebe vorne (Allrad) | 0,9 l | 0,9 l | 0,9 l | 0,9 l | 0,9 l |
| Getriebeöl Hinterachsgetriebe (Allrad) | Markierung | Markierung | Markierung | Markierung | Markierung |
| Bremsflüssigkeit | DOT 4 | DOT 4 | DOT 4 | DOT 4 | DOT 4 |
| Servoflüssigkeit | keine | keine | keine | keine | keine |
| Klimaanlage Klimamittel) (alle Systeme | R134a 660g | R134a 660g | R134a 660g | R134a 660g | R134a 660g |
| Klimaöl in cm³ (Denso/Sanden/Delphi) | 140/110/110 | 140/110/110 | 140/110/110 | 140/110/110 | 140/110/110 |

** Mit PMS (Partikel-Minderungs-System) ausgerüstet.*

# 17 Anzugsdrehmomente

In diesem Kapitel stellen wir Ihnen die Anzugsdrehmomente für die wichtigsten Verschraubungen am Fahrzeug zur Verfügung. Diese sind zum einen alphabetisch und zum anderen nach der Motorisierung sortiert. Natürlich konnten wir nur die Motoren darstellen, deren Daten bis zum Redaktionsschluss bekannt waren. Alle Daten sollten Sie im Zweifel bei der Teilebestellung hinterfragen und wenn erforderlich korrigieren. Selbiges gilt auch für neue Motortypen. Übernehmen Sie niemals einfach Abmessungen eines anderen Motors ohne diese zu überprüfen. Hier können leicht Schäden entstehen, die vermeidbar wären und oft recht teuer sind.

## Motor

| **Tiguan Modellbezeichnung** | **1,4 l TSI alle** | **2,0 l TSI alle** | **2,0 l TDI alle** |
|---|---|---|---|
| Abgaskrümmer Stufe 1 | 20 Nm | 5 Nm | 23 Nm |
| Abgaskrümmer Stufe 2 | -- | 12 Nm | -- |
| Abgaskrümmer Stufe 3 | -- | 16 Nm | -- |
| Abgaskrümmer Stufe 4 | -- | 25 Nm | -- |
| Anlasser am Getriebe M12 | 75 Nm | 75 Nm | 75 Nm |
| Ansaugkrümmer Stufe 1 | 20 Nm | 3 Nm | 8 Nm |
| Ansaugkrümmer Stufe 2 | -- | 9 Nm | -- |
| Auspuffrohr am Krümmer | 23 Nm | 40 Nm | 7 Nm |
| Hauptlagerdeckel Stufe 1 | 50 Nm | Handfest | Handfest |
| Hauptlagerdeckel Stufe 2 | 90° | 65 Nm | 65 Nm |
| Hauptlagerdeckel Stufe 3 | -- | 90° | 90° |
| Hallgeber Nockenwelle | 10 Nm | 10 Nm | -- |
| Hochdruckpumpe | 8 Nm | -- | -- |
| Hochdruckpumpe M8 | -- | 20 Nm | 20 Nm |
| Hochdruckpumpe M6 Stufe 1 | -- | 8 Nm | -- |
| Hochdruckpumpe M6 Stufe 2 | -- | 90° | -- |
| Klopfsensor | 20 Nm | 20 Nm | -- |
| Klemmschraube Zahnriemenrolle Stufe 1 | -- | -- | 20 Nm |
| Klemmschraube Zahnriemenrolle Stufe 2 | -- | -- | 45° |
| Kurbelwinkelsensor | 5 Nm | 10 Nm | 5 Nm |
| Kraftstoffverteilerrohr M8 | -- | -- | 22 Nm |
| Kühlmitteltemperatursensor | geclipst | 4 Nm | geclipst |
| Lambdasonde | 50 Nm | 50 Nm | 50 Nm |
| Nockenwellenlagergehäuse Stufe 1 | 10 Nm | 8 Nm | 10 Nm |
| Nockenwellenlagergehäuse Stufe 2 | 90° | 90° | -- |
| Nockenwellenrad EV Stufe 1 | 40 Nm | -- | -- |
| Nockenwellenrad EV Stufe 2 | 90° | -- | -- |
| Nockenwellenrad AV Stufe 1 | 50 Nm | -- | -- |
| Nockenwellenrad AV Stufe 2 | 90° | -- | -- |
| Nockenwellenrad Zentralschraube | -- | -- | 100 Nm |
| Nockenwellenrad Einstellschrauben Stufe 1 | -- | -- | 20 Nm |
| Nockenwellenrad Einstellschrauben Stufe 2 | -- | -- | 45° |
| Ölablassschraube | 30 Nm | 30 Nm | 30 Nm |
| Ölfilter | 25 Nm | 22 Nm | 25 Nm |
| Öldruckschalter | 25 Nm | 20 Nm | 30 Nm |
| Ölwannenschrauben Stufe 1 | 15 Nm | Handfest | Handfest |
| Ölwannenschrauben Stufe 2 | -- | 8 Nm | -- |
| Ölwannenschrauben Stufe 3 | -- | 45° | -- |
| Ölwannenschrauben 8 mm Stufe 2 | -- | -- | 40 Nm |
| Ölwannenschrauben 6 mm Stufe 2 | -- | -- | 15 Nm |

| Tiguan Modellbezeichnung | 1,4 l TSI alle | 2,0 l TSI alle | 2,0 l TDI alle |
|---|---|---|---|
| Pleuellager Stufe 1 (7-mm-Bolzen) | 20 Nm | -- | -- |
| Pleuellager Stufe 1 (8-mm-Bolzen) | 30 Nm | 30 Nm | 30 Nm |
| Pleuellager Stufe 1 (9-mm-Bolzen) | -- | 45 Nm | -- |
| Pleuellager Stufe 2 | 90° | 90° | 90° |
| Riemenscheibe 8mm Stufe 1 | -- | -- | 10 Nm |
| Riemenscheibe 8mm Stufe 2 | -- | -- | 90° |
| Schwungrad Stufe 1 | 60 Nm | 60 Nm | 60 Nm |
| Schwungrad Stufe 2 | 90° | 90° | 90° |
| Unterdruckpumpe CAWA, CAWB, CBFA, CCTA, CCTB, BZB, CGYA | -- | 9 Nm | -- |
| Unterdruckpumpe CCZA, CCZB, CCZC, CCZD, CDAA, CDAB | -- | 8 Nm | -- |
| Unterdruckpumpe Stufe 2 CCZA, CCZB, CCZC, CCZD, CDAA, CDAB | -- | 180° | -- |
| Unterdruckpumpe Diesel | -- | -- | 10 Nm |
| Ventil Nockenwellenverstellung | 10 Nm | 9 Nm | -- |
| Ventildeckel Stufe 1 | -- | -- | 10 Nm |
| Wasserpumpe | 9 Nm | 9 Nm | 15 Nm |
| Zentral-Riemenscheibe Stufe 1 | 150 Nm | 150 Nm | 120 Nm |
| Zentral-Riemenscheibe Stufe 2 | 180° | 90° | 90° |
| Zündkerzen | 30 Nm | 25 Nm | -- |
| Glühkerzen | -- | -- | 18 Nm |
| Zylinderkopf Stufe 1 | 30 Nm | 40 Nm | 30 Nm |
| Zylinderkopf Stufe 2 | 90° | 90° | 50 Nm |
| Zylinderkopf Stufe 3 | 90° | 90° | 90° |
| Zylinderkopf Stufe 4 | -- | -- | 90° |

## Antrieb

| Verschraubung | Anzugsdrehmoment |
|---|---|
| Abschirmblech Gelenkscheibe | 9 Nm |
| Abschirmblech Gelenkwelle | 20 Nm |
| Achsgetriebe hinten (Allrad) Stufe 1 | 60 Nm |
| Achsgetriebe hinten (Allrad) Stufe 2 | 90° |
| Aggregateträger an Aufbau Stufe 1 | 90 Nm |
| Aggregateträger an Aufbau Stufe 2 | 90° |
| Antriebswelle getriebeseitig Stufe 1 | 10 Nm über Kreuz |
| Antriebswelle getriebeseitig Stufe 2 | 70 Nm |
| Antriebswelle radseitig mit Verrippung Stufe 1 | 70 Nm |
| Antriebswelle radseitig mit Verrippung Stufe 2 | 90° |
| Antriebswelle radseitig ohne Verrippung Stufe 1 | 200 Nm |
| Antriebswelle radseitig ohne Verrippung Stufe 2 | 180° |
| ATF-Leitung am Getriebe | 20 Nm |
| Ausrücklager Schaltgetriebe (mit Sicherungsmittel) | 12 Nm (15 Nm) |
| Bremssattel hinten Schraube M10 Sattelträger Stufe 1 | 90 Nm |
| Bremssattel hinten Schraube M10 Sattelträger Stufe 2 | 90° |

| Verschraubung | Anzugsdrehmoment |
|---|---|
| Bremssattel hinten Schraube M8 | 35 Nm |
| Bremssattel vorne Führungsbolzen | 30 Nm |
| Bremssattel vorne Rippschrauben | 200 Nm |
| Fahrschemel hinten Stufe 1 | 90 Nm |
| Fahrschemel hinten Stufe 2 | 90° |
| Fahrschemel vorne Stufe 1 | 50 Nm |
| Fahrschemel vorne Stufe 2 | 90° |
| Getriebe am Motor Schaltgetriebe M10 x 50 | 40 Nm |
| Getriebe am Motor Schaltgetriebe M10 x 68 | 40 Nm |
| Getriebe am Motor Schaltgetriebe M12 x 165 | 80 Nm |
| Getriebe am Motor Schaltgetriebe M12 x 50 | 80 Nm |
| Getriebe am Motor Schaltgetriebe M12 x 65 | 40 Nm |
| Kardan M10x30 Stufe 1 | 50 Nm |
| Kardan M10x30 Stufe 2 | 90° |
| Kegelschraube Antriebswelle (Steckwelle) | 35 Nm |
| Kupplung 6-Gang-Schaltgetriebe 0A6 (M6) | 13 Nm |

Sichtprüfung Messen

| Verschraubung | Anzugsdrehmoment |
|---|---|
| Kupplung 6-Gang-Schaltgetriebe 0A6 (M7) | 20 Nm |
| Lagerbock Hinterachse am Aggregat Stufe 1 | 50 Nm |
| Lagerbock Hinterachse am Aggregat Stufe 2 | 45° |
| Mitnehmerblech an Wandler Automatikgetriebe | 60 Nm |
| Motorlager am Getriebe links Stufe 1 | 40 Nm |
| Motorlager am Getriebe links Stufe 2 | 90° |
| Motorlager am Rahmen links Stufe 1 | 60 Nm |
| Motorlager am Rahmen links Stufe 2 | 90° |
| Motorlager hinten (Fahrschemel) Stufe 1 | 100 Nm |
| Motorlager hinten (Fahrschemel) Stufe 2 | 90° |
| Motorlager rechts am Motor Stufe 1 | 40 Nm |
| Motorlager rechts am Motor Stufe 2 | 90° |
| Motorlager rechts am Rahmen Stufe 1 | 60 Nm |
| Motorlager rechts am Rahmen Stufe 2 | 90° |
| Motorlager rechts Zugstrebe Stufe 1 | 20 Nm |
| Motorlager rechts Zugstrebe Stufe 2 | 90° |
| Pendelstütze am Getriebe M10 M12) Stufe 2 | 90° (90°) |
| Pendelstütze am Getriebe M10 (M12) Stufe 1 | 50 Nm (60 Nm) |
| Querlenker vorne M12x110 Stufe 1 | 70 Nm |
| Querlenker vorne M12x110 Stufe 2 | 180° |
| Radführungsbolzen unten | 100 Nm |
| Radführungsbolzen unten am Alu-Querlenker | 60 Nm |
| Radführungsbolzen unten am Stahl-Querlenker | 100 Nm |
| Radschraube Allradfahrzeuge | 120 Nm |
| Radschraube frontgetriebene Fahrzeuge | 140 Nm |
| Schaltbetätigung M8 | 20 Nm |
| Schraube Querlenker hinten Stufe 1 | 130 Nm |
| Schraube Querlenker hinten Stufe 2 | 90° |
| Schraube Spurstange hinten Stufe 1 | 130 Nm |
| Schraube Spurstange hinten Stufe 2 | 90° |
| Sensor Neutralstellung (Start/Stopp) | 5 Nm |
| Spureinstellschraube Achslenker hinten | 95 Nm |
| Spurstangenkopf | 50 Nm |
| Stabilisatorstrebe | 40 Nm |
| Stützlager Kardanwelle | 25 Nm |
| Winkelgetriebe vorne (Allrad) am Getriebe Stufe 1 | 40 Nm |
| Winkelgetriebe vorne (Allrad) am Getriebe Stufe 2 | 90° |
| Winkelgetriebe vorne (Allrad) Getriebeträger M10 | 40 Nm |

## Karosserie

| Verschraubung | Anzugsdrehmoment |
|---|---|
| Anhängekupplung am Rahmen Stufe 1 | 50 Nm |
| Anhängekupplung am Rahmen Stufe 2 | 90° |
| Fensterheber Befestigungsschrauben | 3,5 Nm |
| Geräuschdämmung von unten | 2 Nm |
| Heckklappenscharnier | 10 Nm |
| Heckklappenschloss | 22 Nm |
| Heckklappenschloss Schließbügel | 18 Nm |
| Kunststoffschrauben | 8 Nm |
| Motorhaube Haubenscharnier | 21 Nm |
| Motorhaube Haubenschloss | 12 Nm |
| Spiegelbefestigungsschrauben | 8 Nm |
| Stoßdämpfer hinten oben Stufe 1 | 50 Nm |
| Stoßdämpfer hinten oben Stufe 2 | 45° |
| Stoßdämpfer hinten unten Stufe 1 | 180 Nm |
| Stoßdämpfer vorne oben M14 x 1,5 | 60 Nm |
| Stoßdämpfer vorne oben M8 x 26 Stufe 1 | 15 Nm |
| Stoßdämpfer vorne oben M8 x 26 Stufe 2 | 90° |
| Stoßdämpfer vorne unten M16 | 12 Nm |
| Stoßfänger hinten Kunststoffschrauben | 3,5 Nm |
| Stoßfänger vorne M8 | 60 Nm |
| Türfangband | 12 Nm |
| Türscharnier an der Karosserie | 32 Nm |
| Türschloss Einbau in der Türe | 20 Nm |
| Türschlossriegel (Bügel) | 20 Nm |

## Elektrische Anlage

| Verschraubung | Anzugsdrehmoment |
|---|---|
| Masseanschluss an der Batterie M6 | 6 Nm |
| Masseband am Getriebe | 20 Nm |
| Massepunkte an der Karosserie M6 | 8 Nm |
| Massepunkte an der Karosserie M8 | 15 Nm |
| Plusanschluss am Anlasser M8 | 15 Nm |
| Plusanschluss am Generator | 15 Nm |
| Plusanschluss am Sicherungskasten M5 | 4 Nm |
| Plusanschluss am Sicherungskasten M6 | 6 Nm |
| Plusanschluss an der Batterie M6 | 6 Nm |

## Sonstige Verschraubungen

| Schraubengröße | M4 | M5 | M6 | M8 | M10 | M12 | M14 | M16 |
|---|---|---|---|---|---|---|---|---|
| Anzugsdrehmoment | 0,5 Nm | 3 Nm | 10 Nm | 20 Nm | 45 Nm | 60 Nm | 100 Nm | 200 Nm |